高等学校教材

自动控制原理

第4版

○ 主　编　于建均
○ 副主编　孙　亮　韩红桂

中国教育出版传媒集团
高等教育出版社·北京

内容简介

本书是北京市精品课程“自动控制原理”的建设成果,第2版被评为北京高等教育精品教材,第3版为教育部高等学校电子电气基础课程教学指导分委员会推荐教材。本次修订不改变主要章节的基本内容,同时,在教材中融入了思政元素,使专业知识与思想政治理论同向同行,形成协同效应。本书较为详细地描述了自动控制原理的形成与发展,突出了自动控制原理的悠久历史以及持续的发展;增加了自动控制系统示例,以充分展示自动控制理论广泛的应用;增加了控制系统分析与设计实例,以更好地体现理论与工程实际的紧密衔接。本书主要讲述经典控制理论,全书共8章,分别是:自动控制系统概述,控制系统的数学描述方法,控制系统的时域分析,根轨迹法,频率分析法,控制系统的校正方法,非线性控制系统分析,采样控制系统分析基础,书后附有部分习题参考答案。

本书为新形态教材,全书一体化设计,重要知识点、例题配有视频讲解,部分例题配有 MATLAB 仿真程序,并引入典型案例演示视频,以利于读者对本书内容的学习与理解,读者可以通过扫描二维码,实现同步在线学习。

本书适合作为高等院校电子信息类、自动化类专业及其他工科相关专业的教材,也可供从事相关领域的工程技术人员参考。

图书在版编目(CIP)数据

自动控制原理 / 于建均主编 ; 孙亮,韩红桂副主编
. -- 4版. -- 北京 : 高等教育出版社, 2022.12
ISBN 978-7-04-059723-3

Ⅰ. ①自… Ⅱ. ①于… ②孙… ③韩… Ⅲ. ①自动控制理论-高等学校-教材 Ⅳ. ①TP13

中国国家版本馆 CIP 数据核字(2023)第 009245 号

Zidong Kongzhi Yuanli

策划编辑 高云峰　责任编辑 高云峰　封面设计 贺雅馨 张申申　版式设计 杜微言
责任绘图 黄云燕　责任校对 高 歌　责任印制 刁 毅

出版发行 高等教育出版社
社　　址 北京市西城区德外大街4号
邮政编码 100120
印　　刷 山东临沂新华印刷物流集团有限责任公司
开　　本 787mm × 1092mm 1/16
印　　张 26
字　　数 630千字
购书热线 010-58581118
咨询电话 400-810-0598
网　　址 http://www.hep.edu.cn
　　　　 http://www.hep.com.cn
网上订购 http://www.hepmall.com.cn
　　　　 http://www.hepmall.com
　　　　 http://www.hepmall.cn
版　　次 1999年12月第1版
　　　　 2022年12月第4版
印　　次 2022年12月第1次印刷
定　　价 56.00元

本书如有缺页、倒页、脱页等质量问题,请到所购图书销售部门联系调换

物 料 号 59723-00

前　言

当前信息与控制学科高速发展,特别是计算机技术、信息处理技术以及人工智能技术发展迅猛,新知识、新技术不断涌现。自动控制技术已广泛应用于农业、制造业、航空航天、交通等诸多领域,极大地提高了社会劳动效率,而且,工程中的控制理论还被推广应用于经济、生物、社会等诸多方面。因此,控制理论在任何工程和科学领域几乎都是必不可少的。

本书自 1999 年出版以来,已经被许多院校选用,作为本科生控制理论课程的教材。本书第 2 版于 2006 年被评为北京高等教育精品教材,第 3 版为教育部高等学校电子电气基础课程教学指导分委员会推荐教材。经过二十余年的教学实践,使用者普遍认为,本书在内容编排、讲述方法以及新知识介绍等诸多方面,都比较适用于本科生的理论教学与学生自学。

本书的特点具体表现在:根据信息控制学科发展的需要,特别是使用对象的特点,本着内容简洁、通俗实用的原则,在内容的选择上删繁就简,在典型例题的设计上循序渐进,在习题训练上精选深化。本书在知识传授上既做到了基础理论严格、重点突出,又力求做到深入浅出,易读易懂,重点在于学生能力的培养。本书同时注重新知识和新内容的引入,特别是针对应用型院校的教学特点,增加了 PID 调节器的内容,加强理论与工程的紧密联系。本书在系统分析上注重应用现代信息技术,全部采用计算机仿真取代传统的手工绘图。在案例的选择上,与时俱进,力求通过工程实例加强实践教学来巩固理论教学的效果。本书注重讲授理论的严谨性,内容的先进性、完整性与系统性。

本次教材修订不改变主要章节的基本内容,主要的变动部分为:融入课程思政元素,将家国情怀、价值取向、科研理念等贯穿于教材内容中,专业知识与思想政治理论同向同行,形成协同效应,让学生在学习专业知识的同时,能够树立爱国爱家、锐意进取的人生理念;对第 1 章的各节内容进行了修改,较为详细地描述了自动控制原理的形成与发展,突出了自动控制原理的悠久历史以及持续的发展;增加了自动控制系统示例一节,以充分展示自动控制理论广泛的应用;第 6 章删除了应用中逐渐减少的基于同伦映射的根轨迹校正设计的内容;增加了控制系统分析与设计实例一节,以更好地体现理论与工程实际的紧密衔接;融入新形态教学资源,每个章节重要的知识点、难点、例题、习题制成小视频,可通过扫描二维码观看,以便学生学习。

本书适用于控制类专业本科生的课内教学,内容按照 100 学时左右编写。考虑到不同专业对控制理论教学的不同需求,在讲授时,根据需要可以压缩为 72 学时或 64 学时来讲授。对于非控制专业的少学时课程,也可以通过对重点内容选讲的方式完成。

本书第 4 版的修订工作由北京工业大学乔俊飞教授全面主持,于建均副教授执笔完成各章的修订,韩红桂教授完成全书的内容审核,全书的例题、习题、仿真验证等工作由北京工业大学的李慧杰工程师负责。参与本次教材修订的还有杨金福教授、范青武副教授、杨翠丽副教授等。

上海交通大学的杨明教授仔细审阅了本书,对本书的特色给予肯定,并提出了详尽的修改意见,在此表示衷心的感谢。

本书自第1版出版以来,许多专家提出了权威性的建议,广大教师与学生在使用过程中,也对于本书的疏漏和不足之处提出了宝贵的意见和建议。值此教材第4版出版之际,向在本书的各项工作中提供帮助的各界人士表示衷心的感谢。

由于编者水平有限,书中疏漏之处在所难免,恳请广大读者不吝指正。编者联系方式:yujianjun@ bjut.edu.cn。

编　者

2022年9月

目　录

第1章

自动控制系统概述

1-1 引言

从20世纪40年代起,特别是第二次世界大战以来,由于工业生产的活跃和军事技术上的需要,科学技术的发展十分迅速。控制科学与工程作为一个专门学科也得到了迅速发展,研究成果获得了广泛应用。

自动控制在人类社会和人类文明发展史上一直发挥着极为重要的作用。自动控制技术不仅广泛应用于工业控制中,而且在军事、农业、航空、航海、核能利用、导弹制导等领域中也得到了广泛应用。例如在工业控制中,对压力、温度、流量、湿度、配料比等的控制,都广泛采用了自动控制技术。在高温、高压、剧毒等对人身体健康危害很大的场合,自动控制技术的应用更是必不可少。在军事和空间技术方面,宇宙飞船准确地发射和返回地面,人造卫星按预定轨道飞行以及导弹准确地击中目标等,都使得自动控制技术的应用水平又进一步提升。

自动控制,就是在无人参与的情况下,通过控制器或者控制装置来控制机器或者设备等物理装置,使得物理装置的受控物理量按照希望的规律变化,达到控制的目的。例如,数控车床按照预定程序自动地切削工件;化学反应炉的温度或压力自动地维持恒定;雷达和计算机组成的导弹发射和制导系统,自动地将导弹引导到敌方目标;无人驾驶飞机按照预定航迹自动升降和飞行;人造卫星准确地进入预定轨道运行并回收等。

自动控制原理是控制科学与工程学科的基础理论,是一门理论性较强的工程科学。本课程的主要任务是研究与讨论控制系统的一般规律,从而设计出合理的自动控制系统,满足工农业生产和各种工程的需要。

自动控制理论的发展与应用,不仅改善了劳动条件,把人类从繁重的劳动中解放出来,而且由于自动控制系统能够以某种最佳方式运行,因此可以提高劳动生产率和产品质量,节约能源,降低成本。自动控制理论的成功应用极大地推动和提高了生产过程和军事技术的自动化和现代化,是实现工业、农业、国防等领域科学技术现代化的有力工具。自动控制的广泛影响已经遍及和深入社会生活的众多领域。自动控制的众多概念、原理和方法,已有效地应用于宏观经济、人口过程、生物与生命现象、哲学和社会科学等领域。近几十年来,随着计算机技术的发展和应用,在宇宙航行、机器人控制、导弹制导以及核动力等高新技术领域中,自动控制技术更是发挥着特别重要的作用。不仅如此,自动控制技术的应用范围现已扩展到生物、医学、环境、经济管理和其他许多社会生活领域中,自动控制已成为现代社会活动中不可缺少的组成部分。自控制学科创建以来,自动控制理论得到了充分的发展,必定会在未来得到更为广泛的应用。

1-2 开环控制与闭环控制

系统的定义十分广泛。在自动控制领域,系统指由内部互相联系的部件按照一定规律组成,能够完成一定功能的有机整体。

开环控制和闭环控制是控制系统的两种最基本的形式,如图1-1(a)、(b)所示。

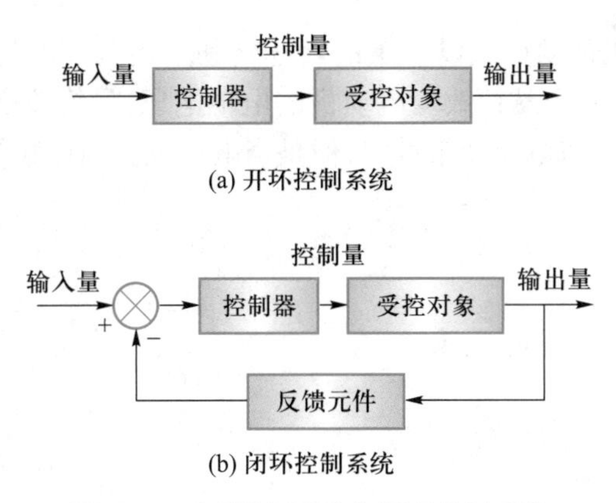

(a) 开环控制系统

(b) 闭环控制系统

图 1-1 开环控制系统与闭环控制系统

开环控制是最简单的一种控制方式。它的特点是,控制量与输出量之间仅有前向通路,而没有反馈通路。也就是说,输出量不能对控制量产生影响。由于开环控制系统具有结构简单、维护容易、成本低、不存在稳定性问题等诸多优点,因此被广泛地应用于许多控制设备中。

开环控制系统的缺点是控制精度取决于组成系统的元件的精度,因此对元器件的要求比较高。由于输出量不能反馈回来影响控制量,所以输出量受扰动信号的影响比较大,系统抗干扰能力差。根据上述特点,开环控制方式仅适用于输入量已知、控制精度要求不高、扰动作用不大的情况。

开环控制系统一般是根据经验来设计的。如普通的洗衣机,对输出信号即衣服的洁净度不作监测;普通电烤箱,不考虑开门时的扰动对于烤箱温度的影响等,所以系统只有一条从输入到输出的前向通路。

比较图 1-1 中开环控制系统与闭环控制系统,很容易发现它们的区别。闭环控制系统不仅有一条从输入端到输出端的前向通路,还有一条从输出端到输入端的反馈通路。输出信号的物理量通过一个反馈元件(测量变送元件)被反馈到输入端,与输入信号比较后得到偏差信号来作为控制器的输入,反馈的作用是减小偏差,以达到满意的控制效果。闭环控制又称为反馈控制。

上述系统的输出信号通过测量变送元件返回到系统的输入端,并和系统的输入信号作比较的过程就称为反馈。如果输入信号和反馈信号相减,则称为负反馈,反之,若二者相加,则称为正反馈。控制系统中一般采用负反馈方式。输入信号与反馈信号之差称为偏差信号。

闭环控制系统在控制上具有以下特点。

由于输出信号的反馈量与给定信号作比较产生偏差信号,利用偏差信号实现对输出信号的控制或者调节,所以系统的输出信号能够自动地跟踪给定信号,减小跟踪误差,提高控制精度,抑制扰动信号的影响。除此之外,负反馈构成的闭环控制系统还有其他的优点:引进反馈通路后,系统对前向通路中元件参数的变化不灵敏,从而系统对于前向通路中元件的精度要求不高;反馈作用还可以使得整个系统对于某些非线性影响不灵敏等。下面举例来说明开环控制和闭环控制。

图 1-2 是直流电动机转速开环控制示意图。图 1-3 是直流电动机转速闭环控制示意

图。在图 1-2 中,电动机带动负载以一定的转速转动。当调节电位器的滑臂位置时,可以改变功率放大器的输入电压,从而改变电动机的电枢电压,最终改变电动机的转速。所以,电动机的转速可以通过调节电位器来设定,但是当电动机受到负载变化影响时,电动机的转速是要发生变化的。

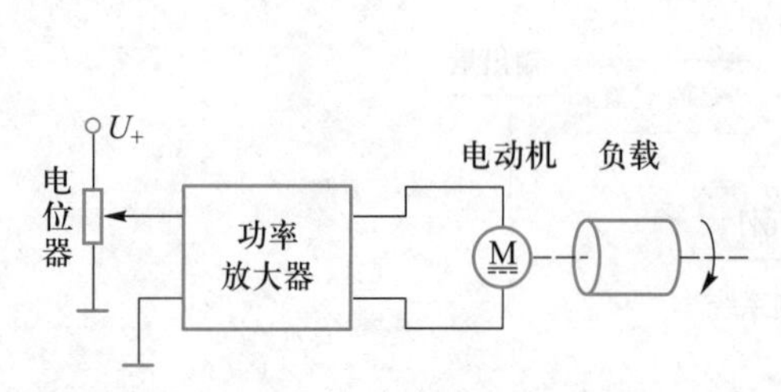

图 1-2 直流电动机转速开环控制示意图

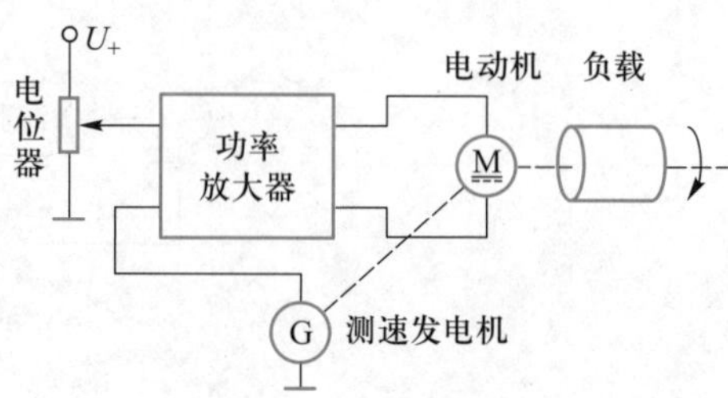

图 1-3 直流电动机转速闭环控制示意图

在这个系统中,电位器滑臂的分压值是系统的输入量,放大器作为控制器,电动机是受控对象,电动机的转速是系统的输出量。当外界有扰动时,即使输入量没有变化,输出量也会改变。这种开环控制系统的输出转速在负载扰动影响下不可能稳定在希望的数值上,所以开环控制系统不能做到自动调节,控制的精度是比较低的。为了实现系统的自动控制,提高控制精度,可以改变控制方法,增加反馈回路来构成闭环控制系统。

在图 1-3 中,我们在原来开环控制的基础上,增加了一个由测速发电机构成的反馈回路,检测输出转速的变化并反馈。由于测速发电机的反馈电压大小与电动机的转速成正比,反馈电压与输入值(电位器滑臂的分压值)作差值运算后,再经过控制器(功率放大器)来控制电动机的转速,可以实现电动机转速的自动调节。系统自动调节电动机转速的过程如下。

当系统受到负载扰动作用时,如果负载增大,则电动机的转速降低,测速发电机的端电压减小,功率放大器的输入电压增加,电动机的电枢电压上升,使得电动机的转速增加。如果负载减小,则电动机转速调节的过程与上述过程相反。这样,消除或者抑制了负载扰动对于电动机转速的影响,提高了系统的控制精度。

综上所述,闭环控制系统的自动控制或者自动调节作用是基于输出信号的负反馈作用而产生的,所以经典控制理论的主要研究对象是负反馈的闭环控制系统,研究目的是得到它的一般规律,从而可以设计出符合设计要求、满足实际需要、性能优良的控制系统。

值得注意的是,反馈是控制的主要要素,普遍存在于科学和自然界中。生物系统通过反馈来保持热、化学和生物条件的动态平衡。全球气候的动态变化取决于大气、海洋、陆地和太阳间的相互反馈。生态学中也充满引起动物和植物间复杂的相互作用的反馈实例。以市场和商品服务交换为要素的经济活动也是建立在动态反馈的基础上的。控制的思想和工具也可应用到这些系统中。

1-3 自动控制与自动控制系统

1-3-1 自动控制系统的组成及定义

自动控制系统的基本结构如图 1-4 所示。下面以图 1-4 为例来介绍自动控制系统的组成以及一些常用术语。

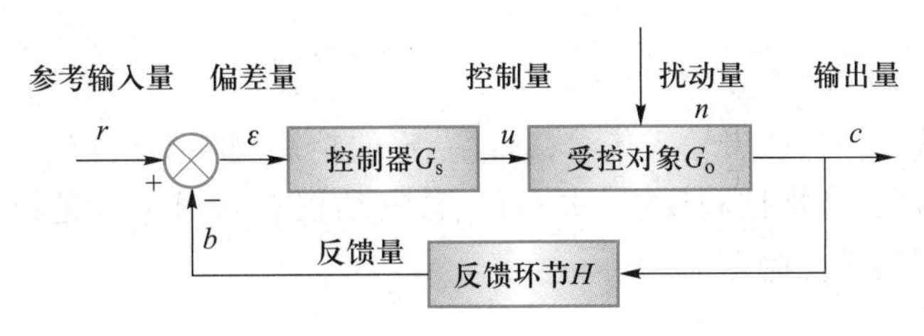

图 1-4 自动控制系统的基本结构

1. 控制系统的一些常用术语

(1) 受控对象

受控对象是指被控制的装置或者设备(如电动机、车床等),有时也指受控的物理量。受控物理量的变化过程称为受控过程。例如化学反应过程、水泥窑炉的温度变化过程等,一般用符号 G_o 表示。

(2) 参考输入量(设定值)

参考输入量是系统的给定输入信号,或者称为希望值,一般用符号 r 表示。

(3) 控制量

控制量是施加给受控对象的外部作用,使受控对象按照一定的规律运行,一般用符号 u 表示。

(4) 输出量

输出量是控制系统的输出,即受控的物理量,一般用符号 c 表示。

(5) 偏差量

系统的参考输入量与反馈量之差称为偏差量,是控制系统中的一个重要参数,一般用符号 ε 表示。

(6) 扰动量

扰动量是外界或者系统内部影响系统输出的干扰信号。外部的扰动称为外扰,它是系统所不希望的输入信号。内部的扰动称为内扰,也可以等价为系统的一个输入信号。在设计控制系统时要采取一定的方法来减少或者消除它的影响。一般用符号 n 表示。

(7) 前向通路

前向通路是从输入端到输出端的单方向通路。

(8) 反馈通路

反馈通路是从输出端到输入端的反方向通路。对于一个复杂系统,前向通路及反馈通路都不止一条。

2. 控制系统的组成

虽然现实当中的系统复杂多样,但它们都可以抽象为典型的系统来描述。一个典型的控制系统由以下几部分组成。

(1) 受控对象(或者受控过程,其定义如前所述)

(2) 定值元件

在常规仪表控制中用它来产生参考输入量或者设定值。设定值既可以由手动操作设定也可以由自动装置给定。参考输入量的值根据实际情况而定,其类型与变送器的类型一致。

在当前的计算机控制中,参考输入量或者设定值一般可以由计算机给出,因此不需要专用的定值元件。

(3) 控制器

控制器接收偏差信号或者输入信号,通过一定的控制规律给出控制量,送到执行元件。如某种专用运算电路、常规控制仪表(电动仪表,气动仪表)、可编程逻辑控制器(PLC)、工业控制计算机等都属于控制器。

(4) 执行元件

有时控制器的输出可以直接驱动受控对象,但是大多数情况下,受控对象都是大功率级的,控制信号与受控对象功率级别不等。另外,控制信号一般是电信号,而受控对象的输入信号多是其他形式的非电物理量,物理量纲不等。因此,控制器的输出不能直接驱动受控对象,两者之间实现功率级别转换或者物理量纲转换的装置称为执行元件,又常称为执行机构或者执行器。常见的执行元件有步进电动机、电磁阀、气动阀、各种驱动装置等,在图 1-4 中是将其并入控制器中考虑,因此未画出。

(5) 测量变送元件

测量变送元件又称传感器,用于检测受控对象的输出量,如温度、压力、流量、位置、转速等非电量,并在变换成标准信号(一般是电信号)后作为反馈量送到控制器。例如各种压力传感器、流量传感器、差压变送器、测速发电机等。

(6) 比较元件

比较元件用以产生偏差信号来形成控制,有的系统以标准装置的方式配以专用的比较器,大部分是以隐藏的方式合并在其他控制装置中,如计算机控制系统等。

1-3-2 自动控制系统的分类

自动控制系统的形式是多种多样的,按照不同的分类方法可以分成不同的类型,实际系统可能是几种方式的组合。

前面已经介绍过开环控制系统与闭环控制系统,这是按照控制原理来分类的。下面再介绍自动控制系统的另外几种主要分类方法。

1. 恒值控制系统与随动控制系统

这是根据给定的参考输入信号的不同来分类的。

当系统的参考输入信号为恒值或者波动范围很小时,系统的输出量也要求保持恒定,这类控制系统称为恒值控制系统。例如恒温控制系统和转速控制系统等。

随动控制系统又称伺服控制系统,其参考输入值不断地变化,而且变化规律未知。控制的目的是使得系统的输出量能够准确地跟踪输入量的变化。随动控制系统常用于军事上对于机动目标的跟踪,例如雷达-火炮跟踪系统、坦克炮自稳系统等。

2. 线性系统与非线性系统

这是根据系统数学性质的不同来分类的。

线性系统的主要特征是满足叠加定理,即当系统在输入信号 $r_1(t)$ 的作用下产生系统的输出 $c_1(t)$,当系统在输入信号 $r_2(t)$ 的作用下产生系统的输出 $c_2(t)$,如果满足系统的输入信号为

$$ar_1(t)+br_2(t)$$

时,系统的输出为

$$ac_1(t)+bc_2(t)$$

系数 a,b 可以是常数,也可以是时变参数 $a(t)$,$b(t)$。这样的系统称为线性系统,否则称为非线性系统。

由于线性系统的理论比较成熟,特别是线性定常系统可以方便地用于系统的分析与设计,因此本书所研究和讨论的主要是线性定常系统。

3. 连续时间系统与离散时间系统

这是根据时间信号的不同方式来对系统进行分类的。当系统的输入信号与输出信号均是以连续时间函数 $r(t)$ 与 $c(t)$ 来表示时,则这样的系统称为连续时间系统。当系统的输入信号与输出信号均以离散时间量 $r(kT)$ 与 $c(kT)$ 来表示时,则这样的系统称为离散时间系统。注意,两种类型信号之间的等价是有条件的,因此两类系统之间的等价也是有条件的,两类时间信号如图 1-5 所示。

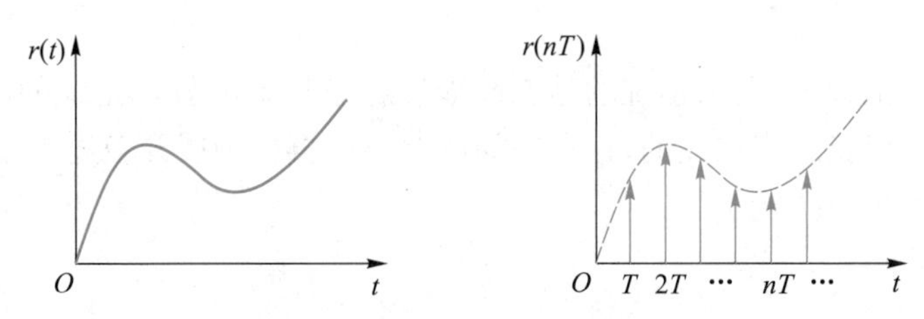

图 1-5 连续时间信号与离散时间信号

相对于实际的离散时间系统,数字化与计算机控制,是将连续时间系统等价为离散时间系统来分析与研究的,这样可以方便地利用计算机作为控制器来实现系统的控制。计算机控制系统如图 1-6 所示。

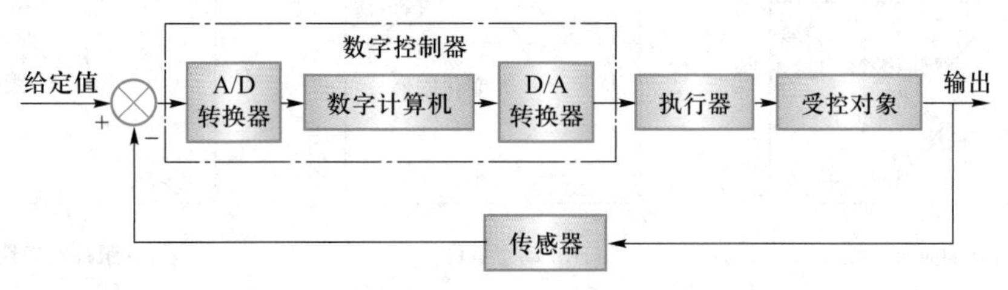

图 1-6 计算机控制系统

4. 单输入单输出系统与多输入多输出系统

单输入单输出(SISO)系统与多输入多输出(MIMO)系统如图 1-7 所示。

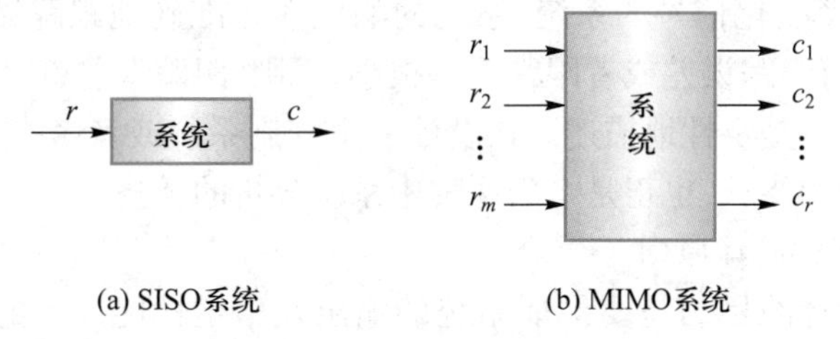

图 1-7 单输入单输出系统与多输入多输出系统

单输入单输出系统只有一个输入量和一个输出量。由于这种分类方法是从端口关系上来分类的,故不考虑端口内部的通路与结构。单输入单输出系统是经典控制理论的主要研究对象。

多输入多输出系统有多个输入量和多个输出量，其主要特点是输出与输入之间呈现多路耦合，因此与单输入单输出系统相比，系统的结构要复杂得多，本书基本不予讨论。

除了以上提到的分类方法外，自动控制系统还有其他的分类方法，如集中参数系统与分布参数系统、确定性系统与随机控制系统等。

1-3-3 自动控制系统的设计

自动控制系统的设计方法根据实际情况的不同而不同。首先自动控制系统的设计要符合自动控制系统的基本要求，其次要遵循自动控制系统设计的基本原则。

1. 对自动控制系统的基本要求

对于一个控制系统，首要的问题是系统的绝对稳定性，否则系统无法正常工作，甚至毁坏设备，造成重大损失。直流电动机的失磁、导弹发射的失控、运动机械的增幅振荡等都属于系统不稳定。

在系统稳定的前提下，要求系统的动态性能和稳态性能要好。系统的动态性能和稳态性能是由相应的性能指标来描述的，这在后面的章节中再详细展开叙述。在此，对于系统的性能要求可以定性地简要概括为：

(1) 响应动作要快；

(2) 动态过程平稳；

(3) 跟踪值要准确。

上述3条自动控制系统的基本要求如图1-8所示。

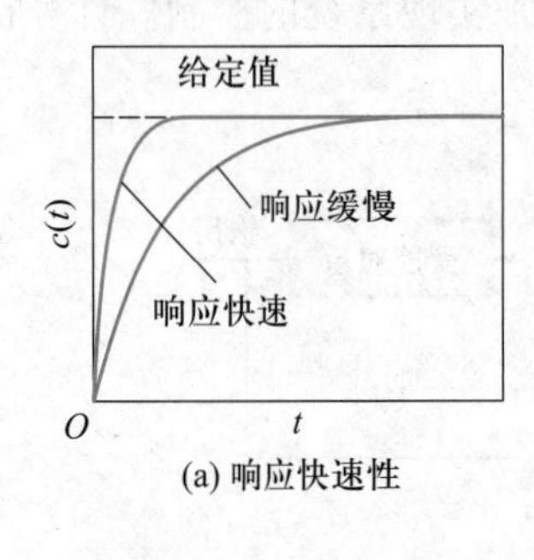

(a) 响应快速性

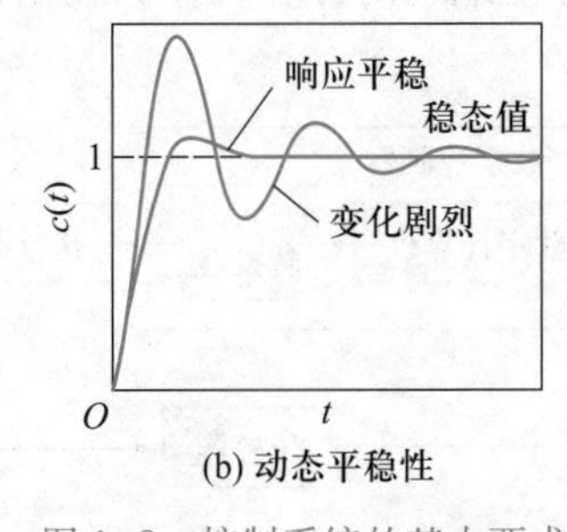

(b) 动态平稳性

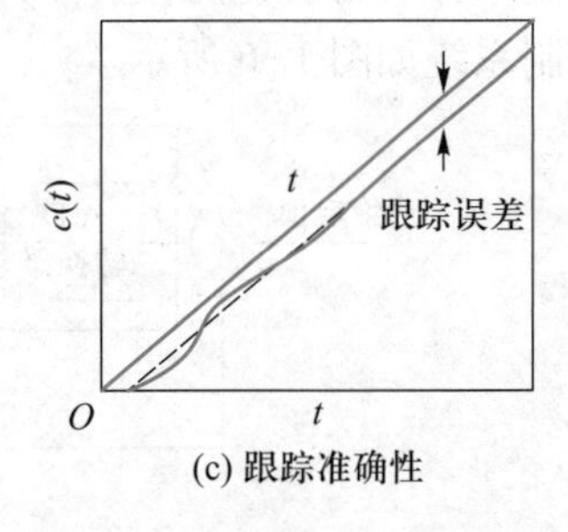

(c) 跟踪准确性

图1-8 控制系统的基本要求

图(a)显示了给定恒值信号时，系统达到稳态值的快速性。图(b)说明了给定恒值信号时，系统的响应能够很快稳定在稳态值附近与在稳态值附近上下波动的两种比较情况。图(c)说明了跟踪等速率变化信号的系统，系统的响应能否准确地跟踪输入信号。能够准确地跟踪的系统，就没有跟踪误差或者跟踪误差很小，否则，跟踪误差就大。

上述的基本要求只是定性地描述。在设计一个控制系统或者考查一个控制系统时，上述3条均需要有定量的要求，也正是本门课程中系统分析的任务。

2. 自动控制系统的设计原则

自动控制系统设计的目的是要保证系统的输出在给定性能要求的基础上跟踪输入信号，并且要有一定的抗干扰能力。

由于对系统的要求不同，实际中系统的设计可能会复杂多样，但是自动控制系统的设计大体上可以归结为以下几个步骤。

(1) 系统分析

首先要了解系统的工作原理,分析系统的性能。系统的分析是在描述系统的数学模型的基础上进行的,利用系统的数学模型就可以将系统分析的工作转化为数学问题来研究与讨论。如何得到系统的数学模型,属于系统的建模问题。本书主要利用解析法,即基于物理学的定律来得到系统的数学模型,其他得到数学模型的方法还有实验法等。有了描述系统的数学模型,就可以用数学方法来具体分析一个自动控制系统了。

在系统分析中,利用各种系统分析方法可以得到系统的运动规律和系统的运动性能。采用什么分析方法来分析一个自动控制系统?如何来评价系统的性能?如何加以改进和修正?这些问题都是系统分析中需要解决的。

(2) 系统设计

系统设计的任务就是寻找一个能够实现所要求性能的自动控制系统。设计系统时,要找出影响系统性能的主要因素,确定控制量和被控制量,然后根据要求确定采取什么样的控制规律来改进系统的性能,例如比例控制、比例-微分-积分控制等;要确定和选用合理的控制装置,例如控制器、执行器、工控机等。设计过程并不是一次就能够完成的,必须经过反复的选择和试探,才能达到满意的效果。

(3) 实验仿真

设计工作完成以后,可以利用计算机把数学模型在各种信号及扰动作用下的响应进行测试分析,确定所设计的系统性能是否符合要求,并且加以修正使其进一步完善,以寻求达到最佳的控制效果。

仿真的方法除算法仿真外,还有半物理仿真以及物理仿真。其中算法仿真的费用是最低的,而物理仿真的费用最高。可以根据实际需要来决定仿真实验选用什么样的方式。

(4) 控制实现

系统仿真工作完成之后,就可以进入样机制作阶段了。对于制作的样机,还要进行反复的实验调试,直至满足设计要求为止。

从上面叙述的设计步骤可以得出,一个自动控制系统的设计,是一个复杂和反复的过程,在本书中,重点从理论上探讨、研究自动控制系统的分析问题和系统的设计问题(自动控制系统的校正)。

1-4 自动控制理论的发展

自动控制理论的发展到目前为止经历了以下几个阶段。

1-4-1 经典控制理论发展阶段

最早的自动控制技术的应用,可以追溯到公元前我国古代的自动计时器和漏壶指南车。早在经典控制理论形成之前,反馈控制的思想,即应用负反馈来实现自动控制的系统已经在实际中得到了应用,如图 1-9 所示。我国古代的弓箭就是朴素的负反馈控制思想的早期应用。自动控制的起源要追溯到欧洲工业革命的开始,英国人瓦特(James Watt)发明了飞球式调节器,并将它创造性地应用到蒸汽机的速度控制中,如图 1-10 所示。该系统实现了采用简单的速度调节器,在负载、蒸汽供应和设备变化的情况下,自动保持蒸汽发动机的速度。

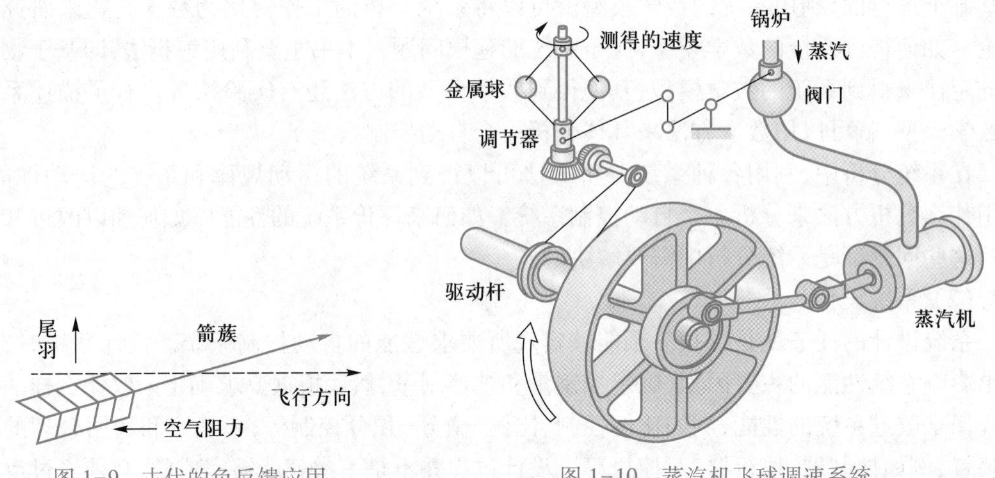

图1-9 古代的负反馈应用

图1-10 蒸汽机飞球调速系统

以蒸汽机作为原动机,在当时的工业生产中具有极其重要的地位:将蒸汽机的动力输出轴连接到车轮,火车就出现了;连接到螺旋桨,轮船就出现了。由飞锤调速系统引发的一系列发明极大地推动了人类社会生产力的第一次飞跃发展,“瓦特的蒸汽机”也因此成为第一次工业革命的两大标志性技术发明之一。

第二次世界大战时期,由于工业技术的发展以及战争的需要,在其他相关学科的促进下,经典控制理论逐渐发展成熟。以奈奎斯特稳定性判据为核心的频率分析法和根轨迹分析法两大系统分析工具,配以数学解析方法的时域分析法,构成了经典控制理论的基础。在此期间,也产生了一些非线性系统的分析方法,如相平面法和描述函数法,以及采样系统的分析方法等。在此阶段,较为突出的应用有高射炮随动跟踪系统、直流电动机调速系统以及一些初期的过程控制系统等。在经典控制理论的研究中,所使用的数学工具主要是线性微分方程和基于拉普拉斯变换的传递函数,研究对象基本是单输入单出系统,以线性定常系统为主,所以研究的对象和范围有限,还不能解决许多控制中的复杂问题,如时变参数问题、多变量问题、强耦合问题等。尽管如此,经典控制理论的形成对于第二次世界大战以来控制学科的发展依然起到了推动作用。经典控制理论在工业控制和军事技术中的广泛应用,推动了现代科学技术的进步,促进了现代控制理论的产生与发展,取得了不可磨灭的成就。

1-4-2 现代控制理论发展阶段

20世纪50—60年代,航天技术革命成为控制论发展的新动力。1957年,苏联发射第一颗人造卫星,1969年,美国阿波罗载人宇宙飞船登陆月球。这些举世瞩目的成就都与控制理论和技术的发展紧密相关。为适应航天技术的需要,控制论相继出现了三项影响重大的突破:1956年,庞特里亚金和贝尔曼分别提出了“极大值原理”和“动态规划”,为最优控制提供了有效的理论工具;1960年,卡尔曼提出了“卡尔曼滤波”理论以及基于状态空间法的系统的能控性、能观性,成功地解决了带有随机噪声的信号中信号的恢复问题。1960年前后,基于这“三项标志性结果”,开始形成以“针对多输入-多输出系统”和“最优控制”为特征的“现代控制理论”,控制论进入现代控制理论阶段。许多经典控制理论不能解决的问题,在此期间都得到了解决。

现代控制理论研究所使用的方法主要是状态空间法,研究对象更为广泛,如线性系统与非线性系统、定常系统与时变系统、多输入-多输出系统、强变量耦合系统等。

现代控制理论的发展与计算机硬件技术与软件技术的飞速发展是同时代的,一是控制理论的发展使得计算机技术的发展更加有了用武之地,二是借助于计算机技术,空间技术、导弹制导、自动驾驶等高精技术发展到了极为辉煌的时代。

我国在现代控制理论方面的主要成就除了航天方面的火箭发射控制技术之外,较为突出的还有人口模型与中国人口的控制问题。这是人文社会科学与工程技术科学相结合的研究成果,该项研究成果协助我国政府实现了中国的短期、中期、长期人口控制发展决策,是一项比较突出的现代控制理论研究方面的成果。

1-4-3 智能控制理论研究阶段

早在几十年前,控制理论专家就提出了大系统理论和专家系统的概念。大系统理论提出了系统的复杂性与可控性之间的关系问题,即随着系统越来越复杂,系统就越来越难以控制;而专家系统则建立了基于知识来获得决策的模式。这些问题都促进专家学者们进一步去探讨更深层次的控制问题。

从 20 世纪 60 年代开始,一些新的控制理论迅速发展起来。1965 年,著名的美籍华裔科学家傅京孙(K.S.Fu)教授首先把人工智能的启发式推理规则用于学习控制系统;然后,他又于 1971 年论述了人工智能与自动控制的交接关系。由于傅先生的重要贡献,他已成为国际公认的智能控制的先行者和奠基人。美国控制专家扎德(Zadeh)于 1965 年发表了著名论文《模糊集合》,开辟了模糊控制的新领域。

智能控制理论的研究是建立在现代控制理论的发展和其他相关学科的发展基础上的。所谓智能,全称人工智能,是基于人脑的思维、推理决策功能而言的,早已超出了传统的工程技术的范畴,是当前控制学科研究的前沿领域。智能控制的特点在于不依赖确定性的传递函数模型或者状态空间模型来构造控制器,而是在机器学习条件下基于知识的控制决策。对于灰/黑箱控制对象,也可以通过智能系统的学习功能实现控制;对于难以使用数学模型描述的系统也能够实现基于学习的控制。

智能控制理论的研究以人工智能的研究为方向,引导人们去探讨自然界更为深刻的运动机理。当前主要的研究方向有自适应控制理论研究、模糊控制理论研究、人工神经元网络研究以及混沌理论研究等,并且产生了许多研究成果与应用范例,如完全不依赖于系统数学模型的自适应控制器、模糊控制器等工业控制产品研制,超大规模集成电路芯片(VLSI)的神经网络计算机的运行等。美国宇航专家应用混沌控制理论,仅利用一颗将要报废的人造卫星残存的燃料,成功地实现了小彗星轨道的改变等。

智能控制理论的研究与发展,为控制科学与工程学科研究注入了蓬勃的生命力,启发与促进了人的思维方式,标志着该学科的发展远没有止境。

总之,自动控制理论(包括古典控制理论和现代控制理论)的建立和发展,不仅推动了自动控制技术的发展,而且也推动了其他邻近学科和技术的发展。早在 1948 年,美国数学家诺伯特·维纳就把反馈的概念推广到生物控制机理、神经系统、经济及社会过程等非常复

文档：钱学森与工程控制论

文档：时代楷模黄大年

文档：陆元九院士与我国航天工程控制

杂的系统，他编著的名著《控制论》具有划时代的意义，标志着控制论的诞生。半个多世纪以来，自动控制已经从一个以反馈理论为基础的自动调节原理，发展成为一门包括工程控制论、生物控制论和经济控制论在内的独立的学科。1954 年，我国科学家钱学森全面地总结和深化了经典控制理论，编写了一本具有重要国际影响的著作《工程控制论》(*Engineering Cybernetics*)，并在书的前言中指出："科学技术的控制论对工程技术、生物和生命现象的研究和经济科学，以及对社会研究都有深刻意义，比起相对论和量子论对社会的作用有过之无不及。我们可以毫不含糊地说，从科学理论的角度看，20 世纪上半叶的三大伟绩是相对论、量子力学和控制论，也许可以称它们为三项革命，这是人类认识客观世界的三大飞跃。"

1-5 自动控制系统示例

1. 温度控制系统

温度控制系统的应用非常广泛。图 1-11 为电炉温度控制系统示意图，调节调压器的电压即可调节加热电阻丝的功率，从而可以控制炉膛内的温度。由图中可以看出，温度计只用于检测和显示电炉内部的温度，并不能影响调压器的电压，因此该系统属于开环控制系统。因环境温度变化、炉门的开闭、加料取料、电网电压变化等原因，炉温会发生变化，该系统难以使炉温保持恒定。在图 1-12 所示的人工闭环电炉温度控制系统中，通过人眼观察温度计可获得实际炉温，通过人脑将实际炉温与期望的炉温进行比较，得出误差，人脑根据误差控制手来调节调压器手轮位置和电压，从而改变电阻丝的功率和炉温，使实际的炉温与期望值尽可能相等，即使炉温误差减至最小。这种炉温控制虽用人工实现，但是实现了根据与期望值的偏差调节控制作用，引入了反馈机制，属于闭环控制，即人工闭环控制。在环境温度变化、炉门开闭、加料、取料、电网电压变化等干扰下，炉温将在一定程度上皆可保持恒定。

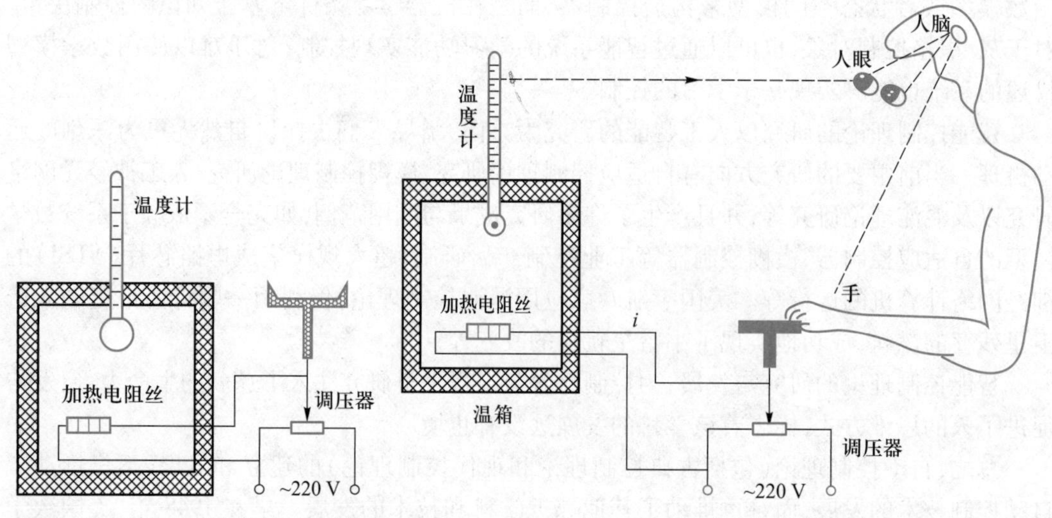

图 1-11 电炉温度控制系统示意图　　图 1-12 人工闭环电炉温度控制系统

采用机电系统取代人工,可实现炉温的自动控制,如图 1-13 所示,闭环自动温度控制系统原理如图 1-14 所示。

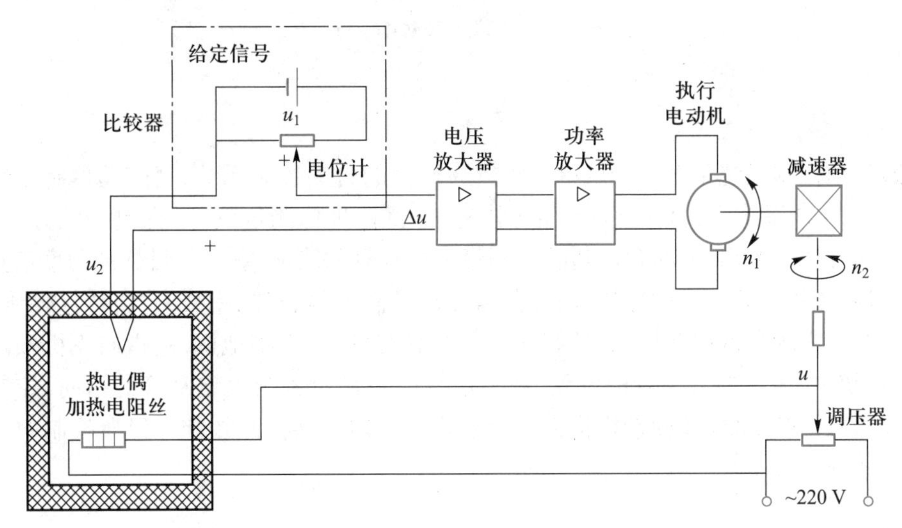

图 1-13 电炉温度的自动控制系统

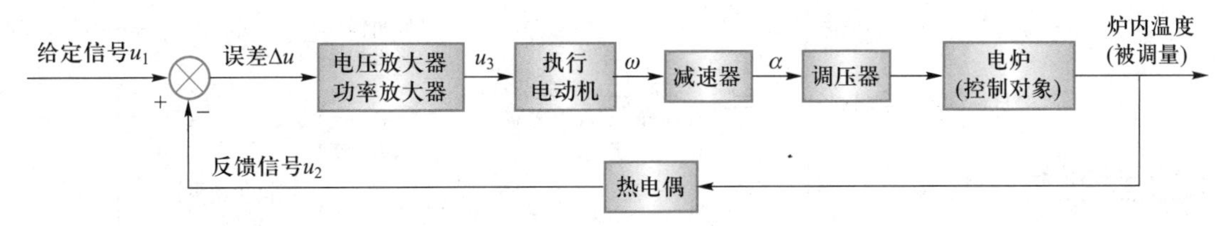

图 1-14 电炉温度闭环自动控制系统原理图

温度控制系统广泛应用于热处理、冶金以及民用等领域。

2. 汽车驾驶的闭环控制

在道路上驾驶汽车时,驾驶员将根据路况确定预期的行驶方向。行车时,驾驶员随时观察实际行驶方向,并将之与预期行驶方向进行比较,根据两者的误差,转动方向盘对行驶方向进行修正,使行驶方向与预期方向尽可能一致。图 1-15 和图 1-16 表示汽车的预期和实际行驶方向;图 1-17 则为汽车驾驶反馈控制原理框图。同理,人们步行和骑自行车时,也本能地应用了闭环控制原理。如果采用合适的检测装置、智能算法以及执行机构代替驾驶员,就实现了自动驾驶。

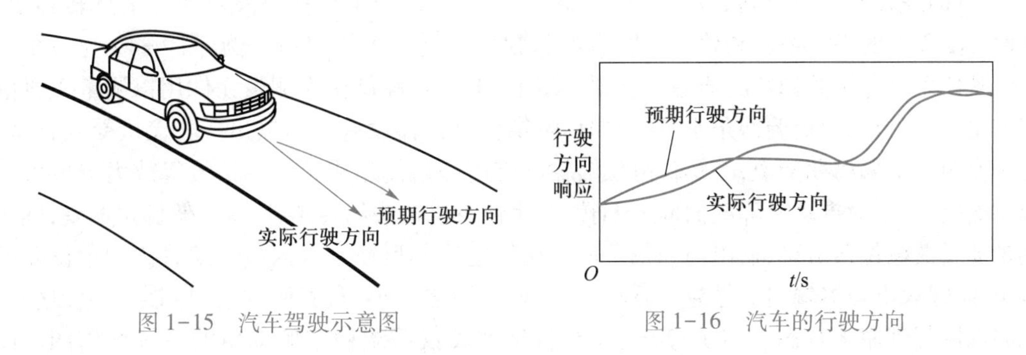

图 1-15 汽车驾驶示意图

图 1-16 汽车的行驶方向

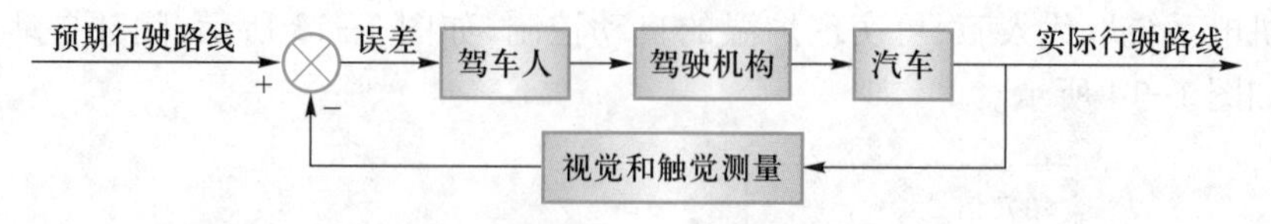

图 1-17 汽车驾驶反馈控制原理框图

3. 火炮随动控制系统

火炮随动控制系统是军事领域中一类较为典型的自动控制系统,其随动控制系统如图 1-18 所示。在该系统中,目标探测设备(如雷达、目标坐标测定仪等)探测到敌方目标,并确定目标的方位与距离,同时角度传感器测量火炮身管的当前指向,与目标的角度信息进行比较,根据两者的偏差,由计算机算法控制器发出控制信号,经功率放大器,传给伺服系统,驱动由齿轮组成的角度回转机构,控制火炮身管对准目标(严格地说,是指向飞机预期飞行点)。该系统中,输入信号为目标位置,输出信号即被控对象为火炮身管的指向,控制装置为火控计算机,伺服机构及回转机构为执行装置。火炮随动控制系统是经典控制中典型的随动控制系统。

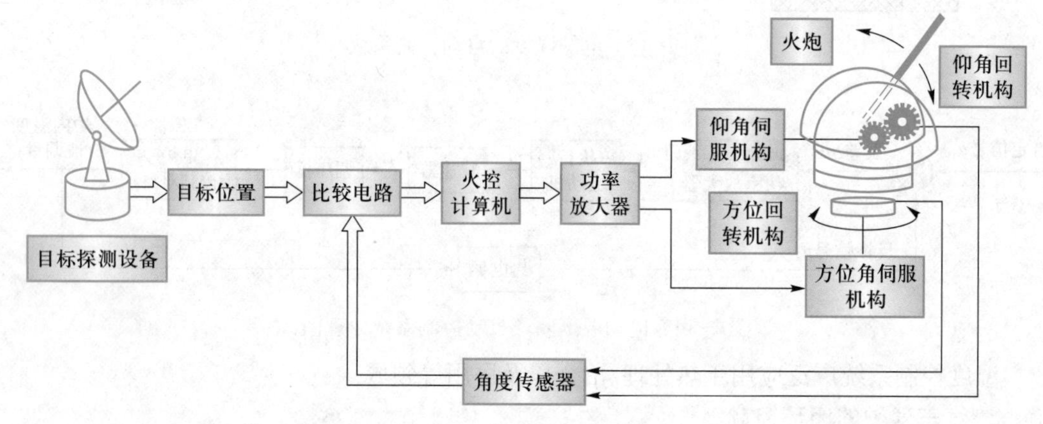

图 1-18 火炮随动控制系统

4. 飞机自动驾驶仪系统

飞机自动驾驶仪是一种能保持或改变飞机飞行状态的自动装置。它可以稳定飞行的姿态、高度和航迹,也可以操纵飞机爬高、下滑和转弯。飞机与自动驾驶仪组成的自动控制系统称为飞机自动驾驶仪系统。

与飞行员操纵飞机一样,自动驾驶仪控制飞机飞行是通过控制飞机的三个操纵面(升降舵、方向舵、副翼)的偏转,改变舵面的空气动力特性,以形成围绕飞机质心的旋转转矩,从而改变飞机的飞行姿态和轨迹。以自动驾驶仪稳定飞机俯仰角为例,图 1-19 为飞机自动驾驶仪系统稳定俯仰角的原理示意图。图中,垂直陀螺仪作为测量元件用以测量飞机的俯仰角,当飞机以给定俯仰角水平飞行时,陀螺仪电位器没有电压输出。若飞机受到扰动,使俯仰角向下偏离期望值,陀螺仪电位器输出与俯仰角偏差成正比的信号经放大器放大后驱动舵机,一方面推动升降舵面向上偏转,产生使飞机抬头的转矩,以减小俯仰角偏差;同时还带动反馈电位器滑臂,输出与舵偏角成正比的电压并反馈到输入端。随着俯仰角偏差的减小,陀螺仪电位器输出信号越来越小,舵偏角也随之减小,直到俯仰角回到期望值,这时,舵面也恢复到原来状态。图 1-20 是飞机自动驾驶仪系统稳定俯仰角的系统结构图。图中，飞机是被控对象，俯仰角是被控量，放大器、舵机等是控制装置，垂直陀螺仪、反馈电位器等是检测装置。输入量是给定的常值俯仰角，控制系统的任务就是在任何扰动（如阵风或气流冲击）作用下，始终保持飞机以给定俯仰角飞行。

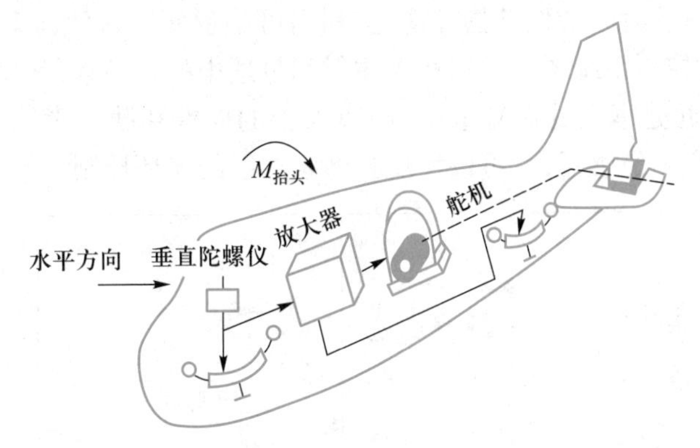

图 1-19　飞机自动驾驶仪系统稳定俯仰角的原理示意图

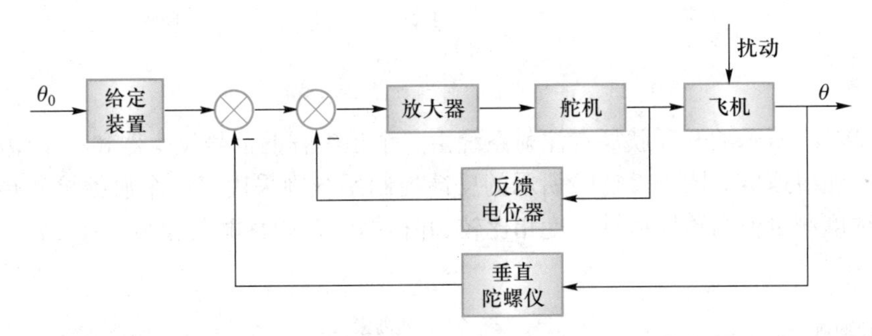

图 1-20　飞机自动驾驶仪系统稳定俯仰角的系统结构图

5. 磁盘驱动器读取系统

磁盘可以方便有效地储存信息，磁盘驱动器被广泛应用于便携式计算机、大型计算机等各类计算机之中。图 1-21 所示为磁盘驱动器的结构示意图，磁盘驱动器读取系统的目标是将磁头准确定位，以便正确读取磁盘磁道上的信息。要精确控制的被控制量是磁头（安装在一个滑动簧片上）的位置。磁盘旋转速度在 1 800～7 200 r/min 之间，磁头在磁盘上方不到 100 nm 的地方“飞行”，位置精度指标定为 1 μm。另外，磁头由磁道 a 移动到磁道 b 的时间要尽量短，例如小于 50 ms。如图 1-22 所示为磁盘驱动器磁头控制系统结构图。

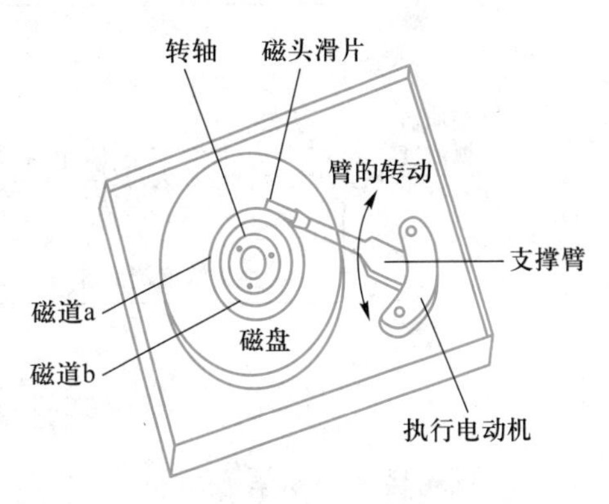

图 1-21　磁盘驱动器的结构示意图

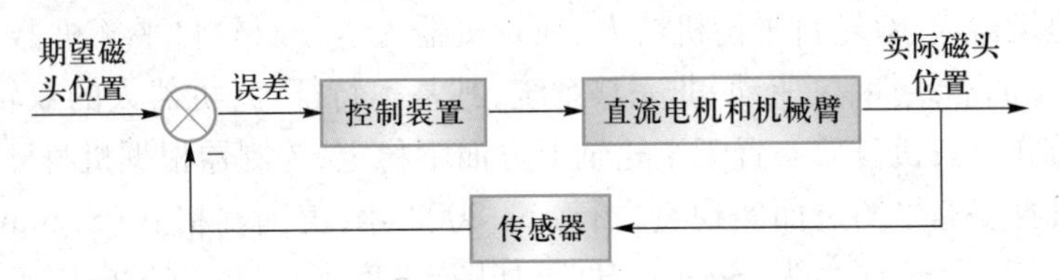

图 1-22　磁盘驱动器磁头控制系统结构图

6. 胰岛素注射控制系统

控制系统在生物医学领域已获得了广泛应用,例如药物自动注射系统。开环药物注射控制系统是控制工程在医学领域最常见的应用实例,开环控制方式的胰岛素注射控制系统根据糖尿病人当前一段时间的血糖指标情况,利用可编程便携式胰岛素注射器进行有针对性的注射,血糖注射控制系统要向糖尿病人注射剂量适中的胰岛素,其设计指标就是使病人的血糖浓度严格逼近健康人的血糖浓度,健康人士的血糖和胰岛素浓度如图 1-23 所示。如果采用实时血糖检测传感器,就可以实现胰岛素注射的闭环控制。

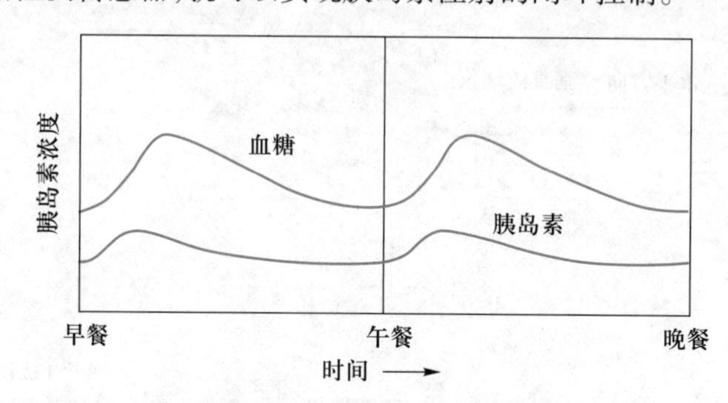

图 1-23 健康人士的血糖和胰岛素浓度示意图

图 1-24(a)所示的开环胰岛素注射系统由一个预编程的信号发生器和一个微型电泵来调节胰岛素注射速度。图 1-24(b)所示的反馈控制系统则采用了一个血糖检测传感器,将实际血糖浓度测量值与预期血糖浓度相比较,并根据偏差调整电泵和阀门,以改变胰岛素注射剂量。

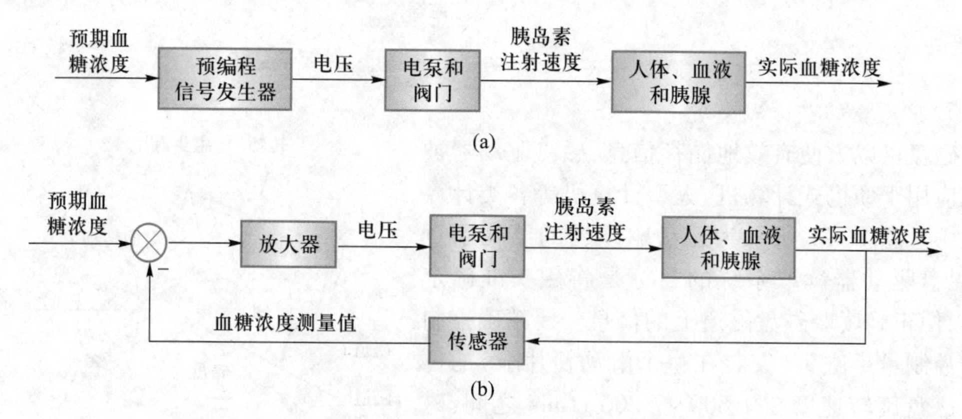

图 1-24 开环胰岛素注射系统与反馈控制系统结构图

7. 双轮自平衡机器人

自平衡机器人(self-balancing robot)是一种质心高于支点,在重力作用下,机身姿态本体不稳定的移动机器人,在运动中需要自身控制姿态维持平衡。典型的自平衡机器人有人形机器人、独腿机器人、双轮自平衡机器人、独轮机器人等。双轮自平衡机器人,又称“移动倒立摆”,是典型的非线性、欠驱动、非完整系统,其基本特征为:机器人的双轮共轴线排布,由独立电机分别驱动;机身质心置于车轮轴上方而不稳定;控制器根据机身姿态状态驱动双轮运动,保持机身姿态平衡进而实现直立行走。2002 年,美国赛格威(Segway)公司研制出双轮自平衡机器人系统,取名为“Segway HT”,如图 1-25 所示,并首先应用于人员密集的美国机场。警务人员站在 Segway HT 上，既能在人群中轻便快捷地行进，又能居高临下地观察机场各处的情形，及时发现处理情况。Segway HT 是世界上第一部采用两轮机器人运动平衡控制技术的便捷交通工具，充分展示了平行双轮行走的灵活性和实用性，引发了人们对未来交通革命的关注。图 1-26 为瑞士联邦工业学院（Swiss Federal Institute of Technology）研发的双轮自平衡机器人 Joe。

图 1-25 Segway HT

图 1-26 双轮自平衡机器人 Joe

图 1-27 为北京工业大学人工智能与机器人研究所研发的双轮自平衡机器人“原人”。

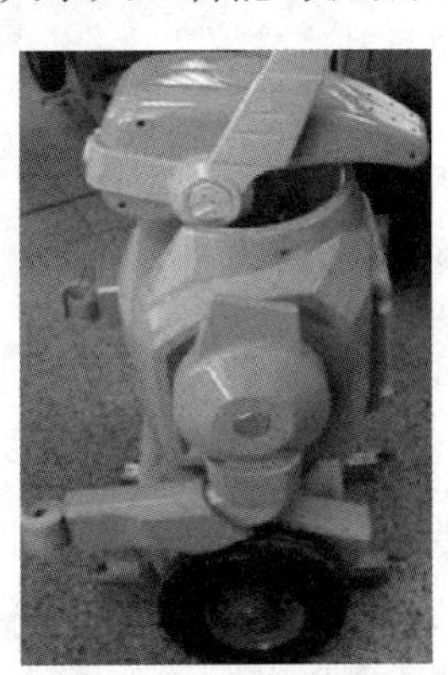

图 1-27 “原人”双轮自平衡机器人

对于自平衡机器人而言，姿态平衡控制是所有控制任务中最基础的问题，控制任务是使机器人保持直立状态。当测量倾斜角度的传感器检测到机器人本体产生倾斜时，控制系统会根据测得的倾角产生相应的力矩，通过控制电动机驱动两个车轮朝机器人要倒向的方向运动，保持机器人自身的动态平衡。例如：如果机器人向前方倾斜，则机器人双轮将向前运动，来使机器人保持平衡，反之亦然，这就是双轮自平衡轮机器人动态平衡控制的原理。从双轮自平衡机器人的平衡控制的过程可以发现，闭环控制结构是实现平衡控制必须采用的结构；必须实时获取机器人倾斜的角度信息，控制器根据偏差角度产生控制作用，实现直立平衡。可见，控制系统是机器人的灵魂，特别是对于两轮自平衡机器人这样的不稳定系统，没有控制系统，它连基本的“站立”都无法实现。图 1-28 为双轮自平衡机器人平衡控制结构框图。

视频：双轮自平衡机器人的平衡控制

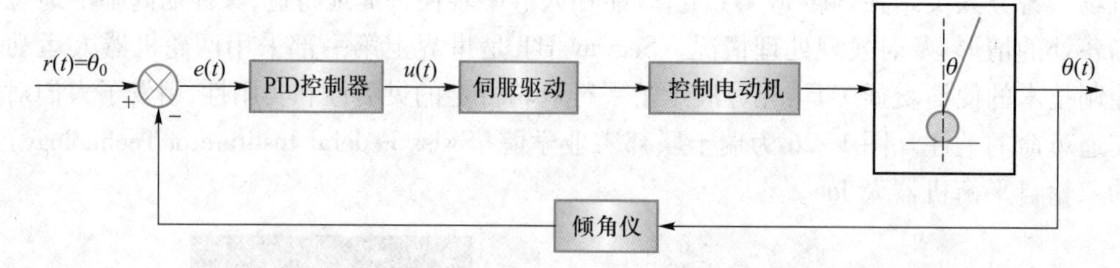

图1-28 双轮自平衡机器人平衡控制结构框图

由以上的控制系统的例子可见，在当今技术世界中，控制系统无所不在。它们维持着楼宇和工厂的环境、照明和电力；它们管理着汽车、家用电器及生产过程的运转；它们确保交通和通信的正常运作；它们是国防、航空系统的关键部分。大部分控制系统并不可见，它们被埋没在处理器的代码里，却保证准确可靠地实施其功能。控制系统的进步是一项极其重要的智慧与工程成就，将会为社会的发展做出更大的贡献。

思考题

1. 什么是自动控制系统？什么是受控对象？什么是控制？
2. 什么是自动控制？自动控制对于人类活动有什么意义？
3. 什么是反馈？什么是负反馈？
4. 开环控制系统是怎样控制的？试举例说明。
5. 闭环控制系统是怎样实现控制作用的？试举例说明。
6. 自动控制系统主要是由哪几大部分组成的？各组成部分都有些什么功能？
7. 为什么说采用了输出信号的负反馈可以提高系统的精度？
8. 如何理解“引进负反馈可以降低对前向通路中元器件的精度要求”？
9. 对自动控制系统的基本要求是什么？试举例来说明。
10. 实际生活中振荡现象是绝对不允许的吗？试举出希望维持等幅振荡的例子。
11. 实际生活中，系统的运动都有些什么样的类型？举例说明。
12. 试叙述汽车驾驶时，驾驶员操纵方向盘时的闭环控制过程。
13. 试叙述电冰箱中温度控制系统的控制温度过程。
14. 试叙述在帆船驾驶中，驾驶员是如何联合控制风帆转角与舵角来实现保持航向不变的控制。
15. 在跟踪飞机的飞行时，雷达的输入信号是什么样的信号？
16. 试叙述杂技节目“顶杆”的运动与控制过程。
17. 试叙述骑自行车时的闭环控制过程。
18. 家用电器中，有哪些是用反馈控制原理来进行控制的？
19. 行走机器人可以模拟人的行走，试大致分解人的行走控制过程。
20. 试大致叙述人在伸手取物时的运动与控制过程。

第2章

控制系统的数学描述方法

生活中,有许多类型的控制系统,如物理学中的力学系统是以牛顿力学为基础的机械运动系统;有非物理学系统,如现代化企业管理系统;有工程技术方面的控制系统,如电动机转速控制系统,也有人文社科方面的控制系统,如中国的人口控制系统。本书主要以物理学系统为研究对象,来研究自动控制理论的基本问题。

一个物理系统,作为知识表达,首先要采用适当的描述方法来描述,通常采用的方法是数学描述方法,或者称为数学模型。数学模型作为描述系统的专业语言,由于具有简捷、方便、通用等许多优点而得到广泛应用。

由上所述,在研究一个控制系统的时候,首先要建立该控制系统的数学模型。例如,在控制一个加热炉时,希望控制的物理量是加热炉的温度,而加热炉温度的变化可由控制加热源来决定,两者之间关系的数学描述就称为该物理系统的数学模型。一旦得到了描述系统运动的数学模型,就可以采用数学分析的方法来研究该系统的运动规律了。

一般情况下,一个动力学系统的运动受到物理学基本定律的支配,可以表现为描述其因果关系的微分方程。如力学系统可以由牛顿定律写出运动的微分方程,电学系统的微分方程可以由电压定律或者电流定律来写出。通常所说的系统的运动,就是对系统施加控制——也就是输入控制信号,来得到系统输出变量随时间的变化规律——也就是系统的输出响应信号。系统运动的数学描述就是在给定输入信号和初始条件下,求解微分方程而得到微分方程的解。这样,微分方程就是用于描述物理系统运动的一种数学模型。另外,基于拉普拉斯变换(简称拉氏变换)的传递函数和基于信号流通关系的动态结构图是自动控制理论研究中更为常用的数学模型。

控制系统的微分方程可以通过解析法或者实验法获得。所谓解析法,就是依据描述系统运动规律的运动定律来得到微分方程的方法,这些运动定律以运动方程的形式确定了变量之间的关系或元件端口信号之间的关系。实验法则是基于系统输入输出的实验数据来得到系统的微分方程。虽然为了便于分析与理解,本章主要讲述的是解析法,但是实验法也是建立或者检验系统数学模型的一种重要手段。

控制系统的运动是复杂的,因此,微分方程的表现形式也是多样的,如线性的与非线性的,定常系数的与时变系数的,集中参数的与分布参数的,等等。本书主要目的是讨论自动控制理论的基本问题,以描述单输入单输出线性定常系统的数学模型为主。关于非线性系统的研究,在本章中给出线性化的基本概念,另外在第7章中专门讲述非线性控制系统分析的基本方法。

研究控制系统数学模型的目的是为了得到系统的运动规律,这可以通过求解描述系统的运动方程,以时间解的方式来表现运动规律。另外,在许多情况下,例如线性定常系统,数学模型一经确定,其时间解也就随之确定了。也就是说,为了简化系统的分析,有时仅仅依赖于描述系统的运动方程就可以了。

2-1 控制系统的微分方程

控制系统的运动规律,一般是以时间 t 为自变量,采用线性常系数微分方程来描述的,可以表示为

$$\begin{aligned}&c^{(n)}(t)+a_{n-1}c^{(n-1)}(t)+\cdots+a_1\dot{c}(t)+a_0c(t)\\&=b_mr^{(m)}(t)+b_{m-1}r^{(m-1)}(t)+\cdots+b_1\dot{r}(t)+b_0r(t),n\geqslant m\end{aligned} \tag{2-1}$$

或者

$$\sum_{i=0}^{n}a_ic^{(i)}(t)=\sum_{j=0}^{m}b_jr^{(j)}(t) \tag{2-2}$$

其中,$a_n=1,n\geqslant m$。式中,$c^{(i)}(t)(i=0,1,2,\cdots,n)$为输出信号的各阶导数,$a_i(i=0,1,2,\cdots,n-1)$为输出信号各阶导数的常系数,$r^{(j)}(t)(j=0,1,2,\cdots,m)$为输入信号的各阶导数,$b_j(j=0,1,2,\cdots,m)$为输入信号各阶导数的常系数。为了描述系统的可实现性,一般限定方程两边导数的阶次 $n\geqslant m$。

如上所述,线性定常系统的微分方程可以描述为输出信号的各阶导数 $c^{(i)}(t)(i=0,1,2,\cdots,n)$与输入信号的各阶导数 $r^{(j)}(t)(j=0,1,2,\cdots,m)$的线性组合。

线性定常系统有如下特性。

1. 线性可加性

一般来说,满足叠加定理的系统称为线性系统(线性系统还应满足齐次性,在此略去不影响对动力学系统的描述)。

设系统的输入为 $r_1(t)$时,系统的输出为 $c_1(t)$,系统的输入为 $r_2(t)$时,系统的输出为 $c_2(t)$。如果满足系统的输入为

$$r(t)=a\cdot r_1(t)+b\cdot r_2(t)$$

系统的输出保持线性可加为

$$c(t)=a\cdot c_1(t)+b\cdot c_2(t) \tag{2-3}$$

则称该系统为线性系统。反之,不满足叠加定理的系统称为非线性系统。

2. 参数定常性

系统的参数,或者说元件的参数均为常数,则称为定常系统。如式(2-1)中的各参数 a_i,b_j 等,反之,则称为时变系统(系统的参数为时间的函数)或者变系数系统。

采用解析法求取系统的运动方程时,一般的方法是根据物理系统的运动定律来列写。下面,以几种基本物理系统为例来说明如何求得描述系统运动的微分方程。

2-1-1 电学系统

在电学系统中,所需遵循的是元件上的变量约束与网络中的变量约束。在元件的变量约束中,假定只考虑集中参数的线性关系,而对于网络中的变量约束,按照网络拓扑原理,可以采用许多种方法来得到运动方程,在此只考虑电网络的基本运动方程。

1. 元件上的变量约束

电路分析中的基本线性元件有三种,电阻 R、电容 C 和电感 L,它们的电压-电流关系如图 2-1 所示。

由线性元件的电压-电流关系,可得三种线性元件的变量约束关系如式(2-4)至式(2-6)所示。

$$u_R(t)=R\cdot i_R(t) \tag{2-4}$$

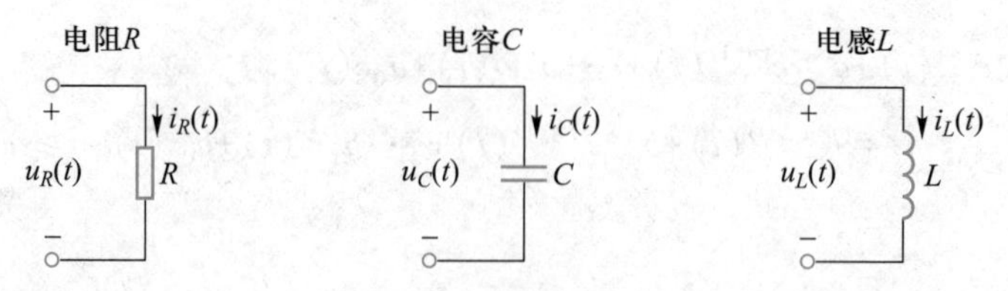

图 2-1 基本线性元件的电压-电流关系

$$u_C(t)=\frac{1}{C}\int i_C(t)\,\mathrm{d}t \tag{2-5}$$

$$u_L(t)=L\frac{\mathrm{d}i_L(t)}{\mathrm{d}t} \tag{2-6}$$

2. 电网络的变量约束

电网络的基本变量约束为基尔霍夫的两个定律——基尔霍夫电压定律与基尔霍夫电流定律，表示为

回路电压定律 $\Sigma u_{\mathrm{e}}(t)=u_{\mathrm{i}}(t)$（关联参考方向） (2-7)

节点电流定律 $\Sigma i(t)=0$ (2-8)

在这两个网络基本方程的条件下，可以确定电网络中独立变量的个数，并写出电网络的微分方程。

[例 2-1] 考虑由电阻 R 与电容 C 组成的一阶 RC 滤波电路如图 2-2 所示，写出以 $u_{\mathrm{i}}(t)$ 为输入，$u_{\mathrm{o}}(t)$ 为输出的微分方程。

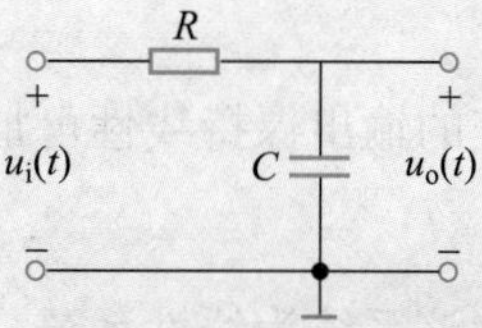

图 2-2 一阶 RC 滤波电路

解 由回路电压定律

$$\Sigma u_{\mathrm{e}}(t)=u_{\mathrm{i}}(t)$$

有

$$u_R(t)+u_C(t)=u_{\mathrm{i}}(t)$$

因为电阻电压 $u_R(t)=Ri(t)$，电容电流 $i(t)=C\dfrac{\mathrm{d}u_C(t)}{\mathrm{d}t}$，代入上式得到微分方程为

$$RC\frac{\mathrm{d}u_C(t)}{\mathrm{d}t}+u_C(t)=u_{\mathrm{i}}(t)$$

令时间常数为

$$T=RC \tag{2-9}$$

方程可以写为

$$T\frac{\mathrm{d}u_C(t)}{\mathrm{d}t}+u_C(t)=u_{\mathrm{i}}(t) \tag{2-10}$$

可以简写为

$$T\dot{u}_C+u_C=u_{\mathrm{i}} \tag{2-11}$$

因为输出变量的最高阶导数为一阶，上述方程称为一阶微分方程。

[例 2-2] 图 2-3 为两级 RC 网络组成的滤波电路，写出以 $u_{\mathrm{i}}(t)$ 为输入，$u_{\mathrm{o}}(t)$ 为输出的微分方程。

解 对于回路 L_1 有

$$u_{R_1}(t)+u_{C_1}(t)=u_{\mathrm{i}}(t)$$

对于回路 L_2 有

$$-u_{C_1}(t)+u_{R_2}(t)+u_{C_2}(t)=0$$

设回路 L_1 的电流为 $i_1(t)$，回路 L_2 的电流为 $i_2(t)$，得到元件的变量约束为

$$u_{R_1}(t)=R_1\cdot i_1(t)$$

$$u_{R_2}(t)=R_2\cdot i_2(t)$$

$$u_{C_1}(t)=\frac{1}{C_1}\int[i_1(t)-i_2(t)]\mathrm{d}t$$

$$u_{C_2}(t)=\frac{1}{C_2}\int i_2(t)\mathrm{d}t=u_o(t)$$

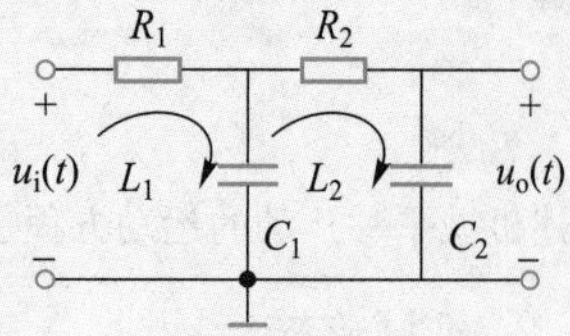

图 2-3 二阶 RC 滤波电路

综合上述方程组，消去中间变量 $i_1(t)$，$i_2(t)$，$u_{C_1}(t)$，得到以 $u_i(t)$ 为输入，$u_o(t)$ 为输出的微分方程为

$$R_1C_1R_2C_2\frac{\mathrm{d}^2u_o(t)}{\mathrm{d}t^2}+(R_1C_1+R_2C_2+R_1C_2)\frac{\mathrm{d}u_o(t)}{\mathrm{d}t}+u_o(t)=u_i(t) \tag{2-12}$$

设时间常数为

$$T_1=R_1C_1,T_2=R_2C_2,T_3=R_1C_2 \tag{2-13}$$

单位是 s，方程又可以写为

$$T_1T_2\frac{\mathrm{d}^2u_o(t)}{\mathrm{d}t^2}+(T_1+T_2+T_3)\frac{\mathrm{d}u_o(t)}{\mathrm{d}t}+u_o(t)=u_i(t) \tag{2-14}$$

简写为

$$T_1T_2\ddot{u}_o+(T_1+T_2+T_3)\dot{u}_o+u_o=u_i \tag{2-15}$$

这是一个二阶微分方程，各阶导数的系数都是常系数，由各线性元件的值所确定，所以该系统又称为二阶线性定常系统。

2-1-2 力学系统

古典力学系统的运动规律是由牛顿定律来制约的。在求取力学系统的运动方程时，要分析是哪一种运动的平衡，如平移运动、旋转运动、动量平衡等。在分析当中，特别要注意物理单位之间的关系和换算，找到平衡关系，列出平衡方程式。

1. 机械平移运动

[例 2-3] 设平移系统如图 2-4 所示，试列出以 $F_i(t)$ 为输入，以质量单元的位移 $x(t)$ 为输出的运动方程。

解 只考虑动力学系统的运动，加速度定律为

$$ma(t)=\sum F(t)=m\frac{\mathrm{d}^2x(t)}{\mathrm{d}t^2}$$

合力为

$$\sum F(t)=F_k(t)+F_f(t)+F_i(t)$$

其中弹性阻力

$$F_k(t)=-kx(t)$$

粘滞阻力

$$F_f(t)=-f\frac{\mathrm{d}x(t)}{\mathrm{d}t}$$

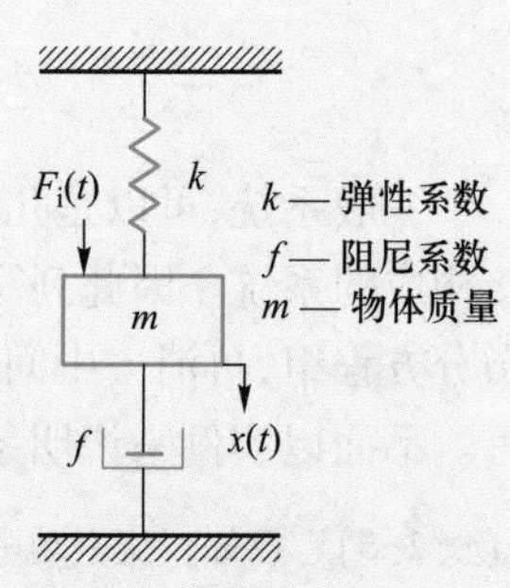

图 2-4 平移系统

代入方程有

$$m\frac{\mathrm{d}^2x(t)}{\mathrm{d}t^2}=-kx(t)-f\frac{\mathrm{d}x(t)}{\mathrm{d}t}+F_{\mathrm{i}}(t)$$

整理

$$m\frac{\mathrm{d}^2x(t)}{\mathrm{d}t^2}+f\frac{\mathrm{d}x(t)}{\mathrm{d}t}+kx(t)=F_{\mathrm{i}}(t) \tag{2-16}$$

描述机械平移运动的运动方程也是二阶微分方程。

2. 机械旋转运动

[例 2-4] 已知机械旋转系统如图 2-5 所示，试列出系统运动方程。

解 角加速度方程为

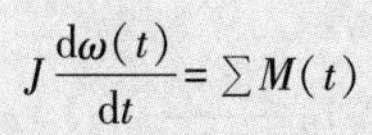

$$J\frac{\mathrm{d}\omega(t)}{\mathrm{d}t}=\sum M(t)$$

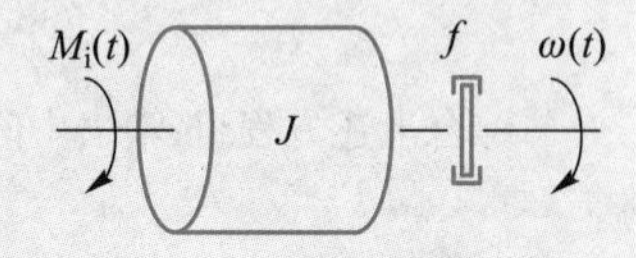

图 2-5 机械旋转系统

其中，J ——转动惯量；

$\omega(t)$——旋转角速度；

$\sum M(t)$——合力矩。

得到

$$J\frac{\mathrm{d}\omega(t)}{\mathrm{d}t}=-f\omega(t)+M_{\mathrm{i}}(t)$$

其中，M_{i}——作用力矩；

$-f\omega(t)$——阻尼力矩，其大小与转速成正比，方向与作用力矩的方向相反。

整理得

$$J\frac{\mathrm{d}\omega(t)}{\mathrm{d}t}+f\omega(t)=M_{\mathrm{i}}(t) \tag{2-17}$$

方程的输入变量是作用力矩 $M_{\mathrm{i}}(t)$，输出变量是旋转角速度 $\omega(t)$，方程是变量关系为 $M_{\mathrm{i}}-\omega$ 的一阶微分方程。如果以转角 $\theta(t)$ 为输出变量，因为

$$\omega(t)=\frac{\mathrm{d}\theta(t)}{\mathrm{d}t}$$

代入方程得

$$J\frac{\mathrm{d}^2\theta(t)}{\mathrm{d}t^2}+f\frac{\mathrm{d}\theta(t)}{\mathrm{d}t}=M_{\mathrm{i}}(t) \tag{2-18}$$

则得到以转角 $\theta(t)$ 为输出变量的二阶微分方程。

2-1-3 一般系统

一般系统，可以是几种不同类型的物理系统，在符合传输关系的条件下，以不同方式连接构成的系统。因此列写一般系统微分方程时，可先写出各子系统的满足输入输出关系的微分方程组，再消去中间变量。一般系统的类型没有一定限制，只要符合端口信号关系即可。下面以实例来说明系统的结构构成、功能分析以及微分方程的列写。

[例 2-5] 已知直流电动机定子与转子的电磁关系如图 2-6 所示，机电系统原理图如图 2-7 所示，试写出其运动方程。

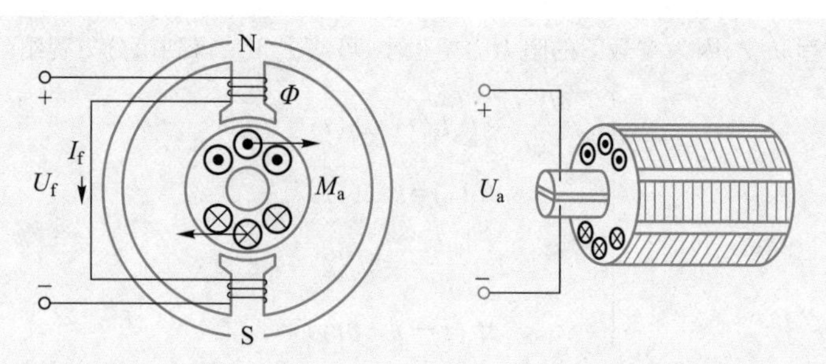

图 2-6 直流电动机定子与转子的电磁关系

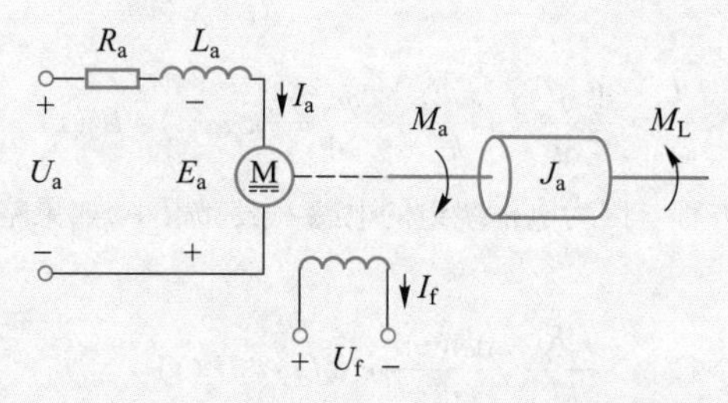

图 2-7 直流电动机机电系统原理图

解 直流电动机系统由两个子系统构成，一个是电网络，由电网络可得到电能，产生电磁转矩；另一个是机械运动系统，输出机械能带动负载转动。在图 2-6 的电动机结构示意图中，设主磁通 Φ 为恒定磁通，也就是说在励磁电压 U_f 为常数时，产生常数值的励磁电流 I_f，从而主磁通 Φ 也为常数。忽略旋转粘滞系数 f_a，则可以写出如下平衡方程（直流电动机的详细内容，可以参阅电力拖动的有关书籍）。

（1）电网络平衡方程

$$L_a \frac{dI_a(t)}{dt}+R_aI_a(t)+E_a(t)=U_a(t) \tag{2-19}$$

其中，$U_a(t)$——电动机的电枢电压（V）；

$I_a(t)$——电动机的电枢电流（A）；

R_a——电枢绕组的电阻（Ω）；

L_a——电枢绕组的电感（H）；

$E_a(t)$——电枢绕组的感应电动势（V）。

（2）电动势平衡方程

$$E_a(t)=k_e\omega(t) \tag{2-20}$$

其中，$\omega(t)$——电枢旋转角速度（rad/s）；

k_e——电动势常数，由电动机的结构参数确定（V · s）。

（3）机械平衡方程

$$J_a \frac{d\omega(t)}{dt}=M_a(t)-M_L(t) \tag{2-21}$$

其中，J_a——电动机转子的转动惯量（kg · m^2）；

$M_a(t)$——电动机的电磁转矩（N · m）；

$M_L(t)$——折合阻力矩（N · m）。

（4）转矩平衡方程

$$M_a(t)=k_cI_a(t) \tag{2-22}$$

其中，k_c——电磁转矩常数，由电动机的结构参数确定（N · m/A）。

将上述四个方程联立,因为空载下的阻力力矩很小,可略去 M_L,得到微分方程组

$$\begin{cases} L_a \dfrac{dI_a(t)}{dt}+R_a I_a(t)+E_a(t)=U_a(t) \\ E_a(t)=k_e\omega(t) \\ J_a \dfrac{d\omega(t)}{dt}=M_a(t) \\ M_a(t)=k_c I_a(t) \end{cases} \tag{2-23}$$

消去中间变量 $I_a(t)$、$E_a(t)$、$M_a(t)$,可得输入为电枢电压 $U_a(t)$,输出为转轴角速度 $\omega(t)$ 的二阶微分方程,即

$$\frac{J_a L_a}{k_c}\cdot\frac{d^2\omega(t)}{dt^2}+\frac{J_a R_a}{k_c}\cdot\frac{d\omega(t)}{dt}+k_e\omega(t)=U_a(t) \tag{2-24}$$

这是一个二阶线性微分方程。因为电枢绕组的电感一般都很小,如果略去电枢绕组的电感 L_a,则可以得到一阶线性微分方程为

$$\frac{J_a R_a}{k_c}\cdot\frac{d\omega(t)}{dt}+k_e\omega(t)=U_a(t) \tag{2-25}$$

2-2 非线性微分方程的线性化

在建立控制系统数学模型的过程中,所研究的并不都是线性系统,有许多是非线性系统,因而也就不能用上一节所叙述的线性微分方程来描述。实际见到的线性微分方程,也是在许多假定条件下才得到的。

例如导磁材料的磁饱和特性如图 2-8 所示。当激磁电流 I 较小时,可以认为磁场密度 B 随着激磁电流 I 线性增加。但是当激磁电流较大时,B 的增长率越来越小,呈现明显的饱和非线性。

当考虑激磁电流为常数 I_a 时,可以在 I_a 邻域作切线,如图 2-8所示。从物理意义上可以认为,如果激磁电流 I 在 I_a 邻域小范围内变化时,则磁场密度 B 也在小范围内线性变化。从其函数关系来看,如果在工作点附近有小的电流变化,则磁通的变化可以用一条直线来近似原来的变化关系。因此满足微变条件时,在固定工作点邻域非线性系统的运动过程可以由线性运动过程来代替。

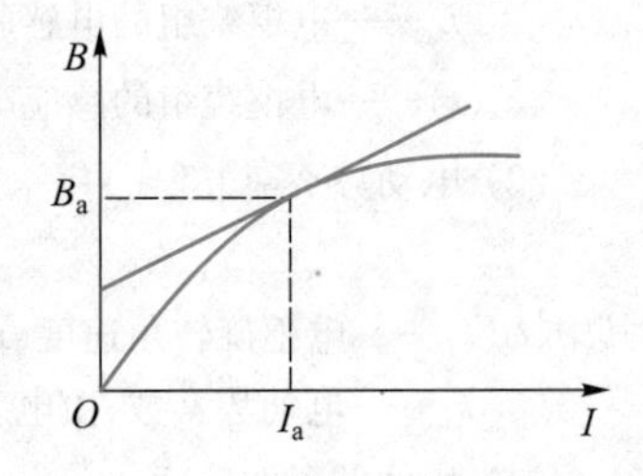

图 2-8 导磁材料的饱和特性

综上所述,对于数学上满足基本条件(连续、可导)的非线性系统,确定其在工作点邻域的线性关系,称为非线性系统的线性化。这样,除了本质非线性系统之外,大部分的非线性系统都可以写出它的线性化数学模型。

非线性系统的线性化步骤如下。

(1) 首先确定系统输入-输出之间的函数关系 $y(x)$;

(2) 在工作点 x_0 邻域将 $y(x)$ 展开为泰勒级数

$$y(x)=y(x_0)+\frac{\mathrm{d}}{\mathrm{d}t}[y(x)]\Big|_{x=x_0}(x-x_0)+\frac{1}{2}\cdot\frac{\mathrm{d}^2}{\mathrm{d}t^2}[y(x)]\Big|_{x=x_0}(x-x_0)^2+\cdots \tag{2-26}$$

略去二阶以上高次项得到

$$y(x)\approx y(x_0)+\frac{\mathrm{d}}{\mathrm{d}t}[y(x)]\Big|_{x=x_0}(x-x_0) \tag{2-27}$$

（3）当 $x-x_0$ 很小很小时，有 $y(x)-y(x_0)$ 也很小很小，增量式为

$$\Delta x=x-x_0 \tag{2-28}$$

$$\Delta y=y(x)-y(x_0) \tag{2-29}$$

令

$$k_0=\frac{\mathrm{d}}{\mathrm{d}t}[y(x)]\Big|_{x=x_0} \tag{2-30}$$

即在工作点 x_0 邻域，将曲线斜率视为常数，得到增量方程

$$\Delta y=k_0\Delta x \tag{2-31}$$

（4）将增量以普通变量来表示，就得到了线性化方程

$$y=k_0x \tag{2-32}$$

[例 2-6] 三相全桥整流调速装置如图 2-9 所示，输入量为控制角 α，输出量为整流电压 U_{D}，试建立其线性化模型。

解 由电力电子技术的知识可知，整流电压 U_{D} 与控制角 α 之间的关系为

$$U_{\mathrm{D}}=U_0\cos\alpha$$

其中，U_0 为理想空载整流电压值。晶闸管特性曲线如图 2-10 所示，很显然它是非线性关系。设调速系统的工作点为

$$U_{\mathrm{D0}}=U_0\cos\alpha_0$$

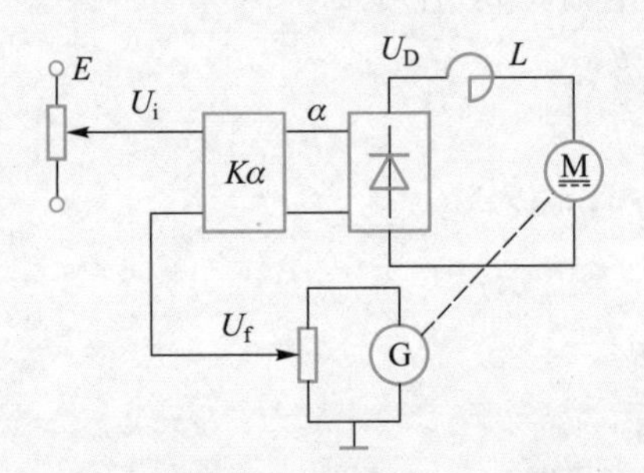

图 2-9 三相全桥整流调速装置

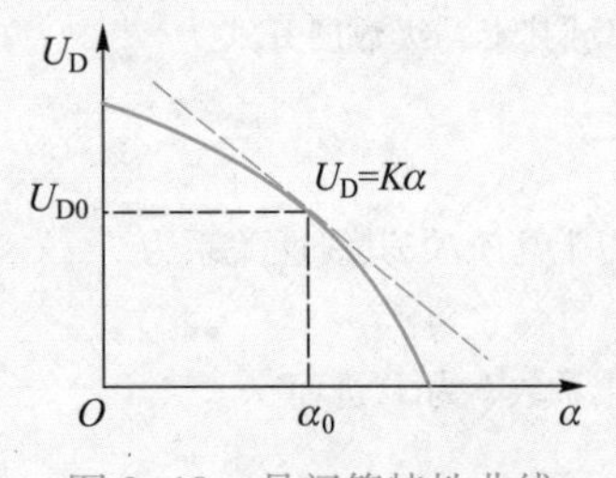

图 2-10 晶闸管特性曲线

增量式为

$$U_{\mathrm{D}}-U_{\mathrm{D0}}=K(\alpha-\alpha_0)$$

由于

$$U_{\mathrm{D}}-U_{\mathrm{D0}}=\Delta U_{\mathrm{D}}$$

$$\alpha-\alpha_0=\Delta\alpha$$

$$K=\frac{\mathrm{d}U_{\mathrm{D}}}{\mathrm{d}\alpha}\bigg|_{\alpha=\alpha_0}=\frac{\mathrm{d}}{\mathrm{d}\alpha}(U_0\cos\alpha)\bigg|_{\alpha=\alpha_0}=-U_0\sin\alpha_0$$

线性化增量方程为

$$\Delta U_{\mathrm{D}}=K\Delta\alpha$$

以普通变量来表示增量,写成线性化方程为

$$U_{\mathrm{D}}=K\alpha$$

[**例 2-7**]　已知单摆系统运动示意图如图 2-11 所示。(1) 写出运动方程;(2) 求取线性化方程。

解　(1) 列写运动方程

摆球质量为 m,摆长为 l;设摆角为 $\theta(t)$,则运动弧长为 $l\cdot\theta(t)$;摆球运动时的媒质(空气或者某种液体)阻力为 $h(t)$,由牛顿定律可以写出

$$m\left[l\frac{\mathrm{d}^2\theta(t)}{\mathrm{d}t^2}\right]=-mg\sin\theta(t)+h(t)\tag{2-33}$$

媒质阻力 $h(t)$ 的大小与运动速度成正比

$$h(t)=-\alpha\left[l\frac{\mathrm{d}\theta(t)}{\mathrm{d}t}\right]\tag{2-34}$$

式中,α——媒质的阻力系数;

$l\dfrac{\mathrm{d}\theta(t)}{\mathrm{d}t}$——运动微弧长的速度,负号表示媒质阻力总是与运动速度方向相反。

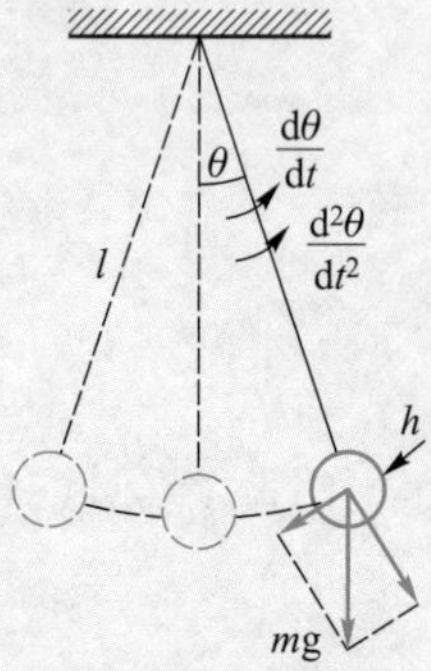

图 2-11　单摆系统运动示意图

将式(2-34)代入式(2-33),略去时间变量 t,得到单摆系统的运动方程为

$$ml\frac{\mathrm{d}^2\theta}{\mathrm{d}t^2}+\alpha l\frac{\mathrm{d}\theta}{\mathrm{d}t}+mg\sin\theta=0\tag{2-35}$$

这是一个二阶微分方程,但是方程中的零阶导数项是非线性项,因此式(2-35)所示的方程是一个二阶非线性微分方程。由于该方程是一个齐次方程,即作用力为零,当给定初始条件 $\theta(t_0)$ 和 $\dfrac{\mathrm{d}\theta}{\mathrm{d}t}\bigg|_{t=t_0}$,则该系统的运动就唯一确定。

(2) 求取单摆系统的线性化方程

式(2-35)所示的方程中的零阶导数项是一个正弦性质的非线性项,即

$$\varphi=\sin\theta\tag{2-36}$$

在 $\theta_0=0$ 邻域其泰勒级数展开式为

$$\varphi=\theta-\frac{1}{3!}\theta^3+\cdots\tag{2-37}$$

忽略二阶以上高阶项,其线性关系为

$$\varphi=\theta\tag{2-38}$$

则其线性化系数 k 为 1,进而

$$\frac{\mathrm{d}\varphi}{\mathrm{d}t}=\frac{\mathrm{d}\theta}{\mathrm{d}t},\frac{\mathrm{d}^2\varphi}{\mathrm{d}t^2}=\frac{\mathrm{d}^2\theta}{\mathrm{d}t^2}$$

代入式(2-35),得到线性化方程为

$$ml\frac{\mathrm{d}^2\varphi}{\mathrm{d}t^2}+\alpha l\frac{\mathrm{d}\varphi}{\mathrm{d}t}+mg\varphi=0\tag{2-39}$$

其线性化关系如图 2-12 所示。由图可见,在原点附近,用 $\varphi=\theta$ 来代替 $\varphi=\sin\theta$,其近似程度是令人满意的。

在不同的工作点邻域,可以得到不同的线性化方程。例如,在 $\theta=\pi$ 邻域(注意:该点是系统的一个平衡点)的切线方程为 $\varphi=-\theta+\pi$,相应的线性化系数 $k=-1$,若只考虑动力学特性,忽略静角位移 π,则该点处的线性化方程为

$$ml\frac{\mathrm{d}^2\varphi}{\mathrm{d}t^2}+\alpha l\frac{\mathrm{d}\varphi}{\mathrm{d}t}-mg\varphi=0 \tag{2-40}$$

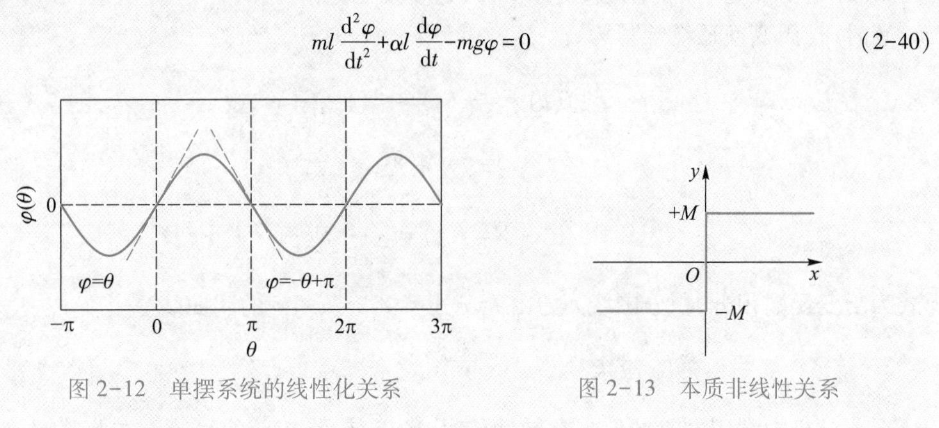

图 2-12 单摆系统的线性化关系

图 2-13 本质非线性关系

在将一个非线性系统作线性化时,有以下几点需要注意。

(1) 如图 2-13 所示的本质非线性关系不可以采用上述方法进行线性化。因为这类非线性系统的不连续性、不可导性使得其泰勒级数展开式在工作点邻域的切线近似不成立,因此对于本质非线性系统,将采用第 7 章所叙述的方法来进行分析。

(2) 对于多变量情况,其线性化方法相似。如双变量时,函数关系可以表示为 $f(x,y)$,如果满足在工作点邻域的连续、可导条件,线性化原理与前面所述相同,在此不予赘述,请参阅相关书籍。

(3) 工作点不同时,其线性化系数是不同的,因此其线性化方程也是不同的。这一点表现在非线性函数关系上就是在不同的工作点,可以获得斜率不同的切线,所以线性化系数是各异的。因此对非线性系统作线性化时,一定要先确定其工作点,这样求得的线性化方程才是正确的。

(4) 一个非线性系统在工作点邻域的线性化方程,应满足其函数关系的变化是在小范围内的,否则,误差将会很大。因为线性化方程是增量方程,但是仍旧使用基本变量来表示,所以当增量范围过大时,不满足线性化条件。

2-3 拉普拉斯变换及其应用

许多时间域的函数可以通过线性变换的方法在变换域中来表示。在变换域中表示有时更为简捷、方便。例如控制理论中常用的拉普拉斯变换,简称拉氏变换,就是其中的一种。

2-3-1 拉氏变换的定义

已知时域函数 $f(t)$,如果满足相应的收敛条件,可以定义其拉氏变换为

$$F(s)=\int_0^\infty f(t)\cdot \mathrm{e}^{-st}\mathrm{d}t \tag{2-41}$$

式中，$f(t)$称为变换原函数，$F(s)$称为变换象函数，自变量 s 为复自变量，表示为

$$s=\sigma+\mathrm{j}\omega \tag{2-42}$$

因为 $F(s)$是复自变量 s 的函数，所以 $F(s)$是复变函数。

有时，拉氏变换还经常写为

$$\mathscr{L}[f(t)]=F(s)=\int_0^{\infty}f(t)\cdot \mathrm{e}^{-st}\mathrm{d}t \tag{2-43}$$

拉氏变换有逆运算，称为拉氏反变换，表示为

$$\mathscr{L}^{-1}[F(s)]=f(t)=\frac{1}{2\pi\mathrm{j}}\int_c F(s)\cdot \mathrm{e}^{st}\mathrm{d}s \tag{2-44}$$

上式为复变函数积分，积分围线 c 为由 $s=\sigma-\mathrm{j}\infty$ 到 $s=\sigma+\mathrm{j}\infty$ 的闭曲线。

2-3-2 常用信号的拉氏变换

系统分析中常用的时域信号有脉冲信号、阶跃信号、正弦信号等。在此复习一些基本时域信号拉氏变换的求取方法。

1. 单位脉冲信号

理想单位脉冲信号的数学表达式为

$$\delta(t)=\begin{cases}\infty, t=0\\ 0, t\neq 0\end{cases} \tag{2-45}$$

因为

$$\int_{0_-}^{0_+}\delta(t)\mathrm{d}t=1 \tag{2-46}$$

所以

$$\mathscr{L}[\delta(t)]=\int_{0_-}^{\infty}\delta(t)\mathrm{e}^{-st}\mathrm{d}t=\int_{0_-}^{0_+}\delta(t)\mathrm{d}t=1 \tag{2-47}$$

关于单位脉冲函数，有以下几项说明。

（1）单位脉冲函数的积分

单位脉冲函数可以通过极限方法得到。设单个方波脉冲如图 2-14 所示，脉冲的宽度为 a，脉冲的高度为$\frac{1}{a}$，面积为 1。当保持面积不变，方波脉冲的宽度 a 趋于无穷小时，高度$\frac{1}{a}$趋于无穷大，单个方波脉冲演变成理想的单位脉冲函数。在坐标图上经常将单位脉冲函数 $\delta(t)$表示成单位高度的带有箭头的线段。

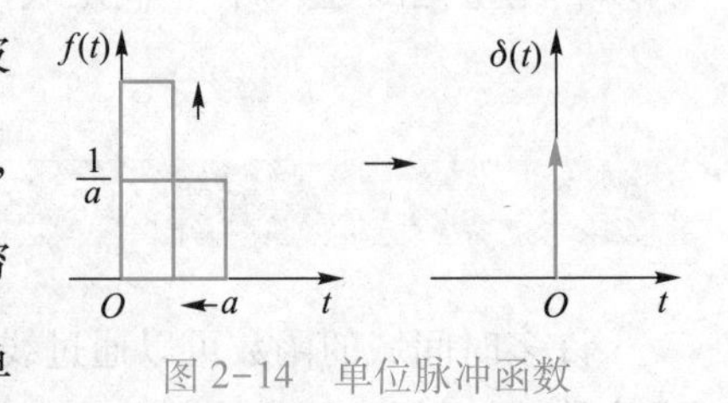

图 2-14 单位脉冲函数

（2）关于拉氏变换的积分下限

由单位脉冲函数 $\delta(t)$的定义可知，其面积积分的上、下限是从 0_-到 0_+的。因此，在求它的拉氏变换时，拉氏变换的积分下限也必须是 0_-。由此，特别指明拉氏变换定义式中的积分下限是 0_-是有实际意义的。所以，根据应用的实际情况，拉氏变换的积分下限有 0_-，0，0_+

三种情况。

当然，这在大多数情况下无关紧要，但是这样来修改定义，就不会丢掉信号中位于 $t=0$ 处可能存在的脉冲函数。

2. 单位阶跃信号

单位阶跃信号如图 2-15 所示，其数学表达式为

$$f(t)=\begin{cases}1, t\geqslant 0\\0, t<0\end{cases} \tag{2-48}$$

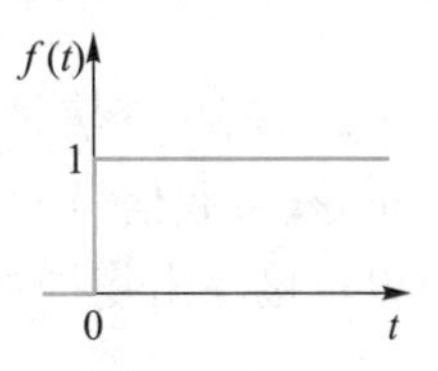

图 2-15 单位阶跃信号

又经常写为

$$f(t)=1(t) \tag{2-49}$$

由拉氏变换的定义式，求得单位阶跃信号的拉氏变换为

$$\mathscr{L}[1(t)]=\int_{0_-}^{\infty}1\cdot e^{-st}dt=\frac{1}{-s}e^{-st}\Big|_{0_-}^{\infty}=\frac{1}{s} \tag{2-50}$$

因为

$$\frac{d}{dt}[1(t)]=\delta(t)$$

阶跃信号的导数在 $t=0$ 处有脉冲函数存在，所以单位阶跃信号的拉氏变换，其积分下限规定为 0_-。

3. 单位斜坡信号

单位斜坡信号如图 2-16 所示，其数学表达式为

$$f(t)=\begin{cases}t, t\geqslant 0\\0, t<0\end{cases} \tag{2-51}$$

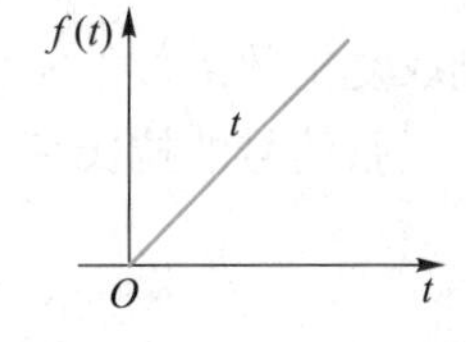

图 2-16 单位斜坡信号

另外，为了表示信号的起始时刻，有时也经常写为

$$f(t)=t\cdot 1(t) \tag{2-52}$$

为了得到单位斜坡信号的拉氏变换，利用分部积分公式

$$\int_a^b u dv=uv\Big|_a^b-\int_a^b v du$$

得

$$\begin{aligned}\mathscr{L}[t\cdot 1(t)]&=\int_{0_-}^{\infty}te^{-st}dt\\&=\frac{1}{-s}\int_{0_-}^{\infty}td(e^{-st})\\&=\frac{1}{-s}\left[te^{-st}\Big|_{0_-}^{\infty}-\int_{0_-}^{\infty}e^{-st}dt\right]\\&=\frac{1}{s^2}\end{aligned} \tag{2-53}$$

4. 指数信号

指数信号如图 2-17 所示，其数学表达式为

$$f(t)=\mathrm{e}^{\alpha t},t\geqslant 0 \tag{2-54}$$

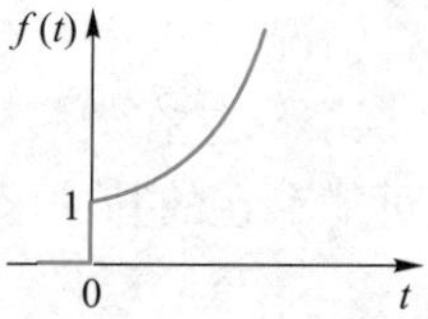

拉氏变换为

$$\mathscr{L}[\mathrm{e}^{\alpha t}]=\int_{0_-}^{\infty}\mathrm{e}^{\alpha t}\mathrm{e}^{-st}\mathrm{d}t=\int_{0_-}^{\infty}\mathrm{e}^{-(s-\alpha)t}\mathrm{d}t=\frac{1}{s-\alpha} \tag{2-55}$$

图 2-17　指数信号

5. 正弦、余弦信号

正弦、余弦信号的拉氏变换可以利用指数信号的拉氏变换求得。由指数函数的拉氏变换可以直接写出复指数函数的拉氏变换，即

$$\mathscr{L}[\mathrm{e}^{\mathrm{j}\omega t}]=\frac{1}{s-\mathrm{j}\omega} \tag{2-56}$$

因为

$$\frac{1}{s-\mathrm{j}\omega}=\frac{s+\mathrm{j}\omega}{(s+\mathrm{j}\omega)(s-\mathrm{j}\omega)}=\frac{s+\mathrm{j}\omega}{s^2+\omega^2}=\frac{s}{s^2+\omega^2}+\mathrm{j}\frac{\omega}{s^2+\omega^2} \tag{2-57}$$

由欧拉公式

$$\mathrm{e}^{\mathrm{j}\omega t}=\cos\omega t+\mathrm{j}\sin\omega t \tag{2-58}$$

有

$$\mathscr{L}[\mathrm{e}^{\mathrm{j}\omega t}]=\mathscr{L}[\cos\omega t+\mathrm{j}\sin\omega t]=\frac{s}{s^2+\omega^2}+\mathrm{j}\frac{\omega}{s^2+\omega^2} \tag{2-59}$$

分别取复指数函数的实部变换与虚部变换，则有

正弦信号的拉氏变换为

$$\mathscr{L}[\sin\omega t]=\frac{\omega}{s^2+\omega^2} \tag{2-60}$$

余弦信号的拉氏变换为

$$\mathscr{L}[\cos\omega t]=\frac{s}{s^2+\omega^2} \tag{2-61}$$

常见时间信号的拉氏变换可以如表 2-1 所示。

表 2-1　常见时间信号的拉氏变换

	象函数 $F(s)$	原函数 $f(t)$
1	1	$\delta(t)$
2	$\frac{1}{s}$	$1(t)$
3	$\frac{1}{s^2}$	t
4	$\frac{1}{s^n}$	$\frac{1}{(n-1)!}t^{n-1}$
5	$\frac{1}{s+\alpha}$	$\mathrm{e}^{-\alpha t}$

续表

	象函数 $F(s)$	原函数 $f(t)$
6	$\dfrac{n!}{(s+\alpha)^{n+1}}$	$t^n e^{-\alpha t}$
7	$\dfrac{\omega}{s^2+\omega^2}$	$\sin \omega t$
8	$\dfrac{s}{s^2+\omega^2}$	$\cos \omega t$
9	$\dfrac{\omega}{(s+\alpha)^2+\omega^2}$	$e^{-\alpha t}\sin \omega t$
10	$\dfrac{s+\alpha}{(s+\alpha)^2+\omega^2}$	$e^{-\alpha t}\cos \omega t$
11	$\dfrac{\omega}{s^2-\omega^2}$	$\mathrm{sh}\ \omega t$
12	$\dfrac{s}{s^2-\omega^2}$	$\mathrm{ch}\ \omega t$
13	$\dfrac{\omega}{(s+\alpha)^2-\omega^2}$	$e^{-\alpha t}\mathrm{sh}\ \omega t$
14	$\dfrac{s+\alpha}{(s+\alpha)^2-\omega^2}$	$e^{-\alpha t}\mathrm{ch}\ \omega t$

2-3-3 拉氏变换的一些基本定理

1. 线性定理

若函数 $f_1(t)$，$f_2(t)$ 分别有拉氏变换 $F_1(s)$，$F_2(s)$，则

$$\mathscr{L}[af_1(t)+bf_2(t)]=aF_1(s)+bF_2(s) \tag{2-62}$$

2. 延迟定理

若函数 $f(t)$ 的拉氏变换为 $F(s)$，则

$$\mathscr{L}[f(t-\tau)]=e^{-\tau s}F(s) \tag{2-63}$$

信号 $f(t)$ 与它在时间轴上的平移信号 $f(t-\tau)$ 的关系如图 2-18 所示。

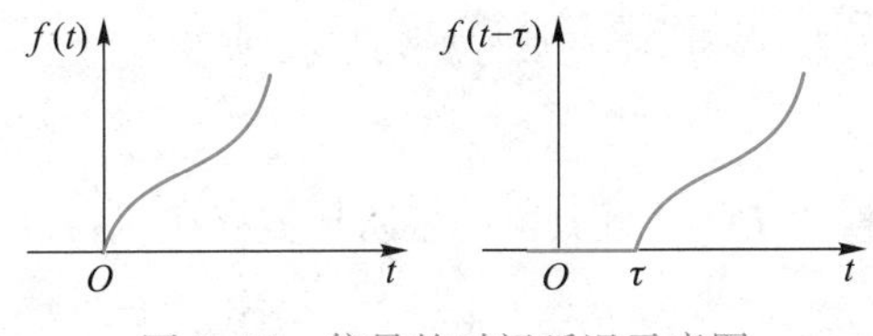

图 2-18 信号的时间延迟示意图

该定理说明了时间域的平移对应于复数域的指数衰减。应用延迟定理，可以简化一些信号拉氏变换的求取。

视频：例2-8的讲解

[例 2-8] 周期锯齿波信号如图2-19(a)所示，试求该信号的拉氏变换。

解 该信号为周期信号。因此，已知第一周期信号$f_1(t)$的拉氏变换为$F_1(s)$时，应用拉氏变换的延迟定理，得到周期信号的拉氏变换为

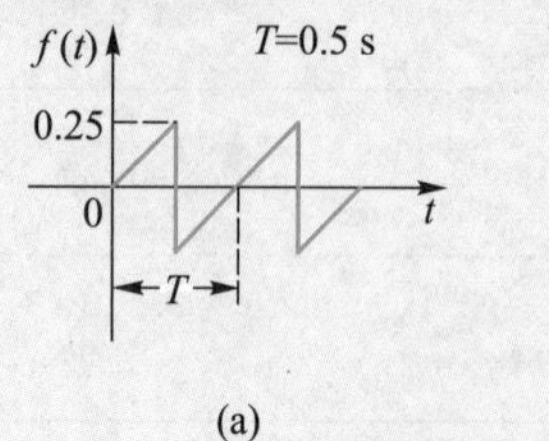

(a)

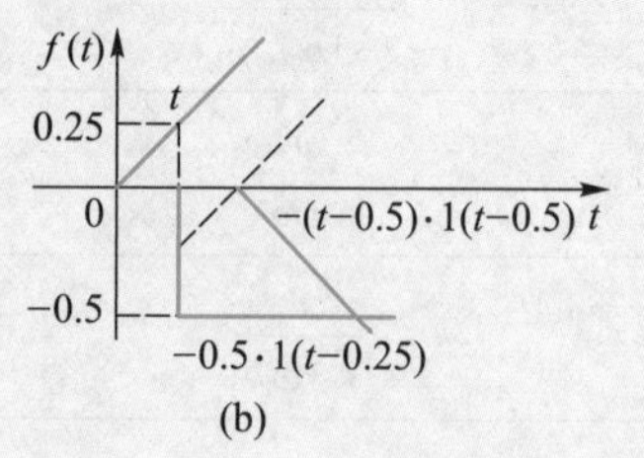

(b)

图2-19 周期锯齿波信号

$$\begin{aligned} F(s) &= F_1(s)+\mathrm{e}^{-Ts}F_1(s)+\mathrm{e}^{-2Ts}F_1(s)+\cdots \\ &= F_1(s)\left(1+\mathrm{e}^{-Ts}+\mathrm{e}^{-2Ts}+\cdots\right) \\ &= \frac{1}{1-\mathrm{e}^{-Ts}}\cdot F_1(s) \end{aligned}$$

可以将第一周期的信号$f_1(t)$作分解，如图2-19(b)所示，得到锯齿波信号第一周期的拉氏变换为

$$F_1(s)=\frac{1}{s^2}-\frac{2\times0.25}{s}\mathrm{e}^{-0.25s}-\frac{1}{s^2}\mathrm{e}^{-0.5s}=\frac{1-0.5s\mathrm{e}^{-0.25s}-\mathrm{e}^{-0.5s}}{s^2}$$

所以，锯齿波信号的拉氏变换为

$$F(s)=\frac{1-0.5s\mathrm{e}^{-0.25s}-\mathrm{e}^{-0.5s}}{s^2}\cdot\frac{1}{1-\mathrm{e}^{-0.5s}}=\frac{1-0.5s\mathrm{e}^{-0.25s}-\mathrm{e}^{-0.5s}}{s^2(1-\mathrm{e}^{-0.5s})}$$

3. 衰减定理

若函数$f(t)$的拉氏变换为$F(s)$，则

$$\mathscr{L}\left[\mathrm{e}^{-\alpha t}f(t)\right]=F(s+\alpha) \tag{2-64}$$

该定理说明了时间信号$f(t)$在时间域的指数衰减，其拉氏变换在变换域就成为坐标平移。当时间函数带有指数项因子时，利用拉氏变换的衰减定理，可以简化拉氏变换的计算。

[例 2-9] 试求时间函数$f(t)=\mathrm{e}^{-\alpha t}\sin\omega t$的拉氏变换。

解 因为正弦函数的拉氏变换为

$$\mathscr{L}[\sin\omega t]=\frac{\omega}{s^2+\omega^2}$$

所以，应用拉氏变换的衰减定理可以直接写出

$$\mathscr{L}\left[\mathrm{e}^{-\alpha t}\sin\omega t\right]=\frac{\omega}{(s+\alpha)^2+\omega^2}$$

另外，衰减定理与延迟定理也表明了时间域与变换域的对偶关系。

4. 微分定理

若函数$f(t)$的拉氏变换为$F(s)$，且$f(t)$的各阶导数存在，则$f(t)$各阶导数的拉氏变换为

$$\mathscr{L}\left[\frac{\mathrm{d}}{\mathrm{d}t}f(t)\right]=sF(s)-f(0) \tag{2-65}$$

$$\mathscr{L}\left[\frac{\mathrm{d}^2}{\mathrm{d}t^2}f(t)\right]=s^2F(s)-sf(0)-\dot{f}(0) \tag{2-66}$$

……

$$\mathscr{L}\left[\frac{\mathrm{d}^n}{\mathrm{d}t^n}f(t)\right]=s^nF(s)-s^{n-1}f(0)-s^{n-2}\dot{f}(0)-\cdots-f^{(n-1)}(0) \tag{2-67}$$

当所有的初值(各阶导数的初值)均为零时,即

$$f(0)=\dot{f}(0)=\cdots=f^{(n-1)}(0)=0$$

则

$$\mathscr{L}\left[\frac{\mathrm{d}}{\mathrm{d}t}f(t)\right]=sF(s) \tag{2-68}$$

$$\mathscr{L}\left[\frac{\mathrm{d}^2}{\mathrm{d}t^2}f(t)\right]=s^2F(s) \tag{2-69}$$

……

$$\mathscr{L}\left[\frac{\mathrm{d}^n}{\mathrm{d}t^n}f(t)\right]=s^nF(s) \tag{2-70}$$

证明 (在此只证明一阶导数的拉氏变换,其余请读者自证)

由拉氏变换的定义式

$$\mathscr{L}[f(t)]=\int_0^\infty f(t)\mathrm{e}^{-st}\mathrm{d}t=F(s)$$

利用分部积分公式

$$\int_a^b u\mathrm{d}v=uv\Big|_a^b-\int_a^b v\mathrm{d}u$$

令

$$u=f(t) \qquad v=\frac{1}{-s}\mathrm{e}^{-st}$$

$$\mathrm{d}u=\left[\frac{\mathrm{d}}{\mathrm{d}t}f(t)\right]\mathrm{d}t \qquad \mathrm{d}v=\mathrm{e}^{-st}\mathrm{d}t$$

则

$$\begin{aligned}\int_0^\infty f(t)\cdot\mathrm{e}^{-st}\mathrm{d}t&=\frac{1}{-s}\mathrm{e}^{-st}f(t)\Big|_0^\infty-\int_0^\infty\frac{1}{-s}\mathrm{e}^{-st}\cdot\left[\frac{\mathrm{d}}{\mathrm{d}t}f(t)\right]\mathrm{d}t\\&=\frac{1}{s}f(0)+\frac{1}{s}\mathscr{L}\left[\frac{\mathrm{d}}{\mathrm{d}t}f(t)\right]\\&=F(s)\end{aligned}$$

所以

$$\mathscr{L}\left[\frac{\mathrm{d}}{\mathrm{d}t}f(t)\right]=sF(s)-f(0)$$

证毕。

5. 积分定理

若函数 $f(t)$ 的拉氏变换为 $F(s)$,则

$$\mathscr{L}\left[\int f(t)\,\mathrm{d}t\right]=\frac{1}{s}F(s)+\frac{1}{s}f^{-1}(0) \tag{2-71}$$

定理的证明同样采用分部积分公式可以证得,请读者自证。式中

$$f^{-1}(0)=\int f(t)\,\mathrm{d}t\bigg|_{t=0}$$

为函数 $f(t)$ 的在 $t=0$ 时刻的积分值。

积分定理与微分定理互为逆定理。

6. 初值定理

若函数 $f(t)$ 的拉氏变换为 $F(s)$,且在 $t=0_+$ 处有初值 $f(0_+)$,则

$$f(0_+)=\lim_{s\to\infty}sF(s) \tag{2-72}$$

即时域函数的初值,可以由变换域求得。

证明　由微分定理令 $s\to\infty$ 即可证得。

注意,拉氏变换的初值定理是满足拉氏变换的定义的,因此由初值定理所求得的时间信号的初值为 $f(0_+)$,而不是 $f(0)$ 或者 $f(0_-)$。例如阶跃信号 $1(t)$,可以利用拉氏变换的初值定理求得其初值为

$$f(0_+)=\lim_{s\to\infty}sF(s)\bigg|_{F(s)=\frac{1}{s}}=1$$

7. 终值定理

若函数 $f(t)$ 的拉氏变换为 $F(s)$,且 $f(\infty)$ 存在,则

$$f(\infty)=\lim_{s\to 0}sF(s) \tag{2-73}$$

即时域函数的终值,也可以由变换域求得。

证明　由微分定理

$$\int_0^{\infty}\left[\frac{\mathrm{d}}{\mathrm{d}t}f(t)\right]\mathrm{e}^{-st}\mathrm{d}t=sF(s)-f(0)$$

两边对 $s\to 0$ 取极限

$$\lim_{s\to 0}\int_0^{\infty}\left[\frac{\mathrm{d}}{\mathrm{d}t}f(t)\right]\mathrm{e}^{-st}\mathrm{d}t=\lim_{s\to 0}[sF(s)-f(0)]$$

因为 $\lim\limits_{s\to 0}\mathrm{e}^{-st}=1$,所以方程左边

$$\lim_{s\to 0}\int_0^{\infty}\left[\frac{\mathrm{d}}{\mathrm{d}t}f(t)\right]\mathrm{e}^{-st}\mathrm{d}t=\int_0^{\infty}\left[\frac{\mathrm{d}}{\mathrm{d}t}f(t)\right]\mathrm{d}t=f(t)\bigg|_0^{\infty}=f(\infty)-f(0)$$

方程右边

$$\lim_{s\to 0}[sF(s)-f(0)]=\lim_{s\to 0}sF(s)-f(0)$$

所以

$$f(\infty)=\lim_{s\to 0}sF(s)$$

证毕。

8. 卷积定理

若时域函数 $f_1(t)$,$f_2(t)$ 分别有拉氏变换 $F_1(s)$,$F_2(s)$,时域函数的卷积积分(简称卷积)为

$$\int_0^t f_1(t-\tau)f_2(\tau)\,\mathrm{d}\tau \tag{2-74}$$

又常表示为

$$f_1(t)*f_2(t) \tag{2-75}$$

则其拉氏变换为

$$\mathscr{L}\left[\int_0^t f_1(t-\tau)\cdot f_2(\tau)\,\mathrm{d}\tau\right]=\mathscr{L}[f_1(t)*f_2(t)]=F_1(s)\cdot F_2(s) \tag{2-76}$$

这表明时域函数的卷积运算在变换域成为变换域函数的乘积。

使用拉氏变换有两个优点：一个优点是简化了函数，例如指数函数和正、余弦函数都是时域中的超越函数，作拉氏变换后成为有理函数；另一个优点是简化了运算，如时域函数的卷积运算作拉氏变换后成为变换域中的乘积运算，简化了运算。

常用的拉氏变换的基本性质如表 2-2 所示。

表 2-2 常用的拉氏变换的基本性质

	性质名称	数学描述
1	常数定理	$\mathscr{L}[Af(t)]=AF(s)$
2	线性定理	$\mathscr{L}[af_1(t)+bf_2(t)]=aF_1(s)+bF_2(s)$
3	衰减定理	$\mathscr{L}[\mathrm{e}^{-\alpha t}f(t)]=F(s+\alpha)$
4	延迟定理	$\mathscr{L}[f(t-\tau)]=\mathrm{e}^{-\tau s}F(s)$
5	微分定理	$\mathscr{L}\left[\frac{\mathrm{d}}{\mathrm{d}t}f(t)\right]=sF(s)-f(0)$ $\mathscr{L}\left[\frac{\mathrm{d}^2}{\mathrm{d}t^2}f(t)\right]=s^2F(s)-sf(0)-\dot{f}(0)$ …… $\mathscr{L}\left[\frac{\mathrm{d}^n}{\mathrm{d}t^n}f(t)\right]=s^nF(s)-\sum_{k=1}^{n}s^{n-k}f^{(k-1)}(0)$ $f^{(k-1)}(0)=\frac{\mathrm{d}^{k-1}}{\mathrm{d}t^{k-1}}f(t)\bigg\vert_{t=0}$
6	积分定理	$\mathscr{L}\left[\int f(t)\,\mathrm{d}t\right]=\frac{1}{s}F(s)+\frac{1}{s}f^{(-1)}(0)$
7	初值定理	$f(0_+)=\lim\limits_{s\to\infty}sF(s)$
8	终值定理	$f(\infty)=\lim\limits_{s\to 0}sF(s)$
9	时间尺度定理	$\mathscr{L}\left[f\left(\frac{t}{\alpha}\right)\right]=\alpha F(\alpha s)$
10	卷积定理	$\mathscr{L}\left[\int_0^t f_1(t-\tau)f_2(\tau)\,\mathrm{d}\tau\right]=F_1(s)\cdot F_2(s)$

2-3-4 拉氏反变换

拉氏变换将时域函数 $f(t)$ 变换为复变函数 $F(s)$，相应地它的逆运算可以将复变函数

$F(s)$变换回原时域函数$f(t)$。拉氏变换的逆运算称为拉普拉斯反变换,简称拉氏反变换。由复变函数积分理论可知,拉氏反变换的计算公式为

$$f(t)=\mathscr{L}^{-1}[F(s)]=\frac{1}{2\pi \mathrm{j}}\int_{c-\mathrm{j}\omega}^{c+\mathrm{j}\omega}F(s)\mathrm{e}^{st}\mathrm{d}s \tag{2-77}$$

上式所指明的拉氏反变换,由于是复变函数的积分,计算复杂,一般很少采用。所以已知$F(s)$反求$f(t)$时,通常采用的方法是部分分式法。

由于工程中常见的时间信号$f(t)$,它的拉氏变换都是s的有理分式。因此,可以将$F(s)$分解为一系列的有理分式$F_i(s)$之和,再利用拉氏变换表确定出所有的有理分式项$F_i(s)$所对应的时域函数$f_i(t)$,合成时域函数$f(t)$。上述过程遵循的是拉氏变换的线性定理。

拉氏变换$F(s)$通常为s的有理分式,可以表示为

$$F(s)=\frac{B(s)}{A(s)}=\frac{b_m s^m+b_{m-1}s^{m-1}+\cdots+b_1 s+b_0}{s^n+a_{n-1}s^{n-1}+a_{n-2}s^{n-2}+\cdots+a_1 s+a_0} \tag{2-78}$$

式中,$B(s)$是分子多项式,$A(s)$是分母多项式,系数$a_0,a_1,\cdots,a_{n-1}$和$b_0,b_1,\cdots,b_{m-1},b_m$均为实数,$m,n$为正整数,而且$n\geqslant m$。

在复变函数理论中,分母多项式所对应的方程$A(s)=0$,其所有的解$s_i(i=1,2,\cdots,n)$称为$F(s)$的极点。这样$F(s)$可以表示为

$$\begin{aligned}F(s)&=\frac{B(s)}{(s-s_1)(s-s_2)\cdots(s-s_n)}\\&=\frac{a_1}{s-s_1}+\frac{a_2}{s-s_2}+\cdots+\frac{a_n}{s-s_n}\\&=F_1(s)+F_2(s)+\cdots+F_n(s)\\&=\sum_{i=1}^{n}F_i(s)\end{aligned} \tag{2-79}$$

由复变函数的留数定理,可以确定$F(s)$的各分解式$F_i(s)$,求得拉氏反变换为

$$f(t)=\mathscr{L}^{-1}[F(s)]=\sum_{i=1}^{n}\mathscr{L}^{-1}[F_i(s)] \tag{2-80}$$

下面分别讨论各种计算情况。

1. 单根情况

当$A(s)=0$的根全部为单根时,$F(s)$可以分解为

$$F(s)=\frac{C_1}{s-s_1}+\frac{C_2}{s-s_2}+\cdots+\frac{C_n}{s-s_n} \tag{2-81}$$

其中

$$C_i=[F(s)\cdot(s-s_i)]\Big|_{s=s_i} \tag{2-82}$$

为复变函数$F(s)$对于极点$s=s_i$的留数,则拉氏反变换为

$$f(t)=\sum_{i=1}^{n}C_i\mathrm{e}^{s_i t} \tag{2-83}$$

[例 2-10]　已知 $F(s)=\dfrac{s+1}{s^2+5s+6}$，求拉氏反变换 $f(t)$。

解　将 $F(s)$ 分解为部分分式

$$F(s)=\frac{s+1}{s^2+5s+6}=\frac{s+1}{(s+2)(s+3)}=\frac{C_1}{s+2}+\frac{C_2}{s+3}$$

极点为：$s_1=-2, s_2=-3$，对应极点的留数为

$$C_1=[F(s)\cdot(s+2)]_{s=-2}=\left.\frac{s+1}{s+3}\right|_{s=-2}=-1$$

$$C_2=[F(s)\cdot(s+3)]_{s=-3}=\left.\frac{s+1}{s+2}\right|_{s=-3}=2$$

$F(s)$ 的分解式为

$$F(s)=\frac{-1}{s+2}+\frac{2}{s+3}$$

查拉氏变换表可得

$$f(t)=\mathscr{L}^{-1}[F(s)]=\mathscr{L}^{-1}\left[\frac{-1}{s+2}+\frac{2}{s+3}\right]=-\mathrm{e}^{-2t}+2\mathrm{e}^{-3t}$$

2. 重根情况

当 $A(s)=0$ 的根有重根时，为了简化分析，只考虑一个单根的情况，其余为重根。设 s_1 为单根，s_2 为 m 重根，$m+1=n$，则 $F(s)$ 可以展开为

$$F(s)=\frac{C_1}{s-s_1}+\left[\frac{C_{2m}}{(s-s_2)^m}+\frac{C_{2(m-1)}}{(s-s_2)^{m-1}}+\cdots+\frac{C_{22}}{(s-s_2)^2}+\frac{C_{21}}{s-s_2}\right] \tag{2-84}$$

式中，与单根 s_1 相对应的系数 C_1 的求法与前述相同。与重根 s_2 相对应的各系数 $C_{2i}(i=1, 2,\cdots,m)$，由留数定理可得计算公式如下

$$C_{2m}=\left.[F(s)\cdot(s-s_2)^m]\right|_{s=s_2} \tag{2-85}$$

$$C_{2(m-1)}=\left.\frac{\mathrm{d}}{\mathrm{d}s}[F(s)\cdot(s-s_2)^m]\right|_{s=s_2} \tag{2-86}$$

……

$$C_{21}=\left.\frac{1}{(m-1)!}\cdot\frac{\mathrm{d}^{m-1}}{\mathrm{d}s^{m-1}}[F(s)\cdot(s-s_2)^m]\right|_{s=s_2} \tag{2-87}$$

因为

$$\mathscr{L}^{-1}\left[\frac{1}{(s-s_2)^m}\right]=\frac{1}{(m-1)!}t^{m-1}\mathrm{e}^{s_2t}$$

所以，拉氏反变换为

$$\begin{aligned}f(t)&=\mathscr{L}^{-1}[F(s)]\\&=C_1\mathrm{e}^{s_1t}+\left[\frac{C_{2m}}{(m-1)!}t^{m-1}\mathrm{e}^{s_2t}+\frac{C_{2(m-1)}}{(m-2)!}t^{m-2}\mathrm{e}^{s_2t}+\cdots+C_{22}t\mathrm{e}^{s_2t}+C_{21}\mathrm{e}^{s_2t}\right]\end{aligned} \tag{2-88}$$

［例2-11］ 求 $F(s)=\dfrac{s+2}{s(s+3)(s+1)^2}$ 的拉氏反变换 $f(t)$。

解 $F(s)$ 可以分解为

$$F(s)=\frac{C_1}{s}+\frac{C_2}{s+3}+\left[\frac{C_{32}}{(s+1)^2}+\frac{C_{31}}{s+1}\right]$$

系数 C_1,C_2 分别对应单根 $s_1=0,s_2=-3$，由前述单根情况计算可知

$$C_1=[F(s)\cdot s]\Big|_{s_1=0}=\frac{s+2}{(s+3)(s+1)^2}\Big|_{s_1=0}=\frac{2}{3}$$

$$C_2=[F(s)\cdot(s+3)]\Big|_{s_2=-3}=\frac{s+2}{s(s+1)^2}\Big|_{s_2=-3}=\frac{1}{12}$$

系数 C_{32},C_{31} 分别对应二重根 $s_3=-1$

$$C_{32}=[F(s)\cdot(s+1)^2]\Big|_{s=-1}=\frac{s+2}{s(s+3)}\Big|_{s=-1}=-\frac{1}{2}$$

$$C_{31}=\frac{\mathrm{d}}{\mathrm{d}s}[F(s)\cdot(s+1)^2]\Big|_{s=-1}=\frac{\mathrm{d}}{\mathrm{d}s}\left[\frac{s+2}{s(s+3)}\right]\Big|_{s=-1}=-\frac{3}{4}$$

于是，$F(s)$ 的分解式为

$$F(s)=\frac{2}{3}\cdot\frac{1}{s}+\frac{1}{12}\cdot\frac{1}{s+3}+\left[\left(-\frac{1}{2}\right)\frac{1}{(s+1)^2}+\left(-\frac{3}{4}\right)\frac{1}{s+1}\right]$$

查表求得拉氏反变换为

$$f(t)=\frac{2}{3}\cdot 1(t)+\frac{1}{12}\mathrm{e}^{-3t}-\frac{1}{2}t\mathrm{e}^{-t}-\frac{3}{4}\mathrm{e}^{-t}$$

3. 共轭复数根情况

当 $A(s)=0$ 的根有共轭复数根时，可以将其作为单根（互不相同）来看待，但是涉及复数运算，而且分解之后，还要进行合并，才可以与拉氏变换表相对应，所以计算烦琐。

在拉氏变换表中有如下的变换对：

$$\begin{cases}\mathscr{L}[\sin\omega t]=\dfrac{\omega}{s^2+\omega^2}\\ \mathscr{L}[\cos\omega t]=\dfrac{s}{s^2+\omega^2}\end{cases}\qquad\begin{cases}\mathscr{L}[\mathrm{e}^{-\alpha t}\sin\omega t]=\dfrac{\omega}{(s+\alpha)^2+\omega^2}\\ \mathscr{L}[\mathrm{e}^{-\alpha t}\cos\omega t]=\dfrac{s+\alpha}{(s+\alpha)^2+\omega^2}\end{cases}$$

上述变换对的分母都是二次三项式，其根为共轭复数根，相对应的拉氏反变换均为正弦和余弦型的。所以，可以按照对应共轭复数根的二次三项式作部分分式分解来实现拉氏反变换。

［例2-12］ 已知 $F(s)=\dfrac{s^2+9s+33}{s^2+6s+34}$，试求其拉氏反变换 $f(t)$。

解 因为分子多项式的次数与分母多项式的次数相等，必然存在常数项，而常数项的拉氏反变换为脉冲函数，所以有以下步骤：

第一步，将分子多项式除以分母多项式，分离常数项得到

$$F(s)=1+\frac{3s-1}{s^2+6s+34}$$

第二步，将余式的二次三项式按照上述拉氏变换表整理为

$$\frac{3s-1}{s^2+6s+34}=\frac{3s-1}{(s^2+6s+3^2)+(34-3^2)}$$

$$=\frac{3s-1}{(s+3)^2+5^2}=\frac{3(s+3)-10}{(s+3)^2+5^2}$$

$$=3\cdot\frac{s+3}{(s+3)^2+5^2}-2\cdot\frac{5}{(s+3)^2+5^2}$$

第三步,写出拉氏反变换

因为

$$\mathscr{L}^{-1}[1]=\delta(t)$$

$$\mathscr{L}^{-1}\left[\frac{s+3}{(s+3)^2+5^2}\right]=\mathrm{e}^{-3t}\cos 5t$$

$$\mathscr{L}^{-1}\left[\frac{5}{(s+3)^2+5^2}\right]=\mathrm{e}^{-3t}\sin 5t$$

所以

$$f(t)=\delta(t)+3\mathrm{e}^{-3t}\cos 5t-2\mathrm{e}^{-3t}\sin 5t$$

2-3-5 用拉氏变换法求解微分方程

列出控制系统的微分方程之后,就可以求解该微分方程,利用微分方程的解来分析系统的运动规律。微分方程可以采用数学分析的方法来求解,也可以采用拉氏变换法来求解。采用拉氏变换法求解微分方程是带初值进行运算的,许多情况下应用更为方便。拉氏变换法求解微分方程步骤如下:

(1) 将微分方程两边作拉氏变换;

(2) 将给定的初始条件与输入信号代入方程;

(3) 写出输出量的拉氏变换;

(4) 作拉氏反变换求出系统输出的时间解。

[例 2-13] RC 滤波电路如图 2-20 所示,输入电压信号 $u_i(t)=5$ V,当电容的初始电压 $u_C(0)$ 分别为 0 V和 1 V 时,分别求 $u_o(t)$。

解 电路中输出电压等于电容电压,即 $u_o(t)=u_C(t)$。因此 RC 电路的微分方程为

$$RC\frac{\mathrm{d}u_o(t)}{\mathrm{d}t}+u_o(t)=u_i(t)$$

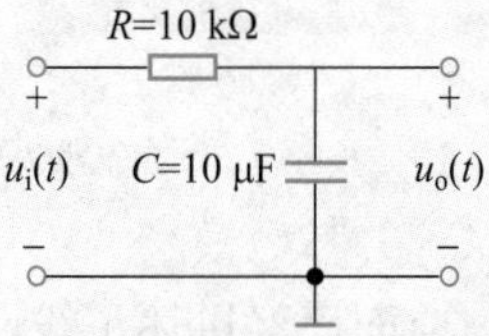

R=10 kΩ, C=10 μF, $u_i(t)$, $u_o(t)$

图 2-20 RC 滤波电路

微分方程两边作拉氏变换

$$\mathscr{L}\left[RC\frac{\mathrm{d}u_o(t)}{\mathrm{d}t}+u_o(t)\right]=\mathscr{L}[u_i(t)]$$

由拉氏变换的线性定理可得

$$RC\cdot\mathscr{L}\left[\frac{\mathrm{d}u_o(t)}{\mathrm{d}t}\right]+\mathscr{L}[u_o(t)]=\mathscr{L}[u_i(t)]$$

由拉氏变换的微分定理得

$$RC[sU_o(s)-u_o(0)]+U_o(s)=U_i(s)$$

将 $R=10\ \mathrm{k\Omega}$, $C=10\ \mu\mathrm{F}$, $U_i(s)=\frac{5}{s}$代入,整理得

$$(0.1s+1)U_o(s)=\frac{0.1u_o(0)s+5}{s}$$

输出的拉氏变换为

$$U_o(s)=\frac{0.1u_o(0)s+5}{s(0.1s+1)}$$

(1) $u_C(0)=0$ V 时，有 $u_o(0)=0$ V

$$U_o(s)=\frac{5}{s(0.1s+1)}=\frac{5}{s}-\frac{5}{s+10}$$

$$u_o(t)=[5\cdot 1(t)-5e^{-10t}]\ \text{V}=5[1(t)-e^{-10t}]\ \text{V}$$

(2) $u_C(0)=1$ V 时，有 $u_o(0)=1$ V

$$U_o(s)=\frac{0.1s+5}{s(0.1s+1)}=\frac{5}{s}-\frac{4}{s+10}$$

$$u_o(t)=[5\cdot 1(t)-4e^{-10t}]\ \text{V}=5\left[1(t)-\frac{4}{5}e^{-10t}\right]\ \text{V}$$

两条时间响应曲线如图 2-21 所示。

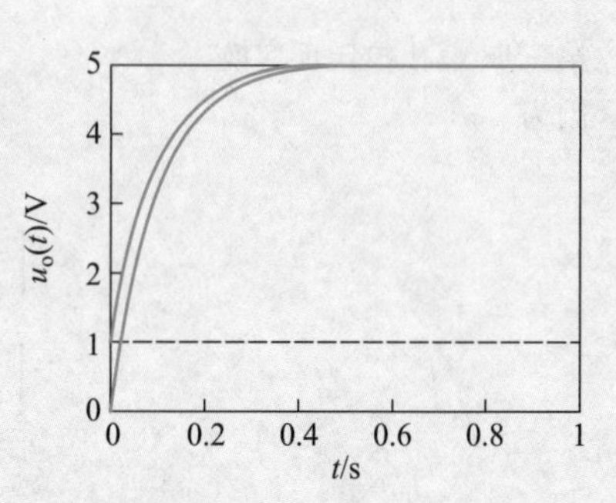

图 2-21 两种初值时系统的时间响应曲线

［例 2-14］ 已知系统的微分方程为

$$\ddot{c}(t)+2\dot{c}(t)+2c(t)=r(t)$$

输入信号 $r(t)=\delta(t)$，初始条件为 $c(0)=0$, $\dot{c}(0)=0$，求系统的输出 $c(t)$。

解 微分方程两边作拉氏变换得

$$[s^2C(s)-sc(0)-\dot{c}(0)]+2[sC(s)-c(0)]+2C(s)=1$$

代入初值，可得输出响应的拉氏变换为

$$C(s)=\frac{1}{s^2+2s+2}=\frac{1}{(s^2+2s+1)+1}=\frac{1}{(s+1)^2+1}$$

作拉氏反变换，可得时间响应为

$$c(t)=e^{-t}\sin t$$

仿真程序：例 2-14 的 MATLAB 仿真

2-4 传递函数

传递函数是在变换域描述系统的一种数学模型，是以参数来表示系统结构的，因此又称为系统的参数模型。

前面已经讲述了线性定常系统的微分方程描述。它是一种时域描述，也就是说，是以时间 t 为自变量的。对系统进行分析时，根据所得的微分方程，求得微分方程的时间解，也就获得了系统的运动规律。但是，基于时域的微分方程在用于控制系统的分析与设计时，使用上有诸多不便，如系统内部结构不明确、微分方程求解麻烦等，因而有必要去寻求在应用上更为方便的数学描述方法。

传递函数是基于拉氏变换得到的。拉氏变换将时域函数变换为复频域函数，简化了函数，将时域的微分、积分运算等简化为代数运算。基于上述两种简化，进而将系统在时域的微分方程描述简化为变换域的传递函数描述。这样，许多在时域中的问题分析，就可以方便地在复频域中进行了。

2-4-1 传递函数的定义

设描述系统的微分方程为

$$\begin{aligned}&c^{(n)}(t)+a_{n-1}c^{(n-1)}(t)+\cdots+a_1\dot{c}(t)+a_0c(t)\\&=b_mr^{(m)}(t)+b_{m-1}r^{(m-1)}(t)+\cdots+b_1\dot{r}(t)+b_0r(t),\quad n\geqslant m\end{aligned} \tag{2-89}$$

式中,$c^{(i)}(t)(i=0,1,\cdots,n)$为输出变量的各阶导数,$r^{(j)}(t)(j=0,1,\cdots,m)$为输入变量的各阶导数,$a_i(i=0,1,\cdots,n-1)$为输出变量各阶导数的常系数,$b_j(i=0,1,\cdots,m)$为输入变量的各阶导数的常系数。令所有的初始条件全部为零,即

$$c(0)=\dot{c}(0)=\cdots=c^{(n-1)}(0)=0 \tag{2-90}$$

$$r(0)=\dot{r}(0)=\cdots=r^{(m-1)}(0)=0 \tag{2-91}$$

将方程两边作拉氏变换,得

$$(s^n+a_{n-1}s^{n-1}+\cdots+a_1s+a_0)C(s)=(b_ms^m+b_{m-1}s^{m-1}+\cdots+b_1s+b_0)R(s) \tag{2-92}$$

得到输出信号的拉氏变换 $C(s)$ 为

$$C(s)=\frac{b_ms^m+b_{m-1}s^{m-1}+\cdots+b_1s+b_0}{s^n+a_{n-1}s^{n-1}+\cdots+a_1s+a_0}R(s) \tag{2-93}$$

则有输出信号的拉氏变换 $C(s)$ 与输入信号的拉氏变换 $R(s)$ 的比值为

$$\frac{C(s)}{R(s)}=\frac{b_ms^m+b_{m-1}s^{m-1}+\cdots+b_1s+b_0}{s^n+a_{n-1}s^{n-1}+\cdots+a_1s+a_0} \tag{2-94}$$

由上所述,控制系统的传递函数为:在零初始条件下,输出信号的拉氏变换与输入信号的拉氏变换之比,表示为

$$G(s)=\frac{C(s)}{R(s)}=\frac{b_ms^m+b_{m-1}s^{m-1}+\cdots+b_1s+b_0}{s^n+a_{n-1}s^{n-1}+\cdots+a_1s+a_0},n\geqslant m \tag{2-95}$$

则系统输出信号的拉氏变换 $C(s)$ 可以表示为变换域中传递函数 $G(s)$ 与输入信号拉氏变换 $R(s)$ 的乘积

$$C(s)=G(s)R(s) \tag{2-96}$$

由拉氏变换的卷积定理,对应于时域函数 $g(t)$ 与 $r(t)$ 卷积的拉氏变换。

2-4-2 传递函数的性质

1. 传递函数只适用于线性定常系统

由于传递函数是基于拉氏变换的,是将原来的线性常系数微分方程从时域变换至复频域得到的,故仅用于描述线性定常系统。

2. 传递函数是在零初始条件下定义的

传递函数是以零初始条件为前提来定义的,该前提表示了在系统内部没有任何能量储

存条件下的系统描述，即$C(s)=G(s)R(s)$。如果系统内部有能量储存，将会产生系统在非零初始条件下的叠加项，即

$$C(s)=G(s)R(s)+V(s) \tag{2-97}$$

［例2-15］ RLC网络如图2-22所示。

（1）求传递函数$\dfrac{U_o(s)}{U_i(s)}$；

（2）当电容电压$u_C(0)\neq0,\dot{u}_C(0)\neq0$时，写出输出响应$U_o(s)$。

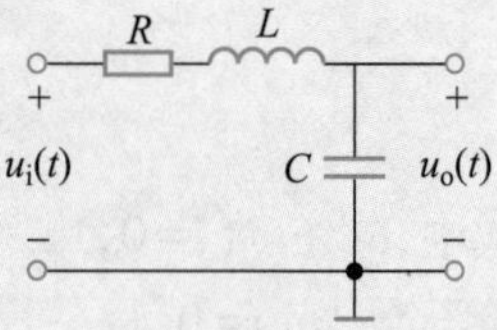

图2-22 RLC网络

解 （1）系统的微分方程为

$$LC\frac{d^2u_o(t)}{dt^2}+RC\frac{du_o(t)}{dt}+u_o(t)=u_i(t)$$

令所有初值为零，方程两边作拉氏变换，上式各线性叠加项的拉氏变换为

$$\mathscr{L}[u_o(t)]=U_o(s),\mathscr{L}\left[\frac{du_o(t)}{dt}\right]=sU_o(s)$$

$$\mathscr{L}\left[\frac{d^2u_o(t)}{dt^2}\right]=s^2U_o(s),\mathscr{L}[u_i(t)]=U_i(s)$$

得到系统的传递函数为

$$G(s)=\frac{U_o(s)}{U_i(s)}=\frac{1}{LCs^2+RCs+1}$$

（2）当$u_C(0)\neq0,\dot{u}_C(0)\neq0$时，有$u_o(0)\neq0,\dot{u}_o(0)\neq0$，将微分方程两边带初值作拉氏变换，可得

$$LC[s^2U_o(s)-su_o(0)-\dot{u}_o(0)]+RC[sU_o(s)-u_o(0)]+U_o(s)=U_i(s)$$

整理得

$$(LCs^2+RCs+1)\cdot U_o(s)=U_i(s)+LCu_o(0)s+[LC\dot{u}_o(0)+RCu_o(0)]$$

输出响应的拉氏变换$U_o(s)$为

$$U_o(s)=\frac{1}{LCs^2+RCs+1}\cdot U_i(s)+\frac{LCu_o(0)s+[LC\dot{u}_o(0)+RCu_o(0)]}{LCs^2+RCs+1}$$

即

$$U_o(s)=G(s)U_i(s)+V(s)$$

式中

$$V(s)=\frac{LCu_o(0)s+[LC\dot{u}_o(0)+RCu_o(0)]}{LCs^2+RCs+1}$$

即为非零初始条件下的叠加项。

3. 传递函数可以有量纲

传递函数的物理单位由输入、输出物理量的量纲来确定。如力学系统的传递函数的物理单位可以为m/N，也就是作用力产生位移的刚度系数。电压引起的电流响应的物理单位为A/N，也就是复数导纳。当然，如果输入、输出为相同的物理单位，则传递函数物理量的量纲为1。

4. 传递函数的端口关系

传递函数只表示了系统的端口关系，不明显表示系统内部的信息。明显表示系统内部

变量关系的描述方法为状态空间法,在本课程中不予详述。

所以,要注意:

(1) 同一个物理系统,由于描述不同的端口关系,其传递函数可能不同;

(2) 不同的物理系统,其传递函数可能相同。

[例 2-16] 对于图 2-22 所示 *RLC* 网络,试求传递函数$\frac{U_o(s)}{U_i(s)}$和$\frac{I_C(s)}{U_i(s)}$,并比较它们有什么不同。

解 由例 2-15 已经得到传递函数$\frac{U_o(s)}{U_i(s)}$为

$$G_U(s)=\frac{U_o(s)}{U_i(s)}=\frac{1}{LCs^2+RCs+1}$$

系统的微分方程为

$$LC\frac{d^2u_o(t)}{dt^2}+RC\frac{du_o(t)}{dt}+u_o(t)=u_i(t)$$

及

$$u_o(t)=\frac{1}{C}\int i_C(t)\,dt$$

将两个微分方程合并,在初始条件为零的情况下,得到传递函数$\frac{I_C(s)}{U_i(s)}$为

$$G_I(s)=\frac{I_C(s)}{U_i(s)}=\frac{Cs}{LCs^2+RCs+1}$$

两个传递函数的分母多项式是相同的,但是分子多项式是不同的。

5. 传递函数是描述线性定常系统的参数模型

由于传递函数

$$G(s)=\frac{b_m s^m+b_{m-1}s^{m-1}+\cdots+b_1 s+b_0}{s^n+a_{n-1}s^{n-1}+\cdots+a_1 s+a_0}=\frac{N(s)}{D(s)} \tag{2-98}$$

以 s 的多项式来表示为分子多项式 $N(s)$ 与分母多项式 $D(s)$ 的比值,式中,m 次分子多项式 $N(s)$ 可以分解为 m 个因子 $(s-z_j)(j=1,\cdots,m)$,对应复变函数的 m 个零点 $s=z_j(j=1,2,\cdots,m)$;n 次分母多项式 $D(s)$ 可以分解为 n 个因子 $(s-p_i)(i=1,\cdots,n)$,对应复变函数的 n 个极点 $s=p_i(i=1,2,\cdots,n)$。因此,可以将传递函数以复变函数的零极点来表示为

$$G(s)=K\frac{(s-z_1)(s-z_2)\cdots(s-z_m)}{(s-p_1)(s-p_2)\cdots(s-p_n)} \tag{2-99}$$

式中, K——系统的传递增益;

$s=z_j(j=1,2,\cdots,m)$——系统的 m 个零点;

$s=p_i(i=1,2,\cdots,n)$——系统的 n 个极点。

式(2-98)的多项式表示与式(2-99)的零、极点表示均是由定常参数来描述系统的,所以传递函数又称为线性定常系统的参数模型。与其相对应,系统的描述方法还有非参数模型,在此不予赘述。对于物理可实现的线性定常系统必有:

(1) $n\geqslant m$;

(2) 系统的零点与极点或为实数,或为共轭复数。

6. 传递函数的信息关系

由传递函数的表达式(2-98)可以得到传递函数关系的信息。

(1) 确定了输入信号 $R(s)$ 与输出信号 $C(s)$ 之间的传递关系信息,因而称其为传递函数。也就是说,在何种输入信号下,经过该传递关系产生何种输出,因此在数学上,$C(s)$ 为 $R(s)$ 的泛函。

(2) 确定了系统的固有特性信息。式(2-98)的分母多项式 $D(s)$ 描述了系统的固有特性,也就是系统的结构特性。如系统是几阶的,系统运动规律如何等问题,由分母多项式的结构可以充分表征。

(3) 确定了系统与外界联系方式信息。式(2-98)的分子多项式 $N(s)$ 提供了系统与外界的联系方式信息。从式中来看,系统的输出 $C(s)$ 响应于输入信号 $R(s)$ 各阶导数的线性组合,因此线性组合方式不同,则系统的响应也就不同,这一点可以由下述例题来说明。

[例 2-17] 给定两个力学系统的输入特性,如图 2-23 所示,分别写出传递函数,并比较两个系统有什么不同。

解 系统 1 的微分方程为

$$m\ddot{y}(t)+(f_1+f_2)\dot{y}(t)+ky(t)=F(t)$$

传递函数为

$$\frac{Y(s)}{F(s)}=\frac{1}{ms^2+(f_1+f_2)s+k}$$

系统 2 的微分方程为

$$m\ddot{y}(t)+(f_1+f_2)\dot{y}(t)+ky(t)=f_1\dot{x}(t)+kx(t)$$

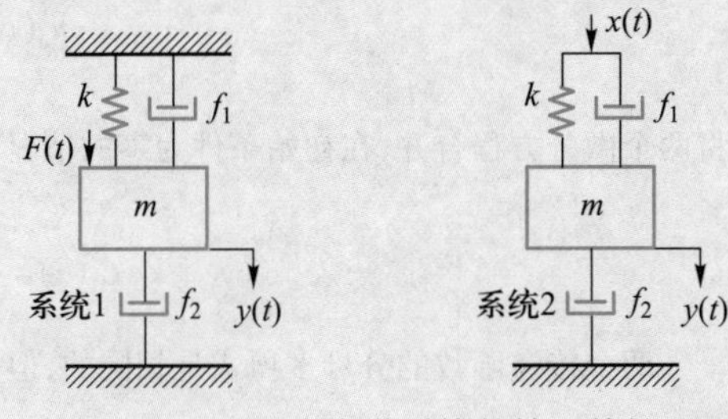

图 2-23 两个力学系统的输入特性

传递函数为

$$\frac{Y(s)}{X(s)}=\frac{f_1s+k}{ms^2+(f_1+f_2)s+k}$$

由两个系统的传递函数可以看出,其分母多项式相同,因此,系统的固有特性是相同的。但是两个系统的分子多项式是不同的,因此,两个系统与外界联系的作用特性是不同的。从输入信号的物理意义来看,系统 1 的作用函数是直接作用于质量 m 的作用力 $F(t)$,而系统 2 的作用函数是位移量 $x(t)$,位移量 $x(t)$ 经过阻尼器 f_1 和弹簧 k 的作用,间接产生作用力作用于质量 m,质量 m 与外界联系作用的不同是显而易见的。

2-4-3 控制系统的传递函数

1. 复数阻抗

在电路的基本理论中,线性元件的阻抗关系是依据线性元件的电压-电流关系而成立的,在时域上所遵循的是欧姆定律,在变换域中也有相同的形式,可以把变换域中的阻抗所遵循的电压-电流关系称为广义欧姆定律。变换域中的阻抗被称为复数阻抗,并且符合传递函数的定义。

基本线性元件有三种,即电阻 R、电容 C 和电感 L,重新写出其电压-电流关系式为

$$u_R(t)=R\cdot i_R(t)$$

$$u_C(t)=\frac{1}{C}\int i_C(t)\,\mathrm{d}t$$

$$u_L(t)=L\frac{\mathrm{d}i_L(t)}{\mathrm{d}t}$$

令初始条件为零,两边取拉式变换有

$$U_R(s)=R\cdot I_R(s)$$

$$U_C(t)=\frac{1}{Cs}\cdot I_C(s)$$

$$U_L(t)=Ls\cdot I_L(s)$$

得到三种基本线性元件的复数阻抗为

$$Z_R(s)=\frac{U_R(s)}{I_R(s)}=R \tag{2-100}$$

$$Z_C(s)=\frac{U_C(s)}{I_C(s)}=\frac{1}{Cs} \tag{2-101}$$

$$Z_L(s)=\frac{U_L(s)}{I_L(s)}=Ls \tag{2-102}$$

如图 2-24 所示。

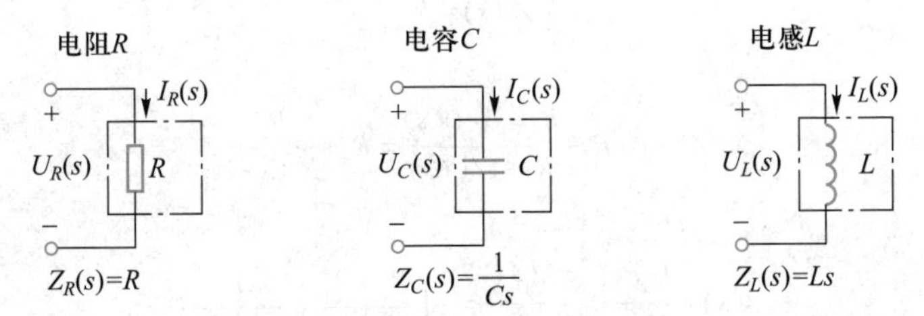

图 2-24 基本线性元件的复数阻抗

式(2-100)、式(2-101)、式(2-102)均满足 s 域的欧姆定律,因此在广义欧姆定律的基础上,称其为复数阻抗。

电网络的传递函数可以方便地利用线性元件的复数阻抗来求得。

[例 2-18] 如图 2-22 所示 RLC 网络,试采用复数阻抗法求该网络的传递函数。

解 由复数阻抗法可以写出分压公式,即

$$\frac{U_i(s)}{Z_R(s)+Z_L(s)+Z_C(s)}\cdot Z_C(s)=U_o(s)$$

代入各复数阻抗得

$$\frac{U_i(s)}{R+Ls+1/(Cs)}\cdot\frac{1}{Cs}=U_o(s)$$

求得传递函数为

$$G(s)=\frac{U_o(s)}{U_i(s)}=\frac{1}{LCs^2+RCs+1}$$

[例 2-19] 比例积分(PI)有源网络如图 2-25 所示,求传递函数 $G(s)$。

解 反相输入的运算放大器有源网络如图 2-26 所示,即

$$G(s)=\frac{U_o(s)}{U_i(s)}=-\frac{Z_f(s)}{Z_i(s)} \tag{2-103}$$

其中,$Z_i(s)$——输入复数阻抗;

$Z_f(s)$——反馈复数阻抗;

负号——表示输出与输入相位相反。

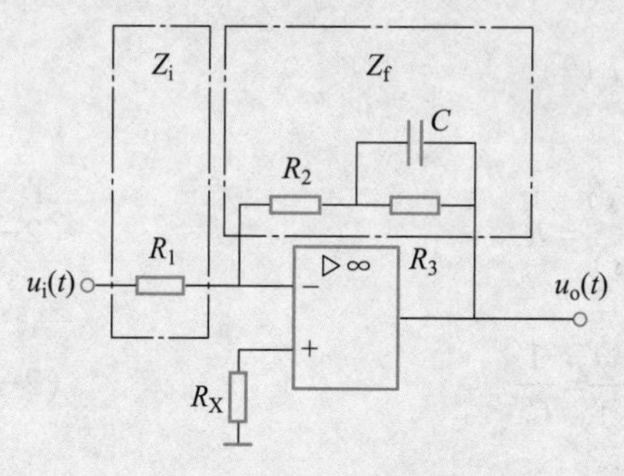

图 2-25 PI 有源网络

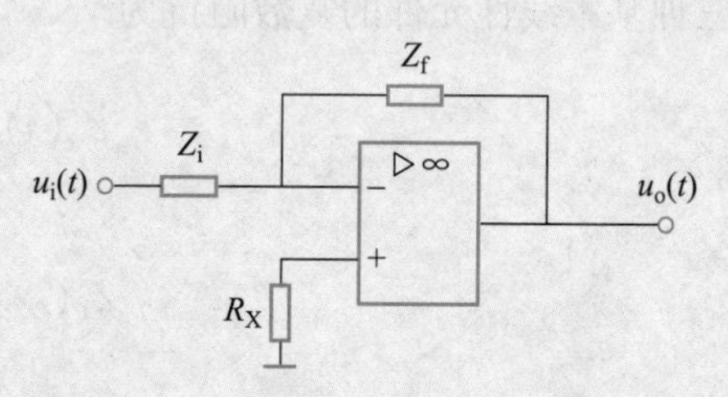

图 2-26 反相输入的运算放大器有源网络

图 2-25 的 PI 运算有源网络的各复数阻抗计算如下。

输入阻抗为

$$Z_i(s)=R_1$$

反馈阻抗为

$$Z_f(s)=R_2+\frac{R_3\cdot 1/(Cs)}{R_3+1/(Cs)}=R_2+\frac{R_3}{R_3Cs+1}$$

所以传递函数为

$$G(s)=\frac{U_o(s)}{U_i(s)}=-\frac{Z_f(s)}{Z_i(s)}=-\left(\frac{R_2}{R_1}+\frac{R_3}{R_1}\cdot\frac{1}{R_3Cs+1}\right)$$

2. 典型环节

控制系统通常是由若干基本部件组合构成的,这些基本部件又称为典型环节。掌握了典型环节传递函数的求取方法,就可以方便地组合成复杂的控制系统。

(1) 比例环节

具有比例运算关系的元件称为比例环节。

运算关系为

$$u_o(t)=Ku_i(t)$$

传递函数为

$$G(s)=U_o(s)/U_i(s)=K \tag{2-104}$$

[例 2-20] 变阻器式角位移检测器如图 2-27 所示,写出其传递函数。

解 变阻器最大角位移量为 θ_{max},变阻器所加电压为 U_+,所以其灵敏度为

$$K_U=\frac{U_+}{\theta_{max}}$$

单位为 V/rad,两变阻器角差为

$$\Delta\theta(t)=\theta_2(t)-\theta_1(t)$$

所以检测器输出电压为

$$u_s(t)=K_U\cdot\Delta\theta(t)$$

传递函数为

$$G(s)=\frac{U_s(s)}{\Delta\theta(s)}=K_U$$

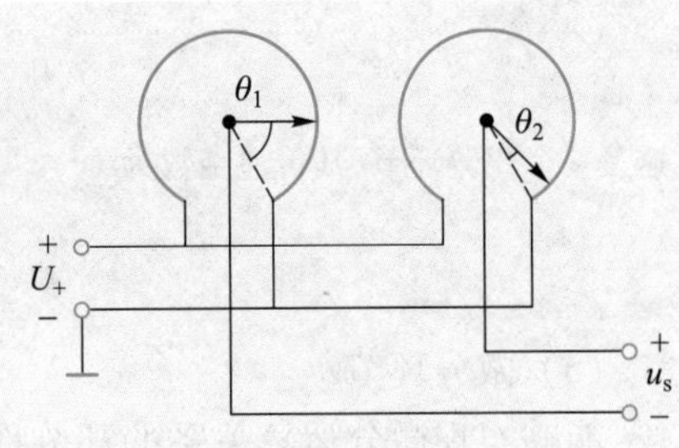

图 2-27 变阻器式角位移检测器

[**例 2-21**] 直流测速发电机如图 2-28 所示,试写出其传递函数。

解 直流测速发电机是一种转角检测装置,它的输出端电压正比于转轴的旋转角速度,其灵敏度为 K_e(V·s),所以输出电压为

$$e_s(t)=K_e\cdot\omega(t)$$

这是一个比例环节,其传递函数为

$$G(s)=\frac{E_s(s)}{\Omega(s)}=K_e$$

其他经常使用的比例环节装置还有放大器、减速器、杠杆等。

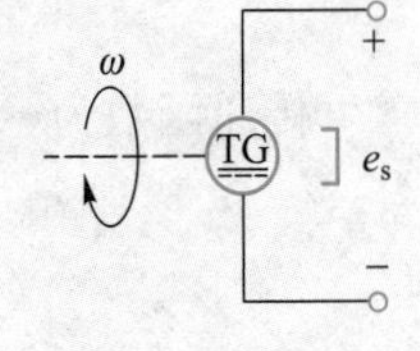

图 2-28 直流测速发电机

(2) 积分环节

能够实现积分运算关系的环节称为积分环节。

运算关系为

$$u_o(t)=\frac{1}{T}\int u_i(t)\,dt$$

传递函数为

$$G(s)=\frac{U_o(s)}{U_i(s)}=\frac{1}{Ts} \tag{2-105}$$

式中,T 称为积分环节的时间常数,它表示了积分的快慢程度。

[**例 2-22**] 液位系统如图 2-29 所示,试写出其传递函数。

解 入管流量为 q_1;

出管流量为 q_2;

流量差为 $\Delta q=q_1-q_2$;

容器的底面积为 D;

液面的高度为 h;

容积为 $V=hD$。

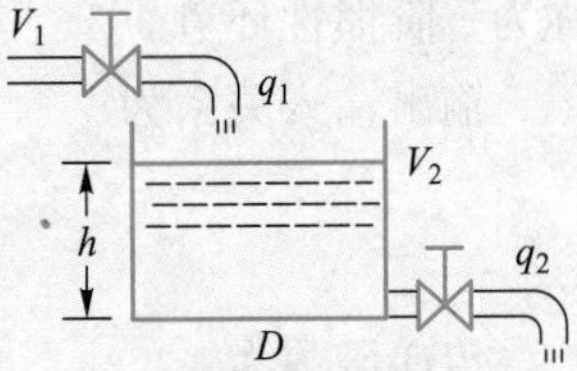

图 2-29 液位系统

流入的容积为流量对时间的积分为

$$\int(q_1-q_2)\,dt$$

两式相等,即

$$h\cdot D=\int(q_1-q_2)\,dt=\int\Delta q\,dt$$

所以液面高度为

$$h = \frac{1}{D}\int \Delta q \mathrm{d}t$$

这是一个积分环节,其传递函数为

$$G(s)=\frac{H(s)}{\Delta Q(s)}=\frac{1}{Ds}$$

(3) 微分环节

能够实现微分运算关系的环节称为微分环节。

运算关系为

$$u_{\mathrm{o}}(t)=\tau \frac{\mathrm{d}u_{\mathrm{i}}(t)}{\mathrm{d}t}$$

传递函数为

$$G(s)=\frac{U_{\mathrm{o}}(s)}{U_{\mathrm{i}}(s)}=\tau s \tag{2-106}$$

式中,τ 为微分环节的时间常数,它表示了微分速率大小。

[**例 2-23**] 例 2-21 中的测速发电机,其输出端电压为

$$e_{\mathrm{s}}(t)=K_{\mathrm{e}} \cdot \omega(t)$$

因为

$$\omega(t)=\frac{\mathrm{d}\theta(t)}{\mathrm{d}t}$$

算子式为

$$\Omega(s)=s\Theta(s)$$

所以,如果考虑电压与转角的关系,测速发电机就成为微分环节,表示为

$$G(s)=\frac{E_{\mathrm{s}}(s)}{\Theta(s)}=K_{\mathrm{e}}s$$

(4) 一阶惯性环节

一阶惯性环节的微分方程是一阶的,且输出响应需要一定的时间才能达到稳态值,因此称为一阶惯性环节。

输出输入关系为

$$T\frac{\mathrm{d}u_{\mathrm{o}}(t)}{\mathrm{d}t}+u_{\mathrm{o}}(t)=u_{\mathrm{i}}(t)$$

传递函数为

$$G(s)=\frac{U_{\mathrm{o}}(s)}{U_{\mathrm{i}}(s)}=\frac{1}{Ts+1} \tag{2-107}$$

式中,T 称为惯性环节的时间常数。

电路中的 RC 滤波电路、温度控制系统等,都是常见的一阶惯性环节。

(5) 二阶振荡环节

振荡环节是由二阶微分方程所描述的系统。

微分方程为

$$T^2\frac{\mathrm{d}^2u_o(t)}{\mathrm{d}t^2}+2\zeta T\frac{\mathrm{d}u_o(t)}{\mathrm{d}t}+u_o(t)=u_i(t)$$

传递函数为

$$G(s)=\frac{U_o(s)}{U_i(s)}=\frac{1}{T^2s^2+2\zeta Ts+1} \tag{2-108}$$

式中的两个参数 T 和 ζ 是系统的特征参数，在后面的课程中要讲到。前述的单摆系统、*RLC* 串联电路等，都是二阶振荡环节。

(6) 延迟环节

具有纯时间延迟传递关系的环节称为延迟环节。

传输关系为

$$u_o(t)=u_i(t-\tau)$$

由拉氏变换的延迟定理得

$$U_o(s)=\mathrm{e}^{-\tau s}\cdot U_i(s)$$

传递函数为

$$G(s)=\frac{U_o(s)}{U_i(s)}=\mathrm{e}^{-\tau s} \tag{2-109}$$

延迟环节出现在许多控制系统中，如图 2-30 所示的传输时间延迟、检测时间延迟等纯时间延迟，会给系统带来许多不良的影响。

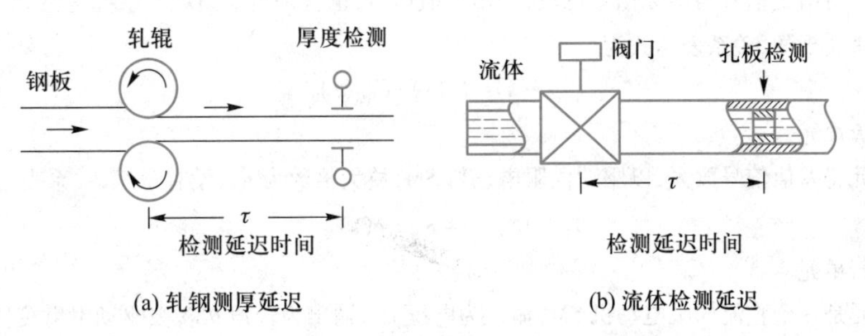

图 2-30　带有延迟环节的控制系统

3. 系统传递函数

一个控制系统，不管结构如何复杂，一般都是由前面所述的基本环节组合构成的。既然可以写出各基本环节的传递函数，那么，在符合信号流通的变量约束关系下，将各基本环节的传递函数按照相应的关系组合，再消去中间变量就可以得到控制系统的传递函数。

在变换域中，这种组合是代数方程组。因此，对于各基本环节，可以直接使用它的算子方程。下面用实例来说明一个控制系统的传递函数求取。

[例 2-24] 直流电动机调速系统原理图如图 2-31 所示，试根据信号传输关系写出系统的传递函数。

解 该控制系统用于电动机转速的自动控制，其端口关系为：控制量，即输入信号，给定转速 ω_r 所对应的电压 U_r；被控制量，即输出信号，电动机的旋转角速度 ω。

下面按照从输入到输出的顺序依次写出基本环节的关系表达式。

(1) 给定单元

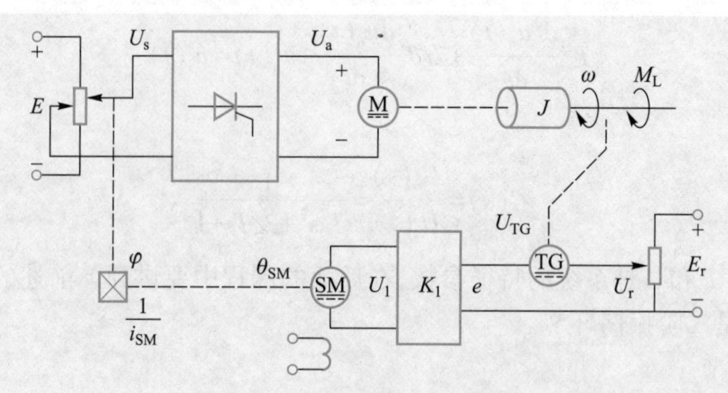

图 2-31 直流电动机调速系统原理图

给定单元由电位器构成。供给电动势 E_r 的大小对应电动机的最高转速 ω_m，灵敏度为$K_r=\dfrac{E_r}{\omega_m}$，单位为 V · s，所以滑动端的输出电压 U_r 正比于给定转速 ω_r，关系表达式为

$$U_r(s)=K_r \cdot \omega_r(s) \tag{2-110}$$

（2）测速单元

测速单元由测速发电机 TG 来实现。测速发电机的输出端电压的大小正比于电动机的旋转角速度 ω 和灵敏度为 K_{TG}，单位为 V · s，关系表达式为

$$U_{TG}(s)=K_{TG} \cdot \omega(s) \tag{2-111}$$

（3）比较单元

比较单元将给定信号与实际信号比较，得出差值信号，也就是负反馈。该系统是将 U_r 与 U_{TG} 串联反极性相连接来实现的，关系表达式为

$$e(s)=U_r(s)-U_{TG}(s) \tag{2-112}$$

（4）放大单元

放大单元将差值信号放大，以驱动伺服电动机 SM，放大倍数为 K_1，没有量纲，关系表达式为

$$U_1(s)=K_1 \cdot e(s) \tag{2-113}$$

（5）执行单元

执行单元是一个直流伺服电动机 SM，输入为电压 U_1，输出为转角 θ_{SM}，去驱动滑臂变阻器的滑臂转动。因为滑臂变阻器的滑臂阻力矩很小，可视伺服电动机 SM 运行在空载状态，其关系表达式为

$$s(T_{SM}s+1) \cdot \theta_{SM}(s)=K_{SM} \cdot U_1(s) \tag{2-114}$$

式中，T_{SM} 为 SM 的机电时间常数，K_{SM} 为 SM 的增益常数。

（6）减速器

减速器是一个比例环节，将伺服电动机 SM 的转角变换为变阻器滑动臂的转角 φ，传递关系为变比系数 $1/i_{SM}$，关系表达式为

$$\varphi(s)=\frac{1}{i_{SM}} \cdot \theta_{SM}(s) \tag{2-115}$$

（7）变阻器

变阻器也是一个比例环节，变阻器滑动臂的转角 φ 转换为晶闸管调功器触发角调节电压 U_s，传递系数为 K_s，关系表达式为

$$U_s(s)=K_s \cdot \varphi(s) \tag{2-116}$$

（8）晶闸管调功器

晶闸管调功器供出可调电压，以驱动直流电动机旋转。输入信号为触发角调节电压 U_s，输出量为电动机的电枢电压 U_a，关系表达式为

$$U_a(s)=K_a \cdot U_s(s) \tag{2-117}$$

(9) 受控对象——直流电动机

直流电动机接受电枢电压 U_a 驱动，输出角速度为 ω，驱动负载转动，关系表达式为

$$(T_M s+1)\cdot \omega(s)=K_M U_a(s)-K_L M_L(s) \tag{2-118}$$

式中，T_M——电动机的机电常数；

K_M——电动机的增益常数；

M_L——负载力矩；

K_L——负载力矩常数。

综合式(2-110)~式(2-118)，可得到如下方程组：

$$\begin{cases} U_r(s)=K_r \cdot \omega_r(s) \\ U_{TG}(s)=K_{TG} \cdot \omega(s) \\ e(s)=U_r(s)-U_{TG}(s) \\ U_1(s)=K_1 \cdot e(s) \\ s(T_{SM}s+1)\cdot \theta_{SM}(s)=K_{SM}\cdot U_1(s) \\ \varphi(s)=\left(\dfrac{1}{i_{SM}}\right)\cdot \theta_{SM}(s) \\ U_s(s)=K_s \cdot \varphi(s) \\ U_a(s)=K_a \cdot U_s(s) \\ (T_M s+1)\cdot \omega(s)=K_M U_a(s)-K_L M_L(s) \end{cases} \tag{2-119}$$

各基本环节的连接关系如图 2-32 所示。

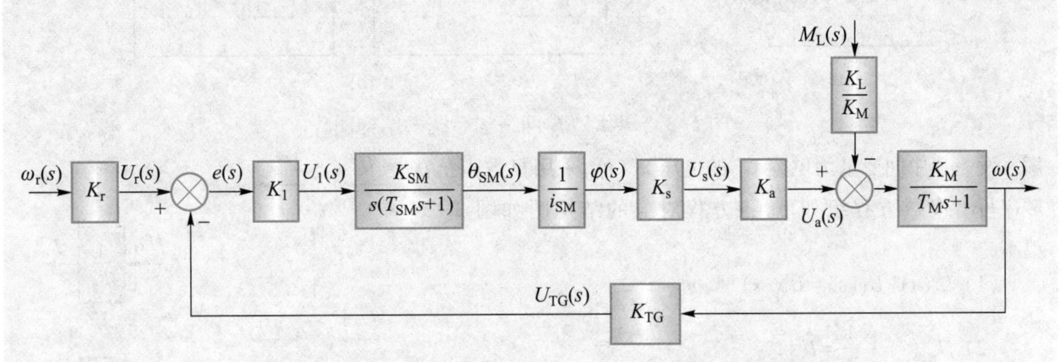

图 2-32 电动机调速系统各基本环节的连接关系

消去各中间变量 $U_r(s)$、$U_{TG}(s)$、$e(s)$、$U_1(s)$、$\theta_{SM}(s)$、$\varphi(s)$、$U_s(s)$、$U_a(s)$，根据叠加定理，令负载 M_L 为零，就可以得到以给定角速度 ω_r 为输入量，以电动机的旋转角速度 ω 为输出量的传递函数，即

$$G_\omega(s)=\frac{\omega(s)}{\omega_r(s)}=\frac{K_1\cdot K_{SM}\cdot K_s\cdot K_a\cdot K_M\cdot 1/i_{SM}\cdot K_r}{s(T_{SM}s+1)(T_M s+1)+K_1\cdot K_{SM}\cdot K_s\cdot K_a\cdot K_M\cdot 1/i_{SM}\cdot K_{TG}} \tag{2-120}$$

同理，给定角速度 ω_r 为零，可以得到在负载扰动 M_L 作用下的传递函数为

$$G_M(s)=\frac{\omega(s)}{M_L(s)}=-\frac{K_L\cdot s(T_{SM}s+1)}{s(T_{SM}s+1)(T_M s+1)+K_1\cdot K_{SM}\cdot K_s\cdot K_a\cdot K_M\cdot 1/i_{SM}\cdot K_{TG}} \tag{2-121}$$

2-5 动态结构图

动态结构图又称方块图,是一种网络拓扑条件下的有向线图,由以下几部分组成:

(1) 以传递函数来描述信号输入输出关系的传输方块;

(2) 标有信号流通方向的信号输入输出通路;

(3) 信号的分离点与综合点。

因为结构图是 s 域的描述,但是它在变换域中表示了系统在时域的动态特性,所以被称为动态结构图。结构图有如下几种特性:

(1) 结构图是线图方式的数学模型,可以用来描述控制系统的系统结构关系;

(2) 结构图上可以表示出系统的一些中间变量或者系统的内部信息,这一点不同于仅符合端口关系的传递函数;

(3) 结构图与代数方程组等价。因此,可以通过结构图化简的方法消去中间变量,化简代数方程组,将结构图化为最简方块,即一个方块,来求得控制系统的传递函数。

2-5-1 结构图的建立

画结构图时,所依据的原则是信号流通关系,下面以实例来说明。

课件:例2-25中RC网络结构图的建立

[例 2-25] 已知两级 RC 网络如图 2-33(a)所示,作出该系统的结构图。

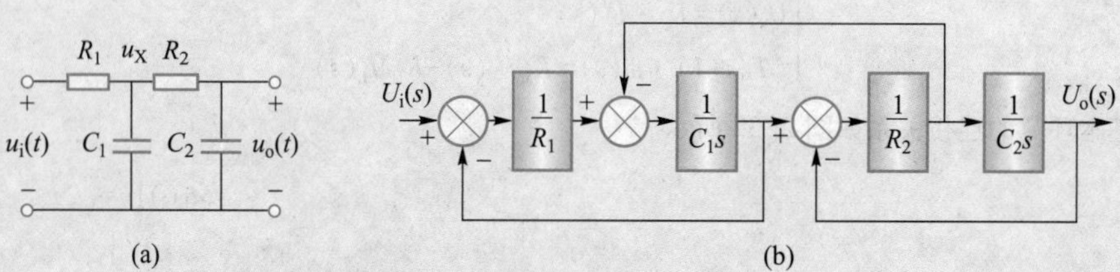

图 2-33 两级 RC 网络和系统的结构图

解 设一个中间变量为电容 C_1 的电压 $u_X(t)$,采用复数阻抗法顺序写出代数方程组如下,各方程对应的结构图如图 2-34 所示。

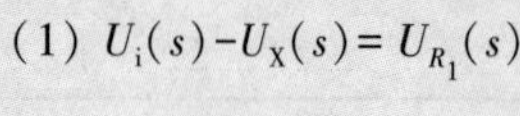

(1) $U_i(s)-U_X(s)=U_{R_1}(s)$

(2) $U_{R_1}(s)\cdot\dfrac{1}{R_1}=I(s)$

(3) $I(s)-I_2(s)=I_1(s)$

(4) $I_1(s)\cdot\dfrac{1}{C_1s}=U_X(s)$

(5) $U_X(s)-U_o(s)=U_{R_2}(s)$

(6) $U_{R_2}(s)\cdot\dfrac{1}{R_2}=I_2(s)$

(7) $I_2(s)\cdot\dfrac{1}{C_2s}=U_o(s)$

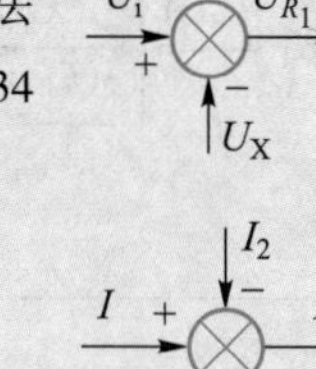

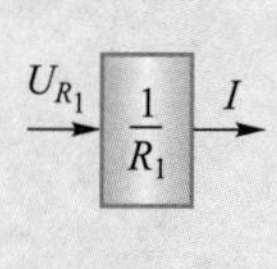

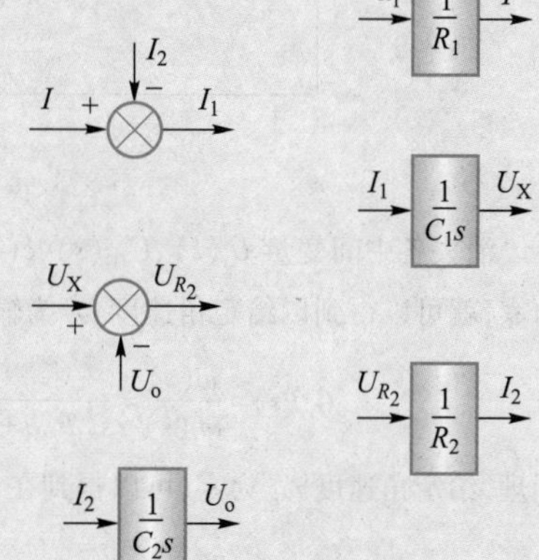

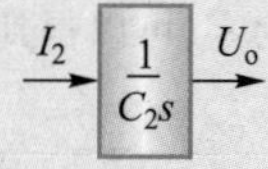

图 2-34 代数方程对应的结构图

将各基本环节的方块按照信号流通方向连接起来就可以得到如图 2-33(b)所示的系统的结构图。

至于以 U_i 为输入,以 U_o 为输出的传递函数,可以通过化简上述代数方程组得到,也可以在结构图上直接通过结构图化简得到。

2-5-2 结构图化简

结构图化简需要遵循一定的基本原则,也就是要保证化简前后的代数等价关系不变。

(1) 化简前后,前向通路传递函数的乘积不变;

(2) 化简前后,回路传递函数的乘积不变。

等效变换法则如下:

1. 环节串联

环节串联的传输等于各串联环节传输的乘积,如图 2-35 所示。由图 2-35 可见,环节串联的结果是,两个方块合并成为一个方块,减少了方块的个数。

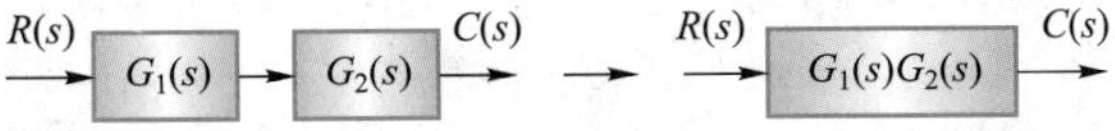

图 2-35 环节串联化简

2. 环节并联

环节并联的传输等于各并联环节传输的代数和,如图 2-36 所示。由图 2-36 可见,环节并联化简的结果是两条通路合并成为一条通路,减少了通路条数。

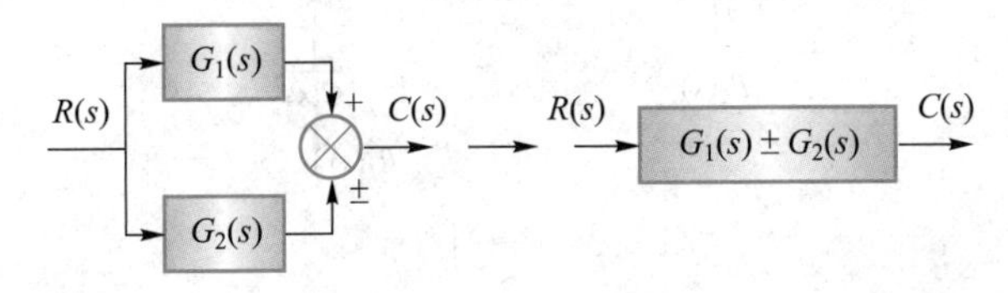

图 2-36 环节并联化简

3. 反馈回路化简

反馈回路如图 2-37(a)所示,可以将带有反馈回路的结构图简化成为一个方块,如图 2-37(b)所示。

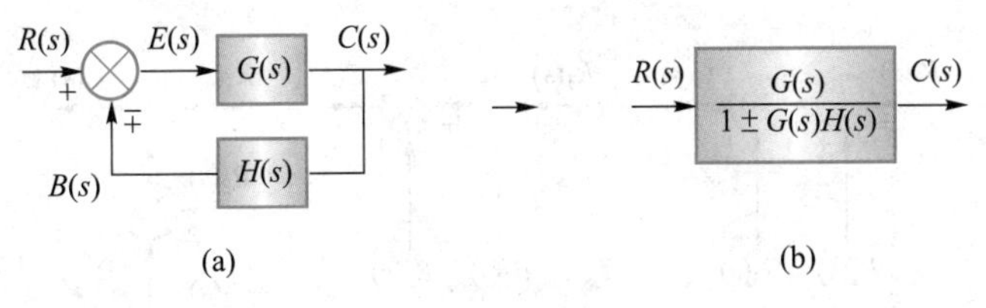

图 2-37 反馈回路化简

图 2-37 所示传递关系为

$$C(s)=\frac{G(s)}{1\pm G(s)H(s)}R(s) \tag{2-122}$$

式中,正号为负反馈,负号为正反馈。

证明 设中间变量 $B(s)$、$E(s)$ 如图 2-37(a)所示,则有

$$C(s)=G(s)E(s)$$

$$B(s)=H(s)C(s)$$

因为

$$E(s)=R(s)\mp B(s)$$

所以

$$\begin{aligned}C(s)&=G(s)E(s)\\&=G(s)[R(s)\mp B(s)]\\&=G(s)[R(s)\mp H(s)C(s)]\\&=G(s)R(s)\mp G(s)H(s)C(s)\end{aligned}$$

整理

$$[1\pm G(s)H(s)]C(s)=G(s)R(s)$$

写为

$$C(s)=\frac{G(s)}{1\pm G(s)H(s)}R(s)$$

证毕。

4. **相加点移动**

相加点也就是求和点，相加点移动是指将位于方块输入端（或者输出端）的相加点移动到方块的输出端（或者输入端），前移、后移与互易规则如图 2-38 至图 2-40 所示。

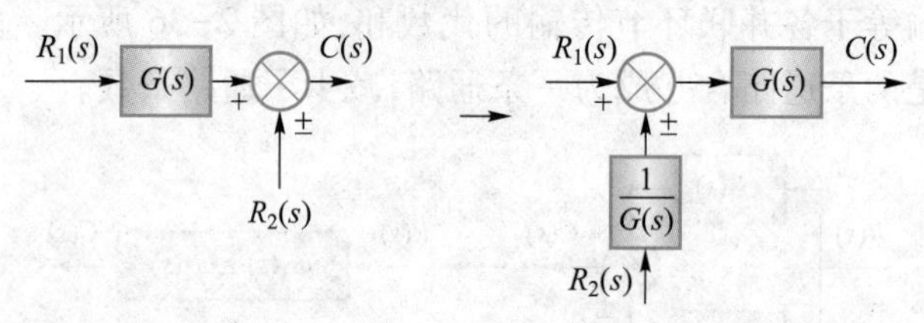

图 2-38　相加点前移

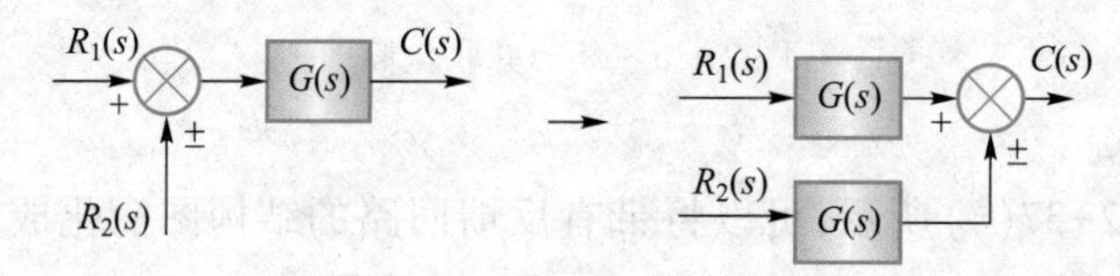

图 2-39　相加点后移

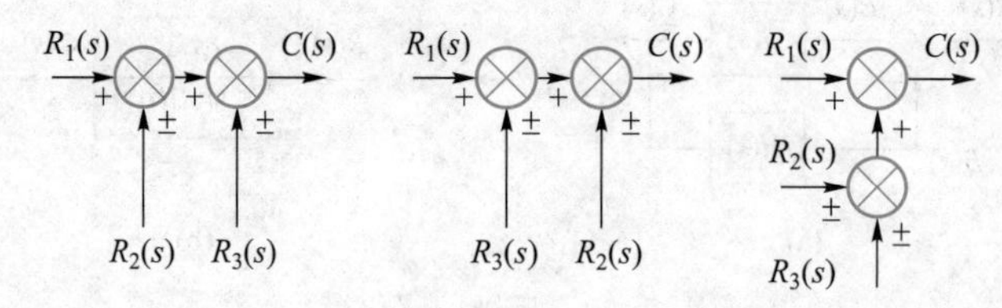

图 2-40　相加点互易

5. **分支点移动**

分支点前移如图 2-41 所示，分支点后移如图 2-42 所示。

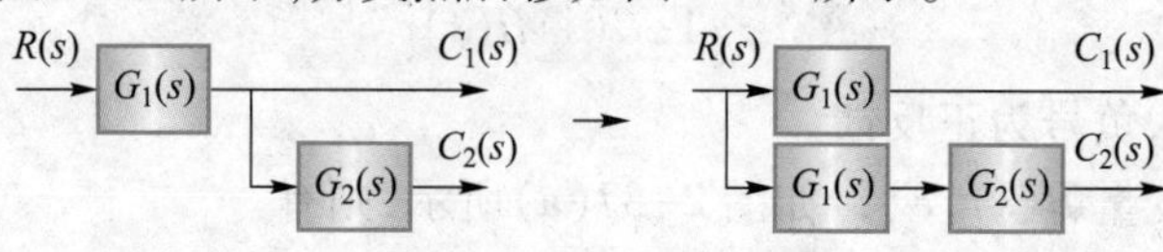

图 2-41　分支点前移

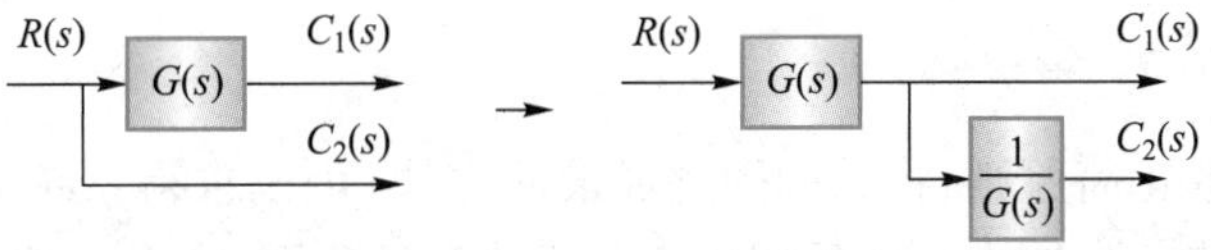

图 2-42 分支点后移

注意:相加点与分支点没有简单互易法则。

[**例 2-26**] 两级 *RC* 滤波网络的结构图如图 2-43 所示,试采用结构图等价变换法化简该结构图。

课件:例 2-26 结构图化简

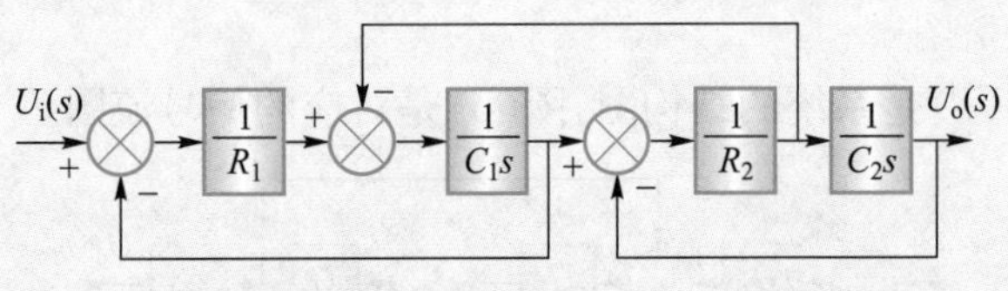

图 2-43 两级 *RC* 滤波网络的结构图

解 由图 2-43 可见,该图只有一条前向通路,三个反馈支路,也就是有三个自闭合的回路,但是回路中信号并不独立,回路内部有信号的相加点或者分支点,不能直接作回路化简。所以,在结构图分析时,首先将回路内部的相加点与分支点移出环外,就可以利用回路化简公式了。

化简步骤如下:

第一步:向左移出相加点并作相加点互易换位,向右移出分支点,如图 2-44 所示;

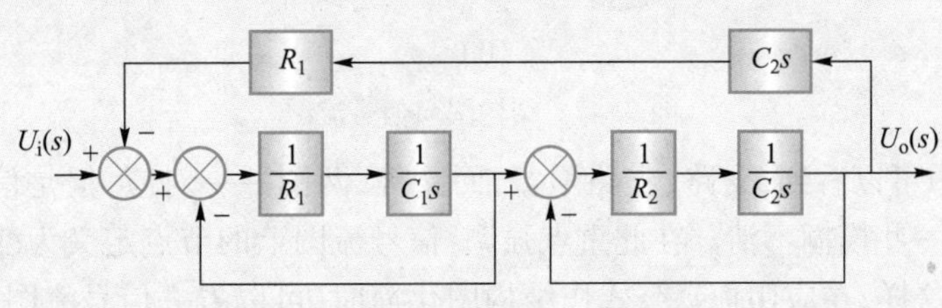

图 2-44 向左移出相加点,向右移出分支点

第二步:化简两个内部回路,并合并反馈支路的方块,如图 2-45 所示;

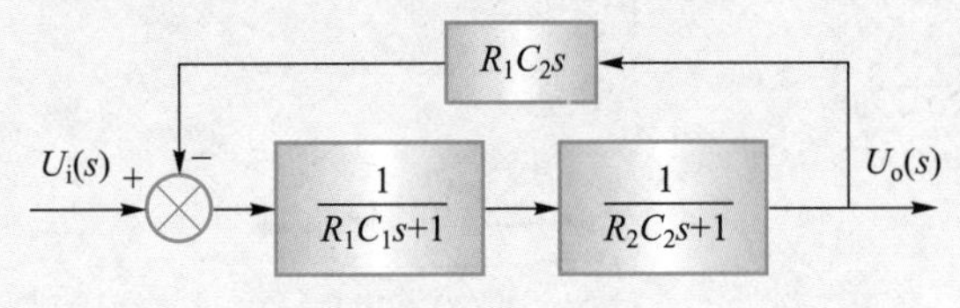

图 2-45 化简内部回路

第三步:令 $T_1=R_1C_1$,$T_2=R_2C_2$,$T_3=R_1C_2$,作反馈回路化简,如图 2-46 所示。

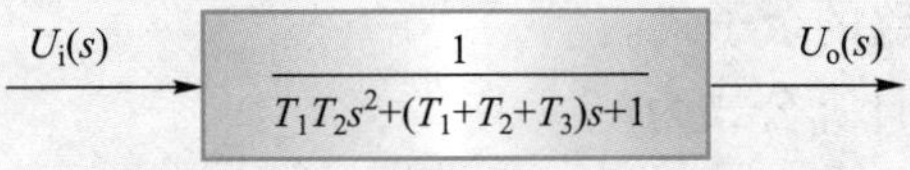

图 2-46 化简反馈回路

所以,该网络的传递函数为

$$G(s)=\frac{U_o(s)}{U_i(s)}=\frac{1}{T_1T_2s^2+(T_1+T_2+T_3)s+1}$$

2-5-3 梅森公式

根据结构图等效化简原则，将结构图化成最简方块，可以求得系统的传递函数，但是化简步骤仍然需要一步一步地进行。采用梅森公式化简结构图，求取系统的传递函数，只需要做少量的计算，就可以将传递函数一次写出，是一种简捷方便的方法。

梅森公式是基于信号流图理论得出的一套计算公式，用于计算线图的总传输。因为结构图是以线图为依据的，因此，首先来叙述两者的关系。

1. 结构图与信号流图

在图2-47中，图(a)是系统的结构图，图(b)是对应的信号流图。

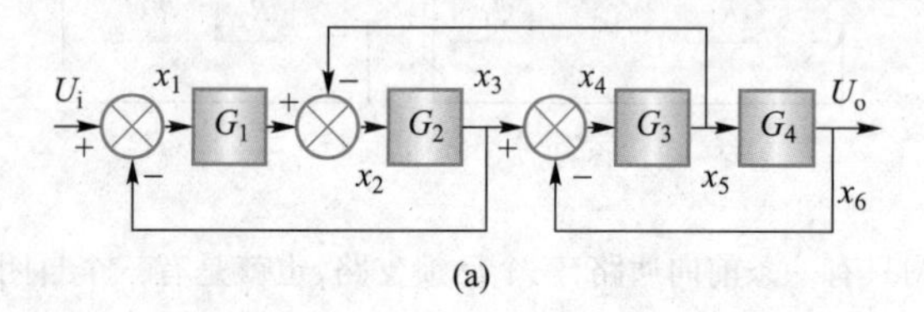

(a)

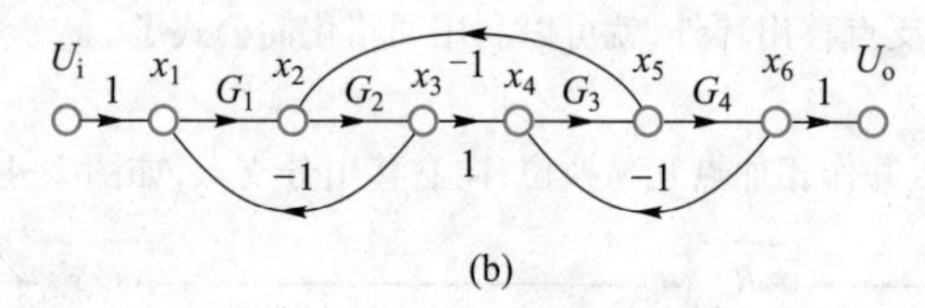

(b)

图2-47 结构图与信号流图

从图2-47中可以看到，支路、支路增益、回路等，两图一一对应，但是信号流图上的节点在结构图上有一些模糊不清。在此重点强调：信号流图上的节点定义为变量，如图中 x_1，x_2，…，x_6 所示。这样，在应用梅森公式作结构图化简时，可以省去信号流图，直接在结构图上完成。

2. 梅森公式

梅森公式描述如下：

梅森总增益计算公式为

$$P=\frac{\sum_i \Delta_i \cdot p_i}{\Delta} \tag{2-123}$$

式中，p_i——从输入到输出的第 i 条前向通路总增益；

Δ——梅森公式特征式；

Δ_i——第 i 条前向通路的余子式。

梅森公式特征式 Δ 的计算公式为

$$\Delta = 1-\sum_a L_a+\sum_{b,c} L_b \cdot L_c-\sum_{d,e,f} L_d \cdot L_e \cdot L_f+\cdots \tag{2-124}$$

式中，$\sum_a L_a$——所有独立回路增益之和；

$\sum_{b,c} L_b \cdot L_c$——所有两两互不接触回路增益乘积项之和；

$\sum\limits_{d,e,f} L_d \cdot L_e \cdot L_f$——所有三个互不接触回路增益乘积项之和；

第 i 条前向通路的余子式 Δ_i 为在特征式 Δ 中，将与第 i 条前向通路 p_i 相接触的回路各项全部去除后剩下的余子式。

下面以例题来说明梅森公式的应用。

［例 2-27］ 已知两级 RC 网络的结构图如图 2-48 所示，试用梅森公式法求取传递函数。

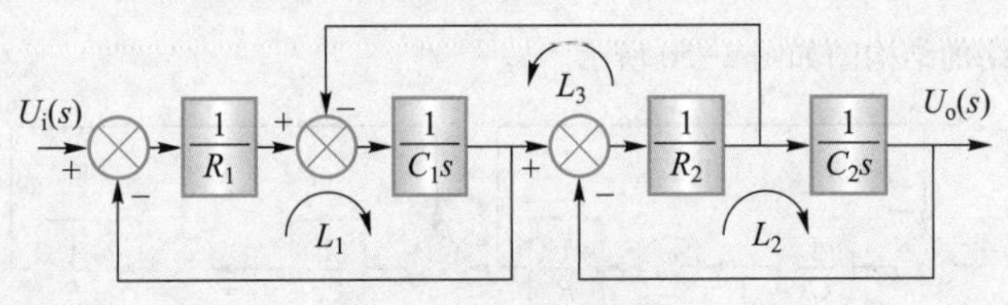

图 2-48 两级 RC 网络的结构图

解 (1) 写出所有独立回路，共 3 个

$$L_1 = -\frac{1}{R_1} \cdot \frac{1}{C_1 s} = -\frac{1}{R_1 C_1 s}$$

$$L_2 = -\frac{1}{R_2} \cdot \frac{1}{C_2 s} = -\frac{1}{R_2 C_2 s}$$

$$L_3 = -\frac{1}{C_1 s} \cdot \frac{1}{R_2} = -\frac{1}{R_2 C_1 s}$$

判别回路的接触情况：因为 L_1, L_2 之间没有公共支路，所以有一个两两互不接触回路项 $L_{1,2} = L_1 L_2 = \frac{1}{R_1 C_1 R_2 C_2 s^2}$，没有三三互不接触回路项。

(2) 写出梅森公式特征式 Δ

$$\Delta = 1 - (L_1 + L_2 + L_3) + L_{1,2} = 1 + \frac{1}{R_1 C_1 s} + \frac{1}{R_2 C_2 s} + \frac{1}{R_2 C_1 s} + \frac{1}{R_1 C_1 R_2 C_2 s^2}$$

(3) 写出前向通路 p_i

从输入到输出只有一条前向通路，所以 $i = 1$，只有 p_1

$$p_1 = \frac{1}{R_1} \cdot \frac{1}{C_1 s} \cdot \frac{1}{R_2} \cdot \frac{1}{C_2 s} = \frac{1}{R_1 R_2 C_1 C_2 s^2}$$

(4) 写出各项余子式 Δ_i

因为只有一条前向通路 p_1，所以只计算 Δ_1。因为 p_1 与所有回路 L_1, L_2, L_3 都有公共支路，所以 p_1 与所有回路都相接触。从特征式 Δ 中将所有的回路各项去除后得到

$$\Delta_1 = 1$$

(5) 传递函数为

$$G(s) = P = \frac{\Delta_1 \cdot p_1}{\Delta} = \frac{\dfrac{1}{R_1 R_2 C_1 C_2 s^2}}{1 + \dfrac{1}{R_1 C_1 s} + \dfrac{1}{R_2 C_2 s} + \dfrac{1}{R_2 C_1 s} + \dfrac{1}{R_1 C_1 R_2 C_2 s^2}}$$

$$= \frac{1}{R_1 R_2 C_1 C_2 s^2 + (R_1 C_1 + R_2 C_2 + R_1 C_2) s + 1}$$

[**例 2-28**] 三级 *RC* 滤波网络如图 2-49 所示，试用梅森公式求网络的传递函数。

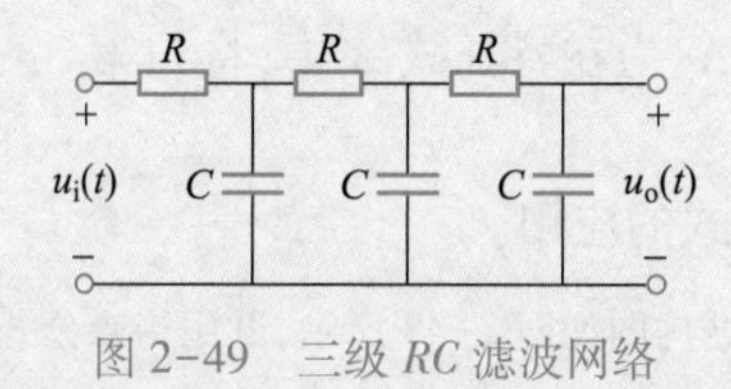

图 2-49 三级 *RC* 滤波网络

解 三级 *RC* 滤波网络的结构图如图 2-50 所示。

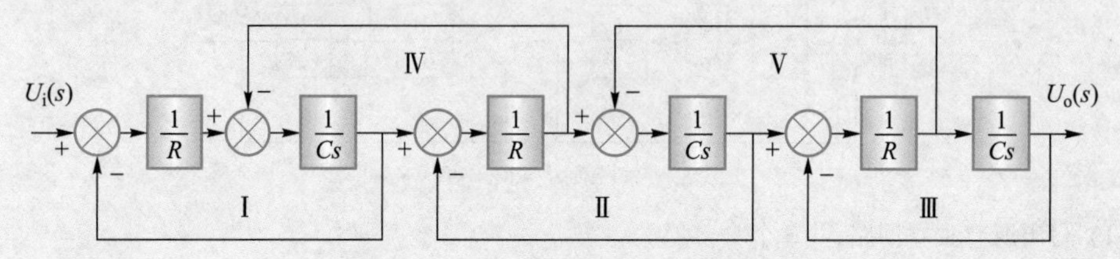

图 2-50 三级 *RC* 滤波网络的结构图

（1）一条前向通路

$$p_1=\frac{1}{RCs}\cdot\frac{1}{RCs}\cdot\frac{1}{RCs}=\frac{1}{R^3C^3s^3}$$

（2）5 个独立回路

$$L_{\mathrm{I}}=L_{\mathrm{II}}=L_{\mathrm{III}}=L_{\mathrm{IV}}=L_{\mathrm{V}}=-\frac{1}{RCs}$$

$$\sum_a L_a=-\frac{5}{RCs}$$

（3）两两互不接触回路

共 6 项：$L_{\mathrm{I}}L_{\mathrm{II}}, L_{\mathrm{I}}L_{\mathrm{III}}, L_{\mathrm{II}}L_{\mathrm{III}}, L_{\mathrm{I}}L_{\mathrm{V}}, L_{\mathrm{III}}L_{\mathrm{IV}}, L_{\mathrm{IV}}L_{\mathrm{V}}$，每项为

$$L_b\cdot L_c=\left(-\frac{1}{RCs}\right)\cdot\left(-\frac{1}{RCs}\right)$$

6 项总和

$$\sum_{b,c}L_b\cdot L_c=\frac{6}{R^2C^2s^2}$$

（4）三三互不接触回路

仅一项

$$L_{\mathrm{I}}\cdot L_{\mathrm{II}}\cdot L_{\mathrm{III}}=\left(-\frac{1}{RCs}\right)\cdot\left(-\frac{1}{RCs}\right)\cdot\left(-\frac{1}{RCs}\right)=-\frac{1}{R^3C^3s^3}$$

（5）特征式

$$\Delta=1-\sum_a L_a+\sum_{b,c}L_bL_c-\sum_{d,e,f}L_dL_eL_f$$

$$=1+\frac{5}{RCs}+\frac{6}{R^2C^2s^2}+\frac{1}{R^3C^3s^3}$$

（6）余子式

各回路与前向通路均有公共支路，所以

$$\Delta_1=1$$

（7）传递函数为

$$G(s)=\frac{U_o(s)}{U_i(s)}=\frac{\dfrac{1}{R^3C^3s^3}}{1+\dfrac{5}{RCs}+\dfrac{6}{R^2C^2s^2}+\dfrac{1}{R^3C^3s^3}}$$
$$=\frac{1}{R^3C^3s^3+5R^2C^2s^2+6RCs+1}$$

2-6 反馈控制系统

2-6-1 一般控制系统

本小节讨论反馈控制系统结构图的一般组成结构。控制系统的典型结构如图 2-51 所示。

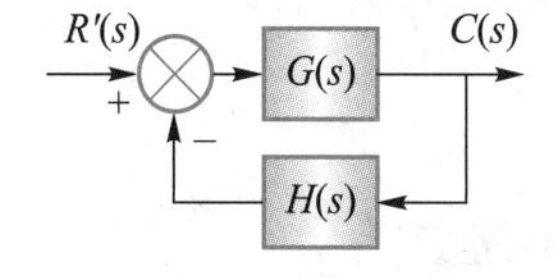

图 2-51 控制系统的典型结构

系统的端口信号为:

$C(s)$——系统输出信号;

$R'(s)$——给定输入信号。

系统的结构单元为:

$G(s)$——前向通路传递函数,一般由控制单元、执行单元和受控对象组成;

$H(s)$——反馈通路传递函数,一般表示反馈控制作用以及传感器特性。

对上述控制系统的典型结构,考虑以下几种基本关系:

1. 单位反馈控制系统

将图 2-51 作等价变换,从反馈通路中移出 $H(s)$,再略去前端与回路无关的方块,就化为单位反馈控制系统了,其过程如图 2-52 所示。

图 2-52 中,$R(s)$ 与 $R'(s)$ 的关系是与反馈无关的传输,更为明显的是物理量单位的变换,即希望的输出(给定信号)与实际的输出为相等的物理量关系。这样便于今后对问题的分析。今后除了个别情况之外,只考虑单位化后的系统结构。

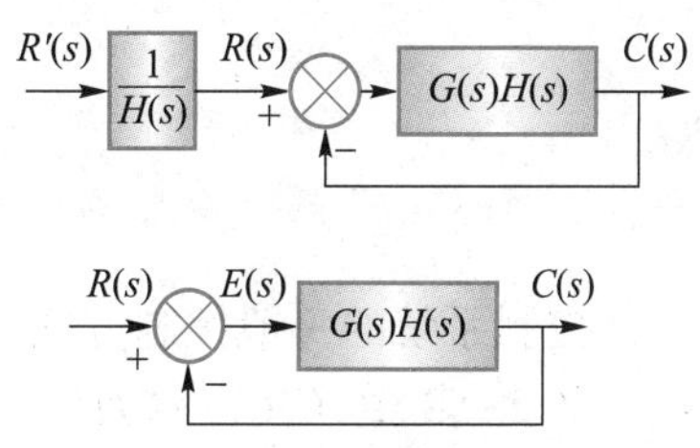

图 2-52 控制系统的单位反馈

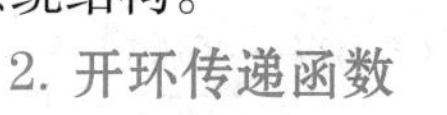

2. 开环传递函数

在单位反馈系统中,断开反馈通路就得到了开环传递函数,表示为

$$G_o(s)=G(s)H(s) \tag{2-125}$$

3. 闭环传递函数

在单位反馈系统中,只需作一次回路化简就可以得到闭环传递函数,表示为

$$G_c(s)=\frac{G_o(s)}{1+G_o(s)} \tag{2-126}$$

4. 系统的输出

定义了闭环传递函数之后,系统的输出为

$$C(s)=G_c(s)\cdot R(s)=\frac{G_o(s)}{1+G_o(s)}\cdot R(s) \tag{2-127}$$

5. 时间域误差与变换域误差

定义误差为给定输入信号与实际输出信号之差,即

$$e(t)=r(t)-c(t) \tag{2-128}$$

则其拉氏变换即为变换域误差表达式,即

$$E(s)=R(s)-C(s) \tag{2-129}$$

6. 误差传递函数

系统的输出为

$$C(s)=\frac{G_o(s)}{1+G_o(s)}\cdot R(s)$$

代入误差式有

$$\begin{aligned}E(s)&=R(s)-\frac{G_o(s)}{1+G_o(s)}\cdot R(s)\\&=\left[1-\frac{G_o(s)}{1+G_o(s)}\right]\cdot R(s)\\&=\frac{1}{1+G_o(s)}\cdot R(s)\end{aligned} \tag{2-130}$$

则误差传递函数为

$$G_E(s)=\frac{E(s)}{R(s)}=\frac{1}{1+G_o(s)} \tag{2-131}$$

2-6-2　一般控制作用

控制系统的一般控制方式如图 2-53 所示,即前向控制方式,又称串联控制方式。

图 2-53 中,$G_o(s)$ 称为广义受控对象,即执行机构或者驱动装置与受控对象的复合单元。$G_s(s)$ 称为前向控制器,或简称控制器,它根据误差 $E(s)$ 的变化去构造所需的控制去控制广义受控对象 $G_o(s)$。

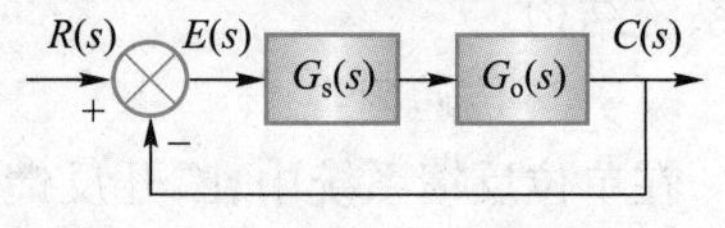

图 2-53　控制系统的一般控制方式

由上所述,控制器是一类装置,它可以执行某种控制算法,实现一些基本控制作用。

自动控制理论中的基本控制作用如下所述。

1. 比例控制器(P 控制器)

比例控制器按照误差的大小输出比例关系的控制量,又称 P(propotion)控制器。P 控制器的结构图如图 2-54(a)所示。

运算关系为

$$u_o(t)=K\cdot u_i(t) \tag{2-132}$$

传递函数为

$$G(s)=U_o(s)/U_i(s)=K \tag{2-133}$$

其单位阶跃响应如图 2-54(b)所示。

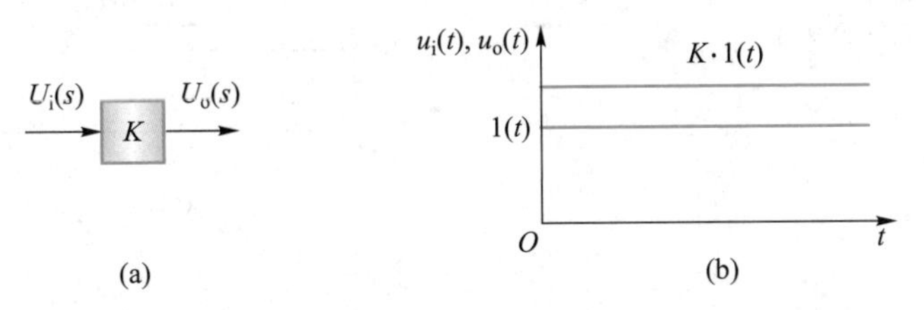

图 2-54 比例控制器

2. 积分控制器(I 控制器)

积分控制器按照误差信号的积分输出控制量,又称 I(integral)控制器。I 控制器结构图如图 2-55(a)所示。

运算关系为

$$u_o(t)=\frac{1}{T}\int u_i(t)\,\mathrm{d}t \tag{2-134}$$

传递函数为

$$G(s)=\frac{U_o(s)}{U_i(s)}=\frac{1}{Ts} \tag{2-135}$$

其中,T 为积分时间常数。

I 控制器的单位阶跃响应如图 2-55(b)所示。由图可见,响应曲线为等斜率的直线。T 越大,斜率越小。

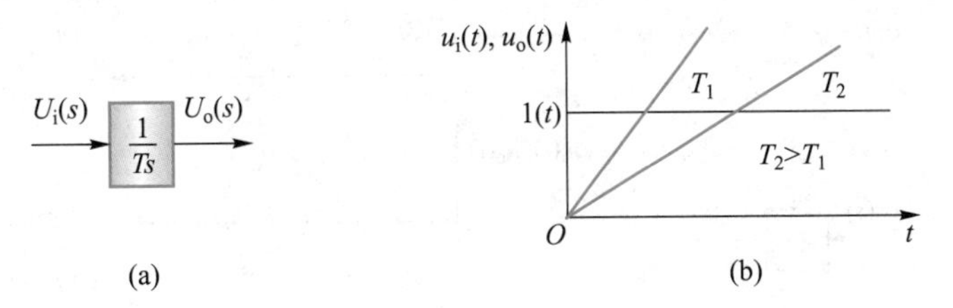

图 2-55 积分控制器

3. 比例积分控制器(PI 控制器)

比例积分控制器完成输入信号的比例积分运算,又称 PI 控制器。PI 控制器的结构图如图 2-56(a)所示。

运算关系为

$$U_o(s)=K\left(1+\frac{1}{Ts}\right)\cdot U_i(s) \tag{2-136}$$

传递函数为

$$G(s)=K\left(1+\frac{1}{Ts}\right) \tag{2-137}$$

其单位阶跃响应如图 2-56(b)所示。

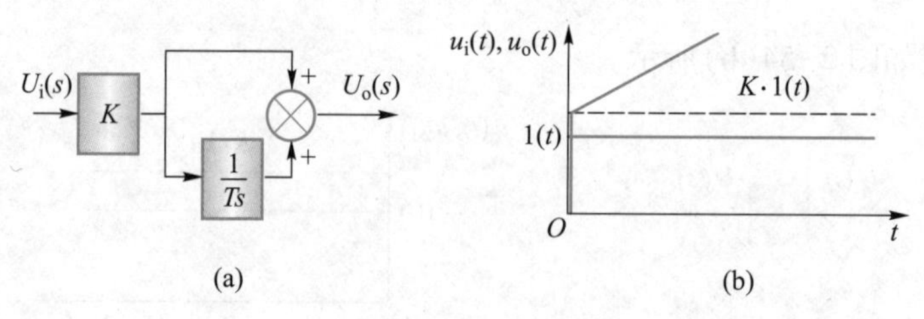

图 2-56 比例积分控制器

4. **微分控制器(D 控制器)**

微分控制器的输出是误差信号的微分量,又称 D(deferential)控制器。D 控制器结构图如图 2-57(a)所示。

运算关系为

$$u_o(t)=\tau\frac{\mathrm{d}u_i(t)}{\mathrm{d}t} \tag{2-138}$$

传递函数为

$$G(s)=\frac{U_o(s)}{U_i(s)}=\tau s \tag{2-139}$$

式中,τ——微分环节的时间常数,它表示了微分速率大小。

D 控制器的阶跃响应及斜坡响应如图 2-57(b)所示。

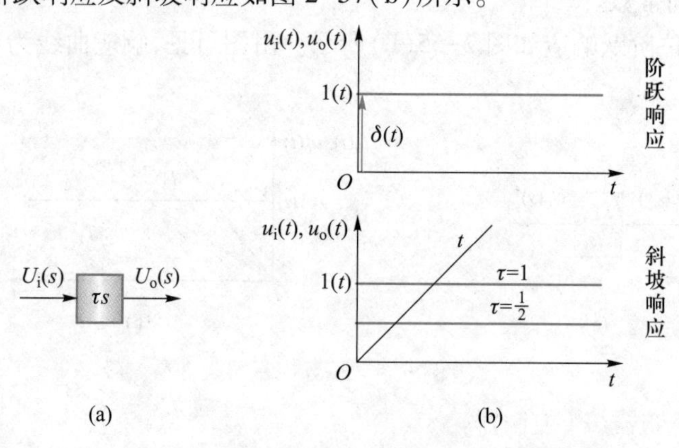

图 2-57 微分控制器

5. **比例微分控制器(PD 控制器)**

比例微分控制器的输出为比例作用与微分作用的代数和,其结构图如图 2-58(a)所示。

运算关系为

$$U_o(s)=K(1+\tau s)\cdot U_i(s) \tag{2-140}$$

传递函数为

$$G(s)=K(1+\tau s) \tag{2-141}$$

其单位阶跃响应如图 2-58(b)所示。

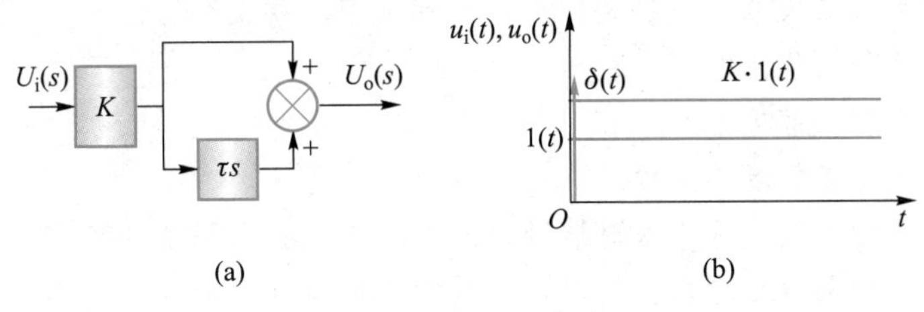

图 2-58 比例微分控制器

6. 比例积分微分控制器(PID 控制器)

比例积分微分控制器的输出为三种基本控制作用(P 作用、I 作用与 D 作用)的代数和,其结构图如图 2-59(a)所示。

运算关系为

$$U_o(s)=K\left(1+\frac{1}{Ts}+\tau s\right)\cdot U_i(s) \tag{2-142}$$

传递函数为

$$G(s)=K\left(1+\frac{1}{Ts}+\tau s\right) \tag{2-143}$$

其单位阶跃响应如图 2-59(b)所示。

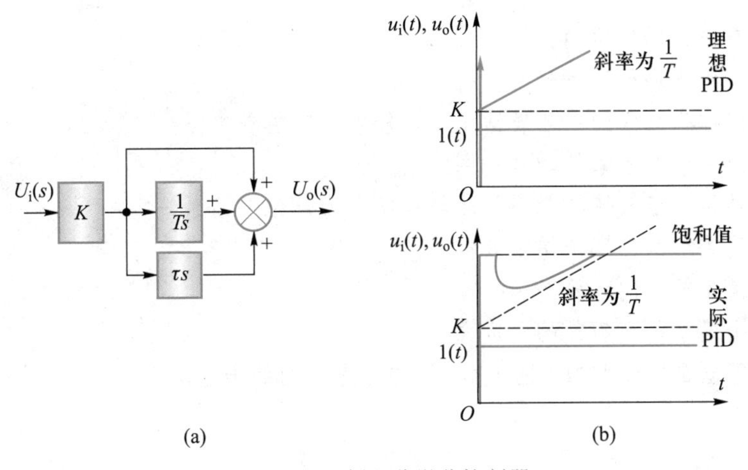

图 2-59 比例积分微分控制器

PID 控制器广泛应用在工业控制中。作为一种成熟的控制算法,由于其三个可调参数便于调整,PID 控制器适应于许多控制场合,已制成各种 PID 控制器产品。

思考题

1. 什么是线性定常系统?线性系统具有什么特性?
2. 什么样的非线性系统不可以用线性化方程来描述?

3. 什么是拉氏变换?
4. 拉氏变换定义式成立的条件是什么? 有什么应用意义?
5. 拉氏变换有什么优点?
6. 拉氏反变换有哪些方法?
7. 试叙述拉氏变换的卷积定理。
8. 用拉氏变换的终值定理来求时域函数的终值有什么限制条件?
9. 用拉氏变换的初值定理求得的时域函数的初值有什么特点?
10. 你能够叙述拉氏变换的时频关系吗? 根据是什么?
11. 为什么说拉氏变换是线性变换?
12. 拉氏变换的微分定理中的初始条件项有什么实际意义?
13. 什么是单位脉冲函数? 为什么它的拉氏变换等于1?
14. 拉氏变换法解微分方程有什么优点?
15. 什么是传递函数?
16. 用传递函数作为数学模型来描述系统有什么特点?
17. 传递函数可以表示出哪些信息关系?
18. 什么是复数阻抗?
19. 控制系统通常是由哪些典型环节构成的?
20. 什么是结构图? 为什么又称为动态结构图?
21. 结构图在应用上有些什么优点?
22. 什么是结构图的化简?
23. 结构图的化简原则是什么?
24. 试写出梅森公式的一般表达式。你能够逐项解释吗?
25. 试画出一般控制系统的结构图。
26. 你能够将一般反馈控制系统的结构图化为单位反馈系统吗?
27. 什么是系统的开环传递函数?
28. 什么是系统的闭环传递函数?
29. 试写出误差传递函数的表达式。
30. 试列写出都有哪些典型控制作用,并写出它们的传递函数。

习题

2-1 已知电路如题图2-1所示,输入为$u_{\mathrm{i}}(t)$,输出为$u_{\mathrm{o}}(t)$,试列写微分方程。

2-2 电磁铁的磁拉力计算公式为

$$F(x,i)=\frac{\mu_0 S\,(Ni)^2}{4x^2},(\text{单位:N})$$

式中,μ_0为空气导磁率,S为磁极面积,N为激磁绕组匝数,i为激磁电流,x为气隙大小,求$F(x,i)$的线性化方程。

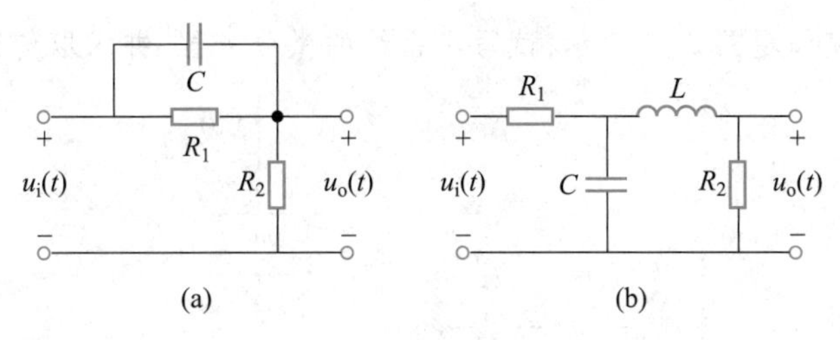

题图 2-1

2-3 求下列时间函数 $f(t)$ 的拉氏变换 $F(s)$。

(1) $f(t)=0.5(1-\cos 5t)$;

(2) $f(t)=\mathrm{e}^{-0.2t}\cos 314t$;

(3) $f(t)=\sin\left(5t+\dfrac{\pi}{3}\right)$;

(4) $f(t)=t^2\mathrm{e}^{-3t}$。

2-4 求题图 2-2 所示时间信号 $f(t)$ 的拉氏变换 $F(s)$。

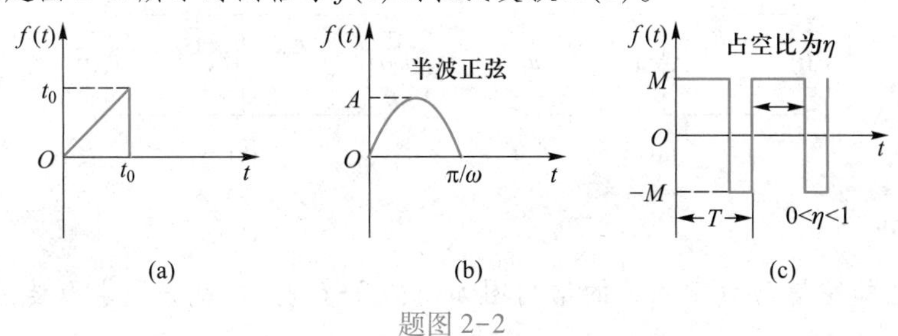

题图 2-2

2-5 已知下列拉氏变换 $F(s)$,求时间表达式 $f(t)$,并画出曲线草图。

(1) $F(s)=\dfrac{s^2+s+100}{s(s^2+100)}$;　　(2) $F(s)=\dfrac{s^2+3s+5}{s^2+2s+4}$;

(3) $F(s)=\dfrac{1-\mathrm{e}^{-Ts}}{s^2}$;　　(4) $F(s)=\dfrac{1}{1-\mathrm{e}^{-Ts}}$。

2-6 用拉氏变换法求解下列微分方程。

(a) $2\ddot{c}+7\dot{c}+5c=r, r=R\cdot 1(t), c(0)=0, \dot{c}(0)=0$;

(b) $2\ddot{c}+7\dot{c}+5c=0, c(0)=c_0, \dot{c}(0)=\dot{c}_0$。

2-7 用运算放大器组成的有源电网络如题图 2-3 所示,试采用复数阻抗法写出它们的传递函数。

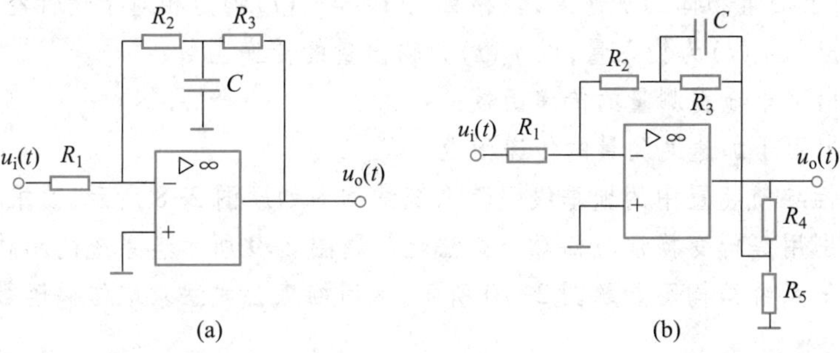

题图 2-3

2-8 力学系统如题图2-4所示,试写出系统的微分方程,并求取传递函数。

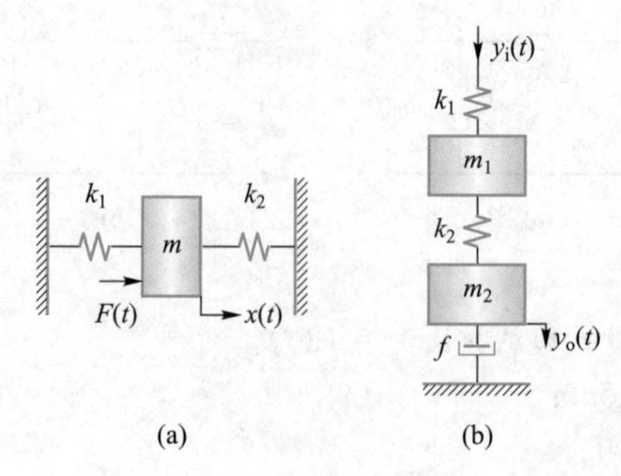

题图 2-4

2-9 画出题图2-5所示电路的结构图,并化简求取传递函数。

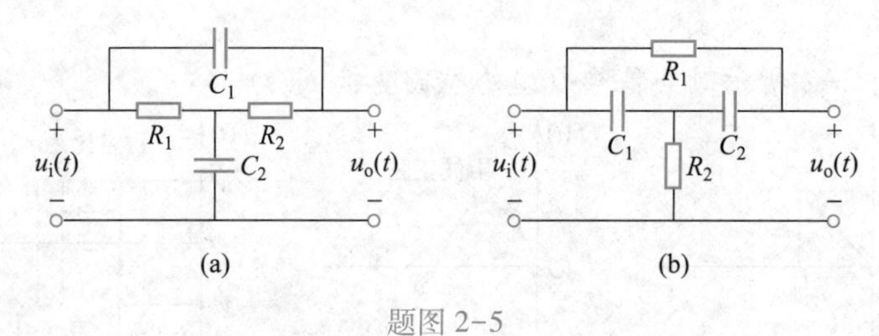

题图 2-5

2-10 已知陀螺动力学系统的结构图如题图2-6所示,试分别求取传递函数$\dfrac{C_1(s)}{R_1(s)}$,$\dfrac{C_1(s)}{R_2(s)}$,$\dfrac{C_2(s)}{R_1(s)}$,以及$\dfrac{C_2(s)}{R_2(s)}$。

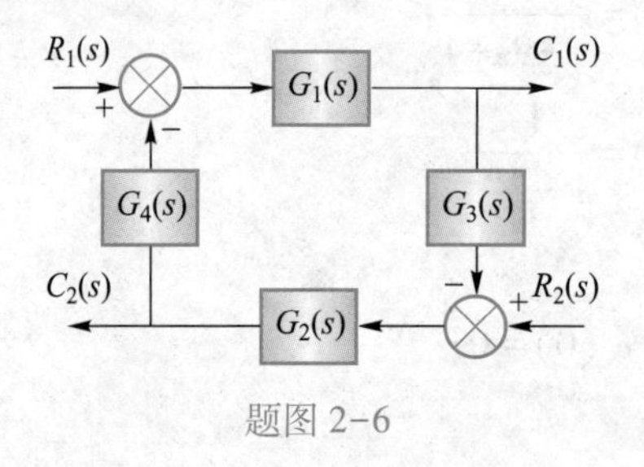

题图 2-6

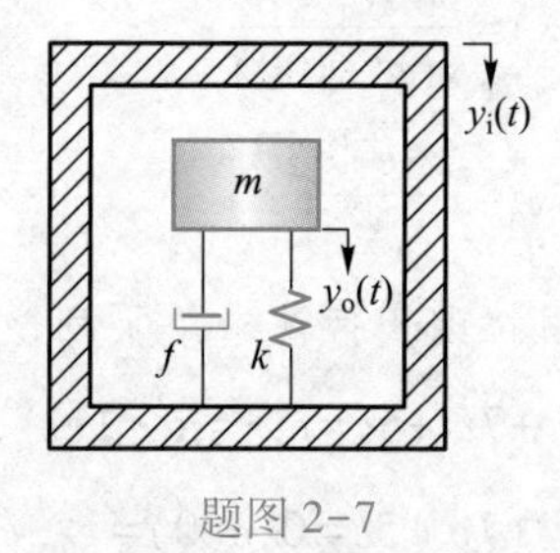

题图 2-7

2-11 题图2-7所示的力学测量系统原理,在满足相应要求的条件下,可以用于地震测量,也可以用于测量物体的加速度,位移量$y_i(t)$和$y_o(t)$均为相对于惯性空间的位移。

(1) 试写出以$y_i(t)$为输入量,以$y_o(t)$为输出量的传递函数;

(2) 试写出用于地震测量的传递函数;

(3) 试写出用于加速度测量的传递函数。

2-12 惯性导航装置中的地垂线跟踪系统结构图如题图2-8所示,试求其传递函数。

2-13 分别用等价变换法与梅森公式法化简题图2-9所示各系统的结构图。

2-14 已知系统结构图如题图2-10所示,试用梅森公式法求取传递函数。

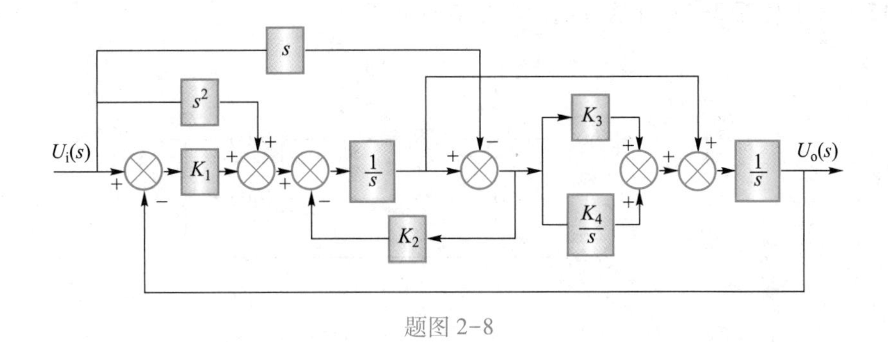

题图 2-8

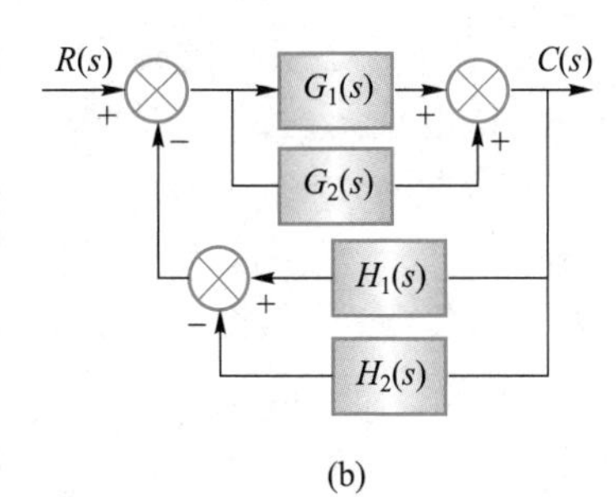

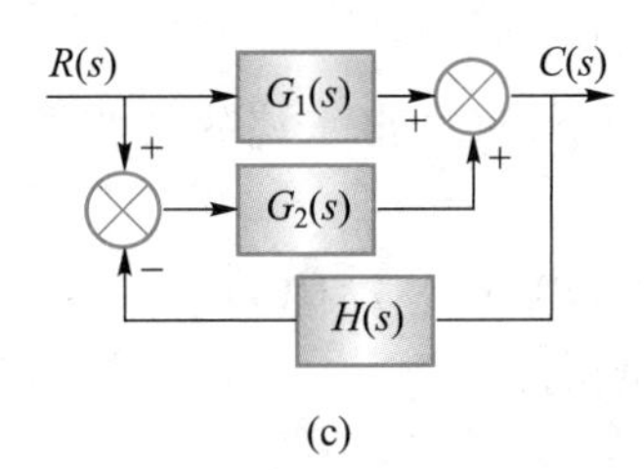

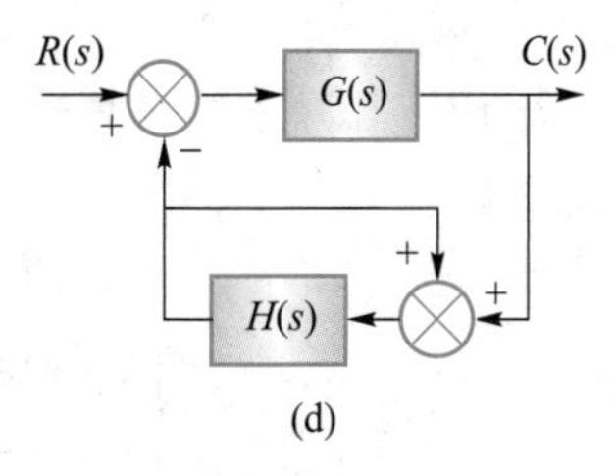

(a) (b) (c) (d)

题图 2-9

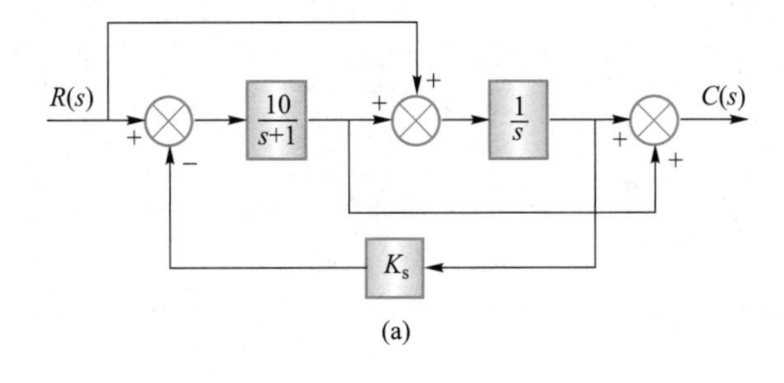

(a)

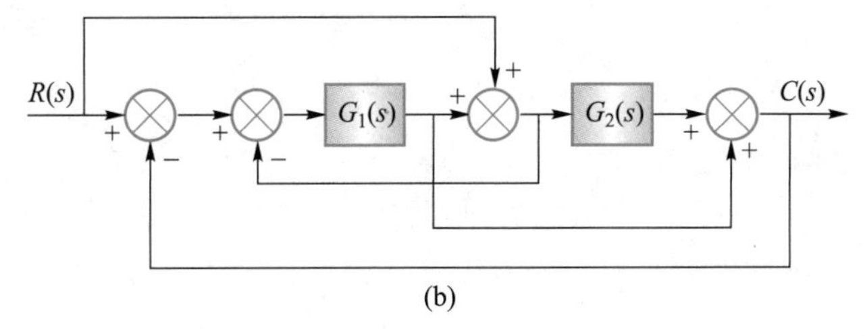

(b)

题图 2-10

2-15 写出题图 2-11 所示系统的输出表达式 $C(s)$。

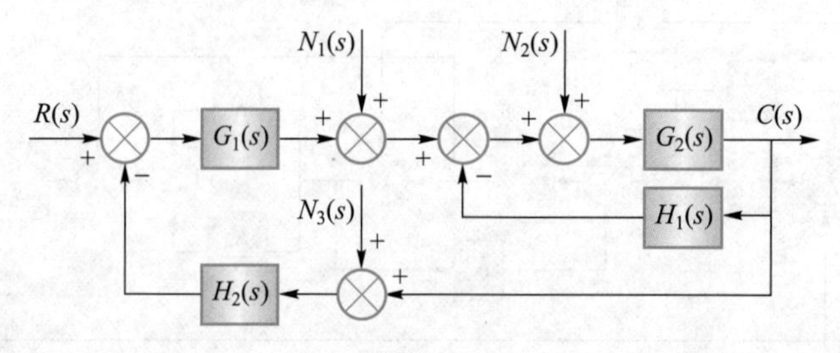

题图 2-11

2-16 已知系统的微分方程组描述如下,试画出结构图,并化简求取传递函数。

$$\begin{cases} x_0(t)-x_6(t)=x_1(t) \\ x_1(t)-x_5(t)=x_2(t) \\ x_1(t)-x_3(t)=x_4(t) \\ 2\dfrac{\mathrm{d}x_3(t)}{\mathrm{d}t}+x_3(t)=x_2(t) \\ 0.5\dfrac{\mathrm{d}x_5(t)}{\mathrm{d}t}+x_5(t)=x_4(t) \\ x_3(t)+x_5(t)=x_6(t) \end{cases}$$

2-17 已知系统在算子域的代数方程组描述如下,试画出系统的结构图,并化简求取传递函数。

$$\begin{cases} X_1(s)=G_1(s)R(s)-G_1(s)[G_7(s)-G_8(s)]C(s) \\ X_2(s)=G_2(s)[X_1(s)-G_6(s)X_3(s)] \\ X_3(s)=G_3(s)[X_2(s)-G_5(s)C(s)] \\ C(s)=G_4(s)X_3(s) \end{cases}$$

第3章

控制系统的时域分析

第 2 章研究了控制系统的数学模型。在数学模型的基础上，考查和研究系统的运动规律和系统的性能称为系统分析。本章主要是在时域范围内研究系统的运动规律，这在数学上表现为微分方程时间解的特性，又称为系统的时域分析。

通过系统的时域分析，可以研究系统运动过程中的动态特性和稳态特性以及评价它们的依据。另外，只有对稳定系统的动态特性和稳态特性的研究才是有效的。所以，本章讨论了系统的稳定性，给出了代数稳定性判据。

3-1　时域分析的一般方法

通过系统的数学描述，可得如图 3-1 所示的一般系统的结构图。系统结构以传递函数 $G(s)$ 来描述，在输入信号 $R(s)$ 的作用下，得到系统的输出 $C(s)$。

这样，控制系统时域分析的一般思想为：在何种确定信号的作用下，以何种标准来评价，系统的各种性能如何。

$R(s)$ → $G(s)$ → $C(s)$

图 3-1　一般系统的结构图

3-1-1　基本实验信号

实际系统的输入信号一般是复杂的，但是在系统分析时，常采用一些标准信号来考查系统的运动，这并不失一般性，并且简单有效。常用的基本实验信号有如下几种。

1. 单位脉冲信号

单位脉冲信号的数学表达式为

$$\delta(t)=\begin{cases}\infty, & t=0\\ 0, & t\neq 0\end{cases}$$

拉氏变换为

$$\mathscr{L}[\delta(t)]=1$$

上式为理想脉冲信号的数学描述。在实际实验中，脉冲信号的幅值不可能是无穷大，脉冲信号的宽度也不可能是无穷窄，因此，对于力学系统，脉冲信号是以冲量来表现的。对于电学系统，则表现为饱和现象，在实验中要注意。另外，因为脉冲信号在瞬间将能量作用于系统，与系统内部储能等价，系统的运动相当于零输入响应，所以更多的是后面一种情况的等价描述。

单位脉冲信号用于考查系统在脉冲扰动后的复位运动。系统在脉冲扰动瞬间之后，对系统的作用就变为零，但是瞬间加至系统的能量使得系统以何种方式运动是考查的目的。

2. 单位阶跃信号

单位阶跃信号的数学表达式为

$$f(t)=\begin{cases}1, & t\geqslant 0\\ 0, & t<0\end{cases}$$

或者

$$f(t)=1(t)$$

拉氏变换为

$$\mathscr{L}[1(t)]=\frac{1}{s}$$

单位阶跃信号是考查系统对于恒值信号跟踪能力的实验信号。要注意的是,在非单位值情况下,它的数学表达式为$f(t)=A\cdot 1(t)$,拉氏变换为$\mathscr{L}[A\cdot 1(t)]=\frac{A}{s}$。

3. **单位斜坡信号**

单位斜坡信号的数学表达式为

$$f(t)=\begin{cases}t, & t\geqslant 0\\ 0, & t<0\end{cases}$$

拉氏变换为

$$\mathscr{L}[t\cdot 1(t)]=\frac{1}{s^2}$$

单位斜坡信号是考查系统对等速率信号的跟踪能力的实验信号。为了表示考查起始时刻,有时写为$f(t)=t\cdot 1(t)$。

4. **单位匀加速信号**

单位匀加速信号又称为单位加速度信号,数学表达式为

$$f(t)=\begin{cases}\frac{1}{2}t^2, & t\geqslant 0\\ 0, & t<0\end{cases}$$

拉氏变换为

$$\mathscr{L}\left[\frac{1}{2}t^2\cdot 1(t)\right]=\frac{1}{s^3}$$

单位匀加速信号是考查系统的机动跟踪能力的实验信号,其中的常系数取为1/2,是为了使得其拉氏变换中的常系数为单位值。

5. **单位正弦信号**

单位正弦信号的数学表达式为

$$f(t)=\sin \omega t$$

拉氏变换为

$$\mathscr{L}[\sin \omega t]=\frac{\omega}{s^2+\omega^2}$$

单位正弦信号主要用于频率域分析,在时域分析中也经常用到。

常用实验信号的时域波形如图3-2所示。

在系统分析中选用何种实验信号,需要根据对系统的考查目的来确定。例如,在考查系统的调节能力时,可选用脉冲信号,但是如果考查系统对于定值信号的保持能力,就要选用阶跃信号来进行系统分析了。地面雷达跟踪空中的机动目标时,无论是俯仰角的变化还是方位角的变化,都可以近似为等速率变化规律,采用斜坡信号比较恰当,但是在考查船舶自动驾驶系统,或者坦克炮系统在车体行进中的自稳能力时,就不能采用斜坡信号了。由于海浪起伏特性与地面颠簸信号接近于正弦信号,采用正弦信号,或者至少采用匀加速信号作为实验信号,来考查系统的二阶以上信号的跟踪能力才是合理的。

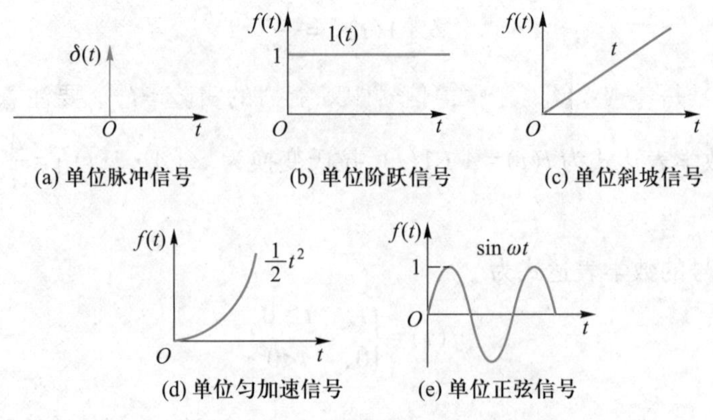

图 3-2 常用实验信号的时域波形

3-1-2 系统的一般响应及其相互关系

系统的一般响应就是系统在上述标准实验信号作用下的响应特性，也就是系统的输出特性。根据选用的是何种实验信号，称其为何种响应，如系统的脉冲响应、阶跃响应等。系统的一般响应有如下几种。

1. 单位脉冲响应

由于单位脉冲信号的拉氏变换为单位 1，所以系统的单位脉冲响应就是系统传递函数 $G(s)$ 的拉氏反变换。计算公式为

$$C(s)=G(s)R(s)\Big|_{R(s)=1}=G(s) \tag{3-1}$$

$$c(t)=\mathscr{L}^{-1}[C(s)]=\mathscr{L}^{-1}[G(s)] \tag{3-2}$$

系统的单位脉冲响应如图 3-3 所示。

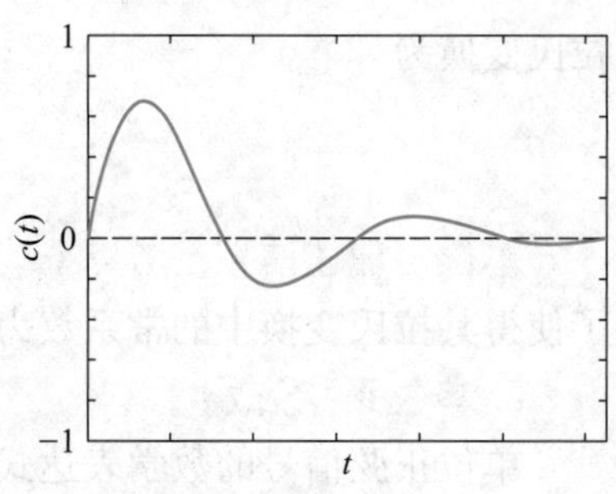

图 3-3 系统的单位脉冲响应

从图 3-3 中可以看出，系统在单位脉冲信号的作用下，需要考查和研究的是系统的输出脱离原始位置的失位量的大小以及复位所需要的时间。

2. 单位阶跃响应

单位阶跃响应的计算公式为

$$C(s)=G(s)R(s)\Big|_{R(s)=\frac{1}{s}}=G(s)\cdot\frac{1}{s} \tag{3-3}$$

$$c(t)=\mathscr{L}^{-1}[C(s)]=\mathscr{L}^{-1}\left[G(s)\cdot\frac{1}{s}\right] \tag{3-4}$$

系统的单位阶跃响应如图 3-4 所示。

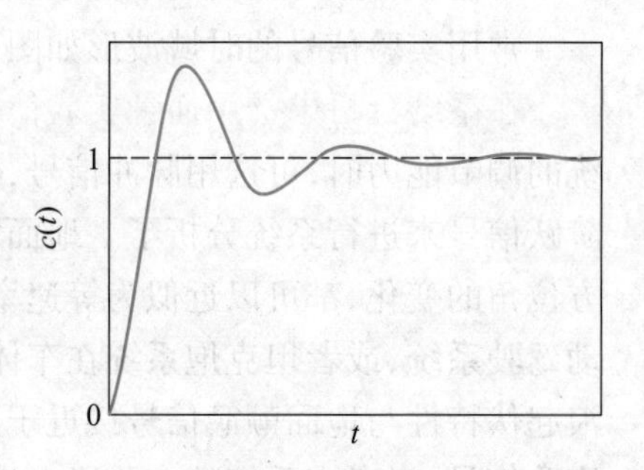

图 3-4 系统的单位阶跃响应

根据图 3-4 中的响应曲线可以看出，需要研究的系统特性为：首先系统是否具有位置跟踪能力，也就是系统的输出能否到达希望的预定值；其次，如果系统可以进行位置跟踪的话，那么系统输出的性能如何，也就是在跟踪预定值的过程中，超调量(也称为过冲量)的大小

和到达稳态值所需时间的快慢。超调量的大小展现在坐标平面的纵方向上,而响应速度的快慢则展现在坐标平面的水平方向上。

系统的阶跃响应在系统时域分析中是比较重要的响应特性。它除了可以确定系统的位置跟踪能力之外,还可以间接地确定系统其他响应的特性。这一点可以通过下面各种时域响应之间的关系中得到。

3. 单位斜坡响应

系统的单位斜坡响应计算公式为

$$C(s)=G(s)R(s)\Big|_{R(s)=\frac{1}{s^2}}=G(s)\frac{1}{s^2} \tag{3-5}$$

$$c(t)=\mathscr{L}^{-1}[C(s)]=\mathscr{L}^{-1}\left[G(s)\frac{1}{s^2}\right] \tag{3-6}$$

系统的单位斜坡响应如图 3-5 所示。

在图 3-5 中可以看到,除了前面讨论的超调量大小和响应时间之外,本图又展示了系统的另外一种性能,即系统的稳态误差。通过斜坡响应可以研究系统在什么条件下产生稳态误差,如何去减小或者去克服它,从而达到要求。

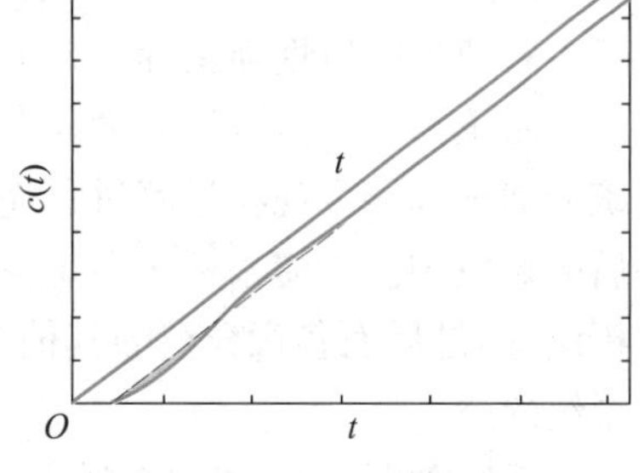

图 3-5 系统的单位斜坡响应

前面叙述的系统各种响应之间是有一定的关系的。利用这种关系,在求出系统的一种响应之后,就可以得到系统的其他响应。

因为单位阶跃信号为

$$f(t)=1(t)$$

它的导数就是单位脉冲信号,即

$$\frac{\mathrm{d}}{\mathrm{d}t}[1(t)]=\delta(t)$$

单位阶跃信号对时间的积分就是斜坡信号,即

$$\int_0^t 1(t)\,\mathrm{d}t=t$$

所以,系统的上述三种响应,在时域中是逐级微分或逐级积分的关系,在变换域中就是相差一个 s 算子或者相差一个 s^{-1} 逆算子的关系。

这样,如果已知系统的阶跃响应为

$$c_{\text{step}}(t)=\mathscr{L}^{-1}[C_{\text{step}}(s)]=\mathscr{L}^{-1}\left[G(s)\cdot\frac{1}{s}\right] \tag{3-7}$$

由拉氏变换的微分定理可以得到系统的脉冲响应为

$$\begin{aligned}\frac{\mathrm{d}}{\mathrm{d}t}[c_{\text{step}}(t)]&=\mathscr{L}^{-1}[s\cdot C_{\text{step}}(s)]\\&=\mathscr{L}^{-1}\left[s\cdot G(s)\cdot\frac{1}{s}\right]=\mathscr{L}^{-1}[G(s)]=c_{\text{pulse}}(t)\end{aligned} \tag{3-8}$$

由拉氏变换的积分定理可以得到系统的斜坡响应为

$$
\begin{aligned}
\int_0^t c_{\text{step}}(t)\,\mathrm{d}t &= \mathscr{L}^{-1}\left[\frac{1}{s}\cdot C_{\text{step}}(s)\right] \\
&= \mathscr{L}^{-1}\left[\frac{1}{s}\cdot G(s)\cdot\frac{1}{s}\right] = \mathscr{L}^{-1}\left[G(s)\cdot\frac{1}{s^2}\right] = c_{\text{slope}}(t)
\end{aligned}
\tag{3-9}
$$

系统的三种响应之间的关系如图 3-6 所示

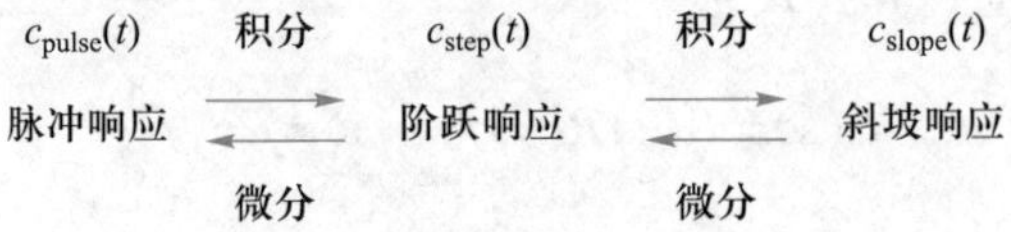

$c_{\text{pulse}}(t)$ 积分 $c_{\text{step}}(t)$ 积分 $c_{\text{slope}}(t)$

脉冲响应 ⇄ 阶跃响应 ⇄ 斜坡响应

微分 微分

图 3-6 系统的三种响应之间的关系

3-1-3 控制系统的性能指标

性能指标是在分析一个控制系统的时候，以定量方式来评价系统性能好坏的标准。本章主要使用时域性能指标。

系统的性能又可以分为动态性能和稳态性能。粗略地说，在系统的全部响应过程中，系统的动态性能表现在过渡过程完结之前的响应中，系统的稳态性能表现在过渡过程完结之后的响应中。性能指标是系统性能的定量描述。在系统分析中，不管是本章介绍的时域分析法，还是后面各章介绍的其他系统分析方法，都是紧密地围绕系统的性能指标来分析控制系统的。

系统阶跃响应的一般响应曲线如图 3-7 所示。

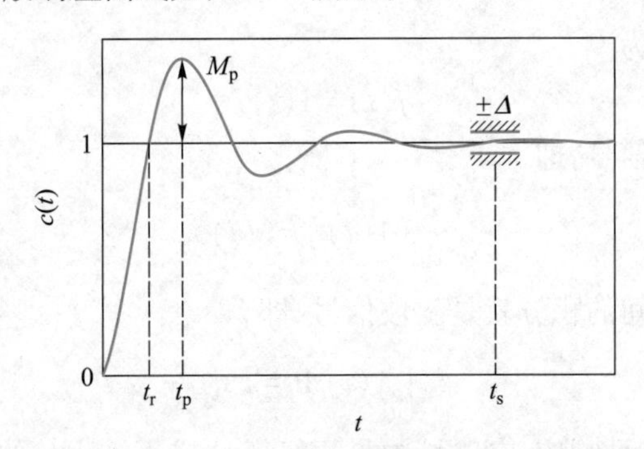

图 3-7 系统阶跃响应的一般响应曲线

根据图 3-7 中所展示的响应特性，可以定义如下的性能指标。

1. 上升时间 t_r

t_r 是阶跃响应 $c(t)$ 上升至稳态值所需要的时间。考虑到不敏感区或者允许误差，t_r 有时取为从稳态值的 10%上升至 90%时所需要的时间。

2. 峰值时间 t_p

t_p 是阶跃响应 $c(t)$ 从运动开始到达第一峰值的时间。

3. 超调量 M_p

系统响应的第一峰值超出稳态值的部分，将其取百分比，可以表示为

$$M_p=\frac{c(t_p)-c(\infty)}{c(\infty)}\times100\% \tag{3-10}$$

4. **调节时间 t_s**

t_s 阶跃响应 $c(t)$ 达到稳态值的时间，调节时间又称过渡时间。

理论上，响应曲线 $c(t)$ 要达到稳态值，时间要趋于无穷大。在工程中，当满足给定的误差时就认为达到稳态了。所以，以稳态值为基准设置误差带宽度大小为 $\pm\Delta$，响应曲线 $c(t)$ 进入误差带后再不出去的时间即为调节时间 t_s。

误差带的宽度如图 3-7 所示，一般可以取为

$$\pm\Delta=\pm2\%\text{或者}\pm5\% \tag{3-11}$$

5. **稳态误差 e_{ss}**

稳态误差是当时间 t 趋于无穷时，系统希望的输出与实际的输出之差，表示为 e_{ss}。误差的数学表达式为

$$e(t)=r(t)-c(t) \tag{3-12}$$

系统的稳态误差定义为

$$e_{ss}=\lim_{t\to\infty}e(t) \tag{3-13}$$

稳态误差这一性能指标在图 3-7 中不便于表达，可以参阅图 3-5 斜坡信号的跟踪误差来理解，在本章“控制系统的稳态误差分析”一节中再详细叙述。

上述系统性能指标的定量计算，要根据具体系统的数学模型才能计算出来，在此，只以定义的方式来加以说明。

从上述系统阶跃响应的性能指标可以看出，各个时间指标反映了系统的快速性。其中，上升时间 t_r、峰值时间 t_p 反映了系统的初始快速性，而调节时间 t_s 反映了系统的总体快速性。另外两个指标是对系统跟踪能力的描述：超调量 M_p 描述了系统的平稳性，稳态误差 e_{ss} 描述了系统的准确性。可见，上述性能指标以定量的方式较全面地描述了系统性能。

3-2 一阶系统分析

可以用一阶微分方程描述的系统，称为一阶系统。例如一阶 *RC* 滤波电路，浮球式水位控制系统等，如图 3-8、图 3-9 所示。

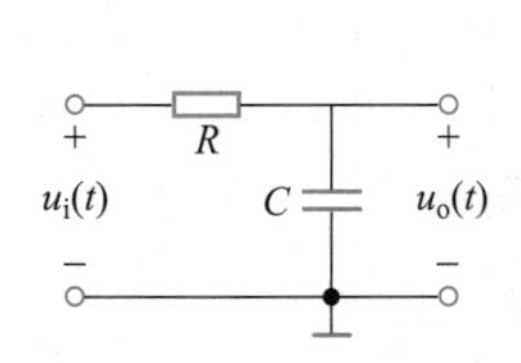

图 3-8 一阶 *RC* 滤波电路

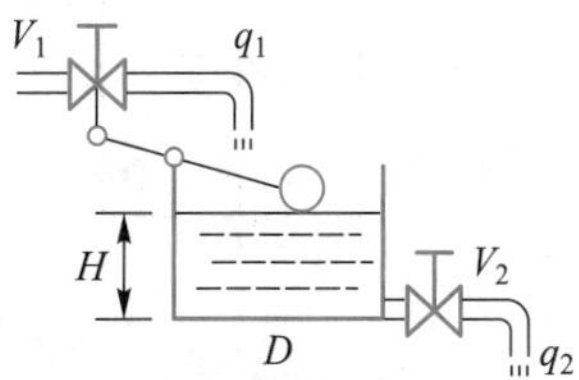

图 3-9 浮球式水位控制系统

一阶系统的一般数学表达式如下所述：

微分方程为

$$T\frac{\mathrm{d}[c(t)]}{\mathrm{d}t}+c(t)=r(t) \tag{3-14}$$

传递函数为

$$G(s)=\frac{C(s)}{R(s)}=\frac{1}{Ts+1} \tag{3-15}$$

式中，T 为一阶系统的时间常数。一阶系统的方块图如图 3-10 所示，单位反馈一阶系统的方块图如图 3-11 所示。

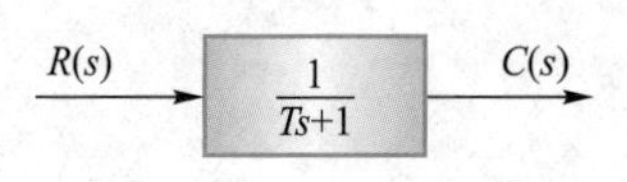

图 3-10 一阶系统的方块图

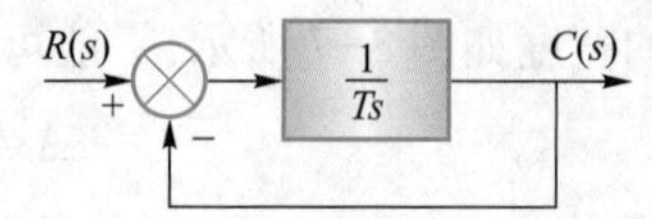

图 3-11 单位反馈一阶系统的方块图

3-2-1 一阶系统的阶跃响应

单位阶跃信号为

$$r(t)=1(t)$$

拉氏变换为

$$R(s)=\frac{1}{s}$$

于是，一阶系统阶跃响应的拉氏变换为

$$C(s)=G(s)\cdot R(s)=\frac{1}{Ts+1}\cdot\frac{1}{s}=\frac{1}{s}-\frac{1}{s+\frac{1}{T}} \tag{3-16}$$

一阶系统的阶跃响应为

$$c(t)=\mathscr{L}^{-1}[C(s)]=1-\mathrm{e}^{-\frac{1}{T}t} \tag{3-17}$$

响应曲线如图 3-12 所示。

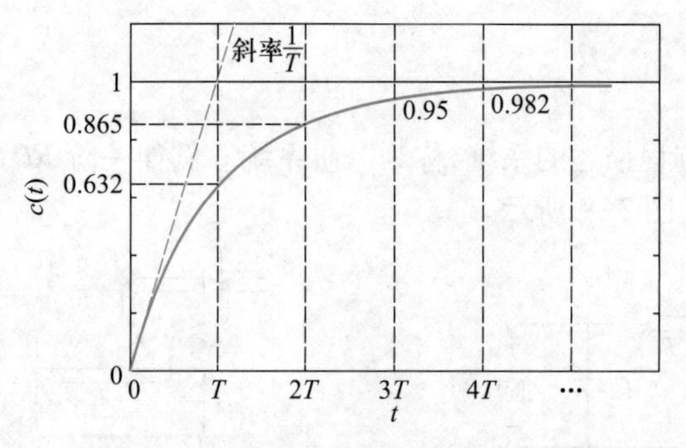

图 3-12 一阶系统的阶跃响应曲线

从图 3-12 中可以看到，在单位阶跃信号的作用下，响应曲线的形状为单调增的曲线，随着时间的增加，系统的输出 $c(t)$ 逐渐趋近于稳态值。在初始时刻 $t=0$ 时，系统的运动 $c(t)$ 有最大的变化率 $1/T$。这些可以从曲线形状上观察到。

根据响应曲线,可以得到一阶系统能实现的性能指标以及定量描述。

首先分析快速性。

描述系统的快速性使用的是时间指标。因为一阶系统的运动是单调的,只考虑调节时间 t_s 即可。一阶系统只有一个系统参量 T,也就是系统的时间常数。当以时间常数 T 为参变量来考查系统的运动时,可以得到如下结论:

假如系统始终以初始时刻的最大变化率运动,只要一个 T 的时间间隔即可达到稳态值,但是实际上系统运动的变化率是递减的。考查整数倍时间间隔 $0,T,2T,3T,4T,\cdots$时,系统的输出 $c(0),c(T),c(2T),c(3T),c(4T),\cdots$的值如图 3-12 所示。

在 $t=3T$ 时,$c(3T)=0.95$,系统的输出值落入±5%的误差带之内;

在 $t=4T$ 时,$c(4T)=0.982$,系统的输出值落入±2%的误差带之内。

因此,一阶系统的调节时间 t_s 用一阶系统的时间常数 T 作为参变量表示为

$$\begin{aligned}t_s&=3T,\text{取误差带宽度为±5\%时}\\t_s&=4T,\text{取误差带宽度为±2\%时}\end{aligned}\tag{3-18}$$

由于一阶系统的阶跃响应是以指数趋近的方式趋于稳态值,并且用时间常数 T 的整数倍来描述系统趋于稳态值的运动,所以一阶系统又称为一阶惯性系统。

其次分析平稳性。

平稳性的指标为超调量 M_p,因为一阶系统的阶跃响应是没有超调量的,所以可以认为一阶系统的平稳性是好的。

最后来看准确性。

时间 t 趋于无穷大时,一阶系统的阶跃响应可以趋于稳态值。虽然理论上是达不到的,但是在给定了误差带宽度的大小之后,即认为过了调节时间 t_s 之后,系统即进入稳态了,所以一阶系统的准确性也是可以满足的。

综上所述,对于一阶惯性系统,可以不求系统的运动解,根据系统唯一的一个特征参数即时间常数 T,就可以完成一阶系统的分析了。

[例 3-1] 已知带前置放大器的一阶系统如图 3-13 所示,前置放大器的增益值 $K=1$,计算该系统阶跃响应的调节时间 t_s。如果要实现调节时间 $t_s\leqslant 1$ s,确定前置放大器增益 K 值的大小。

解 系统闭环传递函数为

$$G(s)=\frac{K\cdot\frac{1}{s}}{1+K\cdot\frac{1}{s}}=\frac{1}{\frac{1}{K}s+1}=\frac{1}{Ts+1}$$

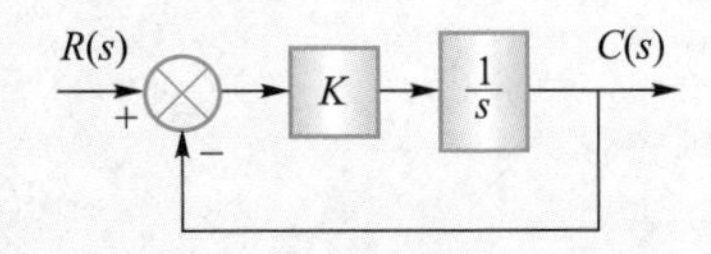

图 3-13 带前置放大器的一阶系统

所以系统的时间常数 T 为

$$T=\frac{1}{K}$$

系统阶跃响应的调节时间为

$$t_s=3T=3\cdot\frac{1}{K}\bigg|_{K=1}=3\text{ s,误差带宽度为±5\%时;}$$

$$t_s=4T=4\cdot\frac{1}{K}\bigg|_{K=1}=4\text{ s,误差带宽度为±2\%时。}$$

如果要求调节时间小于 1 s,则有

$$t_s = 4T = 1$$

因为

$$T = \frac{1}{4} = \frac{1}{K}$$

所以放大器的增益为

$$K = 4$$

不同前置增益的响应曲线如图 3-14 所示。

仿真程序：例 3-1 的 MATLAB 仿真

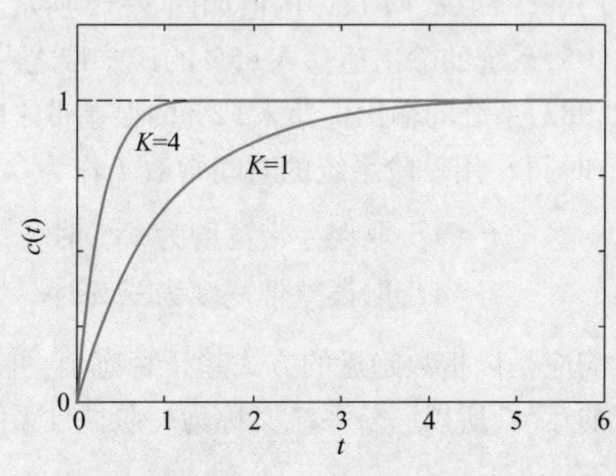

图 3-14 不同前置增益的响应曲线

显然,由图 3-14 可见,增大前置放大器的放大倍数 K,可以减小一阶系统的时间常数,使一阶系统的阶跃响应加速。

3-2-2 一阶系统的单位脉冲响应

一阶系统的传递函数为

$$G(s) = \frac{C(s)}{R(s)} = \frac{1}{Ts+1}$$

因为单位脉冲函数的拉氏变换为单位 1,即 $R(s)=1$,所以一阶系统的单位脉冲响应为传递函数自身的拉氏反变换,有

$$G(s) = \frac{1}{Ts+1} = \frac{1}{T} \cdot \frac{1}{s+1/T}$$

所以

$$c(t) = \mathscr{L}^{-1}[G(s)] = \frac{1}{T} \cdot \mathrm{e}^{-\frac{1}{T}t} \tag{3-19}$$

另外,一阶系统的单位脉冲响应也可以由阶跃响应的一阶导数求得。因为

$$c_{\text{step}}(t) = 1 - \mathrm{e}^{-\frac{1}{T}t}$$

所以

$$c_{\text{pulse}}(t) = \frac{\mathrm{d}}{\mathrm{d}t}[c_{\text{step}}(t)] = \frac{\mathrm{d}}{\mathrm{d}t}[1 - \mathrm{e}^{-\frac{1}{T}t}] = \frac{1}{T} \cdot \mathrm{e}^{-\frac{1}{T}t}$$

一阶系统的单位脉冲响应如图 3-15 所示。

由响应曲线可以看出,响应曲线是单调减的。$t=0$ 时,响应为最大值,即

$$c_{\max}(t)=c(0)=\frac{1}{T}\cdot \mathrm{e}^{-\frac{1}{T}t}\bigg|_{t=0}=\frac{1}{T}$$

当时间 t 趋于无穷大时，曲线的幅值衰减到零，即

$$c(\infty)=0$$

给出误差带宽度时，调节时间 t_s 的计算与阶跃响应相同。

因此得出结论：一阶系统对于脉冲扰动信号具有自动调节能力。经过有限时间 t_s 之后，可以使得脉冲式扰动信号对于系统的影响衰减到允许误差之内。

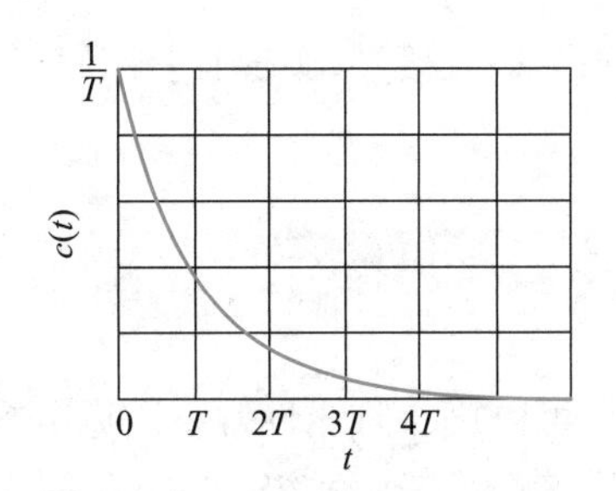

图 3-15　一阶系统的单位脉冲响应

3-2-3　一阶系统的斜坡响应

斜坡信号为

$$r(t)=t$$

拉氏变换为

$$R(s)=\frac{1}{s^2}$$

所以，一阶系统的斜坡响应为

$$C(s)=G(s)R(s)=\frac{1}{Ts+1}\cdot\frac{1}{s^2}=\frac{1}{s^2}-\frac{T}{s}+\frac{T}{s+1/T} \tag{3-20}$$

时间响应为

$$c(t)=\mathscr{L}^{-1}[C(s)]=\mathscr{L}^{-1}\left[\frac{1}{s^2}-\frac{T}{s}+\frac{T}{s+1/T}\right]=t-T+T\mathrm{e}^{-\frac{1}{T}t} \tag{3-21}$$

响应表达式由三项组成：

第一项是跟踪基准项，也就是跟踪的输入信号；

第二项为常数值，等于系统的时间常数 T；

第三项为指数衰减项，随着时间的增长该项趋于零。

后两项构成一阶系统对于斜坡信号的跟踪误差，其中第二项为常值误差，第三项为过渡误差。

一阶系统的斜坡响应如图 3-16 所示。

由图 3-16 可知，当时间 t 趋于无穷时，实际输出与输入信号之差趋于常数值 T，而过渡误差表现于其时间段 $3T$ 之前。

结论：一阶系统可以跟踪斜坡信号，但是只能实现有差跟踪，可以通过减小时间常数来减小差值，但是不能消除它。

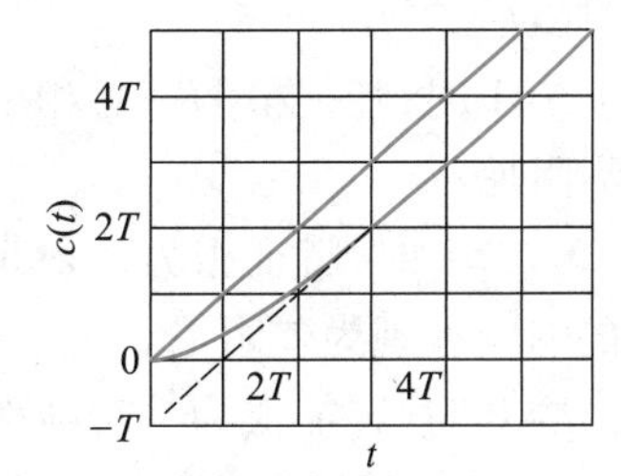

图 3-16　一阶系统的斜坡响应

综上所述，一阶系统只有一个系统特征参数，也就是时间常数 T。一阶系统在脉冲扰动作用下，可以实现自动调节，将扰动的影响尽快地衰减。一阶系统可以跟踪阶跃信号，使系统的输出在调节时间内到达稳态值。一阶系统可

以跟踪斜坡信号,实现有差跟踪,但是不能消除跟踪误差。

3-3 二阶系统分析

可以用二阶线性常系数微分方程描述的系统称为二阶线性定常系统。控制工程中的许多系统都是二阶系统,如电学系统、力学系统等。即使是高阶系统,在简化系统分析的情况下,有许多也可以近似成二阶系统来进行分析。因此,二阶系统的性能分析在自动控制系统分析中有非常重要的地位。

3-3-1 二阶系统的数学模型

二阶系统的结构图如图 3-17 所示。为了研究讨论二阶系统的一般问题,一般将具体的系统等价为图 3-17 所示的标准形式。

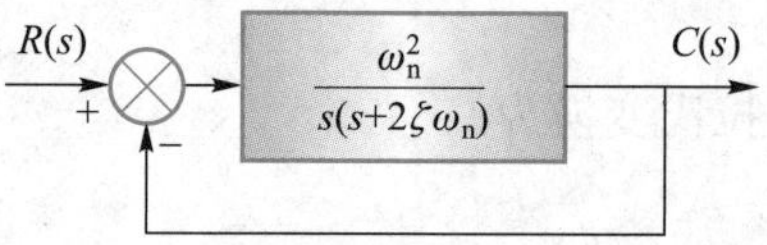

二阶系统的开环传递函数为

$$G_o(s)=\frac{\omega_n^2}{s(s+2\zeta\omega_n)} \tag{3-22}$$

图 3-17 二阶系统的结构图

闭环传递函数为

$$G_c(s)=\frac{\omega_n^2}{s^2+2\zeta\omega_n s+\omega_n^2} \tag{3-23}$$

闭环传递函数的分母多项式等于零的代数方程称为二阶系统的闭环特征方程,即

$$s^2+2\zeta\omega_n s+\omega_n^2=0 \tag{3-24}$$

闭环特征方程的两个根称为二阶系统的特征根,即

$$s_{1,2}=-\zeta\omega_n\pm\omega_n\sqrt{\zeta^2-1} \tag{3-25}$$

上述二阶系统的数学模型中有两个特征参数 ζ 和 ω_n。其中,ζ 称为二阶系统的阻尼比,量纲为 1;ω_n 称为二阶系统的无阻尼振荡频率,单位为 rad/s。二阶系统的系统分析和性能描述,基本上是以这两个特征参数来表示的。

上述二阶系统的特征根表达式中,随着阻尼比 ζ 的不同,特征根 s_i 有不同类型的值,在 s 平面上位于不同的位置,共有以下五种情况。

$\zeta>1$ 时,特征根为一对不相等的负实根,位于 s 平面的负实轴上,使得系统的响应表现为过阻尼。

$\zeta=1$ 时,特征根为一对相等的负实根,也是位于 s 平面的负实轴上,系统的响应表现为临界阻尼。

$0<\zeta<1$ 时,特征根为一对带有负实部的共轭复数根,位于 s 平面的左半平面上,使得系统的响应表现为欠阻尼。

$\zeta=0$ 时,特征根为一对纯虚根,位于 s 平面的虚轴上,系统的响应表现为无阻尼。

$\zeta<0$ 时,特征根位于 s 平面的右半平面上,系统的响应是发散的。

对应阻尼比 ζ 的不同取值,其特征根在 s 平面上的不同位置如图 3-18 所示。

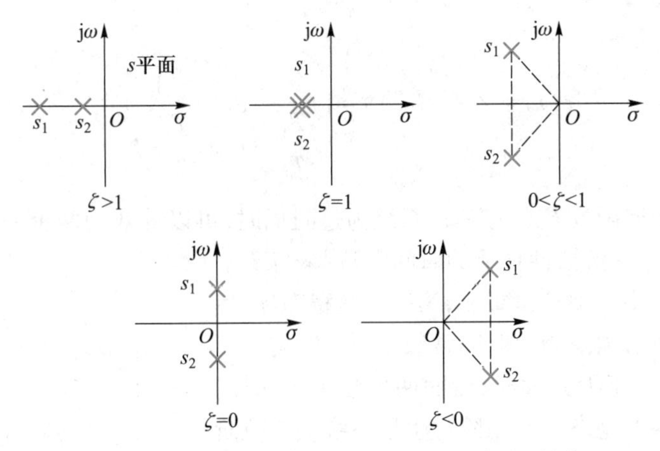

图 3-18 阻尼比不同取值时特征根在 s 平面上的位置

3-3-2 二阶系统的单位阶跃响应

二阶系统在输入单位阶跃信号时,系统的输出为时间响应 $c(t)$。当阻尼比 ζ 取不同值的时候,由于二阶系统的特征根在 s 平面上的位置不同,二阶系统的时间响应 $c(t)$ 也就不同。下面分别进行讨论。

1. 过阻尼系统

过阻尼系统的阻尼比为

$$\zeta>1$$

特征根为两个不相等的负实根,即

$$s_{1,2}=-\zeta\omega_n\pm\omega_n\sqrt{\zeta^2-1}$$

闭环传递函数为

$$G_c(s)=\frac{\omega_n^2}{s^2+2\zeta\omega_n s+\omega_n^2}=\frac{\frac{1}{T_1T_2}}{\left(s+\frac{1}{T_1}\right)\left(s+\frac{1}{T_2}\right)} \tag{3-26}$$

其中

$$T_1=\frac{1}{\omega_n(\zeta-\sqrt{\zeta^2-1})} \tag{3-27}$$

$$T_2=\frac{1}{\omega_n(\zeta+\sqrt{\zeta^2-1})} \tag{3-28}$$

所以,输出响应为

$$\begin{aligned}C(s)&=G_c(s)\cdot R(s)\\&=\frac{\frac{1}{T_1T_2}}{\left(s+\frac{1}{T_1}\right)\left(s+\frac{1}{T_2}\right)}\cdot\frac{1}{s}=\frac{a}{s}+\frac{b}{s+\frac{1}{T_1}}+\frac{c}{s+\frac{1}{T_2}}\end{aligned} \tag{3-29}$$

时间响应为

$$c(t)=\mathscr{L}^{-1}[C(s)]=1+\frac{1}{\dfrac{T_2}{T_1}-1}e^{-\frac{1}{T_1}t}+\frac{1}{\dfrac{T_1}{T_2}-1}e^{-\frac{1}{T_2}t} \tag{3-30}$$

从上述闭环传递函数 $G_c(s)$ 来看，系统为过阻尼时，可以等效为两个一阶惯性环节的串联，因此系统有两个一阶惯性环节的时间常数 T_1 与 T_2。

时间响应 $c(t)$ 由三项分量组成，第一项是稳态项，后面两项指数项为瞬态项。因为时间常数 T_1 与 T_2 均大于零，所以随着时间趋于无穷大时，后面两项趋于零，时间响应 $c(t)$ 趋于希望的稳态值。二阶过阻尼系统的单位阶跃响应曲线如图 3-19 所示。

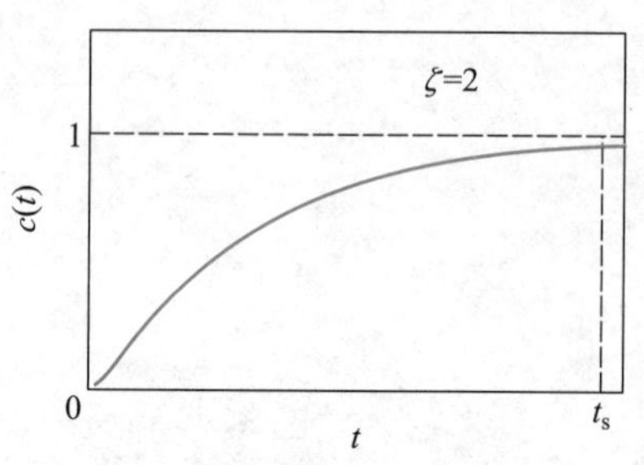

图 3-19 二阶过阻尼系统的单位阶跃响应曲线

从响应曲线可以看到，过阻尼响应是单调增的，没有超调量。经过调节时间之后，响应曲线 $c(t)$ 趋于稳态值，系统的稳态误差为零。上述特性都与一阶系统相似。

与一阶系统所不同的是，二阶过阻尼系统的阶跃响应曲线的初始斜率为零。时间响应 $c(t)$ 有两项瞬态分量，都是指数衰减型的，因而上升较慢。两个指数衰减项有两个时间常数（T_1 与 T_2），但是调节时间 t_s 不能用两个时间常数 T_1 与 T_2 简单地来表示，可以利用计算机作系统仿真来得到。

有的时候，在满足一定条件的情况下，对于过阻尼二阶系统可以进行简化分析。

注意到在时间响应 $c(t)$ 的表达式中，当 $T_2 \ll T_1$ 时，因为第三项极快地衰减到零。忽略该项后，时间响应 $c(t)$ 可以近似为一阶系统的时间响应，即

$$c(t)\approx 1-e^{-\frac{1}{T_1}t}$$

所以调节时间 t_s 的计算可以用一阶系统的计算公式[式(3-18)]估算。

2. 临界阻尼系统

系统为临界阻尼时，阻尼比为

$$\zeta=1$$

特征根为两个相等的负实根，即

$$s_{1,2}=-\omega_n$$

闭环传递函数为

$$G_c(s)=\frac{\omega_n^2}{s^2+2\zeta\omega_n s+\omega_n^2}\bigg|_{\zeta=1}=\frac{\omega_n^2}{(s+\omega_n)^2} \tag{3-31}$$

所以，输出响应为

$$C(s)=G_c(s)\cdot R(s)=\frac{\omega_n^2}{(s+\omega_n)^2}\cdot\frac{1}{s}=\frac{1}{s}+\frac{-\omega_n}{(s+\omega_n)^2}+\frac{-1}{s+\omega_n} \tag{3-32}$$

时间响应为

$$c(t)=\mathscr{L}^{-1}[C(s)]=1-\omega_n t e^{-\omega_n t}-e^{-\omega_n t} \tag{3-33}$$

时间响应 $c(t)$ 由三项分量组成。

第一项是稳态项,也就是对于希望输入信号的跟踪项,后面两项为瞬态项。毫无疑问,时间 t 趋于无穷时,第三项趋于零。第二项为幂函数与指数函数的乘积,因为指数函数的变化率大于幂函数的变化率,当时间 t 趋于无穷时,第二项也趋于零,所以时间响应 $c(t)$ 最终趋于稳态值,如图 3-20 所示。

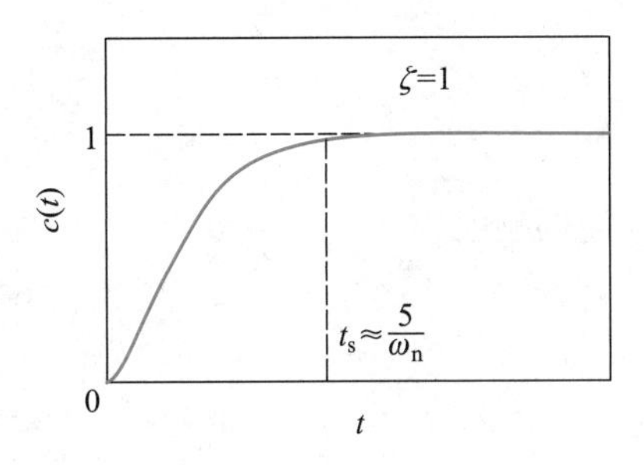

图 3-20 临界阻尼响应曲线

从响应曲线可以看到,临界阻尼响应也是单调增的,没有超调量。经过调节时间 t_s 之后,响应曲线 $c(t)$ 趋于稳态值,系统的稳态误差为零。上述特性也是与一阶系统相似的,但是与过阻尼响应相比,调节时间要短一些,快速性要好一些。

由响应表达式 $c(t)$ 的 95%,可以得到临界阻尼情况下的调节时间 t_s 为

$$t_s \approx \frac{5}{\omega_n} \tag{3-34}$$

3. 欠阻尼系统

二阶系统为欠阻尼时的阻尼比为

$$0<\zeta<1$$

特征根为一对带负实部的共轭复数根,即

$$s_{1,2} = -\zeta\omega_n \pm j\omega_n\sqrt{1-\zeta^2} \tag{3-35}$$

两个特征根在 s 平面上的位置以及与系统特征参数 ζ 和 ω_n 的关系如图 3-21 所示。

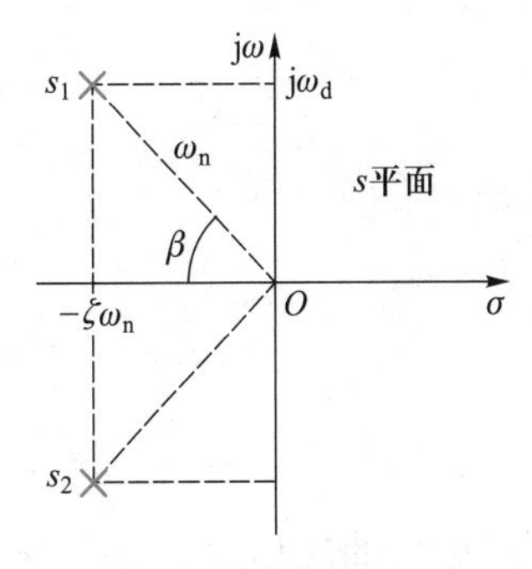

图 3-21 二阶欠阻尼系统的特征根在 s 平面上的位置

图中的各参量说明如下。

ζ——阻尼比;

ω_n——无阻尼振荡频率(rad/s);

ω_d——阻尼振荡频率(rad/s)

$$\omega_d = \omega_n\sqrt{1-\zeta^2} \tag{3-36}$$

β——阻尼角

$$\beta = \arctan\frac{\sqrt{1-\zeta^2}}{\zeta} = \arccos\zeta \tag{3-37}$$

闭环传递函数为

$$G_c(s) = \frac{\omega_n^2}{s^2+2\zeta\omega_n s+\omega_n^2}$$

系统的阶跃响应为

$$\begin{aligned} C(s) &= G_c(s) \cdot R(s) \\ &= \frac{\omega_n^2}{s^2+2\zeta\omega_n s+\omega_n^2} \cdot \frac{1}{s} \end{aligned}$$

$$=\frac{1}{s}-\frac{s+\zeta\omega_n}{(s+\zeta\omega_n)^2+\omega_d^2}-\frac{\zeta\omega_n}{(s+\zeta\omega_n)^2+\omega_d^2} \tag{3-38}$$

时间响应为

$$\begin{aligned} c(t)&=\mathscr{L}^{-1}[C(s)] \\ &=1-\mathrm{e}^{-\zeta\omega_n t}\left(\cos\omega_d t+\frac{\zeta}{\sqrt{1-\zeta^2}}\sin\omega_d t\right) \\ &=1-\frac{1}{\sqrt{1-\zeta^2}}\mathrm{e}^{-\zeta\omega_n t}\sin(\omega_d t+\beta) \end{aligned} \tag{3-39}$$

从响应的表达式中可以看出,系统的响应是衰减振荡型的,而且当时间 t 趋于无穷时,系统的输出响应 $c(t)$ 趋于稳态值。响应曲线如图 3-22 所示。

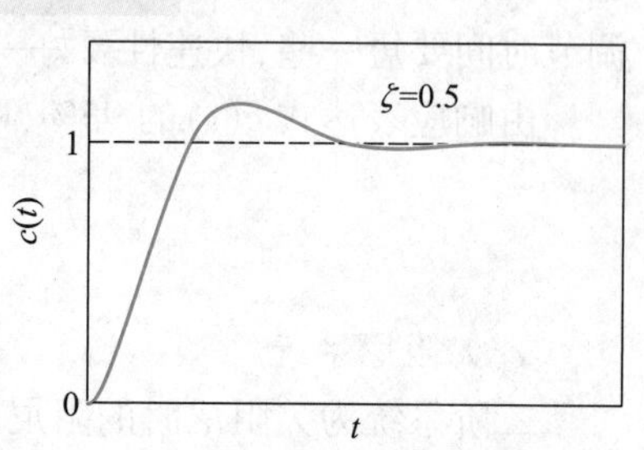

图 3-22 欠阻尼响应曲线

4. 无阻尼系统

二阶系统的阻尼比为

$$\zeta=0$$

时,系统的响应为无阻尼运动,两个特征根为一对纯虚根

$$s_{1,2}=\pm \mathrm{j}\omega_n$$

闭环传递函数为

$$G_c(s)=\left.\frac{\omega_n^2}{s^2+2\zeta\omega_n s+\omega_n^2}\right|_{\zeta=0}=\frac{\omega_n^2}{s^2+\omega_n^2} \tag{3-40}$$

系统的输出为

$$C(s)=\frac{\omega_n^2}{s^2+\omega_n^2}\cdot\frac{1}{s} \tag{3-41}$$

$$c(t)=1-\cos\omega_n t \tag{3-42}$$

响应曲线如图 3-23 所示。曲线为等幅振荡型,振荡频率为 ω_n。

将上述四种响应情况在一张图上来表示,如图 3-24 所示。从图中可以看到:

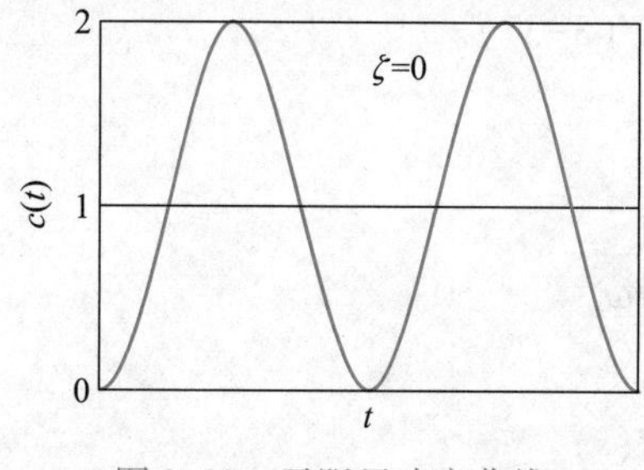

图 3-23 无阻尼响应曲线

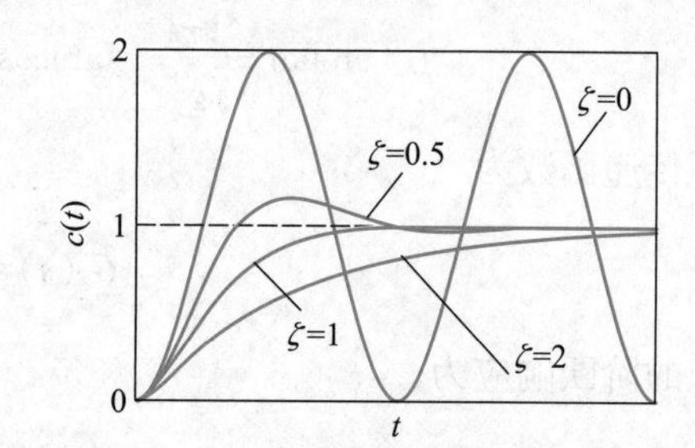

图 3-24 不同阻尼比的二阶系统的阶跃响应

(1) $\zeta>1$ 时,过阻尼系统时间响应的调节时间 t_s 最长,进入稳态很慢;

(2) $\zeta=1$ 时,临界阻尼系统的响应没有超调量,且响应速度比过阻尼时要快;

(3) $\zeta=0$ 时,无阻尼系统的时间响应以最快的速度达到稳态值,但曲线是等幅振荡的;

(4) $0<\zeta<1$ 时,欠阻尼系统的上升时间比较快,调节时间也比较短,但是响应曲线有超调量。

综上所述,对于欠阻尼系统,因为系统响应的快速性较好,如果选择合理的 ζ 值,使得系统的响应满足以下两条要求:

(1) 超调量 M_{p} 的大小在给定的要求范围之内;

(2) 调节时间 t_{s} 比较短。

则认为这样的系统是令人满意的。

3-3-3 性能指标计算

二阶欠阻尼系统的阶跃响应有可能兼顾快速性与平稳性,表现出较好的系统性能。因此,下面主要讨论欠阻尼情况下的性能指标计算。

二阶欠阻尼系统的响应曲线与性能指标如图 3-25 所示。

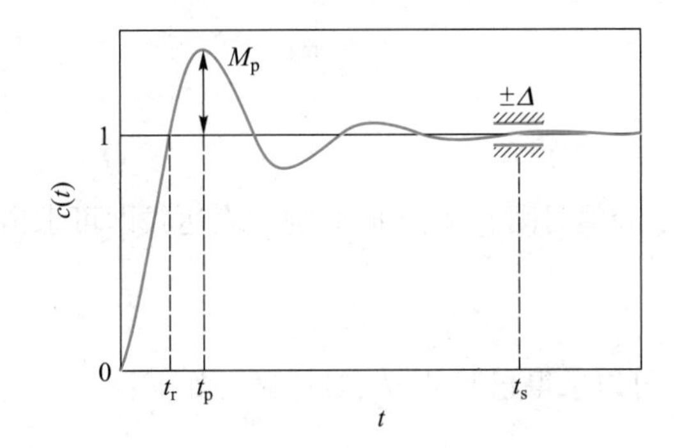

图 3-25 二阶欠阻尼系统的响应曲线与性能指标

各项性能指标计算如下。

1. 上升时间 t_{r}

由响应的表达式有

$$c(t)=1-\mathrm{e}^{-\zeta\omega_{\mathrm{n}}t}\left(\cos\ \omega_{\mathrm{d}}t+\frac{\zeta}{\sqrt{1-\zeta^2}}\sin\ \omega_{\mathrm{d}}t\right)\Bigg|_{t=t_{\mathrm{r}}}=1$$

因为

$$\mathrm{e}^{-\zeta\omega_{\mathrm{n}}t_{\mathrm{r}}}\neq 0$$

所以

$$\cos\ \omega_{\mathrm{d}}t_{\mathrm{r}}+\frac{\zeta}{\sqrt{1-\zeta^2}}\sin\ \omega_{\mathrm{d}}t_{\mathrm{r}}=0$$

$$\tan\ \omega_{\mathrm{d}}t_{\mathrm{r}}=-\frac{\sqrt{1-\zeta^2}}{\zeta}$$

$$\omega_{\mathrm{d}}t_{\mathrm{r}}=\arctan\left(-\frac{\sqrt{1-\zeta^2}}{\zeta}\right)=\pi-\beta$$

上升时间为

$$t_{\mathrm{r}}=\frac{\pi-\beta}{\omega_{\mathrm{d}}}\tag{3-43}$$

2. 峰值时间 t_p

在时间响应 $c(t)$ 达到最大值时，有

$$\frac{\mathrm{d}}{\mathrm{d}t}[c(t)]\bigg|_{t=t_p}=0$$

$$\frac{\mathrm{d}}{\mathrm{d}t}\left[1-\frac{1}{\sqrt{1-\zeta^2}}\mathrm{e}^{-\zeta\omega_n t}\sin(\omega_d t+\beta)\right]\bigg|_{t=t_p}=0$$

$$\frac{1}{\sqrt{1-\zeta^2}}\omega_n\mathrm{e}^{-\zeta\omega_n t_p}\sin\omega_d t_p=0$$

$$\sin\omega_d t_p=0$$

$$\omega_d t_p=k\pi$$

在第一周期为最大值时，$k=1$，有

$$\omega_d t_p=\pi$$

求得峰值时间为

$$t_p=\frac{\pi}{\omega_d} \tag{3-44}$$

3. 超调量 M_p

因为前面已经求出了峰值时间 t_p，代入时间响应表达式即可求出时间响应 $c(t)$ 的最大值为

$$c_{max}(t)=c(t_p)$$

再利用超调量的定义式，可以求得超调量 M_p，具体做法如下：

$$c(t_p)=1-\frac{1}{\sqrt{1-\zeta^2}}\mathrm{e}^{-\zeta\omega_n t_p}\sin(\omega_d t_p+\beta)\bigg|_{t_p=\frac{\pi}{\omega_d}}$$

$$=1-\frac{1}{\sqrt{1-\zeta^2}}\mathrm{e}^{-\frac{\zeta}{\sqrt{1-\zeta^2}}\pi}\sin(\pi+\beta)$$

因为

$$\sin(\pi+\beta)=-\sin\beta=-\sqrt{1-\zeta^2}$$

代入上式，所以

$$c(t_p)=1+\mathrm{e}^{-\frac{\zeta}{\sqrt{1-\zeta^2}}\pi}$$

代入超调量的定义式(3-10)可得

$$M_p=\mathrm{e}^{-\frac{\zeta}{\sqrt{1-\zeta^2}}\pi}\times100\% \tag{3-45}$$

所以超调量 M_p 是阻尼比 ζ 的函数，两者的关系曲线是单调减的。由于函数关系比较复杂，常常可以利用图3-26所示的关系曲线来估算两者之间的关系。

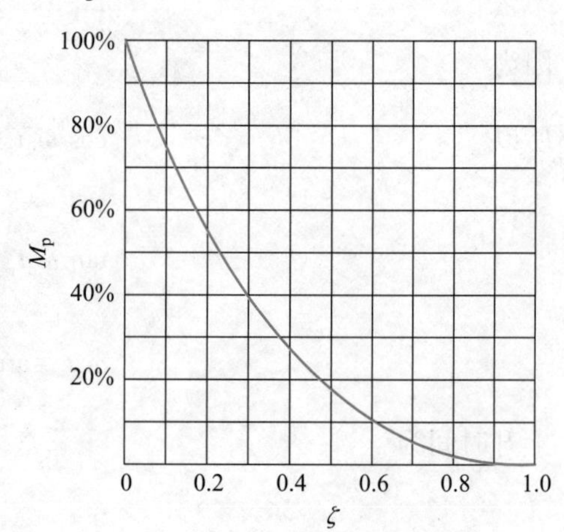

图3-26 超调量与阻尼比关系曲线

4. 调节时间 t_s

在计算调节时间 t_s 时，由于时间响应曲线 $c(t)$ 是衰减振荡型的，因此只考虑正弦项的峰-峰值

时,可以得到响应曲线的包络线。包络线是趋于稳态值的,因此在确定的误差带宽度下,就可以得到调节时间 t_s 的值。

由于时间响应表达式为

$$c(t)=1-\frac{1}{\sqrt{1-\zeta^2}}e^{-\zeta\omega_n t}\sin(\omega_d t+\beta)$$

式中正弦函数的峰-峰值为 1,即

$$\max|\sin(\omega_d t+\beta)|=1$$

所以包络线为

$$c_b(t)=1\pm\frac{1}{\sqrt{1-\zeta^2}}e^{-\zeta\omega_n t}$$

两条包络线如图 3-27 所示。

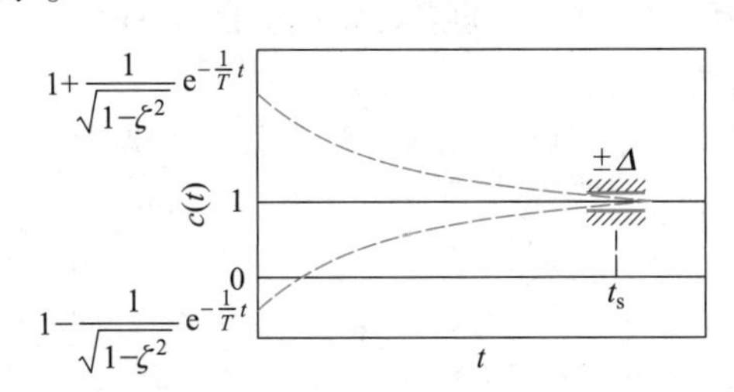

图 3-27　衰减振荡曲线的包络线

仿照一阶系统分析,定义指数项的时间常数为

$$T=\frac{1}{\zeta\omega_n}$$

则

$$c_b(t)=1\pm\frac{1}{\sqrt{1-\zeta^2}}e^{-\frac{1}{T}t}$$

依照一阶系统调节时间的计算公式可以近似估算二阶欠阻尼系统的调节时间为

$$t_s=3T=\frac{3}{\zeta\omega_n},\pm5\%\text{误差带宽度时}$$
$$t_s=4T=\frac{4}{\zeta\omega_n},\pm2\%\text{误差带宽度时} \tag{3-46}$$

上述公式可以用于系统初步分析时作性能估算用,实际的 t_s 值需要通过进一步的系统仿真来得到。

因为影响调节时间 t_s 的各个变量、各种因素比较多,实际的 t_s 值的计算要复杂得多,仅仅采用包络线方法有时会带来较大的误差,这可以通过图 3-28 来进行说明。

从图 3-28 中可见,两者之间的关系明显地分为两段。以 $\zeta=0.7$ 为界,当 $\zeta>0.68$ 时,关系曲线是连续变化的,当 $\zeta<0.68$ 时,两者关系为不连续的。

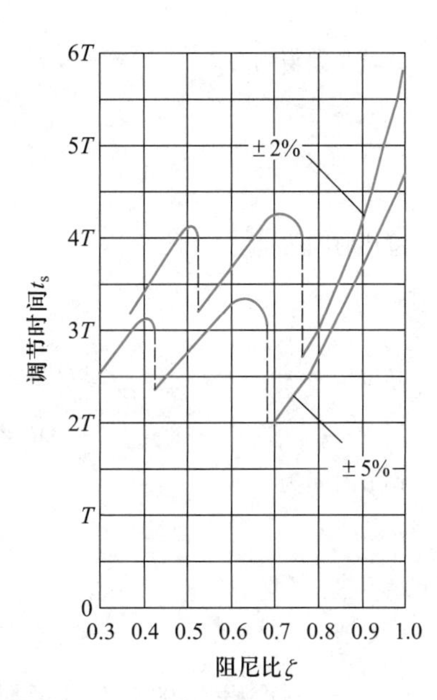

图 3-28　调节时间 t_s 与 ζ 的关系

上述问题是由于在$\zeta<0.68$的变量段时，微小的ζ的变化使得响应进入误差带的时间点会发生跳变而引起的。关于阻尼比ζ微小的变化对跳变的影响可参见图3-29。由于在$\zeta=0.7$附近，调节时间会有最小值。所以，ζ的取值应大于0.5。通常依据超调量的要求，首先来确定阻尼比，这时，调节时间的大小就由无阻尼振荡频率决定了，ω_n越大，t_s越小。可以证明，当ζ取最佳值0.707时，不仅调节时间短，响应速度快，而且超调量也很小。

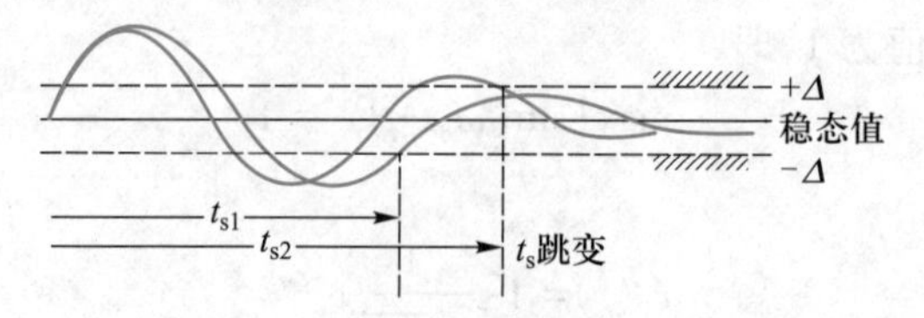

图3-29 ζ微小变化对跳变的影响

[例3-2] 位置随动系统的结构图如图3-30所示，输入信号为$r(t)=1(t)$。

（1）$K=200$，计算动态性能；

（2）当$K=1\ 500$和$K=13.5$时，分别讨论前置放大器对系统动态性能的影响。

解 （1）当$K=200$时

开环传递函数为

$$G_o(s)=\frac{5K}{s(s+34.5)}$$

R(s) + − K $\frac{5}{s(s+34.5)}$ C(s)

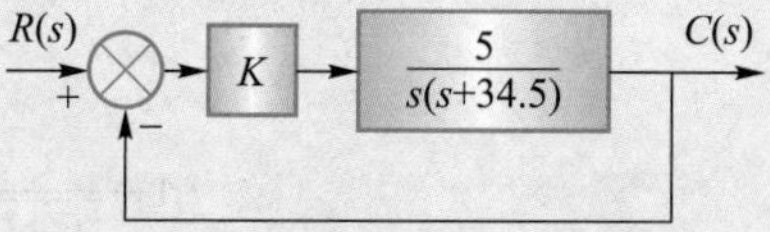

图3-30 位置随动系统结构图

闭环传递函数为

$$G_c(s)=\frac{G_o(s)}{1+G_o(s)}=\frac{\frac{5K}{s(s+34.5)}}{1+\frac{5K}{s(s+34.5)}}=\frac{5K}{s^2+34.5s+5K}=\frac{1\ 000}{s^2+34.5s+1\ 000}$$

计算系统特征参数ζ和ω_n，因为

$$G_c(s)=\frac{1\ 000}{s^2+34.5s+1\ 000}=\frac{\omega_n^2}{s^2+2\zeta\omega_n s+\omega_n^2}$$

比较系数得到

$$2\zeta\omega_n=34.5,\omega_n^2=1\ 000$$

$$\omega_n=31.6\ \text{rad/s}$$

$$\zeta=0.545$$

峰值时间为

$$t_p=\frac{\pi}{\omega_d}=\frac{\pi}{\omega_n\sqrt{1-\zeta^2}}=0.12\ \text{s}$$

超调量为

$$M_p=e^{-\frac{\zeta}{\sqrt{1-\zeta^2}}\pi}\times100\%=0.13\times100\%=13\%$$

调节时间为

$$t_s=\frac{3}{\zeta\omega_n}=0.17\ \text{s}\quad(\pm5\%)$$

$$t_s=\frac{4}{\zeta\omega_n}=0.23\ \text{s}\quad(\pm2\%)$$

（2）讨论$K=1\ 500$和$K=13.5$时，对系统动态性能的影响。

当 $K=1\ 500$ 时，闭环传递函数为

$$G_c(s)=\frac{5K}{s^2+34.5s+5K}=\frac{7\ 500}{s^2+34.5s+7\ 500}$$

计算得到系统的特征参数与性能指标如下所示。

特征参数：$\omega_n=86.6$ rad/s，$\zeta=0.2$；

性能指标：$t_p=0.037$ s，$M_p=52.7\%$，$t_s=0.17$ s。

上面性能指标的变化中，调节时间基本不变，但是超调量却增大了许多倍，严重地影响了系统的平稳性。关于系统的平稳性，除了幅值大小之外，还有在调节时间 t_s 之内的振荡次数也是评价平稳性好坏的一个因素，在此作一个粗略的估算。

由系统的无阻尼振荡频率 ω_n，可以得到系统的阻尼振荡频率 ω_d 为

$$\omega_d=\omega_n\sqrt{1-\zeta^2}=86.6\sqrt{1-0.2^2}\ \text{rad/s}=84.85\ \text{rad/s}$$

可得衰减正弦振荡的周期为 0.074 s。因为 $t_s=0.17$ s，所以系统响应在进入稳态之前约振荡两个周期，即上下振荡 4~5 次，平稳性很差。

当 $K=13.5$ 时，闭环传递函数为

$$G_c(s)=\frac{5K}{s^2+34.5s+5K}=\frac{67.5}{s^2+34.5s+67.5}$$

对应的特征参数为

$$\omega_n=8.22\ \text{rad/s}$$

$$\zeta=2.1$$

此时，系统为过阻尼的，没有超调量，曲线上升很慢。由近似计算可求得调节时间为

$$t_s\approx 3T_1=1.44\ \text{s}$$

响应速度约为欠阻尼状态下的$\frac{1}{8}$。三种增益值的响应曲线比较如图 3-31 所示。

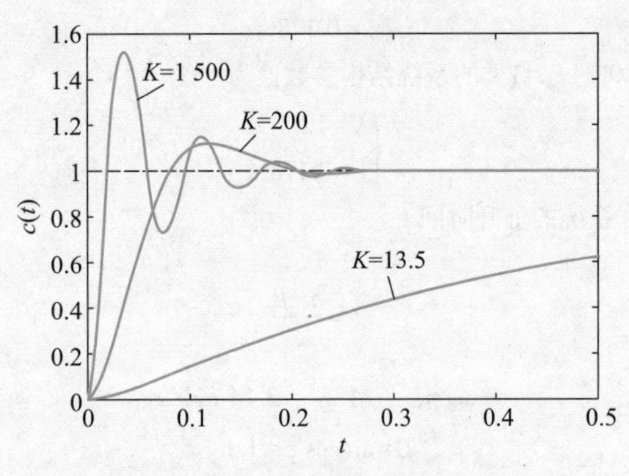

图 3-31 三种增益值的响应曲线比较

仿真程序：例 3-2 的 MATLAB 仿真

在图 3-31 中可以看到，当 $K=200$ 时，响应曲线的平稳性和快速性都可以得到满足。因此，前置放大器放大倍数的大小对系统动态性能的影响是比较大的。解毕。

[例 3-3] 已知反馈控制系统的结构图如图 3-32 所示。试确定结构参数 K 和 τ，使得系统满足动态性能 $M_p=20\%$，$t_p=1$ s，并计算上升时间 t_r 和调节时间 t_s。

解 系统的闭环传递函数为

$$G_c(s)=\frac{G(s)}{1+G(s)H(s)}=\frac{\dfrac{K}{s(s+1)}}{1+\dfrac{K}{s(s+1)}(1+\tau s)}=\frac{K}{s^2+(1+K\tau)s+K}$$

根据给定条件，$M_p=20\%$，$t_p=1$ s，由

$$M_p=\mathrm{e}^{-\frac{\zeta}{\sqrt{1-\zeta^2}}\pi}\times100\%=20\%$$

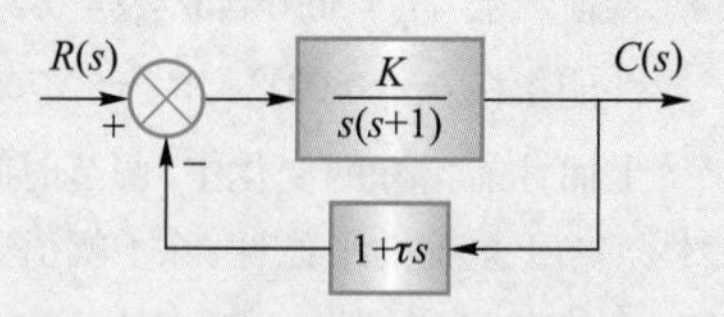

图 3-32 反馈控制系统结构图

解得

$$\zeta=0.456$$

由于给定的峰值时间为

$$t_p=\frac{\pi}{\omega_d}=\frac{\pi}{\omega_n\sqrt{1-\zeta^2}}=1\ \mathrm{s}$$

解得

$$\omega_n=3.53\ \mathrm{rad/s}$$

根据二阶系统标准式

$$G_c(s)=\frac{K}{s^2+(1+K\tau)s+K}=\frac{\omega_n^2}{s^2+2\zeta\omega_n s+\omega_n^2}$$

由

$$K=\omega_n^2=3.53^2$$

解得

$$K=12.5$$

由

$$1+K\tau=2\zeta\omega_n=3.22$$

解得

$$\tau=0.178\ \mathrm{s}$$

所以，满足给定条件 $M_p=20\%$，$t_p=1$ s 的系统结构参数值为

$$\begin{cases}K=12.5\\ \tau=0.178\ \mathrm{s}\end{cases}$$

在上述参数值下，计算系统的上升时间 t_r。

因为

$$t_r=\frac{\pi-\beta}{\omega_d}$$

$$\omega_d=\omega_n\sqrt{1-\zeta^2}=3.14\ \mathrm{rad/s}$$

$$\beta=\arccos\zeta=1.1$$

所以

$$t_r=\frac{\pi-1.1}{3.14}\ \mathrm{s}=0.65\ \mathrm{s}$$

仿真程序：例 3-3 的 MATLAB 仿真

在上述参数值下，系统的调节时间 t_s 为

$$t_s=\frac{3}{\zeta\omega_n}=1.86\ \mathrm{s}\quad(\pm5\%)$$

$$t_s=\frac{4}{\zeta\omega_n}=2.48\ \mathrm{s}\quad(\pm2\%)$$

解毕。

3-3-4 二阶系统的其他响应

二阶系统以其他信号作为输入时，例如单位脉冲信号或单位斜坡信号，将产生二阶系统的单位脉冲响应或单位斜坡响应。考查系统的单位脉冲响应，可以得到系统的调节特性。考查系统的单位斜坡响应，可以获得系统对于速度信号的跟踪能力的评价。

1. 二阶系统的单位脉冲响应

在理想的单位脉冲函数作为输入信号时，二阶系统输出响应称为单位脉冲响应。二阶系统的开环传递函数为

$$G_{\mathrm{o}}(s)=\frac{\omega_{\mathrm{n}}^2}{s(s+2\zeta\omega_{\mathrm{n}})}$$

闭环传递函数为

$$G_{\mathrm{c}}(s)=\frac{\omega_{\mathrm{n}}^2}{s^2+2\zeta\omega_{\mathrm{n}}s+\omega_{\mathrm{n}}^2}$$

因为单位脉冲函数为

$$r(t)=\delta(t)$$

其拉氏变换为

$$R(s)=1$$

所以，二阶系统的单位脉冲响应就是系统闭环传递函数的拉氏反变换，即

$$c_{\mathrm{pulse}}(t)=\mathscr{L}^{-1}[G_{\mathrm{c}}(s)]=\mathscr{L}^{-1}\left[\frac{\omega_{\mathrm{n}}^2}{s^2+2\zeta\omega_{\mathrm{n}}s+\omega_{\mathrm{n}}^2}\right]$$

或者在已知系统的单位阶跃响应时，将其对时间求一次导数求得

$$c_{\mathrm{pulse}}(t)=\frac{\mathrm{d}}{\mathrm{d}t}[c_{\mathrm{step}}(t)]$$

不同阻尼比情况下的时间响应表达式如下：

(1) 无阻尼时，$\zeta=0$

$$c_{\mathrm{pulse}}(t)=\omega_{\mathrm{n}}\sin\omega_{\mathrm{n}}t \tag{3-47}$$

(2) 欠阻尼时，$0<\zeta<1$

$$c_{\mathrm{pulse}}(t)=\frac{\omega_{\mathrm{n}}}{\sqrt{1-\zeta^2}}\mathrm{e}^{-\zeta\omega_{\mathrm{n}}t}\sin\omega_{\mathrm{d}}t \tag{3-48}$$

其中，阻尼振荡频率为 $\omega_{\mathrm{d}}=\omega_{\mathrm{n}}\sqrt{1-\zeta^2}$

(3) 临界阻尼时，$\zeta=1$

$$c_{\mathrm{pulse}}(t)=\omega_{\mathrm{n}}^2t\mathrm{e}^{-\omega_{\mathrm{n}}t} \tag{3-49}$$

(4) 过阻尼时，$\zeta>1$

$$c_{\mathrm{pulse}}(t)=\frac{\omega_{\mathrm{n}}}{2\sqrt{\zeta^2-1}}\left[\mathrm{e}^{-(\zeta-\sqrt{\zeta^2-1})\omega_{\mathrm{n}}t}-\mathrm{e}^{-(\zeta+\sqrt{\zeta^2-1})\omega_{\mathrm{n}}t}\right] \tag{3-50}$$

二阶系统不同阻尼比的单位脉冲响应曲线如图 3-33 所示。

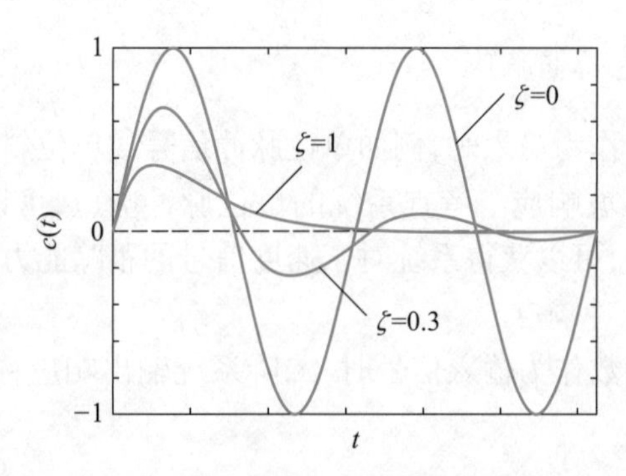

图 3-33 二阶系统不同阻尼比的单位脉冲响应曲线

在四种响应曲线中,无阻尼曲线为等幅振荡,不能起到调节作用。过阻尼曲线与临界阻尼曲线随着时间的增长衰减到零,且幅值为单一符号,这种特性在许多工程应用中都有实例,但是幅值衰减速度较慢。

欠阻尼曲线在合理地选择系统特征参数情况下,既没有过大的失调幅值,又可以尽快地衰减到允许误差之内,表现出良好的调节特性。

下面计算脉冲响应的主要性能指标。

由于单位脉冲响应可以由单位阶跃响应对时间求一次导数得到,故两种响应的相位差为 90°,将两条曲线画在一起,如图 3-34 所示。

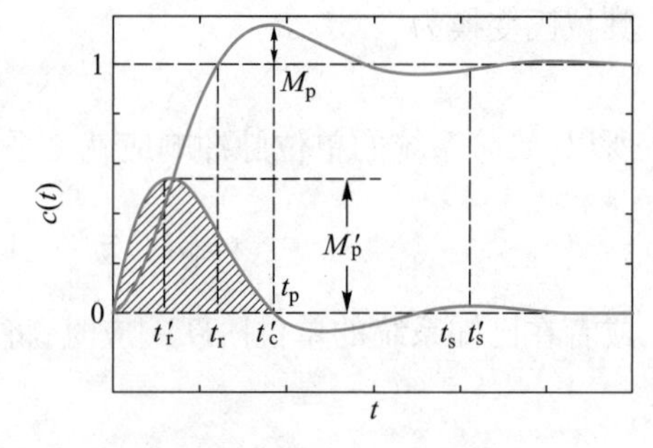

图 3-34 二阶系统的两种响应比较

单位脉冲响应的性能指标如下:

峰值时间 t_p':第一峰值的时间;

失调峰值 M_p':第一峰值的幅值;

第一次过零时间 t_c':第一峰值衰减到零的时间;

调节时间 t_s':曲线衰减进入误差带的时间;

单峰误差积分 σ_p':第一峰值的积分面积;

将单位脉冲响应 $c_{\text{pulse}}(t)$ 求极值,可以得到 $c_{\text{pulse}}(t)$ 的峰值时间为

$$t_p' = \frac{\beta}{\omega_d} \tag{3-51}$$

将峰值时间 t_p' 代入响应表达式 $c_{\text{pulse}}(t)$,可得失调峰值 M_p' 为

$$M_p' = \frac{\omega_n}{\sqrt{1-\zeta^2}} e^{-\zeta\omega_n t} \sin\omega_d t \bigg|_{t=\frac{\beta}{\omega_d}} = \omega_n e^{-\frac{\zeta}{\sqrt{1-\zeta^2}}\cdot\beta} \tag{3-52}$$

由于 $c_{\text{step}}(t)$ 的峰值时间为

$$t_p = \frac{\pi}{\omega_d}$$

所以 $c_{\text{pulse}}(t)$ 的第一次过零时间为

$$t_c' = \frac{\pi}{\omega_d} \tag{3-53}$$

按照调节时间的定义,求得两种响应的调节时间相等

$$t'_s=t_s=\frac{3}{\zeta\omega_n} \tag{3-54}$$

将 $c_{pulse}(t)$ 由零到 t'_c 作积分可得单峰误差积分 σ'_p 为

$$\sigma'_p=\int_0^{\frac{\pi}{\omega_d}}\frac{\omega_n}{\sqrt{1-\zeta^2}}e^{-\zeta\omega_n t}\sin\omega_d t\mathrm{d}t=1+e^{-\frac{\zeta}{\sqrt{1-\zeta^2}}\cdot\pi}$$

因为 $c_{step}(t)$ 的超调量为

$$M_p=e^{-\frac{\zeta}{\sqrt{1-\zeta^2}}\cdot\pi}$$

所以

$$\sigma'_p=1+M_p \tag{3-55}$$

单峰误差积分 σ'_p 说明了失调大小与恢复能力的综合评价，式(3-55)说明，单峰误差积分 σ'_p 可以由 $c_{step}(t)$ 的超调量 M_p 来表示。

2. 二阶系统的单位斜坡响应

单位斜坡输入信号为

$$r(t)=t\cdot 1(t)$$

其拉氏变换为

$$R(s)=\frac{1}{s^2}$$

所以，斜坡响应为

$$C_{slope}(s)=G_c(s)\cdot\frac{1}{s^2}=\frac{\omega_n^2}{s^2+2\zeta\omega_n s+\omega_n^2}\cdot\frac{1}{s^2} \tag{3-56}$$

分解部分分式，作拉氏反变换，可得时间响应

$$\begin{aligned}c_{slope}(t)&=\mathscr{L}^{-1}[C_{slope}(s)]\\&=t-\frac{2\zeta}{\omega_n}+\frac{1}{\omega_d}e^{-\zeta\omega_n t}\sin(\omega_d t+2\beta)\end{aligned} \tag{3-57}$$

其中

$$\omega_d=\omega_n\sqrt{1-\zeta^2}$$
$$\beta=\arccos\zeta$$

或者

$$\beta=\arctan\frac{\sqrt{1-\zeta^2}}{\zeta}$$

响应曲线如图 3-35 所示。响应表达式中共有三项，第一项为斜坡跟踪基准项，第二项为稳态误差项，第三项为瞬态误差项。

当时间 t 趋于无穷大时，第三项趋于零。可是，如图 3-35 所示，第二项是常数，不为零，构成二阶系统跟踪斜坡信号时的稳态误差，其大小

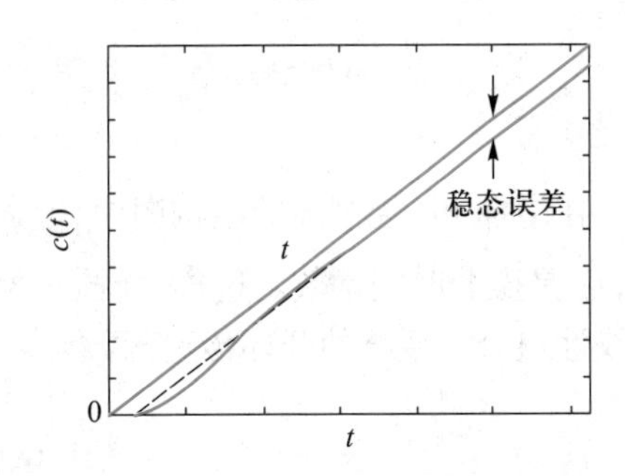

图 3-35 二阶系统的单位斜坡响应曲线

为$-\frac{2\zeta}{\omega_n}$，取决于系统的结构参数ζ和ω_n。因此，可以通过调整系统参数来减小第二项的值，而不能通过调整系统参数消除它。关于稳态误差的消除方法在稳态误差分析一节要讲到。

如上所述，典型二阶系统可以跟踪等速率信号，但是跟踪能力有限，所实现的跟踪是有差跟踪。这种以有差方式跟踪等速率信号的控制系统，由于简单方便，广泛地应用于工程控制中。

3-3-5 二阶系统响应特性的改善

从前面典型二阶系统的响应特性分析可以知道，通过调整二阶系统的阻尼比ζ和无阻尼振荡频率ω_n，可以改善系统的动态性能，但是这种方法的作用是有限的。有时作为受控的固有对象，其参数不可变更，有时调整特征参数也不能达到所希望的性能要求。因此，我们还可以通过在回路中增加控制装置的方法改变系统的结构，从而实现所要求的动态性能。

为了改善二阶系统的动态性能，可以采用两种方法增加回路中的控制装置。一种方法是在前向通路中增加控制装置，另一种方法是在反馈通路中增加控制装置，结构图如图3-36所示。

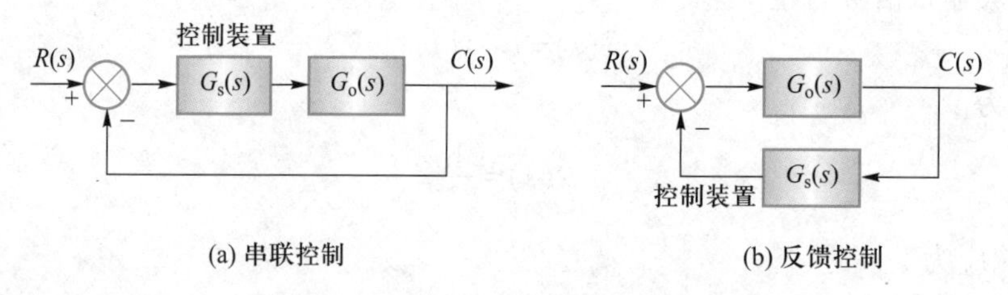

图3-36 不同的系统控制方法结构图

在回路中增加控制装置，其目的是改变系统的回路特性，从而改变系统的闭环特征方程。这样，既可以影响到闭环传递函数中零点、极点的个数，也可以影响到特征根在s平面上的位置，使得系统的动态性能得到改善。

下面，以二阶系统为例，来说明上述方法的应用。

1. 误差信号的比例微分控制（PD控制）

在原典型二阶系统的前向通路上增加误差信号的速度分量并联通路，如图3-37所示。

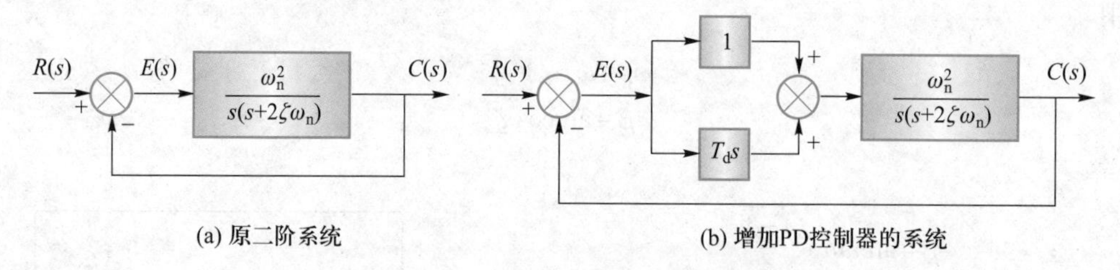

图3-37 误差信号的比例微分控制

在增加PD控制器的结构图中，上通路为原误差信号通路，下通路为误差的速度分量通路，T_d是微分时间常数。这样，受控对象的输入信号成为误差信号$e(t)$与其导数信号$\dot{e}(t)$的线性组合。系统的开环传递函数为

$$G_o(s)=\frac{\omega_n^2(1+T_d s)}{s(s+2\zeta\omega_n)} \tag{3-58}$$

闭环传递函数为

$$G_c(s)=\frac{G_o(s)}{1+G_o(s)}=\frac{\omega_n^2(1+T_d s)}{s^2+(2\zeta\omega_n+T_d\omega_n^2)s+\omega_n^2} \tag{3-59}$$

控制作用分析如下：

(1) 增大阻尼比，减小超调量，改善了平稳性

$G_c(s)$的分母多项式构成新的闭环特征方程为

$$s^2+(2\zeta\omega_n+T_d\omega_n^2)s+\omega_n^2=0 \tag{3-60}$$

原系统的无阻尼振荡频率 ω_n 不变。由于

$$2\zeta\omega_n+T_d\omega_n^2=2\zeta_d\omega_n$$

式中的 ζ_d 为等效阻尼比，其大小为

$$\zeta_d=\zeta+\frac{1}{2}T_d\omega_n \tag{3-61}$$

附加项$\frac{1}{2}T_d\omega_n$ 使得原阻尼比增加，抑制了振荡。

(2) 增加了系统零点，由于微分作用，使系统响应稍有加速

由式(3-59)可知，$G_c(s)$的分子多项式构成闭环系统的零点，零点值为

$$s=-\frac{1}{T_d}$$

则系统的响应中增加了微分附加项为

$$\begin{aligned}C(s)&=G_c(s)R(s)\\&=\frac{\omega_n^2(1+T_d s)}{s^2+(2\zeta\omega_n+T_d\omega_n^2)s+\omega_n^2}\cdot\frac{1}{s}\\&=\frac{\omega_n^2}{s^2+(2\zeta\omega_n+T_d\omega_n^2)s+\omega_n^2}\cdot\frac{1}{s}+\frac{\omega_n^2 T_d s}{s^2+(2\zeta\omega_n+T_d\omega_n^2)s+\omega_n^2}\cdot\frac{1}{s}\end{aligned} \tag{3-62}$$

所以，时间响应为

$$c(t)=c_1(t)+c_2(t)=c_1(t)+T_d\cdot\frac{\mathrm{d}}{\mathrm{d}t}[c_1(t)] \tag{3-63}$$

式(3-63)的第二项为第一项的微分附加项，如图3-38所示。

由图3-38可见，微分附加项的增加使得响应的上升时间减小，明显起到了响应加速的作用。从图3-38中还可以看到，微分时间常数 T_d 会影响微分附加项的幅值大小，有可能造成原超调量 M_p 增加。所以，要认真选择微分时间常数，使得既可以使系统加速，又不会使超调量变大。

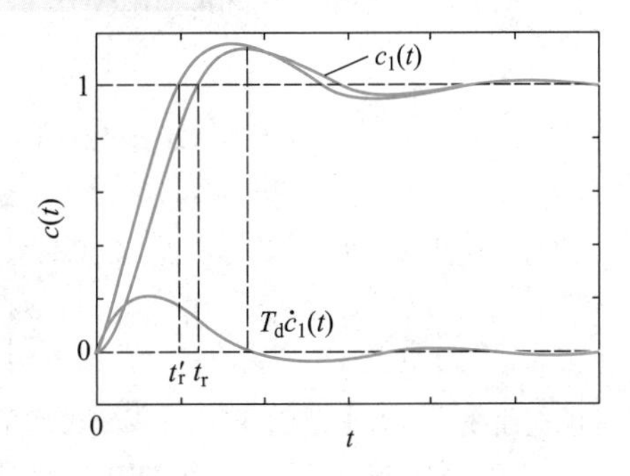

图3-38 PD控制的加速作用

2. 输出量的速度反馈控制(SF 控制)

在原典型二阶系统的反馈通路上增加输出信号的速度分量反馈信号,如图 3-39 所示。

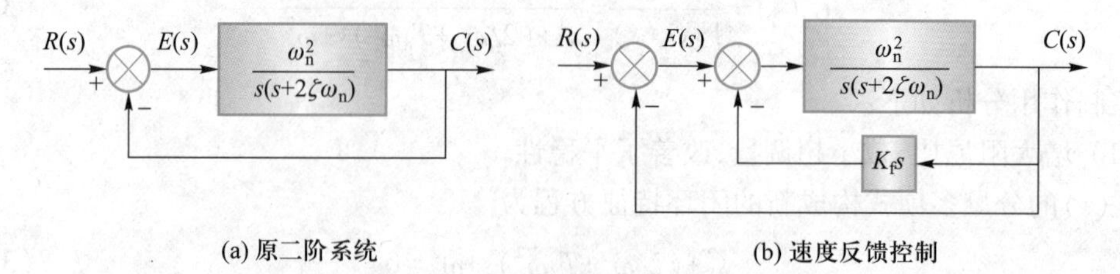

(a) 原二阶系统　　(b) 速度反馈控制

图 3-39 输出信号的速度反馈控制

系统的闭环传递函数成为

$$G_c(s)=\frac{G(s)}{1+G(s)H(s)}=\frac{\omega_n^2}{s^2+(2\zeta\omega_n+K_f\omega_n^2)s+\omega_n^2} \tag{3-64}$$

闭环特征方程成为

$$s^2+(2\zeta\omega_n+K_f\omega_n^2)s+\omega_n^2=0 \tag{3-65}$$

原系统的无阻尼振荡频率 ω_n 不变

$$2\zeta\omega_n+K_f\omega_n^2=2\zeta_d\omega_n$$

式中的 ζ_d 为等效阻尼比,其大小为

$$\zeta_d=\zeta+\frac{1}{2}K_f\omega_n \tag{3-66}$$

从上式可见,附加项$\frac{1}{2}K_f\omega_n$ 使得原阻尼比增加,增大阻尼比,减小超调量,但是没有附加零点的影响。

[例 3-4] 已知受控对象的开环传递函数为

$$G(s)=\frac{1}{s^2-0.1}$$

(1) 单位反馈时,计算单位脉冲响应的输出;

(2) 试采用速度反馈方法,使得系统的阻尼比 $\zeta=0.5$,确定速度反馈系数 τ 的值,并计算性能改善后的动态性能。

解 (1) 单位反馈时,闭环传递函数为

$$G_c(s)=\frac{G(s)}{1+G(s)}=\frac{\frac{1}{s^2-0.1}}{1+\frac{1}{s^2-0.1}}=\frac{1}{s^2+0.9}$$

其单位脉冲响应为

$$c(t)=\mathscr{L}^{-1}\left[\frac{1}{s^2+0.9}\right]=\mathscr{L}^{-1}\left[\frac{1}{\sqrt{0.9}}\cdot\frac{\sqrt{0.9}}{s^2+0.9}\right]=1.05\sin 0.95t$$

响应曲线为等幅振荡的,所以该系统仅作单位反馈,不能实现调节作用。

(2) 增加速度反馈的系统如图 3-40 所示。

闭环传递函数为

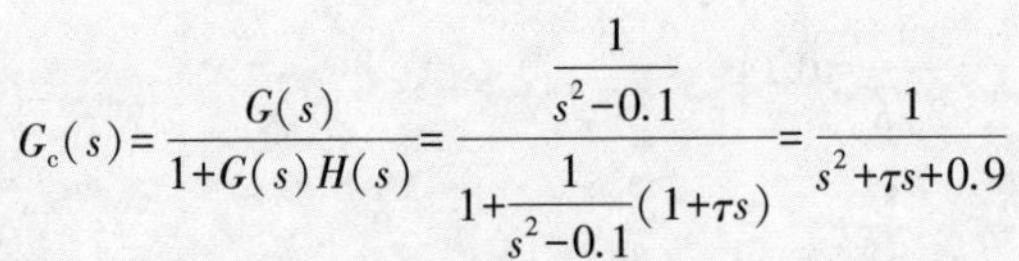

$$G_c(s)=\frac{G(s)}{1+G(s)H(s)}=\frac{\dfrac{1}{s^2-0.1}}{1+\dfrac{1}{s^2-0.1}(1+\tau s)}=\frac{1}{s^2+\tau s+0.9}$$

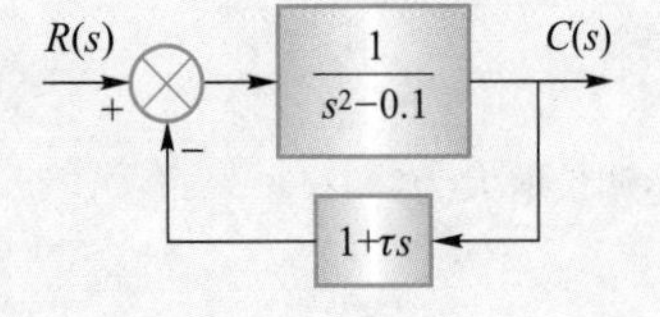

图 3-40　增加速度反馈的系统

阻尼比 $\zeta=0.5$，则有 $2\zeta\omega_n=\tau$，所以

$$\tau=2\times0.5\times\sqrt{0.9}\ \text{s}=0.95\ \text{s}$$

此时，系统阶跃响应的超调量为

$$M_p=\mathrm{e}^{-\frac{\zeta}{\sqrt{1-\zeta^2}}\pi}\times100\%\Bigg|_{\zeta=0.5}=16.3\%$$

调节时间为

$$t_s=\frac{3}{\zeta\omega_n}=6.32\ \text{s}$$

解毕。

［**例 3-5**］　已知速度反馈控制系统如图 3-41 所示，要求系统的超调量为 20%，峰值时间为 1 s，试计算相应的前向增益 K 与速度反馈系数 K_f 的值。如果保持 K 值不变，K_f 为零时，计算超调量增大值。

解　上述系统的闭环传递函数为

$$G_c(s)=\frac{\dfrac{K}{s(s+1)}}{1+\dfrac{K}{s(s+1)}(1+K_f s)}=\frac{K}{s^2+(1+KK_f)s+K}$$

R(s)　C(s)　$\frac{K}{s(s+1)}$　$1+K_f s$

图 3-41　速度反馈控制系统

比较二阶系统的标准式有

$$\omega_n^2=K$$
$$2\zeta\omega_n=1+KK_f$$

给定的性能指标为

$$M_p=20\%，和\ t_p=1\ \text{s}$$

上述指标与系统特征参数 ζ 和 ω_n 的关系为

$$M_p=\mathrm{e}^{-\frac{\zeta}{\sqrt{1-\zeta^2}}\pi}\times100\%=20\%$$

$$t_p=\frac{\pi}{\omega_d}=\frac{\pi}{\omega_n\sqrt{1-\zeta^2}}=1\ \text{s}$$

解得

$$\zeta=0.456$$
$$\omega_n=3.53$$

所以

$$K=\omega_n^2=3.53^2=12.5$$

$$K_f=\frac{2\sqrt{K}\zeta-1}{K}=0.178$$

当 $K=12.5$，$K_f=0$ 时，也就是没有速度反馈时，闭环传递函数成为

$$G_c(s)=\frac{12.5}{s^2+s+12.5}$$

阻尼比为

$$\zeta=\frac{1}{2\sqrt{K}}=0.14$$

超调量增大为

$$M_p=e^{-\frac{\zeta}{\sqrt{1-\zeta^2}}\pi}\times100\%=64\%$$

解毕。

3-4 高阶系统分析

线性常系数微分方程所描述的系统中,微分方程的阶数高于二阶的系统称为高阶系统。由于系统的复杂性增加了,因此高阶系统准确的时域分析是比较困难的。所以在时域分析中,对高阶系统主要是进行定性分析,其中包括:(1) 高阶系统阶跃响应的解分量分析;(2) 高阶系统的主导极点分析。高阶系统的时间响应以及性能指标的定量计算,一般是在系统分析的基础上,借助于计算机仿真工具来完成。

3-4-1 高阶系统时间响应的分量结构

控制系统的结构图如图3-42所示。

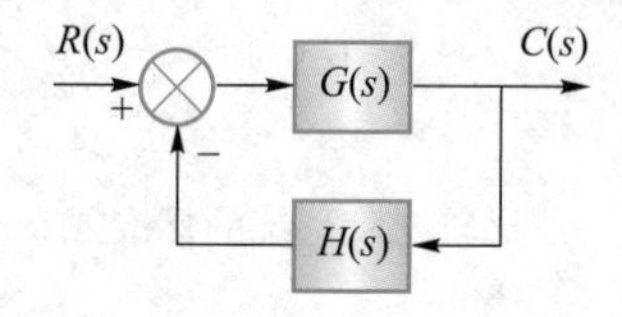

图3-42 控制系统的结构图

闭环传递函数为

$$G_c(s)=\frac{G(s)}{1+G(s)H(s)}$$

以分子多项式与分母多项式的比值来表示即为

$$G_c(s)=\frac{b_m s^m+b_{m-1}s^{m-1}+\cdots+b_1 s+b_0}{s^n+a_{n-1}s^{n-1}+\cdots+a_1 s+a_0},n\geqslant m \tag{3-67}$$

式中,分子多项式的最高次数为 m,分母多项式的最高次数为 $n(n\geqslant m)$。分子多项式的各系数 $b_m,b_{m-1},\cdots,b_1,b_0$ 和分母多项式的各系数 $a_{n-1},\cdots,a_1,a_0$ 都是常系数。

系统的闭环特征方程为

$$s^n+a_{n-1}s^{n-1}+\cdots+a_1 s+a_0=0 \tag{3-68}$$

由代数方程根的定理可知,在上述条件下,n 个特征根或为实数,或为共轭复数,则特征方程可作因式分解,即

$$\prod_{i=1}^{q}(s+p_i)\cdot\prod_{k=1}^{r}(s^2+2\zeta_k\omega_k s+\omega_k^2)=0,q+2r=n$$

为了保证系统的稳定性(关于系统的稳定性分析,将在下一节讲到),假定特征根或为负实数,或为带复实部的共轭复数,全部位于 s 平面的左半平面上,特征根在 s 平面上的位置如图3-43所示。

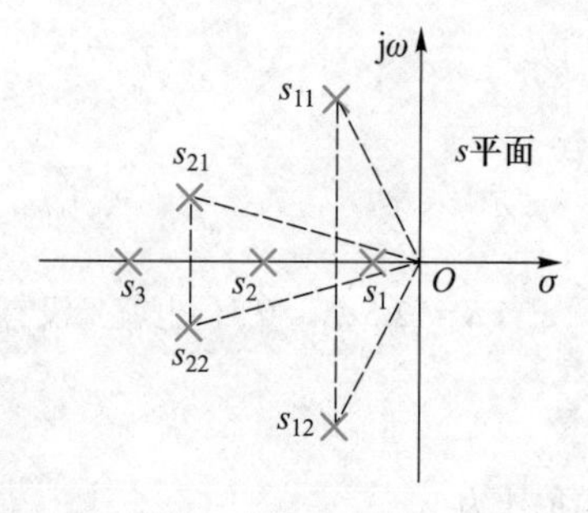

图3-43 特征根在 s 平面上的位置

将闭环传递函数的分子多项式也作因式分解,用单根来表示不影响对于问题的分析,$G_c(s)$ 可以表示为零

点、极点表达式,即

$$G_c(s)=\frac{K\prod_{j=1}^{m}(s+z_j)}{\prod_{i=1}^{q}(s+p_i)\cdot\prod_{k=1}^{r}(s^2+2\zeta_k\omega_k s+\omega_k^2)} \tag{3-69}$$

$G_c(s)$为s的复变函数,$s=-z_j$称为系统的闭环零点,$s=-p_i$以及共轭复数根对又称为系统的闭环极点。

为了求取高阶系统的时间响应,给定输入信号为单位阶跃信号

$$R(s)=\frac{1}{s}$$

则系统的响应为

$$\begin{aligned}C(s)&=G_c(s)R(s)\\&=\frac{K\prod_{j=1}^{m}(s+z_j)}{\prod_{i=1}^{q}(s+p_i)\cdot\prod_{k=1}^{r}(s^2+2\zeta_k\omega_k s+\omega_k^2)}\cdot\frac{1}{s}\\&=\frac{a}{s}+\sum_{i=1}^{q}\frac{a_i}{s+p_i}+\sum_{k=1}^{r}\frac{b_k s+c_k}{s^2+2\zeta_k\omega_k s+\omega_k^2}\end{aligned} \tag{3-70}$$

因为

$$\mathscr{L}^{-1}\left[\frac{a}{s}\right]=a\cdot 1(t)$$

$$\mathscr{L}^{-1}\left[\frac{a_i}{s+p_i}\right]=a_i\mathrm{e}^{-p_i t}$$

$$\mathscr{L}^{-1}\left[\frac{b_k s+c_k}{s^2+2\zeta_k\omega_k s+\omega_k^2}\right]=\alpha_k\mathrm{e}^{-\zeta_k\omega_k t}\sin(\omega_k\sqrt{1-\zeta_k^2}\,t+\beta_k)$$

所以,时间响应为

$$\begin{aligned}c(t)&=\mathscr{L}^{-1}[C(s)]\\&=a\cdot 1(t)+\sum_{i=1}^{q}a_i\mathrm{e}^{-p_i t}+\sum_{k=1}^{r}\alpha_k\mathrm{e}^{-\zeta_k\omega_k t}\sin(\omega_k\sqrt{1-\zeta_k^2}\,t+\beta_k)\end{aligned} \tag{3-71}$$

在$c(t)$的各分量中,第一项是稳态项,其特性由输入信号决定,也就是说,输入信号为阶跃型的,该项也是阶跃型的,与系统的结构无关。其余各项特性是由系统的结构决定的,也就是由系统的闭环特征根,或者说系统的闭环极点来决定的。

由于特征根或为负实数,或为带复实部的共轭复数,因此所有的指数分量都是指数衰减型的,则有:

(1) 每一个单根,确定了一项指数衰减分量;

(2) 每一对共轭复数根,确定了一项指数衰减的正弦分量。

由时间响应的表达式可以看到,由系统的特征根所确定的各分量中,不管是指数分量,

还是指数变化的正弦分量，当时间 t 趋于无穷大时，都要衰减到零。因此，这些由系统的结构所确定的各分量称为瞬态分量。所有各响应分量的幅值 a, a_i, α_k 的大小，除了与闭环极点有关，而且与系统的闭环增益 K 和系统的闭环零点值有关，各响应分量的幅值可以由复变函数的留数定理计算得到。

如上所述，高阶系统的时间响应是由一些简单函数复合构成的。除去由输入信号所决定的响应分量之外，其余所有的响应分量全部是由系统的闭环极点所确定的。

尽管多个简单函数复合的曲线描述比较麻烦，从中确定系统的动态性能，如超调量 M_p、响应时间 t_s 等定量指标也不够清晰，但是上述的定性分析指出了高阶系统时间响应的一般规律。

上述规定的输入信号为单位阶跃信号，构成了响应分量中的第一项，即不变项。这是从描述说明方便而选定的。如果选用其他时间信号来描述，均满足上述分析的结论。

在上述假定条件中的闭环极点全部位于 s 的左半平面，是出于物理系统的稳定条件而限定的。

3-4-2 闭环主导极点

上述高阶系统中，时间响应起主导作用的闭环极点称为闭环主导极点。相对应地，其他的极点称为普通极点。

闭环主导极点要满足以下两个条件：

（1）在 s 平面上，距离虚轴比较近，且附近没有其他的零点与极点；

（2）其实部的长度与其他的极点实部长度相差五倍以上。

图示说明如图 3-44 所示。

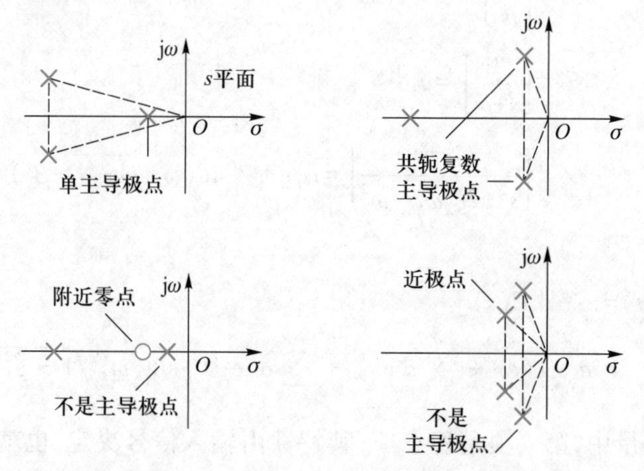

图 3-44 闭环主导极点的图示说明

靠近虚轴的极点相对于远极点来说，其时间分量的衰减要慢得多，因而在时间响应中起主导作用，而远极点早已衰减到零了，故可以在高阶系统分析中忽略掉远极点对时间响应的影响。

附近无零点，说明该项分量的幅值受附近零点的影响比较小。

这样，闭环主导极点的提出，使得对于高阶系统的分析可以简化为对于主导极点的近似分析，而对于系统设计，又常常以共轭复数形式的闭环主导极点为目标来进行，也就完全可以应用前面所述的二阶系统的分析方法来进行定量估算了。

3-5 控制系统的稳定性分析

在二阶系统分析中,欠阻尼系统的特征根为

$$s=-\zeta\omega_{\mathrm{n}}\pm \mathrm{j}\omega_{\mathrm{n}}\sqrt{1-\zeta^{2}}$$

阻尼参数 $\zeta<0$ 时,特征根位于 s 平面的右半平面,即实部为正,相应地其时间响应是发散的。由此得到二阶系统时间响应收敛的条件是

$$\zeta>0\ \&\ \omega_{\mathrm{n}}>0\ \text{或者}\ \mathrm{Re}[s]<0$$

进而在高阶系统分析中可以看到,时间响应的各分量中,除去由输入信号确定的不变分量之外,其余所有响应分量都由系统的结构决定,或者是由系统的闭环极点决定,与输入信号无关。当所有的闭环极点位于 s 平面的左半平面,则时间响应的结构分量是指数衰减型的,在时间趋于无穷大时,所有的瞬态分量衰减到零。但是如果有闭环极点位于 s 平面的右半平面上,其对应的指数分量就是发散的,不能保证系统的输出是收敛的。

所以,在前述系统分析中,就已经涉及系统稳定性问题。控制系统的稳定性是系统分析的基本问题。在本节中就稳定的基本概念、稳定性的定义以及系统稳定的代数判据进行讨论。

3-5-1 系统稳定的基本概念

1. 平衡点与普通点

物理系统的稳定与不稳定,是相对于平衡点而言的。

平衡点,又称为系统的平衡状态,是系统在运动中可以达到的所有工作点中性质特殊的一类工作点。在该工作点上,除了零阶导数之外,运动变量的各阶导数全部等于零。例如,对于牛顿力学描述的系统来说,由运动方程描述的系统运动在平衡点上的运动速度为零,加速度也为零。

平衡点以外其他的所有工作点称为普通点。

关于平衡点,由于数学描述工具有限以及所研究的系统类型所局限,在此暂且不作严格定义,只给出关于系统平衡点的说明和实例。本书在第 7 章非线性系统分析中,将给出二阶系统平衡点的定义。

以单摆系统的运动为例,其全局运动示意图如图 3-45 所示。在第 2 章系统数学模型的建立中所给出的单摆系统只进行了局部运动描述,即图 3-45 下部所示的运动。

摆球质量为 m,摆杆长度为 l。假设摆杆为刚体,这样摆球位于下方时,摆杆受力为张力。摆球位于上方时,摆杆受力为压力。D 点为中心固定点。描述变量为转角 θ,以图示方向为参考方向。

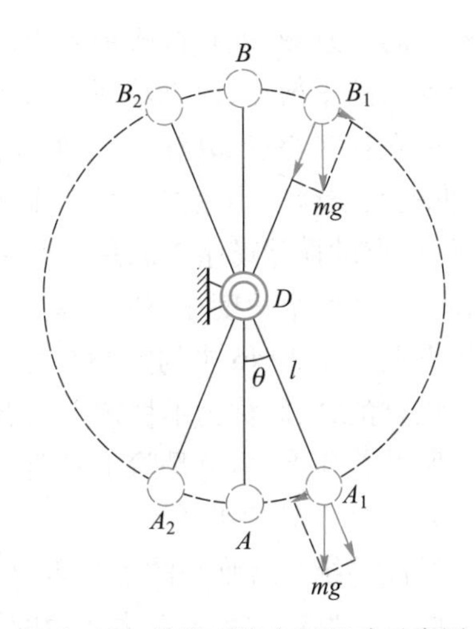

图 3-45 单摆系统全局运动示意图

单摆的运动方程在第2章已经求出,即

$$ml\frac{\mathrm{d}^2\theta}{\mathrm{d}t^2}+\alpha l\frac{\mathrm{d}\theta}{\mathrm{d}t}+mg\sin\theta=0$$

这是一个二阶非线性方程,可以找到该系统运动的平衡点。令

$$\frac{\mathrm{d}\theta}{\mathrm{d}t}=0,\frac{\mathrm{d}^2\theta}{\mathrm{d}t^2}=0$$

则有 $mg\sin\theta=0$,所以

$$\theta=k\pi,\quad k=0,1,2,\cdots$$

即该系统有无穷多个平衡点。因角度变量是周期的,所以 k 为偶数时,摆球位于图中 A 的位置。k 为奇数时,摆球位于图中 B 的位置。可以直观认为,摆球位于位置 A 时是自然下垂平衡的,摆球位于位置 B 时,因为满足上述平衡点的条件,位置绝对对称时,也是可以平衡的。这就是平衡点名称的由来。

从图 3-45 可见,除了平衡点之外的其他点,称为普通点,也就是系统的自由运动不可能停留在普通点上,可见普通点是系统自由运动的过渡点。图中的 A_1,A_2,B_1,B_2 等点都是普通点。

2. 平衡点邻域的运动

系统在平衡点邻域的运动可以展示在$\frac{\mathrm{d}\theta}{\mathrm{d}t}-\theta$ 平面上,如图 3-46 所示。

图中的横坐标满足$\frac{\mathrm{d}\theta}{\mathrm{d}t}=0$ 的平衡点条件,横坐标上的实心点为稳定平衡点,而空心点为不稳定平衡点。

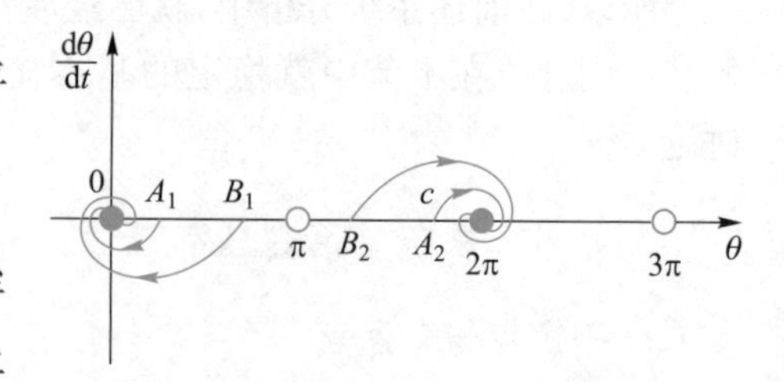

图 3-46 平衡点邻域的运动示意图

在图 3-46 所示的实心点邻域,摆球如有位置偏差,如位于图中的 A_1 点处,虽然满足角速度为零,但是摆球在重力的作用下产生与设定方向相反的角速度,依照图示方向运动,注意角度与角速度是正负摆动的。在系统的阻尼作用下,当时间趋于无穷大时,摆球最终停留在实心点处,这就是单摆的常规运动。如果系统的阻尼为零,周期摆动的角度围绕实心平衡点长时间不衰减,就是摆式钟表的运动原理。所以,如图 3-46 中的实心点处的平衡点,即 k 为偶数时的平衡点,由于其邻域的运动是收敛于该点的,称为稳定平衡点。

但是在空心点邻域的摆球如有位置偏差,如图 3-46 中的 B_1 和 B_2 点,位于角度 π 的邻域,也就是摆球位于上方平衡点邻域。重力的作用使得位于 B_1 点的摆球产生负的角速度,位于 B_2 点的摆球产生正的角速度,使得摆球分别趋向于零弧度与 2π 弧度两个稳定平衡点运动。当然两个角度在空间上是一个点,从空间上看就是从两个方向上摆球下落,最终停留在该点上。图 3-46 中的空心点处的平衡点,即 k 为奇数时的平衡点,由于其邻域的运动是离开该点的,因此称为不稳定平衡点。

所谓普通点,也就是除了平衡点之外的所有点,均是系统运动的过渡点。

3. 线性系统的平衡点

线性系统只有唯一的平衡点,就是系统运动的各阶导数全部为零,包括零阶导数也为零。由于线性定常系统自由运动的微分方程为

$$\frac{\mathrm{d}^n}{\mathrm{d}t^n}[c(t)]+a_{n-1}\frac{\mathrm{d}^{n-1}}{\mathrm{d}t^{n-1}}[c(t)]+\cdots+a_1\frac{\mathrm{d}}{\mathrm{d}t}[c(t)]+a_0c(t)=0 \tag{3-72}$$

依照平衡点的条件，当 $c(t)$ 的各阶导数为零时有 $a_0c(t)=0$，故而有

$$c(t)=0$$

所以，在平衡点邻域，随着时间的增加，系统的运动 $c(t)$ 是收敛于该点，还是发散，就是要讨论的线性系统的稳定性分析问题。

4. 系统的稳定性

关于系统运动的稳定性理论，是俄国学者李雅普诺夫（A.M.Лялунов）于 1892 年确立的。系统稳定性严格的数学定义，也是由他提出并给予了证明。为了避开数学描述上的许多预备知识，在此不作全面描述，只给出线性定常系统稳定性定义的数学描述。

对于线性定常系统，在脉冲扰动的作用下，系统的运动随着时间的增长，可以逐渐趋于零态，则称该系统是稳定的。否则系统是不稳定的。

上面所说的，在脉冲扰动作用下系统的运动，也可以说成是系统的自由运动，两者对于问题的描述是等价的。

3-5-2 线性定常系统的稳定性

线性定常系统的传递函数为

$$G(s)=\frac{C(s)}{R(s)}=\frac{b_ms^m+b_{m-1}s^{m-1}+\cdots+b_1s+b_0}{s^n+a_{n-1}s^{n-1}+\cdots+a_1s+a_0},n>m$$

在单位脉冲扰动的作用下，由于 $R(s)=\mathscr{L}[\delta(t)]=1$，所以系统的输出为

$$\begin{aligned}C(s)&=G(s)R(s)\Big|_{R(s)=1}\\&=G(s)\\&=\frac{b_ms^m+b_{m-1}s^{m-1}+\cdots+b_1s+b_0}{s^n+a_{n-1}s^{n-1}+\cdots+a_1s+a_0}\end{aligned}$$

假设系统的 n 个特征根互异（将共轭复数根视为两个互异单根），即

$$s_i=p_i=\sigma_i+\mathrm{j}\omega_i,i=1,2,\cdots,n$$

将分子多项式写为

$$N(s)=b_ms^m+b_{m-1}s^{m-1}+\cdots+b_1s+b_0$$

将系统的输出表示成单极点形式为

$$C(s)=\frac{N(s)}{\prod_{i=1}^{n}(s-p_i)}$$

展开为部分分式

$$C(s)=\sum_{i=1}^{n}\frac{a_i}{s-p_i}$$

则时间响应为

$$c(t)=\sum_{i=1}^{n}a_i\mathrm{e}^{p_it}$$

为使系统稳定，必须有

$$\lim_{t \to \infty} c(t) = 0$$

从而

$$\lim_{t \to \infty} \sum_{i=1}^{n} a_i e^{p_i t} = 0$$

则其中的每一项必须为零，即

$$\lim_{t \to \infty} a_i e^{p_i t} = 0, i = 1, 2, \cdots, n$$

因为

$$p_i = \sigma_i + j\omega_i$$

所以

$$\sigma_i < 0, i = 1, 2, \cdots, n \tag{3-73}$$

因此，系统稳定的充分必要条件为：系统所有的特征根必须为负值，或者带负实部的共轭复数值。也可以说，系统所有的特征根必须位于 s 平面的左半平面。不同特征根分量的时间响应曲线如图 3-47 所示。

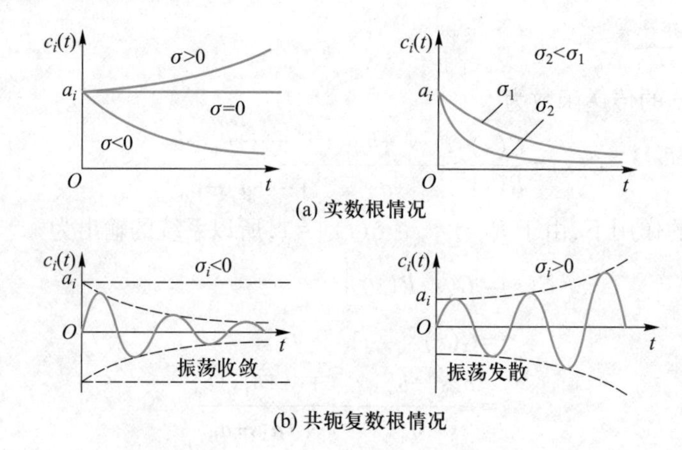

图 3-47 不同特征根分量的时间响应曲线

关于系统稳定性的说明。

1. 系统稳定性与输入信号无关，是系统的固有特性

在系统稳定性的充分必要条件推导中，所用的输入信号为单位脉冲函数，这不失一般性。线性定常系统的微分方程的解由两部分构成，即

$$c(t) = c_i(t) + c_s(t)$$

其中，$c_i(t)$——由输入信号的作用产生的稳态分量，只要系统是稳定的，该项最终趋于稳态；

$c_s(t)$——由系统结构所决定的瞬态分量，是系统特征方程的根决定的过渡特性。

所以，如果系统是稳定的，则瞬态分量最终趋于零，而稳态分量则依据所跟踪信号的不同而实现对于不同信号的跟踪。所以不管是何种输入信号，收敛还是发散（例如斜坡信号是发散的），与系统的稳定性讨论无关，不要把输入信号的敛散性与系统的稳定性相混淆。

2. 重根情况

前面的推导中给定特征根互异的条件，是为了数学描述简捷。系统有重根时，结论是完全相同的,不影响系统稳定性的讨论。

以实根情况为例,p_i 为单根,s 域的分量式为

$$\frac{a_i}{s-p_i}$$

对应的时间分量为

$$a_i e^{p_i t}$$

当时间 t 增加时,各分量的敛散情况如前所述。

如果 p_i 为二重根,三重根……时,s 域的分量式为

$$\frac{a_i}{(s-p_i)^2},\frac{a_i}{(s-p_i)^3},\cdots$$

对应的时间分量为

$$a_i t e^{p_i t},\frac{1}{2}a_i t^2 e^{p_i t},\cdots$$

特征根为重根时,时间响应分量为 t 的幂函数与指数函数的复合函数,由于指数函数为超越函数,当时间 t 趋于无穷大时,指数函数的变化率比幂函数的变化率快得多,所以系统有重根时,其敛散性依然决定于指数函数,故而有

$$\lim_{t\to\infty}\frac{1}{(n-1)!}a_i t^{(n-1)} e^{p_i t}\bigg|_{p_i<0}=0$$

3. 共轭复数根情况

共轭复数根时,系统的稳定性决定于共轭根对的实部,与虚部无关。

前面关于稳定性的叙述是以单根进行的,也就是共轭复数根符合特征根互异的条件。在实际表达中,因为线性定常系统特征方程的系数全部为常数,则复数是以共轭情况出现的。设共轭两根对应的分量式为

$$\frac{a_i s+b_i}{(s-\sigma_i-j\omega_i)(s-\sigma_i+j\omega_i)}=\frac{a_i s+b_i}{(s-\sigma_i)^2+\omega_i^2}$$

则时间分量为

$$\alpha_i e^{\sigma_i t}\sin(\omega_i t+\beta_i)$$

式中的正弦函数部分 $\sin(\omega_i t+\beta_i)$ 与收敛性无关,故而要满足收敛条件有

$$\lim_{t\to\infty}\alpha_i e^{\sigma_i t}\sin(\omega_i t+\beta_i)\big|_{\sigma_i<0}=0$$

则有特征根的实部必须小于零。

综上所述,线性定常系统稳定的充分必要条件为:

设系统特征方程的根为 $s_i, i=1,2,\cdots,n$,则

当 $\mathrm{Re}[s_i]<0$ 时,系统稳定;

当 $\mathrm{Re}[s_i]=0$ 时,系统临界稳定;

当 $\mathrm{Re}[s_i]>0$ 时,系统不稳定。

3-5-3 代数稳定性判据

前面叙述了线性定常系统稳定的充分必要条件,根据这个条件,就可以确定一个控制系统是否稳定。但是,应用这个条件来确定系统的稳定性时,必须要知道所有特征根的值,这

对于高阶系统来说是很困难的。不用求解代数方程的根,根据某些已知条件来判别系统是否稳定,这样的方法称为稳定性判据。

由于线性定常系统的特征方程是代数方程,它的各次项的系数全部为常系数。代数方程的根与它的系数之间是有密切关系的。因此,基于代数方程各次项的系数来判别系统稳定性的判据称为代数稳定性判据。

研究代数稳定性判据的学者很多,他们从不同的角度提出了各种判别方法。这些方法都是基于代数方程的各阶常系数来进行判别的,因此从原理上都是等价的。在这里介绍其中的几种主要方法。

1. 劳斯(Routh)稳定判据

已知线性定常系统的特征方程为

$$D(s)=a_n s^n+a_{n-1}s^{n-1}+\cdots+a_1 s+a_0=0 \tag{3-74}$$

首先,作劳斯表如下,将方程的各系数间隔填入前两行,如表3-1所示。

表3-1 劳 斯 表

s^n	a_n	a_{n-2}	a_{n-4}	a_{n-6}	…
s^{n-1}	a_{n-1}	a_{n-3}	a_{n-5}	a_{n-7}	…
s^{n-2}	b_1	b_2	b_3	b_4	…
s^{n-3}	c_1	c_2	c_3	c_4	…
s^{n-4}	d_1	d_2	d_3	d_4	…
…	…	…	…	…	
s^2	e_1	e_2			
s^1	f_1				
s^0	g_1				

依照式(3-75)计算其余各项:

$$\begin{aligned}
&b_1=\frac{-\begin{vmatrix} a_n & a_{n-2} \\ a_{n-1} & a_{n-3} \end{vmatrix}}{a_{n-1}},\quad b_2=\frac{-\begin{vmatrix} a_n & a_{n-4} \\ a_{n-1} & a_{n-5} \end{vmatrix}}{a_{n-1}},\cdots \\
&c_1=\frac{-\begin{vmatrix} a_{n-1} & a_{n-3} \\ b_1 & b_2 \end{vmatrix}}{b_1},\quad c_2=\frac{-\begin{vmatrix} a_{n-1} & a_{n-5} \\ b_1 & b_3 \end{vmatrix}}{b_1},\cdots \\
&d_1=\frac{-\begin{vmatrix} b_1 & b_2 \\ c_1 & c_2 \end{vmatrix}}{c_1},\quad d_2=\frac{-\begin{vmatrix} b_1 & b_3 \\ c_1 & c_3 \end{vmatrix}}{c_1},\cdots \\
&\cdots\cdots\cdots\cdots
\end{aligned} \tag{3-75}$$

将计算各项依照上述法则全部计算完毕，填入劳斯表。计算完毕的劳斯表呈上三角形，系统稳定的充分必要条件为：

劳斯表中，如果第一列元素全部大于零，系统就是稳定的，否则系统是不稳定的。

[例 3-6] 已知系统的闭环特征方程为

$$s^4+2s^3+3s^2+4s+5=0$$

试用劳斯稳定判据判别系统的稳定性。

解 作劳斯表为

$$\begin{array}{c|ccc}
s^4 & 1 & 3 & 5 \\
s^3 & 2 & 4 & \\
s^2 & 1 & 5 & b_1=\dfrac{2\times3-4\times1}{2}=1 \quad b_2=\dfrac{2\times5-0\times1}{2}=5 \\
s^1 & \underline{-6} & & \\
s^0 & 5 & &
\end{array}$$

因为第一列中有负值出现，不全部大于零，所以系统不稳定。

劳斯表的几种情况讨论以例题的形式举例如下。

（1）在计算中，第一列有零值出现

出现这种情况时，可以用一个很小的正数 ε 代替，继续完成计算。如果第一列中的元素除了出现的零值外，其余全部大于零，则说明系统有临界稳定的特征根。

[例 3-7] 已知系统的闭环特征方程为

$$s^3+2s^2+s+2=0$$

试用劳斯稳定判据判别系统性

解 作劳斯表为

$$\begin{array}{c|cc}
s^3 & 1 & 1 \\
s^2 & 2 & 2 \\
s^1 & 0=\varepsilon & \\
s^0 & 2 &
\end{array}$$

由于第一列元素除了一个零值外，其余元素全部大于零，所以系统是临界稳定的。

将该方程作因式分解得到

$$(s^2+1)(s+2)=0$$

三个特征根分别为 $s_{1,2}=\pm\mathrm{j}$，$s_3=-2$，在 s 平面上的位置如图 3-48 所示，除了左半平面上有一个单根，在虚轴上还有一对临界根。

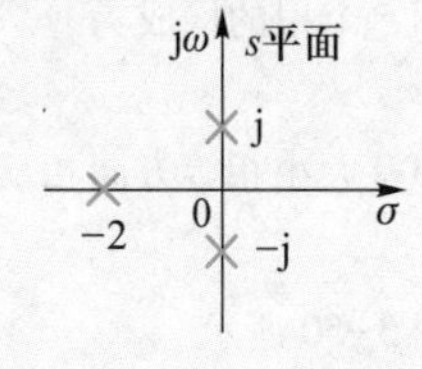

图 3-48 特征根的位置

（2）第一列系数改变符号的次数，即不稳定根的个数

[例 3-8] 已知系统的闭环特征方程为

$$s^3-3s+2=0$$

试用劳斯稳定判据判别系统性

解 作劳斯表为

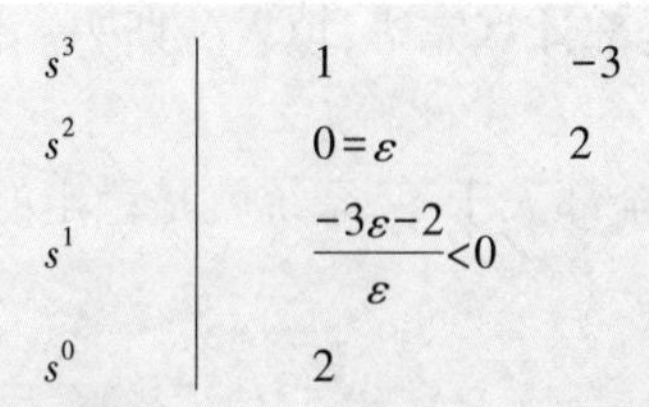

s^3	1	−3
s^2	$0=\varepsilon$	2
s^1	$\dfrac{-3\varepsilon-2}{\varepsilon}<0$	
s^0	2	

变号两次,即有两个不稳定根。因式分解为

$$(s-1)^2(s+2)=0$$

三个根的位置如图 3-49 所示。

图 3-49 特征根的位置

(3) 出现零行,则存在大小相等,方向相反的根

劳斯表计算中出现零行时,可用零行的前一行作辅助多项式 $P(s)$,然后由 $\dfrac{\mathrm{d}P(s)}{\mathrm{d}s}$ 的系数行代替零行,完成劳斯表的计算,如下面例题所示。

计算中出现零行,表示系统存在大小相等方向相反的(实的或虚的)对根。

[例 3-9] 已知系统的闭环特征方程为

$$s^5+2s^4+24s^3+48s^2-25s-50=0$$

试用劳斯稳定判据判别系统的稳定性。

解 作劳斯表为

s^5	1	24	−25
s^4	2	48	−50
s^3	0→8	0→96	出现零行,作辅助多项式 $P(s)$ $P(s)=2s^4+48s^2-50$ $\dfrac{\mathrm{d}}{\mathrm{d}s}P(s)=8s^3+96s$ 代替零行继续计算
s^2	24	−50	
s^1	112.7		
s^0	−50		

实际 5 个根的构成为

$$(s+1)(s-1)(s+2)(s+\mathrm{j}5)(s-\mathrm{j}5)=0$$

其中有大小相等方向相反的两对特征根,即

$$s_{1,2}=\pm1,\ s_{4,5}=\pm\mathrm{j}5$$

如图 3-50 所示。

大小相等方向相反的对根可以利用辅助多项式 $P(s)$ 构成的代数方程 $P(s)=0$ 来求得。

辅助多项式为

$$2s^4+48s^2-50=0$$

各因子为

$$(s^2+25)(s^2-1)=0$$

即为所求。

图 3-50 特征根位置示意图

2. 赫尔维茨(Hurwitz)稳定判据

已知由式(3-74)所确定的线性定常系统的特征方程为

$$D(s)=a_n s^n+a_{n-1}s^{n-1}+\cdots+a_1 s+a_0=0$$

作赫尔维茨行列式如下

$$\begin{aligned}
&D_1=a_{n-1}\\
&D_2=\begin{vmatrix} a_{n-1} & a_{n-3}\\ a_n & a_{n-2}\end{vmatrix}\\
&D_3=\begin{vmatrix} a_{n-1} & a_{n-3} & a_{n-5}\\ a_n & a_{n-2} & a_{n-4}\\ 0 & a_{n-1} & a_{n-3}\end{vmatrix}\\
&\cdots\cdots\\
&D_n=\begin{vmatrix} a_{n-1} & a_{n-3} & a_{n-5} & \cdots & 0 & 0\\ a_n & a_{n-2} & a_{n-4} & \cdots & 0 & 0\\ 0 & a_{n-1} & a_{n-3} & \cdots & 0 & 0\\ 0 & a_n & a_{n-2} & \cdots & 0 & 0\\ 0 & 0 & a_{n-1} & \cdots & 0 & 0\\ 0 & 0 & a_n & \cdots & 0 & 0\\ \vdots & \vdots & \vdots & & \vdots & \vdots\\ 0 & 0 & 0 & \cdots & a_0 & 0\\ 0 & 0 & 0 & \cdots & a_1 & 0\\ 0 & 0 & 0 & \cdots & a_2 & a_0\end{vmatrix}
\end{aligned}\tag{3-76}$$

则线性定常系统稳定的充分必要条件为赫尔维茨行列式的各阶子行列式全部大于零,即

$$D_i>0,\quad i=1,2,\cdots,n \tag{3-77}$$

[例 3-10] 已知单位反馈控制系统的开环传递函数为

$$G_o(s)=\frac{K(s+2)}{s(s+1)(2s+1)}$$

试用赫尔维茨稳定判据判别闭环系统稳定时参数 K 的取值范围。

解 由给定的开环传递函数,可得系统的闭环传递函数为

$$G_c(s)=\frac{K(s+2)}{2s^3+3s^2+(K+1)s+2K}$$

闭环特征方程为

$$D(s)=2s^3+3s^2+(K+1)s+2K=0$$

计算赫尔维茨各子行列式如下:

$$D_1=3>0$$

$$D_2=\begin{vmatrix} 3 & 2K\\ 2 & K+1\end{vmatrix}>0$$

$$D_3=\begin{vmatrix} 3 & 2K & 0\\ 2 & K+1 & 0\\ 0 & 3 & 2K\end{vmatrix}>0$$

所以，由 $D_2>0$，可解出 $K<3$；由 $D_3>0$，可解出 $K>0$。系统稳定时，开环增益 K 的取值范围为

$$0<K<3$$

3. 林纳得-奇帕特(Lienard-Chipard)判据

林纳得-奇帕特判据与赫尔维茨稳定判据相比可以减少计算量。

已知线性定常系统的特征方程，如果：

(1) 特征方程的各项系数全部大于零，即

$$a_i>0,\quad i=0,1,2,\cdots,n \tag{3-78}$$

(2) 各阶赫尔维茨子行列式中，奇数阶子行列式全部大于零，或者偶数阶子行列式全部大于零，即

$$D_{奇}>0，或 D_{偶}>0 \tag{3-79}$$

则该线性定常系统是稳定的。上述稳定条件既是充分的又是必要的。

显然，使用上述判据只要计算半数的子行列式就可以了。

视频：例3-11讲解

[例 3-11] 已知单位反馈控制系统结构图如图3-51所示，确定闭环系统稳定时开环增益 K 的取值范围。如果要求所有的闭环根的实部都要小于-0.1，确定开环增益 K 的取值范围的变化。

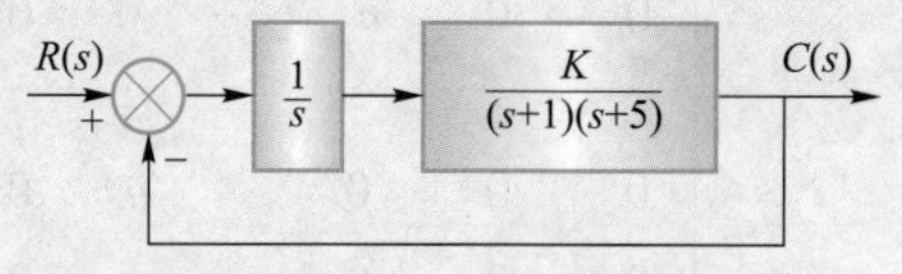

图3-51 单位反馈系统结构图

解 系统闭环特征方程为

$$s^3+6s^2+5s+K=0$$

由林纳得-奇帕特判据，有：

(1) 要求各项系数 $a_i>0$，为必要条件，所以有

$$K>0$$

(2) 由偶次阶子行列式 $D_2>0$，为充分条件，所以有

$$D_2=\begin{vmatrix} 6 & K \\ 1 & 5 \end{vmatrix}>0$$

所以

$$K<30$$

得到系统稳定时，开环增益 K 的取值范围为

$$0<K<30$$

如果要求所有的闭环根的实部都要小于-0.1，作变量代换

$$s'=s+0.1$$

则

$$s=s'-0.1$$

代入原特征方程有

$$(s'-0.1)^3+6(s'-0.1)^2+5(s'-0.1)+K=0$$

整理

$$s'^3+5.7s'^2+3.83s'+(K-0.441)=0$$

由林纳得-奇帕特判据有：

(1) 要求 $a_i>0$，所以有 $K>0.441$

(2) 由 $D_2>0$，有

$$D_2=\begin{vmatrix} 5.7 & K-0.441 \\ 1 & 3.83 \end{vmatrix}>0$$

所以

$$K<22.27$$

要求闭环根的实部均小于-0.1时，系统稳定的开环增益 K 的取值范围减小为

$$0.441<K<22.27$$

解毕。

3-6 控制系统的稳态误差分析

系统在控制作用下的响应偏离希望值的大小是以系统的误差来衡量的，全面地分析误差的构成以及它们的时间行为，是能否实现所希望的控制要求的重要部分。系统响应误差中的稳态误差的大小，又是评价系统对于给定信号跟踪能力的重要性能指标。

3-6-1 控制系统的误差与稳态误差

控制系统的误差就是系统希望的输出值与实际的输出值之差，表示为

$$e(t)=r(t)-c(t)$$

误差 $e(t)$ 也是时间的函数。如图3-52所示，图中的阴影部分就是系统的响应误差。

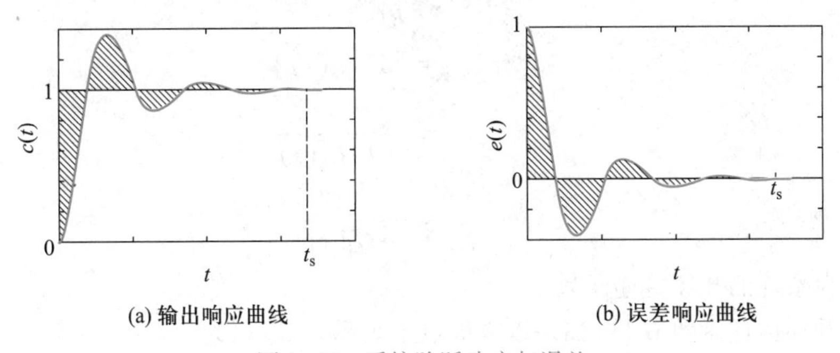

(a) 输出响应曲线　　(b) 误差响应曲线

图3-52 系统阶跃响应与误差

系统的误差又分为动态误差与稳态误差。

一般认为，系统的调节时间 t_s 之前的误差为动态误差。但是在控制理论中，通常采用另外的性能指标来评价系统的动态性能，如超调量 M_p，振荡次数 N 等。所以，上述动态误差一般用于考查系统对输入信号的各阶次分量的跟踪能力和综合误差性能指标。

稳态误差的数学描述为

$$e_{ss}=\lim_{t\to\infty}e(t) \tag{3-80}$$

即时间 t 趋于无穷大时的误差。工程实践中可以粗略地认为，调节时间 t_s 之后的误差为稳态误差。

考查系统的稳态误差是根据系统所要求跟踪的信号为参考基准的。如需跟踪的信号为恒值信号,那么就要考查时间趋于无穷时,输出信号是否趋于给定的恒值;如需要跟踪的信号为斜坡信号,那么就要考查时间趋于无穷时,输出信号是否趋于恒速,是以有差方式趋于恒速还是以无差方式趋于恒速等,这些是由系统的结构所决定的。所以系统不同形式的稳态误差一是由输入信号决定的,二是由系统的结构决定的。

3-6-2 误差的数学模型

将一般反馈控制系统化为单位反馈控制系统,其结构图如图 3-53 所示。

开环传递函数为

$$G_o(s)=G(s)H(s)$$

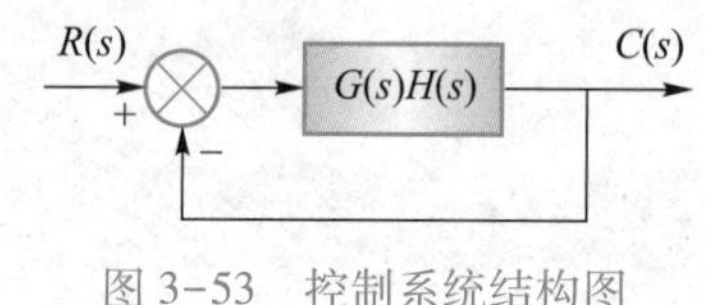

图 3-53 控制系统结构图

闭环传递函数为

$$G_c(s)=\frac{G_o(s)}{1+G_o(s)}$$

由误差的时间表达式

$$e(t)=r(t)-c(t)$$

有拉氏变换式

$$\begin{aligned}E(s)&=R(s)-C(s)\\&=R(s)-G_c(s)R(s)\\&=[1-G_c(s)]R(s)\end{aligned}$$

所以,误差传递函数为

$$\begin{aligned}G_e(s)&=\frac{E(s)}{R(s)}\\&=[1-G_c(s)]\\&=1-\frac{G_o(s)}{1+G_o(s)}\\&=\frac{1}{1+G_o(s)}\end{aligned}$$

式中,$G_o(s)$为系统的开环传递函数。

系统的开环传递函数 $G_o(s)$ 如果以零极点来表示,可以写为

$$G_o(s)=\frac{K\prod_{k=1}^{m_1}(s+s_k)\prod_{l=1}^{m_2}(s^2+2\zeta_l\omega_l s+\omega_l^2)}{s^{\nu}\prod_{i=1}^{n_1}(s+s_i)\prod_{j=1}^{n_2}(s^2+2\zeta_j\omega_j s+\omega_j^2)} \tag{3-81}$$

如果以零、极点因子的环节增益归一表达式表示,上式可以写为

$$G_o(s)=\frac{K_o}{s^{\nu}}\cdot\frac{\prod_{k=1}^{m_1}(\tau_k s+1)\prod_{l=1}^{m_2}(\tau_l^2 s^2+2\zeta_l\tau_l s+1)}{\prod_{i=1}^{n_1}(T_i s+1)\prod_{j=1}^{n_2}(T_j^2 s^2+2\zeta_j T_j s+1)} \tag{3-82}$$

上式中,令

$$G_{\mathrm{n}}(s)=\frac{\prod_{k=1}^{m_1}(\tau_k s+1)\prod_{l=1}^{m_2}(\tau_l^2 s^2+2\zeta_l\tau_l s+1)}{\prod_{i=1}^{n_1}(T_i s+1)\prod_{j=1}^{n_2}(T_j^2 s^2+2\zeta_j T_j s+1)} \tag{3-83}$$

则有

$$\lim_{s\to 0}G_{\mathrm{n}}(s)=1$$

这样,开环传递函数 $G_{\mathrm{o}}(s)$ 表示为

$$G_{\mathrm{o}}(s)=\frac{K_{\mathrm{o}}}{s^{\nu}}\cdot G_{\mathrm{n}}(s) \tag{3-84}$$

该式由三部分组成:

K_{o}——称为系统的开环增益;

$\frac{1}{s^{\nu}}$——前向通道积分环节的个数,如图 3-54 所示;

$G_{\mathrm{n}}(s)$——零、极点因子的环节增益归一表达式。

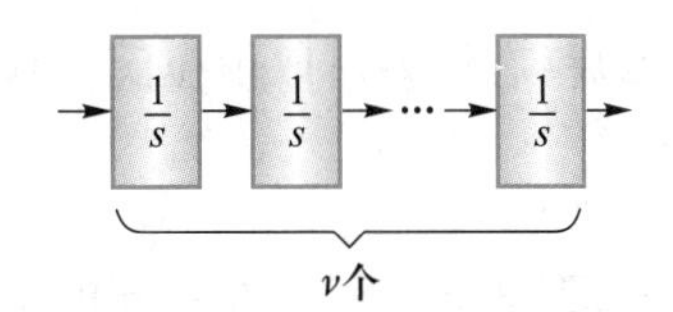

图 3-54 ν 个积分环节串联

开环增益 K_{o} 可以由下式求得:

$$K_{\mathrm{o}}=\lim_{s\to 0}s^{\nu}G_{\mathrm{o}}(s) \tag{3-85}$$

因为

$$G_{\mathrm{o}}(s)=\frac{K_{\mathrm{o}}}{s^{\nu}}G_{\mathrm{n}}(s)$$

所以

$$K_{\mathrm{o}}G_{\mathrm{n}}(s)=s^{\nu}G_{\mathrm{o}}(s)$$

两边取极限

$$\lim_{s\to 0}K_{\mathrm{o}}G_{\mathrm{n}}(s)=\lim_{s\to 0}s^{\nu}G_{\mathrm{o}}(s)$$

因为

$$\lim_{s\to 0}G_{\mathrm{n}}(s)=1$$

所以有

$$K_{\mathrm{o}}=\lim_{s\to 0}s^{\nu}G_{\mathrm{o}}(s)$$

前向通路中有 ν 个积分环节$\frac{1}{s^{\nu}}$,根据 ν 的个数,定义开环系统的类型为:

$\nu=0$,称该开环系统为 0 型系统;

$\nu=1$,称该开环系统为 Ⅰ 型系统;

$\nu=2$,称该开环系统为 Ⅱ 型系统。

因为 ν 可以确定闭环系统无差的程度,有时也把 ν 称为系统的无差度。

对于系统的数学模型作如上的分解,完全是为了系统稳态误差的表达简捷明了与推导计算方便。所以,一般情况下,先要将系统变换成如上所述的表达形式。

综上所述,控制系统的稳态误差主要由三方面确定:

(1) 输入信号的类型,即所需跟踪的基准信号,如 $\delta(t)$、$1(t)$、t、$\frac{1}{2}t^2$ 等;

(2) 系统的开环增益 K_o,它可以确定有差系统稳态误差的大小;

(3) 系统的无差度 ν,它可以确定能够无差跟踪的信号的阶数。

上述三项因素也称为稳态误差的三要素。

3-6-3 稳态误差分析

系统误差的拉氏变换表示为

$$E(s)=\frac{1}{1+G_o(s)}R(s)$$

所以稳态误差可以由拉氏变换的终值定理求得,即

$$e_{ss}=\lim_{t\to\infty}e(t)=\lim_{s\to 0}sE(s) \tag{3-86}$$

下面分别讨论在不同的输入信号作用下,不同的系统所产生的不同形式的稳态误差。

1. 输入信号为单位阶跃信号

单位阶跃信号为

$$r(t)=1(t)$$

拉氏变换为

$$R(s)=\frac{1}{s}$$

由稳态误差的一般表达式有

$$\begin{aligned}e_{ss}&=\lim_{t\to\infty}e(t)\\&=\lim_{s\to 0}sE(s)\\&=\lim_{s\to 0}\left[s\cdot\frac{1}{1+G_o(s)}\cdot\frac{1}{s}\right]\\&=\frac{1}{1+\lim\limits_{s\to 0}G_o(s)}\end{aligned}$$

将式中的极限式 $\lim\limits_{s\to 0}G_o(s)$ 定义为系统的静态位置误差系数 K_p,表示为

$$K_p=\lim_{s\to 0}G_o(s) \tag{3-87}$$

这样,稳态误差可以由静态位置误差系数 K_p 来表示,即

$$e_{ss}=\frac{1}{1+K_p} \tag{3-88}$$

在误差模型中已经定义了系统的类型,即0型系统,Ⅰ型系统,Ⅱ型系统等,下面考查各类不同类型的系统与其静态位置误差系数 K_p。

(1) 0型系统

前向通路积分环节的个数为零,即 $\nu=0$,由于

$$G_o(s)=\frac{K_o}{s^{\nu}}G_n(s)\bigg|_{\nu=0}=\frac{K_o}{s^0}G_n(s)$$

而

$$K_p=\lim_{s\to 0}G_o(s)=\lim_{s\to 0}\frac{K_o}{s^0}G_n(s)=K_o \tag{3-89}$$

所以,0 型系统的静态位置误差系数 K_p 等于常数值,即系统的开环增益 K_o,代入稳态误差式,有

$$e_{ss}=\frac{1}{1+K_p}\bigg|_{K_p=K_o}=\frac{1}{1+K_o} \tag{3-90}$$

以上计算说明,单位阶跃信号输入时,由于 0 型系统的静态位置误差系数 K_p 等于开环增益的大小 K_o,所以 0 型系统在阶跃信号输入作用时的稳态误差也为常数。

(2) Ⅰ型系统

前向通路积分环节的个数为 1,即 $\nu=1$,由于

$$G_o(s)=\frac{K_o}{s^{\nu}}G_n(s)\bigg|_{\nu=1}=\frac{K_o}{s^1}G_n(s)$$

而

$$K_p=\lim_{s\to 0}\frac{K_o}{s^1}G_n(s)=\infty \tag{3-91}$$

所以,Ⅰ型系统的静态位置误差系数 K_p 等于无穷大,代入稳态误差式,有

$$e_{ss}=\frac{1}{1+K_p}\bigg|_{K_p=\infty}=0 \tag{3-92}$$

以上计算说明,单位阶跃信号输入时,由于Ⅰ型系统的静态位置误差系数 K_p 等于无穷大,所以Ⅰ型系统的稳态误差为零,也可以说,Ⅰ型系统是一阶无差系统。

由此,对于前向通路中,积分环节的个数不为零时,即

$$\nu\geqslant 1$$

系统的静态位置误差系数 K_p 为无穷大,即

$$K_p=\infty \tag{3-93}$$

相应地,稳态误差为零

$$e_{ss}=0 \tag{3-94}$$

2. 输入信号为单位斜坡信号

单位斜坡信号为

$$r(t)=t$$

拉氏变换为

$$R(s)=\frac{1}{s^2}$$

由稳态误差的表达式有

$$
\begin{aligned}
e_{ss} &= \lim_{t\to\infty} e(t) \\
&= \lim_{s\to 0} sE(s) \\
&= \lim_{s\to 0} s \frac{1}{1+G_o(s)} \cdot \frac{1}{s^2} \\
&= \frac{1}{\lim\limits_{s\to 0} sG_o(s)}
\end{aligned}
$$

将式中的极限式$\lim\limits_{s\to 0} sG_o(s)$定义为系统的静态速度误差系数 K_v,表示为

$$K_v = \lim_{s\to 0} s \cdot G_o(s) \tag{3-95}$$

这样,稳态误差可以由静态速度误差系数 K_v 来表示,即

$$e_{ss} = \frac{1}{K_v} \tag{3-96}$$

对于不同类型的系统,其稳态误差也是不同的。

(1) 0 型系统

前向通路积分环节的个数为零,即 $\nu=0$,由于

$$G_o(s) = \frac{K_o}{s^\nu} G_n(s) \bigg|_{\nu=0} = \frac{K_o}{s^0} G_n(s)$$

而

$$K_v = \lim_{s\to 0} sG_o(s) = \lim_{s\to 0} s \frac{K_o}{s^0} G_n(s) = 0 \tag{3-97}$$

所以,0 型系统的静态速度误差系数 K_v 等于零,代入稳态误差式,有

$$e_{ss} = \frac{1}{K_v} \bigg|_{K_v=0} = \infty \tag{3-98}$$

上式说明,0 型系统施加单位斜坡信号,当时间趋于无穷大时,其稳态误差的值是趋于无穷大的,也就是说,0 型系统不能跟踪等速率信号。

(2) Ⅰ型系统

开环传递函数为

$$G_o(s) = \frac{K_o}{s^\nu} G_n(s) \bigg|_{\nu=1} = \frac{K_o}{s^1} G_n(s)$$

静态速度误差系数 K_v 为

$$K_v = \lim_{s\to 0} sG_o(s) = \lim_{s\to 0} s \frac{K_o}{s^1} G_n(s) = K_o \tag{3-99}$$

所以稳态误差为

$$e_{ss} = \frac{1}{K_v} \bigg|_{K_v=K_o} = \frac{1}{K_o} \tag{3-100}$$

上式说明,Ⅰ型系统施加斜坡信号,当时间趋于无穷大时,其稳态误差趋于常数值,且大小

等于系统的开环增益 K_o 的倒数。也就是说,I型系统有跟踪等速率信号的能力,但是在跟踪过程中,只能实现有差跟踪,可以通过加大开环增益 K_o 来减小稳态误差,可是不能消除它。

(3) Ⅱ型系统

开环传递函数为

$$G_o(s)=\frac{K_o}{s^\nu}G_n(s)\bigg|_{\nu=2}=\frac{K_o}{s^2}G_n(s)$$

静态速度误差系数为

$$K_v=\lim_{s\to 0}sG_o(s)=\lim_{s\to 0}s\frac{K_o}{s^2}G_n(s)=\infty \tag{3-101}$$

所以稳态误差为

$$e_{ss}=\frac{1}{K_v}\bigg|_{K_v=\infty}=0 \tag{3-102}$$

上式说明,如果系统的前向通路中有两个积分环节,则在跟踪等速率信号时,由于稳态误差为零,所以可以实现无差跟踪。也就是说,只要系统是稳定系统,那么系统的响应在过了瞬态时间之后,就与等速率信号相同了,所以 $\nu=2$ 的系统又称为二阶无差系统。

3. 输入信号为加速度信号

加速度信号为

$$r(t)=\frac{1}{2}t^2$$

拉氏变换为

$$R(s)=\frac{1}{s^3}$$

稳态误差为

$$\begin{aligned}e_{ss}&=\lim_{t\to\infty}e(t)\\&=\lim_{s\to 0}sE(s)\\&=\lim_{s\to 0}\left[s\cdot\frac{1}{1+G_o(s)}\cdot\frac{1}{s^3}\right]\\&=\frac{1}{\lim\limits_{s\to 0}s^2G_o(s)}\end{aligned}$$

将式中的极限式 $\lim\limits_{s\to 0}s^2G_o(s)$ 定义为系统的静态加速度误差系数 K_a,表示为

$$K_a=\lim_{s\to 0}s^2G_o(s) \tag{3-103}$$

则稳态误差为

$$e_{ss}=\frac{1}{K_a} \tag{3-104}$$

(1) 0 型系统

系统的开环传递函数为

$$G_o(s)=\frac{K_o}{s^{\nu}}G_n(s)\bigg|_{\nu=0}=\frac{K_o}{s^0}G_n(s)$$

静态加速度误差系数 K_a 为

$$K_a=\lim_{s\to0}s^2G_o(s)=\lim_{s\to0}s^2\frac{K_o}{s^0}G_n(s)=0 \tag{3-105}$$

（2）Ⅰ型系统

系统的开环传递函数为

$$G_o(s)=\frac{K_o}{s^{\nu}}G_n(s)\bigg|_{\nu=1}=\frac{K_o}{s^1}G_n(s)$$

静态加速度误差系数 K_a 为

$$K_a=\lim_{s\to0}s^2G_o(s)=\lim_{s\to0}s^2\frac{K_o}{s^1}G_n(s)=0 \tag{3-106}$$

将 K_a 代入稳态误差表达式，对于0型系统和Ⅰ型系统均有

$$e_{ss}=\frac{1}{K_a}\bigg|_{K_a=0}=\infty \tag{3-107}$$

（3）Ⅱ型系统

如果系统为Ⅱ型系统，则系统的开环传递函数为

$$G_o(s)=\frac{K_o}{s^{\nu}}G_n(s)\bigg|_{\nu=2}=\frac{K_o}{s^2}G_n(s)$$

相应地，静态加速度误差系数等于常数，即

$$K_a=\lim_{s\to0}s^2\frac{K_o}{s^2}G_n(s)=K_o \tag{3-108}$$

所以，稳态误差为

$$e_{ss}=\frac{1}{K_a}\bigg|_{K_a=K_o}=\frac{1}{K_o} \tag{3-109}$$

上面的分析说明，当输入信号为加速度信号时，0型系统、Ⅰ型系统的稳态误差都是无穷大，只有Ⅱ型系统的稳态误差等于常数，且与系统开环增益的大小成反比，有限地实现对于加速度信号的跟踪。

上面的分析可以汇总成表3-2所示的简表。

综上所述，对于控制系统的稳态误差考查结果为：

（1）对于有定值误差的情况，开环增益 K_o 越大，定值误差就越小；

（2）对于信号的跟踪能力考查中，系统的类型越高，也就是系统的无差度 ν 越大，能够无差跟踪的信号的阶数就越高。

作为比较，在系统稳定性分析中，结论与上述两条正好相反。也就是说，系统的开环增益 K_o 越大，稳定性就越差，前向通路中的积分环节个数越多，稳定性就越差。

表 3-2 稳态误差分析简表

K_i \ e_{ss}	$r(t)=1(t)$	$r(t)=t$	$r(t)=\frac{1}{2}t^2$
0 型系统 $\nu=0$	$K_p=K_o$ $e_{ss}=\frac{1}{1+K_p}$	$K_v=0$ $e_{ss}=\infty$	$K_a=0$ $e_{ss}=\infty$
Ⅰ型系统 $\nu=1$	$K_p=\infty$ $e_{ss}=0$	$K_v=K_o$ $e_{ss}=\frac{1}{K_v}$	$K_a=0$ $e_{ss}=\infty$
Ⅱ型系统 $\nu=2$	$K_p=\infty$ $e_{ss}=0$	$K_v=\infty$ $e_{ss}=0$	$K_a=K_o$ $e_{ss}=\frac{1}{K_a}$

所以,在考虑系统的稳态误差的同时,还要兼顾系统的稳定性。既要保证系统是稳定的,又要满足系统应有的稳态性能,这是控制系统分析与设计的基本要求。

[例 3-12] PD 控制系统结构图如图 3-55 所示,输入信号为 $r(t)=1(t)+t+\frac{1}{2}t^2$,试作稳定性分析及误差分析。

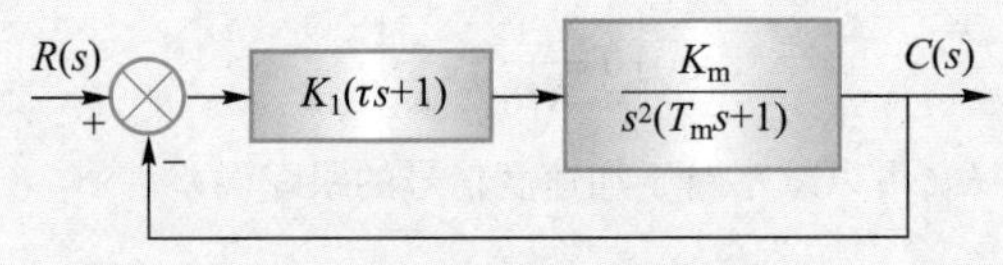

图 3-55 PD 控制系统结构图

解 (1) 稳定性分析

系统的闭环特征方程为

$$s^2(T_m s+1)+K_1K_m(\tau s+1)=0$$

整理得

$$T_m s^3+s^2+K_1K_m\tau s+K_1K_m=0$$

必要条件:由各系数 a_i 大于零,有

$$T_m,K_1,K_m,\tau>0$$

充分条件:由劳斯稳定判据,有

$$-\begin{vmatrix} T_m & K_1K_m\tau \\ 1 & K_1K_m \end{vmatrix}=K_1K_m\tau-K_1K_mT_m>0$$

所以,稳定条件为

$$K_1>0,K_m>0 \text{ 及 } \tau>T_m$$

满足上述条件时,系统是稳定的。因此,PD 控制器微分时间常数 τ 的大小会影响Ⅱ型系统的稳定性。

(2) 稳态误差分析

系统的开环传递函数为

$$G_o(s)=\frac{K_1K_m(\tau s+1)}{s^2(T_m s+1)}$$

开环增益为

$$K_o=K_1K_m$$

对于Ⅱ型系统,有

$$\nu=2$$

各误差系数为

$$K_p=\infty, K_v=\infty, K_a=K_o=K_1K_m$$

输入信号为

$$r(t)=1(t)+t+\frac{1}{2}t^2$$

分解为

$$r(t)=r_1(t)+r_2(t)+r_3(t)$$

对于线性系统,应用叠加定理有

$$r_1(t)=1(t), e_{ss1}=0$$

$$r_2(t)=t, e_{ss2}=0$$

$$r_3(t)=\frac{1}{2}t^2, e_{ss3}=\frac{1}{K_a}=\frac{1}{K_o}=\frac{1}{K_1K_m}$$

所以,系统在上述信号作用下的稳态误差为

$$\begin{aligned}e_{ss}&=e_{ss1}+e_{ss2}+e_{ss3}\\&=0+0+\frac{1}{K_1K_m}=\frac{1}{K_1K_m}\end{aligned}$$

增大PD控制器的增益 K_1,可以减小对于加速度信号的跟踪误差。

3-6-4 控制系统的动态误差

控制系统的稳态误差是评价系统对于输入信号的跟踪能力与跟踪精度的性能指标。有时,为了考查误差变化的整体情况,可以研究系统的动态误差。

将误差传递函数在 $s=0$ 的邻域展开泰勒级数为

$$\frac{E(s)}{R(s)}=\frac{1}{1+G_o(s)}=\frac{1}{k_0}+\frac{1}{k_1}s+\frac{1}{k_2}s^2+\cdots \tag{3-110}$$

式中,对应稳态误差分析中的静态误差系数的做法,令

k_0——动态位置误差系数;

k_1——动态速度误差系数;

k_2——动态加速度误差系数。

误差的拉氏变换为

$$E(s)=\frac{1}{k_0}R(s)+\frac{1}{k_1}sR(s)+\frac{1}{k_2}s^2R(s)+\cdots \tag{3-111}$$

作拉氏反变换,可以得到误差与输入信号的各阶导数的关系式为

$$e(t)=\mathscr{L}^{-1}[E(s)]=\frac{1}{k_0}r(t)+\frac{1}{k_1}\dot{r}(t)+\frac{1}{k_2}\ddot{r}(t)+\cdots \tag{3-112}$$

利用该式,可以考查系统的误差随着时间的变化情况。

进而,当输入信号 $r(t)$ 给定,$t\to\infty$ 时,一些确定的系统可以从动态误差导出定值的稳态误差。

如当 $r(t)=1(t)$ 时,0 型系统的稳态误差为

$$\begin{aligned}e(\infty)&=\lim_{s\to0}sE(s)\\&=\lim_{s\to0}s\left[\frac{1}{k_0}R(s)+\frac{1}{k_1}sR(s)+\frac{1}{k_2}s^2R(s)+\cdots\right]\Bigg|_{R(s)=\frac{1}{s}}\\&=\frac{1}{k_0}=\frac{1}{1+K_p}\end{aligned}$$

所以,对于 0 型系统,动态和静态位置误差系数的关系为

$$k_0=1+K_p \tag{3-113}$$

$r(t)=t$ 时,Ⅰ型系统的稳态误差为

$$\begin{aligned}e(\infty)&=\lim_{s\to0}sE(s)\\&=\lim_{s\to0}s\left[\frac{1}{k_1}sR(s)+\frac{1}{k_2}s^2R(s)+\cdots\right]\Bigg|_{R(s)=\frac{1}{s^2}}\\&=\frac{1}{k_1}\\&=\frac{1}{K_v}\end{aligned}$$

所以,对于Ⅰ型系统,动态和静态速度误差系数的关系为

$$k_1=K_v \tag{3-114}$$

同理,$r(t)=\frac{1}{2}t^2$ 时,对于Ⅱ型系统,动态和静态加速度误差系数的关系为

$$k_2=K_a \tag{3-115}$$

[例 3-13] 已知随动系统结构图如图 3-56 所示,试求动态误差系数,并确定静态速度误差系数 K_v。

解 系统的开环传递函数为

$$G_o(s)=\frac{K}{s(s+T_m)}$$

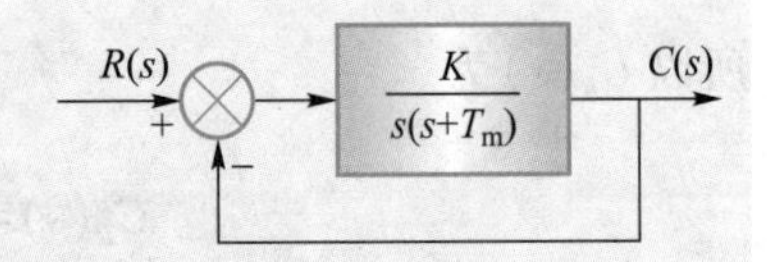

图 3-56 随动系统结构图

误差传递函数为

$$\frac{E(s)}{R(s)}=\frac{1}{1+G_o(s)}=\frac{s(s+T_m)}{s(s+T_m)+K}=\frac{s^2+T_ms}{s^2+T_ms+K}$$

将分子多项式除以分母多项式,可得 s 的升幂函数为

$$\begin{aligned}\frac{E(s)}{R(s)}&=0+\frac{T_m}{K}s+\frac{K-T_m^2}{K^2}s^2+\cdots\\&=0+\frac{1}{k_1}s+\frac{1}{k_2}s^2+\cdots\end{aligned}$$

比较各系数值,可以得到各动态误差系数

动态位置误差系数为 $$k_0=\infty$$

动态速度误差系数为 $$k_1=\frac{K}{T_m}$$

动态加速度误差系数为 $$k_2=\frac{K^2}{K-T_m^2}$$

由于该系统为Ⅰ型系统,故动态速度误差系数与静态速度误差系数相等,所以

$$K_v=k_1=\frac{K}{T_m}$$

解毕。

3-6-5 扰动信号误差分析

在任何情况下,控制系统不可避免地受到扰动信号的作用,影响所希望的系统性能。因此,除了研究系统对于给定信号作用下的误差之外,还要研究扰动信号对系统性能的影响,或者说,系统对于扰动信号的影响,有没有克服能力,有何种程度的克服能力。

在扰动信号的作用下,系统的结构图如图 3-57 所示。

图中,$N(s)$表示扰动信号。实际上,扰动信号可以从系统的任何地方加入。如作为负载扰动从输出端加入,作为输入信号的波动从输入端加入,或者如图 3-57 所示,由系统的中间环节加入等。不管是什么情况,都可以通过等价变换化为图示方式的扰动作用的系统结构图。

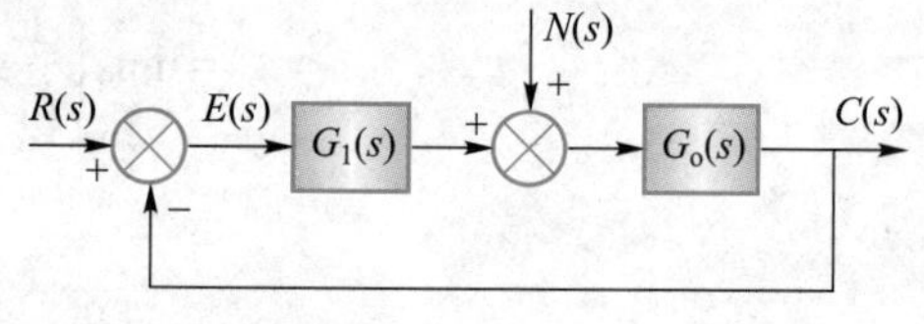

图 3-57 扰动信号作用下系统的结构图

由叠加定理,系统的输出可以表示为

$$C(s)=C_R(s)+C_N(s) \tag{3-116}$$

其中,$C_R(s)$——输入信号作用下的系统输出;

$C_N(s)$——扰动信号作用下的系统输出。

由于传递函数为

$$G_R(s)=\frac{C_R(s)}{R(s)} \tag{3-117}$$

所以 $C_R(s)$为

$$C_R(s)=G_R(s)R(s)=\frac{G_1(s)G_o(s)}{1+G_1(s)G_o(s)}R(s) \tag{3-118}$$

由于传递函数为

$$G_N(s)=\frac{C_N(s)}{N(s)} \tag{3-119}$$

所以 $C_N(s)$为

$$C_N(s)=G_N(s)N(s)=\frac{G_o(s)}{1+G_1(s)G_o(s)}N(s) \tag{3-120}$$

同样,应用叠加定理,系统的误差可以表示为

$$E(s)=E_R(s)+E_N(s) \tag{3-121}$$

其中,$E_R(s)$——输入信号作用下的误差;

$E_N(s)$——扰动信号作用下的误差。

由误差定义有

$$\begin{aligned}E(s)&=R(s)-C(s)\\&=R(s)-\frac{G_1(s)G_o(s)}{1+G_1(s)G_o(s)}R(s)-\frac{G_o(s)}{1+G_1(s)G_o(s)}N(s)\\&=\frac{1}{1+G_1(s)G_o(s)}R(s)-\frac{G_o(s)}{1+G_1(s)G_o(s)}N(s)\end{aligned} \tag{3-122}$$

输入信号作用下的误差为

$$E_R(s)=\frac{1}{1+G_1(s)G_o(s)}R(s) \tag{3-123}$$

扰动信号作用下的误差为

$$E_N(s)=-\frac{G_o(s)}{1+G_1(s)G_o(s)}N(s) \tag{3-124}$$

因为扰动产生的输出为

$$C_N(S)=\frac{G_o(s)}{1+G_1(s)G_o(s)}N(s)$$

所以,扰动信号所产生的输出全部是误差,即

$$E_N(s)=-C_N(s) \tag{3-125}$$

如上式所述,研究扰动信号对系统的影响的目的,就是要设法克服或者减小扰动信号所产生的输出。下面以例题来做进一步的解释与说明。

视频:例 3-14 讲解

[例 3-14] 已知有扰动输入的系统结构图如图 3-58 所示,设输入信号为 $R(s)=\frac{1}{s}$,扰动信号为 $N(s)=\frac{1}{s}$,讨论稳态误差及克服方法。

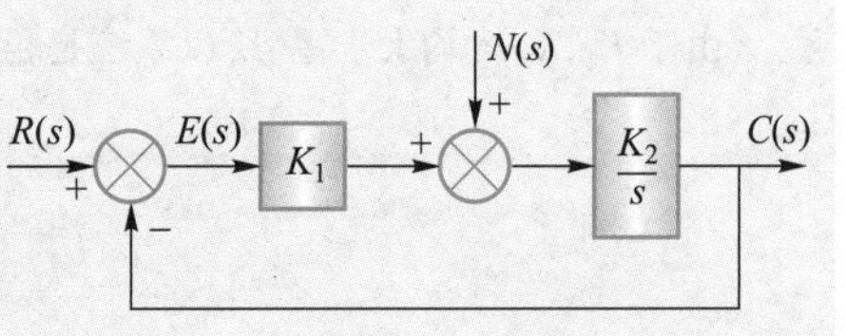

图 3-58 有扰动输入的系统结构图

解 (1) 计算稳态误差

系统为Ⅰ型系统,$\nu=1$,应用叠加定理,当输入信号单独作用时

$$R(s)=\frac{1}{s}\bigg|_{N(s)=0}$$

稳态误差为

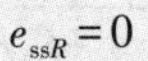

$$e_{ssR}=0$$

当扰动信号单独作用时

$$N(s)=\frac{1}{s}\bigg|_{R(s)=0}$$

扰动作用下的系统输出为

$$C_N(s)=\frac{\frac{K_2}{s}}{1+K_1\cdot\frac{K_2}{s}}\cdot\frac{1}{s}=\frac{K_2}{s+K_1K_2}\cdot\frac{1}{s}$$

所以扰动作用下的稳态误差等于扰动作用下输出的负值

$$\begin{aligned}e_{ssN}&=\lim_{s\to 0}sE_N(s)\\&=\lim_{s\to 0}s[-C_N(s)]\\&=\lim_{s\to 0}s\left(-\frac{K_2}{s+K_1K_2}\cdot\frac{1}{s}\right)=-\frac{1}{K_1}\end{aligned}$$

由上述计算可知，增大前置增益 K_1 可以减小扰动引起的稳态误差，但是不能将该稳态误差消除。

(2) 求取扰动无差条件

设前置增益 K_1 未知，则

$$K_1=G_1(s)$$

令扰动引起的稳态误差为零，即

$$e_{ssN}=\lim_{s\to 0}s\left[-\frac{K_2}{s+G_1(s)K_2}\cdot\frac{1}{s}\right]=\lim_{s\to 0}s\left[-\frac{1}{G_1(s)}\cdot\frac{1}{s}\right]=0$$

则 $G_1(s)$ 至少要包含一个积分环节，才能使得上式为零。

再令前置环节为

$$G_1(s)=\frac{K_1}{s}$$

则由于系统闭环特征方程成为

$$s^2+K_1K_2=0$$

系统稳定性受到破坏，必须增加 PD 控制器加以稳定。

增加 PD 控制器后，前置环节成为

$$G_1(s)=\frac{K_1(\tau s+1)}{s}$$

系统的闭环特征方程为

$$s^2+K_1K_2\tau s+K_1K_2=0$$

由于 K_1, K_2, τ 均大于零，所以系统是稳定的。此时，扰动引起的稳态误差为

$$\begin{aligned}e_{ssN}&=\lim_{s\to 0}s\left[-\frac{K_2}{s+G_1(s)K_2}\cdot\frac{1}{s}\right]\\&=\lim_{s\to 0}s\left[-\frac{K_2}{s+\frac{K_1(\tau s+1)}{s}K_2}\cdot\frac{1}{s}\right]\\&=\lim_{s\to 0}s\left[-\frac{K_2 s}{s^2+K_1K_2\tau s+K_1K_2}\cdot\frac{1}{s}\right]=0\end{aligned}$$

解毕。

3-6-6 稳态精度补偿

前面已经讨论了当扰动信号的类型单一并且已知时，如何减小或者消除扰动信号对系统的影响，另外还可以采用各种稳态精度补偿法来改善系统的稳态精度。扰动信号的类型未知时，在适当的场合应用稳态精度补偿措施，也可以使得系统的稳态精度获得不同程度的改善。下面介绍两种补偿器。

1. 输入补偿器

带有输入补偿器的系统结构图如图 3-59 所示。

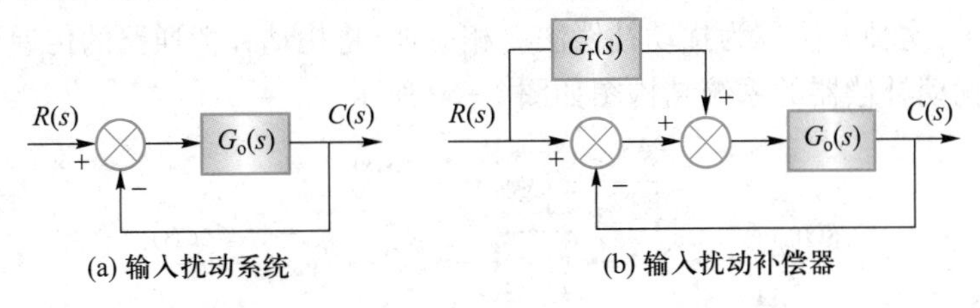

图 3-59 带有输入补偿器的系统结构图

图 3-59 中，$G_o(s)$ 为前向通路的传递函数，$G_r(s)$ 为补偿通路的传递函数。在输入扰动时，如果补偿通路的传递函数 $G_r(s)$ 满足一定的条件，可以实现信号的全补偿。

输入补偿器的全补偿条件如下。

由叠加定理，系统的输出由输入主通路作用与输入补偿通路作用共同产生，即

$$C(s)=C_1(s)+C_2(s) \tag{3-126}$$

其中，$C_1(s)$——输入主通路作用下的输出，即

$$C_1(s)=\frac{G_o(s)}{1+G_o(s)}R(s) \tag{3-127}$$

$C_2(s)$——输入补偿通路作用下的输出，即

$$C_2(s)=\frac{G_o(s)G_r(s)}{1+G_o(s)}R(s) \tag{3-128}$$

把式(3-127)、式(3-128)代入式(3-126)，则系统的输出为

$$\begin{aligned}C(s)&=\frac{G_o(s)}{1+G_o(s)}R(s)+\frac{G_o(s)G_r(s)}{1+G_o(s)}R(s)\\&=\frac{G_o(s)+G_o(s)G_r(s)}{1+G_o(s)}R(s)\end{aligned} \tag{3-129}$$

因为系统的误差式为

$$E(s)=R(s)-C(s)$$

将系统的输出 $C(s)$ 代入误差式，有

$$E(s)=R(s)-\frac{G_o(s)+G_o(s)G_r(s)}{1+G_o(s)}\cdot R(s)=\frac{1-G_o(s)G_r(s)}{1+G_o(s)}\cdot R(s)$$

令上式为零，则有

$$1-G_o(s)G_r(s)=0$$

所以,实现输入扰动全补偿时,补偿器的传递函数应满足

$$G_r(s)=\frac{1}{G_o(s)} \tag{3-130}$$

由上式可知,输入补偿的全补偿条件为输入补偿通路的传递函数 $G_r(s)$ 必须是原系统前向通路传递函数 $G_o(s)$ 的倒数。

2. 扰动补偿器

在原控制系统中设置扰动补偿通路,利用扰动补偿通路的作用使得扰动信号对于输出信号的影响为零,这种方法称为扰动补偿法。相应地,将扰动补偿通路的传递函数称为扰动补偿器。带有扰动补偿器的系统结构图如图 3-60 所示。

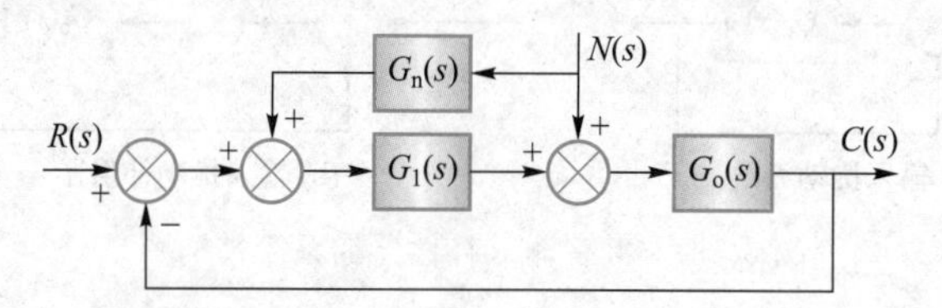

图 3-60 带有扰动补偿器的系统结构图

扰动补偿器的全补偿条件如下。

扰动信号作用时的误差分量为

$$E_N(s)=-C_N(s) \tag{3-131}$$

$C_N(s)$ 为扰动信号作用时系统的输出。根据叠加定理,它由两部分构成,即

$$C_N(s)=C_{N1}(s)+C_{N2}(s) \tag{3-132}$$

其中,$C_{N1}(s)$——扰动主通路作用时的系统输出,即

$$C_{N1}(s)=\frac{G_o(s)}{1+G_1(s)G_o(s)}N(s) \tag{3-133}$$

$C_{N2}(s)$——扰动补偿通路作用时的系统输出,即

$$C_{N2}(s)=\frac{G_n(s)G_1(s)G_o(s)}{1+G_1(s)G_o(s)}N(s) \tag{3-134}$$

扰动信号作用时,总的输出为两部分相加,即

$$\begin{aligned}C_N(s)&=\frac{G_o(s)}{1+G_1(s)G_o(s)}N(s)+\frac{G_n(s)G_1(s)G_o(s)}{1+G_1(s)G_o(s)}N(s)\\&=\frac{G_o(s)+G_n(s)G_1(s)G_o(s)}{1+G_1(s)G_o(s)}N(s)\end{aligned}$$

令扰动引起的误差为零,则有

$$\begin{aligned}E_N(s)&=-C_N(s)\\&=-\frac{G_o(s)+G_n(s)G_1(s)G_o(s)}{1+G_1(s)G_o(s)}N(s)\\&=0\end{aligned}$$

因此必有

$$G_o(s)+G_n(s)G_1(s)G_o(s)=0$$

所以,扰动补偿通路的传递函数必须为

$$G_n(s)=-\frac{1}{G_1(s)} \tag{3-135}$$

上式说明,要实现扰动信号的全补偿,扰动补偿通路的传递函数 $G_n(s)$ 必须等于前置增益$G_1(s)$的负倒数。

上述两种补偿方法是理想情况下的全补偿。实际应用时,由于各种非理想因素的影响,系统并不能实现全补偿。但是,如果补偿后的误差能够限制在允许误差之内,就是很满意的了。所以,在工业控制的许多应用中,都可以找到采用稳态精度补偿法来改善系统稳态精度的应用实例。

思考题

1. 考查系统的运动经常使用哪些实验信号?这些实验信号分别考查系统的哪些基本运动?
2. 为了考查系统的运动,都定义了哪些性能指标?
3. 一阶系统的特征参数是什么?有什么物理意义?
4. 一阶系统可以实现的性能指标如何?
5. 什么条件下一阶系统可以分别近似为比例环节或者积分环节?
6. 为什么比例负反馈可以改变一阶系统阶跃响应的快慢?
7. 二阶系统的特征参数是什么?有什么物理意义?
8. 二阶系统的性能指标有哪些?分别写出它们的计算公式。
9. 二阶系统阶跃响应都有哪些类型?分别是由什么来决定的?
10. 高阶系统的输出响应是由哪些基本分量构成的?
11. 什么是系统的闭环主导极点?
12. 物理系统的阶跃响应是不能在瞬时完成的,为什么?
13. 系统稳定的充分必要条件是什么?
14. 如果系统闭环特征方程的各项系数全部大于零,那么对于系统的稳定性提供了什么样的信息?
15. 如何应用劳斯稳定性判据来判别系统的稳定性?
16. 什么是稳态误差?稳态误差的三要素是什么?
17. 系统的静态误差系数有哪些?如何使用误差系数来描述系统的稳态误差?
18. 系统的动态误差系数与系统的静态误差系数之间有什么关系?
19. 系统的开环增益是以什么方式影响系统的稳态误差的?
20. 系统的前向积分器是以什么方式影响系统的稳态误差的?
21. 扰动信号对于系统稳态误差的影响是什么?

习题

3-1 已知某装置的电路如题图 3-1 所示，当输入信号为单位阶跃信号 $u_i(t)=1(t)$ 时，试计算输出响应$u_o(t)$，画出 $u_o(t)$ 的草图，并计算响应时间 t_s。

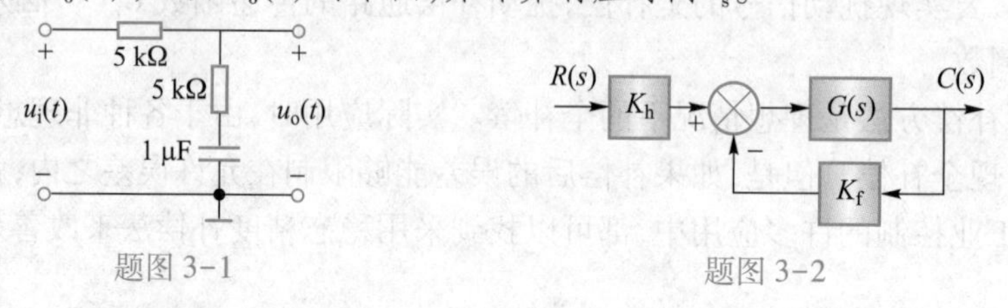

题图 3-1　　题图 3-2

3-2 已知某检测元件响应特性为

$$G(s)=\frac{10}{0.2s+1}$$

为了将响应时间减小至原来的 0.1 倍，并保证原增益不变，可采用负反馈方法来实现，如题图 3-2 所示，试计算图中各增益的值 K_f、K_h。

3-3 已知速度反馈控制系统如题图 3-3 所示，为了保证系统阶跃响应的超调量 $M_p<20\%$，过渡时间 $t_s\leqslant 0.3$ s，试确定前向增益 K_1 的值和速度反馈系数 K_2 的值。

3-4 已知系统的闭环特征方程如下，试用代数稳定性判据判别系统的稳定性。

(1) $s^3+20s^2+9s+200=0$；

(2) $(s+2)(s+4)(s^2+6s+25)+666.25=0$；

(3) $s^5+6s^4+3s^3+2s^2+s+1=0$；

(4) $s^4+8s^3+18s^2+16s+5=0$。

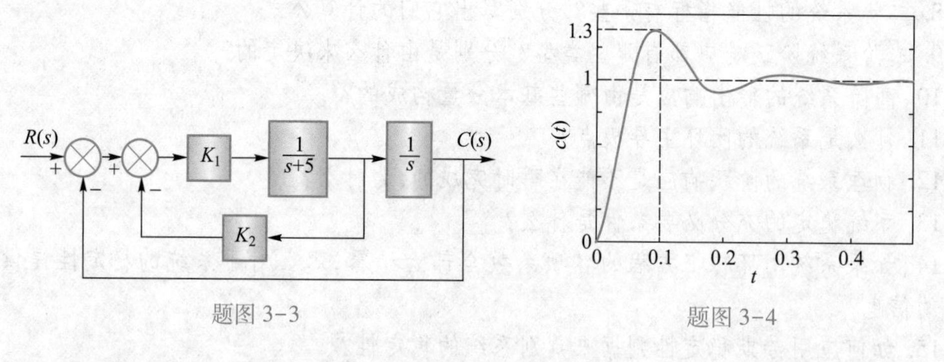

题图 3-3　　题图 3-4

3-5 实验测得单位反馈控制系统在输入信号为 $r(t)=1(t)$ 时，其输出信号 $c(t)$ 的响应曲线如题图 3-4 所示，试确定系统的开环传递函数。

3-6 题图 3-5(a) 所示机械系统，当受到 $F_i(t)=40$ N 力的作用时，位移量 $x(t)$ 的阶跃响应如题图 3-5(b) 所示，试确定机械系统的参数 m、k、f 的值。

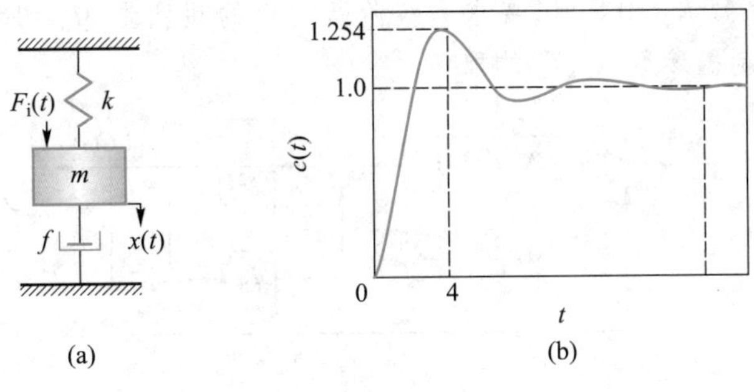

题图 3-5

3-7 试判别题图 3-6 所示系统的稳定性。

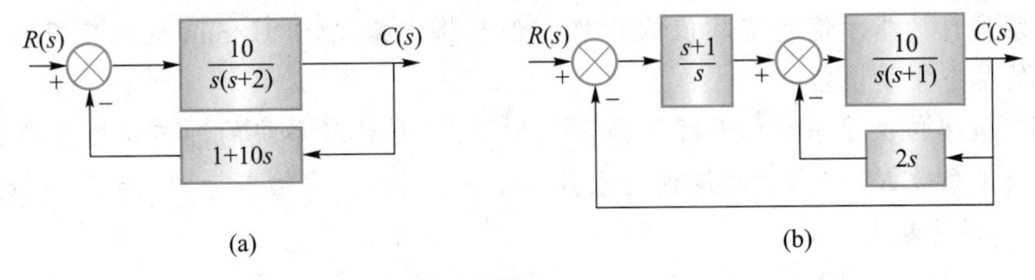

题图 3-6

3-8 试确定题图 3-7 所示系统参数 K 和 ζ 的稳定域。

3-9 反馈控制系统如题图 3-8 所示，如果要求闭环系统的特征根全部位于 s 平面上虚轴的左边，试确定参数 K 的取值范围。

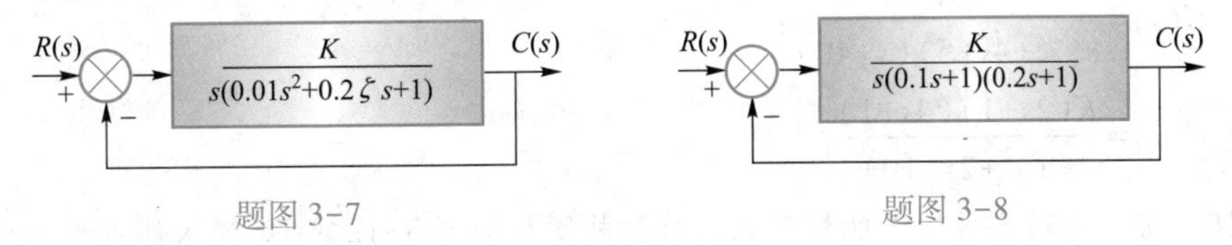

题图 3-7　　　　题图 3-8

3-10 已知系统的闭环特征方程为

$$(s+1)(s+1.5)(s+2)+K=0$$

试由代数稳定性判据确定使得系统闭环特征根的实部均小于-1 的最大 K 值。

3-11 题图 3-9 所示系统，如果要求系统作等幅振荡，确定系统参数 K、α 的值和振荡频率 ω。

3-12 题图 3-10 所示系统，开环传递函数中的因子 $s-1$ 作严格对消与不严格对消时，判别系统的稳定性。

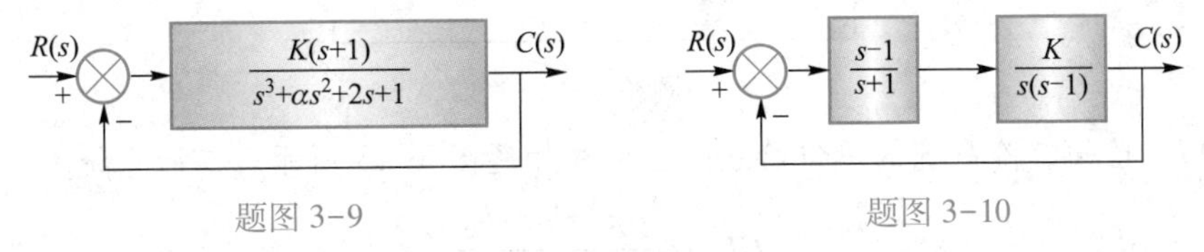

题图 3-9　　　　题图 3-10

3-13 已知某控制系统如题图 3-11 所示，内环为正反馈，反馈系数为 K_s，$K_s>0$，是不稳定的，在外环反馈的基础上增加前向通路比例微分控制时，系统可以稳定，试确定：

（1）系统稳定时，PD 控制器参数 K_c、T_c 的取值条件；

(2) 当正反馈系数 $K_s=0.8$ 时，要求系统阶跃响应的超调量 $M_p=16.3\%$，过渡时间 $t_s=0.8$ s，试确定PD控制器参数 K_c、T_c 的取值。

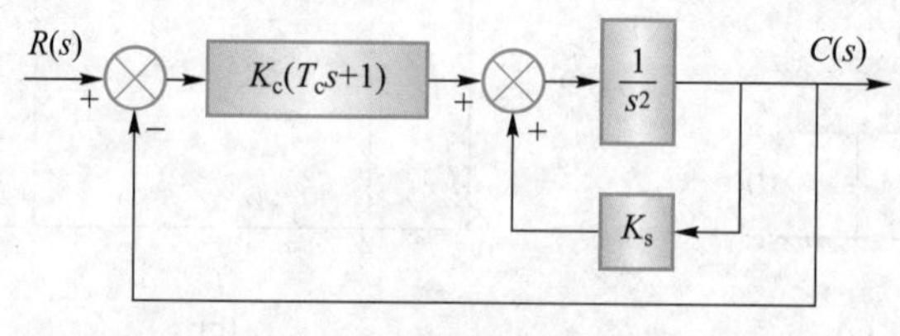

题图 3-11

3-14 温度计的特性可以用惯性环节$\frac{1}{Ts+1}$来描述。将某种温度计置于恒温水槽内，约1 min时，温度计的指示值达实际值的98%。如果将水槽以10 ℃/min 的速度升温，试计算该温度计的稳态指示误差。

3-15 设单位反馈系统的开环传递函数如下，分别计算系统的静态位置误差系数 K_p，静态速度误差系数 K_v，静态加速度误差系数 K_a，并分别计算当输入为 $r(t)=2\cdot 1(t)$、$r(t)=2t$、$r(t)=2t^2$ 时的稳态误差。

(1) $G(s)=\dfrac{50}{(5s+1)(6s+1)}$；

(2) $G(s)=\dfrac{K}{s(0.5s+1)(4s+1)}$；

(3) $G(s)=\dfrac{K}{s(s^2+4s+5)(s+40)}$；

(4) $G(s)=\dfrac{K(2s+1)(4s+1)}{s^2(s^2+2s+10)}$。

3-16 带有扰动信号输入的控制系统的结构图如题图3-12所示，输入信号为 $r(t)=Rt\cdot 1(t)$，扰动作用为 $n(t)=N\cdot 1(t)$，R、N 为常数。

(1) 试计算系统的稳态误差；

(2) 系统的环节增益 K_1、K_2 均为可调参数，但是其约束为 $K_1K_2\leqslant K_M$，为了减小系统的稳态误差，应如何调整增益 K_1、K_2 的值？

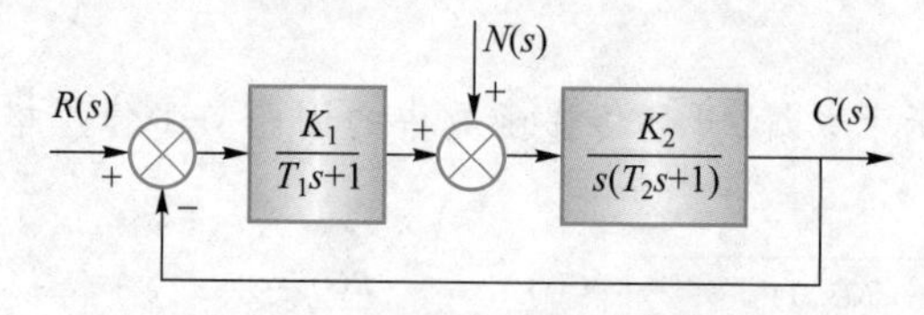

题图 3-12

***3-17** 已知二阶系统的单位阶跃响应曲线如题图3-13所示。二阶系统为

$$G(s)=\frac{b_2s^2+b_1s+b_0}{a_2s^2+a_1s+a_0}$$

已知系统参数 $b_1=0$，$a_1=2$，$a_2=1$，阻尼参数 $\zeta=0.316$，试确定其他未知参数的值，并写出确定参数后的传递函数 $G(s)$。

3-18 已知二阶系统的单位阶跃响应曲线如题图 3-14 所示,试根据响应曲线写出传递函数 $G(s)$。

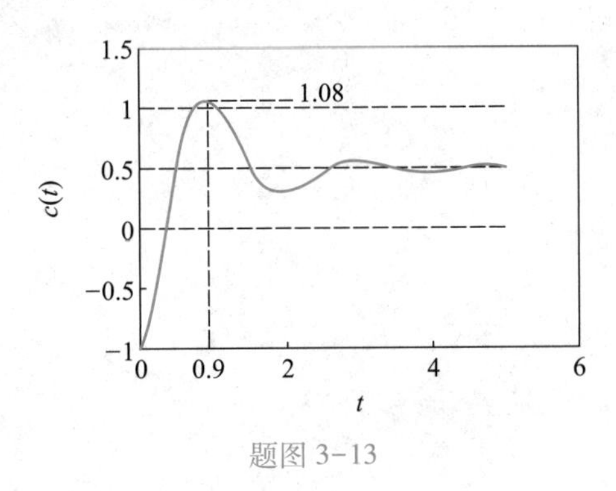

题图 3-13

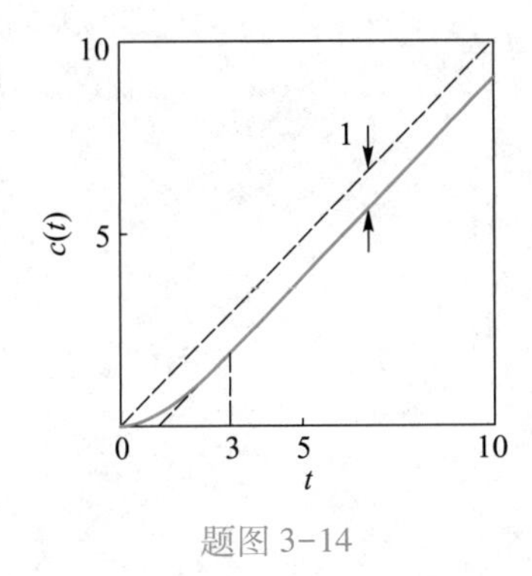

题图 3-14

第4章

根轨迹法

一个控制系统的全部性质取决于系统的闭环传递函数。因此,可以根据闭环传递函数的极点、零点间接地研究控制系统的性能。但对于高阶系统,采用解析法求取系统的闭环极点通常是比较困难的。伊文思(W.R.Evans)提出了一种在复平面上由系统的开环极点、零点来确定闭环系统极点、零点的图解方法,称为根轨迹法。利用这一方法可以分析系统的性能,确定系统应有的结构和参数,并应用于校正装置的设计。根轨迹法是一种简便的图解方法,在控制工程上得到了广泛的应用。

4-1 根轨迹法的基本概念

为了了解什么是根轨迹,根轨迹应该满足什么条件,首先来看例4-1。

[**例4-1**] 设一随动系统如图4-1所示。

开环传递函数为

$$G_o(s)=\frac{K_g}{s(s+1)}$$

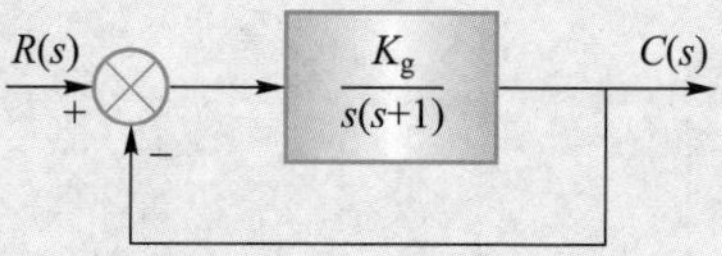

图4-1 例4-1的系统

闭环传递函数为

$$G_c(s)=\frac{K_g}{s^2+s+K_g}$$

闭环特征方程为

$$s^2+s+K_g=0$$

用解析法可以求得两个根为

$$s_{1,2}=-\frac{1}{2}\pm\frac{1}{2}\sqrt{1-4K_g}$$

当增益从 $K_g=0$ 开始增加,取不同值时,可求得相应的特征根 s_1 和 s_2,如表4-1所示。

表4-1 K_g 与特征根 s_1,s_2

K_g	0	0.1	0.25	0.5	…	∞
s_1	0	−0.113	−0.5	−0.5+j0.5	…	−0.5+j∞
s_2	−1	−0.887	−0.5	−0.5−j0.5	…	−0.5−j∞

由于系统的闭环极点是连续变化的,表示在 s 平面上即为例4-1系统的根轨迹图,如图4-2所示。图中,箭头方向表示开环增益 K_g 增大时闭环极点移动的方向,开环极点用“×”来表示,开环零点用“∘”来表示(例4-1的系统没有开环零点),粗实线即为开环增益 K_g 变化时闭环极点移动的轨迹。

在图4-2上,$K_g=0$ 的点为根轨迹的起点。闭环特征方程为

$$s^2+s=0$$

即

$$s(s+1)=0$$

所以根轨迹的起点是系统的开环极点。

当增益增加到 $K_g=0.25$ 时,方程为

$$s^2+s+0.25=0$$

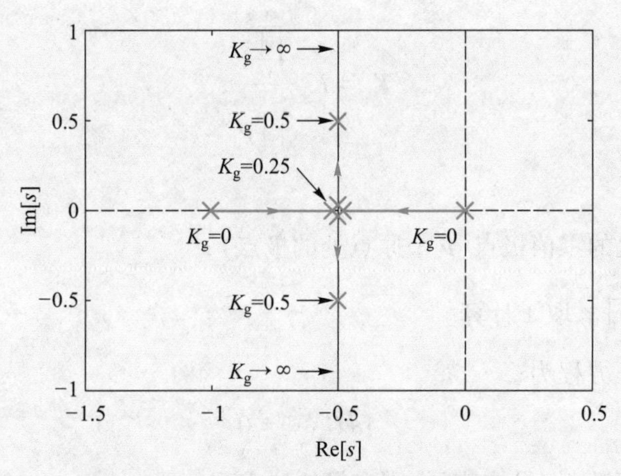

图 4-2 例 4-1 系统的根轨迹图

视频：例 4-1 根轨迹分析

方程有一个二重根 $s_{1,2}=-0.5$，所以增益的范围为 $0\leqslant K_g\leqslant 0.25$ 时，闭环极点在实轴上如图 4-2 所示。

当增益 $K_g>0.25$ 后，闭环极点为

$$s_{1,2}=-\frac{1}{2}\pm \mathrm{j}\,\frac{1}{2}\sqrt{4K_g-1}$$

共轭复数根的实部为常数值-0.5，虚部随着 K_g 的增大向两边延伸，如图 4-2 所示。

当 $K_g\to\infty$ 时，有

$$s_{1,2}=-\frac{1}{2}\pm \mathrm{j}\,\frac{1}{2}\sqrt{4K_g-1}\ \Big|_{K_g\to\infty}=-0.5\pm \mathrm{j}\infty$$

从例 4-1 系统的根轨迹图可以看到，当增益 K_g 变化时，特征根全部在 s 的左半平面，所以系统是稳定的。再者，选择合适的增益值可以保证满意的动态性能。此例系统的根轨迹图是通过求解特征方程的根作出的，但是高阶系统求根是很麻烦的。那么高阶系统的根轨迹是如何作出的？s 平面上的哪些点在根轨迹上？如何根据系统的根轨迹图来分析自动控制系统？这就是本章要解决的问题。

1. 一般控制系统

一般控制系统的结构图如图 4-3 所示，开环传递函数为

$$G_o(s)=G(s)H(s)$$

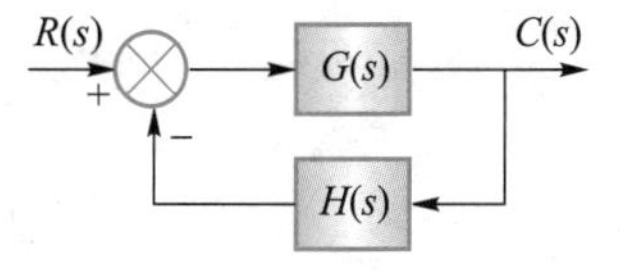

图 4-3 一般控制系统的结构图

闭环传递函数为

$$G_c(s)=\frac{C(s)}{R(s)}=\frac{G(s)}{1+G(s)H(s)}=\frac{G(s)}{1+G_o(s)}$$

系统的开环传递函数以开环零点、极点来表示时，可以写为

$$G_o(s)=K_g\frac{\prod_{j=1}^{m}(s+z_j)}{\prod_{i=1}^{n}(s+p_i)} \tag{4-1}$$

式中，$s=-z_j(j=1,2,\cdots,m)$ 为系统的开环零点，$s=-p_i(i=1,2,\cdots,n)$ 为系统的开环极点，K_g 为根轨迹增益，它与系统开环增益的关系为

$$K_{\mathrm{o}} = K_{\mathrm{g}} \frac{\prod_{j=1}^{m} z_j}{\prod_{i=1}^{n-\nu} p_i} \tag{4-2}$$

此公式中：

(a) 不计原点处的零值极点(ν 个原点处的极点)；

(b) $m=0$ 时，$\prod_{j=1}^{m} z_j$ 取 1 计算。

系统的闭环特征方程为

$$1+G_{\mathrm{o}}(s)=0 \tag{4-3}$$

用系统的开环传递函数 $G_{\mathrm{o}}(s)$ 来表示,则有根轨迹方程

$$G_{\mathrm{o}}(s)=-1 \tag{4-4}$$

或

$$K_{\mathrm{g}} \frac{\prod_{j=1}^{m}(s+z_j)}{\prod_{i=1}^{n}(s+p_i)}=-1 \tag{4-5}$$

2. 控制系统的根轨迹

系统的开环传递函数中某一参数(例如增益 K_{g})变化时,系统闭环特征方程的根在 s 平面上变化的轨迹称为根轨迹。

3. 根轨迹的条件方程

由于开环传递函数 $G_{\mathrm{o}}(s)$ 是复变函数,基于式(4-4)分别要满足如下的幅值方程与幅角方程

$$\left| G_{\mathrm{o}}(s) \right|_{s=s_{\mathrm{g}}}=1 \tag{4-6}$$

和

$$\angle G_{\mathrm{o}}(s) \Big|_{s=s_{\mathrm{g}}}=\pm 180^{\circ}(2k+1), \quad k=0,1,2,\cdots \tag{4-7}$$

零点、极点的表达式分别为

$$\left| K_{\mathrm{g}} \frac{\prod_{j=1}^{m}(s+z_j)}{\prod_{i=1}^{n}(s+p_i)} \right|_{s=s_{\mathrm{g}}}=1 \tag{4-8}$$

和

$$\sum_{j=1}^{m} \angle s+z_j - \sum_{i=1}^{n} \angle s+p_i \Big|_{s=s_{\mathrm{g}}}=\pm 180^{\circ}(2k+1) \tag{4-9}$$

式(4-8)与式(4-9)的幅值方程与幅角方程称为根轨迹的条件方程,也就是说,s 平面

上的任意点 $s=s_g$ 如果满足根轨迹的幅值方程和幅角方程,则该点在根轨迹上。复平面上的任意点 $s=s_g$ 如果不满足根轨迹的幅值方程和幅角方程,则复平面上的根轨迹不通过 $s=s_g$ 点。

4. 控制系统的根轨迹图

控制系统的根轨迹图是满足上述根轨迹条件方程的,但是不能遍历 s 平面上所有的点来绘制。因为在满足根轨迹条件方程的基础上,根轨迹图是有一些规律的,所以可以依据绘制根轨迹图的一些简单法则来绘制控制系统的根轨迹草图。

绘制根轨迹草图的目的是可以在根轨迹图的基础上来分析系统的性能,得到系统运动的基本信息,根据系统的闭环极点(以及零点)与系统性能指标之间的关系来分析和设计控制系统。

4-2 绘制根轨迹图的基本法则

本节根据根轨迹的条件方程来讨论控制系统根轨迹的一些基本性质,又称为根轨迹作图的基本法则。利用这些基本法则可以顺利地作出系统的根轨迹草图。根轨迹图的准确作图,可以利用计算机绘图来完成。

4-2-1 根轨迹的连续性

由于根轨迹增益 K_g 在由 $0\to\infty$ 变化时是连续变化的,所以系统闭环特征方程的根也是连续变化的,即 s 平面上的根轨迹是连续的。

4-2-2 根轨迹的对称性

由于线性定常系统闭环特征方程的系数全部是实数,方程的根必为实数或共轭复数,所以 s 平面上的根轨迹图是关于实轴对称的。

4-2-3 根轨迹的分支数

n 阶系统的闭环特征方程有 n 个根,所以当增益 K_g 由 $0\to\infty$ 变化时,在 s 平面有 n 条根轨迹,即根轨迹的分支数等于 n,与系统的阶数相等。

4-2-4 根轨迹的起点和终点

在 s 平面上,当 $K_g=0$ 时,根轨迹的出发点称为根轨迹的起点,当 $K_g\to\infty$ 时,根轨迹的终止点称为根轨迹的终点。由根轨迹方程[式(4-5)]可得

$$\frac{\prod_{j=1}^{m}(s+z_j)}{\prod_{i=1}^{n}(s+p_i)}=-\frac{1}{K_g}$$

$K_g=0$ 时对应的点是根轨迹的起点,为使上式成立,必有 $s=-p_i(i=1,2,\cdots,n)$,而 $s=-p_i$ 为系统的开环极点,所以 n 条根轨迹起始于系统的 n 个开环极点。

$K_g\to\infty$ 时对应的点是根轨迹的终点,为使上式成立,必有 $s=-z_j(j=1,2,\cdots,m)$,而 $s=-z_j$ 为系统的开环零点,所以 n 条根轨迹应该终止于系统的 n 个开环零点。

上式中,一般情况下,由于 $n>m$,所以 n 阶系统只有 m 个有限零点,n 条根轨迹中的 m 条根轨迹终止于 m 个有限零点。对于其余 $n-m$ 条根轨迹,当 $K_g\to\infty$ 时,方程右边有

$$\lim_{K_g\to\infty}\frac{1}{K_g}=0$$

当 $K_g\to\infty$ 时,有 $s\to\infty$,所以方程左边有

$$\lim_{\substack{K_g\to\infty\\ s\to\infty}}\frac{\prod_{j=1}^{m}(s+z_j)}{\prod_{i=1}^{n}(s+p_i)}=\lim_{s\to\infty}\frac{s^m}{s^n}=\lim_{s\to\infty}\frac{1}{s^{n-m}}=0$$

即其余的 $n-m$ 条根轨迹终止于无穷远处,亦即终止于系统的 $n-m$ 个无穷大零点。

4-2-5 实轴上的根轨迹

实轴上根轨迹的判别方法如下。

在实轴上选取实验点 s_i,如果实验点 s_i 的右方实轴上的开环零点数和极点数的总和为奇数,则实验点 s_i 所在的实验段是根轨迹,否则该实验段不是根轨迹,这可以由幅角条件直接证得。实轴根轨迹的分布情况如图 4-4 所示。

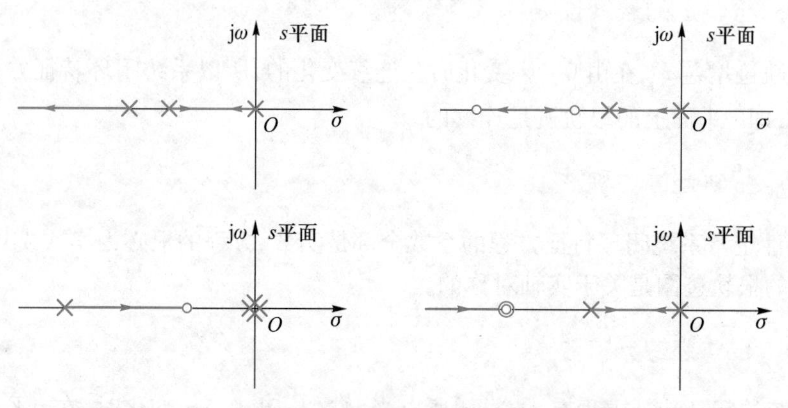

图 4-4 实轴根轨迹的分布情况

至于复平面上的开环零点、极点,由于是共轭复数对,对于实轴上根轨迹的判别来说不影响幅角条件,同样也可以由幅角条件证得。所以实轴上的线段是否是根轨迹的判别,只取决于实轴上开环零点、极点的分布。

[例 4-2] 设系统的开环传递函数为

$$G_o(s)=\frac{K_g(s+0.5)}{s^2(s+1)(s+1.5)(s+4)}$$

试作实轴上的根轨迹。

解 系统的开环零点为-0.5,开环极点为 0,0(二重极点),-1,-1.5,-4,如图 4-5 所示。根据实轴上根轨迹的判别条件可以得到区间[-4,-1.5]右侧的开环零点数和极点数总和为 5,以及区间[-1,-0.5]右侧的开环零点数和极点数总和为 3,均为奇数,故实轴上根轨迹在上述两区间内如图中粗实线所示。

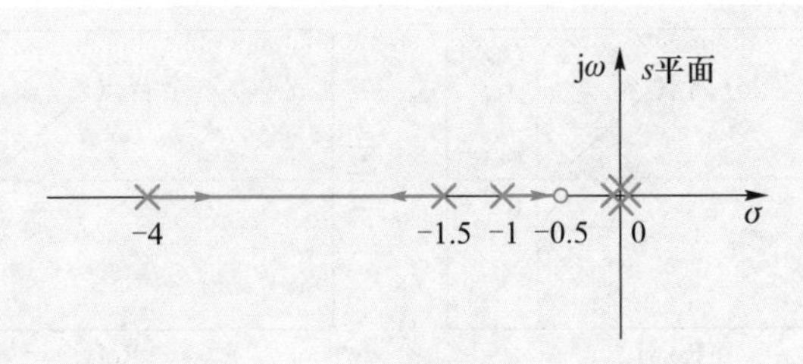

图 4-5 例 4-2 系统实轴根轨迹的分布

4-2-6 根轨迹的会合点和分离点

若干条根轨迹在复平面上的某一点相遇后又分开，称该点为根轨迹的分离点或会合点。如图 4-6 所示某系统的根轨迹图，由开环极点$-p_1$和$-p_2$出发的两支根轨迹，随 K_g 的增大在实轴上 A 点相遇后即分离进入复平面。

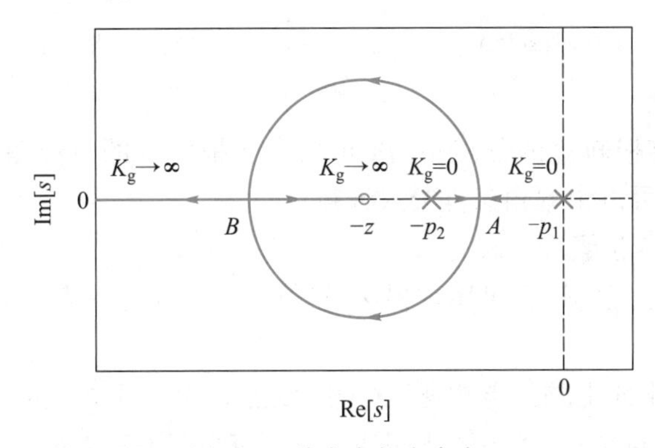

图 4-6 分离点与会合点

随着 K_g 的继续增大，根轨迹又在实轴上的 B 点相遇并分别沿实轴的左右两侧运动。当 K_g 趋于无穷大时，一支根轨迹终止于开环零点$-z$，另一支根轨迹趋于实轴的负无穷远处。实轴上有两个交点 A 和 B，习惯上称为分离点和会合点。根轨迹图上会合点和分离点的实际意义是，在该点处的闭环极点为重根。

1. 实轴上分离点和会合点的确定

(1) 如果实轴上相邻开环极点之间是根轨迹(由实轴根轨迹的判别得到)，则该段根轨迹上必有分离点(向复平面出射)，如图 4-7(a)所示；

(2) 如果实轴上相邻开环零点(包括无穷远零点)之间是根轨迹，则该段根轨迹上必有会合点(来自复平面)，如图 4-7(b)所示；

(3) 如果实轴上的根轨迹在一个开环零点与一个开环极点之间，则存在两种情况，或者既无分离点也无会合点，或者既有分离点也有会合点，如图 4-7(c)、(d)所示。

在分离点或会合点上，向复平面出射(或者来自)根轨迹的切线和实轴的夹角称为分离角。分离角 θ_d 与分离的根轨迹的支数 n_i($n_i \leqslant n$)有关，即

$$\theta_d = \frac{\pm 180°(2k+1)}{n_i} \tag{4-10}$$

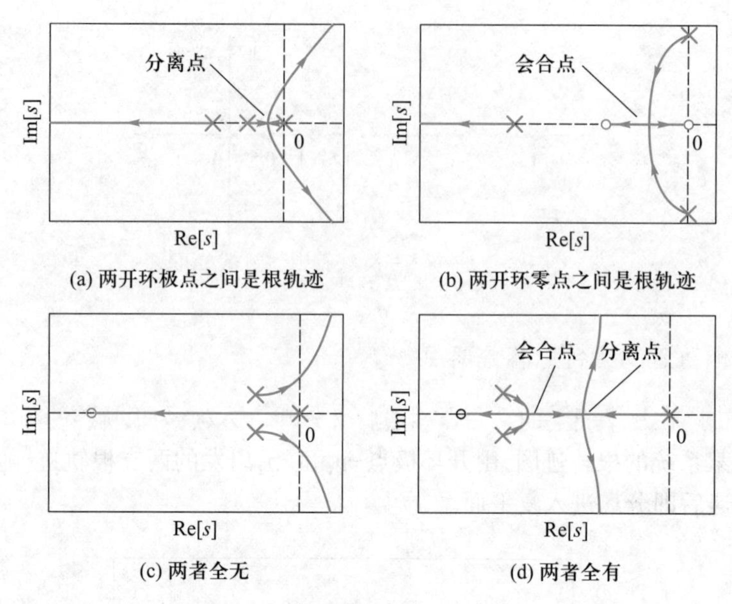

(a) 两开环极点之间是根轨迹 (b) 两开环零点之间是根轨迹

(c) 两者全无 (d) 两者全有

图 4-7 实轴根轨迹的分离点和会合点

例如,实轴上两支根轨迹的分离角为±90°,三支根轨迹的分离角为±60°、±180°。式(4-10)的分离角公式可以由幅角条件公式证得。

2. 分离点或会合点位置的计算

分离点或会合点位置的计算可用重根法、极值法或其他方法来求取。

(1) 重根法

数条根轨迹在复平面上的某点相遇又分开,该点必为特征方程的重根。如两条根轨迹相遇又分开,该点为二重根;三条根轨迹相遇又分开,该点为三重根,等等。重根的确定可以借助于代数重根法则。

代数重根法则内容如下。

已知 n 次代数方程为

$$f(x)=x^n+a_{n-1}x^{n-1}+\cdots+a_1x+a_0x=0 \tag{4-11}$$

则式(4-11)有 n 个根。

如果式(4-11)的 n 个根全部是单根,则满足其导数方程 $f'(x)=0$ 的根不是原方程 $f(x)=0$ 的根。

如果式(4-11)有二重根,则满足其一阶导数方程 $f'(x)=0$ 的根仍含有原方程 $f(x)=0$ 的根。

如果式(4-11)有三重根,则满足其一阶导数方程 $f'(x)=0$ 的根含有原方程 $f(x)=0$ 的根,且满足其二阶导数方程 $f''(x)=0$ 的根也含有原方程 $f(x)=0$ 的根。

……

如果式(4-11)有 m 重根,则满足其一阶导数方程 $f'(x)=0$ 的根,二阶导数方程 $f''(x)=0$ 的根……直至满足其 $m-1$ 阶导数方程 $f^{(m-1)}(x)=0$ 的根,都含有原方程 $f(x)=0$ 的根。

例如,方程 $f(x)=x^2+3x+2=0$ 有互异单根 $x_1=-1, x_2=-2$,一阶导数方程 $f'(x)=2x+3=0$

的根为 $x=-\dfrac{2}{3}$, $f'(x)=0$ 的根不是原方程 $f(x)=0$ 的根。

方程 $f(x)=(x-1)(x-2)^2=0$ 有二重根 $x_{c2}=2$,原方程的一阶导数方程 $f'(x)=(x-2)\cdot[(x-2)+2(x-1)]=0$ 的一个根 $x_{c2}=2$ 仍然是原方程 $f(x)=0$ 的根。

方程 $f(x)=(x-1)(x-2)^3=0$ 有三重根 $x_{c3}=2$,原方程的一阶导数方程 $f'(x)=(x-2)^2\cdot[(x-2)+3(x-1)]=0$ 的两个根 $x_{c3}=2$ 仍然是原方程 $f(x)=0$ 的根。原方程的二阶导数方程 $f''(x)=(x-2)\left[(x-2)+2\left(x-\dfrac{5}{4}\right)\right]=0$ 的一个根 $x_{c3}=2$ 仍然是原方程 $f(x)=0$ 的根。

根据代数重根法则,可以计算根轨迹的分离点。由于系统的开环传递函数为

$$G_o(s)=K_g\frac{\prod\limits_{j=1}^{m}(s+z_j)}{\prod\limits_{i=1}^{n}(s+p_i)}=K_g\frac{N(s)}{D(s)}$$

其中,$N(s)$ 为变量 s 的分子多项式,方次为 m,$D(s)$ 为变量 s 的分母多项式,方次为 n。闭环特征方程可以写为

$$1+K_g\frac{N(s)}{D(s)}=0 \tag{4-12}$$

即

$$F(s)=D(s)+K_gN(s)=0 \tag{4-13}$$

式(4-13)的根即为系统的闭环极点。根据代数重根法则,如果闭环极点为二重根,即分离点处为二重根,则有

$$F'(s)=D'(s)+K_gN'(s)=0 \tag{4-14}$$

式(4-14)的根也是式(4-13)的根,联立式(4-13)和式(4-14)可得分离点的计算公式为

$$N'(s)D(s)-N(s)D'(s)=0 \tag{4-15}$$

由于系统的重根数目不会太多,一般只按照上式计算即可。另外,计算结果是否是分离点,还要作一下判别。如计算所得的值在实轴上,那么要判别该线段是否为根轨迹。如果该线段是根轨迹,则计算结果就是分离点。否则就不是分离点,要舍去。

(2) 极值法

由于函数 $f(x)$ 可以在重根处获得极值,因此,由式(4-12)可以得到

$$K_g=-\frac{D(s)}{N(s)} \tag{4-16}$$

则根轨迹增益表为 s 的函数,其极值计算公式为

$$\frac{dK_g}{ds}=\frac{d}{ds}\left[-\frac{D(s)}{N(s)}\right]=0 \tag{4-17}$$

得到

$$N'(s)D(s)-N(s)D'(s)=0$$

显然,对 K_g 求极值的方法和重根法所得的结果是一样的。由于 K_g 与 $\dfrac{1}{K_g}$ 有相同的极值,

因此式(4-17)也可写为

$$\frac{\mathrm{d}}{\mathrm{d}s}\left[\frac{N(s)}{D(s)}\right]=0\ \text{或}\ \frac{\mathrm{d}}{\mathrm{d}s}[G_{\mathrm{o}}(s)]=0 \tag{4-18}$$

还可以用试探法来计算分离点,计算公式为

$$\sum_{j=1}^{m_1}\frac{1}{z_j-\sigma_{\mathrm{d}}}=\sum_{i=1}^{n_1}\frac{1}{p_i-\sigma_{\mathrm{d}}} \tag{4-19}$$

式中,m_1,n_1分别为开环传递函数在实轴上零、极点数。关于公式的证明可以参阅其他参考教材。

多数情况下为二重根的分离点或者会合点。一些特殊情况的分离点如图 4-8 所示。其中图(a)为三重根分离点的情况,图(b)为四重根分离点的情况,图(c)为复平面分离点的情况,均为严格对称时才可能发生。

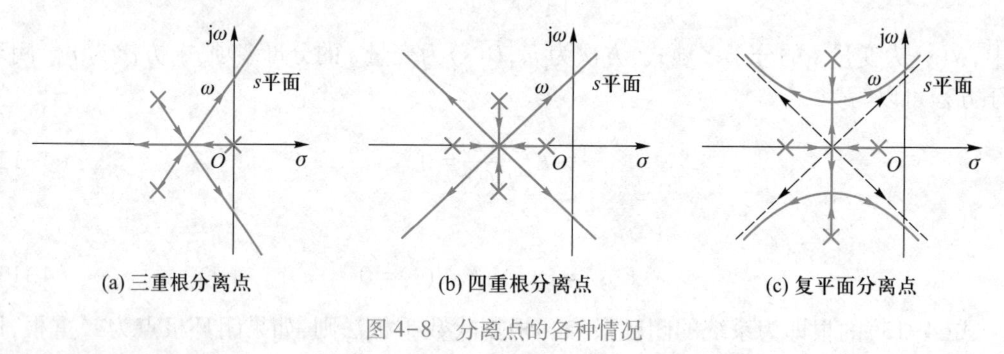

图 4-8 分离点的各种情况

[例 4-3] 单位反馈系统的开环传递函数为

$$G_{\mathrm{o}}(s)=\frac{K_{\mathrm{g}}(s+1)}{(s+0.1)(s+0.5)}$$

试确定实轴上根轨迹的分离点和会合点的位置。

解 由实轴根轨迹的判别可知,实轴上根轨迹位于[-0.5,-0.1]和(-∞,-1]区间。由$G_{\mathrm{o}}(s)$可得

$$N(s)=s+1$$

$$D(s)=(s+0.1)(s+0.5)=s^2+0.6s+0.05$$

由根轨迹在实轴上的分离点和会合点的方程

$$N'(s)D(s)-N(s)D'(s)=0$$

即

$$s^2+0.6s+0.05-(s+1)(2s+0.6)=0$$

$$s^2+2s+0.55=0$$

可得

$$s_{1,2}=-1\pm0.67,s_1=-0.33,s_2=-1.67$$

显然,在区间[-0.5,-0.1],根轨迹有分离点 $s_1=-0.33$,在区间(-∞,-1),根轨迹有会合点 $s_2=-1.67$,如图 4-9 所示。

将 s_1 和 s_2 的值代入幅值条件计算式,可得相应的根轨迹增益,$K_{\mathrm{g1}}=0.06$ 和 $K_{\mathrm{g2}}=2.6$。该系统在复平面上的根轨迹如图 4-9 所示。

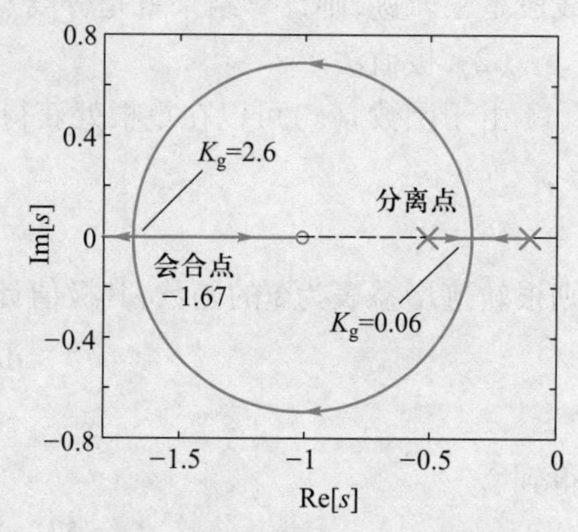

图 4-9 例 4-3 系统根轨迹的分离点与会合点

4-2-7 根轨迹的渐近线

由 4-2-4 节(根轨迹的起点和终点)可知,若 $n>m$,则 $K_g \to \infty$ 时,有 $n-m$ 条根轨迹趋于 s 平面的无穷远零点。现在讨论这 $n-m$ 条根轨迹将以什么方式趋向无穷远的问题。

根轨迹方程可写为

$$\frac{\prod_{j=1}^{m}(s+z_j)}{\prod_{i=1}^{n}(s+p_i)}=\frac{s^m+b_{m-1}s^{m-1}+\cdots+b_1 s+b_0}{s^n+a_{n-1}s^{n-1}+\cdots+a_1 s+a_0}=-\frac{1}{K_g}$$

式中,$b_{m-1}=\sum_{j=1}^{m}z_j$ 为负的零点之和,$a_{n-1}=\sum_{i=1}^{n}p_i$ 为负的极点之和。当 $K_g \to \infty$ 时,由 $n>m$,有 $s\to\infty$,上式可近似表示为

$$s^{m-n}+(b_{m-1}-a_{n-1})s^{m-n-1}=-\frac{1}{K_g}$$

$$s^{m-n}\left(1+\frac{b_{m-1}-a_{n-1}}{s}\right)=-\frac{1}{K_g}$$

$$s\left(1+\frac{b_{m-1}-a_{n-1}}{s}\right)^{\frac{1}{m-n}}=\left(-\frac{1}{K_g}\right)^{\frac{1}{m-n}}$$

由于 $s\to\infty$,将上式左边按牛顿二项式定理展开,略去高次项取线性项,则有

$$s\left(1+\frac{1}{m-n}\cdot\frac{b_{m-1}-a_{n-1}}{s}\right)=\left(-\frac{1}{K_g}\right)^{\frac{1}{m-n}}$$

令

$$\frac{b_{m-1}-a_{n-1}}{m-n}=\frac{a_{n-1}-b_{m-1}}{n-m}=\sigma$$

上式成为

$$(s+\sigma)=\left(-\frac{1}{K_g}\right)^{\frac{1}{m-n}}$$

$$s=-\sigma+(-K_g)^{\frac{1}{n-m}}$$

以 $-1=e^{\pm j180^\circ(2k+1)}$ $(k=0,1,2\cdots)$ 代入上式,则有

$$s=-\sigma+K_g^{\frac{1}{n-m}}\cdot e^{\pm j180^\circ\frac{2k+1}{n-m}} \tag{4-20}$$

这就是当 $s\to\infty$ 时根轨迹的渐近线方程,它由两项组成:

第一项为实轴上的常数向量,为渐近线与实轴的交点,其坐标为

$$-\sigma=-\frac{a_{n-1}-b_{m-1}}{n-m}=-\frac{\sum_{i=1}^{n}p_i-\sum_{j=1}^{m}z_j}{n-m} \tag{4-21}$$

第二项为通过坐标原点的直线,与实轴的夹角(称为渐近线的倾斜角)为

$$\theta=\frac{\pm180^\circ(2k+1)}{n-m}$$

式中，$k=0,1,2,\cdots$。由于相角的周期为360°，k 取到 $n-m-1$ 即可。

[**例 4-4**] 已知控制系统的开环传递函数为

$$G_o(s)=\frac{K_g}{s(s+1)(s+5)}$$

试确定根轨迹的支数、起点和终点。若终点在无穷远处，试确定渐近线和实轴的交点及渐近线的倾斜角。

解 由于 $n=3$，所以有3条根轨迹，起点分别在 $-p_1=0$，$-p_2=-1$ 和 $-p_3=-5$。

由于 $m=0$，开环传递函数没有有限值零点，所以三条根轨迹的终点都在无穷远处，其渐近线与实轴的交点 $-\sigma$ 及倾斜角 θ 分别为

$$-\sigma=-\frac{\sum_{i=1}^{3}p_i}{n-m}=-\frac{0+1+5}{3-0}=-2$$

$$\theta=\frac{\pm180°(2k+1)}{n-m}=\frac{\pm180°(2k+1)}{3}$$

当 $k=0$ 时，$\theta_1=\pm60°$时；当 $k=1$ 时，$\theta_2=\pm180°$；当 $k=2$ 时，$\theta_3=\pm300°$。根轨迹的起点和三条渐近线如图4-10所示。

显然，从 $-p_3=-5$ 出发的根轨迹沿负实轴趋向无穷远，根轨迹与渐近线重合。而[-1,0]之间的根轨迹上必有分离点，计算可得分离点为 $s_f=-0.47$，由分离点射向复平面的两条根轨迹将沿倾斜角为±60°的渐近线趋向无穷远。

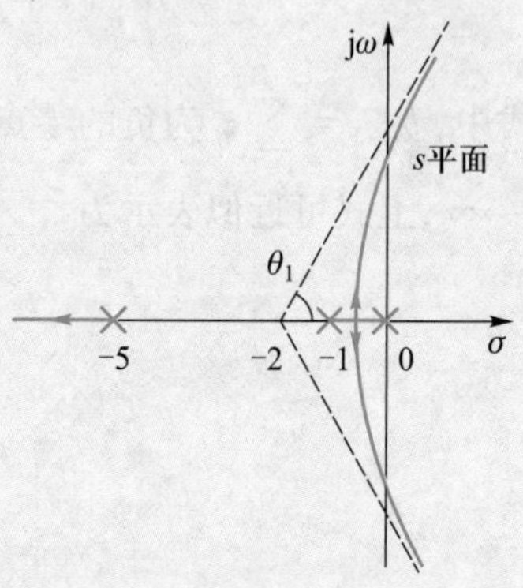

图4-10 根轨迹的起点和三条渐近线

4-2-8 根轨迹与虚轴的交点

根轨迹可能与虚轴相交，交点坐标的 ω 值及相应的 K_g 值可由劳斯稳定判据求得，也可在特征方程中令 $s=j\omega$，然后使特征方程的实部和虚部分别为零求得。根轨迹和虚轴交点相应于系统处于临界稳定状态，此时增益 K_g 称为临界根轨迹增益，用 K_{gp} 表示。

[**例 4-5**] 设开环传递函数为

$$G_o(s)=\frac{K_g}{s(s+1)(s+2)}$$

试求根轨迹和虚轴的交点，并计算临界开环增益 K_{op}。

解 闭环系统特征方程为

$$s(s+1)(s+2)+K_g=0$$

即

$$s^3+3s^2+2s+K_g=0$$

根轨迹和虚轴相交时，闭环根的实部为零，因此令 $s=j\omega$，则特征方程为

$$(j\omega)^3+3(j\omega)^2+2(j\omega)+K_{gp}=0$$

分别写出实部方程与虚部方程

$$K_{gp}-3\omega^2=0$$

$$2\omega-\omega^3=0$$

解得 $\omega=0,\pm\sqrt{2}$，相应的 $K_{gp}=0,6$。$K_{gp}=0$ 时对应的点为根轨迹的起点。$K_{gp}=6$ 时，根轨迹和虚轴相交，

交点坐标为$\pm j\sqrt{2}$,$K_{gp}=6$为临界根轨迹增益,可以计算出临界开环增益K_{op}为

$$K_{op}=K_{gp}\cdot\frac{1}{p_1p_2}=6\times\frac{1}{1\times2}=3$$

也可利用劳斯稳定判据确定K_{gp}和ω的值,可列出劳斯阵为

$$\begin{array}{c|cc} s^3 & 1 & 2 \\ s^2 & 3 & K_{gp} \\ s^1 & \dfrac{6-K_{gp}}{3} & \\ s^0 & K_{gp} & \end{array}$$

当劳斯阵s^1行等于0时,特征方程出现共轭虚根。令s^1行等于0,则得

$$K_{gp}=6$$

共轭虚根值可由s^2行的辅助方程求得,即

$$3s^2+K_{gp}=3s^2+6=0$$

求得

$$s=\pm j\sqrt{2}$$

4-2-9 根轨迹的出射角和入射角

当系统的开环极点和零点位于复平面上时,根轨迹离开共轭复数极点的出发角称为根轨迹的出射角,根轨迹趋于共轭复数零点的终止角称为根轨迹的入射角。根轨迹的出射角与入射角如图4-11所示。

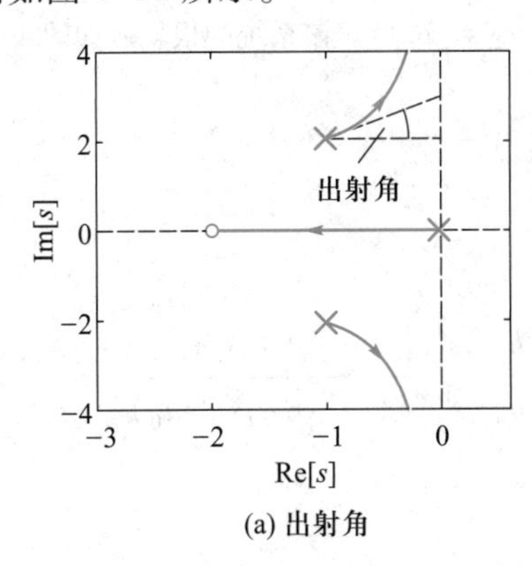

(a) 出射角

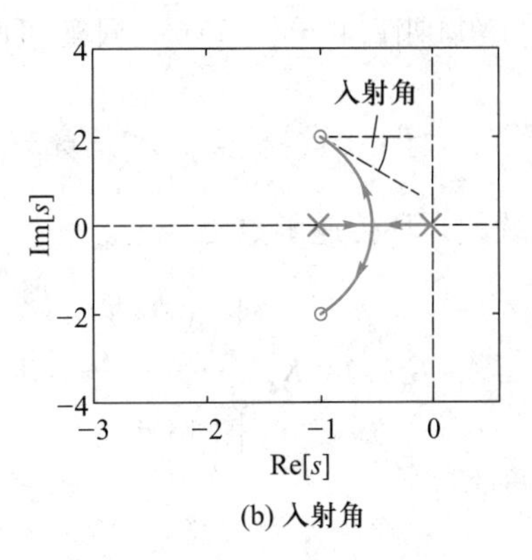

(b) 入射角

图4-11 根轨迹的出射角和入射角

根据根轨迹的幅角条件,可求得根轨迹的出射角和入射角。

幅角条件为

$$\left.\sum_{j=1}^{m}\angle s+z_j-\sum_{i=1}^{n}\angle s+p_i\right|_{s=s_g}=\pm180^\circ(2k+1)$$

分别令$\theta_j=\angle s+z_j$,$\varphi_i=\angle s+p_i$,对于出射于第k个开环极点,有

$$\left.\varphi_k=\mp180^\circ(2k+1)+\sum_{j=1}^{m}\theta_j-\sum_{\substack{i=1\\i\neq k}}^{n}\varphi_i\right|_{s=p_k} \tag{4-22}$$

同理,对于入射于第 l 个开环零点有

$$\theta_l = \pm 180^\circ(2k+1) - \sum_{\substack{j=1 \\ j\neq l}}^{m} \theta_j + \sum_{i=1}^{n} \varphi_i \Big|_{s=z_l} \tag{4-23}$$

[例 4-6] 已知系统的开环传递函数为

$$G_o(s) = \frac{K(s+2)}{s(s+3)(s^2+2s+2)}$$

极点、零点的位置如图 4-12 所示,试确定根轨迹离开复数共轭极点的出射角。

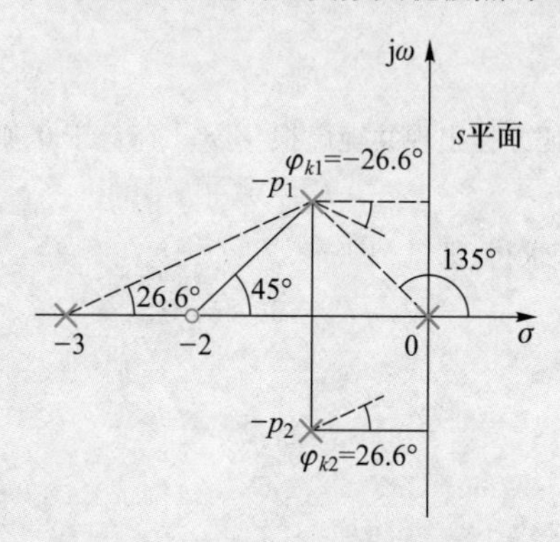

图 4-12 例 4-6 系统极点、零点的位置

解 利用公式(4-22),由作图可得

$$\begin{aligned}\varphi_{k1} &= \mp 180^\circ(2k+1) + \angle s+2 - \angle s - \angle s+3 - \angle s+1-\mathrm{j} \Big|_{s=-1+\mathrm{j}} \\ &= \mp 180^\circ(2k+1) + 45^\circ - (135^\circ + 26.6^\circ + 90^\circ) = -26.6^\circ\end{aligned}$$

考虑到幅角的周期性,取 $\varphi_{k1} = -26.6^\circ$。同理,可得 $\varphi_{k2}\Big|_{s=-1-\mathrm{j}} = +26.6^\circ$。该系统的根轨迹如图 4-15 所示。

4-2-10 闭环系统极点之和与闭环系统极点之积

设系统的开环传递函数为

$$G_o(s) = K_g \frac{\prod_{i=1}^{m}(s+z_i)}{\prod_{j=1}^{n}(s+p_j)} = K_g \frac{(s^m + b_{m-1}s^{m-1} + \cdots + b_1 s + b_0)}{(s^n + a_{n-1}s^{n-1} + \cdots + a_1 s + a_0)}$$

式中

$$b_{m-1} = z_1 + z_2 + z_3 + \cdots + z_m = \sum_{i=1}^{m} z_i$$

$$b_0 = z_1 \cdot z_2 \cdot z_3 \cdot \cdots \cdot z_m = \prod_{i=1}^{m} z_i$$

$$a_{n-1} = p_1 + p_2 + p_3 + \cdots + p_n = \sum_{j=1}^{n} p_j$$

$$a_0 = p_1 \cdot p_2 \cdot p_3 \cdot \cdots \cdot p_n = \prod_{j=1}^{n} p_j$$

系统的闭环特征方程为

$$F(s) = (s^n + a_{n-1}s^{n-1} + \cdots + a_1 s + a_0) + K_g(s^m + b_{m-1}s^{m-1} + \cdots + b_1 s + b_0) = 0$$

设系统的闭环极点为$-s_1,-s_2,\cdots,-s_n$，则

$$F(s)=(s+s_1)(s+s_2)\cdots(s+s_n)=s^n+(s_1+s_2+\cdots+s_n)s^{n-1}+\cdots+s_1\cdot s_2\cdots s_n$$

将上两式比较，可得如下结论：

(a) 当$n-m\geqslant 2$时，闭环系统极点之和等于开环系统极点之和且为常数，即

$$-\sum_{j=1}^{n}s_j=-\sum_{j=1}^{n}p_j=-a_{n-1} \tag{4-24}$$

(b) 可以定义n个闭环极点的重心为

$$s_w=-\frac{1}{n}\sum_{j=1}^{n}s_j=-\frac{1}{n}a_{n-1} \tag{4-25}$$

重心表达式表明，满足$n-m\geqslant 2$时，由于n个闭环极点的重心为常数，不是根轨迹增益K_g的函数，因此，随着K_g的增加（或减小），一些闭环系统极点在复平面上向右移动，另一些闭环系统极点必向左移动，根轨迹向两个方向的移动是关于重心对称的。

[例 4-7] 已知两系统开环传递函数分别为

$$G_{o1}(s)=\frac{K}{s(s+1)(s+2)},G_{o2}(s)=\frac{K(s+4)}{s(s+1)(s+2)}$$

根轨迹图分别如图 4-13(a)和(b)所示，试确定：

(1) 系统 1 两条右移根轨迹穿过虚轴时，第 3 条根轨迹所确定的单闭环根的值；

(2) 系统 2 右移根轨迹的实部极限值。

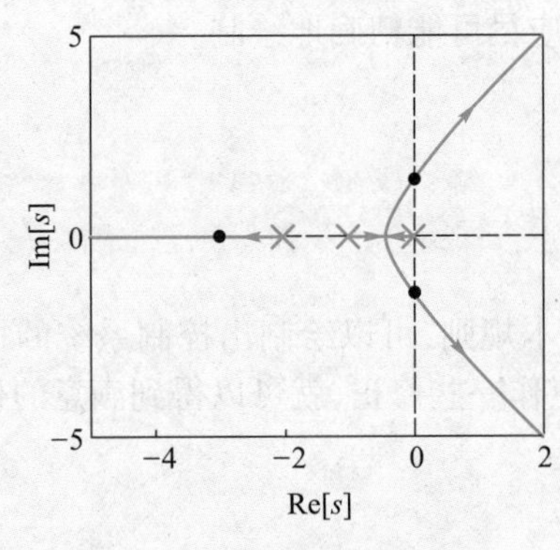

(a) 以重心对称向两边移动

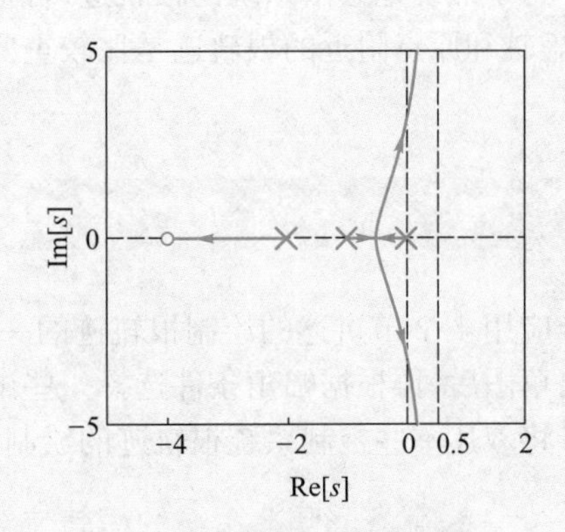

(b) 向两边对称移动有限值

图 4-13 根轨迹重心的应用

解 系统 1 有$n-m=3\geqslant 2$，系统 2 有$n-m=3-1=2$，均满足$n-m\geqslant 2$，因此，系统闭环极点的重心均为$s_w=-\frac{1}{n}a_{n-1}=-1$，左移根轨迹与右移根轨迹关于重心对称。

(1) 闭环根之和

$$-\sum_{j=1}^{n}s_j=-a_{n-1}=0+(-1)+(-2)=-3$$

为常数。当系统 1 两条右移根轨迹穿过虚轴时，一对共轭复根的值为$-p_{1,2}=0\pm j\omega$，因此有

$$s_{11}+s_{12}+s_2=-(0+j\omega)-(0-j\omega)+s_2=-3$$

解出

$$s_2=-3$$

（2）同理，图 4-13(b)中，系统 2 右移根轨迹的实部极限值与左移根轨迹的实部极限值也满足闭环根之和为常数，即

$$-\sum_{j=1}^{n} s_j = -a_{n-1} = 0+(-1)+(-2) = -3$$

向左移动的根轨迹，当 $K_g \to \infty$ 时，闭环极点移动范围为有限值，长度为 2，则两条右移根轨迹以重心对称向右移动的长度也为 2。当 $K_g \to \infty$ 时，右移根轨迹的极限值为 $s_{2,3} = +0.5 \pm j\infty$，即根轨迹以实部 $\sigma = +0.5$为渐近线趋向该值。

（c）闭环极点之积和开环零极点具有如下关系：

$$\prod_{j=1}^{n} s_j = \prod_{j=1}^{n} p_j + K_g \prod_{i=1}^{m} z_i \tag{4-26}$$

当开环系统具有等于零的极点时（即 $a_0 = 0$），则有

$$\prod_{j=1}^{n} s_j = K_g \prod_{i=1}^{m} z_i \tag{4-27}$$

即闭环极点之积和根轨迹增益成正比。

对应于某一 K_g 值，若已求得闭环系统的某些极点，则利用上述结论可求出其他极点。利用上述结论也可以估计 K_g 增大（或减小）时根轨迹的走向。

综上所述，在给出开环零点、极点的情况下，利用以上性质可以迅速地确定根轨迹的大致形状。为了准确地绘出系统的根轨迹，可根据幅角条件，利用试探法确定若干点。一般来说，靠近虚轴和原点附近的根轨迹是比较重要的，应尽可能精确地绘制。

4-3 控制系统根轨迹的绘制

综合应用 4-2 节讲述的绘制根轨迹的一些基本规则，可以绘制出控制系统的根轨迹草图。绘出草图后，再根据幅角条件选择一些试验点作一些修正，就可以得到满意的根轨迹草图。本节将叙述一些控制系统根轨迹的绘制。

4-3-1 单回路负反馈系统的根轨迹

仿真程序：例 4-8 根轨迹绘制仿真

［例 4-8］ 设系统的开环传递函数为

$$G_o(s) = \frac{K_g(s+1)}{(s+0.1)(s+0.5)}$$

试绘制系统的根轨迹。

解 绘制根轨迹图的步骤如下：

（1）根轨迹共有 2 支。起点在开环极点 $s=-0.1,-0.5$，一支根轨迹的终点在 $s=-1$，另一支根轨迹沿负实轴趋向无穷远处。

（2）实轴根轨迹区间为$(-\infty,-1]$，$[-0.5,-0.1]$。

（3）分离点和会合点计算：由分离点的计算公式

$$N'(s)D(s) - N(s)D'(s) = 0$$

解得分离点为 $s_1 = -0.33, K_{g1} = 0.06$；会合点为 $s_2 = -1.67, K_{g2} = 2.6$。

(4) 由分离点射向复平面的根轨迹是个圆。证明如下:

设 s 点在根轨迹上,应满足根轨迹幅角条件

$$\angle s+1-\angle s+0.1-\angle s+0.5=180°$$

把 $s=\sigma+j\omega$ 代入,得

$$\angle \sigma+j\omega+1-\angle \sigma+j\omega+0.1=180°+\angle \sigma+j\omega+0.5$$

$$\arctan\frac{\omega}{1+\sigma}-\arctan\frac{\omega}{0.1+\sigma}=180°+\arctan\frac{\omega}{0.5+\sigma}$$

利用反正切公式,即

$$\arctan x\mp\arctan y=\arctan\frac{x\mp y}{1\pm xy}$$

上式可写为

$$\arctan\frac{\dfrac{\omega}{1+\sigma}-\dfrac{\omega}{0.1+\sigma}}{1+\dfrac{\omega}{1+\sigma}\cdot\dfrac{\omega}{0.1+\sigma}}=\arctan\frac{\omega}{0.5+\sigma}$$

上式两边取正切后,可得

$$\frac{(0.1-1)\omega}{(1+\sigma)(0.1+\sigma)+\omega^2}=\frac{\omega}{0.5+\sigma}$$

经整理可得

$$(\sigma+1)^2+\omega^2=0.67^2$$

该式为圆方程,圆心位于 $\sigma=-1,\omega=0$,半径为 0.67。此圆与实轴的交点就是根轨迹在实轴上的分离点和会合点。完整的根轨迹如图 4-14 所示。

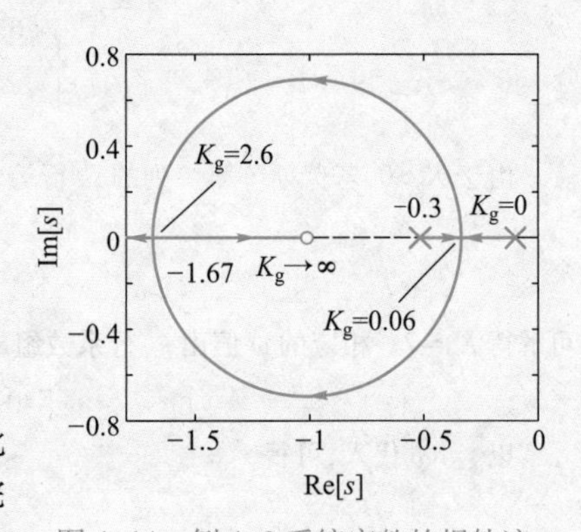

图 4-14 例 4-8 系统完整的根轨迹

[例 4-9] 设系统开环传递函数为

$$G_o(s)=\frac{K_g(s+2)}{s(s+3)(s^2+2s+2)}$$

仿真程序:例 4-9 根轨迹绘制仿真

试绘制系统的根轨迹。

解 绘制步骤如下:

(1) 求得系统的开环共轭复数极点为 $-1\pm j$。

(2) 根轨迹共有 4 条。起点在开环极点 $0,-3,-1\pm j$,一条根轨迹终止于开环零点 -2,其余 3 条终止于无穷远处。

(3) 根轨迹的渐近线。

渐近线与实轴的交点为

$$-\sigma=-\frac{\sum\limits_{j=1}^{n}p_j-\sum\limits_{i=1}^{m}z_i}{n-m}=-\frac{1}{3}[(0+3+1+j+1-j)-2]=-1$$

渐近线倾角为

$$\theta=\frac{\pm180°(2k+1)}{n-m}=\frac{\pm180°(2k+1)}{3}$$

当 $k=0,1,2$ 时分别得倾斜角为 $\pm60°,\pm180°,\pm300°$。

(4) 实轴上根轨迹在区间 $(-\infty,-3]$ 和 $[-2,0]$。

(5) 实轴上无分离点和会合点。

(6) 根轨迹离开复数极点 $-1\pm j$ 的出射角由计算公式求得为 $\mp26.6°$。

(7) 计算根轨迹与虚轴的交点。

系统的闭环特征方程为

$$s(s+3)(s^2+2s+2)+K_g(s+2)=0$$

即

$$s^4+5s^3+8s^2+(6+K_g)s+2K_g=0$$

列出劳斯阵为

$$\begin{array}{c|ccc} s^4 & 1 & 8 & 2K_g \\ s^3 & 5 & 6+K_g & \\ s^2 & \dfrac{40-(6+K_g)}{5} & 2K_g & \\ s^1 & (6+K_g)-\dfrac{50K_g}{34-K_g} & 0 & \\ s^0 & 2K_g & & \end{array}$$

由于 $K_g>0$，若劳斯阵第一列的 s^1 行等于零，则系统具有共轭虚根，即

$$6+K_g-\frac{50K_g}{34-K_g}=0$$

可解得 $K_g=7$。相应的 ω 值由 s^2 行系数组成的辅助方程确定，即

$$[40-(6+7)]s^2+5\times2\times7=0$$

以 $s=\mathrm{j}\omega$ 代入，可得

$$\omega=\pm1.6$$

完整的根轨迹如图 4-15 所示。

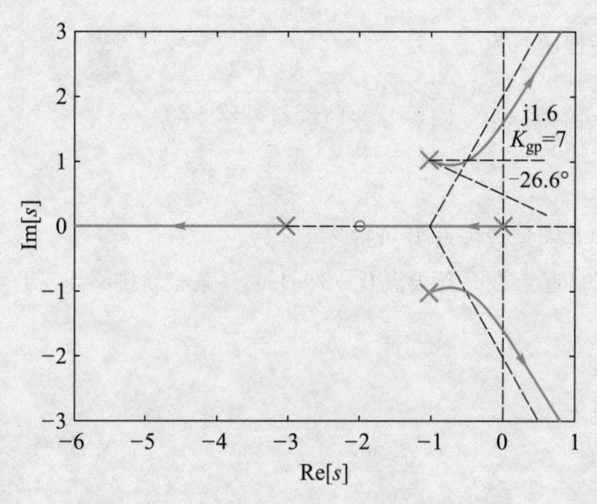

图 4-15 例 4-6 和例 4-9 系统完整的根轨迹

注意，对于如图 4-16(a)所示的非单位反馈系统，其开环传递函数为

$$G_o(s)=G(s)H(s)$$

若 $G(s)$ 的分母和 $H(s)$ 分子中含有公共因子，则将会出现极点和零点相消，导致特征方程阶数下降。这时，应将图 4-16(a)所示的一般系统结构图等效变换为图 4-16(b)所示的单位反馈形式。此时，系统的闭环传递函数为

$$G_c(s)=\frac{G(s)}{1+G(s)H(s)}=\frac{1}{H(s)}\,\frac{G_o(s)}{1+G_o(s)}=\frac{1}{H(s)}G_c'(s)$$

以开环传递函数 $G_o(s)$ 绘制根轨迹可以得到单位反馈闭环系统 $G'_c(s)$ 的极点，因 $G_o(s)$ 极点、零点相消所引起 $G'_c(s)$ 极点的减少将由 $\frac{1}{H(s)}$ 的极点来补充，从而得到闭环系统的全部极点。

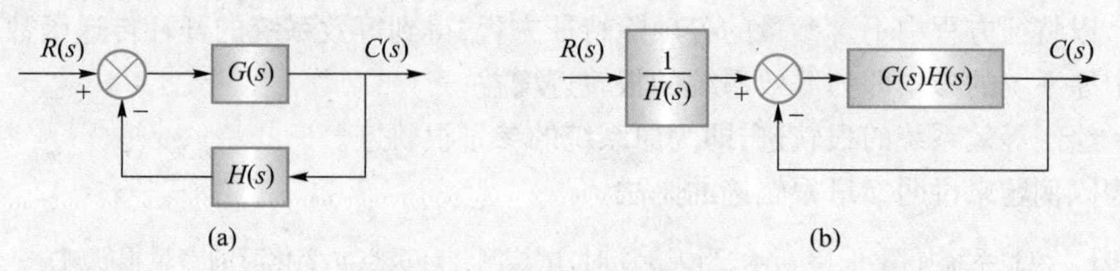

图 4-16 非单位反馈系统

图 4-17 绘出了常见的负反馈系统的零点、极点分布及相应的根轨迹图。

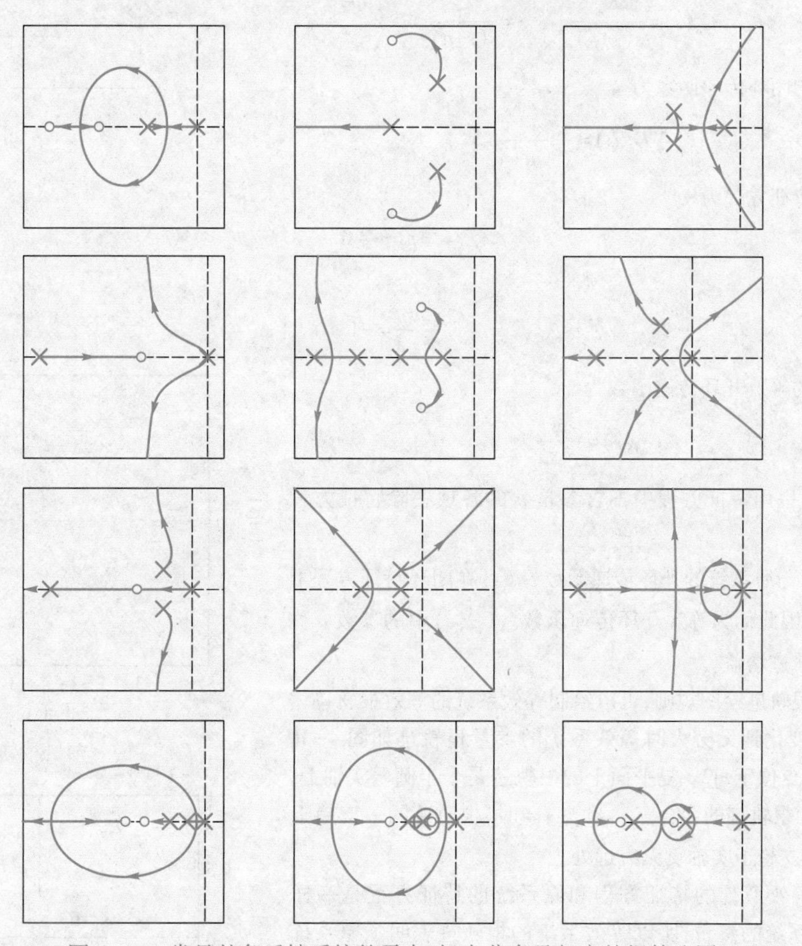

图 4-17 常见的负反馈系统的零点、极点分布及相应的根轨迹图

4-3-2 参量根轨迹

以上讨论的是开环根轨迹增益 K_g 变化时系统的根轨迹。在许多控制系统的设计中，我们常常还须研究其他参数变化，例如某些开环零点、极点，或附加的校正环节的某些参数变化时对特征方程根的影响。因此，需要绘制除 K_g 以外的其他参数变化时系统的根轨迹，即

参量根轨迹。

绘制参量根轨迹的步骤如下：

(1) 写出原系统的特征方程；

(2) 以特征方程中不含参量的各项除特征方程，得到等效系统的开环传递函数 $G_{eo}(s)$，该方程中原系统的参量即为等效系统的根轨迹增益；

(3) 绘制等效系统的根轨迹，即为原系统的参量根轨迹。

下面以例题来说明参量根轨迹的画法。

仿真程序：例4-10根轨迹绘制仿真

[**例 4-10**] 控制系统如图 4-18 所示，当 $K_g=4$ 时，试绘制开环极点 p 变化时的参量根轨迹。

解 当 $K_g=4$ 时，系统的开环传递函数为

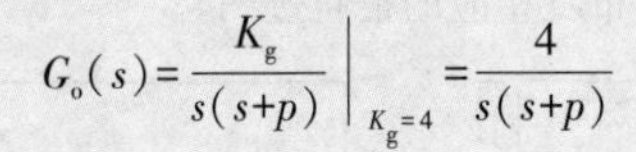

$$G_o(s)=\frac{K_g}{s(s+p)}\bigg|_{K_g=4}=\frac{4}{s(s+p)}$$

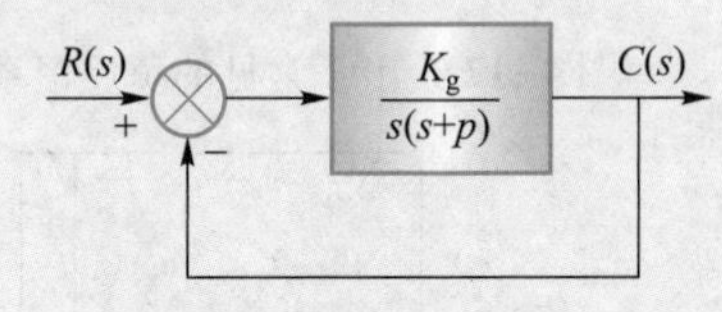

图 4-18 例 4-10 的控制系统

系统的闭环传递函数为

$$G_c(s)=\frac{4}{s^2+ps+4}$$

闭环特征方程为

$$s^2+ps+4=0$$

由于

$$\frac{ps}{s^2+4}=-1$$

所以系统的等效开环传递函数为

$$G_{eo}(s)=\frac{ps}{s^2+4}$$

$G_{eo}(s)$ 也可以用特征方程中不含参量 p 的各项去除特征方程求得。

$G_{eo}(s)$ 与原系统的开环传递函数 $G_o(s)$ 在闭环特征方程上是等价的，因此称为等效开环传递函数。$G_{eo}(s)$ 中的参数 p 称为等效根轨迹增益。

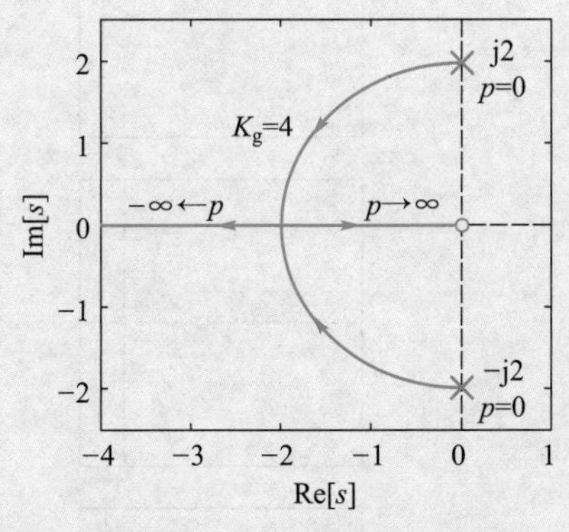

图 4-19 参量根轨迹

按照根轨迹绘图规则，可以绘制等效系统的等效根轨迹增益，p 从零变化到无穷大时等效系统的参量根轨迹如图 4-19 所示，其起点位于±j2。复平面上的根轨迹是个半圆。实轴上，$-\sigma_d=-2$ 为根轨迹的会合点。当 $p\to\infty$ 时，根轨迹的一支趋于原点，另一支趋于实轴负无穷远处。

由于等效系统的特征方程和原系统的特征方程是一样的，p 为原系统的参量，所以等效系统的根轨迹表明了原系统参量 p 变化时系统闭环特征根的变化。还可绘出例题系统在 $p=0$ 时，K_g 从零变化到无穷大时的根轨迹，如图 4-20 所示。该系统具有两支根轨迹，均从原点开始沿正虚轴和负虚轴趋于无穷远处。可以发现，图 4-20 中，$K_g=4$ 时闭环系统的极点就是图 4-19 参量根轨迹的起点。这是因为，它们都具有 $K_g=4$ 和 $p=0$。因此，等效系统与原系统具有相同的闭环极点。

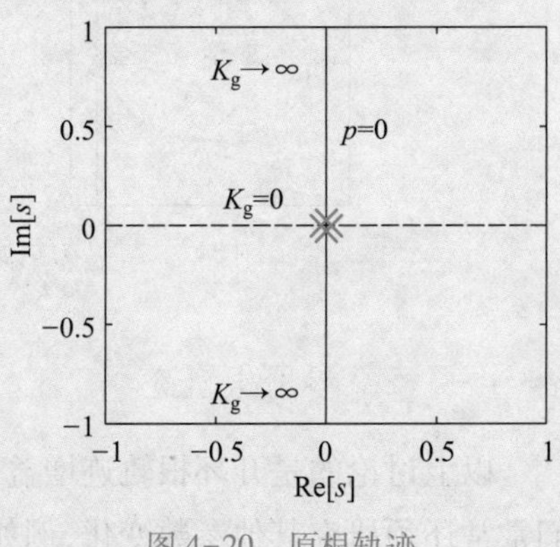

图 4-20 原根轨迹

当系统有两个参数变化时,所绘出的轨迹叫作根轨迹族。仍以例 4-10 系统为例,可绘制 K_g 和 p 分别从零变化到无穷大时的根轨迹族。一般有两种方法:

(1) 取 K_g 为不同值时,绘制参量 p 从零变化到无穷大时的参量根轨迹。这时,根轨迹方程为

$$p\frac{s}{s^2+K_g}=-1$$

对应于任何 $-K_g$ 值,都有两支参量根轨迹起点在等效开环传递函数的极点 $\pm j\sqrt{K_g}$,复平面上的根轨迹是圆心在原点,半径为 $\sqrt{K_g}$ 的半圆,两支根轨迹在实轴上会合点坐标为 $-\sqrt{K_g}$,两支根轨迹的终点在等效开环传递函数的有限值零点(即原点)和负实轴无穷远处。图 4-21 上画出了该系统当 K_g 为不同值时参量根轨迹。

(2) 取 p 为不同值,绘制增益 K_g 从零变化到无穷大时的根轨迹。这时,根轨迹方程为

$$K_g\frac{1}{s(s+p)}=-1$$

对应于任意 $-p$ 值都有两支根轨迹。起点在系统开环极点 0 和 $-p$,实轴上根轨迹在 $-p\sim0$ 区间,分离点坐标为 $-p/2$,分离角为 ±90。当 $K_g\to\infty$ 时,两支根轨迹分别沿过 $-p/2$ 点平行于虚轴的直线上下两方趋向于无穷远处。图 4-22 画出了该系统当 p 为不同值时的参量根轨迹族。

从图 4-21 中可以得到 p 为某确定值时,系统闭环特征方程的根。例如,$p=2$,当 $K_g=1$,4,9 和 16 时,特征方程的根分别在复平面的 A(重根)、B、B'、C、C' 和 D、D' 点。从图 4-22 中,也可以得到 K_g 为某确定值时闭环系统的特征方程的根。例如,$K_g=4$,当 $p=0,2,4,6$ 时,特征方程的根分别在复平面的 A、A'、B、B'、C(重根)和 D、D' 点。相同的 p 值和相同的 K_g 值时两根轨迹簇上所得到的闭环特征方程的根是一样的。例如,当 $p=2,K_g=4$ 时,图 4-21 的 B 和 B' 与图 4-22 的 B 和 B' 是重合的。

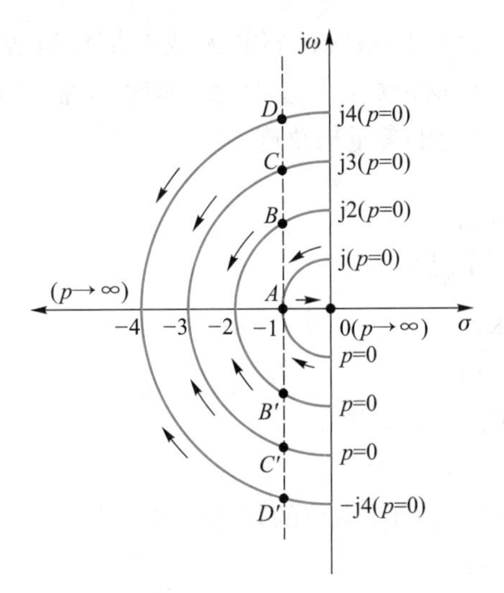

图 4-21　参量根轨迹族

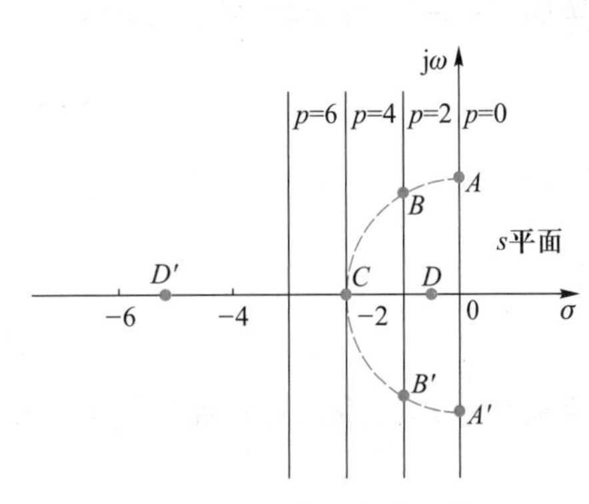

图 4-22　p 参量根轨迹族

4-3-3 多回路系统的根轨迹

图4-23所示为一个简单的多回路反馈系统。

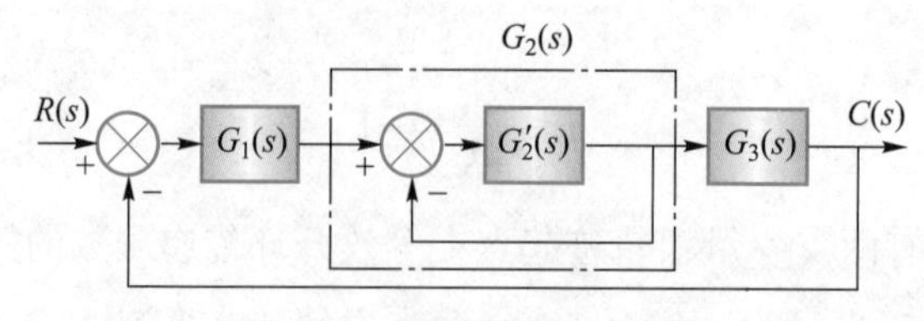

图4-23 多回路反馈系统

若传递函数 $G_1(s)$、$G_2(s)$ 和 $G_3(s)$ 为已知，则系统的开环传递函数为

$$G_o(s)=G_1(s)G_2(s)G_3(s)=G_1(s)\frac{G_2'(s)}{1+G_2'(s)}G_3(s) \tag{4-28}$$

$G_o(s)$ 的零点包括 $G_1(s)$、$G_2(s)$ 和 $G_3(s)$ 的零点。其中，$G_2(s)$ 的零点和 $G_2'(s)$ 的零点相同。$G_o(s)$ 的极点包括 $G_1(s)$、$G_2(s)$ 和 $G_3(s)$ 的极点。$G_2(s)$ 的极点由方程

$$1+G_2'(s)=0 \tag{4-29}$$

或

$$G_2'(s)=-1 \tag{4-30}$$

决定。显然，上式是一个单回路负反馈系统的根轨迹方程，称为局部反馈回路的根轨迹方程。

如果需要绘制的是 $G_1(s)$ 或 $G_3(s)$ 的某个参数变化时多回路系统的根轨迹或参量根轨迹，$G_2(s)$ 的极点是比较容易得到的。例如，通过解析法求得或根据式(4-30)绘制局部反馈回路的根轨迹或参量根轨迹而确定。

如果需要绘制的是 $G_2(s)$ 的某个参数变化时多回路系统的根轨迹或参量根轨迹，则 $G_2(s)$ 的极点难以确定。因为这个参数变化时，$G_2(s)$ 的极点也跟着变化。这时，应根据多回路系统的特征方程直接绘制该参数变化时多回路系统的参量根轨迹。

例如，图4-23所示的系统中，如果

$$G_1(s)=K_1\left(1+\frac{1}{T_1 s}\right)$$

$$G_2'(s)=\frac{K_2}{T_2 s+1}$$

$$G_3(s)=\frac{K_3}{T_3 s+1}$$

需要绘制的是 K_2 变化时多回路系统的根轨迹。此时多回路系统的开环传递函数为

$$G_o(s)=K_1\left(1+\frac{1}{T_1 s}\right)\frac{\dfrac{K_2}{T_2 s+1}}{1+\dfrac{K_2}{T_2 s+1}}\cdot\frac{K_3}{T_3 s+1}$$

$$=\frac{K_1K_2K_3}{T_2T_3}\cdot\frac{\left(s+\frac{1}{T_1}\right)}{s\left(s+\frac{1+K_2}{T_2}\right)\left(s+\frac{1}{T_3}\right)}$$

$$=K_g\frac{(s+z_1)}{s(s+p_2)(s+p_3)}$$

可见,根轨迹增益 K_g 与 K_2 有关,极点 $-p_2$ 与 K_2 有关。当 K_2 从零变化到无穷大时,$-p_2$ 从 $-\frac{1}{T_2}$ 变化到负无穷大。

多回路系统的闭环特征方程为

$$1+G_o(s)=0$$

即

$$1+\frac{K_1K_2K_3\left(s+\frac{1}{T_1}\right)}{s(T_2s+1+K_2)(T_3s+1)}=0$$

整理后可得

$$s(T_2s+1)(T_3s+1)+K_2\left[s(T_3s+1)+K_1K_3\left(s+\frac{1}{T_1}\right)\right]=0$$

用不含 K_2 的各项除上式,可得

$$1+\frac{K_2}{T_2}\cdot\frac{\left(s^2+\frac{1+K_1K_3}{T_3}s+\frac{K_1K_3}{T_1T_3}\right)}{s\left(s+\frac{1}{T_2}\right)\left(s+\frac{1}{T_3}\right)}=0$$

改写为

$$K_g'\frac{(s+z_1)(s+z_2)}{s(s+p_2)(s+p_3)}=-1$$

式中,$K_g'=\frac{K_2}{T_2}$,$p_2=\frac{1}{T_2}$,$p_3=\frac{1}{T_3}$,而 z_1,z_2 由方程

$$s^2+\frac{1+K_1K_3}{T_3}s+\frac{K_1K_3}{T_1T_3}=0$$

求得,与原系统的闭环特征方程是对应的。

4-3-4 正反馈系统的根轨迹

我们已经知道,负反馈是自动控制系统的一个重要特点,但在复杂的控制系统中可能会出现局部正反馈结构,如图 4-24(a)所示。这种局部正反馈的结构可能是控制对象本身的特性,也可能是为满足系统的某种性能要求在设计系统时加入的。因此,在利用根轨迹法对系统进行分析或综合时,有时需绘制正反馈系统的根轨迹。正反馈系统的结构图如图 4-24(b)所示。

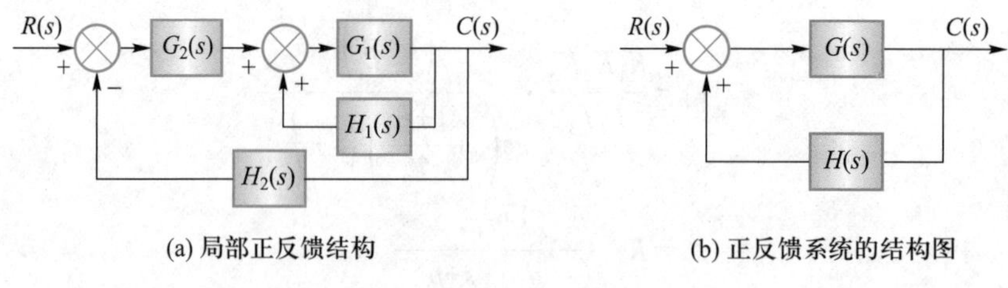

(a) 局部正反馈结构　　(b) 正反馈系统的结构图

图 4-24　正反馈结构图

正反馈系统的闭环传递函数为

$$G_c(s)=\frac{G(s)}{1-G(s)H(s)}$$

其开环传递函数为

$$G_o(s)=G(s)H(s)$$

相应的根轨迹方程为

$$G_o(s)=1 \tag{4-31}$$

其幅值条件和相角条件分别为

$$\begin{cases}|G_o(s)|=1\\ \angle G_o(s)=\pm180^\circ\cdot 2k\quad(k=0,1,2,\cdots)\end{cases} \tag{4-32}$$

与负反馈系统的幅值方程[式(4-8)]和幅角方程[式(4-9)]比较可知,幅值条件相同,而幅角条件是不相同的。负反馈系统的幅角条件是±180°,正反馈系统则是0°。所以,正反馈系统的根轨迹也称为零度根轨迹。

由正反馈的根轨迹方程[式(4-31)],可得绘制零度根轨迹的基本法则如下:

(1) 根轨迹的起点、终点和分支数:与常规根轨迹相同。

(2) 根轨迹渐近线的计算:渐近线与实轴交点的计算与常规根轨迹相同。倾斜角依零度根轨迹计算,公式为

$$\theta=\frac{\pm180^\circ\cdot 2k}{n-m}\quad(k=0,1,2,\cdots) \tag{4-33}$$

(3) 实轴上的根轨迹的确定:实验点所在的实验段右方实轴上的开环零点和极点数总和为偶数,则该实验段为根轨迹。

(4) 根轨迹的分离点和会合点:与常规根轨迹的计算相同。

(5) 根轨迹的出射角和入射角的计算公式为

$$\varphi_k=\sum_{j=1}^{m}\theta_j-\sum_{\substack{i=1\\ i\neq k}}^{n}\varphi_i\Bigg|_{s=p_k} \tag{4-34}$$

$$\theta_l=-\sum_{\substack{j=1\\ j\neq l}}^{m}\theta_j+\sum_{i=1}^{n}\varphi_i\Bigg|_{s=z_l} \tag{4-35}$$

(6) 根轨迹与虚轴的交点:计算方法同常规根轨迹。

其他性质,例如根轨迹的对称性、闭环极点之和与闭环极点之积的性质均同常规根轨迹。

仿真程序:例4-11根轨迹绘制仿真

[例 4-11] 设单位正反馈系统的开环传递函数为

$$G_o(s)=\frac{K_g}{s(s+1)(s+5)}$$

试绘制系统的根轨迹。

解 绘制步骤如下:

(1) 根轨迹起点在 0,-1,-5。共有三支,终点均在无穷远处。

(2) 趋于无穷远处的根轨迹的渐近线与实轴相交于-2,倾斜角由式(4-33)计算,结果为 0°,±120°,±240°。

(3) 实轴上根轨迹的区间:[-5,-1]和[0,+∞)。

(4) 分离点计算。

由

$$N'(s)D(s)-N(s)D'(s)=0$$

得到

$$3s^2+12s+5=0$$

解得

$$s=-3.52,-0.48$$

由于-0.48 不在根轨迹上,所以根轨迹分离点为-3.52,分离角为±90°。系统的正反馈根轨迹如图 4-25 所示。

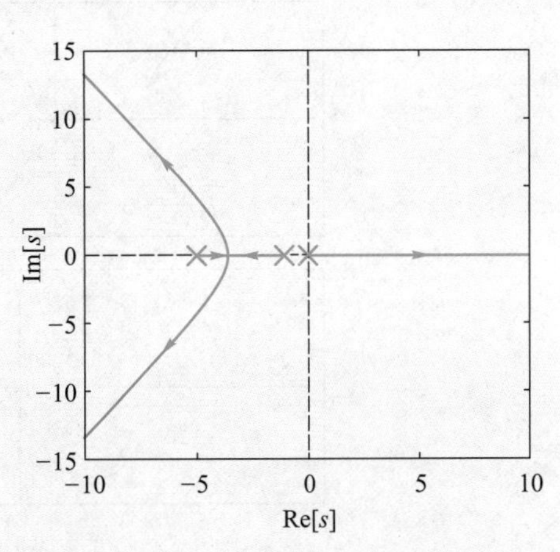

图 4-25 例 4-11 系统的正反馈根轨迹

若正反馈系统的开环传递函数为

$$G_o(s)=K_g\frac{\prod_{j=1}^{m}(s+z_j)}{\prod_{i=1}^{n}(s+p_i)}$$

则根轨迹方程可以写为

$$-K_g\frac{\prod_{j=1}^{m}(s+z_j)}{\prod_{i=1}^{n}(s+p_i)}=-1$$

与负反馈系统的根轨迹方程[式(4-4)]比较可知,正反馈系统的根轨迹,就是开环传递函数相同的负反馈系统中,当 K_g 从 0 变化到-∞ 时的根轨迹。因此,可将负反馈系统和正反馈系统的根轨迹合并,得到-∞ <K_g<+∞ 整个区间的根轨迹,如图 4-26 所示。

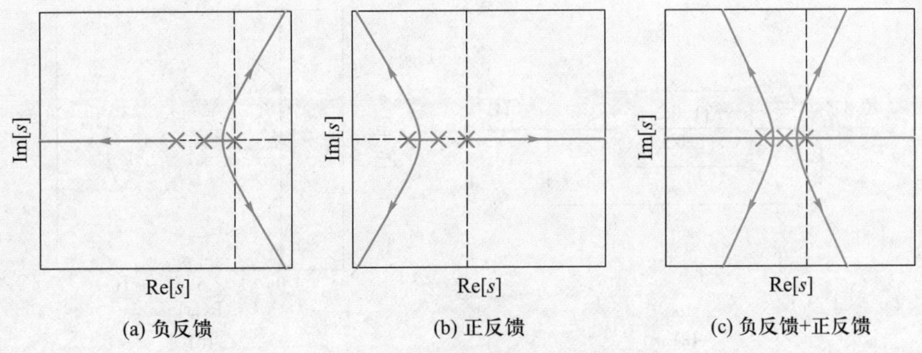

图 4-26 正反馈根轨迹与负反馈根轨迹

由图4-26可以注意到,正反馈根轨迹与负反馈根轨迹是有许多“互补”特性的,如走向、分布、对称等。因此,对于正反馈根轨迹作图,可以不使用前面的修改法则与计算,而由负反馈根轨迹以“互补”原则作出。

在图4-27中画出了一些系统的负反馈根轨迹图和正反馈根轨迹图,以作比较。

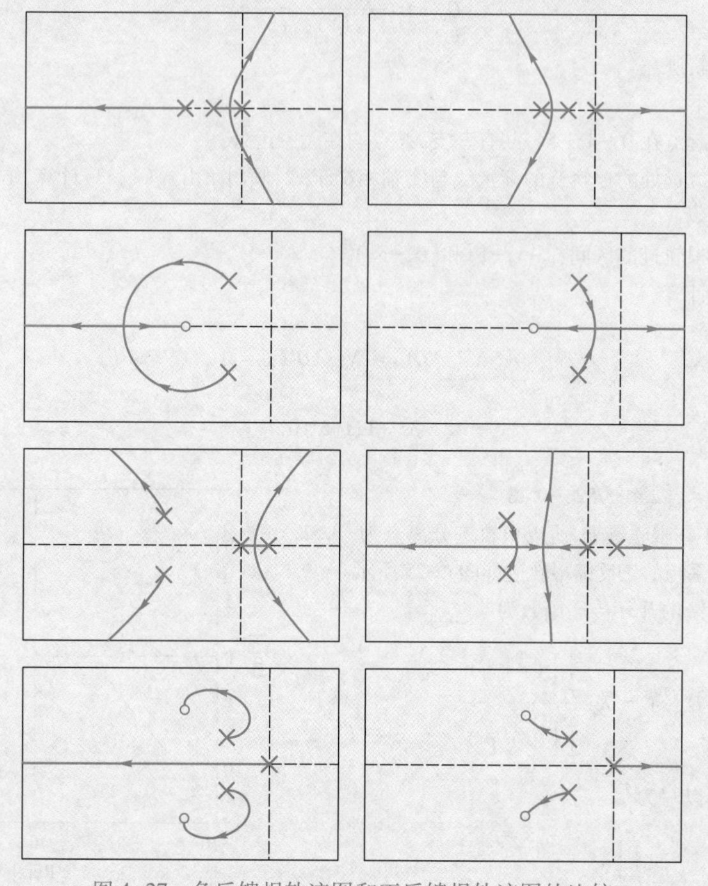

图4-27 负反馈根轨迹图和正反馈根轨迹图的比较

在应用中,除了上述正反馈时用到零度根轨迹之外,对于在 s 平面右半平面有开环零点、极点的系统作图时,也要用到零度根轨迹。

[例4-12] 单位负反馈系统的结构图如图4-28(a)所示,试作根轨迹图,并确定系统稳定时增益 K 的取值条件。

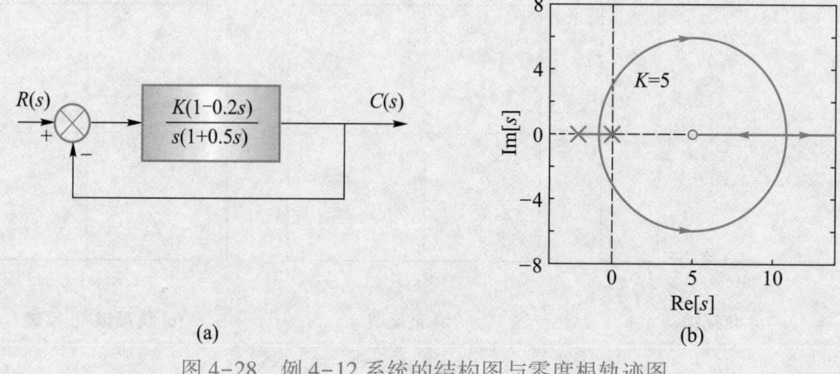

图4-28 例4-12系统的结构图与零度根轨迹图

解 系统开环传递函数为

$$G_o(s)=\frac{K(1-0.2s)}{s(1+0.5s)}=\frac{-0.2K}{0.5}\cdot\frac{(s-5)}{s(s+2)}=\frac{-K_g(s-5)}{s(s+2)}$$

式中，根轨迹增益 $K_g=0.2K/0.5$，取值为 $0\to\infty$ 时，则需作零度根轨迹图，如图 4-28(b)所示。

由图可知，系统稳定的 K 值取值范围为

$$0<K<5$$

4-3-5 延迟系统的根轨迹

含有延迟环节的系统，称为延迟系统，如图 4-29 所示。延迟环节的传递函数为 $e^{-\tau s}$，其中 τ 为延迟时间。设

$$G_{o1}(s)=K_g\frac{\prod\limits_{i=1}^{m}(s+z_i)}{\prod\limits_{j=1}^{n}(s+p_j)}=K_g\frac{N_1(s)}{D_1(s)} \tag{4-36}$$

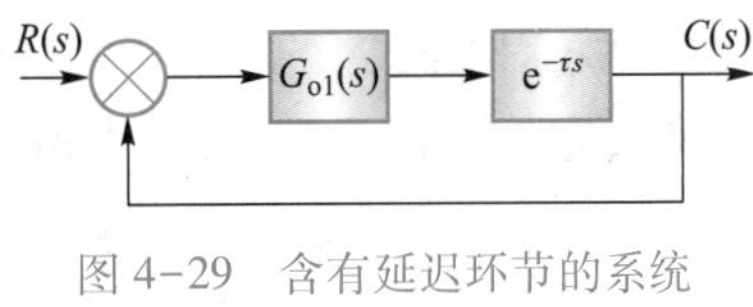

图 4-29 含有延迟环节的系统

延迟系统开环传递函数为

$$G_o(s)=K_g\frac{\prod\limits_{i=1}^{m}(s+z_i)}{\prod\limits_{j=1}^{n}(s+p_j)}e^{-\tau s} \tag{4-37}$$

系统的闭环特征方程为

$$\prod_{j=1}^{n}(s+p_j)+K_g\prod_{i=1}^{m}(s+z_i)e^{-\tau s}=0 \tag{4-38}$$

由于 $e^{-\tau s}$是复变量 s 的超越函数，故延迟系统的特征方程是超越方程。前面已经指出，当 τ 很小时，延迟环节可近似为一个时间常数为 τ 的惯性环节。延迟系统的根轨迹可按前面介绍的方法近似地绘制。如果 τ 较大，则需研究延迟系统根轨迹的绘制方法。

以 $s=\sigma+j\omega$ 表示，延迟环节传递函数可写为

$$e^{-\tau s}=e^{-\tau(\sigma+j\omega)}=e^{-\sigma\tau}\cdot\angle{-\omega\tau} \tag{4-39}$$

其幅值和幅角分别与复平面上点 s 的实部 σ 和虚部 ω 有关。由超越函数的多值性可知，延迟环节 $e^{-\tau s}$有无穷多个零点和无穷多个极点。

写出延迟系统的根轨迹方程为

$$K_g\frac{\prod\limits_{i=1}^{m}(s+z_i)}{\prod\limits_{j=1}^{n}(s+p_j)}e^{-\tau s}=-1 \tag{4-40}$$

相应的幅值方程为

$$\left|\frac{K_g\prod_{j=1}^{m}(s+z_j)}{\prod_{i=1}^{n}(s+p_i)}\right|e^{-\sigma\tau}=1,\text{或 }K_g=\left|\frac{\prod_{i=1}^{n}(s+p_i)}{\prod_{j=1}^{m}(s+z_j)}\right|e^{\sigma\tau} \tag{4-41}$$

幅角方程为

$$\sum_{i=1}^{m}\angle s+z_i-\sum_{j=1}^{n}\angle s+p_j=\pm180^\circ(2k+1)+57.3\omega\tau^\circ\quad(k=0,1,2,\cdots) \tag{4-42}$$

式中,ω 的单位为 rad/s,系数 57.3 为单位变换常数。

由式(4-41)和式(4-42)可见,当 $\tau=0$ 时幅值方程和幅角方程与一般系统的幅值方程和幅角方程相同。当 $\tau\neq0$ 时,特征根 $s=\sigma+j\omega$ 的实部将影响幅值方程,面幅角方程也不是 $\pm180^\circ$,它是 ω 的函数,且和 k 值有关,当 $k=0$ 时,幅角方程为

$$\sum_{i=1}^{m}\angle s+z_i-\sum_{j=1}^{n}\angle s+p_j=\pm180^\circ+57.3\omega\tau^\circ \tag{4-43}$$

当 $k=1$ 时,幅角方程变为

$$\sum_{i=1}^{m}\angle s+z_i-\sum_{j=1}^{n}\angle s+p_j=\pm540^\circ+57.3\omega\tau^\circ \tag{4-44}$$

显然,当 k 值从 $0,1,2,\cdots$ 到 ∞ 时,式(4-42)的右边也有无穷多个数值。因此,对应一定的 K_g 值,同时满足幅值条件和幅角条件的复平面上的点有无穷多个,即延迟系统的根轨迹有无穷多支。

可见,绘制一般系统根轨迹的基本法则,用于延迟系统时,均应作相应的更改。下面由例题来说明。

[例 4-13] 绘制带有延迟环节的单位反馈系统的根轨迹,设系统的开环传递函数为

$$G_o(s)=\frac{K_g}{s+1}e^{-\tau s},\tau=1$$

解 由根轨迹的幅角条件有

$$\angle s+1=\mp180^\circ(2k+1)-57.3\omega\tau^\circ$$

当 $k=0$ 时,幅角条件为

$$\angle s+1=\mp180^\circ-57.3\omega\tau^\circ$$

由实轴上根轨迹的判别,实轴上的根轨迹在 $(-\infty,-1]$ 区间。

根轨迹的起点为 $-\infty$ 和 -1。由于没有有限零点,两条根轨迹终止于无穷远处。

计算实轴上的分离点,由计算公式求得

$$(e^{-\tau s})'(s+1)-e^{-\tau s}(s+1)'=0$$

即

$$-\tau e^{-\tau s}(s+1)-e^{-\tau s}=0$$

求得实轴分离点为

$$-\sigma=s=-\left(1+\frac{1}{\tau}\right)=-2$$

当根轨迹趋于无穷远零点时,可以求得根轨迹渐近线与虚轴的交点为

$$\omega=-\frac{\mp 180°(2k+1)}{57.3\tau}\qquad(k=0,1,2,\cdots)$$

$$=\mp\frac{\pi}{\tau},\quad \mp\frac{3\pi}{\tau},\quad \mp\frac{5\pi}{\tau},\cdots$$

当根轨迹趋于无穷远极点时，因 $n-m=1$，可以求得根轨迹与虚轴的交点为

$$\omega=\frac{\mp 180°\cdot 2k}{57.3\tau}\qquad(k=0,1,2,\cdots)$$

$$=0,\quad \mp\frac{2\pi}{\tau},\quad \mp\frac{4\pi}{\tau},\quad \mp\frac{6\pi}{\tau},\cdots$$

下面根据式(4-43)，通过图解法求当 $k=0$ 时，复平面上的根轨迹及根轨迹与虚轴的交点。在虚轴上取一点 $s=j\omega_1$，过-1 点作倾斜角为 $180°-57.3°\omega\tau$ 的斜线(如图 4-30 所示)，该斜线与过虚轴上 $j\omega_1$ 点的水平线的交点 s_1 满足式(4-44)，故 s_1 在根轨迹上。取不同的 ω 可得根轨迹的其他点。当 $k=0$ 时，根轨迹与虚轴的交点可由式(4-43)求得，即

$$\arctan\ \omega=180°-57.3\omega\tau°$$

结果 $\omega=2.03$，并由式(4-41)求得此时的临界根轨迹增益为$K_{gp}=2.26$。

$k=0$ 的根轨迹曲线称为基本根轨迹曲线，如图 4-30 所示。

同理，可以绘制 $k=1,2,3,\cdots$时各支根轨迹。当 $\tau=1$ 时，全部的根轨迹图如图 4-31 所示。

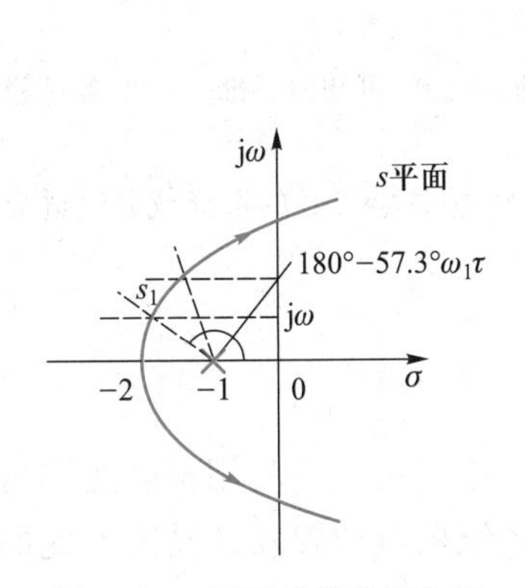

图 4-30 延迟系统的根轨迹

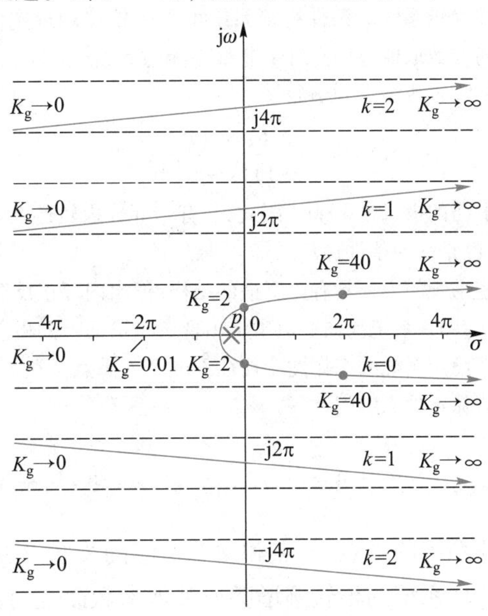

图 4-31 带延迟环节系统的全部根轨迹图

4-4 控制系统的根轨迹法分析

根轨迹法分析是根据系统的结构和参数，绘制出系统的根轨迹后，利用根轨迹来对系统进行性能分析的分析方法。它包括：

(1) 由给定参数确定闭环系统零点、极点的位置，以确定系统的稳定性；

(2) 计算系统的动态性能和稳态性能;

(3) 根据性能要求确定系统的参数等。

在对系统进行分析的基础上,还可应用根轨迹法进行系统的综合。现讨论以下几个问题。

4-4-1 条件稳定系统的分析

仿真程序:例4-14根轨迹绘制仿真

[例4-14] 设某系统开环传递函数为

$$G_o(s)=\frac{K_g(s^2+2s+4)}{s(s+4)(s+6)(s^2+1.4s+1)}$$

试绘制系统的根轨迹,并讨论使闭环系统稳定时 K_g 的取值范围。

解 利用绘制根轨迹的法则(过程从略)可绘出 K_g 从0变化到∞时系统的根轨迹,如图4-32所示。

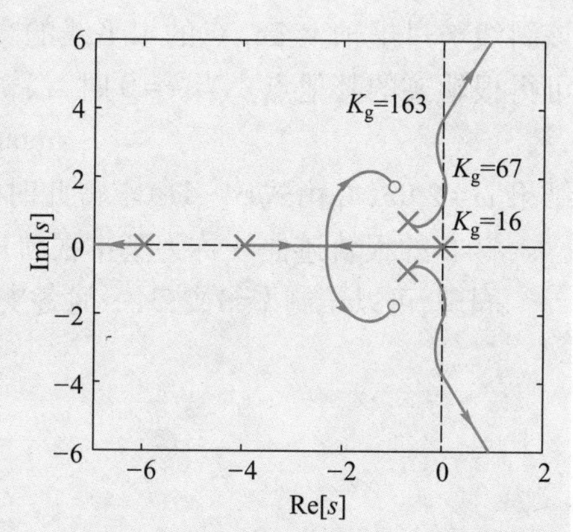

图4-32 条件稳定系统的根轨迹

由图可见,当 $0<K_g<15.6$ 及 $67.5<K_g<163.6$ 时,闭环系统是稳定的,但当 $16<K_g<67.5$ 及 $K_g>163.6$ 时,系统是不稳定的。

参数在一定的范围内取值才能使系统稳定,这样的系统称为条件稳定系统。条件稳定系统可由根轨迹图确定使系统稳定的参数取值范围。对于非最小相位系统,在右半 s 平面上具有零点或极点。例如

$$G_o(s)=\frac{K_g(s+1)}{s(s-1)(s^2+4s+16)}$$

在右半平面的极点是1+j0。因此,必有一部分根轨迹在右半平面,它也是一种条件稳定系统。

某些系统的内环具有正反馈的结构,作出内环正反馈部分的根轨迹,可知内环部分产生条件稳定的闭环极点,即在系统前向通道中将出现右半平面上的极点。

条件稳定系统的工作性能往往不能令人满意。在工程实际上,应注意参数的选择或通过适当的校正方法消除条件稳定问题。

4-4-2 瞬态性能分析和开环系统参数的确定

闭环系统的极点、零点和动态响应的关系已在第3章中讨论过。利用根轨迹图可清楚地看到开环系统的根轨迹增益或其他参数改变时,闭环系统极点位置及其动态性能的改变情况。

例如,典型二阶系统的开环传递函数为

$$G_o(s)=\frac{\omega_n^2}{s(s+2\zeta\omega_n)}$$

当 ζ 变化时,作出系统的根轨迹如图4-33所示。

系统的闭环极点为

$$s_{1,2}=-\sigma\pm j\omega=-\zeta\omega_n\pm j\omega_n\sqrt{1-\zeta^2}$$

闭环极点的张角 β 称为阻尼角,它和 ζ 有确定的关系,即

$$\beta=\arccos\zeta$$

根据二阶系统超调量 M_p 和 ζ 的关系可求得 M_p 和 β 的关系，如图 4-34 所示。因此，用根轨迹法分析二阶系统时，可由闭环系统的极点的张角 β 确定系统的超调量 M_p。

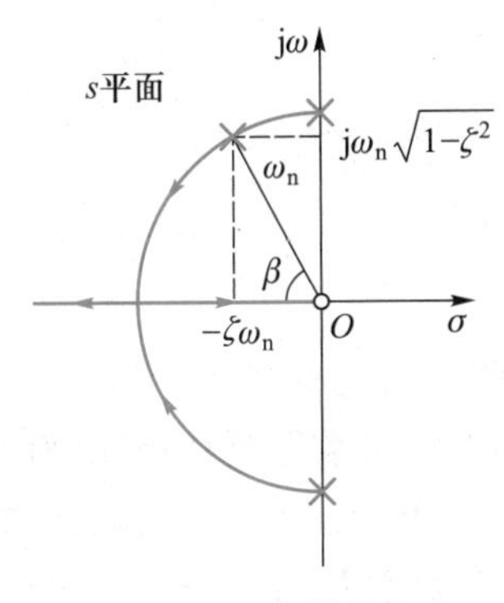

图 4-33 ζ 参量根轨迹

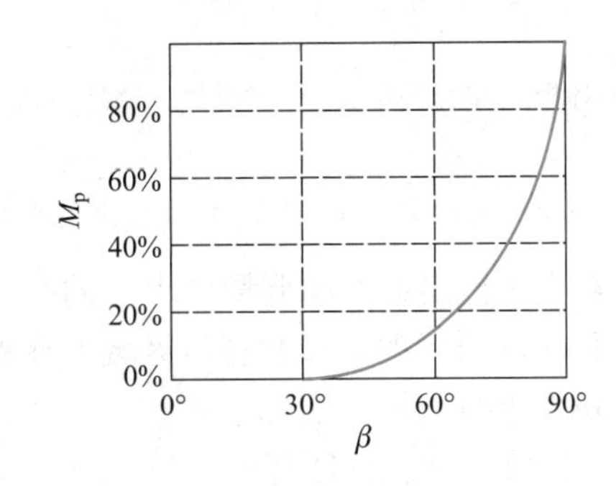

图 4-34 M_p 和 β 的关系曲线

此外，也可根据调节时间 t_s 和 $\zeta\omega_n$ 的近似关系式，由闭环系统极点的实部 σ 确定调节时间 t_s。

对于二阶系统（及具有主导共轭复数极点的高阶系统）通常可根据性能指标的要求，在复平面上划出满足这一要求的闭环系统极点（或高阶系统主导极点）应在的区域，如图 4-35 所示。具有实部 $-\sigma$ 和阻尼角 β 划成的左区域满足的性能指标为

$$M_p\leqslant e^{-\pi\cot\beta}\times100\%,t_s\leqslant\frac{3}{\sigma}$$

利用这一关系还可根据闭环系统动态性能指标要求确定开环系统的增益或其他参数。

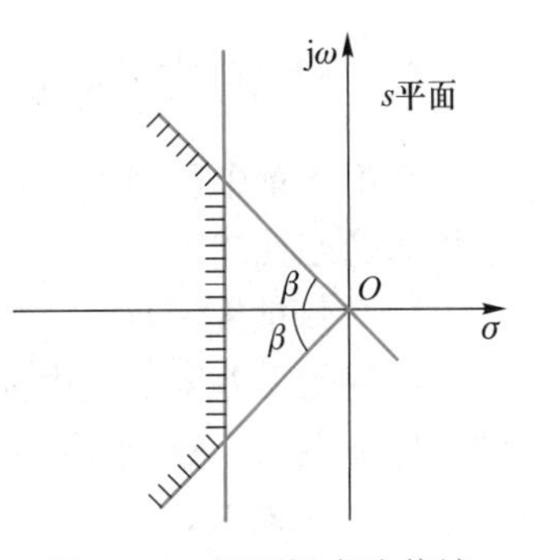

图 4-35 闭环极点取值域

[例 4-15] 单位反馈控制系统的开环传递函数为

$$G_o(s)=\frac{K_g}{s(s+4)(s+6)}$$

若要求闭环系统单位阶跃响应的最大超调量 $M_p<18\%$，试确定开环增益。

视频：例 4-15 讲解

解 绘出 K_g 由 0 变化到 ∞ 时系统的根轨迹，如图 4-36 所示。

当 $K_g=17$ 时，根轨迹在实轴上有分离点。当 $K_g>240$ 时，闭环系统是不稳定的。

根据 $M_p<18\%$ 的要求，由图 4-34 可知，阻尼角应为 $\beta\leqslant60°$，在根轨迹图上作 $\beta=60°$ 的径向直线，并以此直线和根轨迹的交点 A、B 作为满足性能指标要求的闭环系统主导极点，即闭环系统主导极点为

$$s_{1,2}=-1.2\pm j2.1$$

由根轨迹方程的幅值方程有

$$\left|\frac{K_g}{s(s+4)(s+6)}\right|_{s=-1.2+j2.1}=1$$

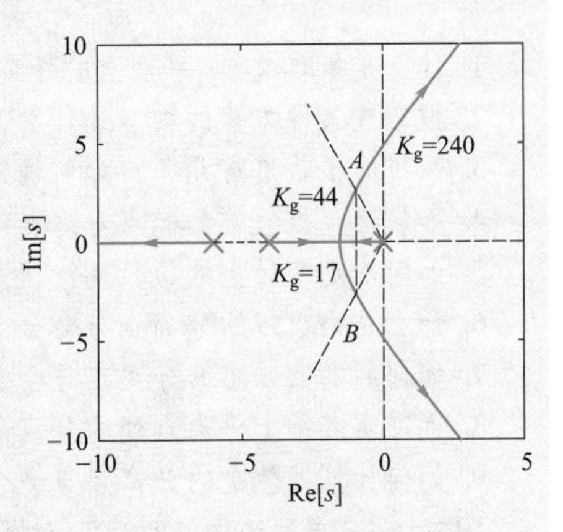

图 4-36 例 4-15 系统的根轨迹

解得相应于 A、B 的 K_g 值为

$$K_g = 43.8 \approx 44$$

开环增益为

$$K = \frac{K_g}{4 \times 6} = 1.83$$

根据闭环极点和的关系式，可求得另一闭环系统实极点为

$$s_3 = -7.6$$

它将不会使系统超调量增大，故取 $K = 1.85$ 可满足要求。

通常，对系统提出最大超调量要求的同时，也提出调节时间的要求。这时，应在 s 平面上画出如图 4-35 所示的区域并在该区域内寻找满足要求的参数。若在该区域内没有根轨迹（例如上例要求复数极点实部小于-2 时），则要考虑改变根轨迹的形状，使根轨迹进入该区域，然后确定满足要求的闭环极点位置及相应的开环系统参数值。在系统中加入新的零点、极点来改变根轨迹的形状属于系统校正内容，在第 6 章中讲述。

4-4-3 稳态性能分析

在第 3 章中已讨论过系统稳态误差及误差系数的计算问题。在根轨迹图上也可以讨论系统的稳态性能。

1. 系统的无差度 ν

系统的无差度 ν 是由前向通路中积分环节的个数来决定的，在根轨迹图上即位于原点的开环极点的个数，很容易从图上读到。

2. 稳态误差 e_{ss}

有差系统的稳态误差大小是由系统的开环增益来确定的。因此，在根轨迹法分析中，只要计算出系统的开环增益即可以得到系统的稳态性能。关于系统的开环增益与根轨迹增益之间的计算关系式在本章开始就已给出，在此就不重复了。

思考题

1. 什么是根轨迹？s 平面上的任意点在根轨迹上应满足什么条件？
2. 根轨迹条件方程的内容是什么？是怎样来描述的？
3. 系统的根轨迹有几条？如何确定？
4. 如何确定根轨迹的起点与终点？起点和终点各有几个？确定的依据是什么？
5. 如何确定实轴上的根轨迹？试做证明。
6. 什么是根轨迹的分离点与会合点？
7. 如何判别实轴上的分离点与会合点？
8. 试证明实轴上分离点处的分离角公式。
9. 如何计算根轨迹的分离点与会合点？
10. 什么是根轨迹的渐近线？如何作出根轨迹的渐近线？
11. 什么是根轨迹的出射角与入射角？如何计算？

12. 实轴上的出射角与入射角是如何确定的?
13. 根轨迹如果穿过虚轴,如何计算穿越位置的坐标?
14. 如果 $n-m \geqslant 2$,则根轨迹的走向趋势如何?
15. 如果 $n=m$,则根轨迹的走向趋势如何?
16. 如果系统的根轨迹是个圆,能够反推出应满足什么条件吗?
17. 什么是参量根轨迹? 作图时哪些地方与普通作图方法不同?
18. 正反馈的根轨迹应如何作图?
19. 带有延迟环节的根轨迹图有什么特点?
20. 如何计算出根轨迹图上给定根轨迹增益值时系统的闭环极点位置?
21. 根据系统的根轨迹图,如何确定关于系统稳定性的信息?
22. 根据系统的根轨迹图,如何确定系统响应时间的快慢?
23. 根据系统的根轨迹图,如何确定系统超调量的大小?
24. 根轨迹图能够提供有关系统稳态性能的信息吗? 为什么?
25. 根轨迹图能够提供有关系统闭环零点的信息吗?
26. 为什么说靠近虚轴的闭环极点对于系统动态性能的影响较大?

习题

4-1 设系统的开环零点、极点分布如题图 4-1 所示,试绘制相应的根轨迹草图。

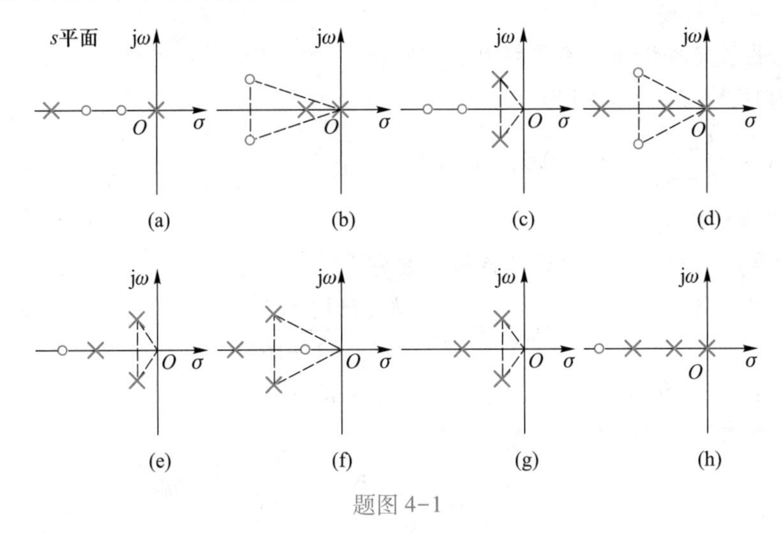

题图 4-1

4-2 设系统的开环传递函数为

(1) $G_o(s)=\dfrac{K_g}{(s+0.2)(s+0.5)(s+1)}$;

(2) $G_o(s)=\dfrac{K_g(s+2)}{s^2+2s+10}$;

(3) $G_o(s)=\dfrac{K_g}{(s+1)(s+5)(s^2+6s+13)}$。

试绘制控制系统的根轨迹草图。

4-3 设控制系统的结构图如题图 4-2(a)和(b)所示。图(a)中,K_s 为速度反馈系数,试绘制以 K_s 为参变量的根轨迹图。图(b)中,τ 为微分时间常数,试绘制以 τ 为参变量的根轨迹图。

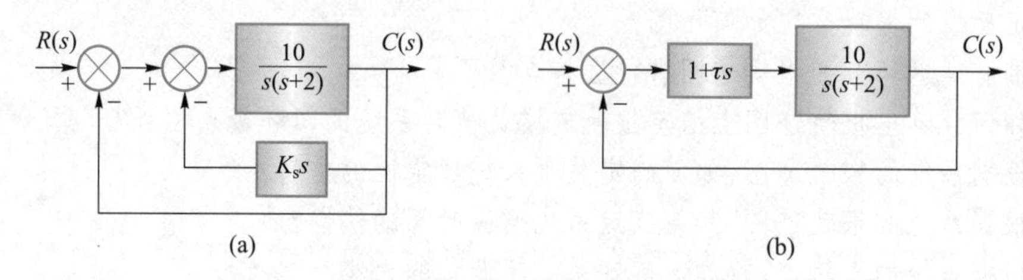

题图 4-2

4-4 设系统的开环传递函数为

$$G_o(s)=\frac{K_g(s+10)}{(s+1)(s^2+4s+8)}$$

试分别绘制负反馈系统和正反馈系统的根轨迹图。

4-5 设非最小相位系统的开环传递函数为

$$G_o(s)=\frac{K(1-0.2s)}{s(1+0.1s)}$$

试绘制该系统的根轨迹。

4-6 延迟系统的开环传递函数为

(1) $G_o(s)=K\mathrm{e}^{-\tau s}$, $(\tau=1)$;

(2) $G_o(s)=\dfrac{K\mathrm{e}^{-\tau s}}{s(s+p)}$, $(\tau=0.5,\quad p=2)$。

试绘制该系统的根轨迹。

4-7 设非最小相位系统的开环传递函数为

$$G_o(s)=\frac{K_g(s+1)}{s(s-1)(s^2+4s+16)}$$

试绘制该系统的根轨迹,并确定使闭环系统稳定的 K_g 范围。

4-8 设系统的开环传递函数为

$$G_o(s)=\frac{K_g}{s(s^2+4s+a)}$$

试讨论,a 取何值时,该系统的根轨迹在实轴上:(1) 无分离点;(2) 有一个 3 重分离点;(3) 有一个分离点与一个会合点;(4) 只有一个分离点。

4-9 设单位反馈控制系统的开环传递函数为

$$G_o(s)=\frac{K_g(s+2)}{s(s+1)(s+4)}$$

若要求其闭环主导极点的阻尼角为 60°,试用根轨迹法确定该系统的动态性能指标 M_p、t_p、t_s

和稳态性能指标 K_v。

4-10 单位反馈控制系统,开环传递函数为

$$G_o(s)=\frac{K_g(s+1)}{s^2(s+10)}$$

(1) 试作根轨迹草图;

(2) 确定系统闭环根全部为负实根时,增益 K_g 的取值范围。

4-11 设单位反馈控制系统的开环传递函数为 $G_o(s)=\dfrac{K_g(s+2)}{s(s+1)}$,根轨迹图如题图 4-3 所示。

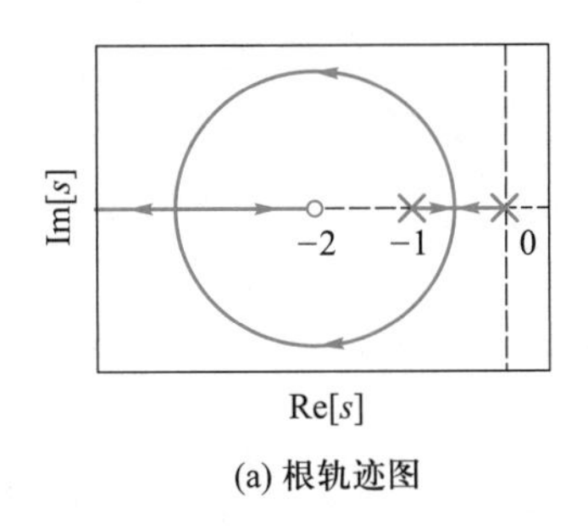

(a) 根轨迹图

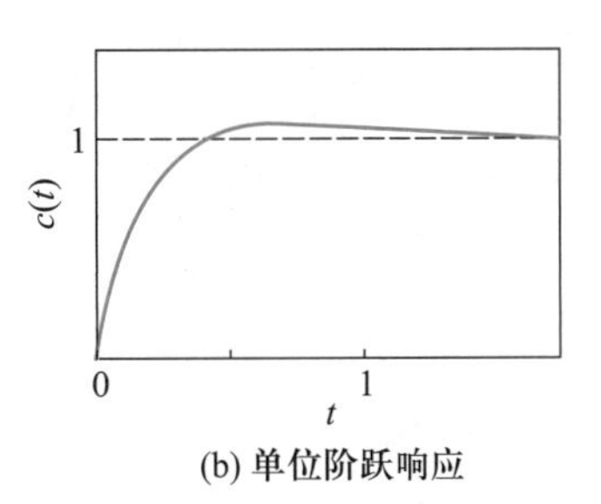

(b) 单位阶跃响应

题图 4-3

(1) 当系统的阻尼振荡频率 $\omega_d=1$ rad/s 时,试确定闭环主导极点的值与相应的增益值;

(2) 当系统的阻尼参数 $\zeta=1$ 时,其单位阶跃响应如题图 4-3(b) 所示,试分析超调量产生的原因。

4-12 设某随动系统的结构图如题图 4-4 所示,其中检测比较放大环节:$K_1=0.8$,

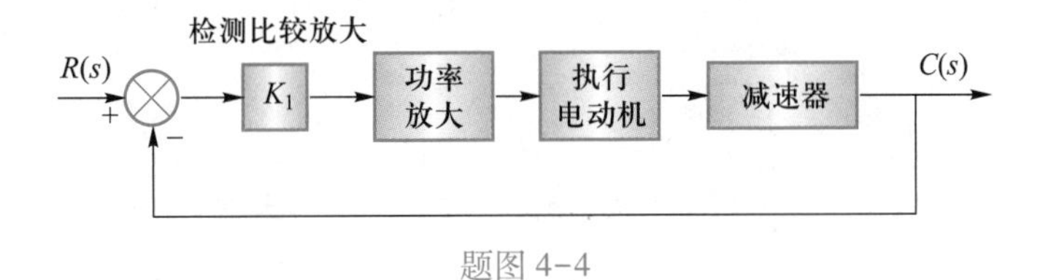

题图 4-4

功率放大环节:$G_2(s)=\dfrac{250}{0.05s+1}$,执行电动机(含减速器):$G_3(s)=\dfrac{0.156}{s(0.25s+1)}$。试用根轨迹法分析系统性能。若在系统中加入串联校正装置

$$G_s(s)=0.1\times\left(\frac{0.25s+1}{0.025s+1}\right)$$

试用根轨迹法分析系统的动态性能和稳态性能。

4-13 已知单位反馈系统的开环传递函数为

$$G_o(s)=\frac{K(1+T_1s)}{s^2(1+T_2s)}$$

式中:$K>0, T_1>0, T_2>0$,试用根轨迹图法证明,当 $T_1>T_2$ 时,该闭环系统是稳定的。

4-14 已知两系统的开环传递函数分别为:

$$G_{o1}(s)=\frac{K_1(s+2)}{s(s+1.5)}, G_{o2}(s)=\frac{K_2(s+2)}{s^2+2s+1}$$

试用根轨迹法证明:负反馈时,系统2的闭环根集合为系统1闭环根集合的一个子集合。

第5章

频率分析法

频率分析法是自动控制理论中用于系统分析与综合的方法之一,它可以将控制系统的各种性能在频域中展示。

频率分析法以控制系统的频率特性作为数学模型,以伯德图或者其他图表作为分析工具,来分析、研究控制系统的动态性能与稳态性能。

频率分析法适用于线性定常系统。由于时间信号在变换域中为无穷多频谱成分的线性组合,而线性定常系统满足叠加定理,所以,分析、研究线性系统对于时间信号的所有频谱成分的响应特性,就是频率分析法的应用目的。

频率分析法由于使用方便,对问题的分析明确,便于掌握,因此和时域分析法一样,在自动控制系统的分析与综合中,获得了广泛的应用。

作为基础理论知识,本章主要讨论控制系统的频率特性、频域稳定性判据以及开环频域性能分析等主要内容。

5-1 频率特性

5-1-1 基本概念

在第 2 章中,我们以传递函数作为线性定常系统的数学模型,表示为

$$G(s)=\frac{b_m s^m+b_{m-1}s^{m-1}+\cdots+b_1 s+b_0}{s^n+a_{n-1}s^{n-1}+\cdots+a_1 s+a_0}, n\geqslant m$$

这是一个复自变量 s 的复变函数。由于 $s=\sigma+\mathrm{j}\omega$,令 s 的实部为零时,就可以得到另外一个复变函数 $G(\mathrm{j}\omega)$,即

$$G(\mathrm{j}\omega)=G(s)\big|_{s=\mathrm{j}\omega} \tag{5-1}$$

复变函数 $G(\mathrm{j}\omega)$ 的自变量为频率 ω,因此将其称为频率特性。

由于 $G(\mathrm{j}\omega)$ 的实部和虚部分别都是 ω 的函数,所以可以分解为实部和虚部

$$G(\mathrm{j}\omega)=P(\omega)+\mathrm{j}Q(\omega) \tag{5-2}$$

式中,$P(\omega)=\mathrm{Re}[G(\mathrm{j}\omega)]$,为 $G(\mathrm{j}\omega)$ 的实部;

$Q(\omega)=\mathrm{Im}[G(\mathrm{j}\omega)]$,为 $G(\mathrm{j}\omega)$ 的虚部。

另外,还可以用 $G(\mathrm{j}\omega)$ 的模和幅角来表示为

$$G(\mathrm{j}\omega)=|G(\mathrm{j}\omega)|\mathrm{e}^{\mathrm{j}\angle G(\mathrm{j}\omega)}=A(\omega)\mathrm{e}^{\mathrm{j}\varphi(\omega)} \tag{5-3}$$

式中,$A(\omega)=|G(\mathrm{j}\omega)|$,为 $G(\mathrm{j}\omega)$ 的幅值;$\varphi(\omega)=\arg[G(\mathrm{j}\omega)]$,为 $G(\mathrm{j}\omega)$ 的幅角。

线性系统在输入一个正弦信号 $\sin\omega t$ 时,稳态正弦输出响应也是一个同频率的正弦信号,但是幅值与相位不同,如图 5-1 所示。

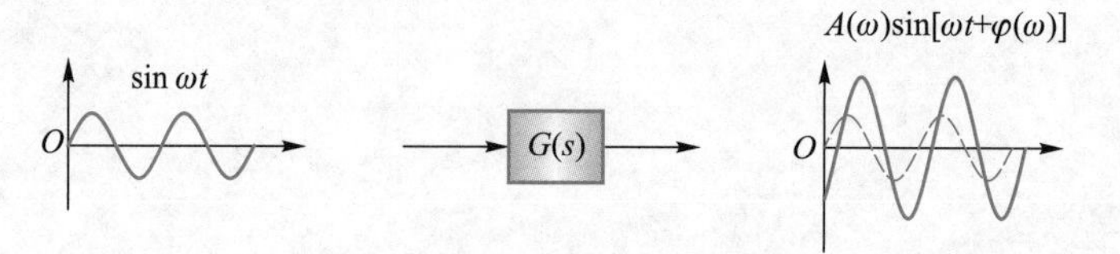

图 5-1 线性系统的稳态正弦输出响应

在式(5-3)中,幅值$A(\omega)$是频率ω的函数,随频率的变化而变化,因此称为$G(j\omega)$的幅频特性。幅角$\varphi(\omega)$也是频率ω的函数,随频率的不同有不同的相位角,因此称为$G(j\omega)$的相频特性。这样,以复变函数$G(j\omega)$来表示的频率特性又常常以$A(\omega)$和$\varphi(\omega)$来表示。

[例 5-1] RC电路如图 5-2 所示。

在电路理论的正弦稳态分析中,用复数符号法写出RC电路的稳态正弦输出为

$$\dot{U}_o=\frac{\dot{U}_i}{R+\frac{1}{j\omega C}}\cdot\frac{1}{j\omega C}$$

图 5-2 RC电路

这样,其输出的稳态正弦信号与输入正弦信号之比为

$$\frac{\dot{U}_o}{\dot{U}_i}=\frac{1}{1+j\omega RC}=\frac{1}{1+j\omega T}$$

其中,$T=RC$,上式写成幅值与幅角表达式为

$$\frac{\dot{U}_o}{\dot{U}_i}=\frac{1}{1+j\omega T}=\left|\frac{1}{1+j\omega T}\right|e^{j\angle\frac{1}{1+j\omega T}}=\frac{1}{\sqrt{1+\omega^2T^2}}e^{j(-\arctan\omega T)}$$

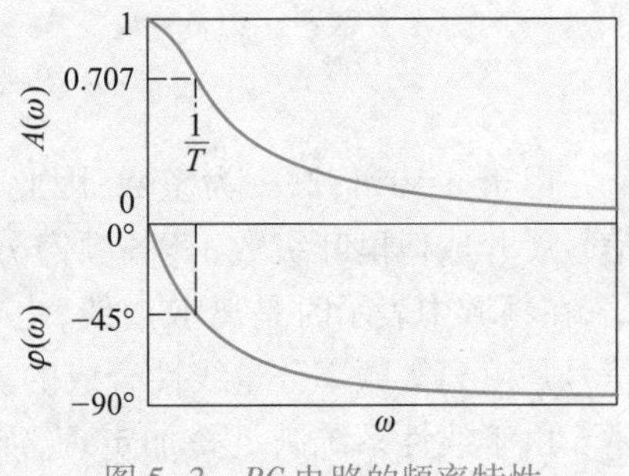

则RC网络的幅频特性为

$$A(\omega)=\frac{1}{\sqrt{1+\omega^2T^2}} \tag{5-4}$$

相频特性为

$$\varphi(\omega)=-\arctan\omega T \tag{5-5}$$

RC电路频率特性的两条曲线$A(\omega)$和$\varphi(\omega)$如图5-3所示。

图 5-3 RC电路的频率特性

5-1-2 频率特性的定义

从直观上看,可以把频率特性定义为系统的稳态正弦输出信号的复数符号与输入正弦信号的复数符号之比,即

$$G(j\omega)=\frac{\dot{C}}{\dot{R}} \tag{5-6}$$

但是,为了研究频率特性更为广泛的内涵,必须从信号与系统的关系出发,研究其更为深刻的实质含义。因此,可以用时间信号在变换域中的表示来确定频率特性的定义。

1. 时间信号的变换域表示

(1) 正弦信号

正弦信号的时间表达式为

$$f(t)=\sin\omega t$$

如果在频域表示,则在正频率段只有一条谱线。正弦信号在不同域中的表示如图 5-4 所示。

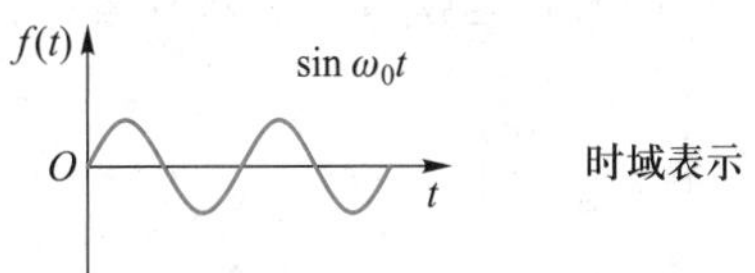

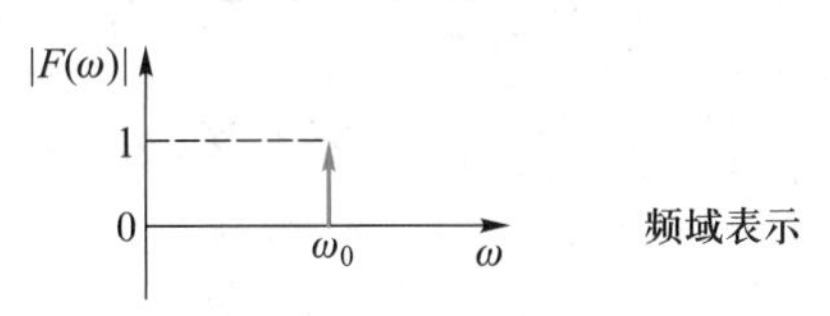

图 5-4 正弦信号在不同域中的表示

实际上,采用实信号的复数表示法,正弦函数在

正、负频率段对称位置是各有一条谱线的，人为地省略去频域中的负频率段谱线对时域表示没有什么影响。

正弦信号作用于线性系统的情况如例5-1，幅值与相位分别为频率 ω 的函数。

(2) 周期非正弦信号

满足狄利克雷条件的周期信号可以展开为傅里叶级数为

$$f(t)=\frac{a_0}{2}+\sum_{n=1}^{\infty}\left[a_n\sin n\omega_0 t+b_n\cos n\omega_0 t\right] \tag{5-7}$$

其中

$$a_0=\frac{1}{T}\int_{-\frac{T}{2}}^{\frac{T}{2}}f(t)\,\mathrm{d}t \tag{5-8}$$

$$a_n=\frac{1}{T}\int_{-\frac{T}{2}}^{\frac{T}{2}}f(t)\cos n\omega_0 t\mathrm{d}t \tag{5-9}$$

$$b_n=\frac{1}{T}\int_{-\frac{T}{2}}^{\frac{T}{2}}f(t)\sin n\omega_0 t\mathrm{d}t \tag{5-10}$$

由于 $n=0,1,2,\cdots$ 为整数，因此，如果将周期方波信号展开成傅里叶级数，其各频谱分量是基频的整数倍，在频域中表示时是离散谱线，也就是说，任意周期信号是由离散频率分量线性合成的。

由于线性系统满足叠加定理，所以周期信号作用于线性系统，其输出应为各频率分量响应之和。方波信号在不同域中的表示如图5-5所示。

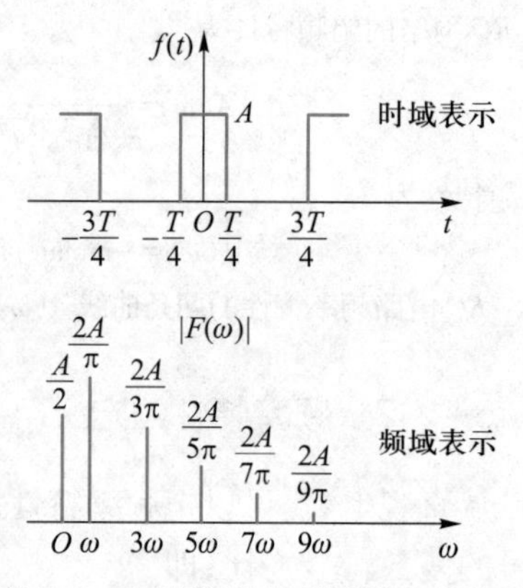

图5-5 方波信号在不同域中的表示

(3) 非周期信号

非周期信号可以由周期信号演变而得到，如图5-6所示。

在图5-6所示的演变过程中，当周期 T 趋于无穷大时，傅里叶级数表达式中有：

① 由于离散频谱间隔 $\Delta\omega$ 趋于零，离散频谱 $n\omega_0$ 成为连续频谱 ω；

② 各频谱分量的幅值 a_n、b_n 趋于零，成为无穷小量；

③ 求和运算演变成积分运算，傅里叶级数演变成傅里叶积分。

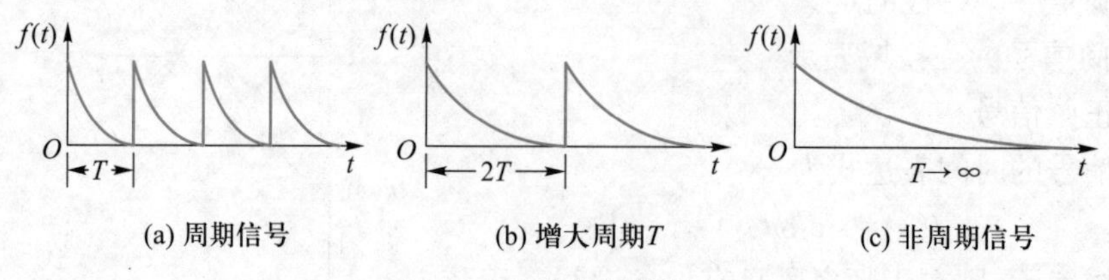

图5-6 周期信号的演变

由以上可得到傅里叶积分式为

$$f(t)=\frac{1}{2\pi}\int_{-\infty}^{+\infty}F(\omega)e^{j\omega t}d\omega \tag{5-11}$$

其对偶式即为傅里叶变换,简称傅氏变换

$$F(j\omega)=\int_{-\infty}^{+\infty}f(t)e^{-j\omega t}dt \tag{5-12}$$

这样,时间域的非周期函数可以由它的傅氏变换来表示。关于傅氏变换的详细内容,请参阅其他书籍。

时域信号 $f(t)$ 在它的傅氏变换 $F(j\omega)$ 中展现了其频谱的线性可加性,即时域信号 $f(t)$ 是频谱分量无穷多,分量的幅值无穷小的频谱分量的线性组合。

上述非周期信号作用于线性系统,由于线性系统满足叠加定理,输出信号为输入信号频谱分量响应的线性组合,其傅氏变换必然存在。

2. 频率特性的定义

现在来定义线性定常系统的频率特性。

已知线性定常系统的传递函数 $G(s)$,输入信号为 $r(t)$,其傅氏变换存在为 $R(j\omega)$。系统的输出信号为 $c(t)$,其傅氏变换为 $C(j\omega)$。

由于只考虑系统输入信号频谱的稳态正弦响应,令 $s=j\omega$,线性系统的传递函数 $G(s)$ 则成为 $G(j\omega)$。

定义线性定常系统的频率特性为输出信号的傅氏变换 $C(j\omega)$ 与输入信号的傅氏变换 $R(j\omega)$ 之比,即

$$G(j\omega)=\frac{C(j\omega)}{R(j\omega)} \tag{5-13}$$

3. 关于频率特性的讨论

(1) 傅氏变换存在的条件

傅氏变换所要求的条件是要满足狄利克雷条件,即绝对值积分存在

$$\int_{-\infty}^{+\infty}|f(t)|dt<\infty \tag{5-14}$$

在该条件的约束下,许多常用的时域函数没有傅氏变换,如阶跃函数等。这限制了傅氏变换在许多场合下的应用。

但是,系统的频率特性 $G(j\omega)$ 是以傅氏变换存在的信号来定义的,一旦定义了频率特性 $G(j\omega)$,$G(j\omega)$ 就成为系统的固有特性,信号的傅氏变换是否存在就与系统无关了。

(2) 频率特性与微分方程的关系

已知线性定常系统的微分方程为

$$\sum_{i=0}^{n}a_i c^{(i)}(t)=\sum_{j=0}^{m}b_j r^{(j)}(t) \tag{5-15}$$

类似于拉氏变换将微分方程两边作傅氏变换可得

$$\left[\sum_{i=0}^{n}a_i(j\omega)^i\right]C(j\omega)=\left[\sum_{j=0}^{m}b_i(j\omega)^j\right]R(j\omega) \tag{5-16}$$

则系统输出与输入的傅氏变换的比值为

$$G(j\omega)=\frac{C(j\omega)}{R(j\omega)}=\frac{\sum_{j=0}^{m} b_i\ (j\omega)^j}{\sum_{i=0}^{n} a_i\ (j\omega)^i} \tag{5-17}$$

即线性定常系统的频率特性,所以频率特性 $G(j\omega)$ 是在频率域中来表示线性定常系统的数学模型。

(3) 傅氏变换与拉氏变换的关系

有些时域函数不满足狄利克雷条件,因此没有傅氏变换,但是在增加衰减因子 $e^{-\sigma t}$ 之后,其傅氏变换就存在了。如阶跃函数,增加衰减因子后的时间曲线如图 5-7 所示。

图 5-7 阶跃函数与狄利克雷条件

增加衰减因子后的傅氏变换为

$$\begin{aligned} F(j\omega) &= \int_{-\infty}^{+\infty} \left[f(t)\cdot e^{-\sigma t}\right]\cdot e^{-j\omega t}dt\Big|_{t\geqslant 0} \\ &= \int_{0}^{+\infty} f(t)\cdot e^{-(\sigma+j\omega)t}dt\Big|_{s=\sigma+j\omega} \\ &= \int_{0}^{+\infty} f(t)\cdot e^{-st}dt = F(s) \end{aligned}$$

这样,傅氏变换就演变为拉氏变换了,所以,傅氏变换是拉氏变换在 $\sigma=0$ 时的特例。可以将传递函数 $G(s)$ 中的自变量 s 代以 $j\omega$ 直接得到控制系统的频率特性,即

$$G(j\omega)=G(s)\big|_{s=j\omega} \tag{5-18}$$

5-1-3 频率特性的数学表示及作图

频率分析法是基于频率特性 $G(j\omega)$,借助于各种作图法来进行系统的分析与综合的。因此,为了掌握频率分析法,首先要了解并掌握频率特性的各种作图表示方法。

1. 极坐标图

极坐标图又称为幅相图或奈奎斯特(Nyquist)图。

频率特性 $G(j\omega)$ 是以 ω 为自变量的复变函数,用实坐标与虚坐标可以表为

$$\begin{aligned} G(j\omega) &= \mathrm{Re}[G(j\omega)]+\mathrm{Im}[G(j\omega)] \\ &= P(\omega)+jQ(\omega) \end{aligned} \tag{5-19}$$

用矢量式的幅值与相位来表示时为

$$\begin{aligned} G(j\omega) &= |G(j\omega)|e^{j\angle G(j\omega)} \\ &= A(\omega)e^{j\varphi(\omega)} \end{aligned} \tag{5-20}$$

当频率 ω 从 $-\infty$ 变到 $+\infty$ 时,$G(j\omega)$ 在由实轴与虚轴构成的复平面上走过的轨迹就称为

$G(j\omega)$的极坐标图,如图 5-8 所示。

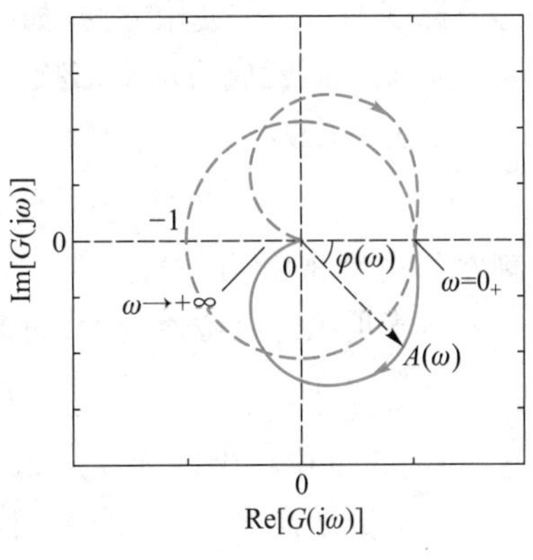

图 5-8 极坐标图

图 5-8 中,实线是正频率变化的曲线,虚线是负频率变化的曲线。曲线上的箭头方向表示频率增加的方向。

由于实部函数 $\mathrm{Re}[G(j\omega)]$是频率 ω 的偶函数,即

$$\mathrm{Re}[G(j\omega)]=\mathrm{Re}[G(-j\omega)]$$

虚部函数 $\mathrm{Im}[G(j\omega)]$是频率 ω 的奇函数,即

$$\mathrm{Im}[G(j\omega)]=\mathrm{Im}[-G(-j\omega)]$$

因此,当频率 ω 从$-\infty\to 0$ 及从 $0_+\to+\infty$ 时,$G(j\omega)$正负频率的曲线是实轴对称的,通常只画出正频率的曲线即可,即图中的实线所示。

同理,幅频特性 $A(\omega)$是 ω 的偶函数,而相频特性 $\varphi(\omega)$是 ω 的奇函数。

$G(j\omega)$的极坐标图绘制时需要取 ω 的增量逐点作出,因此不便于徒手作图。一般情况下,依据作图原理,可以粗略地绘制出极坐标图的草图。在需要准确作图时,可以借助于计算机辅助绘图工具来完成 $G(j\omega)$的极坐标图绘制。

$G(j\omega)$的极坐标图经常用于频域稳定性判据的作图中。

2. 对数坐标图

对数坐标图又称为伯德(Bode)图。由于方便实用,对数坐标图被广泛地应用于控制系统的分析作图。频率特性的矢量表达式为

$$G(j\omega)=|G(j\omega)|e^{j\angle G(j\omega)}=A(\omega)e^{j\varphi(\omega)}$$

其中,$A(\omega)$——称为频率特性的幅频特性,是 ω 的函数。当 ω 由 $0_+\to+\infty$ 时,它展示了 $G(j\omega)$幅值的变化规律;

$\varphi(\omega)$——称为频率特性的相频特性,也是 ω 的函数。当 ω 由 $0_+\to+\infty$ 时,它展示了 $G(j\omega)$相位角的变化规律;

通常,$A(\omega)$与 $\varphi(\omega)$的作图需要逐点画出,应用不便。因此,分别将 $A(\omega)$与 $\varphi(\omega)$作对数变换如下。

(1) 对数幅频特性 $L(\omega)$

将幅频特性的函数坐标轴 $A(\omega)$轴与自变量坐标轴 ω 轴分别取对数作为新的坐标轴,如图 5-9 所示。

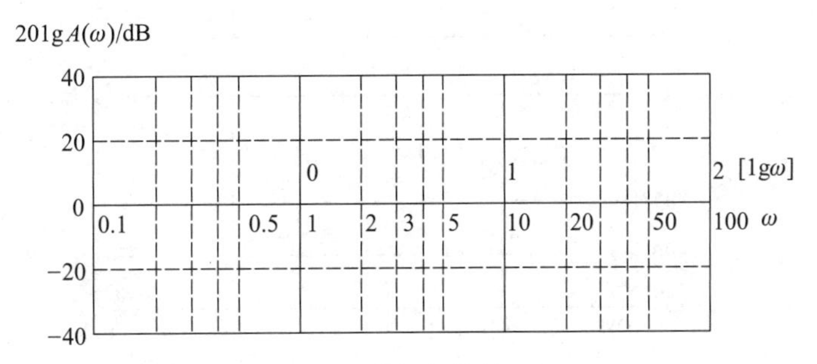

图 5-9 对数幅频特性 $L(\omega)$

视频:对数坐标图

横坐标作对数变换后成为 $\lg\omega$,为等分刻度。图 5-9 中,横坐标上边所示是以 $\lg\omega$ 作等分标度的。为了使用方便,如图 5-9 横坐标下边所示,在标度时仍然标以原来的频率值 ω,因此刻度值就成为每十倍频等分的了,这样十倍频刻度之内为对数值刻度。

纵坐标成为

$$L(\omega)=\lg A(\omega) \tag{5-21}$$

刻度单位为 Bell(贝尔)。

由于贝尔的单位值较大,通常令 1 贝尔=20 分贝尔(decBell,缩写为 dB),则上式成为

$$L(\omega)=20\lg A(\omega)\ \text{dB(分贝)} \tag{5-22}$$

这时,图 5-9 中纵坐标读数是 20 dB 等分刻度。

经对数变换之后的幅频特性 $L(\omega)$ 称为对数幅频特性。

(2) 对数相频特性 $\varphi(\omega)$

原相频特性 $\varphi(\omega)$ 的纵坐标不作任何变换,仍然以角度为单位来标度。

为了与对数幅频特性 $L(\omega)$ 的横轴坐标相一致,将横轴坐标作对数变换为 $\lg\omega$,其刻度说明同前。经过这样处理后的相频特性 $\varphi(\omega)$ 称为对数相频特性,如图 5-10 所示。对数幅频特性 $L(\omega)$ 和对数相频特性 $\varphi(\omega)$ 统称对数频率特性,又称为伯德图。

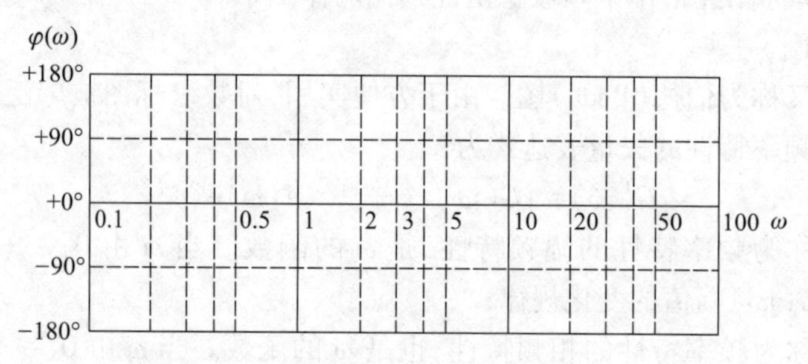

图 5-10 对数相频特性 $\varphi(\omega)$

RC 电路的对数频率特性如图 5-11 所示。

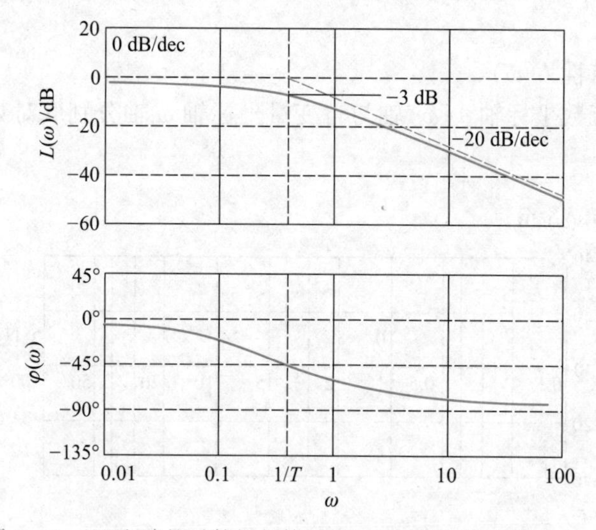

图 5-11 *RC* 电路的对数幅频特性 $L(\omega)$ 和对数相频特性 $\varphi(\omega)$

对数频率特性有许多优点,因此在伯德图上来展示控制系统的各种性能是非常方便的,其优点如下所述。

(1) 伯德图可以双重展宽频带

由于横坐标 ω 轴作了对数变换,一方面是将高频频段各十倍频程拉近,展宽了可视频带宽度,另一方面又将低频频段的各十倍频程分得很细,展宽了表示频带宽度,便于细致观察幅值、幅角随频率变化的程度与变化的趋势。

(2) 基本环节都可以用折线近似画出

如图 5-11 所示,RC 电路构成的惯性环节,其 $L(\omega)$ 曲线由两条渐近线组成,且仅在两条渐近线的交点处产生较小误差,因此作出的曲线比较准确。

(3) 叠加作图

控制系统的频率特性一般为因子相乘,例如

$$G(j\omega)=\frac{1}{(1+j\omega)(1+j2\omega)}$$

其对数幅频特性为

$$L(\omega)=20\lg|G(j\omega)|=20\lg\left|\frac{1}{1+j\omega}\right|+20\lg\left|\frac{1}{1+j2\omega}\right|$$

其对数相频特性为

$$\varphi(\omega)=-\angle 1+j\omega-\angle 1+j2\omega$$

由于 $L(\omega)$ 和 $\varphi(\omega)$ 分别都是各因子特性的叠加,因此作图方便。

5-2 典型环节的频率特性

由于对数频率特性是频率分析法的主要工具,且基于作图特点,徒手绘制草图是非常方便的。因此,本节叙述各典型环节的绘图要点及绘图方法。

5-2-1 比例环节

比例环节的频率特性为

$$G(j\omega)=K \tag{5-23}$$

1. 极坐标图

幅值为

$$A(\omega)=K \tag{5-24}$$

幅角为

$$\varphi(\omega)=0° \tag{5-25}$$

其极坐标图如图 5-12 所示。

2. 伯德图

由于

$$L(\omega)=20\lg A(\omega)=20\lg K\ \text{dB} \tag{5-26}$$

与

$$\varphi(\omega)=0^\circ \tag{5-27}$$

在伯德图上的两条曲线分别为水平线，如图 5-13 所示。

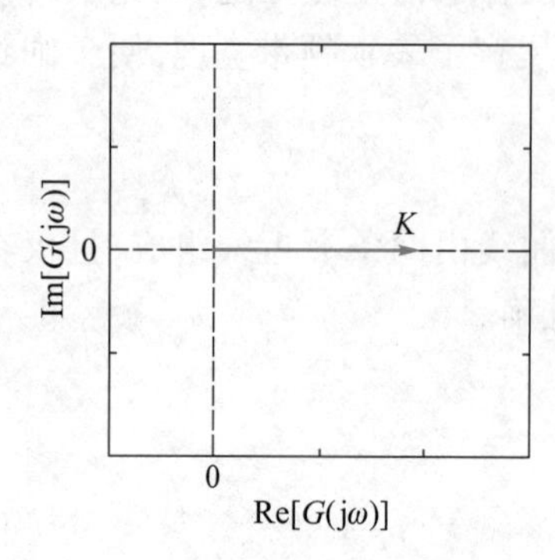

图 5-12 比例环节的极坐标图

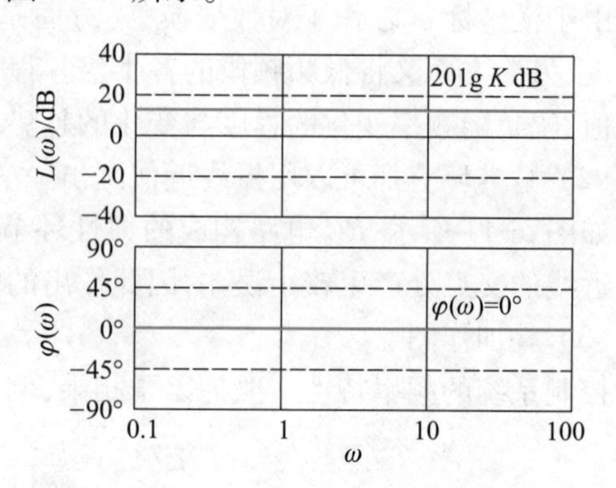

图 5-13 比例环节的伯德图

5-2-2 积分环节

积分环节的频率特性为

$$G(\mathrm{j}\omega)=\frac{1}{s}\bigg|_{s=\mathrm{j}\omega}=\frac{1}{\mathrm{j}\omega} \tag{5-28}$$

1. 极坐标图

幅频特性为

$$A(\mathrm{j}\omega)=\left|\frac{1}{\mathrm{j}\omega}\right|=\frac{1}{\omega} \tag{5-29}$$

相频特性为

$$\varphi(\omega)=\angle\frac{1}{\mathrm{j}\omega}=-90^\circ \tag{5-30}$$

当 ω 由 $0_+\to+\infty$ 时，其幅角恒为-90°，幅值的大小与 ω 成反比。因此曲线在负虚轴上。积分环节的极坐标图如图 5-14 所示。

2. 伯德图

对数幅频特性 $L(\omega)$ 的表达式为

$$L(\omega)=20\lg\frac{1}{\omega}=-20\lg\omega \tag{5-31}$$

因此，曲线为每十倍频衰减 20 dB 的一条斜线，是等斜率变化的。

对数相频特性 $\varphi(\omega)$ 的表达式为

$$\varphi(\omega)=\angle\frac{1}{\mathrm{j}\omega}=-90^\circ \tag{5-32}$$

在图上是相角为-90°的一条直线。积分环节的对数频率特性如图 5-15 所示。

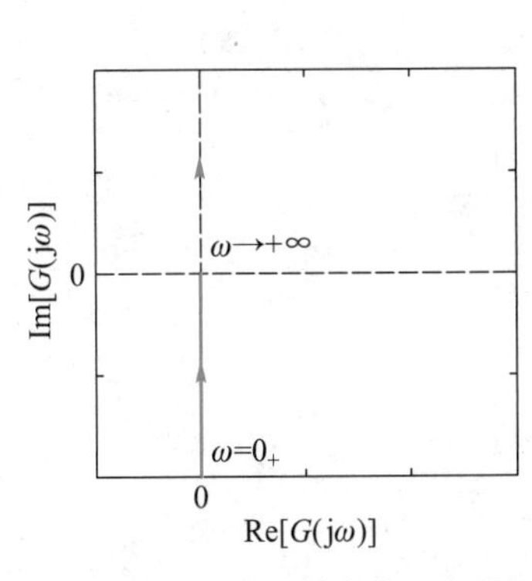

图 5-14 积分环节的极坐标图

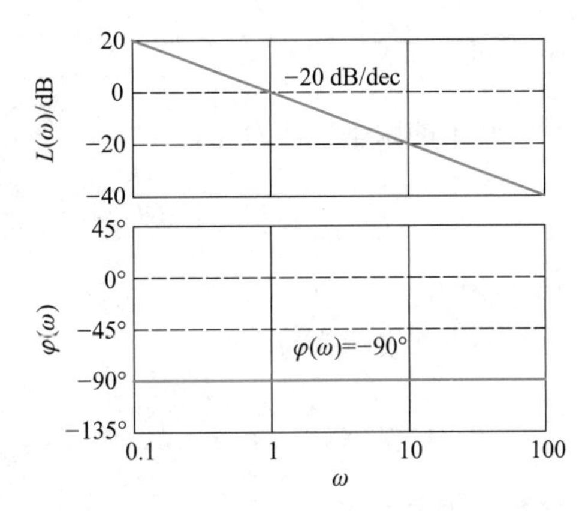

图 5-15 积分环节的对数频率特性

5-2-3 微分环节

微分环节的频率特性为

$$G(\mathrm{j}\omega)=s\big|_{s=\mathrm{j}\omega}=\mathrm{j}\omega \tag{5-33}$$

1. 极坐标图

幅值为

$$A(\omega)=|\mathrm{j}\omega|=\omega \tag{5-34}$$

幅角为

$$\varphi(\omega)=\angle\mathrm{j}\omega=90° \tag{5-35}$$

微分环节的极坐标图如图 5-16 所示。

当 ω 由 $0_+\to+\infty$ 时，其幅角恒为+90°，幅值的大小与 ω 成正比。因此，曲线在正虚轴上，与积分环节的极坐标图对称。

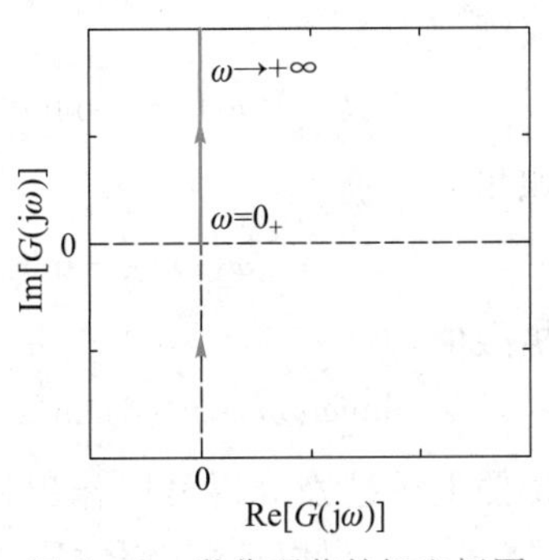

图 5-16 微分环节的极坐标图

2. 伯德图

对数幅频特性 $L(\omega)$ 的表达式为

$$L(\omega)=20\lg\omega \tag{5-36}$$

可见，与积分环节相反，等斜率值为每十倍频增加 20 dB。

对数相频特性 $\varphi(\omega)$ 的表达式同式(5-35)，即

$$\varphi(\omega)=\angle\mathrm{j}\omega=90°$$

在图上是相角为+90°一条直线。微分环节的对数频率特性如图 5-17 所示。

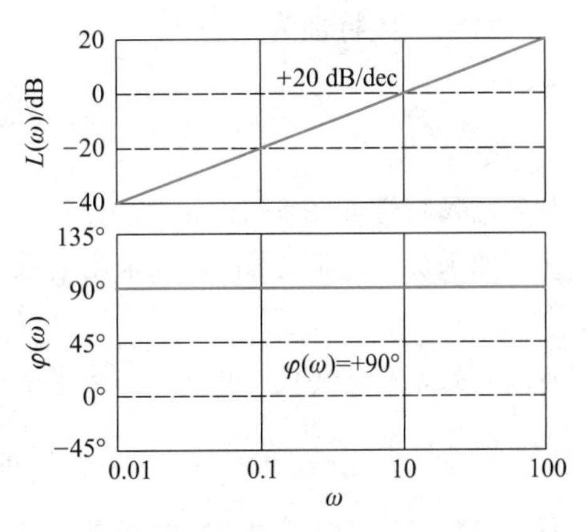

图 5-17 微分环节的对数频率特性

5-2-4 惯性环节

惯性环节的频率特性为

$$G(\mathrm{j}\omega)=\frac{1}{1+Ts}\bigg|_{s=\mathrm{j}\omega}=\frac{1}{1+\mathrm{j}\omega T} \tag{5-37}$$

1. 极坐标图

实部与虚部表达式为

$$G(\mathrm{j}\omega)=\frac{1}{1+\omega^2T^2}-\mathrm{j}\frac{\omega T}{1+\omega^2T^2} \tag{5-38}$$

模角表达式为

$$G(\mathrm{j}\omega)=\frac{1}{\sqrt{1+\omega^2T^2}}\angle -\arctan\omega T \tag{5-39}$$

幅值为

$$A(\omega)=\frac{1}{\sqrt{1+\omega^2T^2}} \tag{5-40}$$

极限值为

$$\lim_{\omega\to0}A(\omega)\to1 \text{ 与} \lim_{\omega\to\infty}A(\omega)\to0$$

幅角为

$$\varphi(\omega)=-\arctan\omega T \tag{5-41}$$

极限值为

$$\lim_{\omega\to0}\varphi(\omega)\to0°\text{与}\lim_{\omega\to\infty}\varphi(\omega)\to-90°$$

依照上述趋势分析可以作出惯性环节的极坐标图，如图5-18所示。可以证明，惯性环节的极坐标图为下半圆。

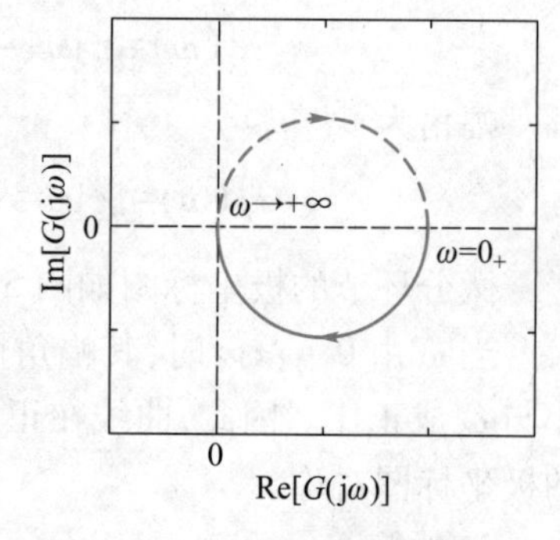

图5-18 惯性环节的极坐标图

2. 伯德图

对数幅频特性为

$$L(\omega)=20\lg\frac{1}{\sqrt{1+\omega^2T^2}} \tag{5-42}$$

对数幅频特性如图5-19(a)所示。

如果徒手近似作图，可以采用渐近线作图，首先确定它的两条渐近线。由于

$$\lim_{\omega\to0}L(\omega)=20\lg1=0\text{ dB}$$

所以当频率趋于零时，曲线是一条水平渐近线。由于

$$\lim_{\omega\to\infty}L(\omega)=20\lg\frac{1}{\omega T}$$

所以当频率趋于无穷大时，曲线是一条等斜率渐近线，斜率为每十倍频衰减20 dB。

两条渐近线交点处的频率称为转折频率，其坐标为

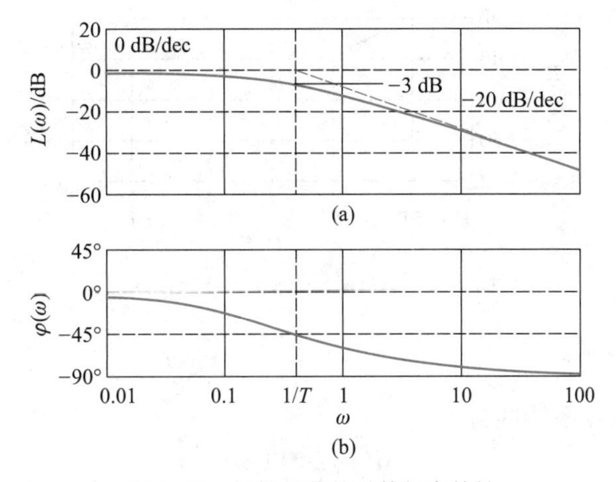

图 5-19　惯性环节的对数频率特性

$$\omega=\frac{1}{T} \tag{5-43}$$

对数相频特性为

$$\varphi(\omega)=-\arctan \omega T \tag{5-44}$$

它有如下三个特征角：

（1）当频率 $\omega\to 0$ 时，有 $\varphi(\omega)\to 0°$；

（2）当频率 $\omega=\frac{1}{T}$时，有 $\varphi(\omega)=-45°$；

（3）当频率 $\omega\to\infty$ 时，有 $\varphi(\omega)\to -90°$。

由于对于所有的频率，均有

$$\frac{\mathrm{d}}{\mathrm{d}\omega}[\varphi(\omega)]\Big|_{\forall\omega}<0$$

因此，相频特性 $\varphi(\omega)$ 是单调减的，而且以转折频率为中心，两边的角度是反对称的。依照上述分析作出惯性环节的相频特性如图 5-19(b) 所示。

从对数幅频特性 $L(\omega)$ 上可以看出，用渐近线作图有近似误差，最大误差发生在转折频率处，将其坐标 $\omega=\frac{1}{T}$代入表达式 $L(\omega)$，可以算出最大误差为

$$\begin{aligned}L(\omega)&=20\lg\frac{1}{\sqrt{1+\omega^2T^2}}\Bigg|_{\omega=1/T}\\&=20\lg\frac{1}{\sqrt{2}}=-3.01\ \mathrm{dB}\end{aligned} \tag{5-45}$$

因最大误差处两边的误差值是对称的，故可以作出误差修正曲线如图 5-20 所示。误差修正曲线可以用来对渐近线作图所产生的误差进行修正。

从图 5-20 中可以看到，在转折频率处，最大误差为 -3.01 dB，两端十倍频程处的误差降到 0.04 dB，所以两端十倍频程之外的误差可以忽略不计。

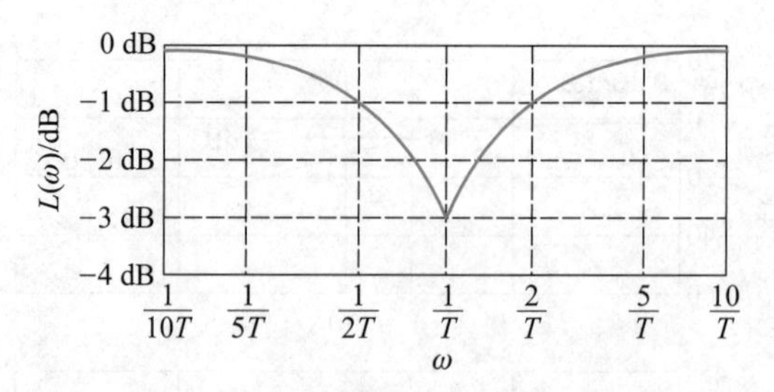

图 5-20 惯性环节的误差修正曲线

5-2-5 一阶微分环节

一阶微分环节的频率特性为

$$G(\mathrm{j}\omega)=1+\mathrm{j}\omega T \tag{5-46}$$

1. 极坐标图

幅频特性为

$$A(\omega)=\sqrt{1+\omega^2T^2} \tag{5-47}$$

相频特性为

$$\varphi(\omega)=\arctan\ \omega T \tag{5-48}$$

当频率 ω 由 0 变到∞时，实部始终为单位 1，虚部则随着 ω 线性增长。所以，它的极坐标图比较特殊，如图 5-21 所示。

2. 伯德图

对数幅频特性为

$$L(\omega)=20\lg\sqrt{1+\omega^2T^2} \tag{5-49}$$

对数相频特性同式(5-48)，即

$$\varphi(\omega)=\arctan\ \omega T$$

从上面的表达式可以看出，一阶微分环节的对数频率特性与一阶惯性环节的对数频率特性是上下对称的，可以利用一阶惯性环节的对数频率特性作上下翻转画出，其对数频率特性如图 5-22 所示。

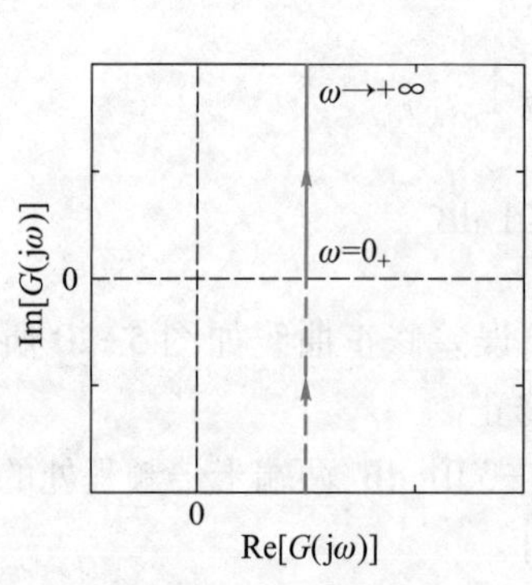

图 5-21 一阶微分环节的极坐标图

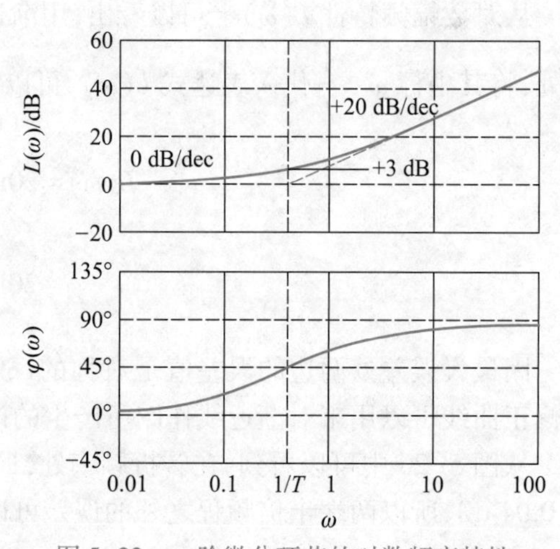

图 5-22 一阶微分环节的对数频率特性

5-2-6 二阶振荡环节

二阶振荡环节的传递函数为

$$G(s)=\frac{\omega_n^2}{s^2+2\zeta\omega_n s+\omega_n^2}$$

令 $T=\dfrac{1}{\omega_n}$为二阶系统的时间常数，代入上式有

$$G(s)=\frac{1}{\dfrac{1}{\omega_n^2}s^2+2\dfrac{\zeta}{\omega_n}s+1}\Bigg|_{T=\frac{1}{\omega_n}}=\frac{1}{T^2s^2+2\zeta Ts+1} \tag{5-50}$$

所以，二阶振荡环节的频率特性为

$$\begin{aligned}G(j\omega)&=\frac{1}{T^2(j\omega)^2+j2\zeta T\omega+1}\\&=\frac{1-T^2\omega^2}{(1-T^2\omega^2)^2+(2\zeta T\omega)^2}-j\frac{2\zeta T\omega}{(1-T^2\omega^2)^2+(2\zeta T\omega)^2}\\&=\frac{1}{\sqrt{(1-T^2\omega^2)^2+(2\zeta T\omega)^2}}\angle -\arctan\frac{2\zeta T\omega}{1-T^2\omega^2}\end{aligned} \tag{5-51}$$

1. 极坐标图

幅频特性为

$$A(\omega)=\frac{1}{\sqrt{(1-T^2\omega^2)^2+(2\zeta T\omega)^2}} \tag{5-52}$$

相频特性为

$$\varphi(\omega)=-\arctan\frac{2\zeta T\omega}{1-T^2\omega^2} \tag{5-53}$$

其极坐标图如图 5-23 所示。

从图中可以看到，当 $\omega=0_+$时

$$A(0)=1,\varphi(0)=0°$$

由于频率增加时，幅角是单调减的，所以曲线从实轴上出发，射向第四象限。

当 $\omega=+\infty$ 时

$$A(+\infty)=0,\varphi(+\infty)=-180°$$

所以曲线的模以幅角-180°趋于零。

另外，从图 5-23 中可以看到，有的曲线的模超出了单位圆，可以求得在系统参数所对应的条件下，在某一振荡频率 $\omega=\omega_r$ 处，二阶振荡环节会产生谐振峰值 M_r。

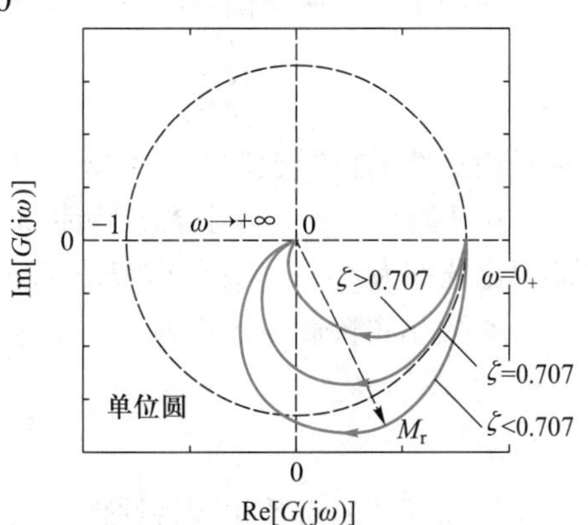

图 5-23 二阶振荡环节的极坐标图

在产生谐振峰值处，必有

$$\frac{\mathrm{d}}{\mathrm{d}\omega}A(\omega)=0\Big|_{\omega=\omega_r}$$

因此,可以解出谐振频率为

$$\omega_r=\frac{1}{T}\sqrt{1-2\zeta^2} \tag{5-54}$$

将其代入幅值表达式,求得谐振峰值为

$$M_r=A(\omega_r)=\frac{1}{2\zeta\sqrt{1-\zeta^2}} \tag{5-55}$$

及无峰值时的系统参数临界值为 $\omega_r=0,\zeta=0.707$。

$\zeta>0.707,\zeta=0.707$ 和 $\zeta<0.707$ 的无谐振峰值、临界谐振峰值和有谐振峰值的三条极坐标图的曲线(正频率),如图 5-23 中所示。

2. 伯德图

对数幅频特性表达式为

$$L(\omega)=20\lg\frac{1}{\sqrt{(1-T^2\omega^2)^2+(2\zeta T\omega)^2}} \tag{5-56}$$

根据上式可以作出两条渐近线。

当频率趋于零时,有

$$\lim_{\omega\to 0}L(\omega)\to 20\lg 1=0\ \mathrm{dB}$$

这是一条水平渐近线。频率趋于无穷大时,有

$$\begin{aligned}\lim_{\omega\to\infty}L(\omega)&=\lim_{\omega\to\infty}20\lg A(\omega)\\&=\lim_{\omega\to\infty}20\lg\frac{1}{\sqrt{(1-T^2\omega^2)^2+(2\zeta T\omega)^2}}\\&=20\lg\frac{1}{T^2\omega^2}\end{aligned}$$

显然,上式为两个积分环节的叠加。所以,第二条渐近线为等斜率的斜线,其斜率为两个积分环节的斜率叠加,即斜率为-40 dB/dec。

在图上作出两条渐近线,得到它们的交点坐标为

$$\omega=\frac{1}{T}$$

两条渐近线的折线近似如图 5-24 中的虚线所示。

由于阻尼比 ζ 不同时,幅频特性 $L(\omega)$ 为无谐振峰值、临界谐振峰值和有谐振峰值三种情况,阻尼比分别为 $\zeta>0.707,\zeta=0.707,\zeta<0.707$ 时,幅频特性 $L(\omega)$ 的准确特性曲线如图 5-24 所示。

对数相频特性表达式为

$$\varphi(\omega)=-\arctan\frac{2\zeta T\omega}{1-T^2\omega^2} \tag{5-57}$$

二阶振荡环节的对数相频特性也有三个特征角度。

当 $\omega\to 0$ 时,有 $\varphi(0)=0°$

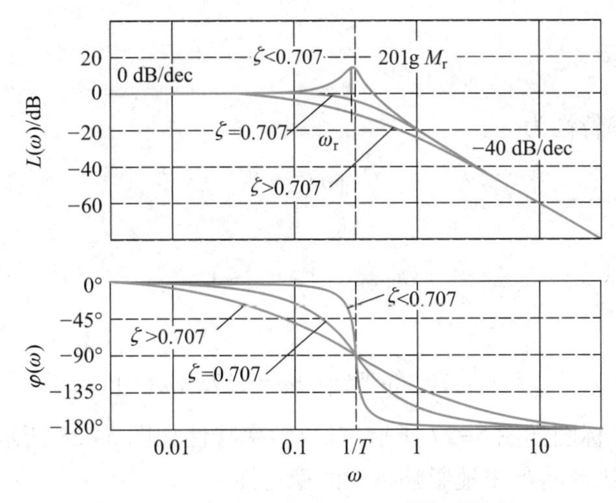

图 5-24　二阶振荡环节的对数频率特性

当 $\omega=\dfrac{1}{T}$时，有 $\varphi\left(\dfrac{1}{T}\right)=-90°$

当 $\omega\to\infty$ 时，有 $\varphi(\omega)\big|_{\omega\to\infty}=-\arctan\dfrac{1}{-\omega}\Big|_{\omega\to\infty}=-180°$

由于系统阻尼比 ζ 取值不同，$\varphi(\omega)$ 在 $\omega=\dfrac{1}{T}$邻域的角度变化率也不同，阻尼比越小，变化率就越大。阻尼比分别为 $\zeta>0.707$、$\zeta=0.707$ 和 $\zeta<0.707$ 时的三条相频特性曲线如图 5-24 所示。

5-2-7　二阶微分环节

二阶微分环节的频率特性为

$$\begin{aligned}G(\mathrm{j}\omega)&=T^2s^2+2\zeta Ts+1\big|_{s=\mathrm{j}\omega}\\&=T^2(\mathrm{j}\omega)^2+\mathrm{j}2\zeta T\omega+1\end{aligned}\tag{5-58}$$

它的极坐标图如图 5-25 所示。

由于二阶微分环节与二阶振荡环节互为倒数，因此，其对数频率特性可以参照二阶振荡环节的对数频率特性翻转画出，如图 5-26 所示。

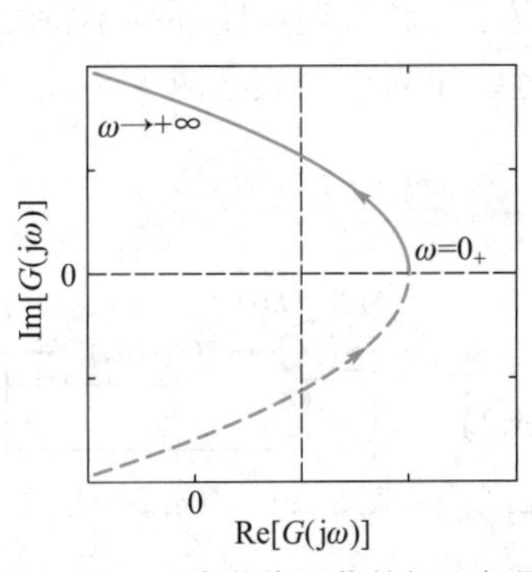

图 5-25　二阶微分环节的极坐标图

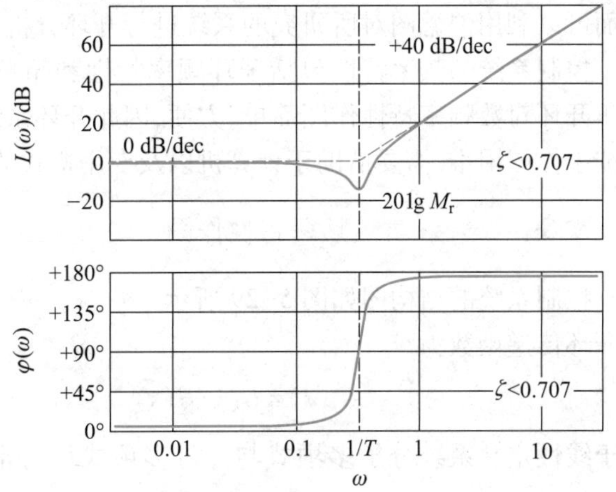

图 5-26　二阶微分环节的对数频率特性

5-2-8 延迟环节

延迟环节的频率特性为

$$G(\mathrm{j}\omega)=\mathrm{e}^{-\mathrm{j}\omega\tau} \tag{5-59}$$

其幅值为

$$A(\omega)=\left|\mathrm{e}^{-\mathrm{j}\omega\tau}\right|=1 \tag{5-60}$$

幅角为

$$\varphi(\omega)=\angle\mathrm{e}^{-\mathrm{j}\tau\omega}=-\tau\omega=-57.3\tau\omega(^{\circ}) \tag{5-61}$$

延迟环节的极坐标图如图5-27所示，对数频率特性如图5-28所示。由于$\varphi(\omega)$随ω的增长而线性滞后，因此将严重地影响系统的稳定性。

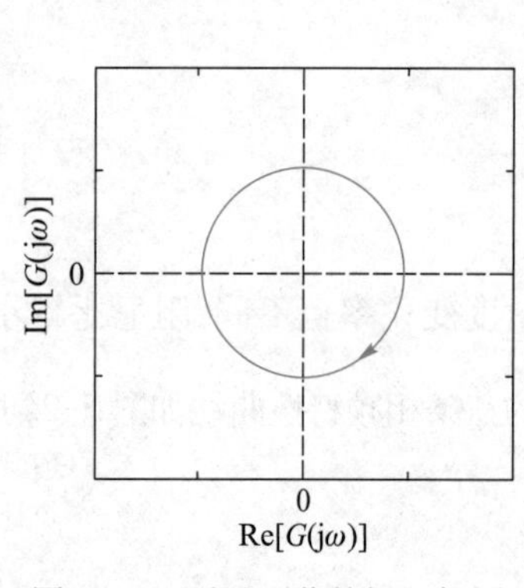

图5-27 延迟环节的极坐标图

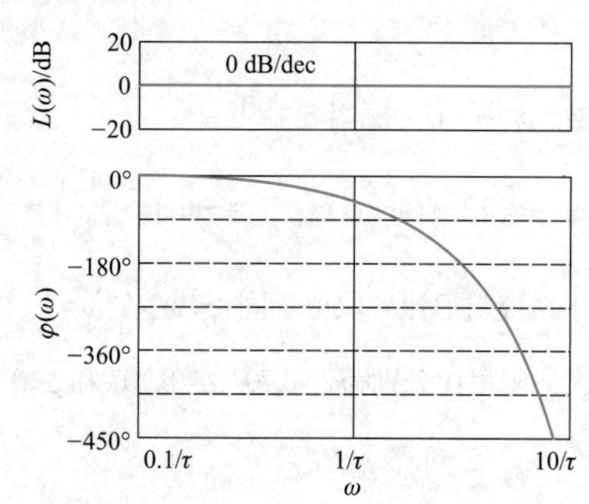

图5-28 延迟环节的对数频率特性

5-3 控制系统开环频率特性作图

在掌握了典型环节作图的基础上，可以作出控制系统的开环对数频率特性，即伯德图，进而可以利用伯德图对所研究的系统进行开环分析。

控制系统的频率特性包括开环频率特性和闭环频率特性，两者都可以用于系统分析。由于开环对数频率特性作图简单、方便，因此开环系统分析应用比较普遍。闭环频率特性由于徒手作图困难，需要借助于计算机以及专用格式的图表，近些年来应用逐渐减少。

5-3-1 开环对数频率特性作图

控制系统的结构图如图5-29所示。

其开环传递函数为

$$G_{\mathrm{o}}(s)=G(s)H(s) \tag{5-62}$$

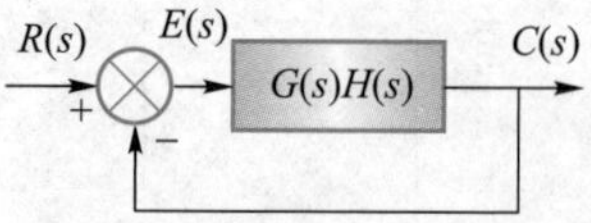

R(s) E(s) G(s)H(s) C(s) + −

图5-29 控制系统结构图

由于线性定常系统分子多项式与分母多项式均为常系数，可以

将开环传递函数 $G_o(s)$ 的分子多项式与分母多项式作因式分解如下式

$$G_o(s)=\frac{k_o}{s^\nu}\cdot\frac{\prod\limits_{k=1}^{m_1}(\tau_k s+1)\prod\limits_{l=1}^{m_2}(\tau_l^2 s^2+2\zeta_l\tau_l s+1)}{\prod\limits_{i=1}^{n_1}(T_i s+1)\prod\limits_{j=1}^{n_2}(T_j^2 s^2+2\zeta_j Ts+1)} \tag{5-63}$$

该式包括增益因子、一阶因子和二阶共轭复数因子，都是基本环节，所以开环频率特性 $G_o(\mathrm{j}\omega)$ 的一般表达式可以写为基本因子的乘积，即

$$G_o(\mathrm{j}\omega)=G_1(\mathrm{j}\omega)\cdot G_2(\mathrm{j}\omega)\cdot\cdots\cdot G_k(\mathrm{j}\omega)=\prod_{i=1}^{k}G_k(\mathrm{j}\omega) \tag{5-64}$$

采用模、角表达式可表示为

$$\begin{aligned}G_o(\mathrm{j}\omega)&=|G_1(\mathrm{j}\omega)|\mathrm{e}^{\mathrm{j}\angle G_1(\mathrm{j}\omega)}\cdot|G_2(\mathrm{j}\omega)|\mathrm{e}^{\mathrm{j}\angle G_2(\mathrm{j}\omega)}\cdot\cdots\\&=\prod_{i=1}^{k}|G_i(\mathrm{j}\omega)|\mathrm{e}^{\mathrm{j}\sum\limits_{i=1}^{k}\angle G_i(\mathrm{j}\omega)}\end{aligned} \tag{5-65}$$

开环对数幅频特性为

$$\begin{aligned}L_o(\omega)&=20\lg\left[\prod_{i=1}^{k}\left|G_i(\mathrm{j}\omega)\right|\right]\\&=\sum_{i=1}^{k}20\lg|G_i(\mathrm{j}\omega)|\\&=\sum_{i=1}^{k}L_i(\omega)\\&=L_1(\omega)+L_2(\omega)+\cdots+L_k(\omega)\end{aligned} \tag{5-66}$$

开环对数相频特性为

$$\begin{aligned}\varphi_o(\omega)&=\sum_{i=1}^{k}\angle G_i(\mathrm{j}\omega)\\&=\sum_{i=1}^{k}\varphi_i(\omega)\\&=\varphi_1(\omega)+\varphi_2(\omega)+\cdots+\varphi_k(\omega)\end{aligned} \tag{5-67}$$

式(5-66)和式(5-67)说明了 $L_o(\omega)$ 和 $\varphi_o(\omega)$ 分别都是各典型环节的叠加。

通过以上的分析，可以采用下述两种方法中的任意一种方法，来绘制控制系统的开环对数频率特性，也就是伯德图，但实践中使用更多的是后一种方法。

(1) 典型环节叠加作图

分别作出各基本环节的 $L_k(\omega)$，在图上叠加得到 $L_o(\omega)$，以及分别作出各基本环节的 $\varphi_k(\omega)$，在图上叠加得到 $\varphi_o(\omega)$。

视频：例 5-2 讲解

[例 5-2] 已知单位反馈控制系统的结构图如图 5-30 所示，其开环传递函数为

$$G(s)=\frac{100(s+2)}{s(s+1)(s+20)}$$

试绘制开环系统伯德图。

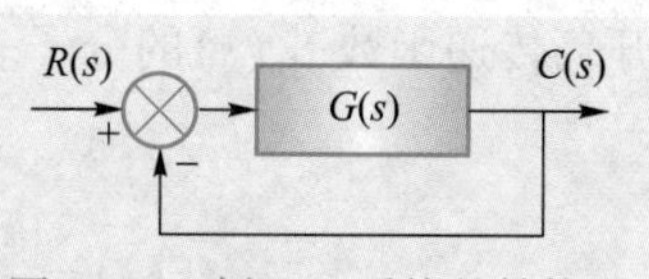

图 5-30 例 5-2 系统的结构图

解 按照基本环节写出系统的开环频率特性为

$$G(j\omega)=\frac{100(j\omega+2)}{(j\omega)(j\omega+1)(j\omega+20)}=\frac{10(1+j0.5\omega)}{(j\omega)(1+j\omega)(1+j0.05\omega)}$$

各基本环节为

① $G_1(j\omega)=10$ $L_1(\omega)=20\lg10=20\ \text{dB}$

$\varphi_1(\omega)=0°$

增益因子,两条曲线均为水平线,幅频特性的高度为20 dB。

② $G_2(j\omega)=1+j0.5\omega$ $L_2(\omega)=\sqrt{1+0.5^2\omega^2}$

$\varphi_2(\omega)=\arctan 0.5\omega$

一阶微分环节,转折频率为 $\omega=\frac{1}{0.5}=2$,转折斜率为+20 dB/dec;

③ $G_3(j\omega)=\frac{1}{j\omega}$ $L_3(\omega)=-20\lg\omega$

$\varphi_3(\omega)=-90°$

积分环节,等斜率斜线,斜率为−20 dB/dec;

④ $G_4(j\omega)=\frac{1}{1+j\omega}$ $L_4(\omega)=20\lg\frac{1}{\sqrt{1+\omega^2}}$

$\varphi_4(\omega)=-\arctan\omega$

一阶惯性环节,转折频率为 $\omega=1$,转折斜率为−20 dB/dec;

⑤ $G_5(j\omega)=\frac{1}{1+j0.05\omega}$ $L_5(\omega)=20\lg\frac{1}{\sqrt{1+0.05^2\omega^2}}$

$\varphi_5(\omega)=-\arctan 0.05\omega$

一阶惯性环节,转折频率为 $\omega=\frac{1}{0.05}=20$,转折斜率为−20 dB/dec;

各基本环节的对数幅频特性在图上作叠加合成,即可得到

$$L(\omega)=L_1(\omega)+L_2(\omega)+L_3(\omega)+L_4(\omega)+L_5(\omega)$$

如图 5-31 所示。

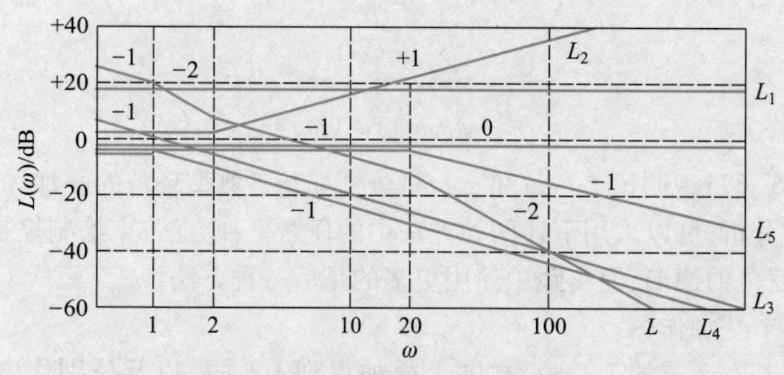

图 5-31 各基本环节的对数幅频特性

同理,作出各基本环节的对数相频特性,经叠加合成,可以得到

$$\varphi(\omega)=\varphi_1(\omega)+\varphi_2(\omega)+\varphi_3(\omega)+\varphi_4(\omega)+\varphi_5(\omega)$$

如图 5-32 所示。

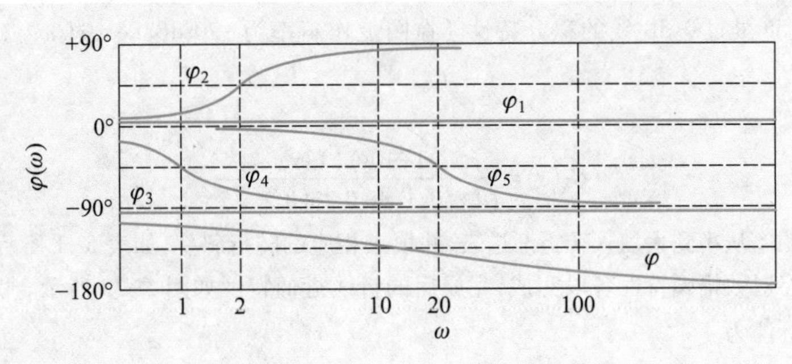

图 5-32 各基本环节的对数相频特性

(2) 转折渐进作图

转折渐进作图主要是依照转折渐进表作出 $L_o(\omega)$,而开环对数相频特性 $\varphi_o(\omega)$ 仍然要依照方法(1)叠加作图。从后面的分析可以看到,在最小相位系统的条件下,可以省略 $\varphi_o(\omega)$ 的作图。这样,转折渐进作图方法就很方便了。

步骤一,确定低频段斜率和低频段曲线的高度,作出低频段曲线至第一转折频率。由于

$$G_o(s)=\frac{k_o}{s^\nu}\cdot\frac{\prod_{k=1}^{m_1}(\tau_k s+1)\prod_{l=1}^{m_2}(\tau_l^2 s^2+2\zeta_l\tau_l s+1)}{\prod_{i=1}^{n_1}(T_i s+1)\prod_{j=1}^{n_2}(T_j^2 s^2+2\zeta_j T s+1)} \tag{5-68}$$

$$=\frac{k_o}{s^\nu}\cdot G_n(s)$$

在低频段有

$$G_o(j\omega)=\frac{k_o}{(j\omega)^\nu}\cdot G_n(j\omega)\Bigg|_{\lim\limits_{\omega\to 0}G_n(j\omega)\to 1}=\frac{k_o}{(j\omega)^\nu} \tag{5-69}$$

在低频段作出 $L_{o低}$ 和 $\varphi_{o低}$。

步骤二,由于

$$G_n(s)=\frac{\prod_{k=1}^{m_1}(\tau_k s+1)\prod_{l=1}^{m_2}(\tau_l^2 s^2+2\zeta_l\tau_l s+1)}{\prod_{i=1}^{n_1}(T_i s+1)\prod_{j=1}^{n_2}(T_j^2 s^2+2\zeta_j T s+1)}$$

全部是由一阶因子及二阶因子组成。因此只要找出每个因子的转折频率及在转折频率处相应的转折斜率,从低频段到高频段逐步前进,就可以以渐进方式作出折线特性,如下例所述。

视频:例 5-3 讲解

[例 5-3] 已知单位反馈系统的开环传递函数为

$$G_o(s)=\frac{1.58(1+10s)(1+s)}{s(1+50s)(1+0.2s+0.5^2s^2)}$$

作对数开环频率特性。

解 低频段特性为

$$G_o(s)=\frac{1.58}{s}$$

这是在 $\omega=1.58$ 处过 0 dB 线的积分特性。在图上作斜率为 -20 dB/dec，过 $\omega=1.58$ 的斜线如图 5-33 所示。

各转折特性为

$$G_{\mathrm{n}}(s)=\frac{(1+10s)(1+s)}{(1+50s)(1+0.2s+0.5^2s^2)}$$

将各环节的转折频率从小到大填入转折渐进表，并填入相应的转折斜率，如表 5-1 所示。在图中，按照表上的顺序依次将对数幅频特性各段完成，完成后的折线近似特性如图 5-33 所示。图中，$L_{\mathrm{o}}(\omega)$ 的各段斜率分别简略标注为

0：0 dB/dec，±1：±20 dB/dec，±2：±40 dB/dec，…

表 5-1 转折渐进表

渐进顺序	$(1+50s)^{-1}$	$1+10s$	$1+s$	$(1+0.2s+0.5^2s^2)^{-1}$
转折频率	0.02	0.1	1	2
转折斜率	-20 dB/dec	+20 dB/dec	+20 dB/dec	-40 dB/dec

另外，由于二阶振荡因子的阻尼比为 $\zeta=0.2$，所以在谐振频率

$$\omega_{\mathrm{r}}=\frac{1}{T}\sqrt{1-2\zeta^2}=1.918$$

处，谐振峰值为

$$M_{\mathrm{r}}=A(\omega_{\mathrm{r}})=\frac{1}{2\zeta\sqrt{1-\zeta^2}}=2.55$$

对数峰值为

$$20\lg 2.55=8.13\ \mathrm{dB}$$

在图上作谐振峰值修正曲线，如图 5-33 所示。

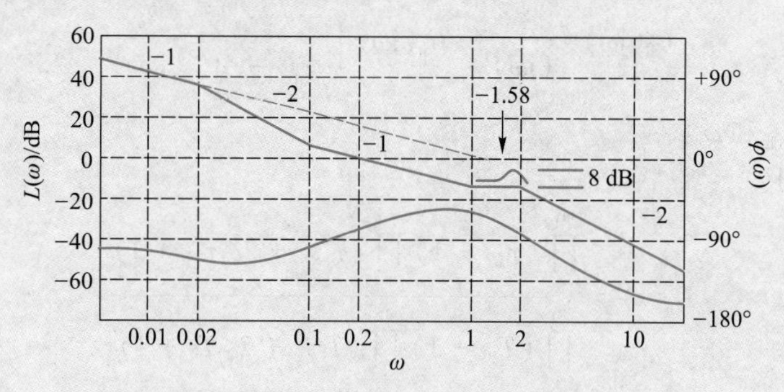

图 5-33 例 5-3 系统的伯德图

对数相频特性的作图方法同前，徒手绘制开环对数相频特性 $\varphi_{\mathrm{o}}(\omega)$ 时，首先应确定低频段的相位角。例 5-3 系统低频段特性为

$$G_{\mathrm{o}}(s)\big|_{\omega\to0}=\frac{1.58}{s}$$

所以低频段相位角为

$$\varphi_{\mathrm{o低}}=-90^\circ$$

其次，应确定高频段的相位角，例 5-3 系统高频段特性为

$$G_o(s)\mid_{\omega\to\infty}=\frac{1.264}{s^2}$$

所以高频段相位角为

$$\varphi_{o高}=-180°$$

之后从低频段相位角出发,对于每个一阶因子,在图上转折频率处作出±45°的特征点;对于每个二阶因子,在转折频率处作出±90°的特征点。

将上述特征点连接,即得到例 5-3 系统的开环相频特性的草图,如图 5-33 所示。如果需要精确一些,可以选插值点作一些修正计算即可。

5-3-2 开环极坐标图作图

绘制控制系统的开环极坐标图可以利用计算机绘图工具准确作出。利用开环频率特性 $G_o(j\omega)$ 的一些特点也可以近似地描绘出它的草图,尽管不太准确,但是用于系统的定性分析还是非常有用的。

开环传递函数 $G_o(s)$ 可以表示为

$$G_o(s)=\frac{k_o}{s^\nu}\cdot\frac{\prod_{k=1}^{m_1}(\tau_k s+1)\prod_{l=1}^{m_2}(\tau_l^2 s^2+2\zeta_l\tau_l s+1)}{\prod_{i=1}^{n_1}(T_i s+1)\prod_{j=1}^{n_2}(T_j^2 s^2+2\zeta_j T s+1)}$$

基于 $G_o(s)$,下面来定性地讨论控制系统开环频率特性 $G_o(j\omega)$ 的一些特点。

1. 极坐标图的起点

极坐标图的起点是当 $\omega\to0_+$ 时,$G_o(j0_+)$ 在复平面上的位置。当前向通路积分环节的个数 ν 大于零,$\omega\to0_+$ 时,有

$$\lim_{\omega\to0_+}G_o(j\omega)\to\frac{K_o}{(j\omega)^\nu}\tag{5-70}$$

模的大小为

$$\lim_{\omega\to0_+}\left|\frac{K_o}{(j\omega)^\nu}\right|\to\infty\tag{5-71}$$

幅角大小为

$$\lim_{\omega\to0_+}\angle\frac{K_o}{(j\omega)^\nu}\to-\nu\cdot\frac{\pi}{2}\tag{5-72}$$

所以,极坐标图的起点位置与前向通路积分环节的个数 ν 有关。ν 为不同值时,极坐标图的起点位置如图 5-34 所示。

2. 极坐标图的终点

极坐标图的终点是当 $\omega\to+\infty$ 时,$G_o(+j\infty)$ 在复平面上的位置,当 $\omega\to+\infty$ 时,有

$$\lim_{\omega\to+\infty}G_o(j\omega)\to\frac{K_o}{(j\omega)^{n-m}}\tag{5-73}$$

模的大小为

$$\lim_{\omega\to\infty}\left|\frac{K_o}{(j\omega)^{n-m}}\right|=0 \tag{5-74}$$

幅角大小为

$$\lim_{\omega\to\infty}\angle\frac{K_o}{(j\omega)^{n-m}}=-(n-m)\frac{\pi}{2} \tag{5-75}$$

所以,极坐标图终点的入射角度是不同的,入射角度的大小由分母多项式的次数与分子多项式次数之差 $n-m$ 来决定,各种趋近情况如图 5-35 所示。

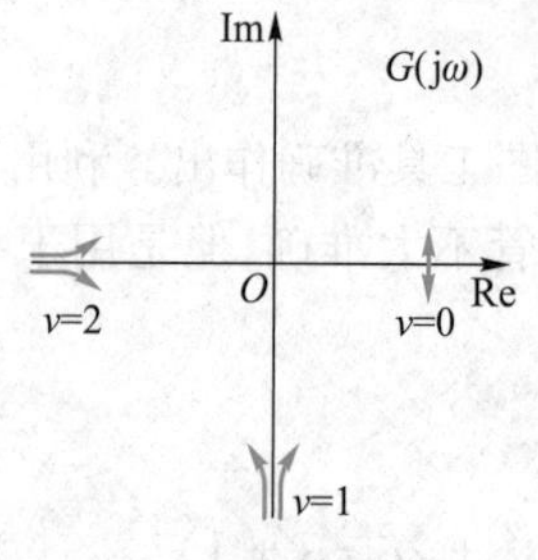

图 5-34 极坐标图的起点位置

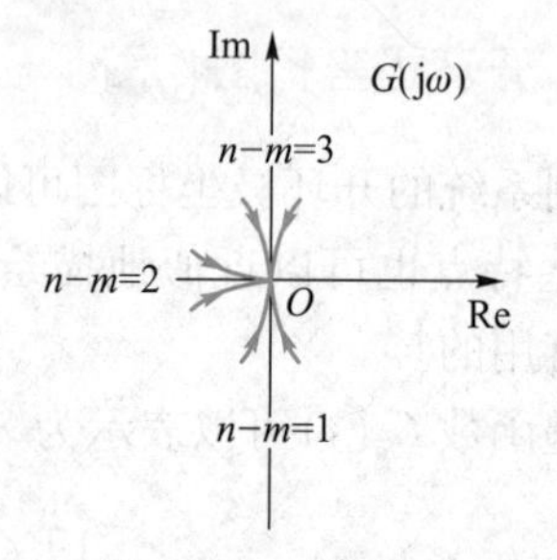

图 5-35 极坐标图的终点位置

3. 坐标轴穿越点与单位圆穿越点

坐标轴穿越点与单位圆穿越点如图 5-36 所示。对于这两类穿越,除了要确定穿越位置之外,还需要作如下考虑。

在坐标轴穿越点邻域需要确定的是 $\omega=\omega_x$ 时,$G_o(j\omega_x)$ 是以角度增加方式还是以角度减少的方式穿越坐标轴。

在单位圆穿越点邻域需要确定的是 $\omega=\omega_y$ 时,$G_o(j\omega_y)$ 是以幅值增加方式还是以幅值减少的方式穿越单位圆。

在不需要准确地作图时,根据上述三条,可以定性地作出开环频率特性 $G_o(j\omega)$ 的极坐标草图。

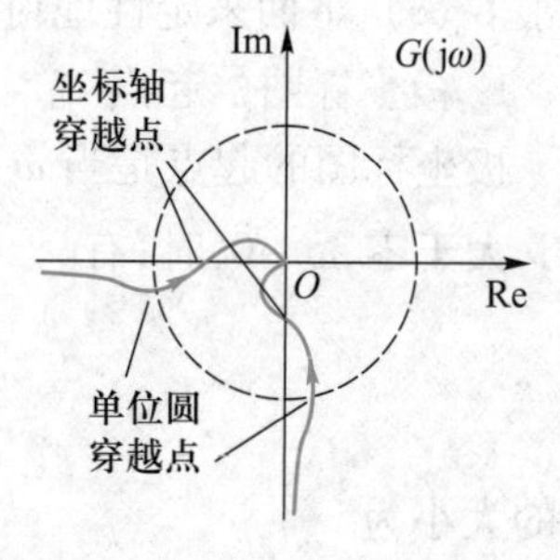

图 5-36 极坐标图的穿越点

[例 5-4] 已知单位反馈系统的开环传递函数为

$$G_o(s)=\frac{1}{s(1+s)}$$

试画出其极坐标草图。

解 由于 $\nu=1$,有

$$\begin{cases}A(0)=\infty\\ \varphi(0)=-90°\end{cases}$$

所以起点位于负虚轴的无穷远处。

由于 $n-m=2$,有

$$\begin{cases}A(\infty)=0\\ \varphi(\infty)=-180°\end{cases}$$

所以,曲线以相位角 $-180°$ 趋于原点。幅角表达式为

$$\varphi(\omega)=-90°-\angle 1+j10\omega$$

当 ω 增加时，$\varphi(\omega)$ 是单调减的。

由以上定性分析，可以作出趋势草图，如图 5-37(a)所示。

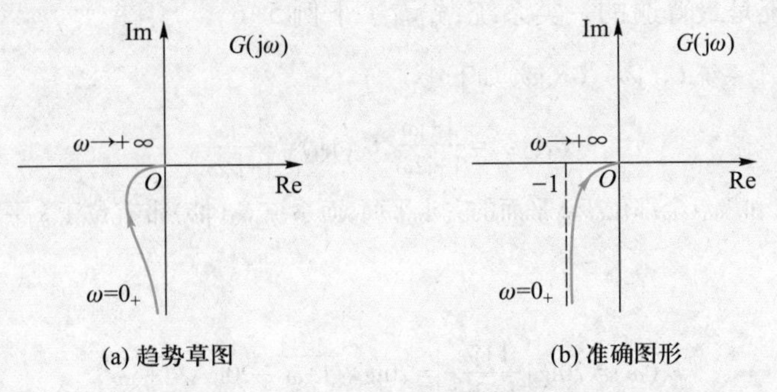

图 5-37 例 5-4 系统的极坐标图

当然，该系统比较简单，可以写出的实部函数与虚部函数表达式来比较准确地描点作图。由于

$$G_o(j\omega)=\frac{1}{(j\omega)(1+j\omega)}=-\frac{1}{1+\omega^2}-j\frac{1}{\omega(1+\omega^2)}$$

所以有

$$\begin{cases}\lim\limits_{\omega\to0}\mathrm{Re}[G_o(j\omega)]=-1\\ \lim\limits_{\omega\to0}\mathrm{Im}[G_o(j\omega)]=-j\infty\end{cases} \text{和} \begin{cases}\lim\limits_{\omega\to\infty}\mathrm{Re}[G_o(j\omega)]=0\\ \lim\limits_{\omega\to\infty}\mathrm{Im}[G_o(j\omega)]=0\end{cases}$$

当 $\omega\to0_+$ 时，实部函数有渐近线为-1，可以先作出渐近线，然后描点作出准确图形，如图 5-37(b)所示。

图 5-37 中的两图看上去差别较大，但是应用该图作系统分析时，从定性分析的观点来看是一样的，也就是说图(a)趋势作图的粗略性，基本不影响该图在系统分析时的应用。

[例 5-5] 已知单位反馈系统的开环传递函数为

$$G(s)=\frac{K(1+20s)}{s^2(1+5s)(1+2s)}$$

试作出极坐标图的草图。

解 由于 $\nu=2$，有 $\begin{cases}A(0)=\infty\\ \varphi(0)=-180^\circ\end{cases}$，所以起点位于负实轴无穷远处。

由于 $n-m=3$，有 $\begin{cases}A(\infty)=0\\ \varphi(\infty)=-270^\circ\end{cases}$，所以曲线以相位角-270°趋于原点。

幅角表达式为

$$\varphi(\omega)=-180^\circ+\underline{/1+j20\omega}-\underline{/1+j5\omega}-\underline{/1+j2\omega}$$

当 ω 增加时，$\varphi(\omega)$ 从-180°先增后减。当 $\omega\to+\infty$ 时，$\varphi(\omega)$ 减至-270°。

所以可以算出，当 $\omega_x=0.255$ 时，$\varphi(0.255)=-180^\circ$，曲线从第三象限穿越负实轴到第二象限。

由以上分析可作出极坐标图草图，如图 5-38 所示。图中，当增益 K 不同时，曲线穿越负实轴的位置也不同，但是穿越频率 ω_x 是相同的，曲线的形状是相似的。

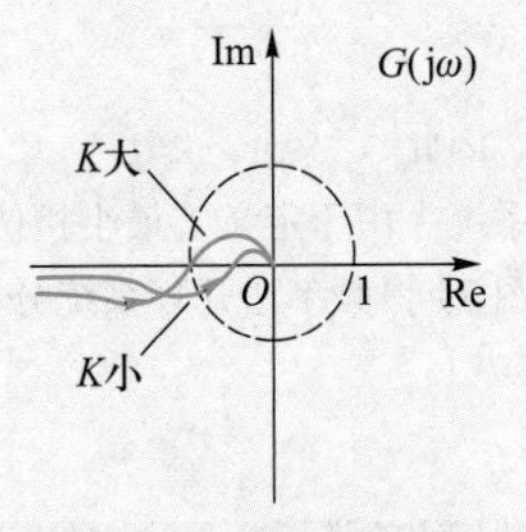

图 5-38 极坐标图草图

5-3-3 最小相位系统

最小相位系统是最普遍的一类系统，先看一下例 5-6。

[例 5-6] 已知两个系统 $G_1(j\omega)$、$G_2(j\omega)$ 如下：

$$G_1(j\omega)=\frac{1+j\omega}{1+j2\omega},G_2(j\omega)=\frac{1-j\omega}{1+j2\omega}$$

系统 $G_1(j\omega)$ 的零点和极点全部位于 s 平面的左半平面，而系统 $G_2(j\omega)$ 带有位于 s 平面右半平面的一个零点。

对于 $G_1(j\omega)$ 有

$$L_1(\omega)=20\lg\left|\frac{1+j\omega}{1+2j\omega}\right|=20\lg\sqrt{1+\omega^2}-20\lg\sqrt{1+4\omega^2}$$

对于 $G_2(j\omega)$ 有

$$L_2(\omega)=20\lg\left|\frac{1-j\omega}{1+2j\omega}\right|=20\lg\sqrt{1+\omega^2}-20\lg\sqrt{1+4\omega^2}=L_1(\omega)$$

所以两个系统的对数幅频特性是相同的。

但是 $G_1(j\omega)$ 的相频特性为

$$\varphi_1(\omega)=\arctan\omega-\arctan 2\omega$$

$G_2(j\omega)$ 的相频特性为

$$\varphi_2(\omega)=\arctan(-\omega)-\arctan 2\omega=-\arctan\omega-\arctan 2\omega$$

所以，两系统的相频特性是不同的，且 $G_1(j\omega)$ 比 $G_2(j\omega)$ 有更小的相位角。两系统的对数幅频特性与对数相频特性如图 5-39 所示。

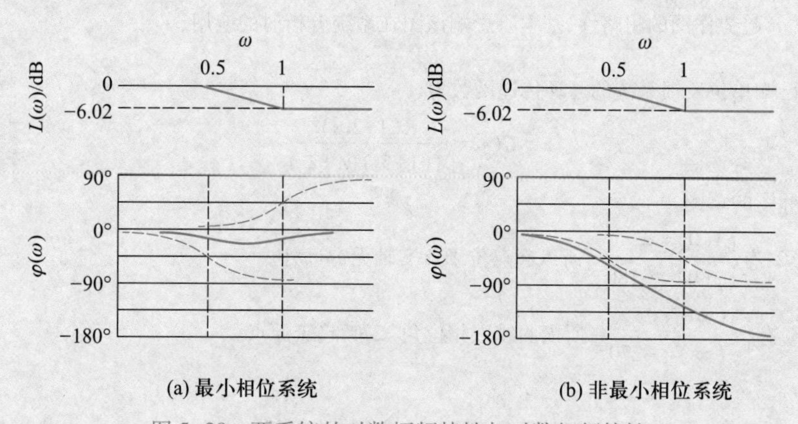

图 5-39 两系统的对数幅频特性与对数相频特性

因此，定义开环零点与开环极点全部位于 s 的左半平面的系统为最小相位系统，否则称为非最小相位系统。由于定义了最小相位系统，幅频特性与相频特性有确定的关系，许多情况下可以省略相频特性作图，使得频率法开环系统分析更简捷方便。

5-4 频域稳定性判据

第 3 章时域分析介绍了系统的稳定性，并且给出了代数稳定性判据，可以只通过判别，不用求系统运动的解而获得控制系统稳定性的信息。

本节将在频域中,进一步讨论控制系统稳定性的问题。

频域稳定性判据又称为 Nyquist 稳定性判据,简称奈氏判据。它是在频域中利用系统的开环频率特性来获得闭环系统稳定性的判别方法。

两种稳定性判别方法不同的是,代数稳定性判据是基于控制系统的闭环特征方程的判别方法,基本上提供的是控制系统绝对稳定性的信息,而对于系统的相对稳定性信息提供较少。频域稳定性判据所依据的是控制系统的开环频率特性,也就是仅仅利用系统的开环信息,不仅可以确定系统的绝对稳定性,而且还可以提供相对稳定性的信息。也就是说,系统如果是稳定的,那么动态性能是否好,或者如果系统是不稳定的,那么与稳定情况相比较还差多少等。所以,频域稳定性判据不仅用于系统的稳定性分析,而且可以更方便地用于控制系统的设计。

两种稳定性的判别方法虽然是在不同的域中进行的,但是对于控制系统的稳定性分析来说是等价的。

5-4-1 开环极点与闭环极点的关系

控制系统的开环传递函数为

$$G_o(s)=\frac{N(s)}{D(s)} \tag{5-76}$$

其中,$N(s)$为分子多项式,$D(s)$为分母多项式。满足方程 $N(s)=0$ 的 s 的值,称为系统的开环零点。满足方程 $D(s)=0$ 的 s 的值,称为系统的开环极点。分子多项式 $N(s)$的最高方次为 m,分母多项式 $D(s)$的最高方次为 n,且有 $n\geqslant m$。

控制系统的闭环传递函数为

$$G_c(s)=\frac{G_o(s)}{1+G_o(s)}=\frac{\dfrac{N(s)}{D(s)}}{1+\dfrac{N(s)}{D(s)}}=\frac{N(s)}{D(s)+N(s)} \tag{5-77}$$

其中,满足方程 $D(s)+N(s)=0$ 的 s 值,称为系统的闭环极点。

作辅助函数 $F(s)$,也就是系统的闭环特征多项式为

$$F(s)=1+G_o(s)=1+\frac{N(s)}{D(s)}=\frac{D(s)+N(s)}{D(s)} \tag{5-78}$$

满足方程 $D(s)+N(s)=0$ 的 s 值,是辅助函数 $F(s)$的零点,同时又是系统的闭环极点。满足方程 $D(s)=0$ 的 s 值,是辅助函数 $F(s)$的极点,同时又是系统的开环极点。辅助函数 $F(s)$把系统的开环极点和闭环极点包含在一个表达式中。且由于 $n\geqslant m$,所以系统的闭环极点的数目等于开环极点的数目。

通常系统的开环极点是已知的,需要确定的系统的闭环极点是未知的。通过辅助函数 $F(s)$,就把控制系统的开环极点与闭环极点联系到一个复变函数 $F(s)$中,进而就可以利用已知的开环极点的情况来判别未知的闭环极点的情况,也就是闭环系统的稳定性了。

将 $s=\mathrm{j}\omega$ 代入辅助函数 $F(s)$,得到辅助函数 $F(s)$的频率特性,即

$$F(\mathrm{j}\omega)=\frac{D(\mathrm{j}\omega)+N(\mathrm{j}\omega)}{D(\mathrm{j}\omega)} \tag{5-79}$$

5-4-2 频域稳定性判据

1. 频域稳定性判据的映射定理描述

已知系统的开环频率特性为 $G_o(\mathrm{j}\omega)$，则闭环系统稳定的充分必要条件是：当频率 ω 由 $-\infty$ 增加至 $+\infty$ 时，辅助函数 $F(\mathrm{j}\omega)$ 所对应的奈奎斯特轨线（简称奈氏轨线）顺时针包围 $F(\mathrm{j}\omega)$ 平面原点的圈数为

$$N=-P \tag{5-80}$$

其中，P 为 $G_o(\mathrm{j}\omega)$ 在 s 的右半平面上开环极点的个数。

一般情况下，$P=0$，系统的开环极点全部位于 s 的左半平面上，则判别式为

$$N=0 \tag{5-81}$$

即轨线不包围原点，系统是稳定的。稳定系统与不稳定系统的奈氏轨线如图 5-40 所示。

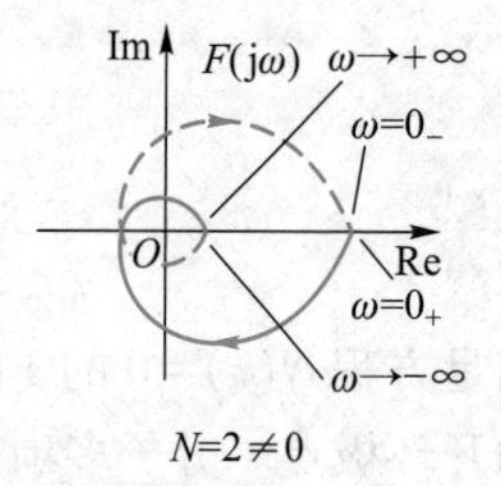

(a) 轨线包围原点，系统不稳定

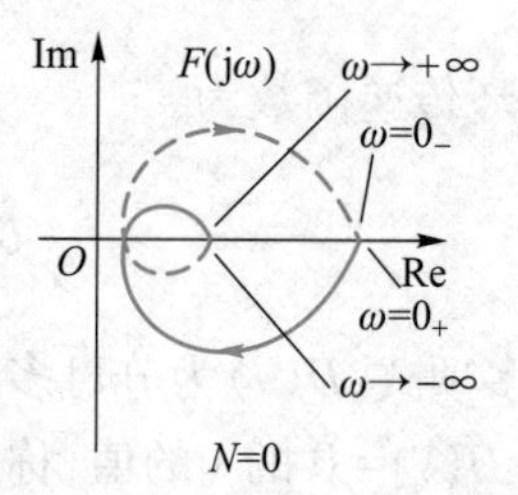

(b) 轨线不包围原点，系统稳定

图 5-40 稳定系统与不稳定系统的奈氏轨线

进而，$F(\mathrm{j}\omega)$ 平面就是 $1+G(\mathrm{j}\omega)$ 平面。包围 $F(\mathrm{j}\omega)$ 平面的原点等于包围 $G(\mathrm{j}\omega)$ 平面的 $-1+\mathrm{j}0$ 点，两平面的关系为平移关系，如图 5-41 所示。

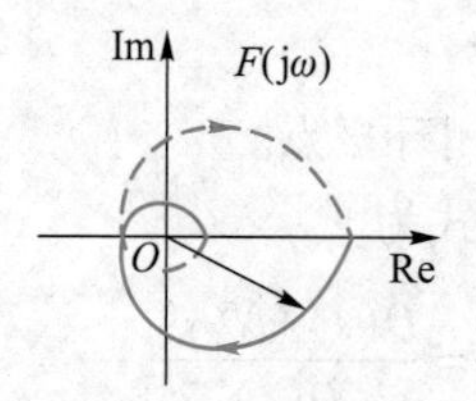

(a) 包围 $F(\mathrm{j}\omega)$ 平面的原点

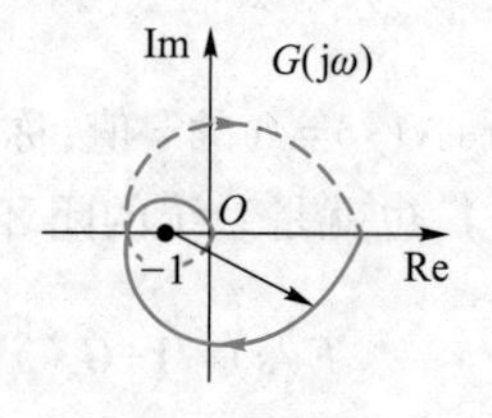

(b) 包围 $G(\mathrm{j}\omega)$ 平面的 −1 点

图 5-41 $F(\mathrm{j}\omega)$ 平面与 $G(\mathrm{j}\omega)$ 平面的平移关系

开环频率特性 $G_o(\mathrm{j}\omega)$ 的极坐标图是画在 $G(\mathrm{j}\omega)$ 平面上的。所以，就可以利用系统的开环频率特性来判别闭环系统的稳定性了。此时，相对于 $G(\mathrm{j}\omega)$ 平面上的 $-1+\mathrm{j}0$ 点，稳定判据修改为：

当 $P\neq0$ 时，奈式轨线顺时针包围 $-1+\mathrm{j}0$ 点的圈数为 $-P$，即

$$N=-P \tag{5-82}$$

当 $P=0$ 时，奈式轨线顺时针包围 $-1+\mathrm{j}0$ 点的圈数为零，即

$$N=0 \tag{5-83}$$

证明:复变函数的映射有如下关系。

任意点 s_i 的映射:除奇点之外,任意复自变量 s_i 与复变函数 $F(s_i)$ 的映射关系,如图 5-42 所示。

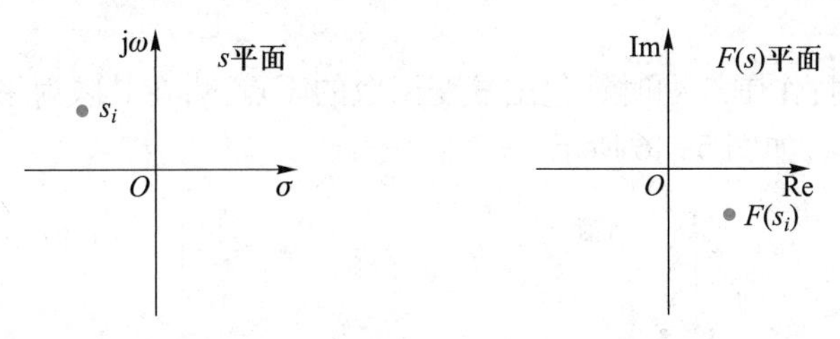

图 5-42 任意点 s_i 的映射

零点的映射:复变函数 $F(s)$ 的任意零点 s_z,映射为 $F(s)$ 平面上的原点,如图 5-43 所示。

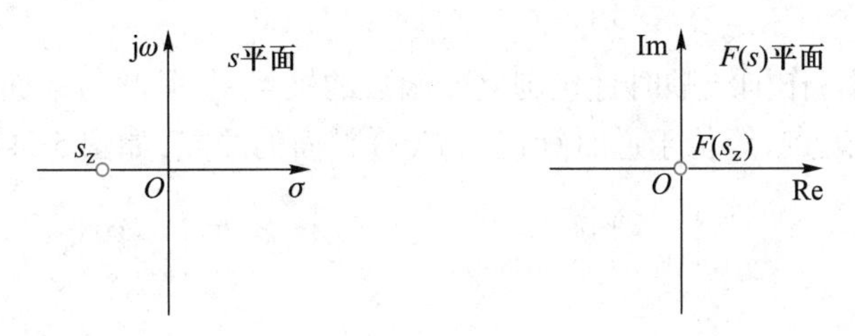

图 5-43 零点的映射

极点的映射:复变函数 $F(s)$ 的任意极点 s_p,映射为 $F(s)$ 平面的无穷远点,如图 5-44 所示。

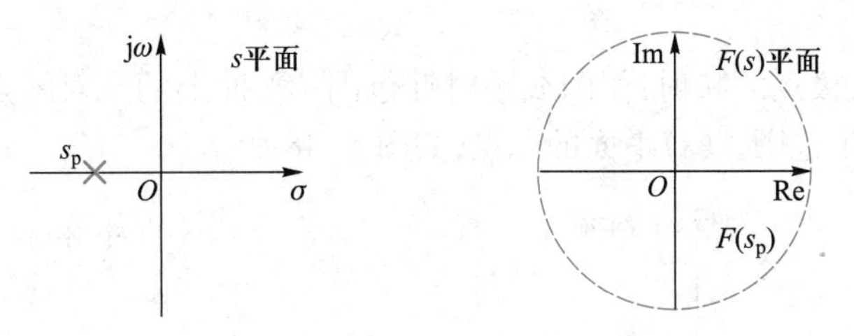

图 5-44 极点的映射

动点映射轨线:动点由 s_a 到 s_b 的顺时针移动轨线,其映射也是顺时针移动轨线,如图 5-45 所示,移动夹角分别为 φ 和 θ。

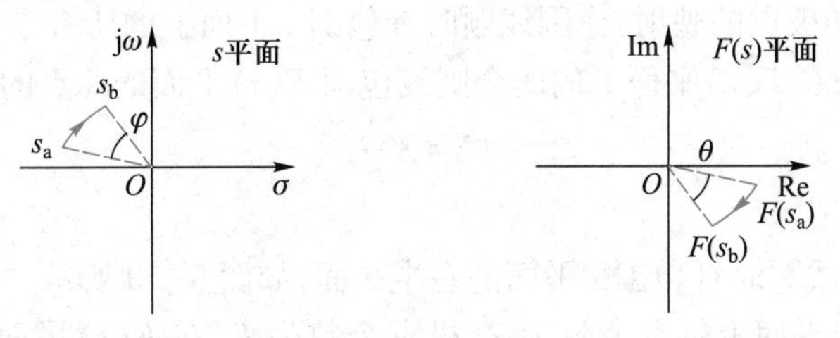

图 5-45 动点轨线的映射

保角定理:图5-45动点轨线的映射中,动点移动所构成的夹角为

$$\theta=\varphi \tag{5-84}$$

即s平面至$F(s)$平面映射是保角的。

围线:s平面上闭合的动点轨线称为围线。由保角定理,其映射轨线在$F(s)$平面也是闭合的。

包围零点的映射:作围线顺时针包围复变函数的零点s_z,在其映射平面上有围线顺时针包围$F(s)$平面的原点,如图5-46所示。

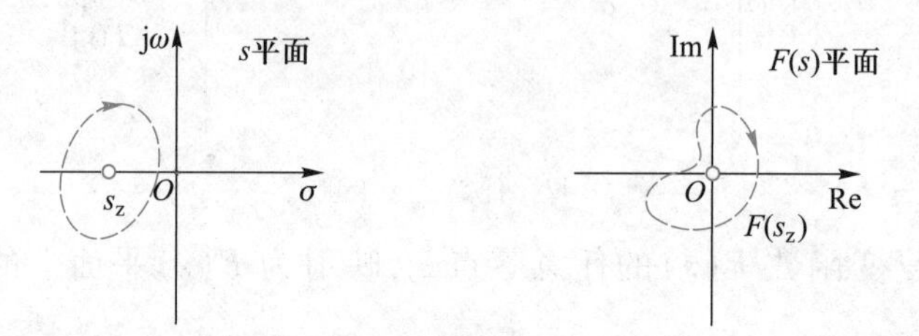

图5-46 包围零点的映射

包围极点的映射:作围线顺时针包围复变函数的极点s_p,其映射平面上有围线顺时针包围$F(s)$平面的无穷远点,等价于逆时针包围$F(s)$平面的原点,如图5-47所示。

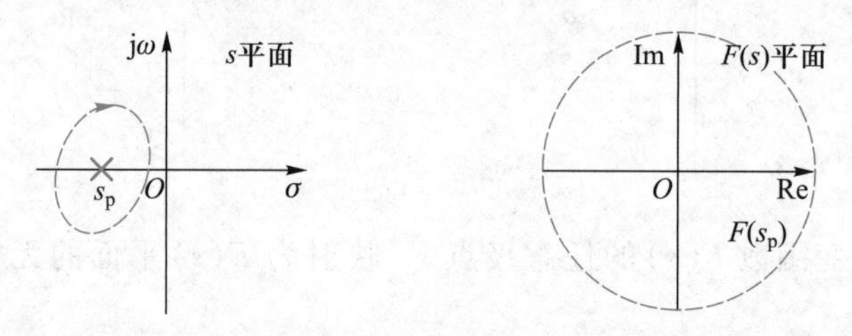

图5-47 包围极点的映射

包围一对零点、极点的映射:作围线顺时针包围s平面上的一对零点、极点,则在$F(s)$平面上的闭合围线不包围$F(s)$平面的原点,如图5-48所示。

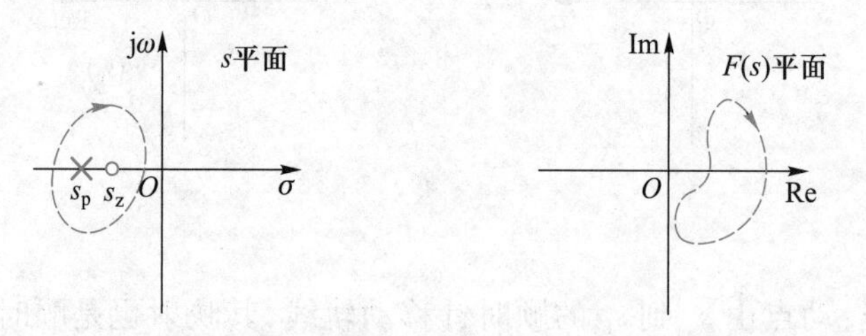

图5-48 包围一对零点、极点的映射

包围所有零点和极点的映射:作围线顺时针包围s平面上的所有零点和极点,零点个数为Z,极点个数为P,在$F(s)$平面上的闭合围线包围$F(s)$平面的原点的圈数为

$$N=Z-P \tag{5-85}$$

如图5-49所示。

映射定理:作围线顺时针包围s平面的右半平面,如图5-50所示。

如果s平面右半平面上零点个数为Z,极点个数为P,在$F(s)$平面上有闭合围线包围$F(s)$平面的原点的圈数为

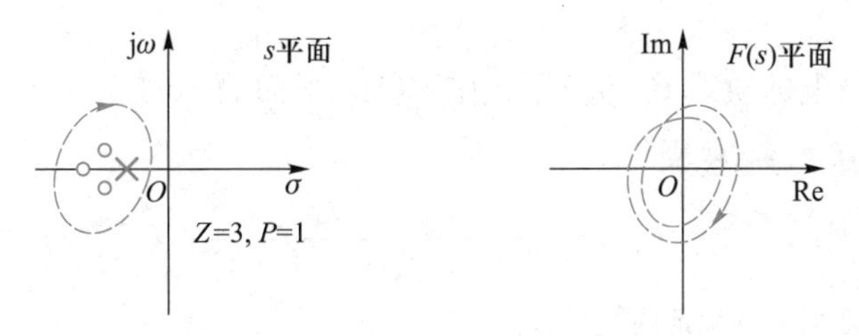

图 5-49 包围所有零点和极点的映射

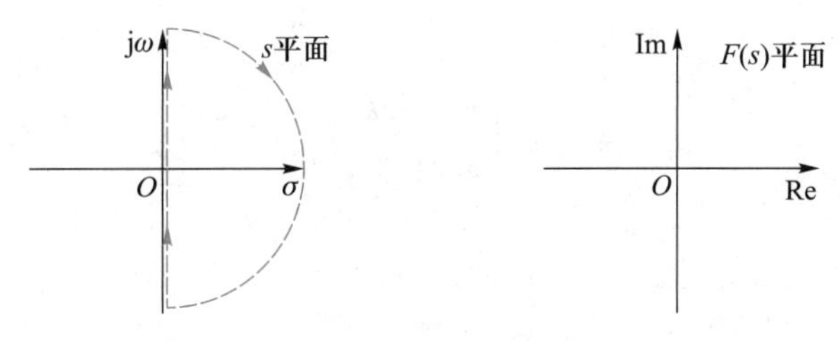

图 5-50 包围 s 平面的右半平面的映射

$$N=Z-P$$

由于辅助函数 $F(s)$ 的零点同时又是系统的闭环极点，稳定系统在 s 平面右半平面没有闭环极点，即 $Z=0$，所以有闭环系统稳定的充分必要条件为

$$N=Z-P\big|_{Z=0}=-P \tag{5-86}$$

其中 P 为位于 s 平面右半平面上开环极点的个数。$F(s)$ 平面上的闭合围线就是 s 平面的 ω 由 $-\infty$ 变化到 $+\infty$ 时的频率特性 $F(\mathrm{j}\omega)$ 曲线。证毕。

2. 频域稳定性判据的幅角定理描述

如果使用单边频率(ω:0→+∞)，频域稳定性判据还可以使用幅角定理来描述：相对于 $G(\mathrm{j}\omega)$ 平面上的 $-1+\mathrm{j}0$ 点的角度增量，稳定性判据的描述如下。

当 $P=0$ 时，$G_o(\mathrm{j}\omega)$ 轨线围绕 $-1+\mathrm{j}0$ 点的角度增量为零，即

$$\underset{\omega:0\to+\infty}{\Delta}\angle G_o(\mathrm{j}\omega)=0 \tag{5-87}$$

当 $P\neq0$ 时，围绕 $-1+\mathrm{j}0$ 点的角度增量为 $P\pi$，即

$$\underset{\omega:0\to+\infty}{\Delta}\angle G_o(\mathrm{j}\omega)=P\pi \tag{5-88}$$

其中，P 为开环传递函数 $G_o(\mathrm{j}\omega)$ 在 s 的右半平面上开环极点的个数。

在应用频域稳定性判据判别系统的稳定性时，首先要在 $G(\mathrm{j}\omega)$ 平面上作出开环系统的极坐标图，即 $G_o(\mathrm{j}\omega)$ 轨线，或称奈奎斯特图，然后根据稳定性判据判别系统是否稳定。对于最小相位系统，更方便的方法是在伯德图上使用频域稳定性判据来判别系统的稳定性，这种方法在后面要讲到。

5-4-3 频域稳定性分析

1. 最小相位系统

最小相位系统的零点和极点全部位于 s 平面的左半平面上，因此满足稳定性判据的 $P=0$ 的情况，则系统稳定的充要条件为式(5-83)，即

$$N=0$$

即开环频率特性的极坐标轨线 $G_o(j\omega)$ 不包围 $G(j\omega)$ 平面的-1点。

[例5-7] 系统的开环传递函数为

$$G_o(s)=\frac{K}{(T_1s+1)(T_2s+1)(T_3s+1)}$$

讨论开环增益 K 的大小对系统稳定性的影响。

解 这是一个三阶系统，没有开环零点，且开环极点全部位于 s 平面的左半平面，因此是最小相位系统。

(1) 作极坐标草图

$\omega=0$ 时，有

$$\begin{cases}A(0)=K\\ \varphi(0)=0°\end{cases}$$

$\omega\to\infty$ 时，有

$$\begin{cases}A(\infty)=0\\ \varphi(\infty)=-270°\end{cases}$$

且 ω 增加时，有

$$\begin{cases}A(\omega)\mid_{\omega\uparrow}\downarrow\\ \varphi(\omega)\mid_{\omega\uparrow}\downarrow\end{cases}$$

依此作极坐标草图，并补充负频率曲线，如图5-51(a)和(b)所示。

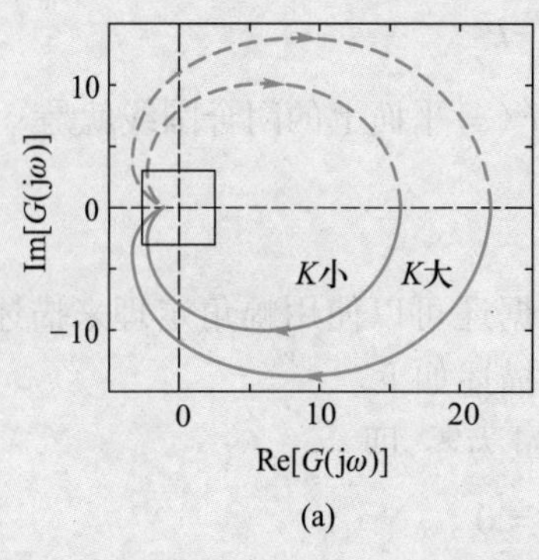

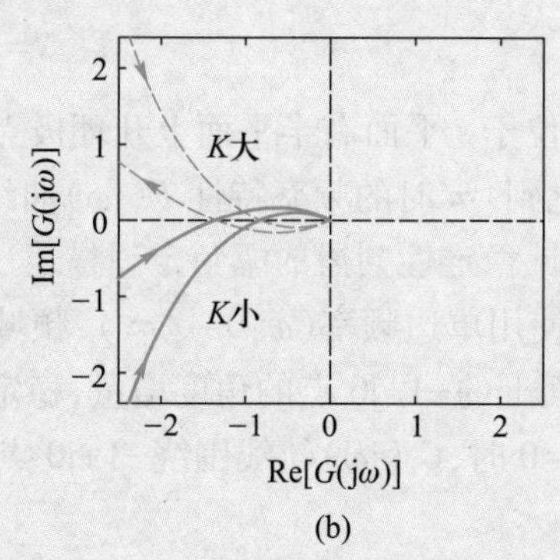

图5-51 例5-7系统的极坐标草图及负频率曲线

(2) 稳定性判别

当 K 小时，$G_o(j\omega)$ 轨线包围-1点的圈数为

$$N=0$$

不包围-1点，所以系统是稳定的。

当 K 大时，包围-1点的圈数为

$$N=2\neq 0$$

奈氏轨线包围-1点转了2圈，不等于零，所以系统不稳定。

2. 原点处有开环极点情况

当原点处存在有开环极点时，其表达式为

$$G_o(s)=\frac{K_o}{s^{\nu}}\cdot G_n(s) \tag{5-89}$$

由于开环极点因子 $G(s)=\frac{1}{s}$ 既不在 s 的左半平面上，也不在 s 的右半平面上，当 ω 由 $-\infty$ 增至 $+\infty$ 时，s 平面上的围线要穿过原点处的开环极点。

对于这种情况，可以认为原点处的开环极点属于 s 的左半平面，即把它挖去。因此，数学上作如下的处理：以单边频率作说明，在 s 平面上的 $s=0$ 邻域作一半径无穷小的半圆绕过原点，如图 5-52 所示。

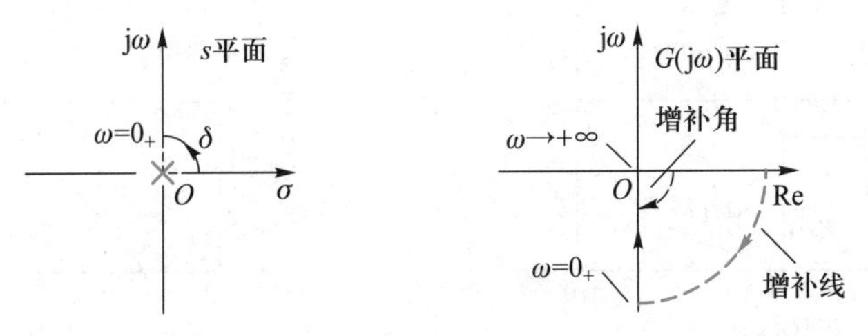

图 5-52　原点处的开环极点，其映射的增补线与增补角

这样，当 ω 由 0 增加到 0_+ 时，在原点处就已经获得 $+\frac{\pi}{2}$ 的角度增量。相应地，对于复变函数 $G(s)=\frac{1}{s}$，由复变函数的保角定理可得，在 $G(j\omega)$ 平面上的无穷大半圆处也应获得 $-\frac{\pi}{2}$ 的角度增量。因此，可在 $G(j\omega)$ 平面上的无穷大半圆处作增补线如图 5-52 所示，则得到了相应的增补角为 $-\frac{\pi}{2}$。

如果原点处的开环极点有 ν 个，则在 $G(j\omega)$ 平面上的无穷大半圆处所作的增补线应满足的增补角为

$$\nu\cdot\left(-\frac{\pi}{2}\right) \tag{5-90}$$

这样，当开环系统在原点处有开环极点时，在映射平面上的轨线需要计入相应的增补角才是正确的。

[例 5-8]　已知系统的开环传递函数为

$$G_o(s)=\frac{K}{s(T_2s+1)(T_3s+1)}$$

试用奈氏判据判别闭环系统的稳定性。

解　(1) 作极坐标图

当 $\omega=0$ 时，有

$$\begin{cases}A(0)=\infty\\ \varphi(0)=-90^\circ\end{cases}$$

可以确定系统极坐标图的起点为 $0-j\infty$。

当 $\omega\to\infty$ 时，有

$$\begin{cases}A(\infty)=0\\ \varphi(\infty)=-270^\circ\end{cases}$$

可以确定系统极坐标图的终点为 $0+j0$，即原点，且 ω 增加时，有

$$\begin{cases}A(\omega)\mid_{\omega\uparrow}\ \downarrow\\ \varphi(\omega)\mid_{\omega\uparrow}\ \downarrow\end{cases}$$

幅值从起点开始单调减,相位角也是从起点开始单调减,依此作极坐标草图并补充负频率曲线,如图5-53所示。

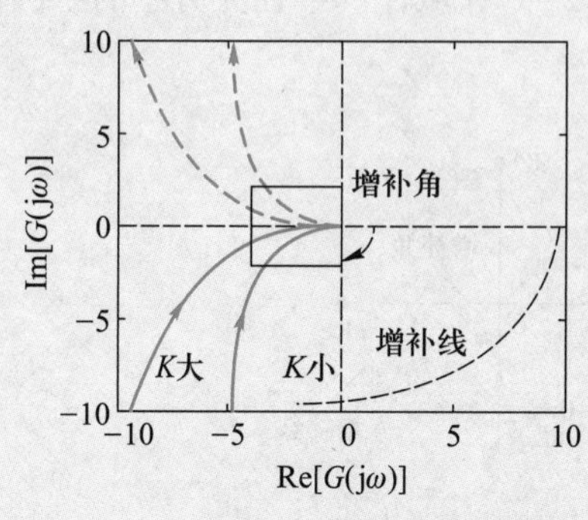

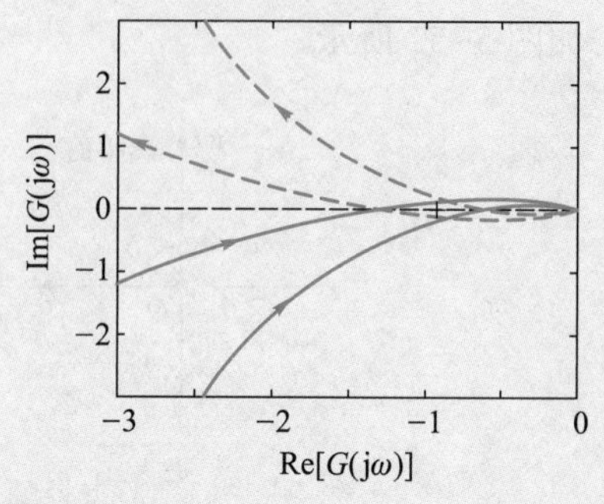

图5-53 例5-8系统的极坐标草图及负频率曲线

(2)稳定性判别

系统为最小相位系统,所以稳定条件为

$$N=0$$

由于原点处有一个开环极点,$\nu=1$,作增补线如图5-53所示。

当K小时,极坐标轨线包围-1点的圈数为

$$N=0$$

不包围-1点,所以系统是稳定的。

当K大时,极坐标轨线包围-1点的圈数为

$$N=2\neq 0$$

由于围绕-1点转了2圈,不等于零,所以系统不稳定。

3. 非最小相位系统

对于非最小相位系统,首先要判别的是s平面的右半平面有没有开环极点。如果在s平面的右半平面有开环极点,系统的稳定条件为式(5-82),即

$$N=-P$$

如果非最小相位是由s平面右半平面的开环零点确定的,那么系统的稳定条件仍为式(5-83),即

$$N=0$$

[例5-9] 已知系统的开环传递函数为

$$G_o(s)=\frac{K(0.5s+1)}{s(s-1)}$$

由奈氏判据判别闭环系统的稳定性。

解 该系统在s平面的右半平面有一个开环极点,$P=1$,系统稳定的条件为

$$N=-P\mid_{P=1}=-1$$

另外,原点处有一个开环极点,$\nu=1$,需要作增补线,增补角为$-\dfrac{\pi}{2}$。因此,按照下面步骤作极坐标图。

当$\omega=0$时,有

$$\begin{cases}A(0)=\infty\\ \varphi(0)=-270^\circ\end{cases}$$

当 $\omega\to+\infty$ 时,有

$$\begin{cases}A(\infty)=0\\ \varphi(\infty)=-90^\circ\end{cases}$$

幅值 $A(\omega)$ 单调减,幅角 $\varphi(\omega)$ 单调增,并且在 $\omega=\omega_x$ 时,轨线穿过负实轴。按照上述曲线变化趋势可作极坐标草图。由于 $\nu=1$,作增补线,并补充负频率曲线,如图 5-54 所示。

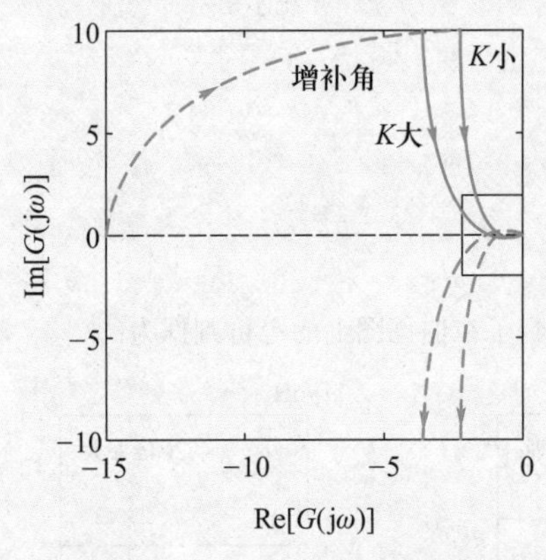

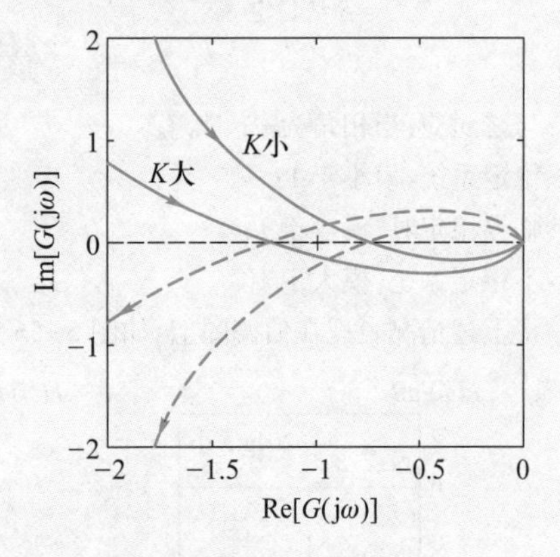

图 5-54 例 5-9 系统的极坐标草图及负频率曲线

当 K 小时,极坐标轨线包围-1 点的圈数为

$$N=1\neq-1$$

不满足稳定判据的条件,所以系统是不稳定的。

当 K 大时,极坐标轨线包围-1 点的圈数为

$$N=-1$$

满足稳定条件,所以系统是稳定的。

5-4-4 伯德图上的稳定性判据

1. 极坐标图与伯德图的对应

奈氏判据除了可以表示在极坐标图上,还可以表示在伯德图上。对于最小相位系统,奈氏判据在伯德图上表示更为方便和直观。除了提供系统的稳定性信息之外,奈氏判据还可以提供用于系统校正设计的相对信息。

[例 5-10] 前述例题 5-7,系统的开环传递函数为

$$G_o(s)=\frac{K}{(T_1s+1)(T_2s+1)(T_3s+1)}$$

开环增益 K 值的大小对系统稳定性的影响如图 5-55 所示。

由图 5-55 可以看到,当 K 值小时,奈氏轨线不包围-1 点,系统是稳定的;K 取临界值时,奈氏轨线穿过-1 点,系统是临界稳定的;当 K 值大时,奈氏轨线包围了-1 点,系统成为不稳定的了。

从图 5-55 还可以看到,当轨线穿过单位圆时,即当模为 1 时,有:

稳定系统,相角大于$-\pi$;

临界稳定时,相角等于$-\pi$;

不稳定系统,相角小于$-\pi$。

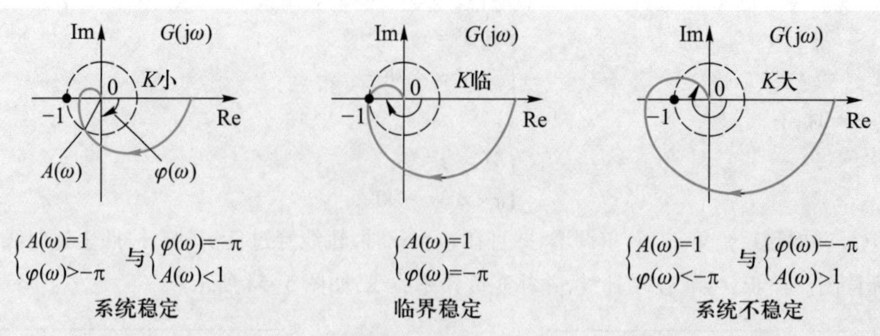

图 5-55 K 值的大小对系统稳定性的影响

与之对应,当相角为$-\pi$时,有:

稳定系统,模小于1;

临界稳定时,模等于1;

不稳定系统,模大于1。

将上述情况表现在伯德图上,如图 5-56 所示,这样就得到了在伯德图上的等价判据为:

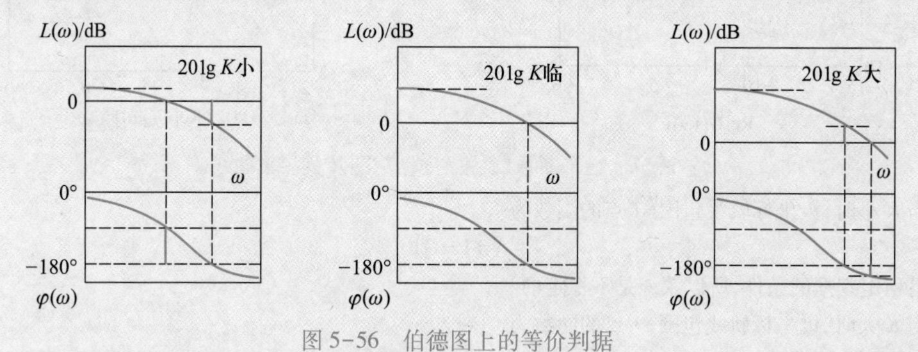

图 5-56 伯德图上的等价判据

当对数幅频特性穿过 0 dB 线时,相角大于$-\pi$,即

$$\begin{cases}L(\omega)=0\ \text{dB}\\ \varphi(\omega)>-\pi\end{cases} \tag{5-91}$$

闭环系统是稳定的。

当对数相频特性为$-\pi$时,对数幅频特性小于 0 dB,即

$$\begin{cases}\varphi(\omega)=-\pi\\ L(\omega)<0\ \text{dB}\end{cases} \tag{5-92}$$

闭环系统也是稳定的。

上述伯德图上的等价判据只适用于最小相位系统。对于非最小相位系统,也可以导出伯德图上的等价判据,但是情况不唯一,也就没有应用价值了。

从上面的分析可以看到,利用伯德图不仅可以确定系统的绝对稳定性,而且还可以确定系统的相对稳定性,即:

如果是稳定系统,那么相位角还差多少度系统就不稳定了,或者增益再增大多少倍系统就不稳定了。

如果系统不稳定,那么相位角还需要改善多少度,或者增益值还需要减小到多少,不稳定系统就成为稳定系统了。

以上提出的有关稳定裕度的问题,正是在系统设计中需要解决的问题。下面继续讨论上述问题的定量描述。

2. 稳定裕度

基于频域稳定性判据在伯德图上的描述，可以在伯德图上定义两个开环频域的性能指标。这两个开环频域的性能指标又称为开环系统的稳定裕度。

开环系统的伯德图上有两个稳定裕度，一个称为幅值裕度 L_g，另一个称为相位裕度 γ_c，其几何表示如图 5-57 所示。

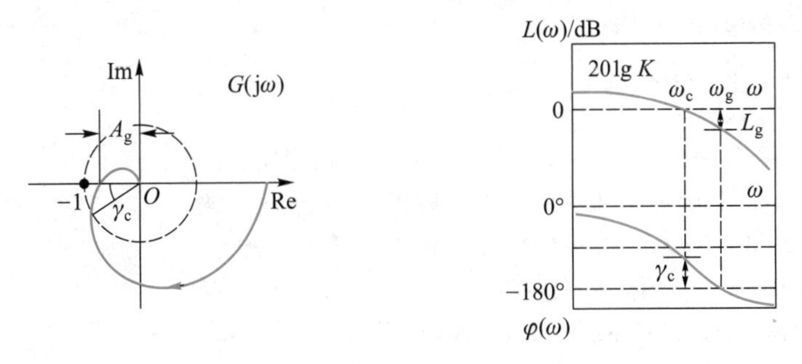

图 5-57 幅值裕度和相位裕度的几何表示

(1) 幅值裕度 L_g

令对数相频特性 $\varphi(\omega)$ 过−180°时的频率为 ω_g，频率为 ω_g 时的幅值为 $A(\omega_g)$，$A(\omega_g)$ 增大 K_g 倍后为单位 1（穿过单位圆），即

$$K_g \cdot A(\omega_g)=1$$

因此

$$K_g=\frac{1}{A(\omega_g)} \tag{5-93}$$

两边取对数得到幅值裕度 L_g 为

$$L_g=20\lg K_g=-20\lg A(\omega_g)\ \text{dB} \tag{5-94}$$

幅值裕度作为定量值，指明了如果系统是稳定的，那么系统的开环增益 K_o 再扩大多少倍系统就不稳定了，或者在伯德图上，开环对数幅频特性 $L_o(\omega)$ 再向上移动多少分贝系统就不稳定了。如果是不稳定系统，与上述描述相反。

(2) 相位裕度 γ_c

令对数幅频特性 $L(\omega)$ 过 0 dB 时的频率为 ω_c，则定义相位裕度 γ_c 为

$$\gamma_c=180°+\varphi(\omega_c) \tag{5-95}$$

相位裕度作为定量值指明了如果是不稳定系统，那么系统的开环相频特性 $\varphi_o(\omega)$ 还需要改善多少度就成为稳定的了。如果系统是稳定的，与上述描述相反。

从稳定裕度的定义可以得到，对于稳定系统有

$$\begin{cases}L_g>0\ \text{dB}\\ \gamma_c>0°\end{cases} \tag{5-96}$$

即幅值裕度必需大于 0 dB 以及相位裕度必需大于 0°。

稳定裕度 L_g 与 γ_c 可以用来作为控制系统的开环频域性能指标。在分析或者设计一个控制系统时，系统的性能就可以用稳定裕度 L_g 与 γ_c 的定量值来描述了。

在使用中，幅值裕度 L_g 与相位裕度 γ_c 是成对来使用的。有时仅使用一个裕度指标，如经常使用的是相位裕度 γ_c，这时对于系统的绝对稳定性的分析没有什么影响，但是当相位裕度 γ_c 较大而幅值裕度 L_g 较小时，对于系统动态性能的影响是很大的。

视频：例5-11讲解

[例 5-11] 已知单位反馈的最小相位系统，其折线开环对数幅频特性如图 5-58 所示，

(1) 试求开环传递函数 $G_o(s)$；

(2) 计算系统的稳定裕度。

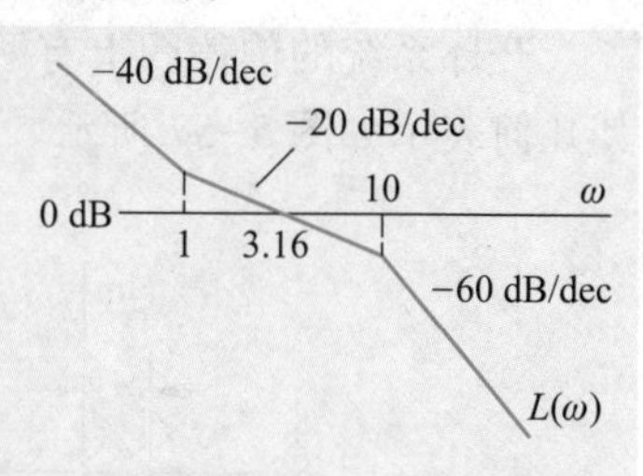

图 5-58 例 5-11 系统的开环对数幅频特性

解 (1) 求开环传递函数

本题给定的伯德图中，已知初始段斜率为-40 dB/dec，说明有两个积分环节。有两个转折频率，说明有两个一阶因子，一个向上转折，斜率变化为+20 dB/dec，是一个一阶微分环节，另一个向下转折，斜率变化为-20 dB/dec，是一个一阶惯性环节。

根据上面的分析，可以设定系统的开环传递函数为

$$G_o(s)=\frac{K_o}{s^2}\cdot\frac{1+T_1s}{(1+T_2s)^2}$$

转折频率分别为 $\omega_1=1,\omega_2=10$，由于 $\omega_x=\dfrac{1}{T_x}$，因此得到两个环节的时间常数为

$$T_1=1,T_2=\frac{1}{10}$$

开环增益 K_o 的值依照折线关系，可以按照下式计算：

$$20\lg\left|\frac{K_o}{s^2}\right|_{s=1}=20\lg\frac{3.16}{1}$$

求得

$$K_o=3.16$$

均代入设定值，得到系统的开环传递函数为

$$G_o(s)=\frac{3.16(1+s)}{s^2(1+0.1s)^2}$$

(2) 求系统的稳定裕度

从图 5-58 读到幅频特性穿过 0 dB 时的频率 $\omega_c=3.16$，由 $G_o(s)$ 可以计算此时的相位角为

$$\begin{aligned}\varphi(3.16)&=-180°+\arctan\omega-2\arctan 0.1\omega\Big|_{\omega=3.16}\\&=-180°+72.4°-2\times17.5°=-142.6°\end{aligned}$$

所以相位裕度为

$$\gamma_c=180°+\varphi(\omega_c)=180°-142.6°=37.4°$$

因为 $\gamma_c>0$，所以闭环系统是稳定的。对数相频特性如图 5-59 所示。

图 5-59 例 5-11 系统的对数相频特性

由相频特性公式试算可以得到

$$\varphi(\omega_g)=-180°$$

$$-180°+\arctan\omega_g-2\arctan\omega_g=180°$$

$$\omega_g=8.94$$

则幅值裕度为

$$L_g=-20\lg A(\omega_g)\mid_{\omega_g=8.94}=11.5\ \text{dB}$$

因为 $L_g>0$ dB,所以也可以说明闭环系统是稳定的。除了个别特殊情况之外,一般情况下,对于最小相位系统,稳定性的判别可以使用稳定裕度 L_g 与 γ_c 中的任意一个即可。

计算幅值裕度时,还可以从幅频特性的图上按照折线计算得到

$$L_g=20\lg\frac{8.94}{3.16}=9.03\ \text{dB}$$

按照折线计算有大约 2 dB 的误差,该误差在系统性能估算中是允许的。

3. 关于稳定裕度的说明

(1) 此处定义的稳定裕度只适用于最小相位系统。对于非最小相位系统,也可以定义这样的裕度指标,但是由于情况不唯一,没有实用意义。

(2) 一般情况下,可以仅使用一个裕度指标,如经常用的是相位裕度 γ_c,一般对于系统的绝对稳定性的分析没有什么影响,但是在相位裕度 γ_c 较大,而幅值裕度 L_g 较小的情况下,对于系统动态性能的影响是很大的。

(3) 某些比较复杂情况时,稳定裕度的使用会比较麻烦,如例 5-12 所述。

[例 5-12] 已知系统的开环传递函数如下,试作系统的伯德图,并使用稳定裕度来讨论系统的闭环稳定性。

(1) $\varphi(\omega)$ 多次穿越 $-180°$ 线

系统 1:
$$G_o(s)=\frac{K(s^2+2s+4)}{s(s+4)(s+6)(s^2+1.4s+1)}$$

该系统为条件稳定系统,其伯德图如图 5-60 所示。

当 $K=10$ 时, $\gamma_c=9.5°$, $L_g=3.87$ dB,系统稳定。

当 $K=30$ 时, $\gamma_c=-5.78°$, $L_g=-5.67$ dB,系统不稳定。

当 $K=110$ 时, $\gamma_c=4.24°$, $L_g=3.44$ dB,系统稳定。

当 $K=300$ 时, $\gamma_c=-12.8°$, $L_g=-5.27$ dB,系统不稳定。

由于在一定的频率段内,对数相频特性 $\varphi(\omega)$ 多次穿越 $-180°$ 线,当增益 K 不同时,稳定性是不同的。如图 5-60 所示,应读取 $\varphi(\omega)$ 最后一次穿过 $-180°$ 线时对应的频率值作为 ω_g,对应的幅值裕度为 $L_g=-L(\omega_g)=3.44$ dB>0 dB,系统稳定。

(2) $L(\omega)$ 多次穿越 0 dB 线

系统 2:
$$G_o(s)=\frac{0.3}{s(s^2+0.2s+1)}$$

该系统带有二阶振荡环节,其伯德图如图 5-61 所示。

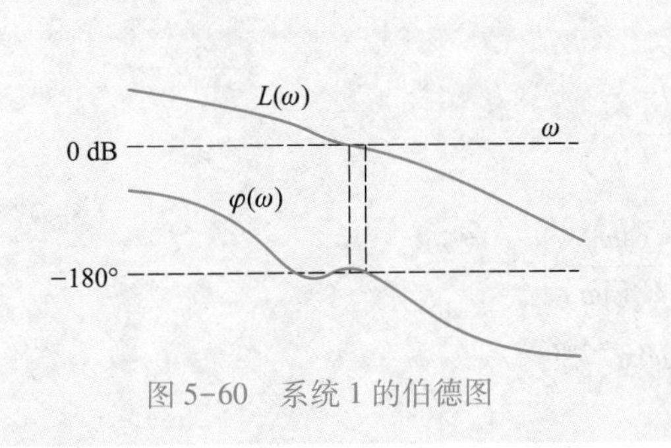

图 5-60 系统 1 的伯德图

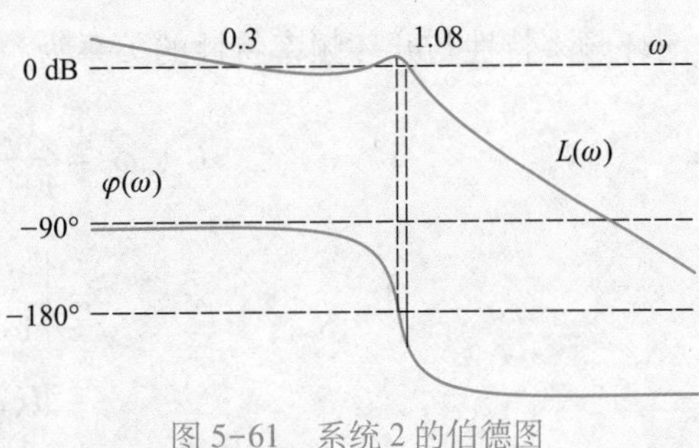

图 5-61 系统 2 的伯德图

依照折线伯德图作图,该系统是稳定的,但是由于该系统在一定的频率段内,对数幅频特性 $L(\omega)$ 多次穿越 0 dB 线,这是由系统含有二阶振荡环节所造成的,其阻尼参数为 $\zeta=0.1$,因此,在谐振频率处有大约 15 dB 的峰值。如图 5-61 所示,应读取 $L(\omega)$ 最后一次穿过 0 dB 线时对应的频率值作为 ω_c,所以开环截止频率不是 0.3,而是 $\omega_c=1.08$,相位裕度为 $\gamma_c=-38.6°<0°$,幅值裕度为 $L_g=-3.5$ dB<0 dB,系统是不稳定的。

(3) γ_c 与 L_g 一正一负

系统 3:
$$G_o(s)=\frac{1.5(s^2+s+4.25)}{s(s^2+0.6s+1.09)}$$

该系统的伯德图如图 5-62 所示。

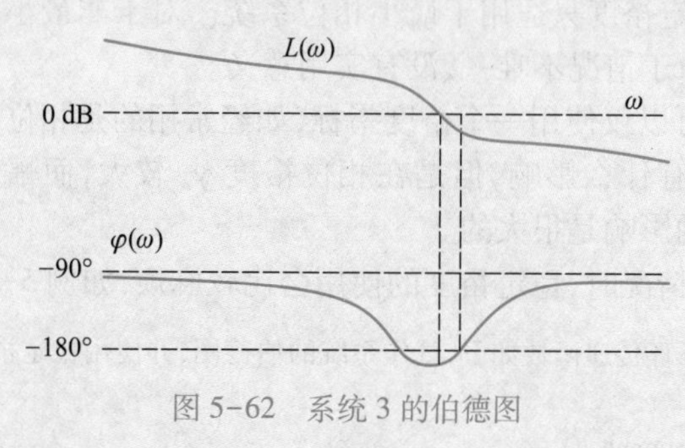

图 5-62 系统 3 的伯德图

该系统的稳定裕度为

$$\gamma_c=-14.87°,\quad L_g=7.126\ \text{dB}$$

γ_c 与 L_g 一正一负,相频特性两次穿越−180°线(正负各一次),即使读取 $L_g>0$ dB,系统仍然是不稳定的。

5-5 闭环频率特性分析

和系统的开环频率特性一样,我们也可以通过系统的闭环频率特性对系统进行研究,但是闭环频率特性作图不方便。近年来,随着计算机技术的发展,人们多采用专门的计算工具来解决,而很少采用徒手作图法来完成了。

因此,本小节主要定性地叙述系统的闭环频率特性及与闭环频率特性相关的系统性能分析。更详细的系统分析内容,将在下一小节中,利用开环频率特性来进行介绍。

5-5-1 基本关系

闭环频率特性与开环频率特性的关系为

$$\begin{aligned}G_c(j\omega)&=\frac{G_o(j\omega)}{1+G_o(j\omega)}\\&=\left|\frac{G_o(j\omega)}{1+G_o(j\omega)}\right|e^{j\angle\frac{G_o(j\omega)}{1+G_o(j\omega)}}\\&=M(\omega)e^{j\varphi_c(\omega)}\end{aligned}\tag{5-97}$$

其中

$$M(\omega)=\left|\frac{G_o(j\omega)}{1+G_o(j\omega)}\right| \tag{5-98}$$

$$\varphi_c(\omega)=\angle\frac{G_o(j\omega)}{1+G_o(j\omega)} \tag{5-99}$$

由上式可见,闭环频率特性也可以表示成幅频特性与相频特性,与开环频率特性所不同的是,不便于渐近线作图。

5-5-2 矢量表示法

利用开环频率特性的极坐标图,可以得到闭环频率特性与开环频率特性的矢量关系图,如图 5-63 所示。

因为

$$|\overline{OA}|=|G_o(j\omega)| \tag{5-100}$$

$$|\overline{OP}|=1 \tag{5-101}$$

$$|\overline{PA}|=|1+G_o(j\omega)| \tag{5-102}$$

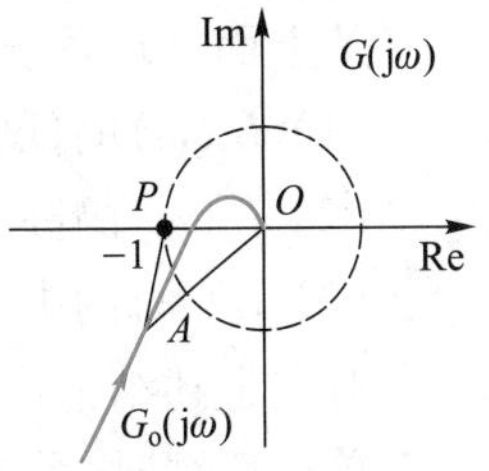

图 5-63 矢量关系图

所以

$$M(\omega)=\frac{|G_o(j\omega)|}{|1+G_o(j\omega)|}=\frac{|\overline{OA}|}{|\overline{PA}|} \tag{5-103}$$

$$\varphi_c(\omega)=\angle\overline{OA}-\angle\overline{PA} \tag{5-104}$$

上述矢量关系图可以借助于计算机绘图工具,将闭环频率特性准确地作出。

开环频率特性与闭环频率特性之间的关系,可以采用尼柯尔斯(Nichols)图线来说明。由于当前计算机辅助工具的普遍应用,基于尼柯尔斯图线方法的应用日趋减少,本书也予以略去。有关该方面的内容,请参阅相关的书籍。

本小节从闭环频率特性与开环频率特性在伯德图上的一般关系入手,讲述闭环频率特性的定性分析方法。这样做出来的草图虽然不太准确,但是对于定性地说明开环频率特性与闭环频率特性之间的关系是非常有用的。

5-5-3 闭环频率特性的一般特征

闭环频率特性的一般特征可以由例 5-13 来说明。

[例 5-13] 单位反馈系统的开环传递函数为

$$G_o(s)=\frac{0.86}{s(1+0.36s)(1+0.75s+0.625^2s^2)}$$

徒手作折线开环对数幅频特性如下。

增益:20lg0.86=-1.2 dB

转折频率 $\omega_1=\dfrac{1}{0.36}=2.78$,转折斜率为-20 dB/dec。转折频率 $\omega_2=\dfrac{1}{0.625}=1.6$,转折斜率为-40 dB/dec

开环系统的折线伯德图如图5-64所示。同时,闭环系统的伯德图也同时画在一张图上。

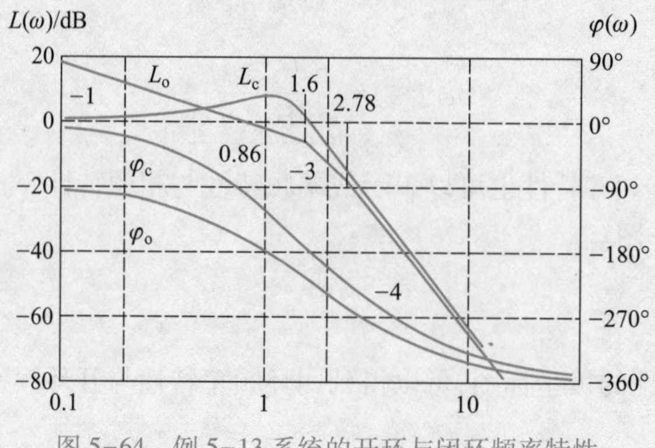

图5-64 例5-13系统的开环与闭环频率特性

从上面开环系统的伯德图和闭环系统的伯德图相比较,不难发现:

(1) $L_c(\omega)$的低频段趋于0 dB线,$\varphi_c(\omega)$趋于0°;

(2) $L_c(\omega)$的高频段趋于$L_o(\omega)$,$\varphi_c(\omega)$也趋于$\varphi_o(\omega)$;

(3) $L_c(\omega)$的中频段产生了谐振峰值$M_r(\omega_r)$。

对于上述结论作定性分析如下。

单位反馈时,系统的开环频率特性为$G_o(j\omega)$,闭环频率特性为

$$G_c(j\omega)=\frac{G_o(j\omega)}{1+G_o(j\omega)}$$

在低频段上,有$\omega\to 0$,在图上有$\lim\limits_{\omega\to 0}|G_o(j\omega)|\gg 1$,得到

$$\lim_{\omega\to 0}G_c(j\omega)=\lim_{\omega\to 0}\frac{G_o(j\omega)}{1+G_o(j\omega)}\Bigg|_{\lim\limits_{\omega\to 0}|G_o(j\omega)|\gg 1}\approx\frac{G_o(j\omega)}{G_o(j\omega)}=1$$

因此,在闭环对数频率特性的低频段上有

$$L_c(\omega)\big|_{\omega\to 0}=0\ \text{dB} \tag{5-105}$$

$$\varphi_c(\omega)\big|_{\omega\to 0}=0° \tag{5-106}$$

也就是上述结论(1)。

在高频段上有$\omega\to\infty$,在图上有$\lim\limits_{\omega\to\infty}|G_o(j\omega)|\ll 1$,因而

$$\lim_{\omega\to\infty}G_c(j\omega)=\lim_{\omega\to\infty}\frac{G_o(j\omega)}{1+G_o(j\omega)}\Bigg|_{\lim\limits_{\omega\to 0}|G_o(j\omega)|\ll 1}\approx G_o(j\omega)$$

因此,在闭环对数频率特性的高频段上有

$$L_c(\omega)\big|_{\omega\to\infty}=L_o(\omega) \tag{5-107}$$

$$\varphi_c(\omega)\big|_{\omega\to\infty}=\varphi_o(\omega) \tag{5-108}$$

也就是上述结论(2)。

在中频段上,闭环对数幅频特性明显地大于0 dB,在某一频率$\omega=\omega_r$下呈现一个典型的峰状,称作闭环谐振峰$M_r(\omega_r)$。

闭环谐振峰的出现不是偶然的，是与系统的稳定性密切相关的。系统的稳定性又可以用开环稳定裕度来描述，所以，系统的开环稳定裕度越小，闭环谐振峰值越大，反之闭环谐振峰值就越小，甚至没有谐振峰。

$L_o(\omega)$过0 dB线时的频率$\omega=\omega_c$称为开环截止频率，此时

$$L_o(\omega_c)=0\ \text{dB}$$

将$\varphi_o(\omega)$过$-180°$线时的频率$\omega=\omega_g$称为开环穿越频率。此时

$$\varphi_o(\omega_g)=-180°$$

对于稳定系统，有

$$\omega_g>\omega_c \tag{5-109}$$

如图5-65所示。

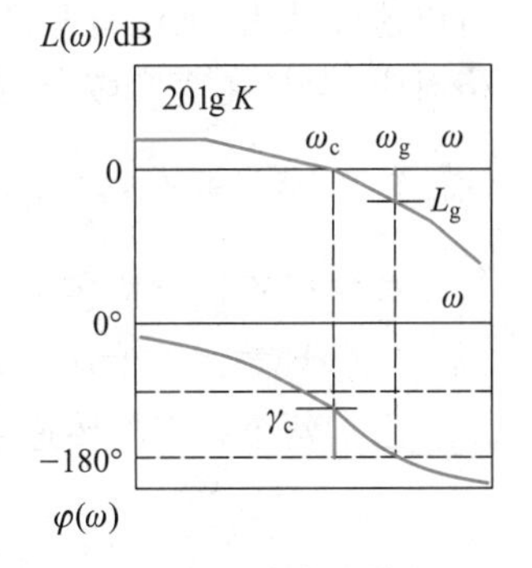

图5-65 稳定系统的两个特征频率ω_c与ω_g

临界稳定时，有

$$\frac{\omega_g}{\omega_c}=1 \tag{5-110}$$

所以，对于稳定系统，如果ω_c接近于ω_g，系统的平稳性变差，系统的闭环谐振峰值$M_r(\omega_r)$就会加大。否则，如果ω_c远离于ω_g，$M_r(\omega_r)$就会很小或者没有。

上面的分析定性地说明了开环频率特性与闭环频率特性之间的关系，两者的关系是必然的也是严格的。

［例5-14］ 已知最小相位单位反馈系统的开环对数幅频特性，其折线伯德图如图5-66所示，试作系统的闭环频率特性草图，并确定系统是否产生闭环谐振峰值。

解 由于在$\omega<20$的低频段上有

$$L_o(\omega)\gg 0\ \text{dB}$$

所以在低频段上有

$$L_c(\omega)\approx 0\ \text{dB}$$

在高频段上，$L_o(\omega)$的斜率为-2，所以当$\omega\to\infty$时，有

$$L_c(\omega)\approx L_o(\omega)$$

即$L_c(\omega)$与$L_o(\omega)$重合。画出两条渐近线描述的闭环频率特性，如图5-66中的粗实线所示。

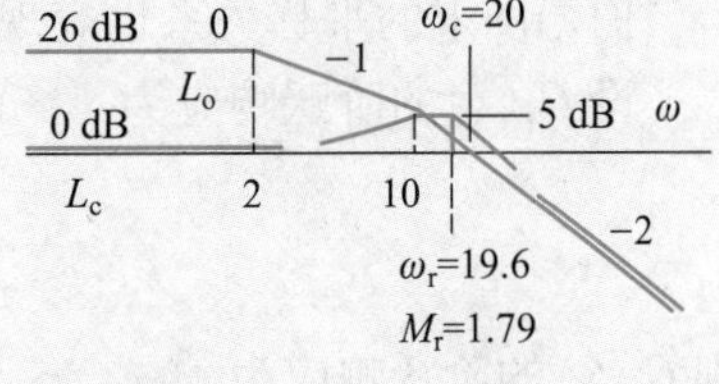

图5-66 例5-14系统的折线伯德图

在图上可以读到折线特性的开环截止频率$\omega_c=20$，计算得出系统的相位裕度为$\gamma_c=32.3°$，因此，系统是有闭环谐振峰值的，但是不太大。以说明的方式在图上标出M_r，如图5-66所示。

由于闭环系统为二阶系统，因此可以计算出在$\omega_r=19.6$处，有闭环谐振峰值为

$$M_r=1.79$$

计算方法与过程留给读者自己来完成。

5-6 开环频率特性分析

由于系统的对数开环频率特性作图方便，系统的性能分析比较直观，因此开环频率特性

分析在经典控制理论中,占有重要的地位。

开环频率特性分析主要是利用伯德图作为工具,以图解的方式来进行分析。在时域分析中所讨论的系统的稳定性、动态性能、稳态性能等各种性能指标,都可以直观、清晰地展现在伯德图上。

在开环频域性能指标当中,频域的定量描述与时域分析中的性能指标相互比较,其对应的关系有些是严格对应的,也有一些是定性的对应关系,没有严格的解析公式可以应用。或者说,在频域中是定量的,而在时域中是定性的,这是由高阶系统本身的复杂性所决定的。可以这样认为,虽然有些开环频域性能指标不能以数学的解析方式与时域中的性能指标严格对应,但是在变换域中,对于问题的描述是严格的、完全的。

5-6-1 频率特性的两个基本性质

首先讨论频域描述中的两个重要性质。

1. 频域描述与时域描述的反比性质

已知两个系统的传递函数分别为 $G_1(s)$ 和 $G_2(s)$,两个系统之间的关系为

$$G_2(s)=G_1(\alpha s) \tag{5-111}$$

其中,α 为常数,两个系统的频率特性为 $G_1(\mathrm{j}\omega)$ 和 $G_2(\mathrm{j}\omega)$,其频率特性的关系为

$$G_2(\mathrm{j}\omega)=G_1(\mathrm{j}\alpha\omega) \tag{5-112}$$

两个系统的频率特性如图 5-67(a)所示。

从图上可以看到,如果已知 $G_1(\mathrm{j}\omega)$ 的伯德图,那么 $G_2(\mathrm{j}\omega)$ 的伯德图是 $G_1(\mathrm{j}\omega)$ 的伯德图的平移,也就是说,$G_1(\mathrm{j}\omega)$ 的频带宽度是 $G_2(\mathrm{j}\omega)$ 的 α 倍。

伯德图上的平移关系也表现在时域中,但是平移的方向是相反的。

设 $G_1(s)$ 的阶跃响应为

$$C_1(s)=G_1(s)\cdot\frac{1}{s} \tag{5-113}$$

则 $G_2(s)$ 的阶跃响应为

$$\begin{aligned}C_2(s)&=G_2(s)\cdot\frac{1}{s}\\&=\alpha\cdot G_1(\alpha s)\cdot\frac{1}{\alpha s}\\&=\alpha\cdot C_1(\alpha s)\end{aligned} \tag{5-114}$$

由拉氏变换的时间尺度定理

$$L\left[f\left(\frac{t}{a}\right)\right]=aF(as) \tag{5-115}$$

可以得到两个系统的时间响应的关系为

$$c_2(t)=c_1\left(\frac{t}{\alpha}\right) \tag{5-116}$$

两个系统的阶跃响应如图 5-67(b)所示。

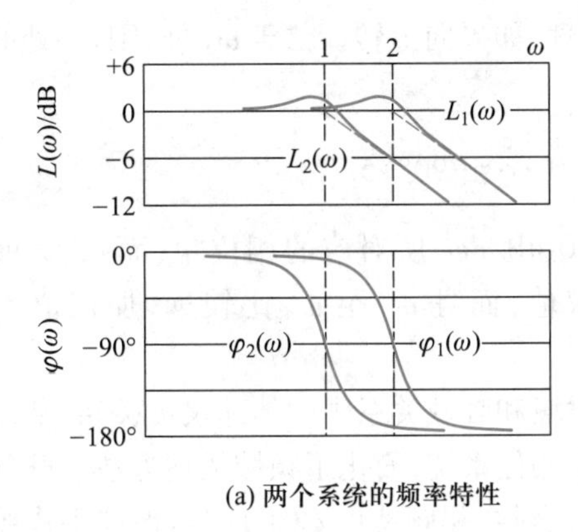

(a) 两个系统的频率特性

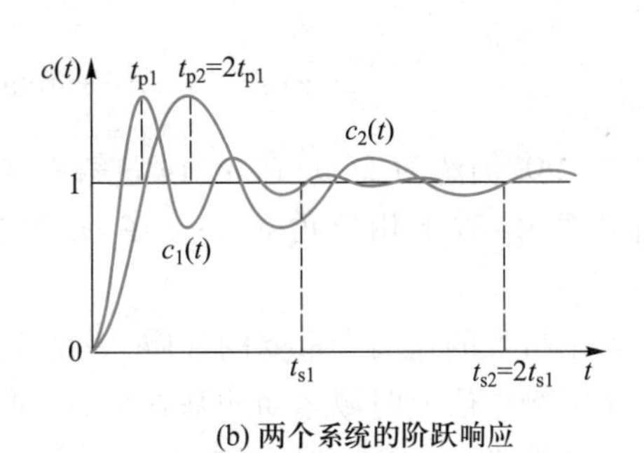

(b) 两个系统的阶跃响应

图 5-67 频域与时域的反比特性

从图中可以看出 $G_1(s)$ 比 $G_2(s)$ 的频带宽 α 倍，时间响应 $c_1(t)$ 比 $c_2(t)$ 快 α 倍，即频域描述与时域描述成反比。

2. $L(\omega)$ 与 $\varphi(\omega)$ 的一一对应性质

如果是最小相位系统，则可以证明伯德图上的对数幅频特性 $L(\omega)$ 与对数相频特性 $\varphi(\omega)$ 有严格对应的函数关系。由于对应关系复杂，且实际应用中基本不用，在此仅作如下说明。

(1) 在全频宽度上，如果 $L(\omega)$ 的斜率恒为常数 $\pm k\cdot 20$ dB/dec，则 $\varphi(\omega)$ 也为恒值相位角 $\pm k\cdot\dfrac{\pi}{2}$，$k=0,1,2,\cdots$。

例如，传递函数为 $G(s)=\dfrac{1}{s^{\nu}}$，当 ν 分别为 $\nu=0$、$\nu=1$、$\nu=2$ 时的伯德图如图 5-68 所示。

(2) 如果 $L(\omega)$ 在某一段频带宽度内的斜率不是常数，则在某一角频率下 $\varphi(\omega)$ 的大小除了取决于该角频率下 $L(\omega)$ 的斜率主值之外，还要受到该频率段之外的各转折频率的影响。近者影响大，远者影响小，应用说明如图 5-69 所示。

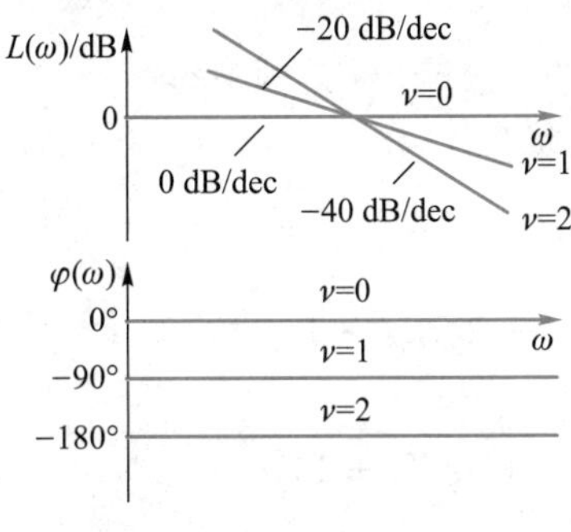

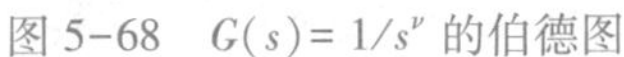

图 5-68 $G(s)=1/s^{\nu}$ 的伯德图

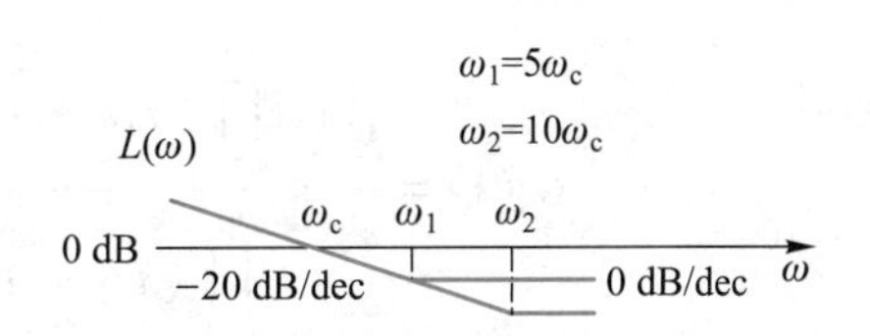

图 5-69 $L(\omega)$ 的转折频率对 $\varphi(\omega_c)$ 大小的影响

在图中，如果向上转折位于 ω_1 处，则 ω_c 处的相位角为

$$\varphi(\omega_c)=-90°+\arctan\frac{1}{5\omega_c}\cdot\omega_c=-90°+11.3°$$

式中的−90°即为 $L(\omega)$ 在 ω_c 段的斜率主值−20 dB/dec 所对应的相位角，而+11.3°就是转折

频率 ω_1 对于相位角 $\varphi(\omega_c)$ 在 ω_c 处的加权值。同理,如果向上转折位于 ω_2 处,则 ω_c 处的相位角为

$$\varphi(\omega_c)=-90°+\arctan\frac{1}{10\omega_c}\cdot\omega_c=-90°+5.7°$$

式中的-90°仍然为 $L(\omega)$ 在 ω_c 段的斜率主值-20 dB/dec 所对应的相位角,而+5.7°就是转折频率 ω_2 对于相位角 $\varphi(\omega_c)$ 在 ω_c 处的加权值,而且 ω_2 距 ω_c 比较远,加权值也比较小。

频率特性的这两个重要的性质,一是确定了时域和频域关系中的伸缩尺度关系,从而确定了在频域中研究时域运动的基础,二是对于最小相位系统,简化了频域描述方法。开环对数幅频特性 $L(\omega)$ 可以利用折线关系顺利地作出,而对数相频特性 $\varphi(\omega)$ 相对地徒手作图准确性要差。利用上述性质2,就可以在最小相位系统的情况下,省略 $\varphi(\omega)$ 的作图,只需要一些基本的运算也可以完成系统的频域分析。

5-6-2 由开环频率特性确定系统的稳态性能

开环频率特性的低频段确定了闭环系统的稳态性能。

1. 低频段的斜率确定了系统的无差度

当角频率 $\omega\to 0$ 时,有

$$\lim_{\omega\to 0}G_o(j\omega)\approx\frac{K_o}{(j\omega)^{\nu}}$$

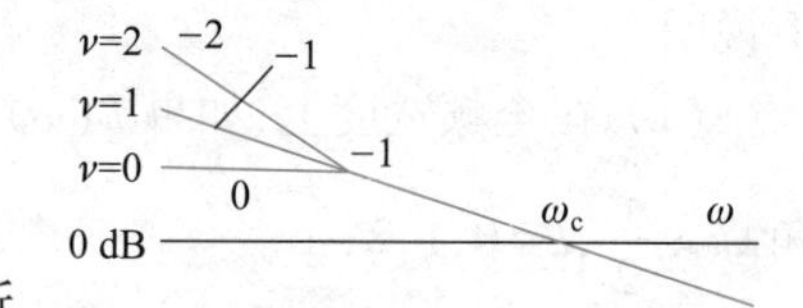

图5-70 开环幅频特性的各种情况

系统开环幅频特性 $L(\omega)$ 的各种情况如图5-70所示,所以$L(\omega)$低频段的斜率值,与系统的无差度 ν 相对应。

2. 低频段的高度确定了系统开环增益的大小,进而确定了有差系统的误差大小,如图5-71所示。

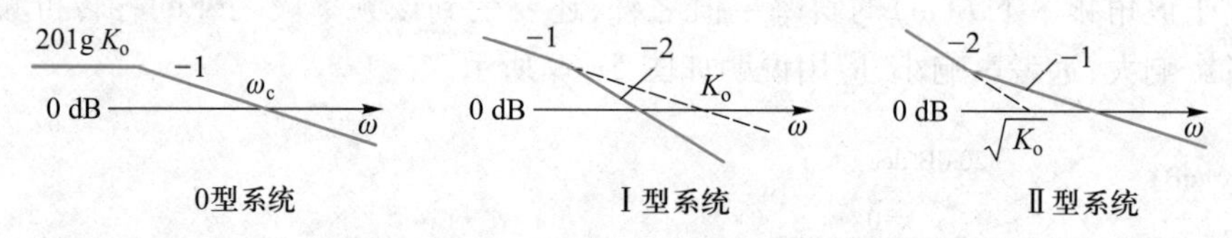

图5-71 伯德图上的开环增益

系统的开环频率特性为

$$G_o(s)=\frac{K_o}{s^{\nu}}\cdot\frac{\prod_{k=1}^{m_1}(\tau_k s+1)\prod_{l=1}^{m_2}(\tau_l^{\,2}s^2+2\zeta_l\tau_l s+1)}{\prod_{i=1}^{n_1}(T_i s+1)\prod_{j=1}^{n_2}(T_j^{\,2}s^2+2\zeta_j Ts+1)}$$

在频率特性的低频段有

$$\lim_{\omega\to 0}G_o(j\omega)\approx\frac{K_o}{(j\omega)^{\nu}}\tag{5-117}$$

因此,其对数幅频特性为

$$L_o(\omega)=20\lg K_o-\nu\cdot 20\lg\omega\tag{5-118}$$

$20\lg K_o$ 为由开环增益的大小所决定的高度，而 $-\nu\cdot 20\lg\omega$ 即为由频率变化所决定的高度，变化斜率由积分环节的个数 ν 来决定。

3. 开环增益 K_o 的计算

在图 5-71 中，对于 0 型系统，$\nu=0$，低频段的形状为水平线，因此水平线的高度即为 $20\lg K_o$。对于 Ⅰ 型系统，$\nu=1$，在某频率 $\omega=\omega_{\mathrm{I}}$ 处，$L_o(\omega)$ 低频段的延长线穿过 0 dB 线，即

$$L_o(\omega)\big|_{\omega=\omega_{\mathrm{I}}}=20\lg K_o-20\lg\omega\big|_{\omega=\omega_{\mathrm{I}}}=0\ \mathrm{dB}$$

所以有

$$K_o=\omega_{\mathrm{I}} \tag{5-119}$$

即积分环节的延长线交 0 dB 线的角频率值 ω_{I} 在数值上等于 Ⅰ 型系统的开环增益 K_o。

对于 Ⅱ 型系统，$\nu=2$，作延长线交 0 dB 线，有

$$L_o(\omega)\big|_{\omega=\omega_{\mathrm{II}}}=20\lg K_o-2\cdot 20\lg\omega\big|_{\omega=\omega_{\mathrm{II}}}=0\ \mathrm{dB}$$

所以有

$$K_o=\omega_{\mathrm{II}}^2 \tag{5-120}$$

5-6-3 由开环频率特性确定系统的动态性能

在频域中讨论系统的动态性能，对于时域来说大多数是定性的。虽然频域性能指标的定义是明确的，但是只有一阶、二阶系统可以得到与时域指标相对应的准确表达式，三阶以上的高阶系统就很难得到数学解析上的对应关系。所以在系统的开环频率特性分析中，重点介绍频域性能指标对系统性能的描述，而不拘泥于对时域性能准确的定量描述。实际上，系统准确的时域性能还是通过实验仿真来解决的。

1. 幅值裕度 L_g 与相位裕度 γ_c

从开环系统的伯德图上，可以经过简单的计算得到幅值裕度 L_g 与相位裕度 γ_c。这两个开环频域指标不仅确定了系统的绝对稳定性，而且确定了系统的相对稳定性。

一个最小相位系统不仅要求其幅值裕度 L_g 和相位裕度 γ_c 全部是正值（系统稳定的条件），而且不能太小（动态性能要好）。

以相位裕度 γ_c 为例，如果 γ_c 太小，从奈氏判据的角度来看，就越接近于临界稳定点，系统将趋于等幅振荡。所以，为了使得系统的平稳性好，应该使得系统满足：

（1）相位裕度 γ_c 一般不要小于 30°；

（2）幅值裕度 L_g 一般不要小于 6 dB。

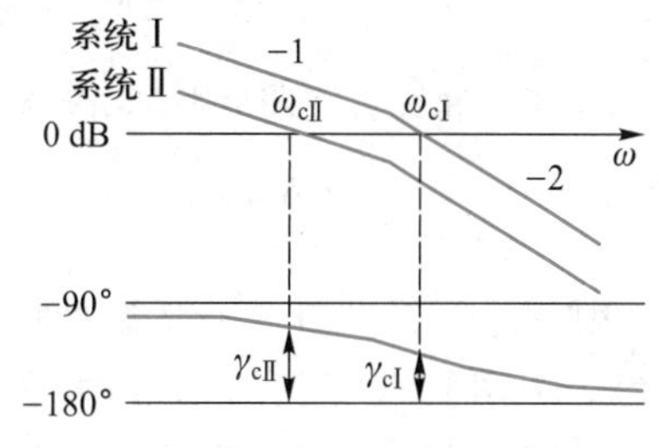

图 5-72 两个系统相位裕度比较

如图 5-72 中，两个系统的幅频特性形状相同，但是高度不同，系统 Ⅱ 的相位裕度 $\gamma_{c\mathrm{II}}$ 大于系统 Ⅰ 的相位裕度 $\gamma_{c\mathrm{I}}$，因此系统 Ⅱ 的平稳性优于系统 Ⅰ。

二阶系统的相位裕度 γ_c 与系统平稳性的时域描述有严格的解析表达式，但是高阶系统不容易求得。

[例 5-15] 已知单位反馈二阶系统如图 5-73 所示，其开环传递函数为

$$G_o(s)=\frac{\omega_n^2}{s(s+2\zeta\omega_n)}$$

确定其相位裕度 γ_c 与阻尼比 ζ 之间的关系。

解 由给定条件，求得系统的开环频率特性为

$$G_o(j\omega)=\frac{\omega_n^2}{(j\omega)(j\omega+2\zeta\omega_n)}=\frac{1}{2\zeta}\cdot\frac{1}{\left(j\frac{\omega}{\omega_n}\right)\left(1+j\frac{1}{2\zeta}\cdot\frac{\omega}{\omega_n}\right)} \tag{5-121}$$

作出系统的对数幅频特性，如图 5-74 所示。

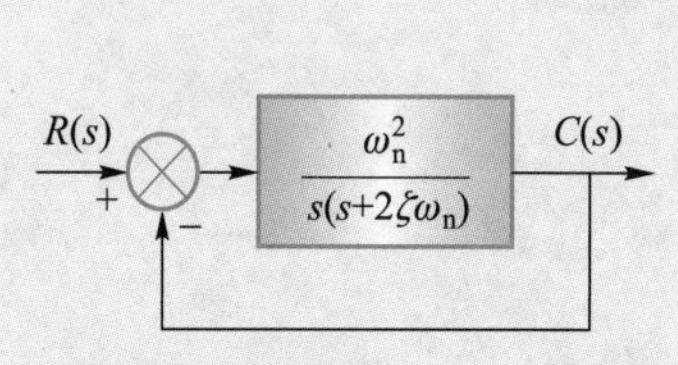

图 5-73 单位反馈二阶系统

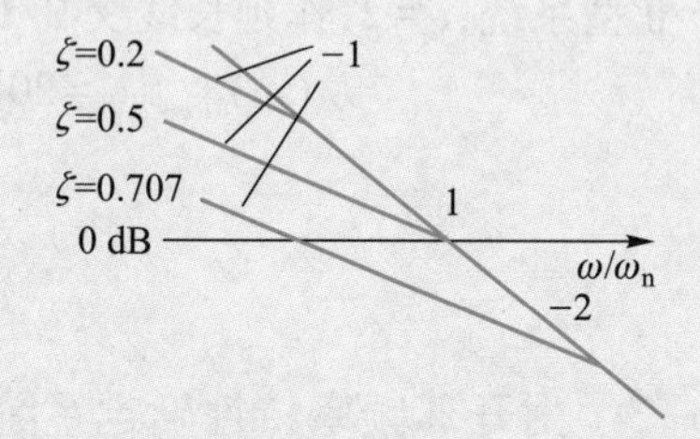

图 5-74 二阶系统的对数幅频特性

从图上可以看到，当给定了阻尼比 ζ 之后，开环增益的大小与一阶惯性环节的转折频率分别都是阻尼比 ζ 的函数，因此，相位裕度 γ_c 也是 ζ 的函数。

由 $A(\omega)=1$，计算开环截止频率 ω_c，有

$$\frac{\omega_n^2}{\omega_c\sqrt{\omega_c^2+(2\zeta\omega_n)^2}}=1$$

解出 ω_c 为

$$\omega_c=\omega_n\sqrt{\sqrt{1+4\zeta^4}-2\zeta^2} \tag{5-122}$$

由于 ω_c 处的相位角为

$$\varphi(\omega_c)=-90°-\arctan\frac{1}{2\zeta\omega_n}\omega_c \tag{5-123}$$

所以相位裕度 γ_c 与阻尼比 ζ 的关系为

$$\gamma_c=180°+\varphi(\omega_c)=\arctan\frac{2\zeta}{\sqrt{\sqrt{1+4\zeta^4}-2\zeta^2}} \tag{5-124}$$

根据式(5-124)作出 ζ-γ_c 关系曲线如图 5-75 所示。

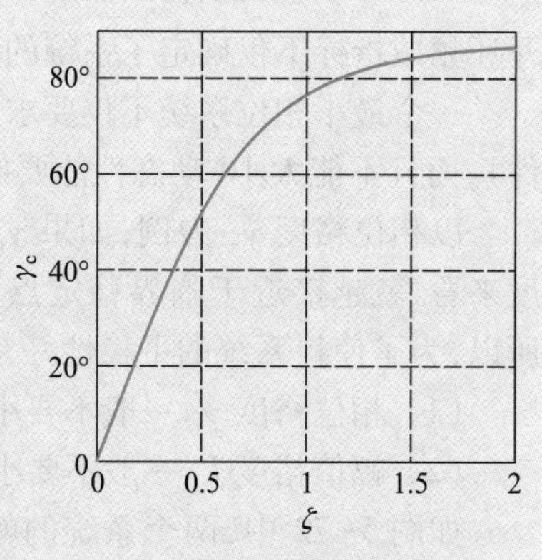

图 5-75 二阶系统的 $\zeta\gamma_c$ 的关系曲线

从图中可以看到，小的相位裕度 γ_c 对应于小的阻尼比 ζ。与阻尼比 ζ 在时域中对超调量 M_p 的影响一样，小的相位裕度 γ_c 对应于大的超调量 M_p。因此，相位裕度 γ_c 可以作为开环频域性能指标来描述系统的动态性能。

对于高阶系统，由于不能如同二阶系统那样，方便地将相位裕度 γ_c 与时域性能指标以解析的方式表示出来，因此基于频域稳定性理论得到相位裕度 γ_c 就很重要了。所以可以这样认为，将相位裕度 γ_c 视为频域中描述系统平稳性的定量描述，也可以视为对于时域中系统平稳性的定性描述。

至于幅值裕度 L_g，与相位裕度 γ_c 一样，也是作为频域的性能指标来描述系统的动态性能的。但是，由于计算与表达不如相位裕度 γ_c 那么方便，因此在系统分析中，经常使用的是相位裕度 γ_c。

2. 开环截止频率 ω_c 与闭环系统的频带宽度 ω_b

开环截止频率 ω_c 是系统的开环频域分析中的一个重要指标。它定义为对数幅频特性 $L(\omega)$ 穿过 0 dB 线时的角频率，如图 5-76 所示。

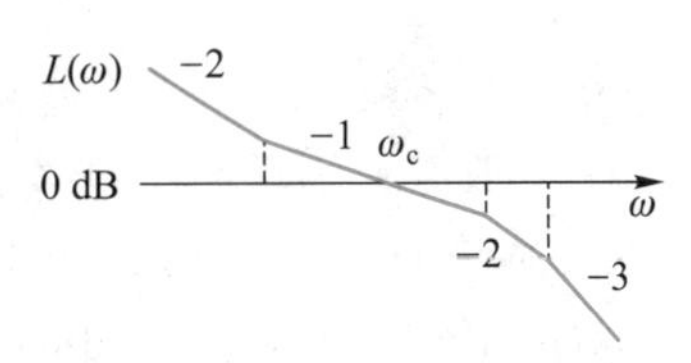

图 5-76 开环截止频率 ω_c

频率特性的一个重要性质是频率与时间成反比性质。因此，开环截止频率 ω_c 是闭环系统响应的快速性在频域中的描述。也就是对于稳定系统来说：

如果 ω_c 比较小，则系统的时间响应就慢；

如果 ω_c 比较大，则系统的时间响应就快。

同样地，对于一阶、二阶系统，开环截止频率 ω_c 可以与时域中阶跃响应的调节时间 t_s 准确地对应。但是对于高阶系统，这种解析表达比较困难。所以开环截止频率 ω_c 视为频域中描述系统快速性的定量描述，也可以视为对于时域中系统快速性的定性描述。

[例 5-16] 已知单位反馈二阶系统的折线对数开环幅频特性 $L(\omega)$ 如图 5-77 所示，试求其阶跃响应的调节时间 t_s。

解 由题目给定的对数开环幅频特性 $L(\omega)$，可以求得系统的开环传递函数为

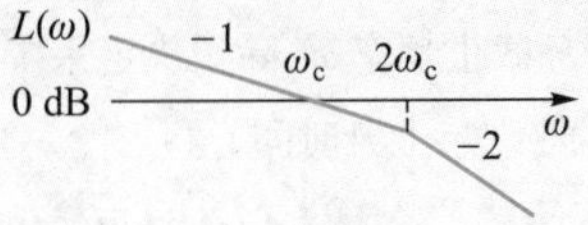

$$G_o(s)=\frac{\omega_c}{s\left(1+\frac{1}{2\omega_c}s\right)}$$

图 5-77 二阶系统的折线对数开环幅频特性

闭环特征方程为

$$s^2+2\omega_c s+2\omega_c^2=0$$

对应的阻尼比和无阻尼振荡频率为

$$\omega_n=\sqrt{2}\,\omega_c,\zeta=\frac{1}{\sqrt{2}}$$

所以，系统阶跃响应的调节时间 t_s 为

$$t_s=\frac{3}{\zeta\omega_n}=\frac{3}{\omega_c} \tag{5-125}$$

从而可得，二阶系统阶跃响应的调节时间 t_s 与系统的开环截止频率 ω_c 成反比。

对于高阶系统，虽然不能方便地写出上面的表达式，但是应用前面叙述过的频域描述与时域描述的反比性质，同样可以得到上述结论。一般情况下，两者之间的经验关系式为

$$t_s=\left(\frac{4}{\omega_c}\sim\frac{9}{\omega_c}\right) \tag{5-126}$$

作为系统快速性的频域描述，不管是系统分析还是系统设计，只要确定了开环截止频率 ω_c 的定量值，就得到了系统快速性的信息。更准确的时域描述的定量值，可以留待系统实验与仿真中去解决。在第 6 章中，关于调节时间 t_s 与系统的开环截止频率 ω_c 的关系，还要给出高阶系统时的估算公式，在此不予详述。

开环截止频率 ω_c 的另外一个重要作用是决定了系统的闭环频率特性的频带宽度 ω_b。

闭环系统的频带宽度 ω_b 定义为:闭环频率特性的幅值衰减至0.707倍时的频率 ω_b 称为闭环系统的频带宽度,如图5-78所示。或者闭环对数幅频特性的幅值下降3 dB所对应的频率为 ω_b。其物理意义为,输入信号中,低于 ω_b 的频率分量全部可以从系统的输入端传递到输出端,而高于 ω_b 的频率分量将会被不同程度地衰减。

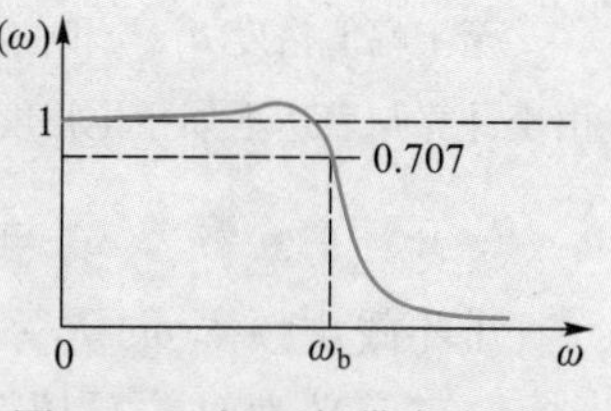

图5-78 闭环频带宽度 ω_b

一般情况下,系统的开环截止频率 ω_c 的大小就决定了闭环频率特性的频带宽度 ω_b。例如,单积分环节的反馈系统,其对数开环频率特性 $L_o(\omega)$ 与对数闭环频率特性 $L_c(\omega)$ 如图5-79所示。从图中可以看到,开环截止频率 ω_c 与闭环频带宽度 ω_b 严格对应。

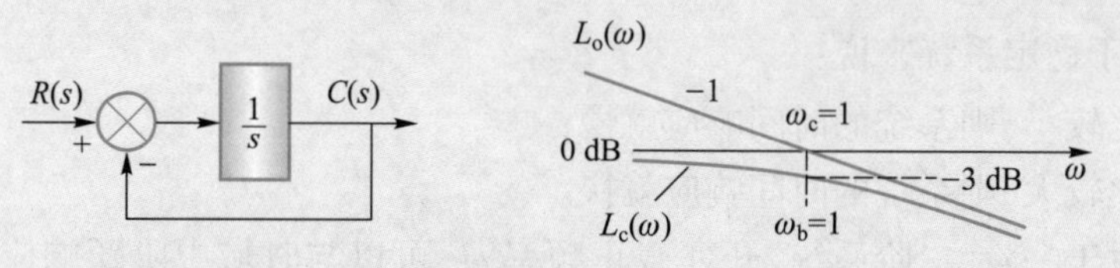

图5-79 开环截止频率 ω_c 与闭环频带宽度 ω_b 的对应关系

二阶系统以及高阶系统时,由于会产生闭环谐振峰值 M_r,ω_b 一般要大于 ω_c,但是相差不大。估算时,一般可以粗略地认为闭环频带宽度等于开环截止频率

$$\omega_b \approx \omega_c \tag{5-127}$$

闭环频带宽度 ω_b 越宽,所允许通过的频谱分量就越多,系统阶跃响应的上升沿就会越陡峭。所以开环截止频率 ω_c 除了决定系统调节时间的大小,还会影响所有的时域性能指标,包括阶跃响应的峰值时间 t_p 与上升时间 t_r。

3. 中频段穿越斜率 ν_c 和中频段宽度 h

对于系统动态性能的讨论,还可以定义开环频率特性的中频段穿越斜率 ν_c 和中频段宽度 h。对于中频段,可以粗略地认为0 dB线附近±15 dB范围内的频率段为中频段。进而,定义中频段穿越斜率 ν_c 为开环截止频率 ω_c 所对应的频率段上 $L(\omega)$ 的斜率;定义中频段宽度 h 为开环截止频率 ω_c 所对应的频率段其两端转折频率之比为

$$h = \frac{\omega_2}{\omega_1} \tag{5-128}$$

定义的几何解释如图5-80所示。

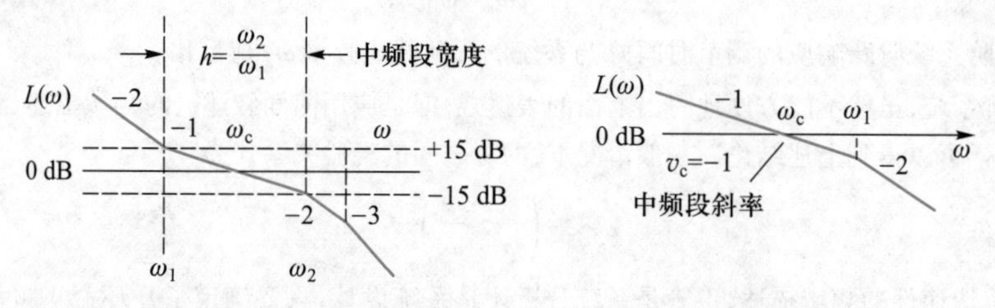

图5-80 开环对数幅频特性在中频段特征的几何解释

上述定义可以从奈氏判据的角度来理解。

根据奈氏判据,要求相位裕度 γ_c 大于0°,再由频率特性基本性质2,即由 $L(\omega)$ 与 $\varphi(\omega)$ 的对应关系可以得知,中频段穿越斜率 ν_c 等于-2时,意味着基本相位角 $\varphi(\omega)$ 为-π,

为临界稳定,再加上两端转折频率与其他处的转折频率对 ω_c 处的相位角的叠加影响,可以确定,为了保证闭环系统的稳定,中频段穿越斜率 ν_c 不能等于-2。因此,作高阶系统的中频段分析如下:

(1) 如果 $L(\omega)$ 在 ω_c 处的穿越斜率保持为 $\nu_c=-1$,而且该段还保持一定的中频段宽度 h,一般 $h>5$,可以保证相位裕度 γ_c 大于零,则系统一定是稳定的,且动态性能比较好。

(2) 如果 $L(\omega)$ 在 ω_c 处的穿越斜率 $\nu_c=-2$,那么,系统或者是不稳定的,或者即使是稳定的,其平稳性也极差,会有较大的振荡产生。

(3) 即使 $L(\omega)$ 在 ω_c 处的穿越斜率 $\nu_c=-1$,而两端的衔接频率 ω_1、ω_2 很近,也就是说,不能保持中频段宽度 h 为足够的宽度,那么,系统的动态性能也是比较差的。

以上分析的图解说明如图 5-81 所示。

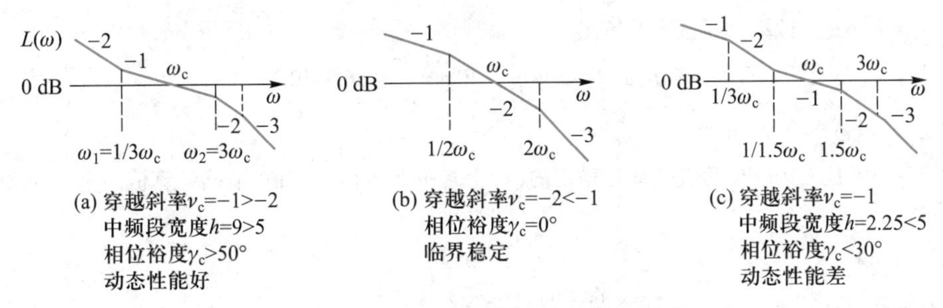

图 5-81 频域动态性能比较的图解说明

上述的分析与讨论,仅对最小相位系统而言。因为最小相位系统的 $L(\omega)$ 与 $\varphi(\omega)$ 有确定的关系,因此仅就对数幅频特性 $L(\omega)$ 的形状来进行上述问题的讨论是充分且是必要的。

如果是非最小相位系统,不能在省略对数相频特性 $\varphi(\omega)$ 的前提下沿用上述结论。

[例 5-17] 已知单位反馈最小相位系统的开环对数幅频特性 $L(\omega)$(折线)如图 5-81(c)所示,令 $\omega_c=1$。(1)试确定开环传递函数 $G_o(s)$;(2)试作该系统的动态性能分析。

解 (1) 求 $G_o(s)$。

初始段斜率为-1,因此该系统有一个积分环节,之后依照折线的转折渐进频率点$\left(\frac{1}{3},\frac{1}{1.5},1.5,3\right)$可以确定有 4 个一阶环节,分别为:

$$\frac{1}{(1+3s)},\quad (1+1.5s),\quad \frac{1}{\left(1+\frac{1}{1.5}s\right)},\quad \frac{1}{\left(1+\frac{1}{3}s\right)}$$

则设开环传递函数为

$$G_o(s)=\frac{K_o(1+1.5s)}{s(1+3s)\left(1+\frac{1}{1.5}s\right)\left(1+\frac{1}{3}s\right)}$$

由于

$$20\lg\frac{K_o}{\left(\frac{1}{3}\right)}=40\lg\frac{\left(\frac{1}{1.5}\right)}{\left(\frac{1}{3}\right)}+20\lg\frac{1}{\left(\frac{1}{1.5}\right)}$$

可以解出

$$K_o=2$$

（2）动态性能分析

稳定性分析：

计算系统的稳定裕度。由 $\omega_c=1$，且

$$\varphi(\omega_c)=\arctan(1.5\omega_c)-90°-\arctan(3\omega_c)-\arctan\left(\frac{1}{1.5}\omega_c\right)-\arctan\left(\frac{1}{3}\omega_c\right)$$

$$\gamma_c=180°+\varphi(\omega_c)$$

计算出 $\gamma_c=22.62°$。试算得到 $\omega_g\approx1.76$，由

$$L(\omega_g)=20\lg\frac{1}{1.5}+40\lg\frac{1.76}{1.5}=-6.3\ \text{dB}$$

计算出 $L_g=-L(\omega_g)=6.3$ dB。

由于 $\gamma_c>0°$ 且 $L_g>0$ dB，因此系统是稳定的（以上是折线近似计算值，准确计算值为 $\gamma_c=24.8°$，$L_g=9.53$ dB。）

快速性分析：

系统阶跃响应的调节时间约为 $t_s=\dfrac{(4\sim9)}{\omega_c}$，取中值 $t_s\approx6.5$ s。

平稳性分析：

由于中频段斜率为-1，但是中频段宽度仅为

$$h=\frac{1.5}{\left(\frac{1}{1.5}\right)}=2.25<5$$

所以该系统的阶跃响应有较大的振荡，平稳性较差。

另外，也可以使用相位裕度来判别系统的平稳性。由于

$$\gamma_c=22.62°<30°$$

可以断定，该系统的平稳性很差。

作出该系统的单位阶跃响应仿真曲线如图 5-82 所示，可以得到

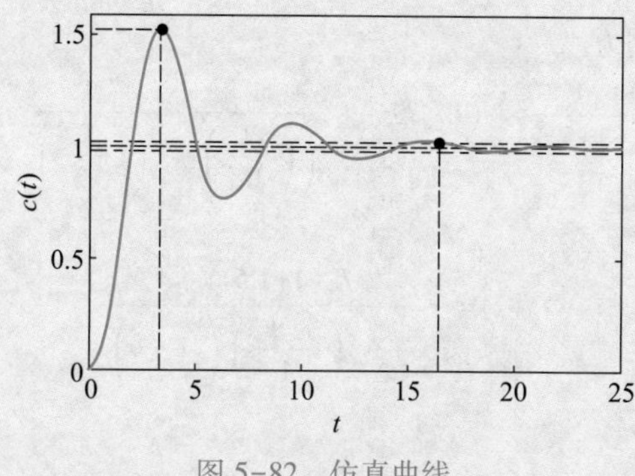

图 5-82 仿真曲线

$$M_p=53\%,\quad t_s=16\ \text{s}$$

由于较大的振荡，调节时间 t_s 远远超出原估算值。

4. 高频段衰减率 ν_h

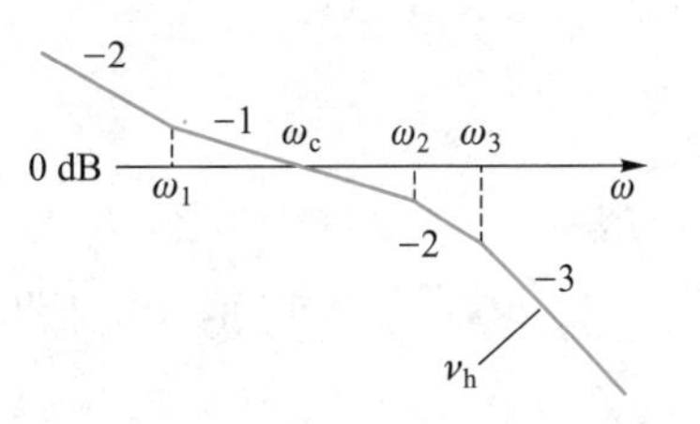

图 5-83 高频衰减率 ν_h

高频段衰减率 ν_h 就是 $L(\omega)$ 在高频段的斜率,以每十倍频分贝数来表示为

$$\nu_h=-(n-m)\cdot 20\ \text{dB/dec} \tag{5-129}$$

如图 5-83 所示,这是从伯德图上很容易读出的一个指标。

由于系统的开环传递函数为

$$G_o(s)=\frac{K_o}{s^{\nu}}\cdot\frac{\prod_{k=1}^{m_1}(\tau_k s+1)\prod_{l=1}^{m_2}(\tau_l^2 s^2+2\zeta_l\tau_l s+1)}{\prod_{i=1}^{n_1}(T_i s+1)\prod_{j=1}^{n_2}(T_j^2 s^2+2\zeta_j Ts+1)}$$

其中,$m_1+2m_2=m$,$\nu+n_1+2n_2=n$。将 $s=j\omega$ 代入,且 $\omega\to\infty$ 时,有

$$\lim_{\omega\to\infty}G_o(j\omega)\approx\frac{K}{s^{n-m}} \tag{5-130}$$

其中

$$K=\frac{k_o\cdot\prod_{k=1}^{m_1}\tau_k\cdot\prod_{l=1}^{m_2}\tau_l^2}{\prod_{i=1}^{n_1}T_i\cdot\prod_{j=1}^{n_2}T_j} \tag{5-131}$$

频率特性的高频段为

$$\lim_{\omega\to\infty}L(\omega)=20\lg K-(n-m)\cdot 20\lg\omega \tag{5-132}$$

因此,高频段衰减率 ν_h 为

$$\nu_h=-(n-m)\cdot 20\ \text{dB/dec}$$

以斜率简略表示为

$$\nu_h=-(n-m) \tag{5-133}$$

ν_h 表示了开环对数幅频特性 $L(\omega)$ 对于信号频谱中的高频分量衰减的程度。对于高频分量的衰减,意味着系统克服高频干扰的能力,因此 ν_h 不应太小。

从时域的角度来看,由于高频段衰减率 ν_h 是对高频分量的衰减程度的度量,因此由时频反比性质决定,将影响时间响应的起始部分,也就是时间响应的上升沿陡峭还是平缓。

因此,对于高阶系统来说,其 $L(\omega)$ 在高频段应尽快地衰减。一般情况下,高频衰减率应为

$$\nu_h=-2\sim-5 \tag{5-134}$$

[**例 5-18**] 已知单位反馈系统的开环对数幅频特性如图 5-84 所示,试作系统的性能分析。

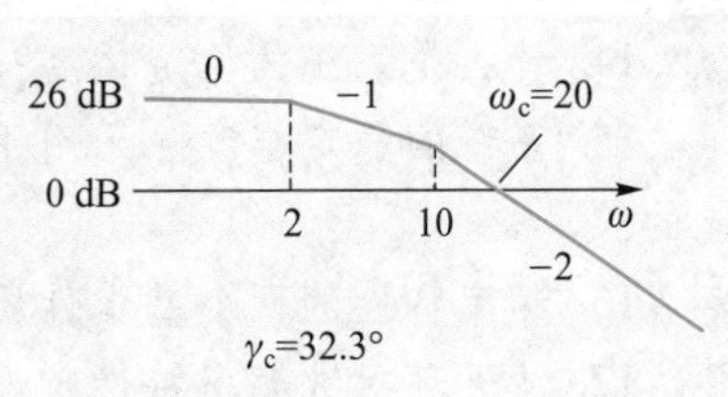

图 5-84 例 5-18 系统的伯德图

解 (1) 稳态性能分析。

初始段斜率为 0 dB/dec,$\nu=0$,系统为 0 型系统,所以系统的阶跃响应的稳态误差不为零。

稳态误差的大小为

$$e_{ss}=\frac{A}{1+K_o}$$

其中,A 为阶跃信号的幅值,K_o 为开环增益。

伯德图上初始段的高度为 26 dB,则系统的开环增益为

$$K_o=\lg^{-1}\frac{26\ \text{dB}}{20\ \text{dB}}=20$$

由于该系统为 0 型系统,跟踪斜坡信号时的稳态误差为无穷大,所以不能跟踪斜坡信号。

(2) 动态性能分析。

从图上读得系统的开环截止频率为

$$\omega_c=20$$

相位角为

$$\varphi(20)=-147.7°$$

相位裕度为

$$\gamma_c=180°+\varphi(20)=32.3°$$

由于相位裕度大于零,系统是稳定的,其阶跃响应有一定的振荡。

由于是二阶系统,可以求出频域性能指标开环截止频率 ω_c 和相位裕度 γ_c 与时域性能指标的严格关系,留给读者自己完成。

思考题

1. 信号的傅氏变换与拉氏变换有什么关系?
2. 什么是控制系统的频率特性?
3. 控制系统的频率特性都有哪些表示方法?
4. 对数频率特性有哪些优点?
5. 试画出各典型环节的伯德图。
6. 给定系统的开环传递函数,能够顺利地作出伯德图吗?
7. 给定系统的伯德图,能够顺利地求出系统的开环传递函数吗?
8. 什么叫最小相位系统? 最小相位系统有什么显著的特点?
9. 简述系统的开环频率特性与闭环频率特性之间的关系。
10. 简述奈氏判据。
11. 当系统在原点有开环极点时,如何应用奈氏判据?
12. 非最小相位系统时如何应用奈氏判据?
13. 叙述伯德图上的奈氏判据。
14. 什么是系统的稳定裕度? 如何用稳定裕度来描述系统的稳定性?
15. 系统的稳定裕度除了用于描述系统的稳定性之外,是如何用于描述系统的动态性能的?
16. 频率特性的两个基本性质是什么?
17. 从开环对数频率特性上如何确定系统的稳态性能?
18. 从开环对数频率特性上如何确定系统的动态性能?

19. 为什么说开环截止频率对应的对数幅频特性的穿越斜率为−2时，系统的动态性能就差？

20. 试用频率特性来解释比例环节对于系统性能的影响。

21. 试用频率特性来解释积分环节对于系统性能的影响。

22. 试用频率特性来解释纯微分环节对于系统性能的影响。

23. 试用频率特性来解释一阶惯性环节对系统的作用。

24. 试用频率特性来解释比例微分环节对系统的作用。

25. 试用频率特性来说明比例积分环节对系统的作用。

26. 在开环系统的伯德图上，高频衰减率的不同对于时域的阶跃响应有什么影响？

习题

5-1 计算题图 5-1 所示电路在输入为 $u_i(t)=\sin\omega t$ 时的稳态正弦输出 $u_o(t)$。

5-2 已知系统的极坐标图如题图 5-2 所示，试确定系统的传递函数。

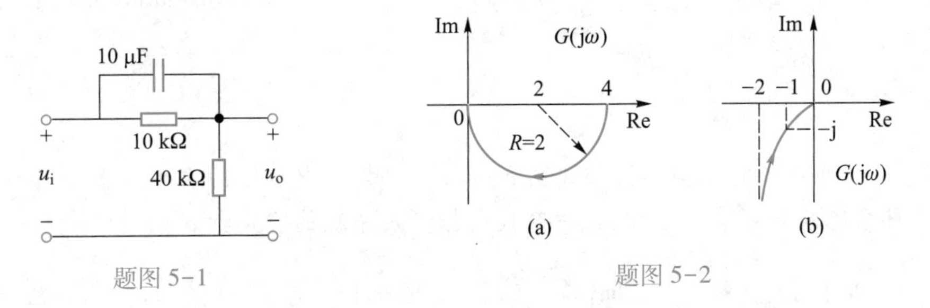

题图 5-1　　　　题图 5-2

5-3 作出下述传递函数的对数幅频特性 $L(\omega)$ 与对数相频特性 $\varphi(\omega)$。

(1) $G(s)=\dfrac{1}{Ts}$，$T=10$ 及 $T=0.1$ 时；

(2) $G(s)=\dfrac{T_1s+1}{T_2s+1}$，$T_1>T_2$ 时，及 $T_1<T_2$ 时；

(3) $G(s)=\dfrac{20}{s^2+1.9s+10}$；

(4) $G(s)=\dfrac{K}{(T_1s+1)(T_2s+1)(T_3s+1)}$，$T_1>T_2>T_3$。

5-4 已知两装置的传递函数分别为

$$G_1(s)=\frac{100}{0.5s+1},G_2(s)=\frac{100}{0.5s-1}$$

作出它们的对数幅频特性 $L(\omega)$ 与对数相频特性 $\varphi(\omega)$，并比较有何不同。

5-5 作出下面传递函数极坐标图的草图。

(1) $G(s)=\dfrac{K}{(T_1s+1)(T_2s+1)}$；

（2）$G(s)=\dfrac{K}{s(Ts+1)}$；

（3）$G(s)=\dfrac{K(T_1s+1)}{s(T_2s+1)}$，$T_1<T_2$ 时；

（4）$G(s)=\dfrac{K(T_1s+1)}{s^2(T_2s+1)}$，$T_1>T_2$ 时，及 $T_1<T_2$ 时。

5-6 已知最小相位系统的折线对数幅频特性如题图 5-3 所示，试写出传递函数。

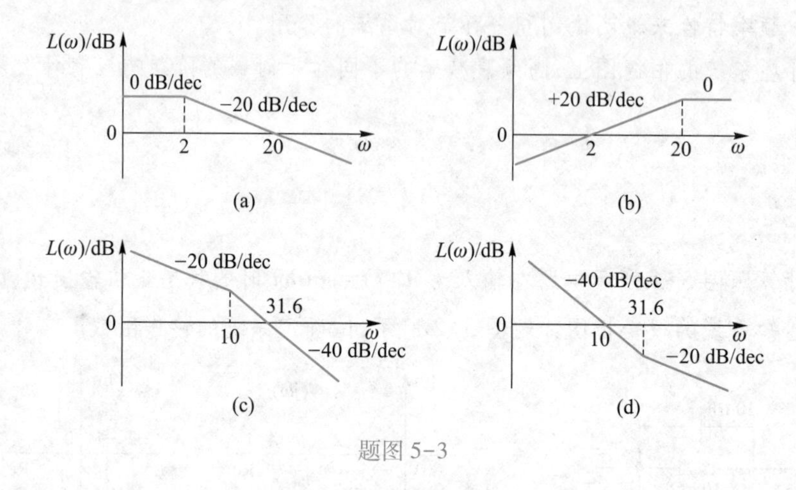

题图 5-3

5-7 设开环系统的极坐标图如题图 5-4 所示，其中，P 为 s 的右半平面上开环根的个数，ν 为开环系统积分环节的个数，试用奈氏判据判别系统的稳定性。

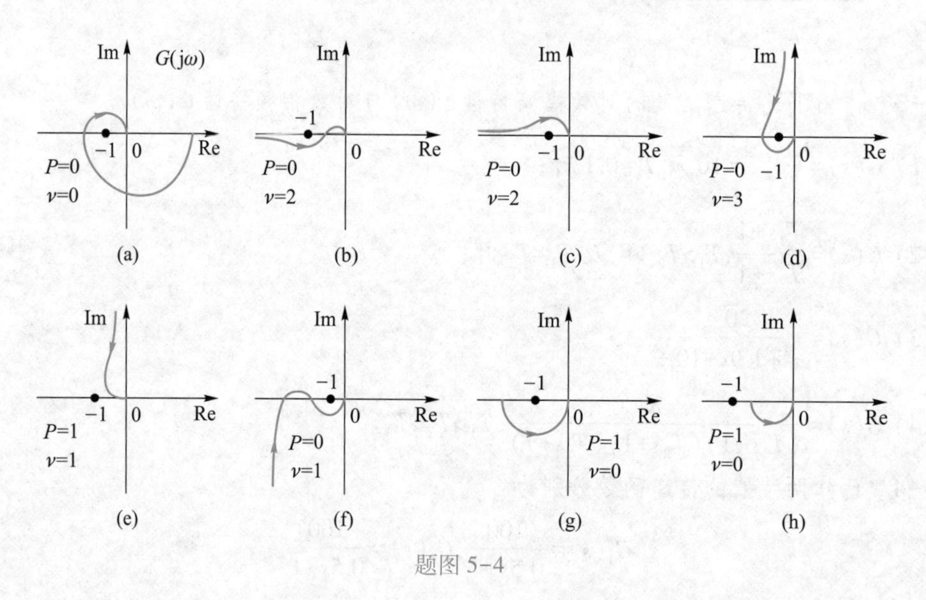

题图 5-4

5-8 已知最小相位系统的开环对数幅频特性（折线）如题图 5-5 所示，试计算开环增益 K 与开环截止频率 ω_c 的值，并写出开环传递函数。

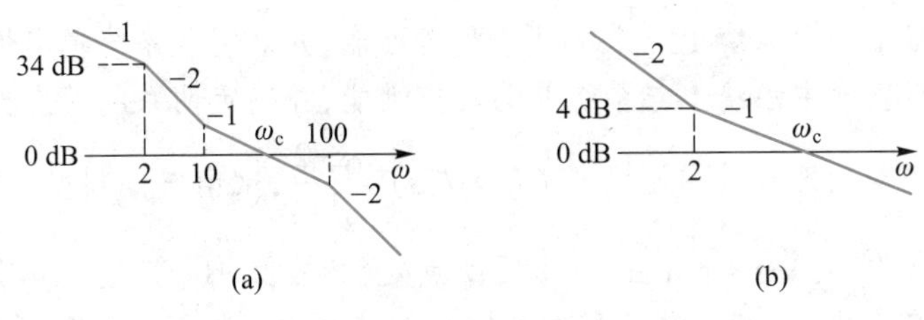

题图 5-5

5-9 最小相位系统的开环频率特性(折线)如题图 5-6 所示。

(1) 试写出开环传递函数;

(2) 用奈氏判据判别闭环系统的稳定性。

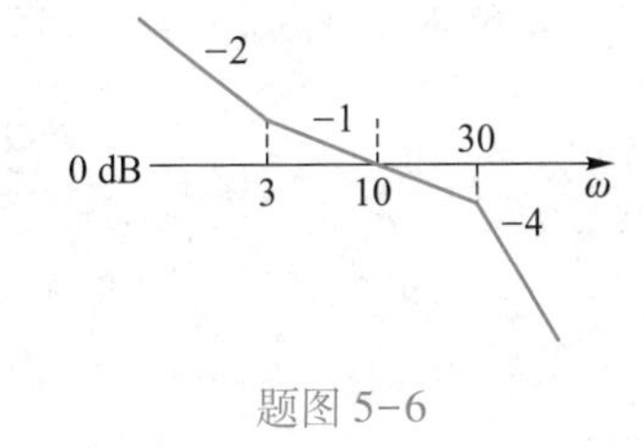

题图 5-6

5-10 已知单位反馈系统的开环传递函数为

$$G(s)=\frac{K}{s(s+1)(0.1s+1)}$$

试计算:

(1) 使得开环系统的幅值裕度 L_g 为 20 dB 的增益 K 值;

(2) 使得开环系统的相位裕度 γ_c 为60°的增益 K 值。

5-11 已知单位反馈系统的开环传递函数为

$$G(s)=\frac{K(10s+1)}{s^2(s+1)(0.1s+1)}$$

作该系统的伯德图草图,并由奈氏判据确定使系统临界稳定的增益 K 值。

5-12 已知某控制系统如题图 5-7 所示,试计算系统的开环截止频率 ω_c 和相位裕度 γ_c。

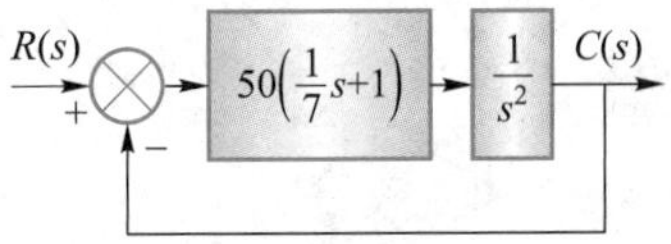

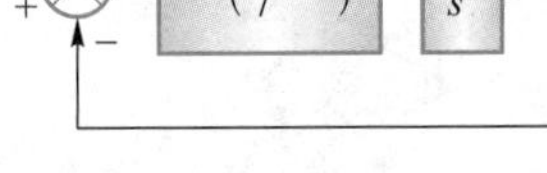

题图 5-7

5-13 已知非最小相位系统的开环传递函数为 $G(s)H(s)=\dfrac{K(s-1)}{s(s+1)}$,试由频域稳定性判据判别闭环系统的稳定性。

5-14 已知最小相位系统的开环传递函数为 $G(s)=\dfrac{1+Ts}{s^2}$,分别由折线伯德图和准确伯德图确定相位裕度 γ_c 为 45°时参数 T 的值。

5-15 最小相位系统的开环对数幅频特性(折线)如题图 5-8 所示。

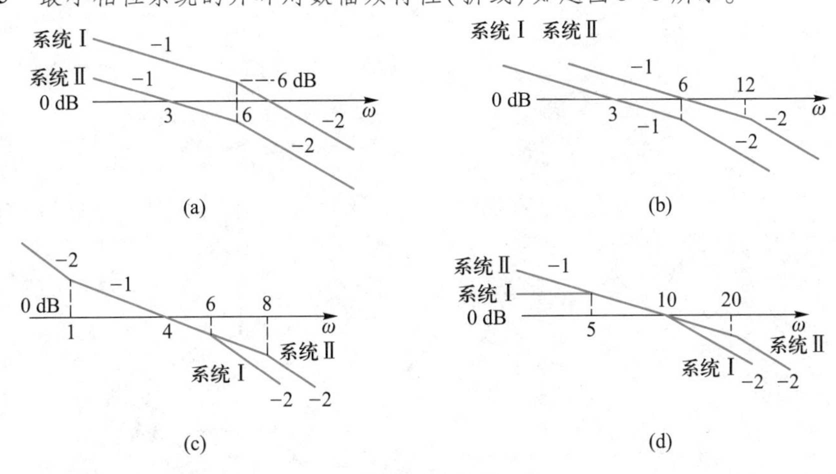

题图 5-8

(1) 试分别写出题中系统Ⅰ与系统Ⅱ的稳态性能,并确定两系统稳态性能的优劣;

(2) 试分别写出题中系统Ⅰ与系统Ⅱ的动态性能,并确定两系统动态性能的优劣。

5-16 已知系统的开环传递函数为 $G(s)H(s)=\dfrac{s+2}{s^2+1}$,试由奈氏判据证明该系统是闭环稳定的(提示:当频率 $\omega:0\to\infty$ 时,在 $\omega=1$ 间断点处,其幅值 $A(\omega)\big|_{\omega=1}=\infty$)。

5-17 已知带有比例-积分调节器的控制系统其结构图如题图5-9所示,图中,参数 τ, T_a, K_s, T_i 为定值,且 $\tau>T_a$。试证明该系统的相位裕度 γ_c 有极大值 $\gamma_{c,max}$,并计算当相位裕度 γ_c 为最大值 $\gamma_{c,max}$ 时,系统的开环截止频率 ω_c 和增益 K_c 的值。

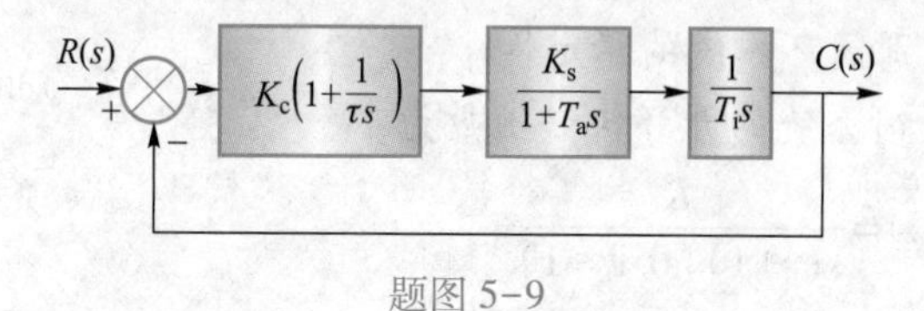

题图 5-9

5-18 某系统的开环传递函数为

$$G(s)=\frac{K(s+\omega_2)}{s(s+\omega_1)(s+\omega_3)(s+\omega_4)}$$

其中,$\omega_1<\omega_2<\omega_3<\omega_4$,$K=\omega_4\omega_c^2$,$\omega_c$ 为开环截止频率。试绘制开环对数幅频特性 $L(\omega)$,并确定 ω_c 的正确位置。

第6章

控制系统的校正方法

前几章讨论了控制系统的分析问题,即给定了控制系统的结构和参数,采用时域分析方法或者频域分析方法,通过计算与作图来求得系统可以实现的性能,称为控制系统分析,这是控制理论研究的一个方面。在工程实践中,预先给定受控对象所要实现的性能,然后设法构成能够实现给定性能的控制系统,这是控制理论研究的又一个方面,称为控制系统的综合。本章所讨论的系统校正方法,就是控制系统综合的具体内容。

描述控制系统特性的方法有时域响应、根轨迹图、频率特性等。在系统分析的基础上,将原有系统的特性加以修正与改造,利用校正装置使得系统能够实现给定的性能指标,这样的工程方法,称为系统的校正。

经典控制理论中的系统校正研究所采用的方法主要有根轨迹法和频率法。两种方法可以自成体系独立进行,也可以互为补充。

6-1 系统校正基础

6-1-1 性能指标

系统校正所依据的性能指标分为稳态性能指标与动态性能指标。

1. 稳态性能指标

(1) 稳态误差 e_{ss}

稳态误差的定义式为

$$e_{ss}=\lim_{t\to\infty}e(t)$$

它是系统对于跟踪给定信号准确性的定量描述。

(2) 系统的无差度 ν

无差度 ν 是系统前向通路中积分环节的个数,它表示了系统对于给定信号的跟踪能力的度量。系统对于给定的信号能够跟踪还是不能跟踪,有差跟踪还是无差跟踪等,是由系统的无差度 ν 来决定的。

(3) 静态误差系数

静态误差系数有三个,分别为:

静态位置误差系数 K_p;

静态速度误差系数 K_v;

静态加速度误差系数 K_a。

对于有差系统,其稳态误差基本上与静态误差系数成反比。因此,由静态误差系数可以确定有差系统的稳态误差大小。

(4) 动态误差系数

动态误差系数也有三个,分别为:

动态位置误差系数 k_0;

动态速度误差系数 k_1;

动态加速度误差系数 k_2。

由动态误差系数可以确定系统对于输入信号的各阶变化率跟踪的能力。

2. 动态性能指标

动态性能指标又可以分为时域动态性能指标和频域动态性能指标。

(1) 时域动态性能指标

通常以系统的阶跃响应来进行描述,常用的时域指标有:

延迟时间 t_d;

上升时间 t_r;

峰值时间 t_p;

超调量 M_p;

调节时间 t_s;

振荡次数 N 等。

(2) 频域动态性能指标

频域动态指标又有开环频域指标与闭环频域指标。

① 开环频域指标为:

开环增益 K_o;

低频段斜率 ν;

开环截止频率 ω_c;

中频段斜率 ν_c;

中频段宽度 h;

幅值裕度 L_g;

相位裕度 γ_c;

高频衰减率 ν_h 等。

② 闭环频域指标为:

闭环谐振峰值 M_r;

闭环谐振频率 ω_r;

闭环频带宽度 ω_b 等。

上述三类动态性能指标虽然是从不同的角度提出的,但是都是对于系统动态性能的评价尺度。对于二阶系统,三者之间可以进行换算。对于三阶以上的高阶系统,没有简单的换算公式,但是可以借用一些经验公式。

6-1-2 校正装置与校正系统结构

系统校正是在原系统中增加校正装置,通过改变系统的整体结构来实现的。根据校正装置在系统中的不同位置,校正结构的主要可以分为串联校正与并联校正,如图 6-1 所示。

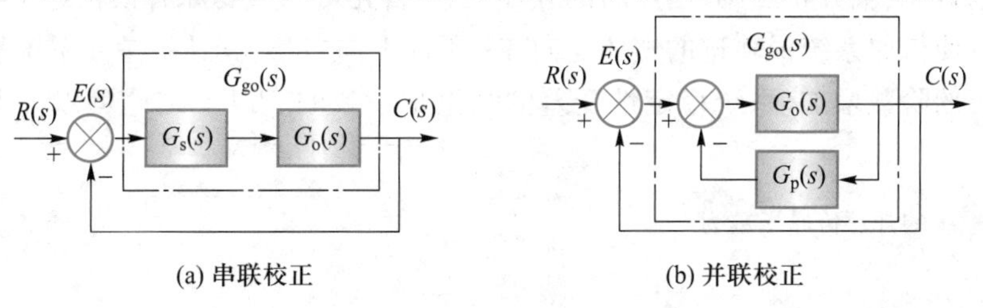

图 6-1 两种基本的校正结构

图中,$G_o(s)$表示受控对象,也称为固有特性。$G_s(s)$与$G_p(s)$就是校正装置的校正特性。由于图(a)的固有特性$G_o(s)$与校正特性$G_s(s)$以串联关系来构成广义开环对象,其传递函数为

$$G_{go}(s)=G_s(s)G_o(s) \tag{6-1}$$

所以称为串联校正。图(b)的固有特性$G_o(s)$与校正特性$G_p(s)$是以反馈关系或者说是并联关系来构成广义开环对象,其传递函数为

$$G_{go}(s)=\frac{G_o(s)}{1+G_p(s)G_o(s)} \tag{6-2}$$

所以称为并联校正或者反馈校正。

两种校正结构各有优点与缺点。由于串联校正结构的校正装置位于低能源端,因此装置简单、调整灵活、成本低。并联校正结构的校正装置,其输入信号直接取自输出信号,是从高能源端得到的,因此校正装置费用高,调整不方便,但是可以获得高灵敏度与高稳定度。因此,在各种工业控制与国防控制设备中,两种校正结构都获得了广泛的应用。

当前,由于现代控制理论的发展和计算机控制技术的广泛应用,许多控制系统的校正装置已经由计算机或者微机来取代,因此从应用上以串联校正的应用居多,使得上述两种校正结构形式在硬件装置与价格上的区别已经渐渐模糊,但是从系统的结构关系上还是各具特色的。

其他的校正结构还有各种复合校正结构,以及针对不同受控对象的专用校正结构设计方法,在此不一一列举。本书以串联校正结构设计为主,来讲述控制系统校正设计的一般方法。

6-2 根轨迹法校正

6-2-1 改造根轨迹

根轨迹法校正是基于根轨迹作图的方法,通过增加新的(或者消去原有的)开环零点或者开环极点来改变原根轨迹的走向,得到新的闭环极点,从而使系统可以满足给定的性能指标,达到系统设计要求。

1. 增加开环极点对系统的影响

根据根轨迹实轴分布法则,增加新的开环极点,首先可以改变原有根轨迹的实轴分布情况,其次可以使得原系统根轨迹的整体走向在s平面上向右移,其结果是使系统的稳定性变差,这与系统的阶数增加,系统稳定性变差的结论是一致的。以上结论可以由下面例6-1来说明。

[例6-1] 系统的开环传递函数为

$$G_o(s)=\frac{K_g}{s(s+2)}$$

其根轨迹图如图 6-2(a)所示,当根轨迹增益 K_g 增加时,系统的闭环根总在 s 平面的左半平面上,即使根轨迹增益 K_g 很大,系统也是稳定的。增加开环极点 $s=-4$ 或者增加开环极点 $s=0$ 的根轨迹图分别如图 6-2(b)、(c)所示。

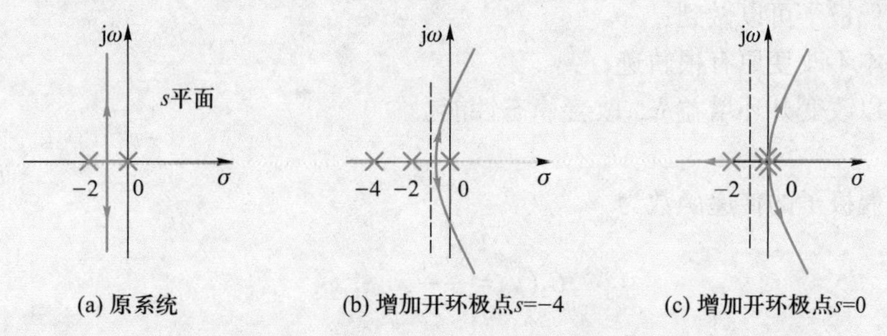

图 6-2 增加开环极点对根轨迹的影响

为了使系统是稳定系统,图(b)中 K_g 的取值为有限范围。在小于临界值 $K_{g临}$ 范围内,系统是稳定的,否则系统是不稳定的。在图(c)的情况下,无论 K_g 的值取多小,系统都是不稳定的。

所以增加开环极点后,根轨迹在 s 平面上向右移动,系统的稳定性变差。

2. 增加开环零点对系统的影响

根据根轨迹实轴分布法则,增加新的开环零点,也改变了原有根轨迹的实轴分布情况,另外,可以使得原系统根轨迹的整体走向在 s 平面向左移,其结果是系统稳定性得到改善。这可以由例 6-2 来说明。

[例 6-2] 系统的开环传递函数为

$$G_o(s)=\frac{K_g}{s^2(s+2)}$$

根轨迹图如图 6-3(a)所示(就是在例 6-1 中,最后由于增加了 $s=0$ 的开环极点,其稳定性被破坏了的系统)。可以看到,当增益 K_g 增加时,系统有两个闭环根是位于 s 平面的右半平面上,系统是不稳定的。图(b)增加了一个 $s=-4$ 的开环零点,虽然系统仍然是不稳定的,但是根轨迹向右方的移动就成为有限移动了。

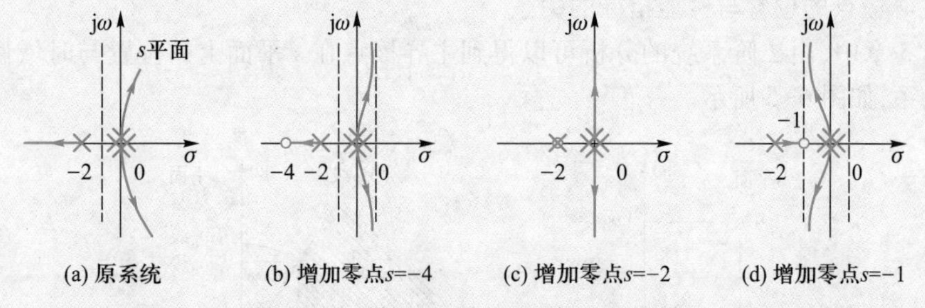

图 6-3 增加开环零点对根轨迹的影响

图(c)中增加了一个 $s=-2$ 的开环零点,系统的闭环根向右移动不超越虚轴,系统成为临界稳定了。在图(d)中,增加的是 $s=-1$ 的开环零点,系统的闭环根就可以随着 K_g 的增加而向 s 平面的左半平面移动,成为稳定系统了。

所以,增加开环零点的作用是使根轨迹在 s 平面上向左移动,改善了系统的稳定性,也可使得系统的动态性能变好,系统的平稳性得到满足。

3. **增加积分型偶极子对系统的影响**

实轴上一对距离很近的开环零点和极点，附近又没有其他零点和极点，把它们称为偶极子。

增加积分型偶极子可以做到：

(1) 基本不改变原有根轨迹；

(2) 可以改变开环增益 K_o，改善稳态性能。

说明如下：

积分型偶极子的传递函数为

$$G_I(s)=\frac{s+z_I}{s+p_I},\quad z_I>p_I \tag{6-3}$$

对于系统的闭环极点 s_i，模的大小为

$$\left|\frac{s+z_I}{s+p_I}\right|_{s=s_i}\approx 1 \tag{6-4}$$

所以基本不影响原根轨迹的幅值条件。幅角为

$$\angle\left(\frac{s+z_I}{s+p_I}\right)_{s=s_i}\approx 0° \tag{6-5}$$

所以基本上也不影响原根轨迹的幅角条件。几何解释如图6-4所示。

但是，增益补偿值成为

$$K_I=\lim_{s\to 0}G_I(s)=\lim_{s\to 0}\frac{s+z_I}{s+p_I}=\frac{z_I}{p_I} \tag{6-6}$$

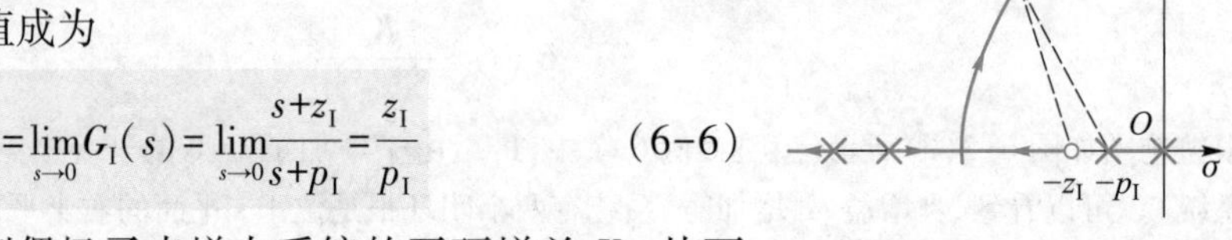

图6-4 增加积分型偶极子

所以，可以增加积分型偶极子来增大系统的开环增益 K_o，从而改善稳态误差 e_{ss}（注意，微分型偶极子的作用是相反的）。

4. **主导极点的位置与性能指标的关系**

在第3章中，由二阶系统的分析可以得到主导极点在 s 平面上的位置与时域性能指标之间的关系，如图6-5所示。

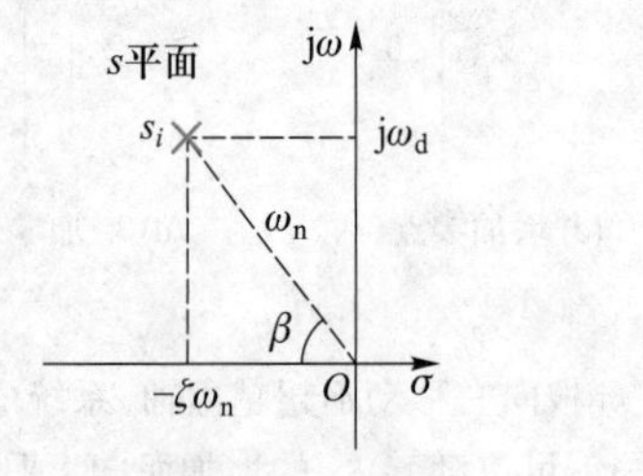

(a) 希望主导极点的位置

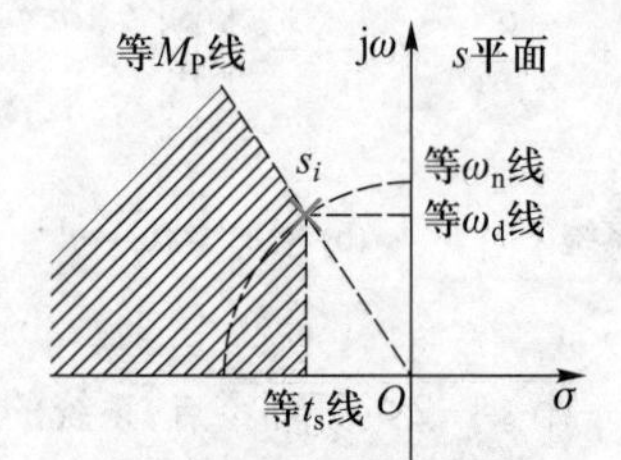

(b) 满足性能指标的主导极点的值域

图6-5 主导极点与值域

图6-5(a)为希望主导极点位置。在根轨迹校正中，如果时域动态性能不满足要求，就需要移动根轨迹，使得根轨迹通过希望主导的极点，以得到希望的动态性能。

图 6-5(b)为变动主导极点位置时,系统的动态性能所发生的变化。当上、下移动主导极点时,负实部的长度不变,可以保证系统阶跃响应的调节时间 t_s 不变,因此,上、下移动主导极点的轨迹构成等 t_s 线。当保证阻尼角 β 不变,在斜线上移动主导极点时,可以保证系统阶跃响应的超调量 M_p 不变,因此,从原点出发过主导极点的斜线称为等 M_p 线。此外,从图(b)上还可以读到等 ω_n 线和等 ω_d 线。

一般情况下,校正时给定的性能指标为单边限定值,即

$$\begin{cases} M_p < M_{p原} \\ t_s < t_{s原} \end{cases}$$

则校正后主导极点可选位置位于图 6-5(b)中阴影区域即可。

在校正设计时,按照给定的性能指标确定了主导极点 s_i 的位置后,先要确定系统的原根轨迹是否过阴影区域。如果是的话,校正装置就简单得多了,只要调整根轨迹增益 K_g 的大小就可以完成校正工作了。如果系统的原根轨迹不穿过图示的阴影区域,则就要设计相应的校正装置,使得校正后的根轨迹过图示的阴影区域,而实现给定的性能要求。

6-2-2 串联校正装置

1. 微分校正网络

微分校正网络如图 6-6 所示,其传递函数为

$$G_D(s)=\frac{s+z_D}{s+p_D}=\frac{s+\dfrac{1}{T}}{s+\dfrac{1}{\alpha T}} \tag{6-7}$$

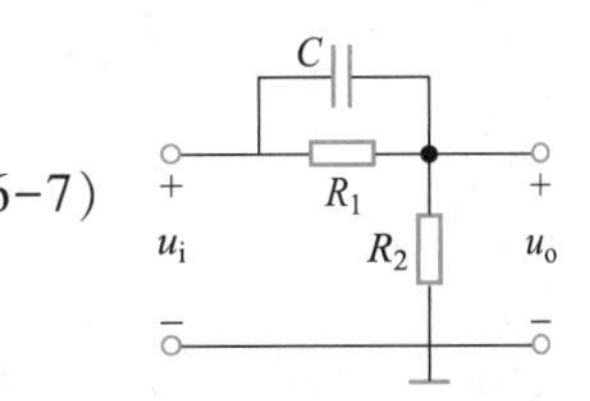

图 6-6 微分校正网络

其中

$$T=R_1C,\alpha=\frac{R_2}{R_1+R_2}<1$$

微分校正网络零点、极点的值分别为

$$s=-z_D=-\frac{1}{T},s=-p_D=-\frac{1}{\alpha T}$$

零点、极点在 s 平面上的位置如图 6-7(a)所示。

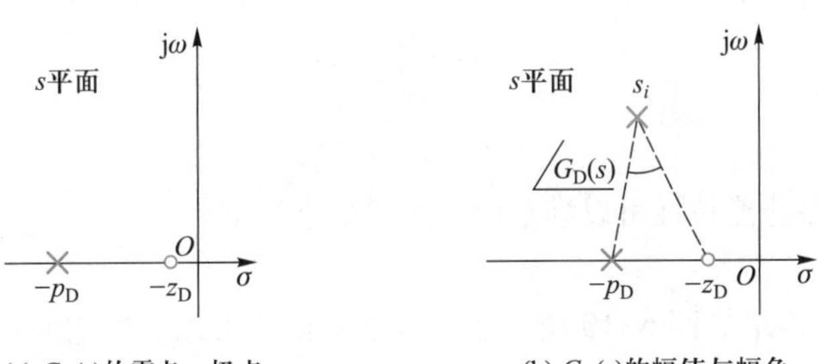

图 6-7 微分校正装置的校正作用

当系统的动态性能不能满足要求时,可以考虑将根轨迹左移,但是根轨迹左移(过主导极点)会引起幅角条件的角度变负,由于

$$\underline{/G_D(s)}\Big|_{s=s_i}>0°$$

因此微分校正网络的一对零点、极点可以提供正的补偿角来满足幅角条件，如图 6-7(b)所示。

2. 积分校正网络

积分校正网络如图 6-8 所示，传递函数为

$$G_I(s)=\frac{1}{\beta}\cdot\frac{s+\dfrac{1}{T}}{s+\dfrac{1}{\beta T}}=\frac{1}{\beta}\cdot\frac{s+z_I}{s+p_I} \tag{6-8}$$

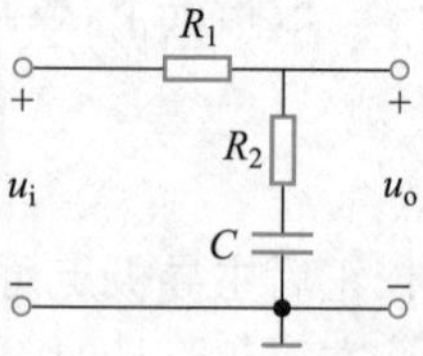

R_1　R_2　C　u_i　u_o　+　+　−　−

图 6-8 积分校正网络

其中

$$T=R_2C,\beta=\frac{R_1+R_2}{R_2}>1$$

积分校正网络零点、极点的值分别为

$$s=-z_I=-\frac{1}{T}, \text{和 } s=-p_I=-\frac{1}{\beta T}$$

零点、极点在 s 平面上的位置如图 6-9 所示。

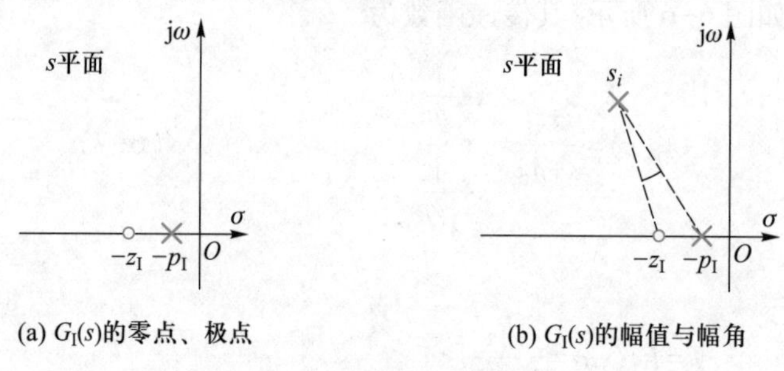

(a) $G_I(s)$的零点、极点　(b) $G_I(s)$的幅值与幅角

图 6-9 积分校正装置的校正作用

当系统的稳态性能不能满足要求时，可以考虑采用积分校正。由于积分校正网络造成相位滞后，为了使得相位滞后尽可能地小，可以利用积分网络的一对零点、极点构成积分偶极子。

由前面偶极子的定义可知

$$\begin{cases}\left|G_I(s)\right|\Big|_{s=s_i}\approx 1\\ \underline{/G_I(s)}\Big|_{s=s_i}\approx 0°\end{cases}$$

则利用偶极子的增益补偿特性可以满足所要求的稳态性能。

3. 微分-积分校正网络

微分-积分校正网络如图 6-10 所示。由复数阻抗法可以写出它的传递函数为

$$G_{DI}(s)=\frac{\left(s+\dfrac{1}{T_1}\right)\left(s+\dfrac{1}{T_2}\right)}{\left(s+\dfrac{\beta}{T_1}\right)\left(s+\dfrac{1}{\beta T_2}\right)} \tag{6-9}$$

其中

$$T_1=R_1C_1, T_2=R_2C_2$$

$$R_1C_1+R_2C_2+R_1C_2=\frac{T_1}{\beta}+\beta T_2, (\beta>1)$$

微分-积分校正网络提供一对实数零点和一对实数极点，在 s 平面上的位置如图 6-11 所示。

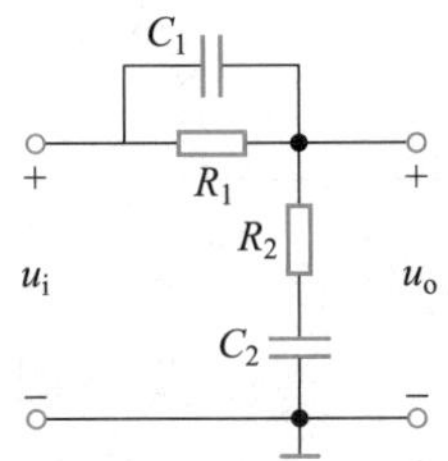

图 6-10 微分-积分校正网络

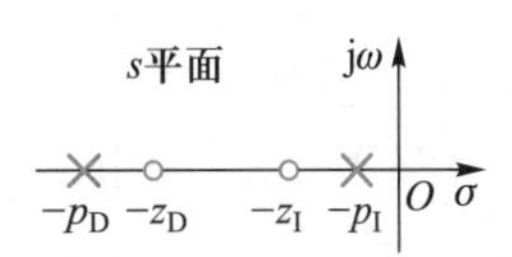

图 6-11 微分-积分校正网络的零点、极点

由于传递函数的零点、极点可以分成两组，即

$$G_{DI}(s)=\left(\frac{s+\frac{1}{T_1}}{s+\frac{\beta}{T_1}}\right)\left(\frac{s+\frac{1}{T_2}}{s+\frac{1}{\beta T_2}}\right) \tag{6-10}$$

分别起到微分作用与积分作用，所以用于系统的动态性能与稳态性能都不能满足要求的场合。

前面所述的串联校正网络是由无源电网络来实现的。除了无源网络之外，还可以采用由运算放大器组成的有源网络。由于有源网络的诸多优点，使用有源网络构成的校正装置更为方便与灵活，因此可更为广泛地应用于各种控制设备中。常用的无源及有源校正网络的特性可以参见表 6-1。

表 6-1 常用的有源及无源校正网络的特性

电路图	传递函数	对数幅频特性
C, R_1, R_2, u_i, u_o	$G(s)=K\frac{1+T_1s}{1+T_2s}$ $K=\frac{R_2}{R_1+R_2}, T_1=R_1C$ $T_2=\frac{R_1R_2}{R_1+R_2}C$	$1/T_1$, $1/T_2$, 20lg K, +1, ω
R_2, R_3, C, u_i, R_1, ▷∞, u_o	$G(s)=-K(1+Ts)$ $K=\frac{R_2+R_3}{R_1}$ $T=\frac{R_2R_3}{R_2+R_3}C$	+1, 20lg K, $1/T$, ω

续表

电路图	传递函数	对数幅频特性
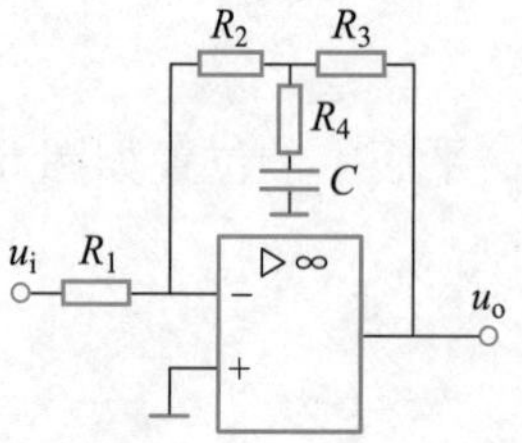	$G(s)=-\dfrac{K(1+T_1 s)}{1+T_2 s}$ $K=\dfrac{R_2+R_3}{R_1}, T_2=R_4 C$ $T_1=\left(\dfrac{R_2 R_3}{R_2+R_3}+R_4\right)C$	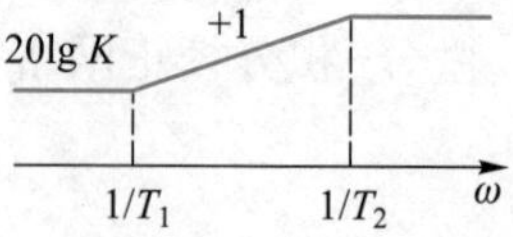
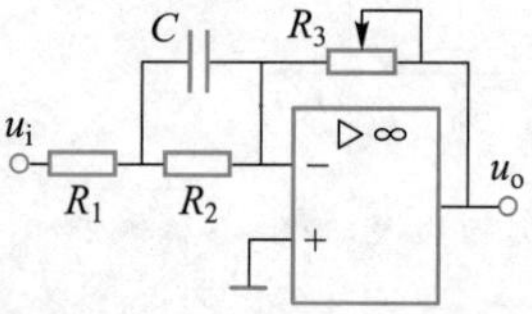	$G(s)=-\dfrac{K(1+T_1 s)}{1+T_2 s}$ $K=\dfrac{R_3}{R_1+R_2}, T_1=R_2 C$ $T_2=\dfrac{R_1 R_2}{R_1+R_2}C$	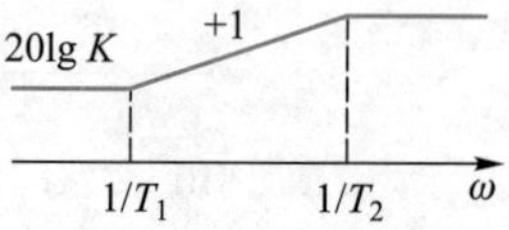
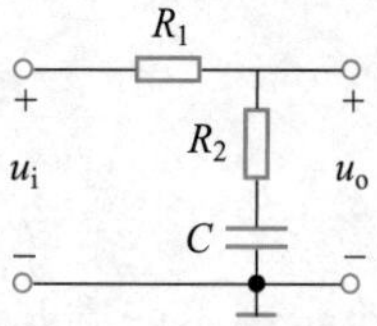	$G(s)=\dfrac{1+T_1 s}{1+T_2 s}$ $T_1=R_2 C$ $T_2=(R_1+R_2)C$	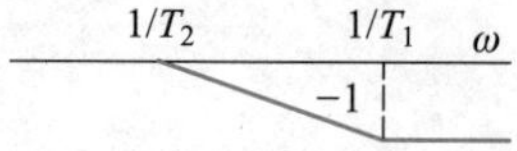
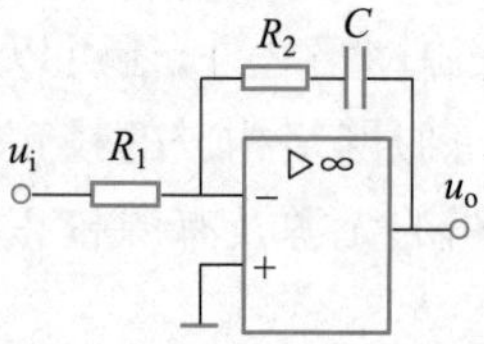	$G(s)=-K\left(1+\dfrac{1}{Ts}\right)$ $K=\dfrac{R_2}{R_1}$ $T=R_2 C$	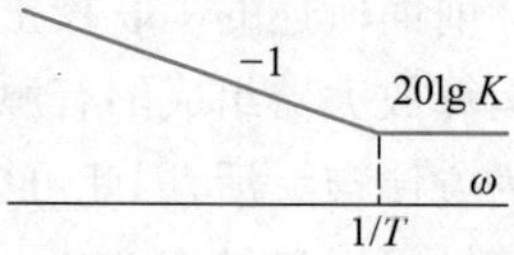
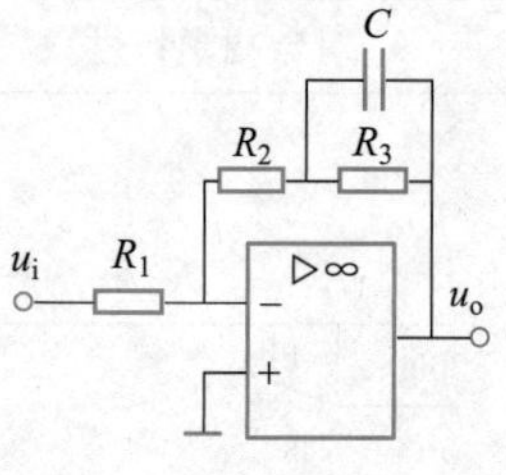	$G(s)=-\dfrac{K(1+T_1 s)}{1+T_2 s}$ $K=\dfrac{R_2+R_3}{R_1}, T_2=R_3 C$ $T_1=\dfrac{R_2 R_3}{R_2+R_3}C$	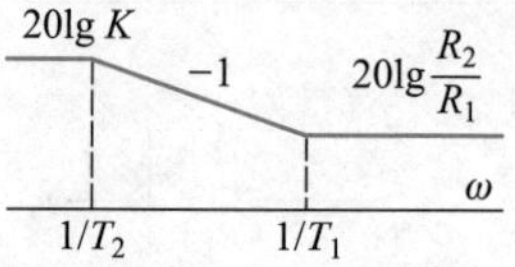
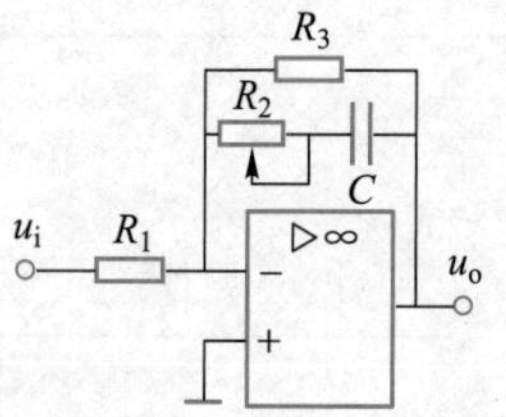	$G(s)=-\dfrac{K(1+T_1 s)}{1+T_2 s}$ $K=\dfrac{R_3}{R_1}, T_1=R_2 C$ $T_2=(R_2+R_3)C$	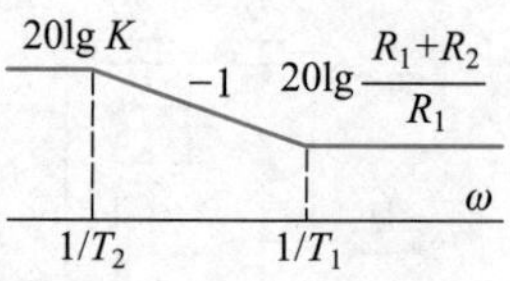

续表

电路图	传递函数	对数幅频特性
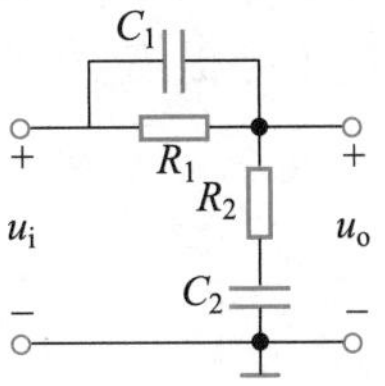	$G(s)=\dfrac{(1+T_1 s)(1+T_2 s)}{\left(1+\dfrac{T_1}{\beta}s\right)(1+\beta T_2 s)}$ $T_1=R_1C_1, T_2=R_2C_2$ $\dfrac{T_1}{\beta}+\beta T_2=R_1C_1+R_2C_2+R_1C_2$	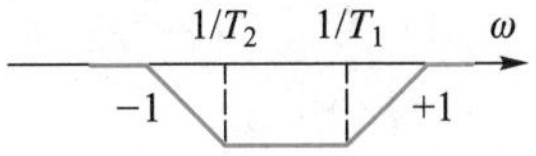
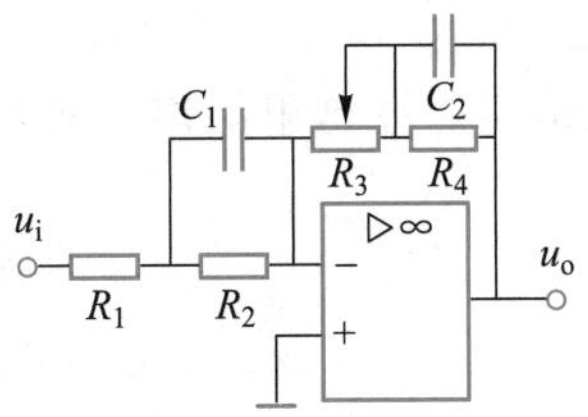	$G(s)=-\dfrac{K(1+T_3 s)(1+T_4 s)}{(1+T_1 s)(1+T_2 s)}$ $K=\dfrac{R_3+R_4}{R_1+R_2}, T_1=R_4C_2$ $T_2=\dfrac{R_1R_2}{R_1+R_2}C_1, T_3=R_2C_1$ $T_4=\dfrac{R_3R_4}{R_3+R_4}C_2$	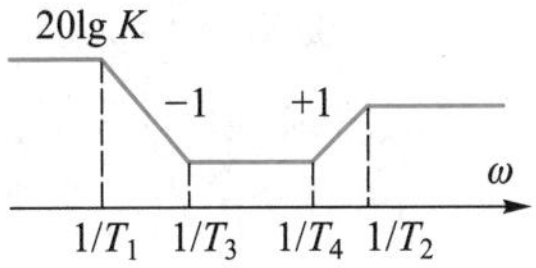
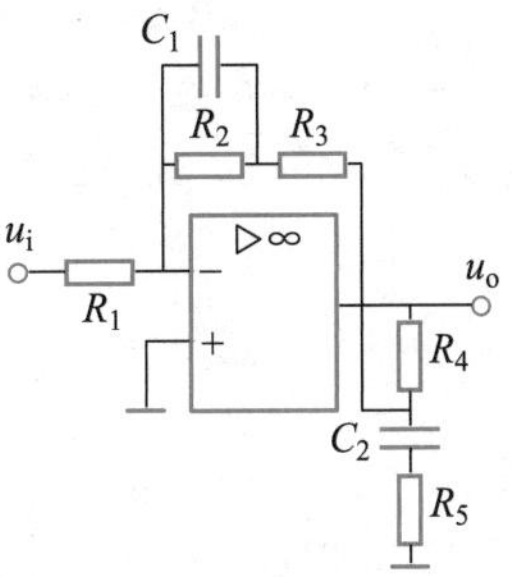	$G(s)=-\dfrac{K(1+T_3 s)(1+T_4 s)}{(1+T_1 s)(1+T_2 s)}$ $K=\dfrac{R_2+R_3+R_4}{R_1}$ $T_1=R_2C_1, T_2=R_5C_2$ $T_3=\dfrac{R_2R_3}{R_2+R_3}C_1$ $T_4=(R_4+R_5)C_2$	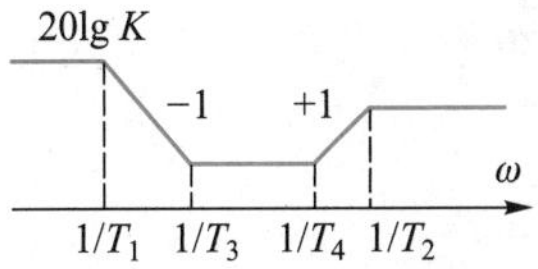
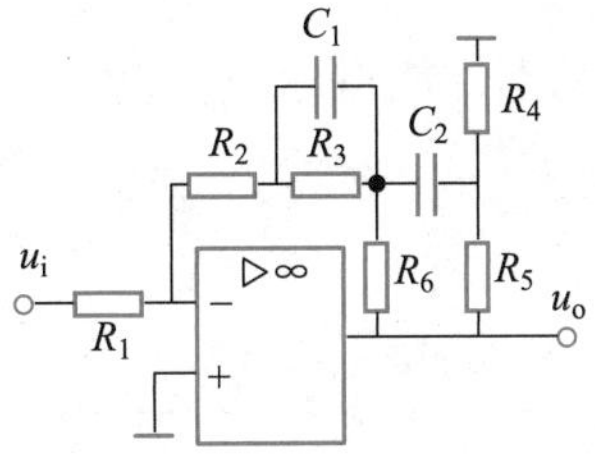	$G(s)=-\dfrac{K(1+T_3 s)(1+T_4 s)}{(1+T_1 s)(1+T_2 s)}$ $K=\dfrac{R_2+R_3+R_5}{R_1}$ $T_1=R_3C_1, T_4=R_5C_2$ $T_2=\dfrac{R_4R_5}{R_4+R_5}C_2$ $T_3=[(R_4+R_5)/R_3]C_1$	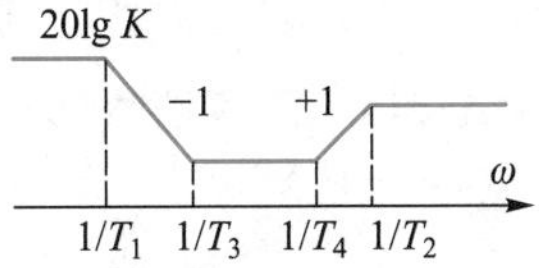

6-2-3 微分校正

如果原系统的动态性能不好，需要向左移动根轨迹，可以采用微分校正装置

$$G_s(s)=\frac{s+z_D}{s+p_D}$$

来改善系统的超调量 M_p 和调节时间 t_s，以满足系统响应的快速性与平稳性。

微分校正的计算步骤如下：

(1) 作原系统根轨迹图。

(2) 根据动态性能指标，确定主导极点 s_i 在 s 平面上的正确位置。如果主导极点位于原系统根轨迹的左边，可确定采用微分校正，使原系统根轨迹左移，过主导极点。

(3) 在新的主导极点上，由幅角条件计算所需补偿的相角差 φ。

计算公式为

$$\varphi=\pm180°-\angle G_o(s)\big|_{s=s_i}$$

此相角差 φ 表明原根轨迹不通过主导极点。为了使根轨迹能够通过该点，必须增加校正装置，使补偿后的系统满足幅角条件。

(4) 根据相角差 φ，确定微分校正装置的零极点位置。

注意：满足相角差 φ 的零点、极点位置的解非唯一，可任意选定。在这里给出一种用几何作图法来确定零点、极点位置的方法。

① 过主导极点 s_i 与原点作直线 $\overline{OA}$。

② 过主导极点 s_i 作水平线。

③ 平分两线夹角作直线 $\overline{AB}$ 与负实轴相交于 B 点。

④ 由直线 $\overline{AB}$ 两边各分 $\frac{1}{2}\varphi$ 作射线与负实轴相交。

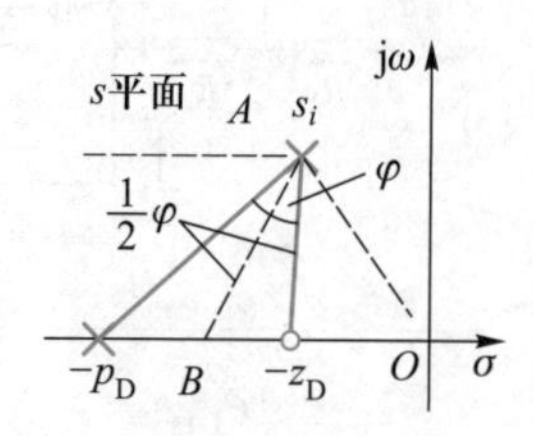

图 6-12 零点、极点位置的确定

左边交点为 $-p_D$，右边交点为 $-z_D$，如图 6-12 所示。微分校正装置的传递函数为

$$G_s(s)=\frac{s+z_D}{s+p_D}$$

此时，广义开环对象 $G_s(s)G_o(s)$ 的根轨迹过希望主导极点。

(5) 由幅值条件计算根轨迹过主导极点时相应的根轨迹增益 K_g 的值。

$$\left|G_s(s)G_o(s)\right|_{s=s_i}=1$$

(6) 确定网络参数(有源网络或者无源网络)。

(7) 校核幅值条件 $|G_s(s)G_o(s)|$、幅角条件 $\angle G_s(s)G_o(s)$、动态性能指标 M_p 和 t_s 等。

视频：例 6-3 讲解

[例 6-3] 已知系统的开环传递函数为

$$G_o(s)=\frac{4}{s(s+2)}$$

要求 $M_p<20\%$，$t_s<2$ s，试用根轨迹法作微分校正。

解 (1) 作原系统的根轨迹如图 6-13 所示。

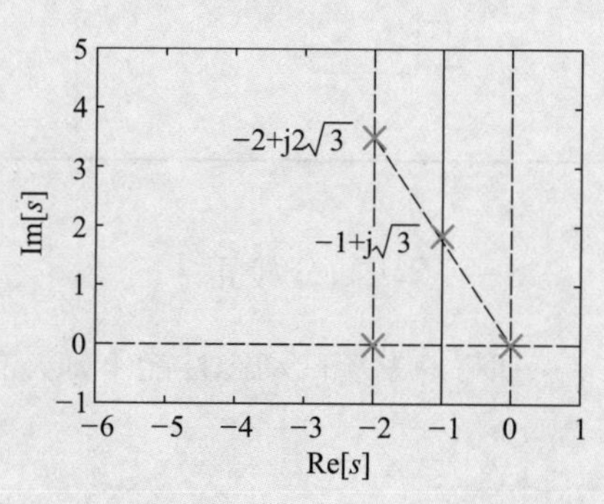

图 6-13 原系统的根轨迹

(2) 计算原系统性能指标。

闭环特征方程为

$$s^2+2s+4=0$$

$K_g=4$ 时的闭环极点为

$$s=-1\pm j\sqrt{3}$$

核算系统的动态性能

$$\beta=60°,\zeta=0.5,\omega_n=2$$

$$M_{\mathrm{p}}=16.3\%<20\%$$

原系统的超调量满足要求。

$$t_{\mathrm{s}}=\frac{4}{\zeta\omega_{\mathrm{n}}}=4\ \mathrm{s}>2\ \mathrm{s}$$

调节时间不满足要求。

所以,在原系统根轨迹上找不到满足性能指标的主导极点,需作校正。

(3) 计算新的主导极点。

因为原系统的超调量 M_{p} 满足给定要求,所以设原系统的阻尼角 $\beta=60°$ 不变,则阻尼比为

$$\zeta=0.5$$

令调节时间为给定值

$$t_{\mathrm{s}}=\frac{4}{\zeta\omega_{\mathrm{n}}}=2\ \mathrm{s}$$

解出

$$\omega_{\mathrm{n}}=4$$

得新的主导极点为

$$s=-\zeta\omega_{\mathrm{n}}\pm\mathrm{j}\omega_{\mathrm{n}}\sqrt{1-\zeta^{2}}=-2\pm\mathrm{j}2\sqrt{3}$$

希望的主导极点的位置如图 6-13 所示,因为位于原系统根轨迹的左边,确定采用微分校正。

(4) 计算微分校正补偿角 φ。

将新的主导极点值 $s=-2+\mathrm{j}2\sqrt{3}$ 代入开环传递函数求得幅角值为

$$\underline{/G_{\mathrm{o}}(s)}=-\underline{/s}-\underline{/s+2}\,\Big|_{s=-2+\mathrm{j}2\sqrt{3}}=-120°-90°=-210°$$

不满足幅角条件。应该增加微分校正装置 $G_{\mathrm{s}}(s)$,使得幅角条件为

$$\underline{/G_{\mathrm{s}}(s)}+\underline{/G_{\mathrm{o}}(s)\,\Big|_{s=s_i}}=\pm180°$$

所以,微分校正装置的补偿角为

$$\varphi=\underline{/G_{\mathrm{s}}(s)}=\pm180°-\underline{/G_{\mathrm{o}}(s)}=30°$$

(5) 由作图法确定校正装置的零点、极点位置为

$$-z_{\mathrm{D}}=-2.9,\ -p_{\mathrm{D}}=-5.4$$

所以,校正装置的传递函数为

$$G_{\mathrm{s}}(s)=K_{\mathrm{s}}\cdot\frac{s+2.9}{s+5.4}$$

其中,K_{s} 为待定补偿增益值,用于补偿新的根轨迹过主导极点时的幅值条件。

这样,带有串联微分校正装置的新的开环传递函数为

$$G_{\mathrm{s}}(s)G_{\mathrm{o}}(s)=\frac{4K_{\mathrm{s}}(s+2.9)}{s(s+2)(s+5.4)}$$

(6) 由幅值条件计算增益补偿值 K_{s}。

将主导极点值代入幅值条件

$$\left|\frac{4K_{\mathrm{s}}(s+2.9)}{s(s+2)(s+5.4)}\right|_{s=-2+\mathrm{j}2\sqrt{3}}=1$$

求得增益补偿值 K_{s} 为

$$4K_{\mathrm{s}}=18.7$$

$$K_{\mathrm{s}}=4.68$$

（7）设计网络参数。

加入串联微分校正装置的系统结构图如图6-14所示，微分校正后的根轨迹如图6-15所示。

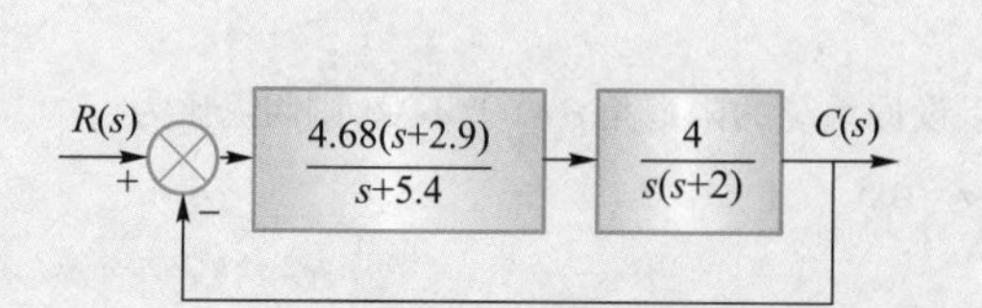

图6-14 加入串联微分校正装置的系统结构图

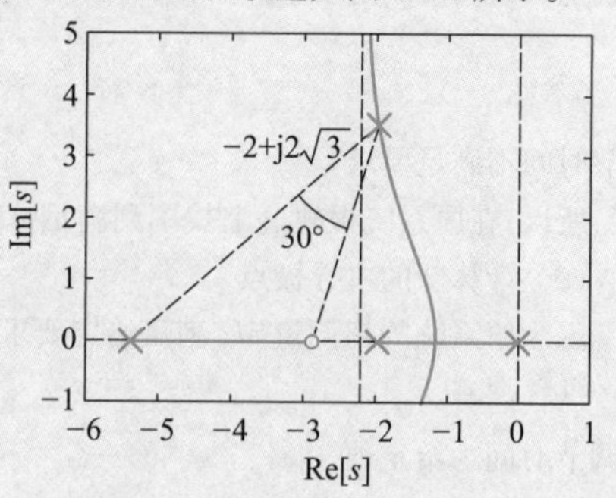

图6-15 微分校正后的根轨迹

作为比较，以利于对根轨迹法微分校正作用的理解，作出校正前后系统单位阶跃响应的仿真曲线，如图6-16所示。显然，在超调量基本不变条件下，系统的快速性得到了较大的改善。

仿真程序：例6-3的MATLAB仿真

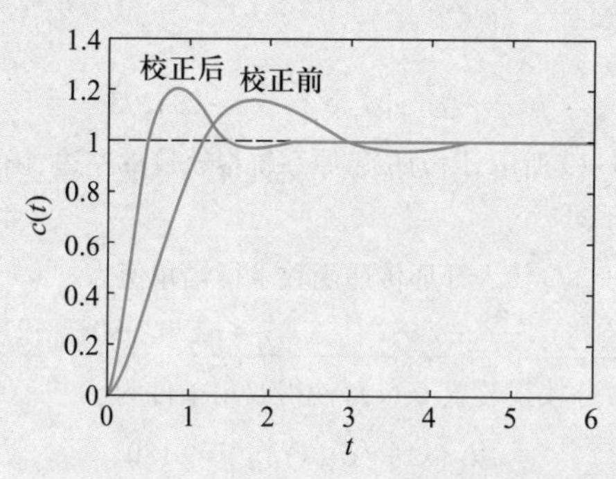

图6-16 例6-3系统校正前后系统单位阶跃响应的仿真曲线比较

6-2-4 积分校正

应用根轨迹法作积分校正，可以改善系统的稳态性能。该校正方法的基本原理是在原点附近增加一对积分性质的开环偶极子，来增大系统的开环增益，从而满足给定的稳态性能。

积分校正装置的传递函数为

$$G_s(s)=\frac{s+z_I}{s+p_I}$$

系统的主导极点 s_i 与积分校正装置的零点、极点的矢量关系如图6-17所示。由图可以得到对于主导极点 s_i 的幅值条件与幅角条件分别为

$$\begin{cases}\left|\dfrac{s+z_I}{s+p_I}\right|_{s=s_i}\approx 1\\ \angle\left(\dfrac{s+z_I}{s+p_I}\right)\Big|_{s=s_i}\approx 0^\circ\end{cases}$$

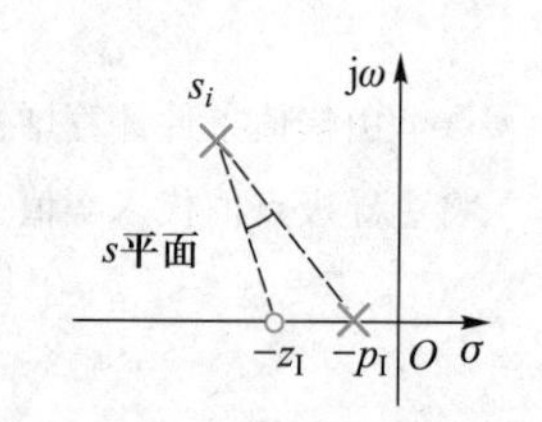

图6-17 s_i 与积分校正装置的零点、极点的矢量关系

串联积分校正的系统结构图如图 6-18 所示。其中，积分校正装置为 $G_s(s)$，系统固有特性为 $G_o(s)$，则校正后的幅值条件为

$$\left[G_s(s)G_o(s)\right]\Big|_{\substack{s=s_i\\ |G_s(s)|\approx 1}} \approx |G_o(s)|_{s=s_i} \tag{6-11}$$

图 6-18 串联积分校正的系统结构图

幅角条件为

$$\angle\left[G_s(s)G_o(s)\right]\Big|_{\substack{s=s_i\\ \arg[G_s(s)]\approx 0^\circ}} \approx \angle\left[G_o(s)\right]\Big|_{s=s_i} \tag{6-12}$$

所以，积分校正基本不改变原系统的根轨迹。

原系统开环增益值为（不包括原点的开环极点）

$$K_o = \frac{K_g \prod_j z_j}{\prod_i p_i} \tag{6-13}$$

积分校正装置对开环增益的补偿值为

$$K_{so} = \frac{z_I}{p_I} \tag{6-14}$$

校正后的开环增益为

$$K_k = K_{so}K_o \tag{6-15}$$

所以，积分校正装置可以调整原系统的开环增益大小，从而满足给定的稳态性能。

视频：例 6-4 讲解

[例 6-4] 已知系统的开环传递函数为

$$G_o(s) = \frac{K_g}{s(s+4)(s+6)}$$

要求：(1) $\zeta \geqslant 0.45, \omega_n \geqslant 2$；(2) $K_v \geqslant 15\ \text{s}^{-1}$，试设计校正装置。

解 (1) 原系统的根轨迹图如图 6-19 所示。渐近线与实轴交点为

$$s=-3.33$$

分离点为

$$s=-1.56$$

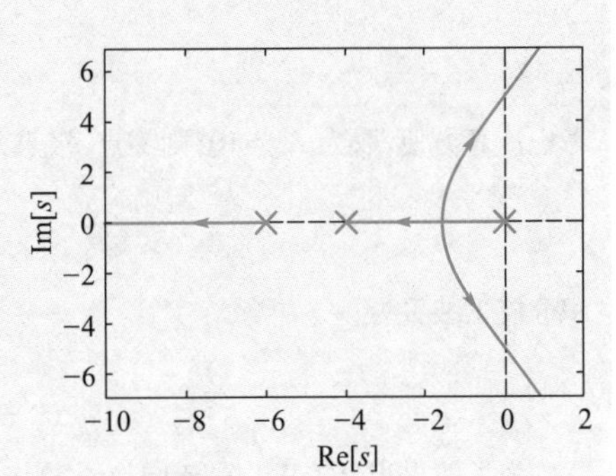

图 6-19 原系统的根轨迹图

(2) 检验动态性能。

按照给定的性能要求，计算主导极点为

$$s=-\zeta\omega_n \pm j\omega_n\sqrt{1-\zeta^2}\,\Big|_{\substack{\zeta=0.45\\ \omega_n=2}} = -0.9 \pm j1.8$$

作等 t_s 线

$$\text{Re}[s_i] = -\zeta\omega_n = -0.9$$

作等 M_p 线

$$\beta = \arccos\zeta = \arccos 0.45 = 63^\circ$$

由两线界定出主导极点的值域，如图 6-20 中阴影部分所示。

原系统的根轨迹通过阴影部分，选择相应的根轨迹增益 K_g，使得原系统的闭环主导极点位于阴影区域之内，就满足要求的动态性能。

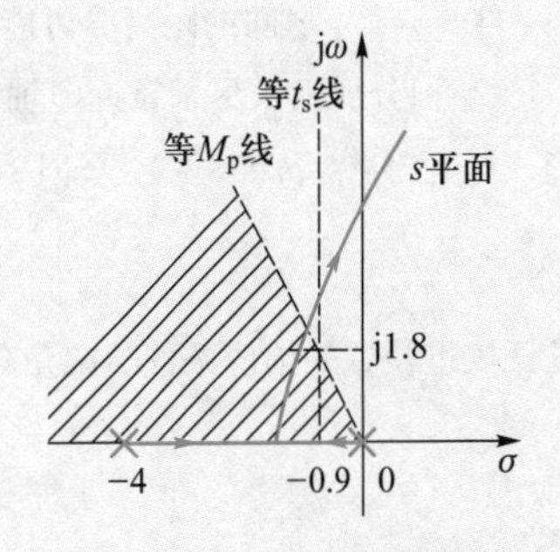

图 6-20 满足动态性能的值域

所以在原系统的根轨迹上选择满足动态性能的主导极点为

$$s=-1.2+\mathrm{j}2.1$$

由幅角条件验证

$$\angle\left[\frac{K_g}{s(s+4)(s+6)}\right]_{s=-1.2+\mathrm{j}2.1}=180^\circ$$

该点在原根轨迹上,不需要移动根轨迹。

由幅值条件求取根轨迹过主导极点时的根轨迹增益 K_g,由幅值条件

$$\left|\frac{K_g}{s(s+4)(s+6)}\right|_{s=-1.2+\mathrm{j}2.1}=1$$

求得

$$K_g\big|_{s=-1.2+\mathrm{j}2.1}=44.35$$

(3) 检验稳态性能。

开环传递函数为

$$G_o(s)=\frac{44.35}{s(s+4)(s+6)}$$

则根轨迹增益 $K_g=44.35$ 时的开环增益为

$$K_o=\frac{44.35}{4\times6}=1.85<15$$

不满足稳态性能要求,需要作积分校正,增大系统的开环增益,以改善稳态性能。

(4) 计算积分校正装置。

系统要求的开环增益为

$$K_k=K_{so}K_o=15$$

积分校正装置需要提供的补偿增益为

$$K_{so}=\frac{15}{K_o}=\frac{15}{1.85}=8.1$$

考虑计算方便,取为 $K_{so}=10$,则零点、极点的比值为

$$K_{so}=\frac{z_I}{p_I}=10$$

积分校正装置为

$$G_s(s)=\frac{s+z_I}{s+p_I}$$

为了使得积分校正装置新增加的零点、极点不影响根轨迹的幅值条件与幅角条件,需要遵循下述两个条件:

① z_I 与 p_I 之间的距离尽可能小;

② 积分偶极子尽量靠近虚轴。

取 $z_I=0.05$, $p_I=0.005$, 这时 $K_{so}=10$,则积分校正装置为

$$G_s(s)=\frac{s+0.05}{s+0.005}$$

验证校正装置的幅值条件与幅角条件为

$$\left|\frac{s+0.05}{s+0.005}\right|_{s=-1.2+\mathrm{j}2.1}=0.99\approx1$$

$$\angle\left(\frac{s+0.05}{s+0.005}\right)\Bigg|_{s=-1.2+\mathrm{j}2.1}=-0.93^\circ\approx0^\circ$$

可以基本不影响原根轨迹的走向,满足要求。此时,积分串联校正的开环系统为

$$G_{\mathrm{s}}(s)G_{\mathrm{o}}(s)=\frac{s+0.05}{s+0.005}\cdot\frac{44.35}{s(s+4)(s+6)}$$

串联积分校正系统的开环增益为

$$K_{\mathrm{k}}=K_{\mathrm{so}}K_{\mathrm{o}}=\frac{0.05\times44.35}{0.005\times4\times6}=18.48>15$$

满足了给定的稳态精度要求。

(5) 校正后的根轨迹如图 6-21 所示。

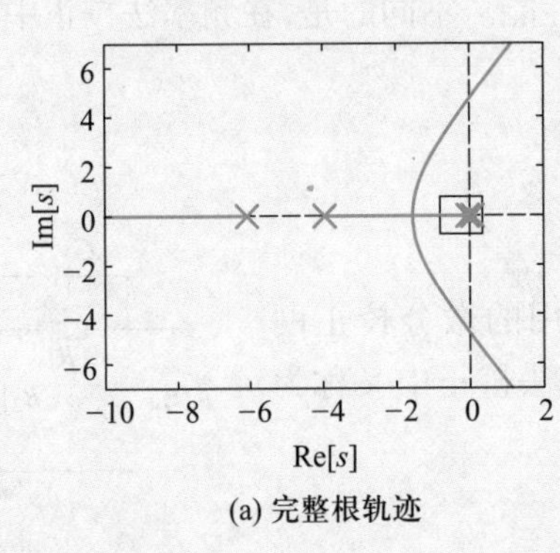

(a) 完整根轨迹

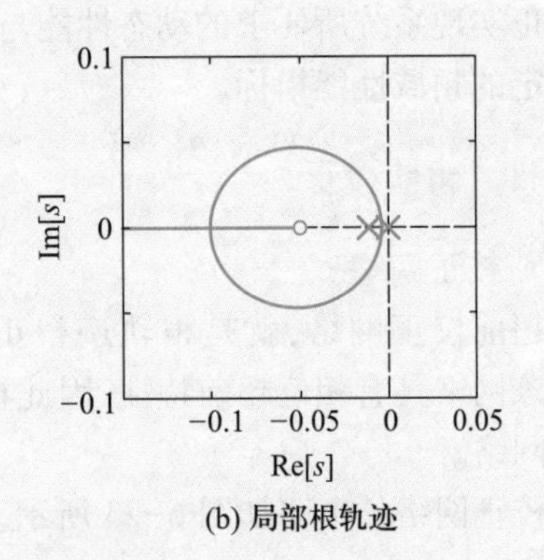

(b) 局部根轨迹

图 6-21 积分校正后的根轨迹图

从校正后的根轨迹图可以看到,校正后的根轨迹基本不变,但是在原点附近增加了一部分根轨迹,而且系统的时间响应分量中,除了由闭环主导极点所确定的主分量之外,由于靠近原点还有一个闭环极点,所以还有一个衰减很慢的响应分量。该慢衰减分量的幅值很小,在校正设计中,可以忽略不计。

作为比较,以利于对根轨迹法积分校正作用的理解,本例将校正前后系统的仿真曲线作出,如图 6-22 所示。图(a)为校正前后单位阶跃响应曲线,显然校正前后系统的动态性能基本不变。图(b)为系统跟踪单位斜坡信号的误差曲线,可以看出,系统跟踪斜坡信号的准确性大大提高。

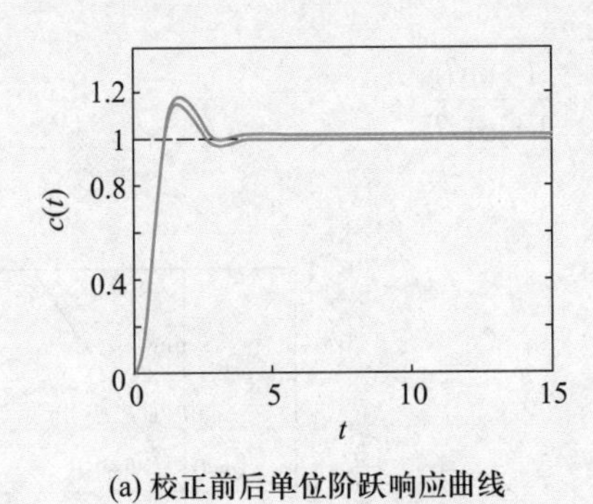

(a) 校正前后单位阶跃响应曲线

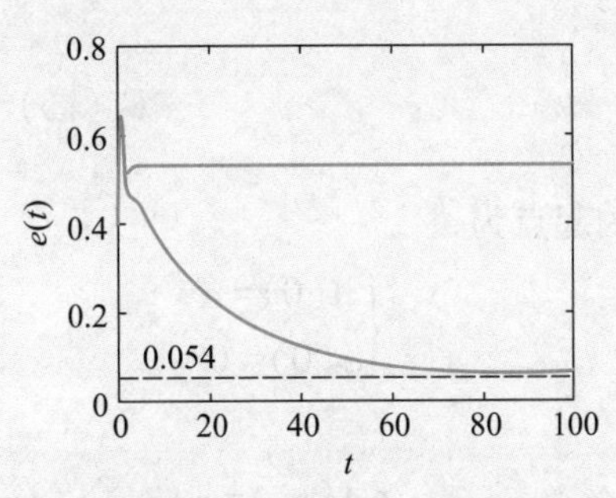

(b) 系统跟踪单位斜坡信号的误差曲线

图 6-22 例 6-4 系统校正前后系统的仿真曲线

6-2-5 微分积分校正

系统的动态性能、稳态性能都不好,可以考虑采用微分积分校正。

校正计算时,应该先计算微分校正,根据要求的动态性能,完成根轨迹的移动,然后再计

算积分校正，以满足给定要求的稳态性能。之后，选择相应的微分积分校正装置完成校正设计。

另外，在微分校正设计中，保证微分补偿角的同时，移动校正装置零点、极点的位置，也可以少量补偿稳态精度，起到积分校正的作用。请读者自己推导，在此就不赘述了。

6-3 频率法校正

基于频率特性的方法来作系统校正称为频率法校正。与根轨迹法校正一样，可以通过频率法校正实现系统所要求的动态性能与稳态性能。不同的是，在频率法校正中，校正所依据的是给定的频域性能指标。

6-3-1 超前校正

1. 超前校正网络

无源超前校正网络，就是根轨迹校正中使用的微分校正网络。由于该网络具有相位超前特性，因此在频率法校正中又称为超前校正网络。

超前校正网络的电路如图 6-23 所示。

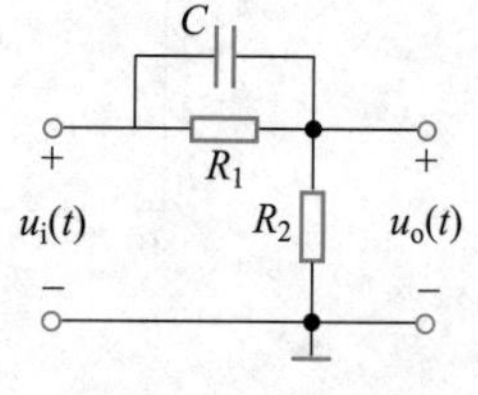

图 6-23 超前校正网络

传递函数为

$$G_D(s)=\alpha\cdot\frac{1+Ts}{1+\alpha Ts} \tag{6-16}$$

其中

$$T=R_1C,\alpha=\frac{R_2}{R_1+R_2}<1$$

频率特性为

$$G_D(j\omega)=\alpha\cdot\frac{1+j\omega T}{1+j\alpha\omega T} \tag{6-17}$$

极坐标图的起点为

$$\begin{cases}A(0)=\alpha\\\varphi(0)=0^\circ\end{cases}$$

终点为

$$\begin{cases}A(\infty)=1\\\varphi(\infty)=0^\circ\end{cases}$$

可以证明：

（1）在 $\omega:0\to\infty$ 的正频率范围内总有 $\varphi(\omega)>0^\circ$，即相位角总是超前的；

（2）轨迹为上半圆。

作出超前网络的极坐标图如图 6-24 所示。

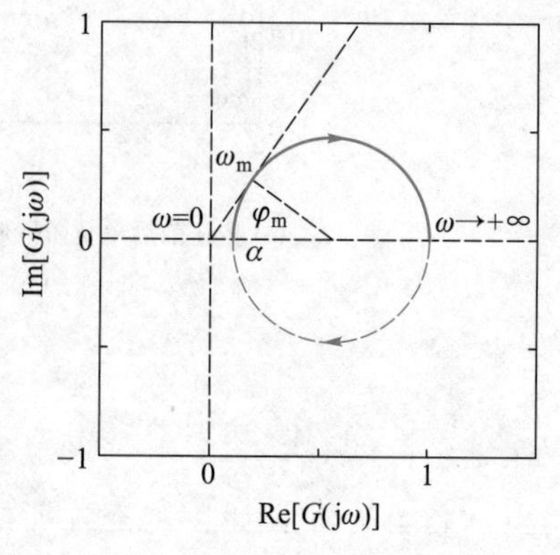

图 6-24 超前网络的极坐标图

且由

$$\frac{\mathrm{d}}{\mathrm{d}\omega}\varphi(\omega)=0$$

可以求得在

$$\omega_{\mathrm{m}}=\frac{1}{\sqrt{\alpha}T} \tag{6-18}$$

处,有最大相位超前角

$$\varphi_{\mathrm{m}}=\arcsin\frac{1-\alpha}{1+\alpha} \tag{6-19}$$

而且,当 $\alpha\to0$ 时,有

$$\varphi_{\mathrm{m}}=\arcsin\frac{1-\alpha}{1+\alpha}\bigg|_{\alpha\to0}\to90^{\circ}$$

作出超前网络的伯德图如图 6-25 所示。

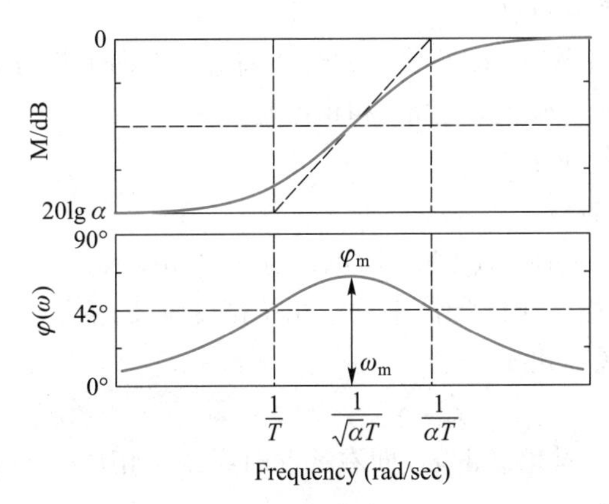

图 6-25 超前网络的伯德图

幅频特性有两个转折,先正后负,低频渐近线为 20 lg α dB,高频渐近线为 0 dB。

相频特性上,相位角从 0°开始先增后减,总是正的,以两个转折频率的几何中心频率为界两边对称,且在此频率上,有最大的相位超前角 φ_{m}。综上所述,可得超前校正装置的校正作用特点如下。

(1) 具有相位超前作用。

在频率为 $\omega_{\mathrm{m}}=\dfrac{1}{\sqrt{\alpha}T}$处,有最大相位超前角 $\varphi_{\mathrm{m}}=\arcsin\dfrac{1-\alpha}{1+\alpha}$。$\varphi_{\mathrm{m}}$ 可以用于补偿原系统相位裕量 γ_{c} 的不足,改善系统的动态品质。

(2) 相位超前角 φ_{m} 与低频衰减率 α 的关系。

由于最大相位超前角 φ_{m} 为

$$\varphi_{\mathrm{m}}=\arcsin\frac{1-\alpha}{1+\alpha}$$

所以,低频衰减率 α 为

$$\alpha=\frac{1-\sin\varphi_m}{1+\sin\varphi_m} \tag{6-20}$$

（3）最大相位超前角 φ_m 不超过+90°。

从极坐标图上可以看出，随着 α 的减小，最大相位超前角 φ_m 是增加的，但最大不能超过+90°，而且，φ_m 较大时对应的 α 较小，低频衰减较大。因此，φ_m 不宜太大，一般取 $\varphi_m<60°$。如果要求 $\varphi_m>60°$，则应由两级微分或者三级微分网络构成。

（4）低频增益补偿。

由于低频衰减率 α 造成对开环增益的衰减，因此，在应用时，要串联补偿放大器 $K_s=\frac{1}{\alpha}$ 以补偿超前校正装置对系统开环增益的影响。增加低频增益补偿后的伯德图如图 6-26 所示。

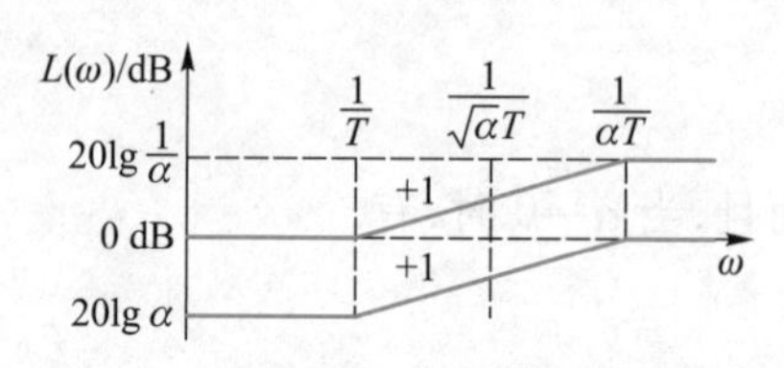

图 6-26 增益低频补偿后的伯德图

2. 超前校正计算步骤

（1）作原系统伯德图 $L_o(\omega)$。

检验稳态性能，如果不满足，按照要求的开环增益大小向上提升 $L_o(\omega)$。

（2）计算原系统的开环截止频率 ω_{co} 和相位裕度 γ_{co}。

如果：(a) γ_{co}<希望的 γ_c；

(b) ω_{co}<希望的 ω_c；

(c) $L_o(\omega)$ 是以斜率−2(−40 dB/dec)穿过 0 dB 线。

可以采用超前校正，利用相位超前特性来补偿相位裕度 γ_c 的不足。

（3）计算最大相位超前角 φ_m。

$$\varphi_m=\gamma_c-\gamma_{co}+(5°\sim20°)$$

式中的 5°~20°的估算角是补偿新的 ω_c 向右移动时系统的相位裕度 γ_{co} 还要变负的角度。

（4）计算低频衰减率 α。

$$\alpha=\frac{1-\sin\varphi_m}{1+\sin\varphi_m}$$

（5）确定新的开环截止频率 ω_c。

由于在 ω_c 处，应有

$$L_s(\omega_m)=-L_o(\omega_m)$$

如图 6-27 所示，在 $L_o(\omega)$ 上找到该点频率作为 φ_m 的作用频率 ω_c，即

$$L_o(\omega)\big|_{\omega=\omega_m}=-\frac{1}{2}\times20\lg\frac{1}{\alpha}$$

校正作用使得

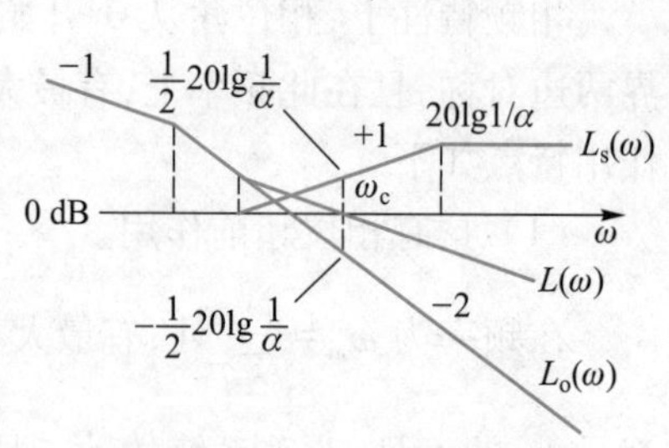

图 6-27 ω_c 位置的确定

$$\omega_m=\omega_c$$

即校正作用使得复合系统 $L_s(\omega)+L_o(\omega)$ 在该频率处以斜率−1 穿过 0 dB 线。

（6）确定两转折频率 ω_1,ω_2。

因为

$$\omega_m=\frac{1}{\sqrt{\alpha}T},T=\frac{1}{\sqrt{\alpha}\omega_m}=\frac{1}{\sqrt{\alpha}\omega_c}$$

所以

$$\omega_1=\frac{1}{T}=\sqrt{\alpha}\omega_m=\sqrt{\alpha}\omega_c \tag{6-21}$$

$$\omega_2=\frac{1}{\alpha T}=\frac{1}{\sqrt{\alpha}}\omega_m=\frac{1}{\sqrt{\alpha}}\omega_c \tag{6-22}$$

校正装置传递函数为$\left(\text{串联增益补偿器 } K_s=\frac{1}{\alpha}\right)$

$$G_s(\mathrm{j}\omega)=K_s\cdot\alpha\frac{1+\mathrm{j}\omega T}{1+\mathrm{j}\alpha\omega T}=K_s\cdot\alpha\frac{1+\mathrm{j}\dfrac{\omega}{\omega_1}}{1+\mathrm{j}\dfrac{\omega}{\omega_2}} \tag{6-23}$$

（7）校验计算结果 ω_c,γ_c。

如果误差比较大，则修正 φ_m 算式中的补偿角重新计算。

3. 相位超前校正举例

视频：例 6-5 讲解

[**例 6-5**] 已知角位移随动系统的开环特性为

$$G_o(s)=\frac{K}{s(s+1)}$$

要求：(1) $r(t)=t$ 时，$e_{ss}\leqslant 0.1$ rad；(2) $\omega_c\geqslant 4.4\ \mathrm{s}^{-1}$，$\gamma_c\geqslant 45°$。用频率法设计校正装置。

解 (1) 满足稳态性能，确定开环增益 K 值。给定要求为

$$e_{ss}\leqslant 0.1=\frac{1}{K_v}=\frac{1}{K}$$

所以，开环增益应为

$$K\geqslant 10$$

确定开环增益 $K=10$。

(2) 开环特性为

$$G_o(s)=\frac{10}{s(s+1)}$$

作固有开环特性 $L_o(\omega)$，如图 6-28 所示，即

$$20\lg k=40\lg\frac{\omega_{co}}{1}$$

$$\omega_{co}=3.16<4.4$$

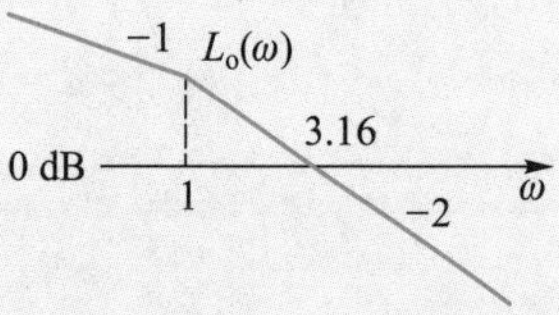

图 6-28 固有开环特性

小于给定要求。计算得到原系统的相位裕度为

$$\gamma_{co}=180°+\varphi(3.16)=17.5°<45°$$

也小于给定要求，且穿越 0 dB 线的斜率为−2，所以，可以采用相位超前校正。

(3) 计算所需的相位超前角 φ_m。

$$\varphi_m=\gamma_c-\gamma_{co}+(5°\sim 20°)=45°-17.5°+10°=37.5°$$

(4) 计算衰减率 α。

$$\alpha=\frac{1-\sin\varphi_m}{1+\sin\varphi_m}=\frac{1-\sin 37.5^\circ}{1+\sin 37.5^\circ}=0.25$$

（5）确定开环截止频率 ω_c。

$$L_o(\omega_c)=-\frac{1}{2}\times 20\lg\frac{1}{\alpha}=-6\ \text{dB}$$

$$\omega_c=4.47$$

（6）确定两转折频率 ω_1,ω_2。

$$\omega_1=\frac{1}{T}=\sqrt{\alpha}\cdot\omega_c=2.23$$

$$\omega_2=\frac{1}{\alpha T}=\frac{1}{\sqrt{\alpha}}\cdot\omega_c=8.94$$

（7）补偿增益

$$K_s=\frac{1}{\alpha}=4$$

（8）校正后的开环频率特性

$$L(\omega)=L_s(\omega)+L_o(\omega)$$

$$G(s)=G_c(s)\cdot G_o(s)$$

$$=K_s\cdot\alpha\frac{1+0.45s}{1+0.11s}\cdot\frac{10}{s(s+1)}=\frac{1+0.45s}{1+0.11s}\cdot\frac{10}{s(s+1)}$$

校正后的开环频率特性如图 6-29 所示。

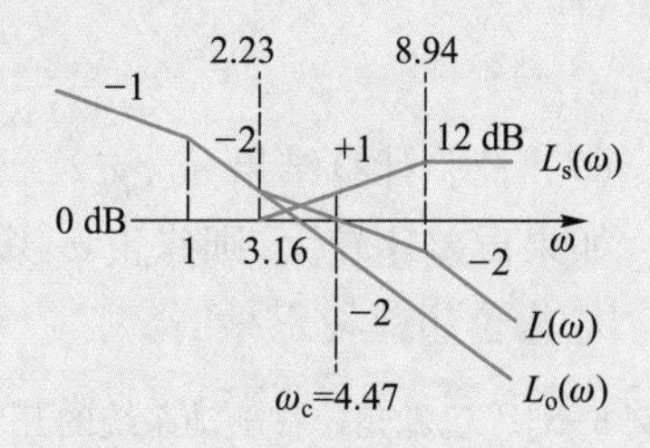

图 6-29　校正后的开环频率特性

（9）校验计算。

$$\omega_c=4.47>4$$

$$\gamma_c=180^\circ+\varphi(\omega_c)$$

$$=180^\circ+\angle\left[\frac{10}{j\omega(1+j\omega)}\cdot\frac{1+j0.45\omega}{1+j0.11\omega}\right]\Bigg|_{\omega=4.47}$$

$$=180^\circ-130^\circ=50^\circ>45^\circ$$

满足给定要求。

超前校正前后系统的阶跃响应比较如图 6-30 所示。可以看出，原系统经频域超前校正后，系统的动态性能得到显著的改善，超调量大大减小，响应时间加快，满足给定的要求。

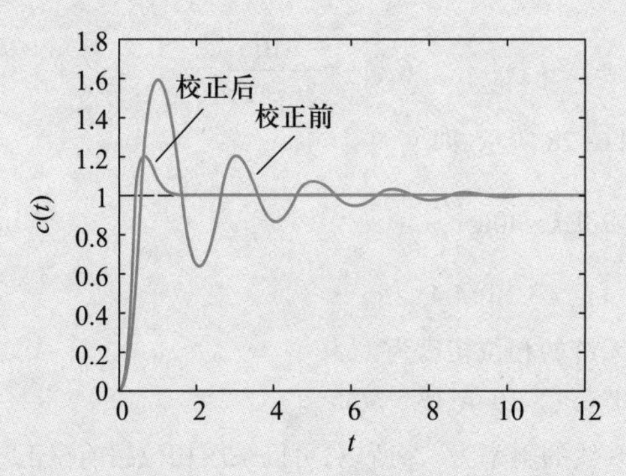

图 6-30　超前校正前后系统的阶跃响应比较

6-3-2 滞后校正

1. 滞后校正网络

无源滞后校正网络与根轨迹校正中的积分校正网络相同。由于该网络具有相位滞后特性，因此在频率法校正中又称为滞后校正网络。

滞后校正网络如图 6-31 所示。

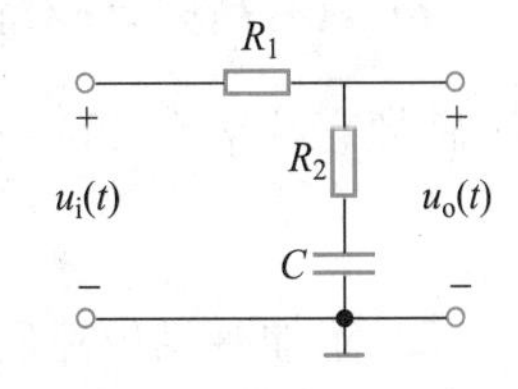

图 6-31 滞后校正网络

传递函数为

$$G_I(s)=\frac{1+Ts}{1+\beta Ts} \tag{6-24}$$

其中

$$T=R_2C,\beta=\frac{R_1+R_2}{R_2}>1$$

则频率特性为

$$G_I(j\omega)=\frac{1+j\omega T}{1+j\beta\omega T} \tag{6-25}$$

极坐标图的起点为

$$\begin{cases}A(0)=1\\ \varphi(0)=0°\end{cases}$$

终点为

$$\begin{cases}A(\infty)=\dfrac{1}{\beta}\\ \varphi(\infty)=0°\end{cases}$$

可以证明

(1) 在 $\omega:0\to\infty$ 的正频率范围内总有 $\varphi(\omega)<0°$，即相位总是滞后的。

(2) 轨迹为下半圆。

作出滞后网络的极坐标图如图 6-32(a)所示，伯德图如图 6-32(b)所示。

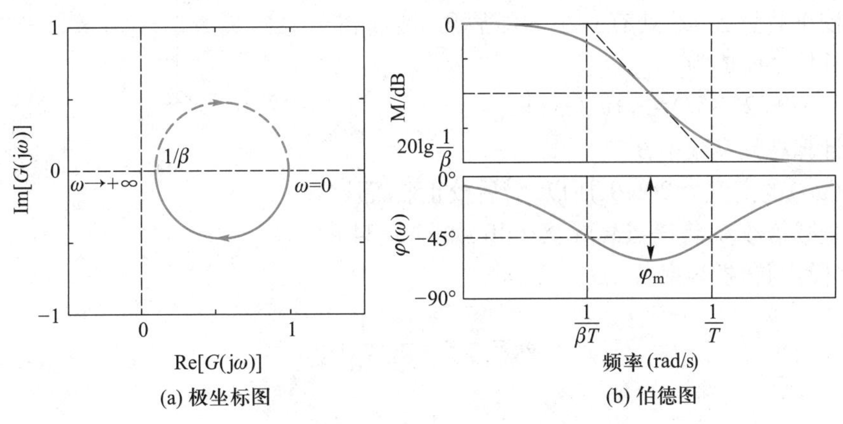

图 6-32 滞后网络的频率特性

从伯德图上可以看到，幅频特性也有两个转折，但先负后正，低频渐近线为 0 dB，高频渐近线为 $20\lg\dfrac{1}{\beta}$ dB。

相频特性上，相位角先减后增，总是负的，且在两个转折频率的几何中点处，有最大的相位滞后角。综上所述，可以得到滞后校正装置的校正作用特点如下：

（1）具有高频衰减特性。

高频衰减率为 $20\lg\dfrac{1}{\beta}$，作用于系统，可以使高频段尽快衰减，以获得相位裕量 γ_c 的改善。

（2）附加有相位滞后，最大相位滞后角为 φ_m。

在应用时，要使 φ_m 所对应的频率 ω_m 远小于系统的截止频率 ω_c。这样，在截止频率 ω_c 处的附加相位滞后比较小，基本不影响系统的相位裕度 γ_c。ω_m 与 ω_c 的相对位置如图 6-33 所示。

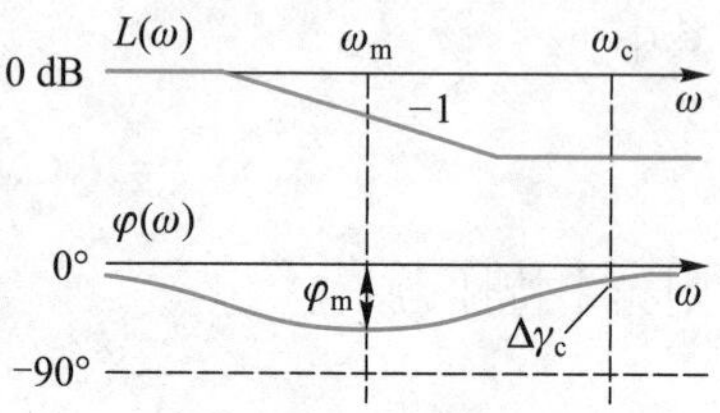

图 6-33 ω_c 与 ω_m 的相对位置

（3）一般用于

$$\omega_c<\omega_{co}$$

时，不需要过宽的频带宽度，通过压缩频带宽度，使得相位裕量 γ_c 得到改善。

2. 滞后校正计算步骤

（1）作原系统伯德图 $L_o(\omega)$。

（2）检验稳态性能，如果不满足，向上提升 $L_o(\omega)$ 曲线。

（3）计算原系统的 ω_{co} 和 γ_{co}。

如果：(a) γ_{co} 小于希望的 γ_c；(b) ω_{co} 大于希望的 ω_c，可以采用滞后校正。

（4）确定新的 ω_c。

由 $L_o(\omega)$，可在 ω_{co} 的左边找到满足希望的 γ_c 所对应的频率作为新的 ω_c 如图 6-34 所示。

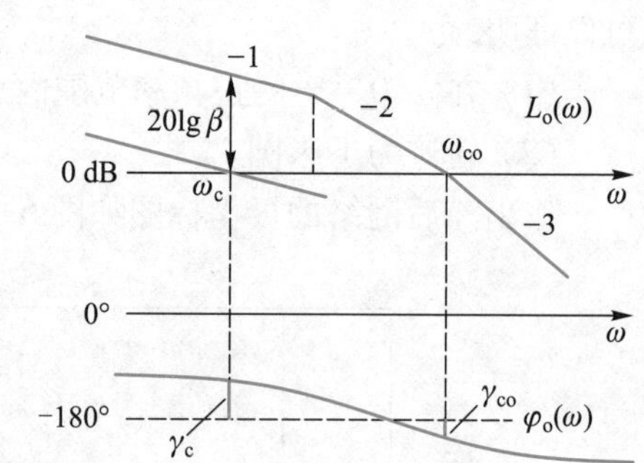

图 6-34 新的 ω_c 的确定

以新的 ω_c 计算相位裕度为

$$\gamma_c=\pi+\varphi_o(\omega)\big|_{\omega=\omega_c}$$

由于滞后校正装置在 ω_c 处有一小的滞后角，增加相应的附加补偿角而成为

$$\gamma_c+(2^\circ\sim5^\circ)=\pi+\varphi_o(\omega)\big|_{\omega=\omega_c}$$

（5）计算高频衰减率 β。

令 $L_o(\omega_c)$ 的高度为 $20\lg\beta$，所以，滞后校正装置应提供高频衰减倍数 β，将该点衰减至 0 dB，如图 6-34 所示。

（6）计算两转折频率 ω_1，ω_2。

$$\omega_2=\frac{1}{T}=\left(\frac{1}{5}\sim\frac{1}{10}\right)\omega_c \tag{6-26}$$

$$\omega_1=\frac{1}{\beta T}=\frac{1}{\beta}\omega_2 \tag{6-27}$$

则校正装置为

$$G_1(\mathrm{j}\omega)=\frac{1+\mathrm{j}\dfrac{1}{\omega_2}\omega}{1+\mathrm{j}\dfrac{1}{\omega_1}\omega} \tag{6-28}$$

（7）校验计算 ω_c，γ_c。

经校验计算后，相位裕度 γ_c 如果不满足要求，可以修正校正装置的两个转折频率的大小来实现给定的性能指标。

3. 滞后校正举例

[例 6-6] 已知系统的开环传递函数为

视频：例 6-6 讲解

$$G_o(s)=\frac{K}{s(0.1s+1)(0.2s+1)}$$

要求：(1) $K_v\geqslant 30$；

(2) $\omega_c\geqslant 2.3\ 1/\mathrm{s}$，$\gamma_c\geqslant 40°$。

用频率法设计校正装置。

解 (1) 满足稳态性能作 $L_o(\omega)$。

由于要求 $K_v\geqslant 30$，所以开环传递函数为

$$G_o(s)=\frac{30}{s(0.1s+1)(0.2s+1)}$$

作 $L_o(\omega)$，如图 6-35 所示。

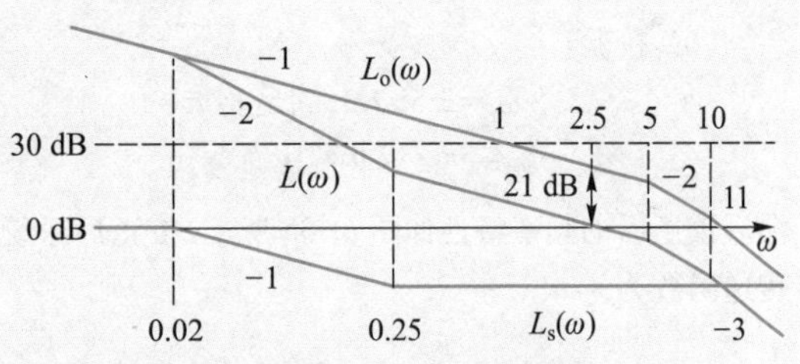

图 6-35 例 6-6 系统的滞后校正

(2) 计算 ω_{co} 和 γ_{co}。

计算可知，未校正系统的开环截止频率为

$$L_o(10)=20\lg 30-20\lg\frac{5}{1}-40\lg\frac{10}{5}=60\lg\frac{\omega_{co}}{10}$$

$$\omega_{co}=11.45$$

未校正系统的相位裕度为

$$\begin{aligned}\gamma_{co}&=180°+\varphi_o(11.45)\\&=180°-90°-\arctan 0.1\times 11.45-\arctan 0.2\times 11.45\\&=-25°\end{aligned}$$

相位裕度小于零，原系统是不稳定的，需要作校正。

因为给定的开环截止频率为 $\omega_c\geqslant 2.3$，远远小于 $\omega_{co}=11$，所以可以通过压缩频带宽度来改善相位裕度，采用滞后校正是合理的。

(3) 确定新的开环截止频率 ω_c。

希望的相位裕度为 $\gamma_c\geqslant 40°$，所以有

$$\gamma_c+(2°\sim 5°)=\pi+\varphi(\omega)\big|_{\omega=\omega_c}$$

取 $\gamma_c=45°$

$$45°+5°=\pi+\varphi(\omega)\big|_{\omega=\omega_c}$$

$$\varphi(\omega)\big|_{\omega=\omega_c}=-130°$$

$$-90°-\arctan 0.1\omega-\arctan 0.2\omega=-130°$$

解得新的开环截止频率为

$$\omega_c=2.5$$

（4）计算高频衰减率β。

由于

$$L_o(2.5)=20\lg\beta=21\ \text{dB}$$

所以

$$\beta=12$$

（5）计算两转折频率ω_1，ω_2。

$$\omega_2=\frac{1}{T}=\left(\frac{1}{5}\sim\frac{1}{10}\right)\omega_c=\frac{2.5}{10}=0.25$$

$$\omega_1=\frac{1}{\beta T}=\frac{1}{\beta}\omega_2=\frac{0.25}{12}=0.02$$

所以校正装置为

$$G_1(s)=\frac{1+\dfrac{s}{\omega_2}}{1+\dfrac{s}{\omega_1}}=\frac{1+4s}{1+50s}$$

（6）校验。

$\omega_c=2.5>2.3$，满足要求；

$\gamma_c=45.4°>40°$，满足要求。

滞后校正后的频率特性如图6-35所示，校正后系统的开环传递函数为

$$G(s)=G_1(s)G_o(s)=\frac{30(1+4s)}{s(0.1s+1)(0.2s+1)(1+50s)}$$

原系统滞后校正后的阶跃响应仿真曲线如图6-36所示。

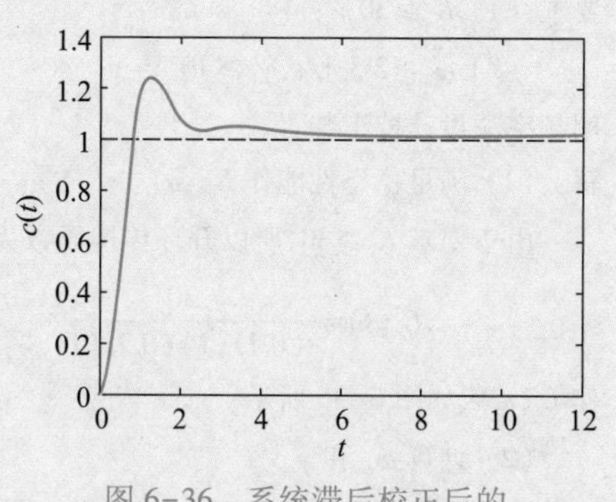

图6-36 系统滞后校正后的阶跃响应仿真曲线

6-3-3 超前滞后校正

将超前校正与滞后校正结合在一起的校正方法称为超前滞后校正，在设计超前滞后校正装置时，计算步骤要复杂一些。关于这方面的内容，读者可以参阅其他书籍，在本书中主要以下一节的参考模型法校正来取代。

6-4 参考模型法校正

参考模型法校正也是在频率法基础上的一种校正方法。它基于参考模型来修正固有特性，从而获得校正装置。因此，作图简单，校正方便，没有复杂的计算，是频率法校正设计经常使用的主要方法。

常用的参考模型按照系统阶数的划分有二阶参考模型、三阶参考模型和四阶参考模型。由于三阶参考模型在使用上需要另外增加补偿器，相关内容读者可以参考其他书籍，本书仅在习题中进行简要介绍。本节主要介绍二阶参考模型和四阶参考模型的校正设计方法。

6-4-1 二阶参考模型法校正

1. 二阶系统的最优模型

二阶系统的开环传递函数为

$$G_o(s)=\frac{\omega_n^2}{s(s+2\zeta\omega_n)}$$

闭环传递函数为

$$G_c(s)=\frac{\omega_n^2}{s^2+2\zeta\omega_n s+\omega_n^2}$$

将 $s=j\omega$ 代入，可以得到二阶系统的闭环频率特性为

$$G_c(j\omega)=\frac{\omega_n^2}{(j\omega)^2+2\zeta\omega_n j\omega+\omega_n^2}$$

它的折线对数幅频特性如图 6-37 所示。

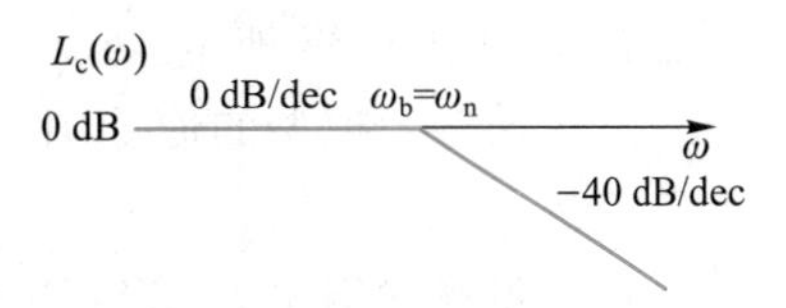

图 6-37 二阶系统的折线对数幅频特性

在图中，如果假设系统的闭环频带宽度 ω_b 无穷大，也就是说，无论何种频谱分量的增益值都不衰减，即

$$|G_c(j\omega)|_{\omega:0\to\infty}=1$$

则有

$$\left|\frac{\omega_n^2}{(j\omega)^2+2\zeta\omega_n j\omega+\omega_n^2}\right|_{\omega:0\to\infty}=1$$

$$\sqrt{(\omega_n^2-\omega^2)^2+4\zeta^2\omega_n^2\omega^2}=\omega_n^2$$

解出

$$\zeta^2=\frac{1}{2}-\frac{1}{4}\left(\frac{\omega}{\omega_n}\right)^2 \tag{6-29}$$

上述结论是在假设闭环频带宽度 $\omega_b\to\infty$，即 $\omega_n\to\infty$ 条件下得到的。实际上，频带宽度是有限的，那么，在有限频带宽度内对于低频频谱分量有

$$\omega\ll\omega_n$$

则有

$$\zeta^2=\frac{1}{2}-\frac{1}{4}\left(\frac{\omega}{\omega_n}\right)^2\Bigg|_{\omega\ll\omega_n}\approx\frac{1}{2}$$

即

$$\zeta=0.707 \tag{6-30}$$

上式所得结果，可以看作是二阶系统的最优条件。

2. 二阶系统的开环参考模型

在上述二阶系统的最优条件下，即 $\zeta=0.707$ 时，开环特性为

$$\begin{aligned}G_2(s)&=\frac{\omega_n^2}{s(s+2\zeta\omega_n)}\\&=\frac{\omega_n^2}{2\zeta\omega_n}\cdot\frac{1}{s\left(\frac{1}{2\zeta\omega_n}s+1\right)}\Bigg|_{T=\frac{1}{\omega_n}}\end{aligned}$$

$$=\frac{1}{2\zeta T}\cdot\frac{1}{s\left(1+\frac{T}{2\zeta}s\right)}\Bigg|_{\zeta=0.707}$$

$$=\frac{1}{\sqrt{2}T}\cdot\frac{1}{s\left(1+\frac{\sqrt{2}T}{2}s\right)} \tag{6-31}$$

$$=\frac{\omega_c}{s\left(1+\frac{1}{2\omega_c}s\right)}$$

其伯德图如图 6-38 所示。

从二阶参考模型的伯德图可以看到,它非常简单,有以下4个特点:

(1) 低频段斜率为-20 dB/dec(-1);

(2) 高频段斜率为-40 dB/dec(-2);

(3) 开环截止频率为 ω_c;

(4) 有一个转折频率为 $2\omega_c$。

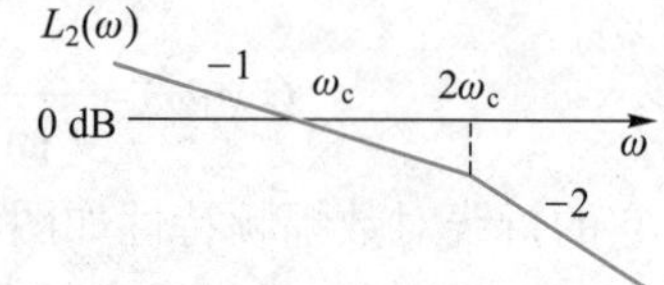

图 6-38 二阶参考模型的伯德图

3. 二阶参考模型的性能指标

由于阻尼比为 $\zeta=0.707$,因此二阶参考模型可以实现的性能指标如下。

(1) 时域指标

① 动态性能指标:

系统阶跃响应的超调量为 $M_p=4.3\%$

阶跃响应的调节时间为 $t_s=\dfrac{3}{\omega_c}$

② 稳态性能指标:

系统的静态速度误差系数为 $K_v=\omega_c$

(2) 开环频域指标

开环截止频率为 $\omega_c=0.707\omega_n$

转折频率为 $\omega_1=2\omega_c$

相位裕度为 $\gamma_c=65.5°$(折线值为 $\gamma_c=63.4°$。)

幅值裕度 $L_g=\infty$

(3) 闭环频域指标

闭环频带宽度 $\omega_b=\omega_n$

闭环谐振频率 $\omega_r=0$

闭环谐振峰值 $M_r=1$

4. 校正计算步骤

(1) 作固有特性 $L_o(\omega)$;

(2) 依照性能要求,作二阶模型特性 $L_2(\omega)$;

(3) 因为 $L_2(\omega)=L_s(\omega)+L_o(\omega)$,所以 $L_s(\omega)=L_2(\omega)-L_o(\omega)$,两特性相减,得校正装置特性 $L_s(\omega)$,写出 $G_s(j\omega)$。

从上述二阶参考模型校正计算步骤可以看出，校正方法基本上是利用作图来完成，模型简单，计算量小。

5. 二阶参考模型校正举例

视频：例 6-7 讲解

［例 6-7］ 已知系统的开环模型为

$$G_o(s)=\frac{10}{\left(1+\frac{1}{6}s\right)\left(1+\frac{1}{30}s\right)}$$

要求：$K_v\geqslant 5$，$t_s<0.3$ s，试用二阶参考模型法作校正。

解 因为原开环系统是 0 型系统，$\nu=0$，所以其静态速度误差系数 $K_v=0$，系统不能跟踪等速率信号。由稳态误差分析一节可知，如果能够跟踪等速率信号，那么系统至少要具有一阶无差度，即 $\nu=1$。所以，此题实际上是需要作积分校正，使得系统在跟踪阶跃信号时的稳态误差为零，且实现对于斜坡信号的有差跟踪。

（1）作固有特性 $L_o(\omega)$ 如图 6-39 所示。

（2）作参考模型特性 $L_2(\omega)$。

依照给定的稳态要求，$K_v\geqslant 5$，所以有

$$\omega_c>5$$

依照给定的动态要求，$t_s<0.3$ s，有

$$t_s=\frac{3}{\omega_c}<0.3$$

所以有

$$\omega_c>10$$

为了使得校正装置简单，因为固有系统的第二个转折位于 $\omega=30$ 处，所以，确定以第二个转折 $\omega=30$ 的 $\frac{1}{2}$ 作为开环截止频率，即

$$\omega_c=15$$

在图上过 $\omega_c=15$ 作斜率为 -20 dB/dec 的斜线至 $\omega=30$，再转为 -40 dB/dec，参考模型特性如图 6-39 中所示。

（3）两线相减，即 $L_s(\omega)=L_2(\omega)-L_o(\omega)$，得到 $L_s(\omega)$ 如图 6-39(a) 所示。

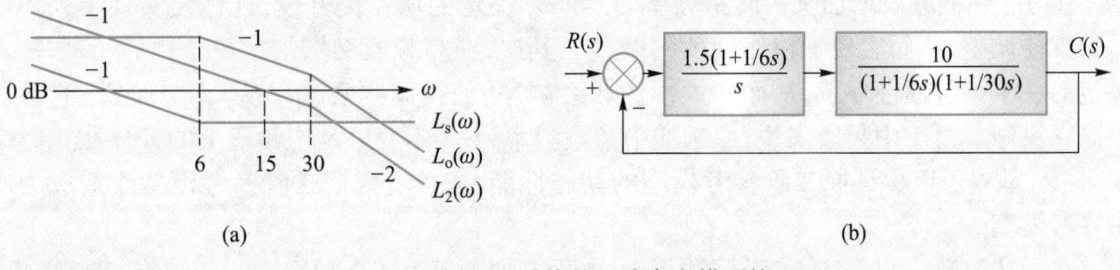

图 6-39 例 6-7 系统的二阶参考模型校正

根据 $L_s(\omega)$，求得校正装置的特性为

$$G_s(s)=\frac{1.5\left(1+\frac{1}{6}s\right)}{s}$$

校正系统的结构图如图 6-39(b) 所示。解毕。

系统校正后的单位阶跃响应曲线与跟踪单位斜坡信号的误差曲线如图6-40所示。过渡时间 $t_s<0.3$ s,满足要求。原系统不能跟踪斜坡信号,依二阶参考模型校正后,使得跟踪斜坡信号的误差优于给定要求。

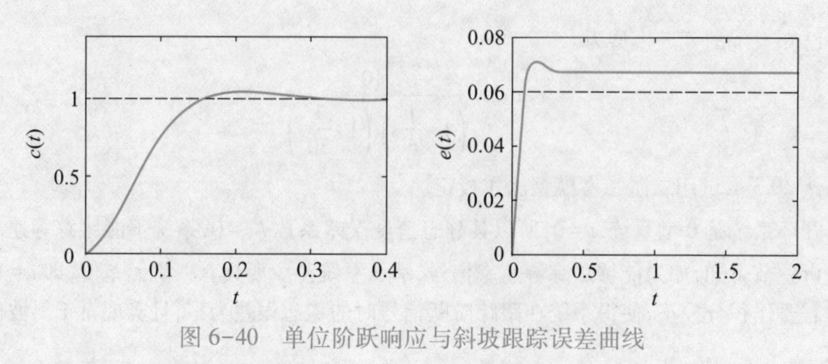

图6-40 单位阶跃响应与斜坡跟踪误差曲线

6-4-2 四阶参考模型法校正

从二阶参考模型可以看到,它的优点为性能指标较好,校正方法简单,但是它的主要缺点是稳态精度比较低,而且稳态性能与动态性能是相关的。当给定了调节时间 t_s,系统的开环截止频率 ω_c 也随之确定,从而开环增益的大小也就确定了。

为了改善二阶参考系统的不足之处,在二阶参考模型的基础之上稍作修改,就可以得到四阶参考模型,如图6-41所示。

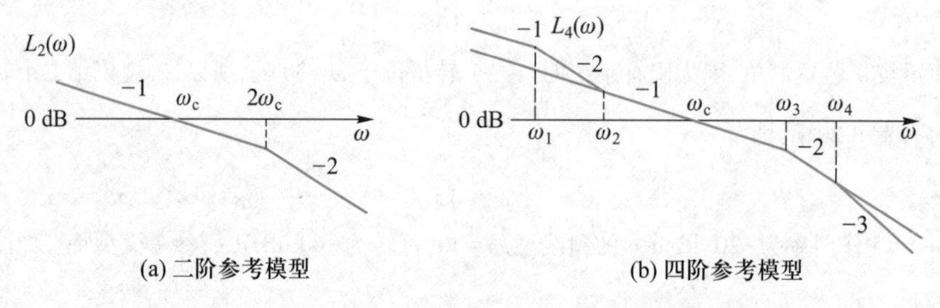

图6-41 从二阶参考模型到四阶参考模型的演变

首先,在低频段增加了由转折频率 ω_1 和 ω_2 决定的增益提升段,这样便实现了开环增益的方便调整,从而实现了稳态精度的调整。其次,在高频段又增加了一个由转折频率 ω_4 决定的一个一阶惯性环节,从而加大了高频衰减率,使得高频衰减率从-2增加到-3,抑制了高频噪声。对于中频段来说,原来的中频段斜率为-1不变以及中频段上的开环截止频率 ω_c 不变,基本可以保证原二阶参考模型的动态性能。这样,就把二阶参考模型改造成为四阶参考模型。

在上述改造中,与二阶参考模型相比,由于增加了三个转折频率 ω_1、ω_2 和 ω_4,要影响 ω_c 处的相位裕度 γ_c 的大小,进而影响系统的动态性能。但是由图上可以看到,ω_1、ω_2 和 ω_4 分别与 ω_c 的距离比较远,则对于系统的动态性能的影响比较小。

因此,按照第5章中叙述的系统频率特性的基本性质,四阶参考模型在一定的约束条件下,既可以保证系统的动态性能,又可以提高系统的稳态精度。

1. 四阶参考模型

四阶参考模型的开环传递函数为

$$G_4(s)=\frac{K\left(1+\frac{a}{\omega_c}s\right)}{s\left(1+\frac{ab}{\omega_c}s\right)\left(1+\frac{1}{c\omega_c}s\right)\left(1+\frac{1}{cd\omega_c}s\right)} \tag{6-32}$$

对数幅频特性如图 6-42 所示。

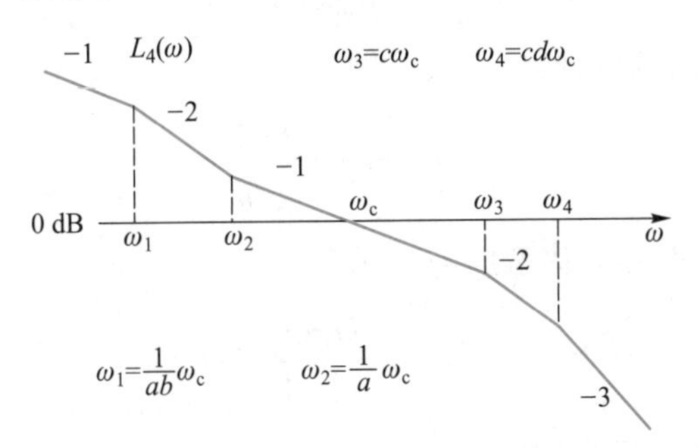

图 6-42 四阶参考模型的对数幅频特性

图中各转折频率相对比值参数的容许值为：

$$2<a<10$$
$$2<b<10$$
$$2<c<10$$
$$1<d<10$$

四阶参考模型有以下几个特点。

(1) 斜率变化为 1-2-1-2-3 型(斜率变化的绝对值)，即从斜率-20 dB/dec 变到-40 dB/dec，又变到-20 dB/dec，依此类推。

(2) 初始段斜率为-1，这样可以保证系统对于速度信号的跟踪能力，而且可以调整初始段的高度来得到跟踪速度信号时的误差大小。初始段的高度也就是开环增益的大小，高度一旦确定，第一衔接点 ω_1 的位置也就唯一确定了。

(3) 中频段穿越斜率为-1，并且保持一定的长度，可以保证系统的动态性能指标。这可以通过调节 ω_2、ω_3 的位置，也就是调节与 ω_c 的比例系数 a、c 来实现。ω_1、ω_2 的关系可以确定比例系数 b 的值。

(4) 高频段的衰减率为-3，可以通过调节 ω_4 的位置，也就是调节比例系数 d 来实现。

2. 四阶参考模型校正的估算步骤

(1) 作原系统固有特性 $L_o(\omega)$。

(2) 按照给定的稳态精度 K_v，估算初始段高度并作图。

(3) 依照给定的调节时间 t_s，估算开环截止频率 ω_c 的值。

依据时频反比性质，得到估算公式为

$$\omega_c \geqslant (6\sim8)\frac{1}{t_s} \tag{6-33}$$

(4) 按照给定的动态性能要求，估算中频段宽度 h 并作图。

中频段宽度为

$$h=\frac{\omega_3}{\omega_2} \tag{6-34}$$

给定时域超调量时有

$$h=\frac{M_p\%+64}{M_p\%-16} \tag{6-35}$$

给定开环相位裕度时的关系为

$$\gamma_c=\arctan\frac{h-1}{2\sqrt{h}} \tag{6-36}$$

给定闭环谐振峰值时，中频段宽度为

$$h=\frac{M_r+1}{M_r-1} \tag{6-37}$$

中频段宽度一旦确定，两端的转折频率 ω_2、ω_3 也随之确定。由 ω_2 处作斜率-2 的斜线向上延长交低频段斜线于 ω_1，由 ω_3 处向下作斜率-2 的延长线。

（5）初选 $d=2$，则在 ω_3 的两倍频处将曲线的斜率转为-3，这样也就确定了 ω_4。以上各步骤完成后，就得到了校正后的特性即四阶参考模型 $L_4(\omega)$。

（6）因为

$$L_4(\omega)=L_s(\omega)+L_o(\omega)$$

将两曲线相减，即

$$L_s(\omega)=L_4(\omega)-L_o(\omega)$$

就可以求得校正特性 $L_s(\omega)$，写出校正装置的传递函数 $G_s(s)$；

（7）校验计算。

已知各转折频率的比例系数时，校验用的经验公式为

$$t_s=\frac{1}{\omega_c}\left[8-\frac{3.5}{a}-\frac{4}{b}+\frac{100}{(acd)^2}\right] \tag{6-38}$$

$$M_p=\frac{160}{c^2d}+6.5\cdot\frac{b}{a}+2 \tag{6-39}$$

视频：例 6-8 讲解

［例 6-8］ 已知系统的固有特性为

$$G_o(s)=\frac{20}{s(0.025s+1)(0.1s+1)}$$

要求：（1）$K_v\geqslant 200\ \mathrm{s}^{-1}$；

（2）$M_p\leqslant 25\%$，$t_s\leqslant 0.5$ s。

用四阶参考模型法作系统校正。

解 （1）满足稳态要求作原系统固有特性 $L_o(\omega)$ 如图 6-43 所示。

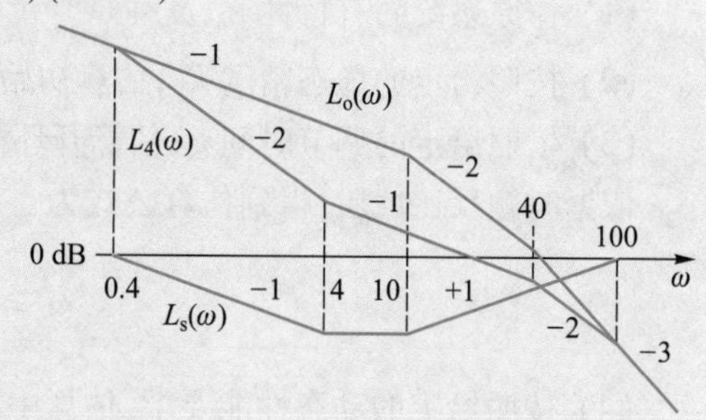

图 6-43 四阶参考模型校正

因为给定指标为

$$K_v\geqslant 200\ \mathrm{s}^{-1}$$

原系统的开环增益为

$$K_o = 20\ \mathrm{s}^{-1}$$

所以,校正装置的增益补偿为

$$K_s = \frac{K_v}{K_o} = \frac{200}{20} = 10$$

低频段的高度为

$$20\lg 200 = 46\ \mathrm{dB}$$

满足稳态精度时固有系统的开环性能如下:

开环截止频率为

$$\omega_{co} = 43$$

相位裕度为

$$\gamma_{co} = -34^\circ$$

相位裕度是小于零的,系统不稳定,需要作校正。

(2) 确定四阶参考模型 $L_4(\omega)$。

① 计算新的开环截止频率 ω_c。

给定要求为 $t_s \leqslant 0.5$ s,根据公式 $\omega_c \geqslant (6\sim8)\dfrac{1}{t_s}$,得到

$$\omega_c \geqslant (12\sim16)$$

取整数值为

$$\omega_c = 20$$

过 $\omega_c = 20$ 作斜率为 -1 斜线如图。

② 计算中频段宽度 h。

由给定的经验公式计算得到

$$h = \frac{M_p\% + 64}{M_p\% - 16} = \frac{25+64}{25-16} = 9.88 \approx 10$$

③ 计算各转折频率。

因为中频段宽度 $h=10$,所以有

$$\omega_2 = \frac{1}{\sqrt{h}}\omega_c = 6.3$$

$$\omega_3 = \sqrt{h}\,\omega_c = 63$$

为了简化校正装置,在高端取原系统固有转折

$$\omega_3 = 40$$

则低端相应地为

$$\omega_2 = 4$$

过 $\omega_2 = 4$ 作斜率为-2 的斜线与固有系统的低频段相交,可以求得第一衔接点为

$$40\lg\frac{4}{\omega_1} + 20\lg\frac{20}{4} = 20\lg\frac{200}{\omega_1}$$

$$\omega_1 = 0.4$$

取 ω_3 的 2.5 倍频作为 ω_4

$$\omega_4 = 2.5\omega_3 = 100$$

④ 作图求校正装置的传递函数。

相减曲线如图,求得传递函数为

$$G_s'(s)=\frac{(0.25s+1)(0.1s+1)}{(2.5s+1)(0.01s+1)}$$

⑤ 考虑增益补偿，总传递函数为

$$G_s(s)=K_s\cdot G_s'(s)=10\cdot G_s'(s)$$

校正后系统开环传递函数为

$$G_4(s)=G_s(s)\cdot G_o(s)=\frac{200(0.25s+1)}{s(2.5s+1)(0.025s+1)(0.01s+1)}$$

（3）验算。

校正后的开环频域性能为

$$\omega_c=20$$

$$\gamma_c=42°$$

但是按照式(6-53)估算为

$$\gamma_c=54°$$

相位裕度仍然不足，势必有较大的超调量，这是由于 ω_3 过于靠近 ω_c 造成的（由于借用了固有特性中的转折频率，因此，ω_3 与 ω_c 的距离只有 2 倍频）。

（4）作修正设计。

为增大相位裕量 γ_c，可以将 0 dB 线上移 3 dB，此时有 $\omega_c=14$，仍然可以满足给定的时域性能指标调节时间 t_s。为保证增益不变同时将低频段也提升 3 dB，保持第二衔接点 ω_2 不变，则第一衔接点 ω_1 成为

$$\omega_1=0.283$$

校正特性成为

$$G(s)=G_s(s)\cdot G_o(s)=\frac{200(0.25s+1)}{s(3.53s+1)(0.025s+1)(0.01s+1)}$$

相位裕度成为

$$\gamma_c=48°$$

与原来相比改善了许多，但是仍嫌不足。由于受到开环截止频率 ω_c 的限制，不适宜再次提升0 dB线。可以考虑右移 ω_4 来微量改善相位裕度。在此，就不再详述了。

例 6-8 系统的仿真结果如图 6-44 所示。校正后系统动态性能得到了较大的改善，斜坡信号的跟踪误差也大大降低。

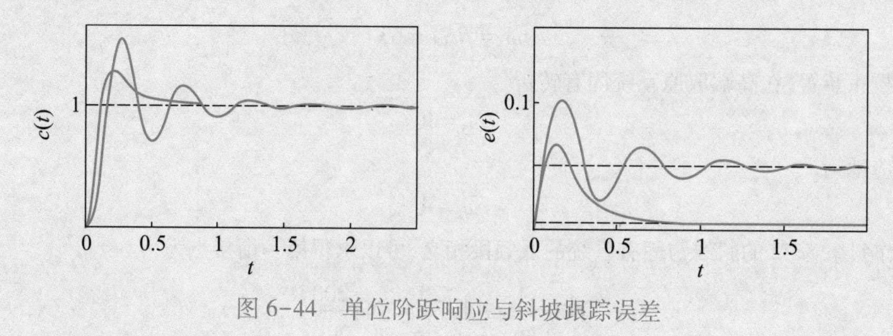

图 6-44 单位阶跃响应与斜坡跟踪误差

3. 四阶参考模型校正讨论

从前面的叙述可以了解到，四阶参考模型要比二阶参考模型复杂一些。从时域性能指标来看不那么直观，估算与验算用的公式中许多都是经验公式。在解题中，灵活性与适应性使得答案非唯一。但是，由于四阶参考模型适应面较宽，因此获得了广泛的应用。只要能够

灵活运用校正设计的几个要点，是能够使用该法得到满意的校正设计结果的。下面讨论几个设计中的实际问题。

（1）稳态性能调整

四阶参考模型的第一衔接点 ω_1 左右位置的变化，可以调整开环增益的大小，如图 6-45 所示。

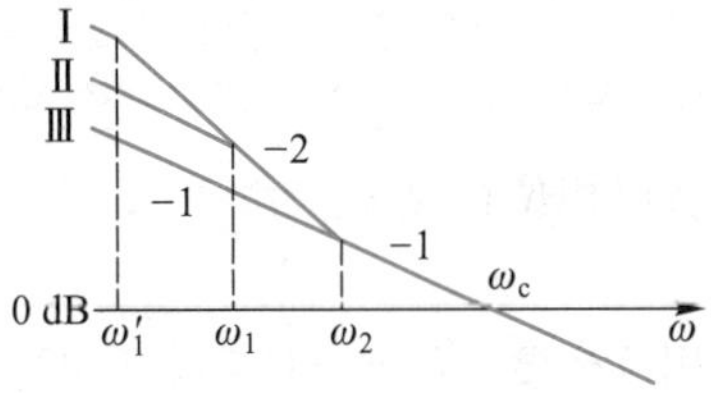

在图示的三个系统中，衔接点 ω_1 的位置不同，可以得到

$$K_{开\mathrm{I}}>K_{开\mathrm{II}}>K_{开\mathrm{III}}$$

但同时对于相位裕度 γ_c 只有微量的影响。让我们看一下图中 ω_1 两端取极限时的情况。

图 6-45 稳态性能的调整

当 $\omega_1=\omega_2$ 时，两个衔接点重合，衔接点 ω_1 对于相位裕度 γ_c 的影响为零。

当 $\omega_1\to 0$ 时，衔接点 ω_1 对于相位裕度 γ_c 的影响为$-90°$，所以图示的三个系统的相位裕度的关系为

$$\gamma_{c\mathrm{I}}<\gamma_{c\mathrm{II}}<\gamma_{c\mathrm{III}}$$

注意，上述相位裕度的大小变化是微量的。

（2）系统类型调整

虽然四阶参考模型是Ⅰ型系统，但是第一衔接点 ω_1 左边曲线斜率的改变可以调整系统的无差度 ν，使之也适用于其他类型系统的情况如图 6-46 所示。当系统具有Ⅱ型无差度时，可以使得跟踪斜坡信号时的稳态误差为零。

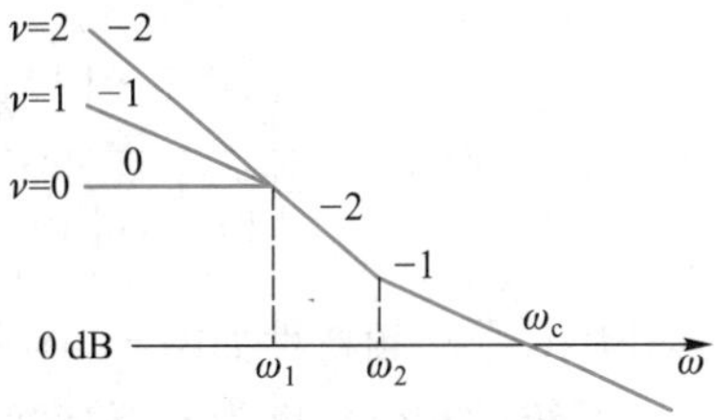

图 6-46 系统类型调整

（3）中频段斜率 ν_c 与中频段宽度 h

从频域分析可以知道，中频段斜率 ν_c 与中频段宽度 h 决定了系统的动态性能的优劣。如果系统是稳定的，又具有满意的动态性能，则中频段斜率 ν_c 必为-1，这一点可以由 $L(\omega)$ 与 $\varphi(\omega)$ 的对应性质得到证明。

下面进一步讨论中频段宽度 h 的选择与相位裕度 γ_c 的关系。

我们先来看一下条件较为恶劣时，中频段宽度 h 与稳定性的关系，如图 6-47 所示。

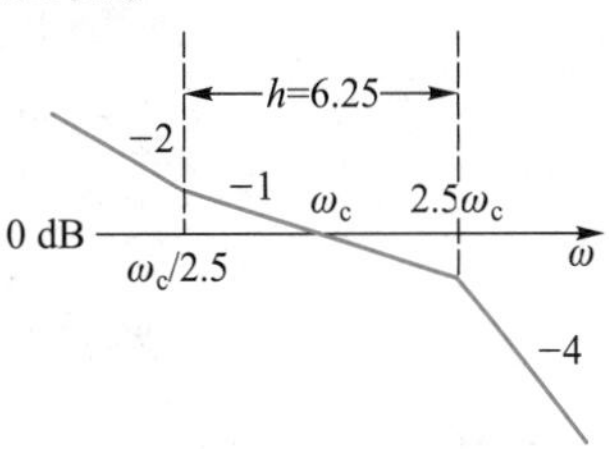

图 6-47 中频段宽度 h 的极限情况

图中的中频段斜率为-1，中频段宽度 h 为 6.25，即两端的转折频率与 ω_c 的关系顺次递推为 2.5 倍频，两端斜率分别为-2 和-4。

图 6-47 所示系统的开环频率特性为

$$G(\mathrm{j}\omega)=\frac{K\left(1+\mathrm{j}\dfrac{2.5}{\omega_c}\omega\right)}{(\mathrm{j}\omega)^2\left(1+\mathrm{j}\dfrac{1}{2.5\omega_c}\omega\right)^3}$$

由于 ω_c 处的相位角为

$$\varphi(\omega_c)=\arctan\frac{2.5}{\omega_c}\omega-180°-3\cdot\arctan\frac{1}{2.5\omega_c}\omega\bigg|_{\omega=\omega_c}$$

$$=\arctan 2.5-180°-3\cdot\arctan\frac{1}{2.5}$$

$$=68.2°-180°-3\times21.8°=-177.2°$$

所以相位裕度 γ_c 为

$$\gamma_c=180°+\varphi(\omega_c)=180°-177.2°=2.8°$$

相位裕度为正值，但是接近 0°，系统接近临界稳定。

所以，中频段斜率 ν_c 保证为-1 时，中频段宽度保证为 5 倍频程以上，即

$$h=\frac{\omega_3}{\omega_2}>5$$

则即使中频段两端的转折率比较大，也可以保证系统的稳定性。

满足了上述条件，在保证系统稳定性的前提下，适当调整两端衔接点的位置，加宽中频段的宽度，可以有效地改善系统的相位裕度，以满足给定的性能要求。

（4）各转折频率小范围调整对相位裕度 γ_c 的影响

四阶参考模型为

$$G_4(s)=\frac{K\left(1+\frac{1}{\omega_2}s\right)}{s\left(1+\frac{1}{\omega_1}s\right)\left(1+\frac{1}{\omega_3}s\right)\left(1+\frac{1}{\omega_4}s\right)}$$

其开环对数幅频特性如图 6-48 所示。

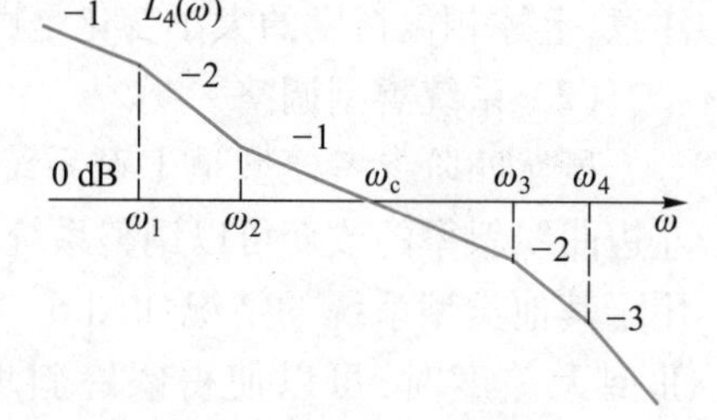

图 6-48 四阶参考模型的开环对数幅频特性

系统的相位裕度为 $\gamma_c=180°+\varphi(\omega_c)$，可以计算在开环截止频率 ω_c 处的相位角为

$$\varphi(\omega_c)=-90°+\varphi_{\omega_1}+\varphi_{\omega_2}+\varphi_{\omega_3}+\varphi_{\omega_4}$$

其中，φ_{ω_i} 为各转折频率对相位角的叠加项，分别如下：

$$\varphi_{\omega_1}=-\arctan\frac{\omega_c}{\omega_1}=-90°+\arctan\frac{\omega_1}{\omega_c}\bigg|_{\omega_c\gg\omega_1}\approx-90°+\frac{\omega_1}{\omega_c}\tag{6-40}$$

$$\varphi_{\omega_2}=\arctan\frac{\omega_c}{\omega_2}=90°-\arctan\frac{\omega_2}{\omega_c}\bigg|_{\omega_c\gg\omega_2}\approx90°-\frac{\omega_2}{\omega_c}\tag{6-41}$$

$$\varphi_{\omega_3}=-\arctan\frac{\omega_c}{\omega_3}\bigg|_{\omega_c\ll\omega_3}\approx-\frac{\omega_c}{\omega_3}\tag{6-42}$$

$$\varphi_{\omega_4}=-\arctan\frac{\omega_c}{\omega_4}\bigg|_{\omega_c\ll\omega_4}\approx-\frac{\omega_c}{\omega_4}\tag{6-43}$$

当 ω_1、ω_4 同时向相反的方向微量调整时，其复合影响为

$$\varphi_{\omega_1}+\varphi_{\omega_4}=-90°+\frac{\omega_1}{\omega_c}-\frac{\omega_c}{\omega_4}\bigg|_{\substack{\omega_1\uparrow\&\omega_4\downarrow\\ \text{or}\\ \omega_1\downarrow\&\omega_4\uparrow}}\approx-90°\tag{6-44}$$

此式说明，当 ω_1、ω_4 同时向相反的方向微量调整时，原相位裕度基本不变。

当 ω_2、ω_3 同时向相同的方向微量调整时，其复合影响为

$$\varphi_{\omega_2}+\varphi_{\omega_3}=90^\circ-\frac{\omega_2}{\omega_c}-\frac{\omega_c}{\omega_3}\Bigg|_{\substack{\omega_2\uparrow\&\omega_3\uparrow\\ \text{or}\\ \omega_2\downarrow\&\omega_3\downarrow}}\approx\text{const} \tag{6-45}$$

此式说明，当 ω_2、ω_3 同时向相同的方向微量调整时，原相位裕度基本不变。

由上所述，微量改变各衔接点 ω_1、ω_2、ω_3、ω_4 的位置，可以微量调节相位裕度 γ_c 的大小。

灵活应用式(6-44)和式(6-45)，可以微量调节系统的其他性能指标。读者可以在上述计算公式的基础上自行分析，在此就不加以详细叙述了。

6-5 频率法反馈校正

前面讨论的校正方法由于校正装置与固有特性是串联关系，故而称为串联校正。校正装置与固有特性为反馈关系的校正方法称为反馈校正，或者又称为并联校正。两种校正方法从回路的观点上来看是等价的。因此，在给定希望的性能指标时，除了采用串联校正方法之外，也可以考虑采用反馈校正方法来实现。

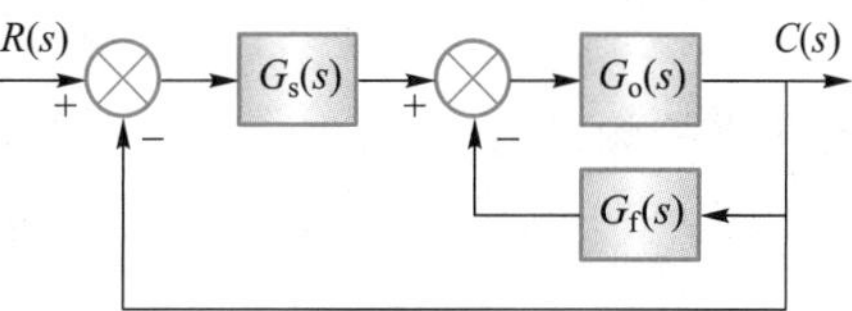

图 6-49 反馈校正系统的结构图

反馈校正系统的结构图如图 6-49 所示。

图中的 $G_s(s)$ 为前向串联装置，$G_o(s)$ 为固有特性，$G_f(s)$ 为反馈校正装置，因此等效开环传递函数为

$$G_{eo}(s)=\frac{G_s(s)G_o(s)}{1+G_f(s)G_o(s)} \tag{6-46}$$

而系统的闭环传递函数为

$$G_c(s)=\frac{G_{eo}(s)}{1+G_{eo}(s)}=\frac{G_s(s)G_o(s)}{1+[G_s(s)+G_f(s)]G_o(s)} \tag{6-47}$$

反馈校正仍然使用基于开环频率特性的校正方法，以等效的开环频率特性为基础来进行。

6-5-1 反馈校正

1. 反馈校正的基本原理

反馈校正是利用局部闭环特性来修改等效开环特性，从而实现校正的。图 6-49 中的局部闭环特性为

$$G_{fo}(s)=\frac{G_o(s)}{1+G_f(s)G_o(s)}$$

当反馈作用很小时，有

$$G_{fo}(s)=\frac{G_o(s)}{1+G_f(s)G_o(s)}\Bigg|_{G_f(s)\downarrow\downarrow}\approx G_o(s) \tag{6-48}$$

等效传递关系与反馈无关,传输特性近似等于固有特性 $G_o(s)$。

当反馈作用很大时,有

$$G_{fo}(s)=\left.\frac{G_o(s)}{1+G_f(s)G_o(s)}\right|_{G_f(s)G_o(s)\uparrow\uparrow}\approx\frac{1}{G_f(s)} \tag{6-49}$$

等效传递关系与固有特性无关,传输特性决定于反馈特性 $G_f(s)$ 的倒数。

2. 反馈校正计算步骤

基于上述反馈校正的基本原理,由于系统结构和校正装置的选择不同,反馈校正的设计计算也是不同的。在此,以四阶参考模型为校正目标,给出反馈校正计算的一般计算步骤:

(1) 作原系统固有特性 $L_o(\omega)$;

(2) 依照给定性能指标作四阶参考模型特性 $L(\omega)$;

(3) 划分受校频段与不受校频段;

(4) 在受校频段内,应有

$$|G_f(j\omega)G_o(j\omega)|\gg 1 \tag{6-50}$$

也就是

$$20\lg|G_f(j\omega)G_o(j\omega)|\gg 0\text{ dB} \tag{6-51}$$

在不受校频段内,应有

$$|G_f(j\omega)G_o(j\omega)|\ll 1 \tag{6-52}$$

也就是

$$20\lg|G_f(j\omega)G_o(j\omega)|\ll 0\text{ dB} \tag{6-53}$$

(5) 作受校频段条件特性 $20\lg|G_f(j\omega)G_o(j\omega)|$ 与受校频段的倒特性,该倒特性就是反馈校正装置特性,即

$$L_f(\omega)=20\lg|G_f(j\omega)| \tag{6-54}$$

(6) 写出校正装置 $G_f(s)$ 并作校验。

下面以例题来说明上述反馈校正计算的各个步骤。

[例 6-9] 已知角位移随动系统的固有特性为

$$G_o(s)=\frac{K}{s(0.1s+1)(0.02s+1)}$$

要求:(1) 速度信号输入时应满足 $K_v\geqslant 200\text{ s}^{-1}$;

(2) 阶跃信号输入时应满足超调量 $M_p<30\%$,调节时间 $t_s<0.6$ s,用频率法作反馈校正。

解 (1) 满足稳态要求,令 $K=200$,作固有特性 $L_o(\omega)$ 如图 6-50(a)所示。

从图中可以看出,原系统的开环截止频率为

$$\omega_{co}=44.6$$

计算可得原系统的相位裕度为

$$\gamma_{co}=-29^\circ$$

相位裕度小于零,原系统是不稳定的,需要作校正。

(2) 作希望的四阶参考模型特性 $L_4(\omega)$

由 $t_s<0.6$ s,有 $\omega_c=12$,取

$$\omega_c = 15$$

由超调量 $M_p<30\%$，根据公式 $h=\dfrac{M_p\%+64}{M_p\%-16}$，得 $h=7$，取

$$h=10$$

作四阶参考模型特性 $L_4(\omega)$，如图 6-50(a)所示。

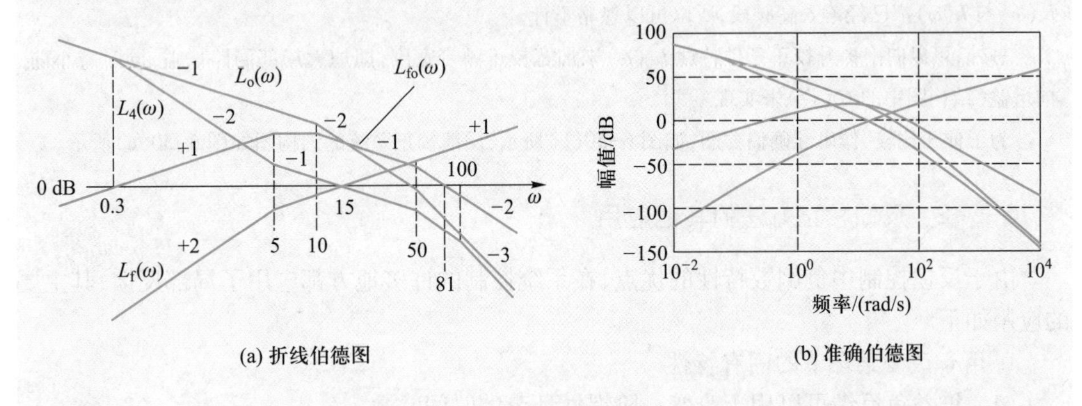

(a) 折线伯德图　　(b) 准确伯德图

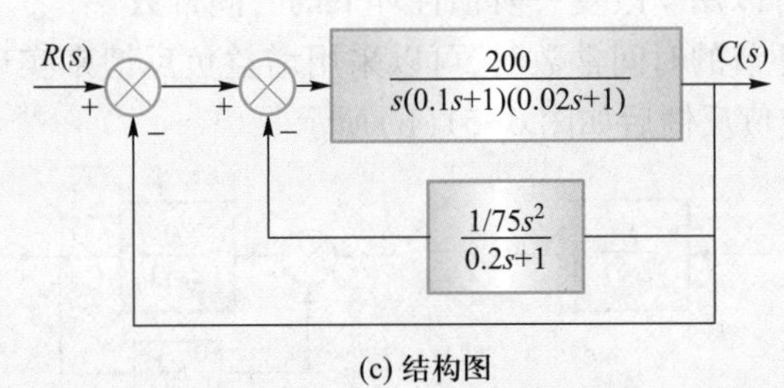

(c) 结构图

图 6-50　反馈校正系统的结构图

（3）确定受校频段

从图中可以看出，固有特性 $L_o(\omega)$ 与希望特性 $L(\omega)$ 在两端是重合的，也就是在低频段与高频段上的固有特性不需要作校正，但是两特性从频率 $\omega=0.38$ 开始到 $\omega=100$ 段上是相异的，因此，确定受校频段为

$$\omega: 0.38 \sim 100$$

（4）作受校频段 $L(\omega)$ 的倒特性 $L_f(\omega)$ 如图 6-50(a)所示，则写出

$$G_f(s)=\frac{\frac{1}{75}s^2}{0.2s+1}$$

（5）条件特性 $G_f(s)G_o(s)$ 为

$$G_f(s)G_o(s)=\frac{200}{s(0.1s+1)(0.02s+1)}\cdot\frac{\frac{1}{75}s^2}{0.2s+1}$$

$$=\frac{2.66s}{(0.2s+1)(0.1s+1)(0.02s+1)}$$

作 $L_{fo}(\omega)$ 如图 6-50(a)所示。从图上可以看到，从频率 $\omega=0.38$ 到 $\omega=81$ 的频段内，有

$$20\lg|G_f(j\omega)G_o(j\omega)|\gg 0\ \text{dB}$$

满足受校条件,固有特性被校正为反馈环节的倒特性,也就实现了希望的参考模型特性的对应频段特性。在该频段之外,有

$$20\lg|G_f(j\omega)G_o(j\omega)| \ll 0\ \text{dB}$$

固有特性 $L_o(\omega)$ 不受反馈校正装置的影响。

上述计算中,校正条件特性 $L_{fo}(\omega)$ 的频带宽度稍差一点(上限为 $\omega=81$,小于 $\omega=100$),但是由于 $L_o(\omega)$ 与 $L(\omega)$ 都已经落入高频段,所以可以忽略不计。

另外,可以向上提升校正条件特性 $L_{fo}(\omega)$ 来加宽校正频带宽度,即加大局部回路增益,同时减小前向增益(结构图中的 $G_s(s)$)来实现。

为了便于比较,作出准确伯德图,如图 6-50(b)所示,反馈校正系统的结构图如图 6-50(c)所示。

6-5-2 反馈校正方法的其他应用

由于反馈控制中负倒数特性的优点,在系统控制的许多地方都应用了局部反馈,其主要的应用如下。

1. 用于改变某环节的固有特性

(1) 增益负反馈可以用于改变一阶惯性环节的时间常数

当想要改变惯性环节的时间常数时,可以采用增益负反馈来实现。已知惯性环节如图 6-51(a)所示。加增益负反馈后如图 6-51(b)所示。

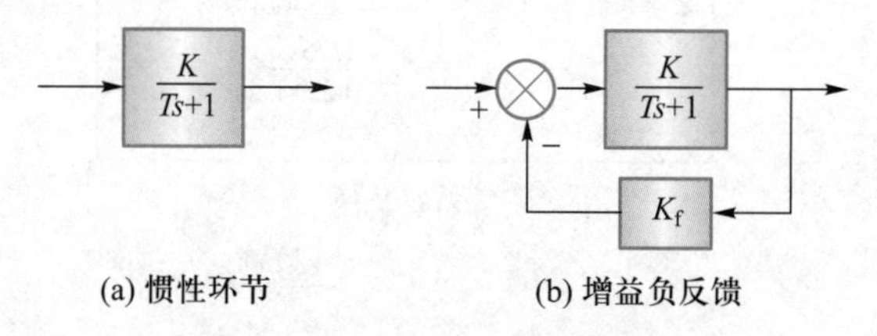

图 6-51 增益负反馈改变惯性环节的时间常数

图(a)中的时间常数为 T,作增益负反馈后传递函数为

$$\begin{aligned} G(s) &= \frac{\dfrac{K}{Ts+1}}{1+\dfrac{K}{Ts+1}\cdot K_f} = \frac{K}{Ts+1+KK_f} \\ &= \frac{K}{1+KK_f}\,\frac{1}{\dfrac{T}{1+KK_f}s+1} = \frac{K}{1+KK_f}\,\frac{1}{T_f s+1} \end{aligned} \tag{6-55}$$

时间常数变为

$$T_f = \frac{T}{1+KK_f} \tag{6-56}$$

至于传输增益的改变,可以由增益补偿来解决。

(2) 积分负反馈代替纯微分环节

前向通路中如果含有纯微分环节,将会对高频噪声干扰极其敏感。如果用积分负反馈来实现,将会有效地减少高频干扰的影响,其结构图和伯德图如图 6-52 所示。

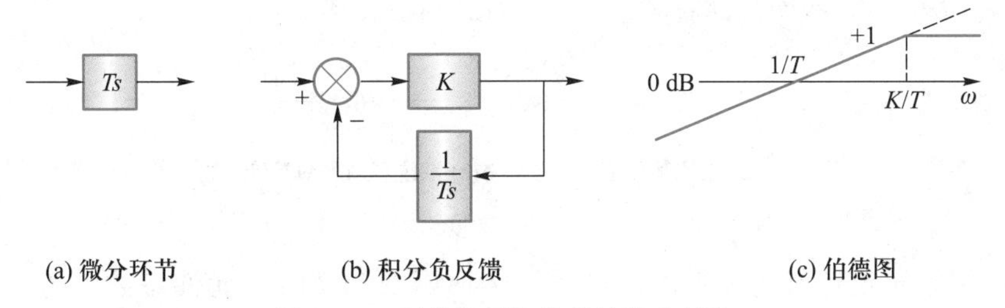

图 6-52 积分负反馈代替纯微分环节

积分负反馈的传递函数为

$$G(s)=\frac{K}{1+\frac{1}{Ts}\cdot K}=\frac{Ts}{\frac{T}{K}s+1} \tag{6-57}$$

其伯德图如图 6-52(c)所示。可以明显地看出，频率低于 $\omega=K/T$ 的频谱分量，其传输为微分特性，但是高于 $\omega=K/T$ 的频谱分量则显然被衰减为水平值。因此，与纯微分特性相比，高频干扰分量得到抑制，改善了前向通路的传输特性。

(3) 微分负反馈可以获得近似积分特性

微分负反馈在速度反馈校正中得到了广泛的应用。

已知二阶系统的开环特性为

$$G_o(s)=\frac{K_o}{s(Ts+1)}$$

其对数幅频特性如图 6-53 所示。其中，$L_o(\omega)$ 为固有特性，$L_2(\omega)$ 为二阶参考模型。受校频段为 ω：0→$2\omega_c$，低于频率 $\omega=2\omega_c$ 的 $L(\omega)$ 其倒特性为 $L_f(\omega)$，传递函数为

$$G_f(s)=\frac{1}{\omega_c}s$$

即速度反馈。在受校频段内应有

$$|G_f(s)G_o(s)|\gg 1$$

即

$$L_{fo}(\omega)\gg 0\ \text{dB}$$

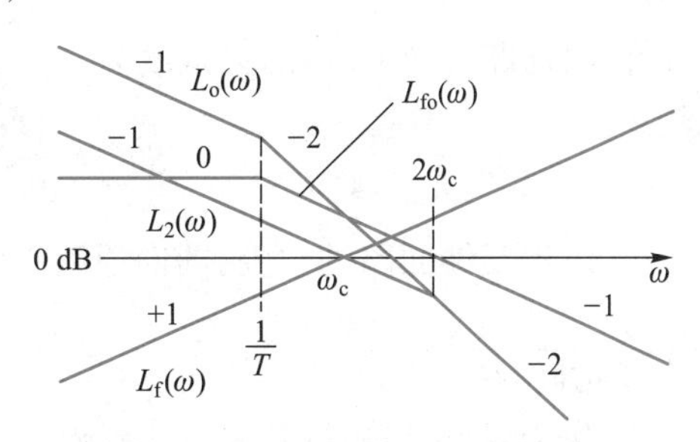

图 6-53 微分负反馈的对数幅频特性

所以，上述二阶系统经速度反馈校正后的特性为希望的二阶参考模型特性，在受校频段内的特性为积分特性。

2. 降低前向通路中元部件参数的灵敏度

由于控制系统内部的元件老化，系统参数发生的变化对系统的影响是不可忽视的。如果系统的前向通路中参数变化的影响比较严重，则可以采用反馈控制原则来降低其影响。

系统环节的一般结构如图 6-54 所示。

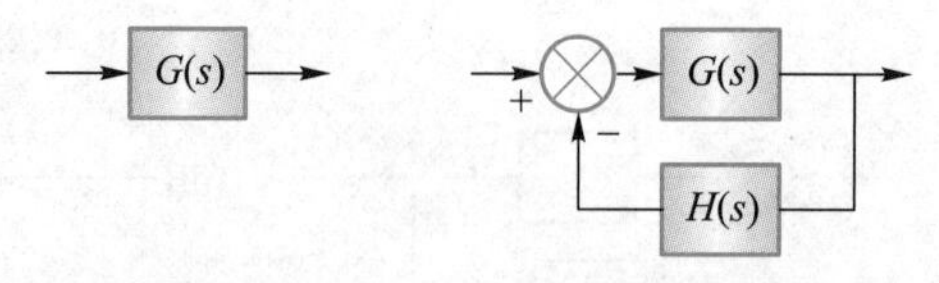

(a) 系统某环节　　(b) 系统环节作负反馈

图 6-54　系统参数灵敏度改善的一般结构

首先定义系统对环节的灵敏度。设系统传递函数为 $T(s)$，元件参数引起的变化量为 $\mathrm{d}T(s)$。系统第 K 个环节为 $G_K(s)$，元件参数引起的变化量为 $\mathrm{d}G_K(s)$，则定义系统传递函数 $T(s)$ 对第 K 个环节传递函数 $G_K(s)$ 的灵敏度为

$$S_{G_K(s)}^{T(s)}=\frac{\mathrm{d}T(s)/T(s)}{\mathrm{d}G_K(s)/G_K(s)} \tag{6-58}$$

没有反馈回路包围时，由于

$$T(s)=G(s)$$

灵敏度为

$$S_{G_K(s)}^{T(s)}=\frac{\mathrm{d}T(s)/T(s)}{\mathrm{d}G_K(s)/G_K(s)}=1 \tag{6-59}$$

因此，元件参数的变化对系统传递函数的相对影响为 100%。

有反馈回路包围时，传递函数为

$$T(s)=\frac{G(s)}{1+G(s)H(s)}$$

对前向通路环节 $G(s)$ 的灵敏度为

$$S_{G(s)}^{T(s)}=\frac{\mathrm{d}T(s)/T(s)}{\mathrm{d}G(s)/G(s)}=\frac{1}{1+G(s)H(s)} \tag{6-60}$$

由于反馈回路的包围，前向通路中的元件变化时，其影响的相对比值降低为没有反馈时的 $\frac{1}{1+G(s)H(s)}$。

作为对比，可以计算对反馈通路环节 $H(s)$ 的灵敏度为

$$S_{H(s)}^{T(s)}=\frac{\mathrm{d}T(s)/T(s)}{\mathrm{d}H(s)/H(s)}=-\frac{G(s)H(s)}{1+G(s)H(s)} \tag{6-61}$$

可见，如果反馈通路元件参数发生变化，对于系统的影响接近于−100%。

因此，利用反馈来降低前向通路中元件参数的灵敏度时，同时要保证反馈通路中元件参数的灵敏度，两者需要兼顾考虑。

3. 加大元件的频带宽度

以一阶惯性环节[图 6-55(a)]为例，传递函数为

$$G(s)=\frac{1}{Ts+1}$$

其频带宽度为

$$\omega_{\mathrm{b}}=\frac{1}{T}$$

作负反馈，反馈系数为 K_f，增益补偿后的结构图如图 6-55(b)所示。

传递函数为

$$G(s)=\frac{1}{\frac{T}{1+K_f}s+1}$$

频带宽度增加为

$$\omega_b=\frac{1+K_f}{T}$$

其伯德图如图 6-55(c)所示。反馈特性的此种优点，与改变环节的固有特性相同，但突出应用在执行机构的频带宽度不够的场合，如阀门驱动、电压-电流转换器等。

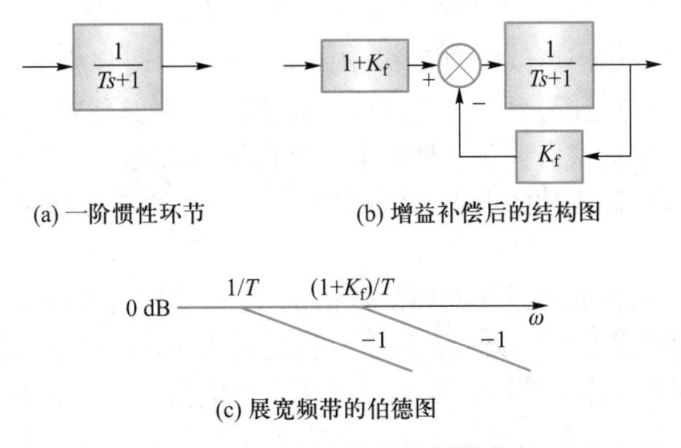

(a) 一阶惯性环节　(b) 增益补偿后的结构图

(c) 展宽频带的伯德图

图 6-55　反馈可以展宽频带宽度

反馈作用还应用于许多场合，如削弱系统的非线性影响、正反馈增益提升等，就不一一赘述了。

6-6 PID 调节器

PID 调节器广泛应用在工业控制中，其主要优点是使用方便，调节作用直观，参数调整便捷，使用中不依赖于高级的专业技能，因此在各行业的专用设备中大多以成熟的配套设备来使用，如各种工业控制仪表（Ⅱ型仪表，Ⅲ型仪表等）、PLC 控制器、DDC 控制系统等均有该类产品或者相应的组态配置。

PID 调节器在使用中最基本的问题，也是最重要的问题是参数整定问题。由于该项技术是成熟的，因此许多参数整定方法可以见诸各种参考书籍。尽管参数调整方便是其优点，但是对于不同的系统对象，或者对于同一对象不同的工况，PID 参数值的确定一直是应用中的难点，即使借助于可以参考的各种书籍，PID 调节器的参数整定也不是一件简单的事情。

本节基于 PID 算法的理想实现与近似实现，分别作了频域分析与复频域分析，使用理论分析的方法来实现 PID 调节器的设计，与许多工程方法相比，可以有效地解决 PID 调节的参数整定问题。

1. PID 调节器

比例积分微分调节器简称 PID 调节器，其基本调节作用有比例(P)调节，积分(I)调节，微分(D)调节等。基于此,PID 调节器可以构成各种组合调节有比例-积分(PI)调节,比例-微分(PD)调节,比例-积分-微分调节(PID)等。由于 PID 调节器应用于相当宽范围的各类控制系统均可以满足相应的性能指标,因此在调节器设计中获得了广泛的应用。

PID 调节器的时域表达式为

$$u_o(t)=K\left[u_i(t)+T_d\frac{d}{dt}u_i(t)+\frac{1}{T_i}\int u_i(t)dt\right] \tag{6-62}$$

式中,$u_i(t)$为输入变量,$u_o(t)$为输出变量,K为增益常数,T_d为微分时间常数,T_i为积分时间常数,进而可以得到 PID 调节器的传递函数为

$$\frac{U_o(s)}{U_i(s)}=K\left(1+T_ds+\frac{1}{T_is}\right) \tag{6-63}$$

一般来讲,P 调节的作用可以影响系统响应的平稳性,I 调节的作用可以解决系统的静差问题,D 调节的作用可以使得系统响应加速。很显然,这种解释对于控制系统的性能指标影响的描述仅仅是定性的,或者说是三种基本控制作用的有无。如果要解决控制的定量问题,还要确定三种基本控制作用的大小,确定参数 K、T_d、T_i 的定量值的大小,即 PID 调节器的参数整定问题。

在经典控制理论中,控制器设计的理论依据是:已知受控对象的数学模型 $G_o(s)$,设计控制器 $G_s(s)$,使得由广义开环对象 $G_s(s)G_o(s)$ 构成的闭环系统满足给定的性能指标。

如果使用 PID 调节器作为控制器 $G_s(s)$,则满足性能指标的广义开环对象 $G_s(s)G_o(s)$ 既受制于 $G_s(s)$,又受制于受控对象 $G_o(s)$。或者说,对于受控对象 $G_o(s)$ 的不同,需要确定 PID 调节器参数 K、T_d、T_i 的不同的定量值。即使是对象不变,如果是工作在不同的工况时,参数值也是不同的。另外,在许多情况下,受控对象 $G_o(s)$ 是不准确的或者是变化的,甚至是未知的,这样,PID 参数的确定就更为困难了。

实际上,在控制器设计中经常使用的是 PID 调节器的近似实现,即超前滞后校正,其传递函数为

$$\frac{U_o(s)}{U_i(s)}=\frac{K_R(1+T_2s)(1+T_3s)}{(1+T_1s)(1+T_4s)} \tag{6-64}$$

其中,增益 K_R 对应于比例调节,关系$\frac{1+T_2s}{1+T_1s}$对应于近似的积分调节,关系$\frac{1+T_3s}{1+T_4s}$对应于近似的微分调节。

2. PID 调节器的理想模式与近似模式的比对

基于理想 PID 和近似 PID 的数学表达式[式(6-63)与式(6-64)],可以分别作复频域分析或者频域分析。

(1) 复频域分析

由于 PID 的数学表达式是以 s 为变量的复变函数,可以在复频域中作零点极点分析。理想 PID 算式[式(6-63)]的零点、极点分布如图 6-56(a)所示。近似 PID 算式[式(6-64)]的零点、极点分布如图 6-56(b)所示。

由图 6-56 可以看到,不管是实零点情况还是共轭复数零点情况,理想 PID 和近似 PID 的零点、极点分布相对位置大体是相同的,不同之处在于:

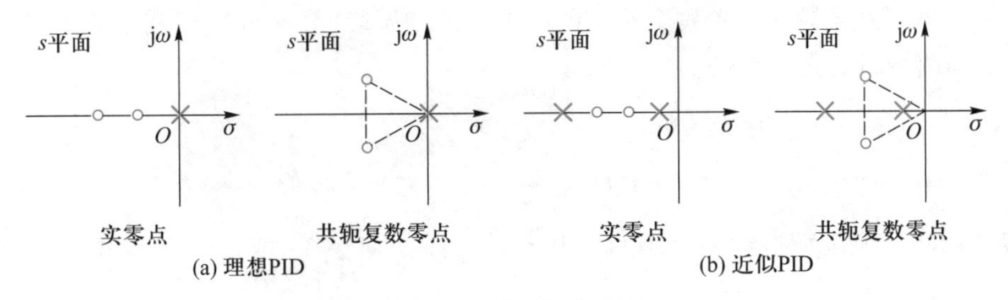

图 6-56 零点极点分布

① 理想 PID 的无穷远处的极点在近似 PID 中以有限的远极点来代替；

② 理想 PID 在原点处的极点在近似 PID 中用有限的近极点来代替。

可以肯定，两种 PID 对于系统动态性能的影响大致是相同的（平稳性，快速性），但是前述两处差别还是会对系统的时间响应产生相应的作用。其一是近似 PID 的远极点除了使得系统的阶数增加一阶之外，在系统时间响应中会产生相应的时间分量。尽管该时间分量可以有较小的幅值，并且可以尽快衰减为零，但是还是会在时间响应的初始段造成微量的叠加作用；其二是理想 PID 原点处极点的作用可以消除原系统的静差（如果原系统是有净差的），而近似 PID 的近极点不在原点处，因此没有消除静差的能力（除非原系统是无静差系统）。

（2）频域分析

理想 PID 与近似 PID 的伯德图分别如图 6-57（a）和（b）所示（为了简化分析，仅考虑实数零点情况，略去了共轭复数零点情况）。

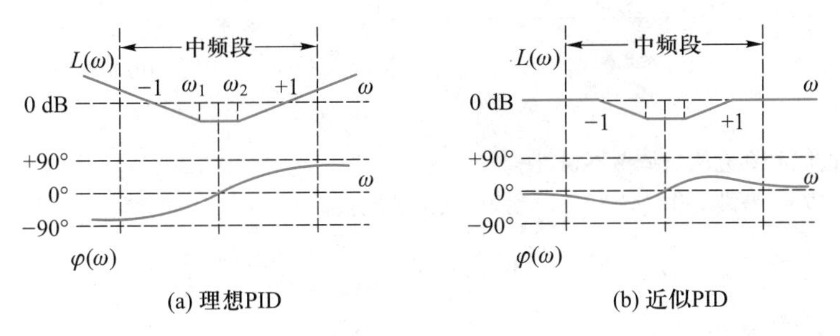

图 6-57 伯德图

由图 6-57（a）所示的幅频特性与相频特性可以看出，理想 PID 的积分作用覆盖了频率特性的低频段，而微分作用则覆盖了频率特性的高频段，或者说信号中的低频分量受到控制器积分作用的影响，低频分量的频率越低，幅值越大，相位越滞后；而信号中的高频分量则受到控制器微分作用的影响，高频分量的频率越高，幅值越大，相位越超前；在整个频率轴上，以中频段的中心为中心，其积分微分作用是两分的。

在图 6-57（b）上，中频段的幅频特性、相频特性与理想 PID 几乎相同，因此对于系统动态性能的影响也几乎相同。中频段的低端为近似的积分作用，具有相位滞后特性。中频段的高端为近似的微分作用，具有相位超前特性，因此又常称为超前-滞后校正装置。但是，近似 PID 在全频段的两端，即低频段和高频段上几乎没有校正作用。这一点与理想 PID 是不同的，或者说近似 PID 的校正作用只发生在中频段，而理想 PID 的校正作用是全频段的。基于信息理论的时间-频率反比性质，两者在低频段的差别会影响时间响应的稳态特性（静差的有无),两者在高频段的差别会影响时间响应的初始段(高频分量衰减率的不同),系统频域行为与时域行为是一致的。

[例6-10] 已知受控对象的传递函数为

$$G_o(s)=\frac{5}{(s+1)(0.5s+1)}$$

给定系统单位阶跃响应的性能指标为:超调量 $M_p<20\%$,过渡时间 $t_s<3$ s,且具有Ⅰ型系统的无差度,试设计PID调节器。

解 (1) 基于频率法的PID调节器设计

设计步骤为:

① 原系统增加积分环节作伯德图 L_o';

② 令开环截止频率 $\omega_c=2$(满足系统的快速性),得到系统的开环增益为 $K_o=4$,在 $\omega_c=2$ 处作斜率-1线;

③ 取二阶微分阻尼参数 $\zeta=0.5$,得PID装置为

$$G_s(s)=\frac{0.8(0.25s^2+0.5s+1)}{s}=0.4\left(1+0.5s+\frac{1}{0.5s}\right)$$

PID调节器的参数为:$K=0.4$,$T_d=0.5$,$T_i=0.5$,相位裕度约为 $\gamma_c=71.6°$,其结构图与伯德图如图6-58所示。从系统的伯德图可以看到,如果再加大系统的开环增益,系统的平稳性将会更好。

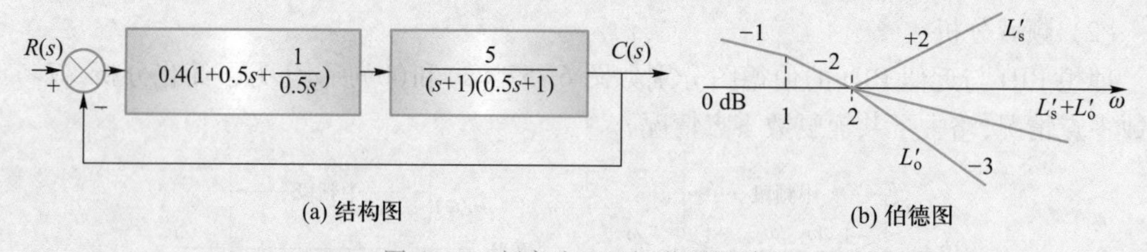

图6-58 频率法PID调节器设计

(2) 基于近似PID方法的调节器设计

考虑使用二阶参考模型作广义开环对象为(满足性能指标)

$$G_2(s)=G_s(s)G_o(s)=\frac{2}{s(1+0.25s)}$$

得到近似PID调节器为

$$G_s(s)=\frac{0.4(s+1)(0.5s+1)}{s(0.25s+1)}$$

近似PID调节器的参数为:$K_R=0.4$,$T_2=1$,$T_3=0.5$,$T_4=0.25$ $\left(环节\frac{1}{1+T_1s}由纯积分环节\frac{1}{s}所替代\right)$。原对象模型,广义对象模型与近似PID调节器的伯德图(L_o,L_2,L_s)如图6-59所示。

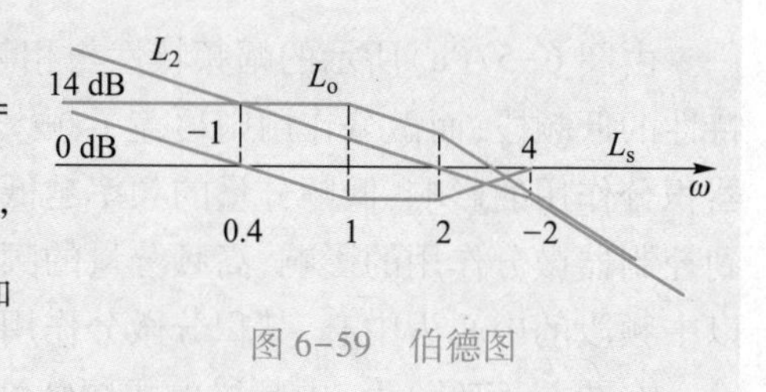

图6-59 伯德图

6-7 控制系统的结构设计

控制系统的实际运行环境与运行条件经常不是单一的,因此仅对某一条件所作的单回

路设计,有时是得不到满意的控制结果的。在现代控制系统的设计中,这些问题可以充分得到解决,但是在经典控制中,基本是以单回路系统设计为目的,所以在考虑多因素影响时,可以采用复合校正方法。当前控制理论的发展已经远远超出单回路的范畴,但是出于控制装置的简单,控制方法的实用,费用成本低廉,以及对于解决特定条件的控制问题有效,复合校正方法仍然广泛地应用于控制系统的设计中。

6-7-1 基于开环的前置校正结构

前置校正结构如图 6-60 所示。由于前置校正装置与反馈回路无关,所以属于开环校正方法设计。图中的回路串联控制器 $G_s(s)$ 用于满足系统的动态性能与稳定性,而前置控制器 $G_q(s)$ 用于满足相应的稳态精度。这样,为满足必要的稳态精度,就不必依赖于增加回路积分器的方法来实现。回路中增加积分器的方法会增加系统的阶数,不利于系统的稳定性。

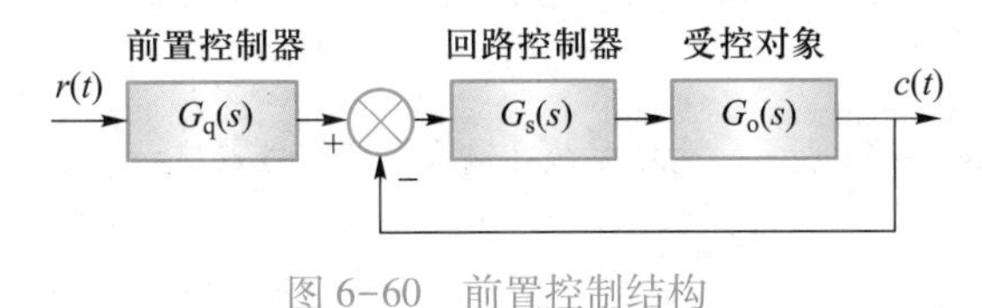

图 6-60 前置控制结构

设要求的系统为 l 型,则输入信号为

$$r(t)=t^{l-1},R(s)=\frac{(l-1)!}{s^l} \tag{6-65}$$

系统的误差为

$$E(s)=R(s)-C(s)=R(s)-G_c(s)R(s)=[1-G_c(s)]R(s)$$

由于系统的闭环传递函数为

$$G_c(s)=\frac{b_m s^m+b_{m-1}s^{m-1}+\cdots+b_1 s+b_0}{s^n+a_{n-1}s^{n-1}+\cdots+a_1 s+a_0},n\geqslant m$$

代入误差式得到

$$E(s)=\frac{s^n+\cdots+(a_j-b_j)s^j+\cdots+(a_1-b_1)s+(a_0-b_0)}{s^n+a_{n-1}s^{n-1}+\cdots+a_1 s+a_0}\cdot\frac{(l-1)!}{s^l}$$

在输入信号作用下,令系统的稳态误差为零,则由终值定理有

$$\begin{aligned}e_{ss}&=\lim_{s\to 0}s\cdot E(s)\\&=\lim_{s\to 0}\frac{s^{n+1}+\cdots+(a_j-b_j)s^{j+1}+\cdots+(a_1-b_1)s^2+(a_0-b_0)s}{s^n+a_{n-1}s^{n-1}+\cdots+a_1 s+a_0}\cdot\frac{(l-1)!}{s^l}=0\end{aligned}$$

当系统需要满足Ⅰ型精度时,有 $l=1$,为满足上式,必须满足

$$a_0=b_0 \tag{6-66}$$

当系统需要满足Ⅱ型精度时,有 $l=2$,为满足上式,必须同时满足

$$\begin{cases}a_0=b_0\\a_1=b_1\end{cases} \tag{6-67}$$

……

以此类推,当系统需要满足 l 型精度时,为满足上式,必须同时满足

$$\begin{cases} a_0 = b_0 \\ a_1 = b_1 \\ \cdots\cdots \\ a_{l-1} = b_{l-1} \end{cases} \tag{6-68}$$

由于系统的闭环传递函数由前置装置与回路装置的乘积构成,即

$$G_c(s) = G_q(s) \cdot \frac{G_s(s)G_o(s)}{1+G_s(s)G_o(s)} = \frac{G_q(s)G_s(s)G_o(s)}{1+G_s(s)G_o(s)} \tag{6-69}$$

上述抵消条件项中的 a_j 是由回路装置确定的,而抵消条件项中的 b_j 则可以由前置装置提供,实现了抵消,即可以不通过增加回路积分器的方法,而采用前置校正的方法获得高稳态精度的控制。

[**例 6-11**] 控制系统如图 6-61 所示。为使系统在输入斜坡信号 $r(t)=t$ 时稳态误差为零,试确定前置校正装置。

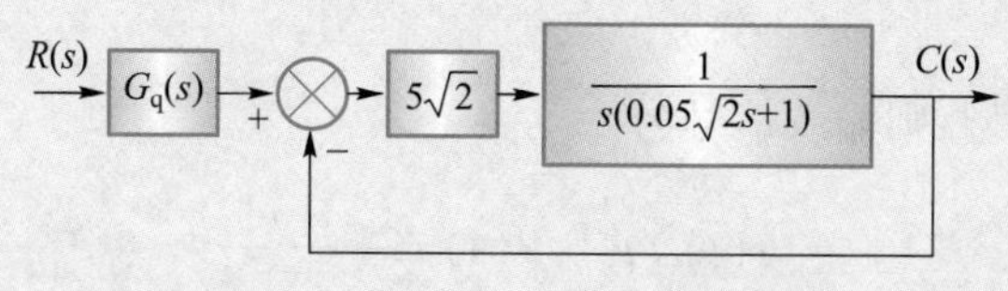

图 6-61 前置校正设计

解 原系统前向通路中有一个积分环节,系统为Ⅰ型系统,可以使得阶跃信号输入时的稳态误差为零,但是输入斜坡信号时稳态误差不为零。

原系统的闭环传递函数为

$$G_c(s) = \frac{5\sqrt{2}}{s(0.05\sqrt{2}s+1)+5\sqrt{2}} = \frac{1}{0.01s^2+0.14s+1}$$

系统的阻尼比为 $\zeta=0.707$,$\omega_n=10$,具有良好的动态特性。

为了提高系统的无差度,采用前置校正方法,在前面串以前置校正装置 $G_q(s)$,则系统的总传递函数为

$$G(s) = G_q(s) \cdot G_c(s) = \frac{G_q(s)}{0.01s^2+0.14s+1}$$

为使系统在斜坡输入时稳态误差为零,具有Ⅱ型无差度,则应满足

$$G_q(s) = 0.14s+1$$

如图所示的前置校正方法,使得原反馈系统,可以在不增加反馈回路积分器的情况下,实现Ⅱ型系统的无差度。

6-7-2 基于补偿的复合控制结构

在反馈控制的基础上,增加抵消扰动信号影响的复合控制结构,从结构上利用扰动信号来构成补偿信号,是一种有效的抗扰动方案。该种方法,对于克服可测扰动信号的影响效果显著,是工程中经常使用的方法。

1. 扰动补偿结构

扰动补偿结构如图 6-62 所示。其中，$G_o(s)$为固有特性，$G_s(s)$为串联校正装置，$G_q(s)$为折合的扰动作用传递函数，$G_n(s)$为扰动补偿器。

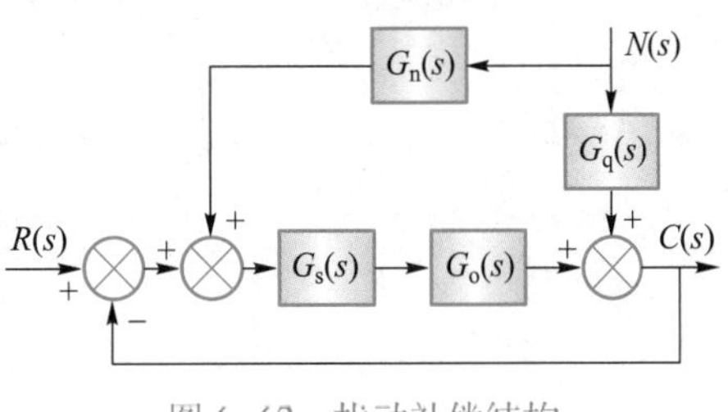

图 6-62 扰动补偿结构

由于扰动信号作用时的误差分量为

$$E_n(s)=-C_n(s)$$

$C_n(s)$为扰动信号作用时系统的输出。图 6-62 中增加了补偿通路，根据叠加原理，扰动输出$C_n(s)$由两路扰动输入产生，即

$$C_n(s)=C_{n1}(s)+C_{n2}(s) \tag{6-70}$$

其中，$C_{n1}(s)$为扰动主通路作用时的系统输出，即

$$C_{n1}(s)=\frac{G_q(s)}{1+G_s(s)G_o(s)}\cdot N(s) \tag{6-71}$$

$C_{n2}(s)$为扰动补偿通路作用时的系统输出，即

$$C_{n2}(s)=\frac{G_n(s)G_s(s)G_o(s)}{1+G_s(s)G_o(s)}\cdot N(s) \tag{6-72}$$

扰动信号作用时，总的输出为两部分相加，即

$$\begin{aligned}C_n(s)&=\frac{G_q(s)}{1+G_s(s)G_o(s)}\cdot N(s)+\frac{G_n(s)G_s(s)G_o(s)}{1+G_s(s)G_o(s)}\cdot N(s)\\&=\frac{G_q(s)+G_n(s)G_s(s)G_o(s)}{1+G_s(s)G_o(s)}\cdot N(s)\end{aligned}$$

令扰动引起的误差为零，则有

$$\begin{aligned}E_n(s)&=-C_n(s)\\&=-\frac{G_q(s)+G_n(s)G_s(s)G_o(s)}{1+G_s(s)G_o(s)}\cdot N(s)\\&=0\end{aligned}$$

因此必有

$$G_q(s)+G_n(s)G_s(s)G_o(s)=0$$

即得到扰动补偿的全补偿条件为

$$G_n(s)=-\frac{G_q(s)}{G_s(s)G_o(s)} \tag{6-73}$$

因此，扰动补偿器设计要点如下：

（1）扰动补偿与扰动信号类型无关。

（2）符号为负，说明了是利用扰动产生反向的补偿作用去抵消扰动的影响。

（3）$G_q(s)$说明了扰动信号在系统中的作用位置的折合关系。不同作用位置的扰动信号如图 6-63 所示。如果作用在输出端，则不用折合，$G_q(s)=1$。如果作用于受控对象，则$G_q(s)=G_o(s)$。如果产生于系统的输入端，则折合后的$G_q(s)=G_s(s)G_o(s)$。

（4）扰动补偿作用与前向通路传递关系 $G_s(s)G_o(s)$ 成反比。

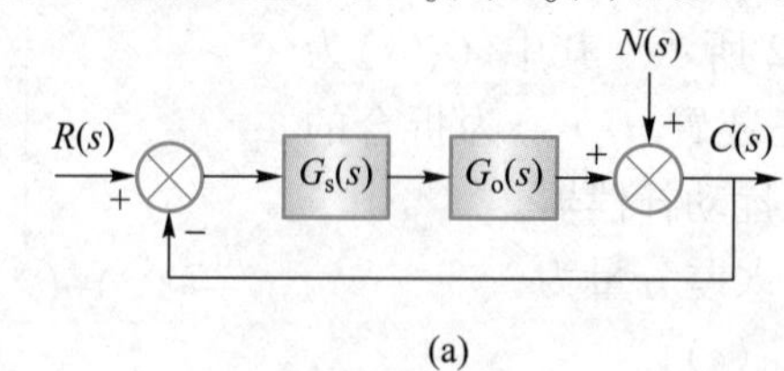

(a)

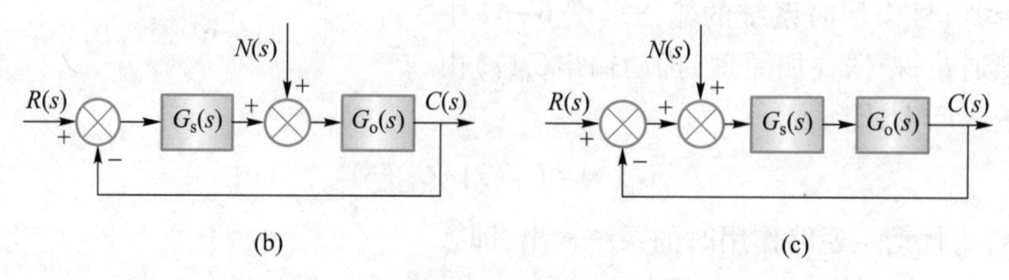

(b) (c)

图6-63 不同作用位置的扰动信号

[例6-12] 随动控制系统如图6-64所示，拟采用扰动补偿法来克服负载力矩 M_L 的干扰，试设计扰动补偿器及其实现。

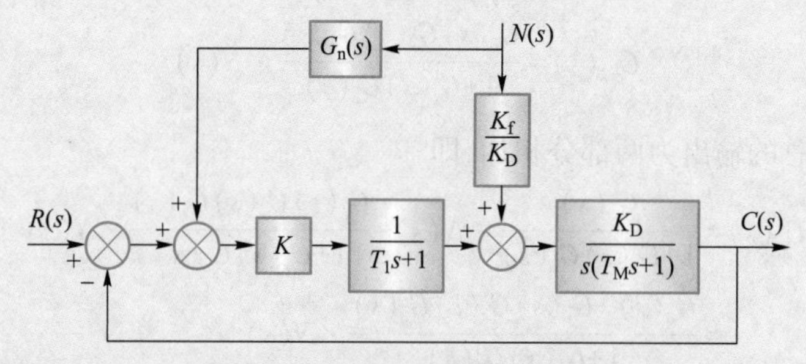

图6-64 负载力矩的扰动补偿系统

解 依照式(6-73)的全补偿条件有

$$G_q(s)=\frac{K_f}{s(T_M s+1)}$$

$$G_s(s)G_o(s)=\frac{KK_D}{s(T_I s+1)(T_M s+1)}$$

所以，补偿器为

$$\begin{aligned}G_n(s)&=-\frac{G_q(s)}{G_s(s)G_o(s)}\\&=-\frac{K_f}{s(T_M s+1)}\cdot\frac{s(T_I s+1)(T_M s+1)}{KK_D}\\&=-\frac{K_f}{KK_D}\cdot(T_I s+1)\end{aligned}$$

设计所得的全补偿器是一个比例微分环节。由于微分作用对于噪声较为敏感，无论是模拟微分方法还是数字微分方法均对系统的控制不利，因此可以在全补偿器的基础上再增加一个高频抑制环节，实现近似补偿作用，得到的近似补偿器为

$$G_n(s)=-\frac{K_f}{KK_D}\cdot\frac{T_I s+1}{T_H s+1},T_H\ll T_I$$

2. 输入补偿结构

输入补偿结构如图 6-65(a)所示。图中,$G_o(s)$为固有特性,$G_s(s)$为前向校正特性,$G_r(s)$为输入补偿器。作等价变换后,可以等价于前置校正作用为

$$G_q(s)=1+\frac{G_r(s)}{G_s(s)} \tag{6-74}$$

如图 6-65(b)所示。

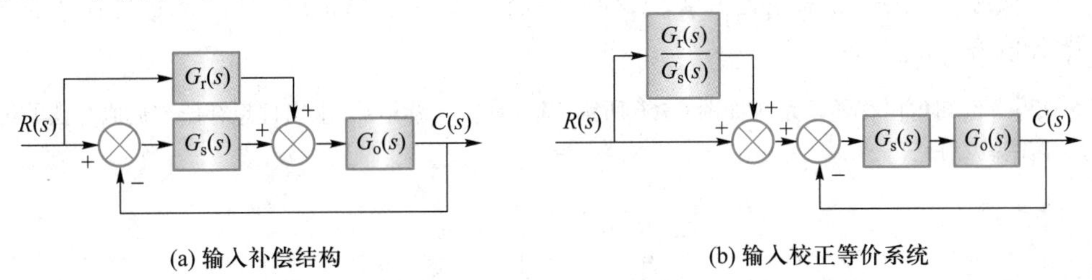

图 6-65　输入补偿结构

由叠加定理,系统的输出由输入主通路作用与输入补偿通路作用共同产生,即

$$C(s)=C_1(s)+C_2(s) \tag{6-75}$$

其中,$C_1(s)$为输入主通路作用下的输出,即

$$C_1(s)=\frac{G_s(s)G_o(s)}{1+G_s(s)G_o(s)}\cdot R(s) \tag{6-76}$$

$C_2(s)$为输入补偿通路作用下的输出,即

$$C_2(s)=\frac{G_r(s)G_o(s)}{1+G_s(s)G_o(s)}\cdot R(s) \tag{6-77}$$

则系统的输出为

$$\begin{aligned}C(s)&=\frac{G_s(s)G_o(s)}{1+G_s(s)G_o(s)}\cdot R(s)+\frac{G_r(s)G_o(s)}{1+G_s(s)G_o(s)}\cdot R(s)\\&=\frac{G_s(s)G_o(s)+G_r(s)G_o(s)}{1+G_s(s)G_o(s)}\cdot R(s)\end{aligned}$$

系统的误差式为

$$\begin{aligned}E(s)&=R(s)-C(s)\\&=R(s)-\frac{G_s(s)G_o(s)+G_r(s)G_o(s)}{1+G_s(s)G_o(s)}\cdot R(s)\\&=\frac{1-G_r(s)G_o(s)}{1+G_s(s)G_o(s)}\cdot R(s)\end{aligned} \tag{6-78}$$

令上式为零,则有

$$1-G_r(s)G_o(s)=0$$

得到输入补偿器的全补偿条件为

$$G_r(s)=\frac{1}{G_o(s)} \tag{6-79}$$

即应为固有特性 $G_o(s)$ 的倒数。

因此,输入补偿器 $G_r(s)$ 的设计要点为:

(1) 由于固有特性 $G_o(s)$ 一般是各阶低通型的,所以输入补偿器 $G_r(s)$ 的完全补偿应是由输入信号的各阶微分构成的。

(2) 输入补偿用于克服误差,回路设计用于保证系统的稳定性。这样,可以将系统的稳定性设计与稳态精度设计分开进行,使得反馈系统的阶数可以降低。

(3) 实际控制中,常采用近似实现,即满足所需要的跟踪精度即可,不必将输入信号的各阶微分取齐。

[例 6-13] 已知角位移随动系统如图 6-66 所示,试设计输入补偿器,求出理想补偿与近似补偿的传递函数,并作误差分析。

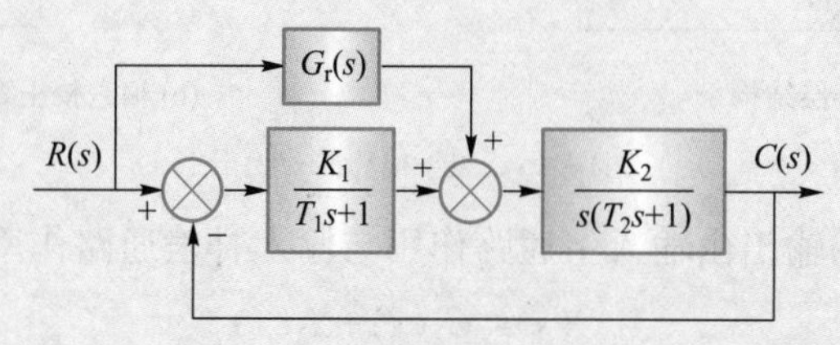

图 6-66 角位移随动系统

解 (1) 由于固有对象为

$$G_o(s)=\frac{K_2}{s(T_2s+1)}$$

根据输入全补偿条件得到

$$\begin{aligned}G_r(s)&=\frac{1}{G_o(s)}\\&=\frac{s(T_2s+1)}{K_2}\\&=\frac{T_2}{K_2}s^2+\frac{1}{K_2}s\\&=\lambda_2s^2+\lambda_1s\end{aligned}$$

如果取 $\lambda_2=\frac{T_2}{K_2},\lambda_1=\frac{1}{K_2}$,则由输入信号的一阶微分与二阶微分构成完全补偿。如果取 $\lambda_2=0,\lambda_1=\frac{1}{K_2}$,则仅由输入信号的一阶微分构成近似补偿。

(2) 误差分析

当取完全补偿时,可以做到在任何信号输入时误差都为零。

当取近似补偿时,由于闭环传递函数为

$$G_{ec}(s)=\frac{G_s(s)G_o(s)+G_r(s)G_o(s)}{1+G_s(s)G_o(s)}$$

可以求出等效开环传递函数为

$$G_{eo}(s)=\frac{G_{ec}(s)}{1-G_{ec}(s)}=\frac{G_o(s)[G_s(s)+G_r(s)]}{1-G_r(s)G_o(s)}=\frac{\frac{1}{T_2}(T_1s^2+s+K_1K_2)}{s^2(T_1s+1)}$$

可以看到，等效开环传递函数中有两个积分环节，因此，系统具有Ⅱ型无差度，可以实现在输入斜坡信号时误差为零，但是回路中却仅有一个积分器。校正结果与开环前置校正方法相同，两种设计方法是等价的。

输入补偿器可以在不增加系统阶数的条件下来改善系统的稳态精度，将系统的稳定性设计与系统精度设计分开，有效地解决了两者之间的矛盾。

6-7-3　多回路控制结构

前面一直在讨论系统的基本控制结构，也就是单回路控制结构。输出信号的负反馈可以使系统形成闭环，实现系统运动的自动调节。

如果在单回路控制结构中，增加包围某些环节的通路，则可以形成局部闭环。这样，系统的闭环回路不止一个、两个、三个，或者更多，对应于单回路系统，这种控制系统在控制结构上则称为多回路系统。如图 6-67 所示的反馈校正系统就是一个双回路系统。

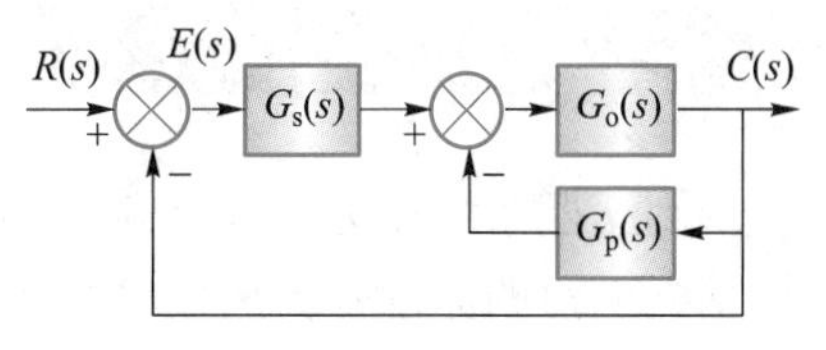

图 6-67　反馈校正系统的结构图

如上一节所述，系统中局部反馈用于改变环节的特性，降低元件参数的灵敏度，增大环节的频带宽度，削弱非线性影响，增益提升等，可以用于多回路系统结构的设计中。

另外，由于单回路的系统是一种综合的折中设计，兼顾系统各方面的性能，因此，不能做到都是最好的。而采用多回路的系统结构，有可能“各负其责”，使得系统的性能远远高于单回路结构的系统性能。

如双回路抗扰系统如图 6-68 所示，通过设计 $G_{s1}(s)$ 来满足对于给定信号的跟踪，通过设计 $G_{p2}(s)$ 来克服扰动信号的影响。

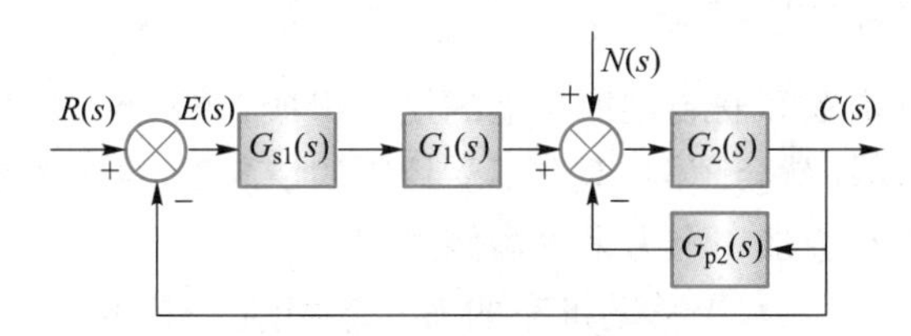

图 6-68　双回路抗扰系统

局部反馈不同的包围方式构成了多回路的不同形式，如图 6-69 所示。图 6-69 的(a)、(b)两图是等价的，但是(a)图的局部闭环最接近扰动作用点，因此抗扰性能优于(b)图。

如果(a)图中 $G_{p2}(s)$ 的反馈信号不易测得，可以采用两个局部反馈信号都取自输出端的方案，这样，系统的闭环频带宽度要受到一些影响。总之，多回路系统的结构设计更具多样性、灵活性，需要依照具体情况来进行。

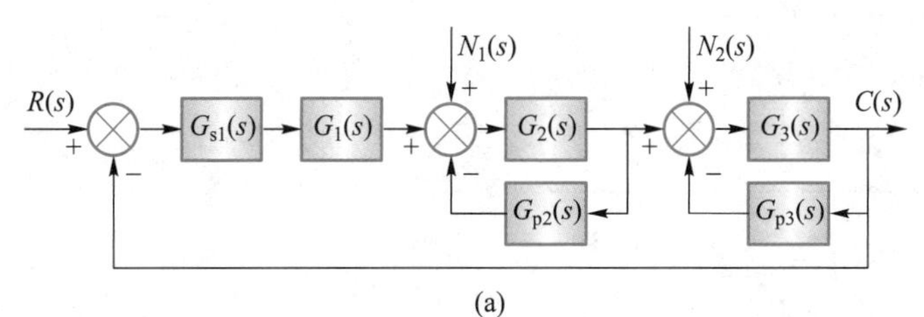

(a)

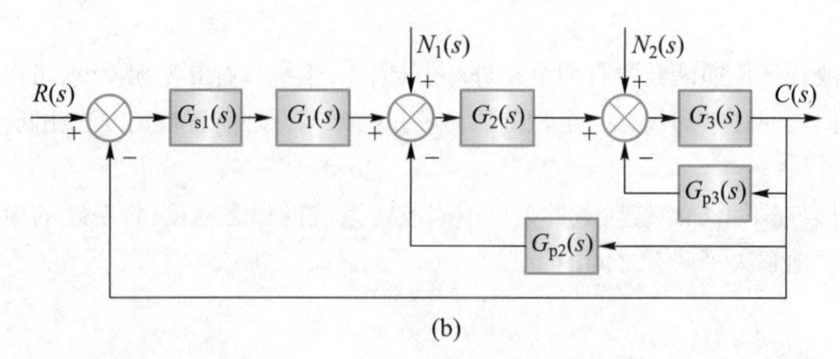

图 6-69 多回路结构的不同形式

6-8 控制系统的分析与设计实例

倒立摆系统作为一种经典控制系统,自 20 世纪 50 年代由麻省理工学院(MIT)的专家们基于火箭的原理被提出以来,一直为众多研究者所关注。在工程领域,经过倒立摆系统验证的控制方法在军工、航空航天、机器人工业、普通工业控制领域有着一定程度的应用。例如,机器人的站立与行走与双倒立摆系统十分相似;卫星姿态控制利用了倒立摆原理使卫星天线指向地球中指定位置便于信号接收;龙门吊车运动控制是倒立摆系统翻转后的结果:通过控制电机使摆绳摆角最小,防止摆件摆动过大引起事故。凡是重心在上、支点在下的控制问题都可抽象成倒立摆的控制问题。倒立摆系统的探讨不但具有重要的工程实际意义,而且具有很强的理论意义。对倒立摆控制系统的研究包含了许多控制理论中的经典型问题:如非线性问题、鲁棒性问题、镇定问题、随动问题及跟踪问题等。因此,倒立摆系统广泛应用于控制理论科学研究中。

6-8-1 倒立摆系统的数学模型

倒立摆系统由机动推车和安装在推车上的摆杆组成,如图 6-70 所示。若不移动推车,则系统难以保持平衡,摆杆就会倾倒,即在不受控制的情况下,系统不稳定,控制系统的目标是通过向连接摆杆的小车施加一个力来平衡倒立摆。

对于此系统,控制输入为水平移动推车的力 F,输出是摆杆的角位置 θ 及推车的水平位移 x。倒立摆系统的受力分析如图 6-71 所示。

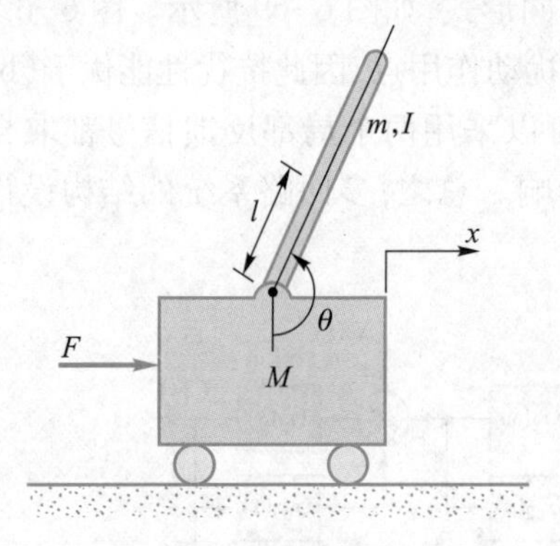

图 6-70 倒立摆系统

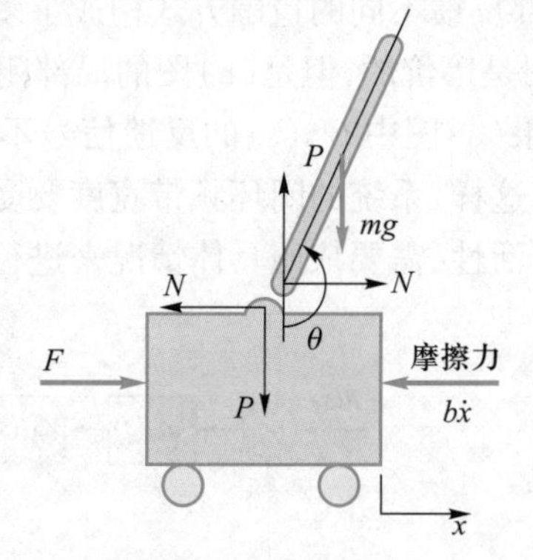

图 6-71 倒立摆系统的受力分析

将推车水平方向所受的力相加,可得到以下运动方程:

$$M\ddot{x}+b\dot{x}+N=F \tag{6-80}$$

将水平方向上倒立摆的自由体所受的力相加,可得到反作用力 N 的表达式为

$$N=m\ddot{x}+ml\ddot{\theta}\cos\theta-ml\dot{\theta}^{2}\sin\theta \tag{6-81}$$

将式(6-81)代入式(6-80),可得到该系统的第一个控制方程,如式(6-82):

$$(M+m)\ddot{x}+b\dot{x}+ml\ddot{\theta}\cos\theta-ml\dot{\theta}^{2}\sin\theta=F \tag{6-82}$$

将垂直于摆杆的力相加,可得

$$P\sin\theta+N\cos\theta-mg\sin\theta=ml\ddot{\theta}+m\ddot{x}\cos\theta \tag{6-83}$$

为了消去上述方程中的 P 和 N,加上摆杆绕其质心的微分方程为

$$-Pl\sin\theta-Nl\cos\theta=I\ddot{\theta} \tag{6-84}$$

由式(6-83)及式(6-84)可得到第二个控制方程为

$$(I+ml^{2})\ddot{\theta}+mgl\sin\theta=-ml\ddot{x}\cos\theta \tag{6-85}$$

采用经典控制理论的方法进行系统的分析与设计,需要对上述非线性的微分方程进行线性化。在摆杆垂直平衡位置附近进行线性化,即平衡点为 $\theta=\pi$。假设系统在该平衡点的邻域内,令 ϕ 表示摆杆与平衡位置的差,即

$$\theta=\pi+\phi$$

则

$$\cos\theta=\cos(\pi+\phi)\approx-1$$

$$\sin\theta=\sin(\pi+\phi)\approx-\phi$$

$$\dot{\theta}^{2}=\dot{\phi}^{2}\approx0$$

用 u 代替输入量 F,将上述近似代入式(6-82)与式(6-85),可得两个线性化的运动方程:

$$(I+ml^{2})\ddot{\phi}-mgl\phi=ml\ddot{x} \tag{6-86}$$

$$(M+m)\ddot{x}+b\dot{x}-ml\ddot{\phi}=u \tag{6-87}$$

在零初始条件下,对系统方程进行拉氏变换,可得到倒立摆的传递函数为

$$G_{o}(s)=\frac{\phi(s)}{U(s)}=\frac{\frac{ml}{q}s}{s^{3}+\frac{b(I+ml^{2})}{q}s^{2}-\frac{(M+m)mgl}{q}s-\frac{bmgl}{q}}\left[\frac{rad}{N}\right] \tag{6-88}$$

同理,可以导出以小车位置 $X(s)$ 为输出的传递函数,即

$$G_{cart}(s)=\frac{X(s)}{U(s)}=\frac{\frac{(I+ml^{2})s^{2}-mgl}{q}}{s^{4}+\frac{b(I+ml^{2})}{q}s^{3}-\frac{(M+m)mgl}{q}s^{2}-\frac{bmgl}{q}s}\left[\frac{m}{N}\right] \tag{6-89}$$

其中

$$q=[(M+m)(I+ml^2)-(ml)^2] \tag{6-90}$$

由式(6-88)和式(6-89)可以发现,传递函数的分母多项式的系数不全大于零,因此,倒立摆系统是不稳定的。

6-8-2 基于根轨迹法的倒立摆系统控制器设计

由式(6-88)可知倒立摆系统的传递函数为

$$G_o(s)=\frac{\phi(s)}{U(s)}=\frac{\frac{ml}{q}s}{s^3+\frac{b(I+ml^2)}{q}s^2-\frac{(M+m)mgl}{q}s-\frac{bmgl}{q}}\left[\frac{rad}{N}\right]$$

取小车的质量 $M=0.5$ kg,摆杆的质量 $m=0.2$ kg,小车的摩擦系数 $b=0.1$ N/m/sec,摆杆质心的高度 $l=0.3$ m,摆杆的转动惯量 $I=0.006$ kg · m^2,u 为作用于小车的控制力,θ 为摆杆实际倾斜的角度,ϕ 为摆杆与平衡位置的偏差。将上述倒立摆系统参数代入数学模型表达式可得

$$G_o(s)=\frac{\phi(s)}{U(s)}=\frac{104s}{23s^3+4.18s^2-717s-102}$$

系统的设计要求是:当摆杆受到扰动后,θ 的稳定时间小于 5 s;摆角 θ 与垂直位置的距离不超过 0.05 rad。采用根轨迹法进行控制器的设计。绘制倒立摆系统的根轨迹图,如图 6-72 所示。

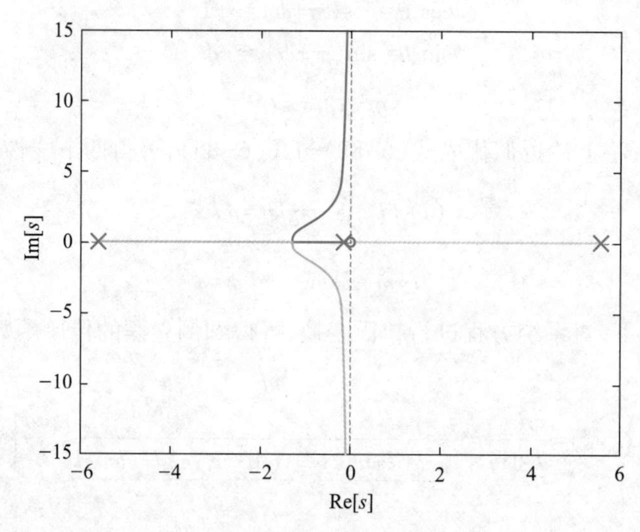

图 6-72 倒立摆系统的根轨迹图

由根轨迹图可以看出,有一条根轨迹始终位于 s 平面的右半部,这意味着无论如何选择增益 K,在右半平面上总会有一个闭环极点,因此单纯的闭环控制结构无法使倒立摆系统稳定,需要设计相应的控制器以实现系统的设计要求。

确定满足性能指标的主导极点。希望系统的调节时间小于 5 s,因此闭环主导极点的实

部应该小于$-\frac{4}{5}=-0.8$,希望摆臂远离垂直方向的距离不超过 0.05 rad,所以也希望闭环系统有足够的阻尼,动态过程峰值小于 0.05 rad。将主导闭环极点确定在实轴附近将增加系统的阻尼(减小β)。因此,选择闭环的主导极点为

$$s_{1,2}=-3.5\pm0.7\mathrm{j}$$

同时,因为倒立摆系统的开环传递函数中,在原点处有一个开环零点,因此,控制器要包含一个积分器以抵消开环零点,由根轨迹的幅角方程

$$\angle G_{\mathrm{o}}(s)\big|_{s=s_{1,2}}=\pm180^{\circ}(2k+1)\ (k=0,1,2,\cdots)$$

得出控制器的传递函数为

$$G_{\mathrm{c}}(s)=\frac{(s+3)(s+4)}{s}=s+7+\frac{12}{s}$$

这是一个 PID 控制器。图 6-73 为加入控制装置后系统的根轨迹。可见,系统的根轨迹向左移动,在主导极点处,$K=20.23$。

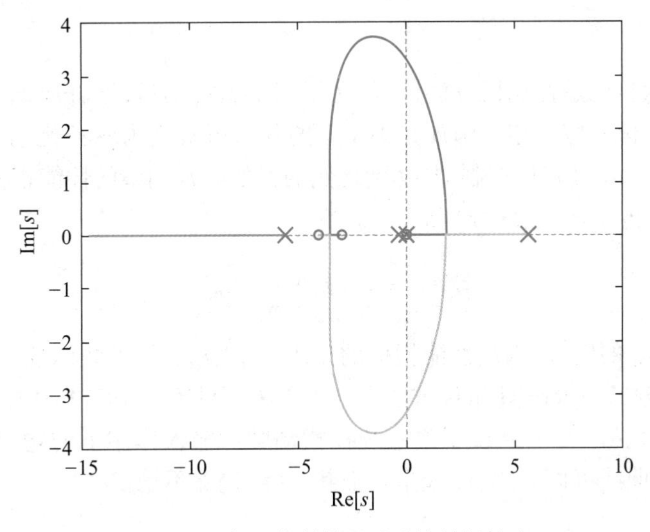

图 6-73 加入控制装置后系统的根轨迹

校正后系统的结构图如图 6-74 所示。

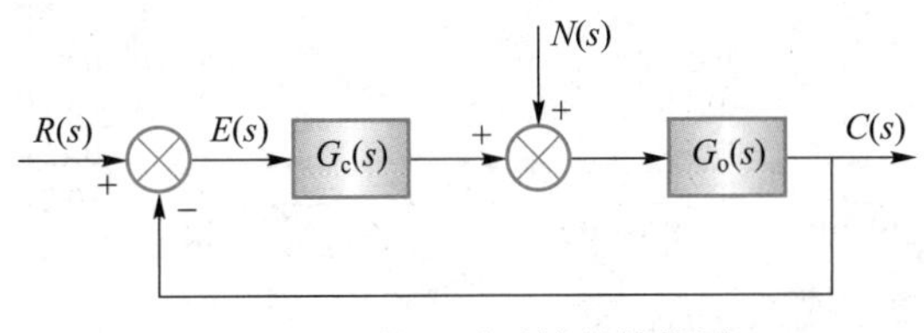

图 6-74 校正后系统的结构图

观察系统的扰动脉冲响应,其响应曲线如图 6-75 所示。可以看出,加入控制器后的系统在受到脉冲干扰后,能够在期望的 5 s 时间内恢复到垂直状态且峰值小于 0.05 rad。

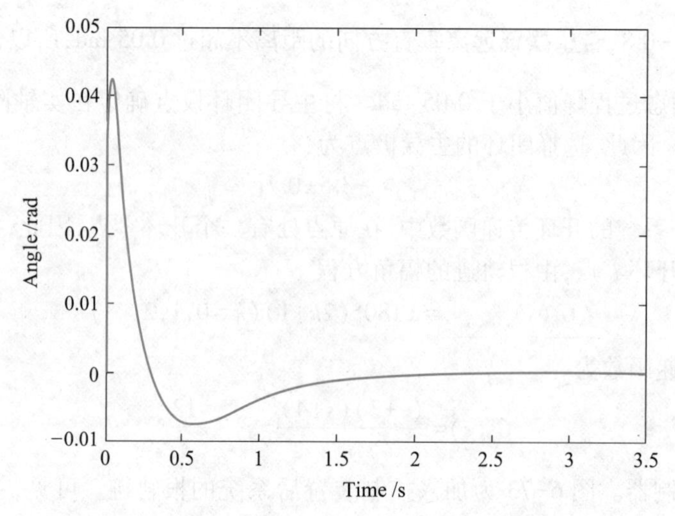

图 6-75 倒立摆系统扰动脉冲响应曲线

6-8-3 倒立摆系统 PID 控制器设计

控制器设计的目标是控制摆杆的位置，在受到初始扰动后，摆杆应调整回垂直方向，因此跟踪的参考输入信号应为零。施加在小车上的外力可被视为脉冲扰动，系统的结构示意图如图 6-74 所示。采用 PID 控制器，达到控制的目的以及期望的性能指标的要求。

PID 控制器的传递函数表达式为

$$G_c(s)=K_P+K_I\cdot\frac{1}{s}+K_D\cdot s \tag{6-91}$$

需要确定 K_P、K_I、K_D 的值，以满足性能指标的要求。K_P、K_I、K_D 参数的确定可以采用临界比例度法、响应曲线法、Ziegler-Nichols 方法等。本节采用试凑法确定 PID 控制器的参数。

首先，取 $K_P=1$、$K_I=1$、$K_D=1$，观察系统在扰动脉冲输入作用下的输出曲线，如图 6-76(a)所示。由响应曲线可以看出，曲线呈发散状，系统仍然不稳定。

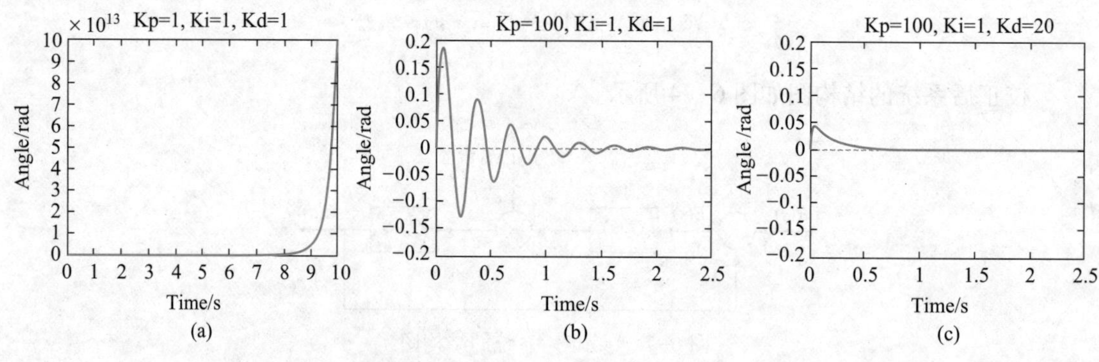

图 6-76 不同参数下扰动响应曲线

调整 PID 控制器的参数，令 $K_P=100$、$K_I=1$、$K_D=1$，脉冲扰动响应曲线如图 6-76(b)所示。可以看出，增大 K_P 后，系统稳定了；同时稳态误差以足够快的方式接近零，因此不需要额外的积分作用。但对于系统的动态过程，振荡过于强烈，峰值响应大于 0.05 rad，不满足指标要求。通过增强微分的作用，可以改善超调量。最终，$K_P=100$、$K_I=1$、$K_D=20$ 时，系统脉冲扰动响应曲线如图 6-76(c)所示。可以看出，超调量已减小，摆杆移动距离垂直方向不超过 0.05 rad，满足设计指标的要求。

视频：倒立摆平衡控制演示

思考题

1. 什么是系统的校正？系统校正主要有哪些方法？
2. 根轨迹法校正的基本原理是什么？
3. 分别说明增加系统的开环零点和开环极点对系统根轨迹的影响。
4. 什么是偶极子？对于原系统的根轨迹会有什么影响？
5. 分别说出根轨迹法的微分校正与积分校正的使用条件。
6. 试解释微分校正网络零点和极点的位置对于系统稳态性能的影响。
7. 根轨迹法积分校正的基本原理是什么？
8. 试说明超前网络及滞后网络的频率特性。它们各有些什么特点？
9. 用实例来说明频率法超前校正和滞后校正的计算步骤。
10. 相位滞后网络的相位角是滞后的，为什么可以用来改善系统的相位裕度？
11. 什么是参考模型法校正？
12. 指出二阶参考模型可以实现的性能指标。
13. 二阶参考模型有什么缺点？
14. 与二阶模型相比，四阶参考模型从哪些方面作了改进？
15. 试画出四阶参考模型的开环对数频率特性。
16. 试说出四阶参考模型法校正的计算步骤。
17. 并联校正所依据的基本原理是什么？
18. 试说明并联校正设计的基本步骤。
19. 试说明系统中局部反馈对系统产生的主要影响。
20. 试说明复合校正中补偿法的基本原理。
21. 在校正设计中为什么很少使用纯微分环节？
22. 试用频率特性来说明 PID 调节器的使用条件。
23. 采用根轨迹法校正时，比例微分环节位于前向通路中和反馈通路中，对系统的校正作用有哪些是相同的？有什么区别？
24. 已知超前-滞后校正装置的伯德图，试确定分别演变成比例环节、比例微分环节、比例积分环节时的参数取值条件。

习题

6-1 有源校正网络如题图 6-1 所示，试写出传递函数，并说明可以起到何种校正作用。

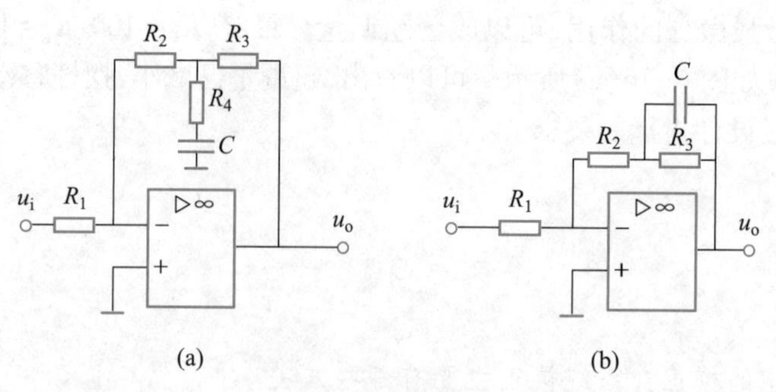

题图 6-1

6-2 已知系统的开环传递函数为

$$G(s)H(s)=\frac{4}{s(s+1)}$$

试采用根轨迹法设计微分校正装置 $G_s(s)$，使得系统的超调量 $M_p<20\%$，过渡时间 $t_s<4$ s，并比较校正前后系统的稳态性能。

6-3 系统结构图如题图 6-2 所示，试用根轨迹法设计积分校正装置 $G_s(s)$，使得系统的超调量 $M_p<5\%$，过渡时间 $t_s<4$ s，单位斜坡输入时的稳态误差 $e_{ss}<0.02$。

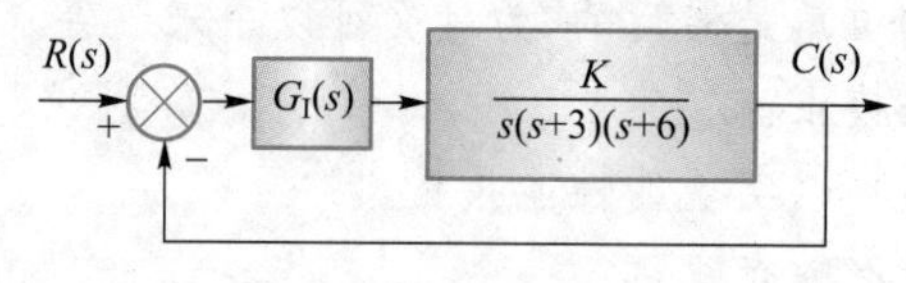

题图 6-2

6-4 已知系统的开环传递函数为

$$G(s)H(s)=\frac{K(s+2)}{s(s+1)}$$

当调整根轨迹增益 K 时，可以获得其阶跃响应在欠阻尼条件下各种满意的动态性能。试确定满足下述要求的增益 K 值：

（1）系统具有最大的超调量 $M_{p,\max}$ 时；

（2）系统具有最大的阻尼振荡频率 $\omega_{d,\max}$ 时；

（3）系统响应时间最快的 $t_{s,\max}$ 时；

（4）系统的斜坡响应具有最小的稳态误差 $e_{ss,\min}$ 时；

6-5 已知双 T 网络如题图 6-3 所示，试求它们的频率特性，作出伯德图，并说明作为校正装置使用有什么特点。

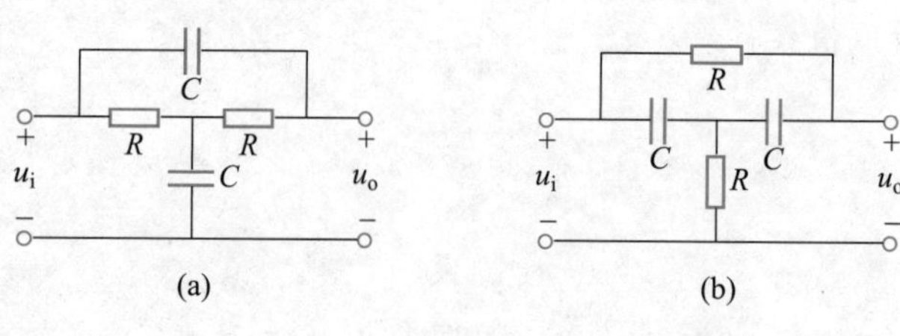

题图 6-3

6-6 已知系统的开环传递函数为

$$G(s)H(s)=\frac{K}{s(0.2s+1)}$$

试采用频率法设计超前校正装置 $G_s(s)$，使得系统实现如下的性能指标：

(1) 静态速度误差系数 $K_v \geqslant 100$；

(2) 开环截止频率 $\omega_c>30$；

(3) 相位裕度 $\gamma_c>20°$。

6-7 已知系统的开环传递函数为

$$G(s)H(s)=\frac{K}{s(0.02s+1)}$$

试采用频率法设计滞后校正装置 $G_s(s)$，使得系统实现如下的性能指标：

(1) 静态速度误差系数 $K_v \geqslant 50$；

(2) 开环截止频率 $\omega_c>10$；

(3) 相位裕度 $\gamma_c>60°$。

6-8 已知单位反馈系统的结构图如题图 6-4 所示，其中 K 为前向增益，$\frac{1+T_1s}{1+T_2s}$为超前校正装置，$T_1>T_2$，试用频率法确定使得系统具有最大相位裕度的增益 K 值。

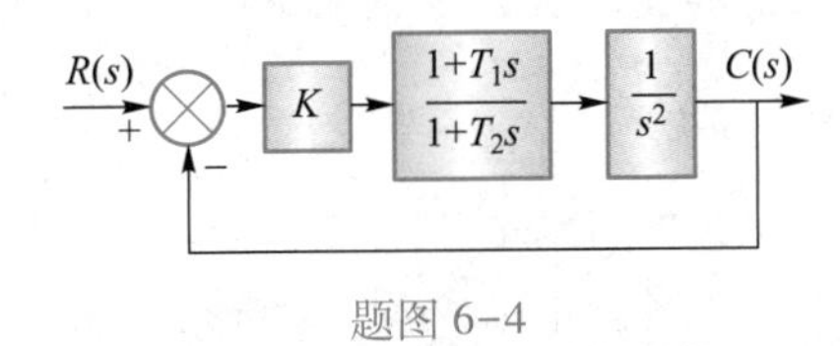

题图 6-4

6-9 设单位反馈控制系统的开环传递函数为

$$G(s)=\frac{K}{s+1}$$

试采用二阶参考模型法设计校正装置 $G_s(s)$，使得校正后实现下述性能指标：

(1) 静态速度误差系数 $K_v \geqslant 10$；

(2) 阶跃响应的过渡时间 $t_s<0.4$ s。

6-10 已知单位反馈系统的开环传递函数如下所示，试依照二阶参考模型作系统校正，使得系统的调节时间 $t_s<0.5$ s。

(1) $G_o(s)=\dfrac{12}{s(s+0.5)(s+4)}$；

(2) $G_o(s)=\dfrac{5(s+1)}{s^2}$。

6-11 设角位移伺服系统的开环模型为 $G(s)=\dfrac{K}{s(0.2s+1)}$，试采用四阶参考模型法设计校正装置 $G_s(s)$，使得校正后实现下述性能指标：

(1) 静态速度误差系数 $K_v \geqslant 200$；

(2) 阶跃响应的过渡时间 $t_s<0.4$ s；

(3) 阶跃响应的超调量 $M_p<30\%$。

并计算相位裕度 γ_c 的大小。

6-12 设受控对象的开环模型为

$$G(s)=\frac{K}{s(s+1)(0.1s+1)}$$

试采用四阶参考模型法设计校正装置 $G_s(s)$,使得校正后实现下述性能指标:

(1) 静态速度误差系数 $K_v\geqslant 80$;

(2) 开环截止频率 $\omega_c>2$。

6-13 设受控对象的开环模型为

$$G(s)=\frac{126}{s(0.1s+1)(0.015s+1)}$$

试采用四阶参考模型法设计校正装置 $G_s(s)$,使得校正后实现下述性能指标:

(1) 输入速度为 1 rad/s 时,稳态误差 $e_{ss}<1/126$ rad;

(2) 开环截止频率 $\omega_c\geqslant 20$ rad/s,相位裕度 $\gamma_c>30°$。

6-14 随动系统的开环对数幅频特性如题图 6-5 所示。将系统Ⅰ的频带带宽增大一倍后成为系统Ⅱ。

(1) 写出串联校正装置的传递函数 $G_s(s)$;

(2) 比较两系统的动态性能和稳态性能有何不同。

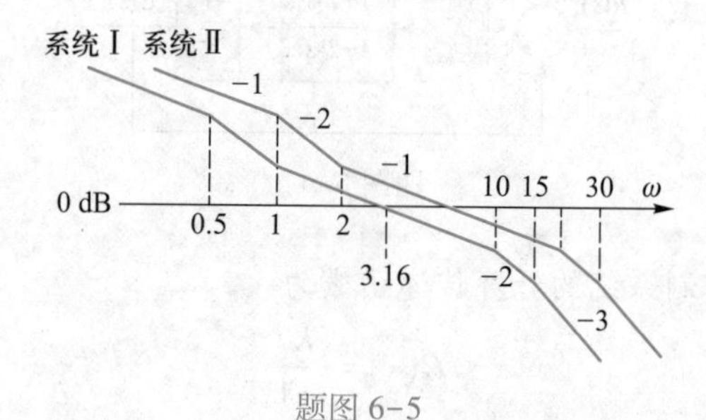

题图 6-5

6-15 已知最小相位系统的三阶参考模型,其折线对数幅频特性如题图 6-6 所示。主要特点为:

(1) 斜率变化为2-1-2型;

(2) ω_1、ω_2 为两个转折频率;

(3) ω_c 为两个转折频率的几何中点;

(4) 中频段宽度为 $h=\omega_2/\omega_1$;

(5) 具有相位裕度极值 $\gamma_{c,\max}$。

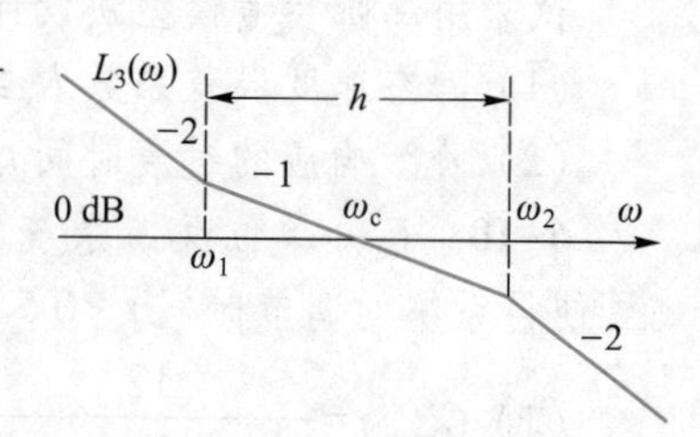

题图 6-6

现有一系统的开环传递函数为 $G_o(s)=\dfrac{2}{s(1+0.25s)}$,要求依照三阶参考模型作系统校正,满足:$\omega_c=4$,$h=4$,设计校正装置 $G_s(s)$。

6-16 控制系统如题图 6-7 所示,试作复合校正设计,使得:

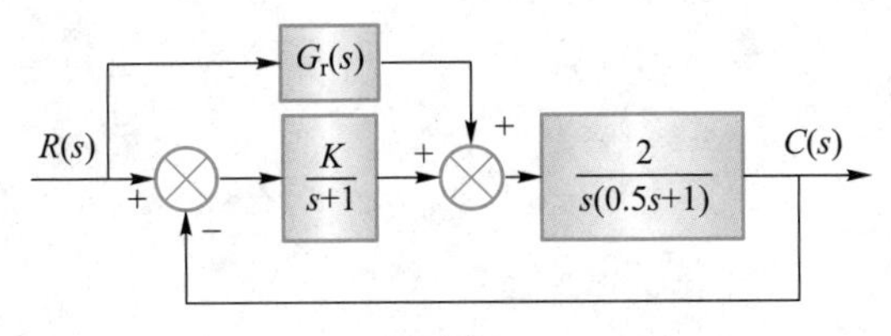

题图 6-7

(1) 系统的超调量 $M_p<20\%$，确定前向增益值 K；

(2) 设计输入补偿器 $G_r(s)$，使得该系统可以实现Ⅱ型精度。

6-17 设控制系统如题图 6-8 所示，为了将环节 $\frac{2}{s+1}$ 的频带宽度增加一倍再作校正设计，试设计局部闭环结构。

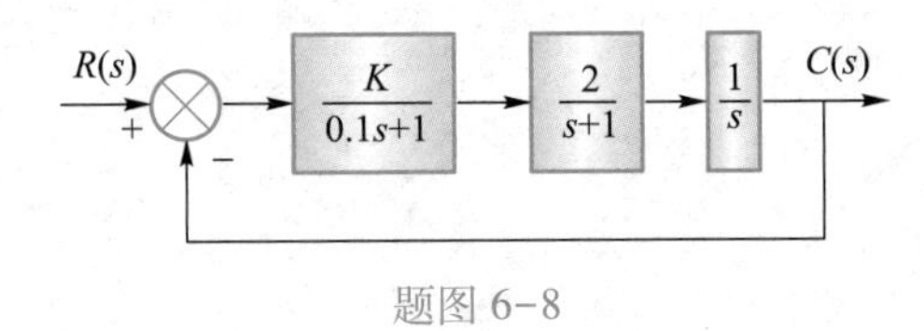

题图 6-8

第7章

非线性控制系统分析

前面各章研究的都是线性系统,或者有些虽然是非线性系统,但是如果是可线性化的系统,则可以使用线性化描述。本章讨论的非线性系统主要是本质非线性系统,我们将研究这类非线性系统的一些基本特性和一般的分析方法,最后给出非线性系统控制的一些典型应用。

作为传统的基础知识,本章主要介绍相平面分析法和描述函数法。作为知识扩展,本章介绍了当前的一些非线性控制器的知识与应用。

7-1 控制系统的非线性特性

在控制系统中,许多控制装置或者元件的输入输出关系呈现出非线性关系。这些非线性特性所共有的基本特征是不能采用线性化的方法来处理的,也不符合叠加定理,因此称这类非线性特性为本质非线性。典型的本质非线性特性主要有以下几种。

1. 继电特性

继电特性的名称来源于继电器的通断过程,其输入输出关系如图 7-1(a)所示。

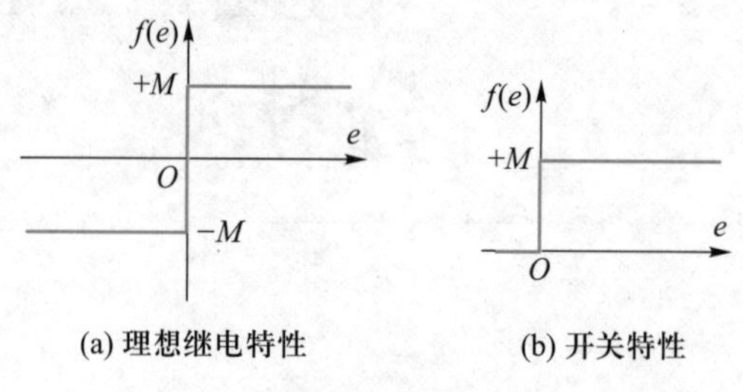

图 7-1 继电特性的输入输出关系

继电特性的数学描述为

$$f(e)=\begin{cases}+M, & e>0\\ -M, & e<0\end{cases} \tag{7-1}$$

继电特性是最常见的非线性特性之一,其输入输出关系很简单,从关系曲线图上可以看到,当输入信号大于零时,输出为正的常数值 M。当输入信号小于零时,输出为负的常数值 $-M$。

开关特性也属于继电特性,它是继电特性只有单边时的特例。图 7-1(b)即为开关特性的输入输出关系。

从图上可以直观地看出,$e=0$ 时,曲线不连续,导数也不存在。因此信号的输入输出关系不满足叠加定理。

继电特性的输入输出关系简单,控制装置的费用低廉,因此从系统控制的早期开始至今,一直得到广泛的应用。

2. 饱和特性

饱和特性可以由放大器失去放大能力的饱和现象来说明,其输入输出关系如图 7-2 所示。

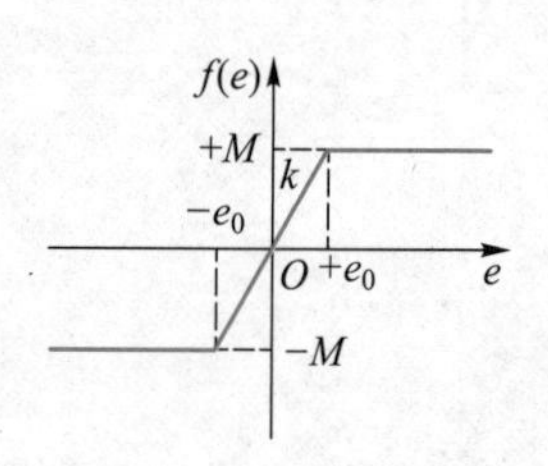

图 7-2 饱和特性的输入输出关系

饱和特性的数学描述为

$$f(e)=\begin{cases}+M, & e>+e_0\\ ke, & -e_0\leqslant e\leqslant +e_0\\ -M, & e<-e_0\end{cases} \tag{7-2}$$

当放大器工作在线性工作区时,输入输出关系所呈现的放大倍数为比例关系 k;当输入信号的幅值超过$+e_0$ 时,放大器的输出保持正的常数值 M,不再具有放大功能;当输入信号的幅值小于$-e_0$ 时,放大器的输出保持负的常数值$-M$,也不是比例关系了。

在放大器的线性工作区内,叠加定理是适用的,但是输入信号的正、反向值过大时,放大器进入饱和工作区,就不满足叠加定理了。从图上可以看出,在饱和点上,信号虽然是连续的,但是导数不存在。

饱和特性在控制系统中普遍存在。工业调节器一般都是电子器件组成的,输出信号不可能再大时,就形成饱和输出。有时饱和特性是在执行单元形成的,如阀门开度不能再大、电磁关系中的磁路饱和等。因此在分析一个控制系统时,一般都要把饱和特性的影响考虑在内,如图 7-3 所示。另外,还可以看出,当线性关系的斜率 k 趋于无穷大时,饱和特性就演变成继电特性了。

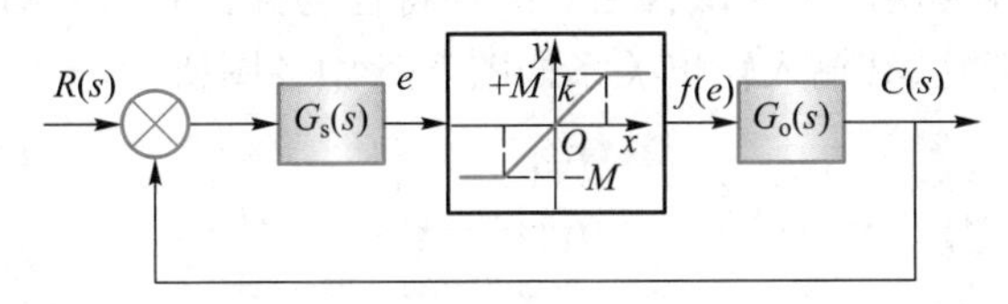

图 7-3 含有饱和特性的控制系统

3. 死区特性

死区又称为不灵敏区,在不灵敏区内,控制单元的输入端虽然有输入信号,但是其输出为零。死区特性通常是叠加在其他传输关系上的附加特性,其输入输出关系如图 7-4 所示。

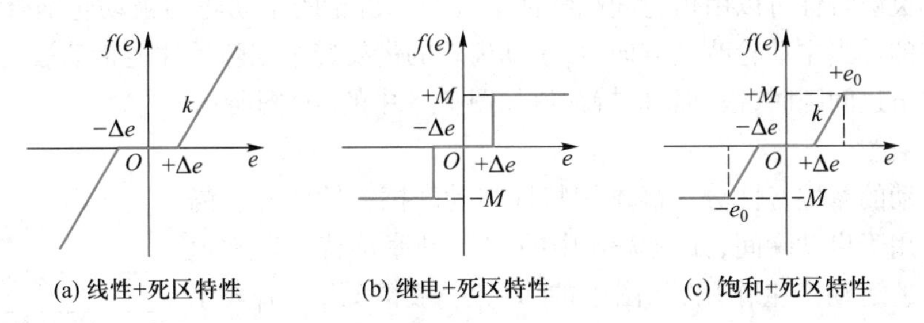

图 7-4 带有死区特性的输入输出关系

带死区的线性环节,其数学描述为

$$f(e)=\begin{cases}0, & |e|<\Delta e\\ ke, & |e|\geqslant \Delta e\end{cases} \tag{7-3}$$

带死区的继电特性,其数学描述为

$$f(e)=\begin{cases}+M, & e\geqslant+\Delta e\\ 0, & |e|<|\Delta e|\\ -M, & e\leqslant-\Delta e\end{cases} \tag{7-4}$$

带死区的饱和特性,其数学描述为

$$f(e)=\begin{cases}+M, & e>+e_0\\ 0, & |e|<|\Delta e|\\ ke, & |\Delta e|\leqslant|e|\leqslant|e_0|\\ -M, & e<-e_0\end{cases} \tag{7-5}$$

死区特性见于许多控制设备与控制装置中。当不灵敏区很小或者对于系统的运行不会产生不良影响时,一般情况下就忽略不计了。但是对于伺服电动机,死区将会对系统的控制精度产生较大的影响,这时就要将死区特性考虑进去,进而在此基础上研究如何提高与改善转角控制精度的问题。

4. 滞环特性

滞环特性表现为正向行程与反向行程不是重叠在一起,在输入输出曲线上出现闭合环路。滞环特性又可以称为换向不灵敏特性。滞环特性与死区特性一样,通常也是叠加在其他传输关系上的附加特性,其输入输出关系如图 7-5 中各图所示。

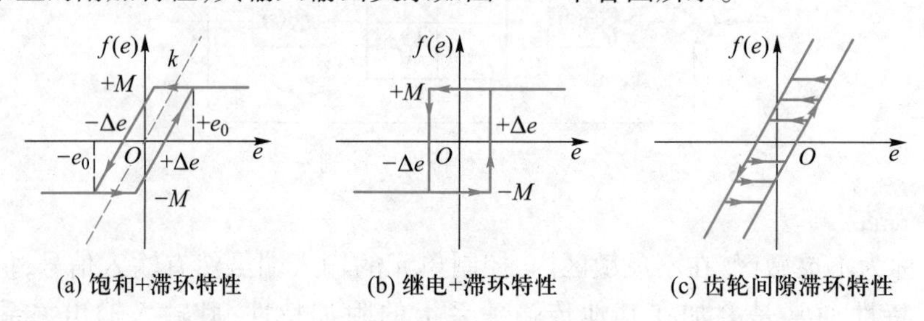

图 7-5 滞环特性的输入输出关系

换向不灵敏特性可以由齿轮间隙特性来说明。齿轮的主动轮与被动轮啮合时,是有啮合间隙存在的。当主动轮改变方向时,主动齿轮的齿要转过间隙后才能带动被动轮,也就是主动轮换向滑过间隙时,被动轮保持常值如图 7-5 中的(c)图所示。

5. 摩擦特性

机械运动的摩擦特性分为静摩擦特性与动摩擦特性两种。静摩擦特性作用于启动瞬间,如图 7-6 中的 M_1,动摩擦特性以常值始终对系统的运动产生作用,如图中的 M_2。一般情况下,M_1 大于 M_2。摩擦特性的作用是阻止系统的运动,所以摩擦特性貌似继电特性,但是方向是相反的,因此物理意义是不同的。

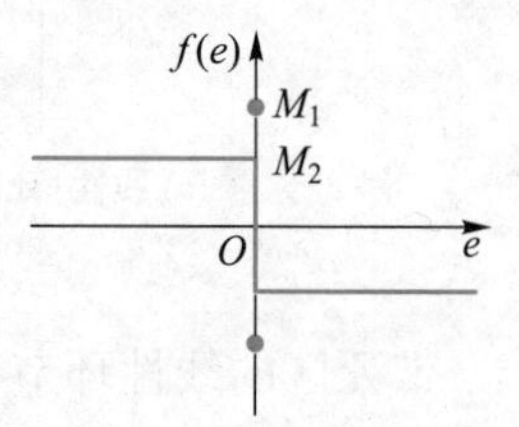

图 7-6 摩擦非线性特性

前面所列举的非线性特性属于一些典型特性,实际上非线性特性还有许多复杂的情况。有些属于前述各种情况的组合,如继电+死区+滞环特性、分段增益或变增益特性等如图 7-7 所示。还有些非线性特性是不能用一般函数来描述的,可以称为不规则非线性特性。

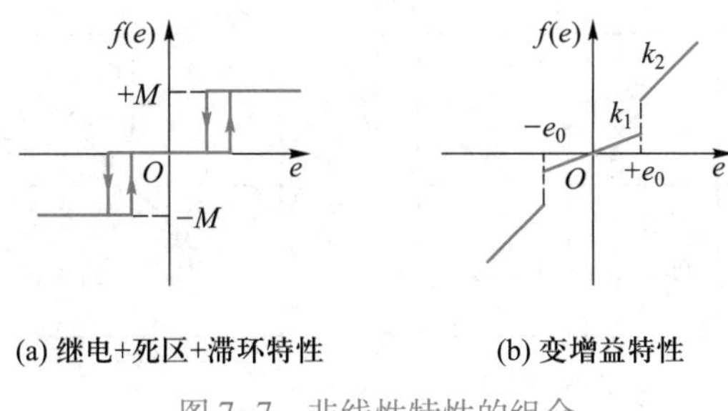

(a) 继电+死区+滞环特性　　(b) 变增益特性

图 7-7　非线性特性的组合

7-2　相平面分析法

相平面分析法是常用的一种系统分析工具,既可以应用于线性系统分析,又可以应用于非线性系统的分析。尤其是在非线性系统分析中,可以将某些非线性系统的运动规律清楚明了地展现在相平面图上。

相平面法的不足之处是原理性的。因为相平面仅由系统的两个独立变量构成,因此,只能对一阶系统、二阶系统的运动做完全地描述。对于二阶以上高阶系统的完全描述则需要构造 n 维相空间,但有时也经常用相平面法来对系统作部分分析或者不完全分析。

7-2-1　相平面与相轨迹

略去时间变量 t,一般二阶系统的微分方程可以写为

$$\ddot{x}+f(x,\dot{x})=0 \tag{7-6}$$

以二阶系统的两个独立变量,通常是位置量 x 和速度量 $\dot{x}$,作为平面坐标构成相平面。相应地,这两个独立变量称为相变量。

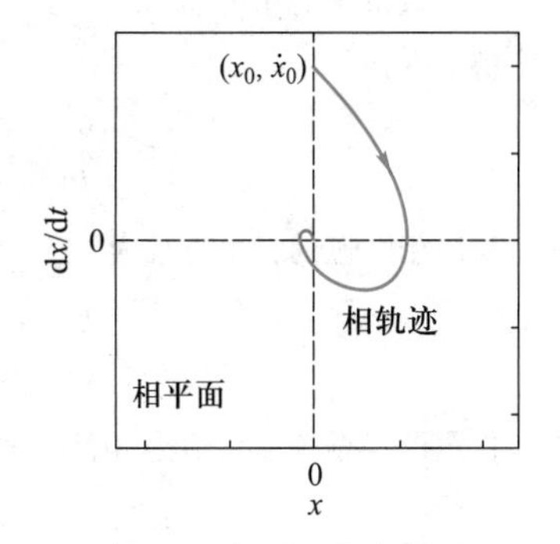

图 7-8　相平面与相轨迹

给定两个初始条件

$$\begin{cases} x(0)=x_0 \\ \dot{x}(0)=\dot{x}_0 \end{cases}$$

以相变量 x 和 $\dot{x}$ 描述的二阶系统的运动在相平面上移动的轨迹则称为相轨迹,如图 7-8 所示。

在相平面上,原时间变量 t 成为隐自变量,不表现在图上。

[例 7-1]　一阶线性系统为

$$\dot{x}+ax=0,\quad x_0=b$$

画出其相平面图。

解　由方程得

$$\dot{x}=-ax$$

相轨迹为过 $x=b$,斜率为 $-a$ 的直线,如图 7-9 所示。显然,$a>0$,相轨迹收敛,反之则相轨迹发散。

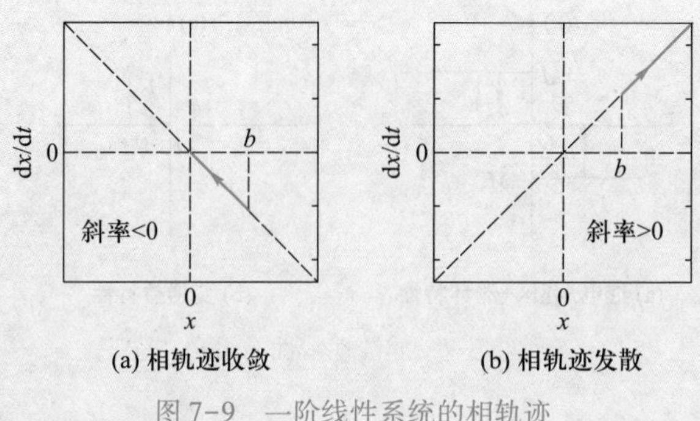

图 7-9 一阶线性系统的相轨迹

［例 7-2］ 一阶非线性系统为

$$\dot{x}+x-x^3=0,\quad x(0)=x_0$$

画出其相平面图。

解 由方程得

$$\dot{x}=-x+x^3$$

相轨迹如图 7-10 所示。由图可见，x 的初值 x_0 如果满足 $|x_0|<1$，则相轨迹收敛于原点，否则相轨迹是发散的。

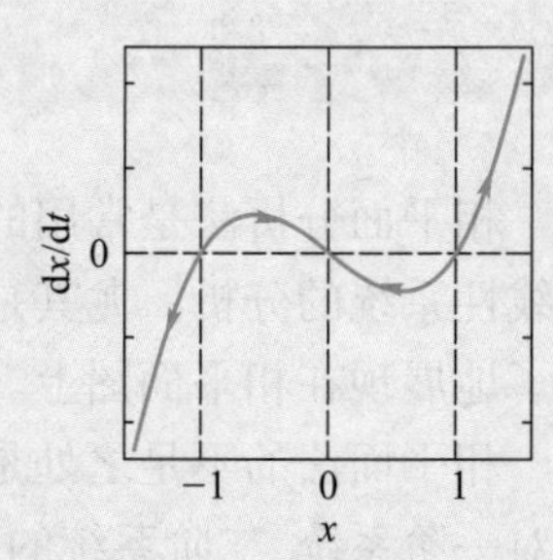

图 7-10 一阶非线性系统

［例 7-3］ 二阶系统为

$$\ddot{x}+\dot{x}+x=0,\quad x(0)=x_0,\ \dot{x}(0)=\dot{x}_0$$

作出该系统的相平面图。

解 因为

$$\ddot{x}=\frac{d^2x}{dt^2}=\dot{x}\frac{d\dot{x}}{dx}$$

所以相轨迹的斜率方程为

$$\frac{d\dot{x}}{dx}=-\frac{x+\dot{x}}{\dot{x}}$$

作图可得系统在初值为(0,10)和(0,-10)的相平面图如图 7-11 所示。

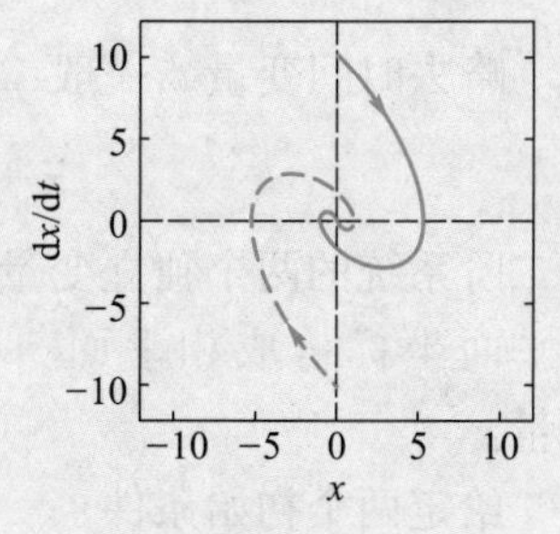

图 7-11 例 7-3 系统的相平面与相轨迹

7-2-2 相平面作图

由例题可以看到，系统的相轨迹在相平面上的运动是有一定的规律的，遵循这些规律，就可以利用计算机作图，或者徒手作草图，将系统的相平面图作出。

徒手绘制相平面草图时，可以采用解析法和作图法。作图法有等倾线法和 δ 法，在此只讲述等倾线法作图。关于 δ 法作图，读者可以参阅其他书籍。

1. 解析法

当方程不显含 $\dot{x}$ 时，可以采用一次积分法求得相轨迹方程来作图，即方程为

$$\ddot{x}+f(x)=0 \tag{7-7}$$

因为

$$\ddot{x} = \dot{x}\frac{\mathrm{d}\dot{x}}{\mathrm{d}x} \tag{7-8}$$

将式(7-8)代入方程(7-7),得到

$$\dot{x}\,\mathrm{d}\dot{x} = -f(x)\,\mathrm{d}x$$

方程两边作一次积分,可得相轨迹方程为

$$\int \dot{x}\,\mathrm{d}\dot{x} = \int -f(x)\,\mathrm{d}x \tag{7-9}$$

[例 7-4] 二阶系统为

$$\ddot{x} + \omega_0^2 x = 0$$

作该系统的相平面图。

解 由解析法得

$$\dot{x}\frac{\mathrm{d}\dot{x}}{\mathrm{d}x} + \omega_0^2 x = 0$$

即

$$\dot{x}\,\mathrm{d}\dot{x} = -\omega_0^2 x\mathrm{d}x$$

两边一次积分得

$$\int \dot{x}\,\mathrm{d}\dot{x} = \int -\omega_0^2 x\mathrm{d}x$$

$$\frac{1}{2}\dot{x}^2 = -\frac{1}{2}\omega_0^2 x^2 + c$$

$$\dot{x}^2 + \omega_0^2 x^2 = 2c$$

这是一个椭圆方程,如果以$\frac{\dot{x}(t)}{\omega_0}$为纵坐标,则在不同的初始条件下的相轨迹如图 7-12 所示,系统的相轨迹为同心圆。

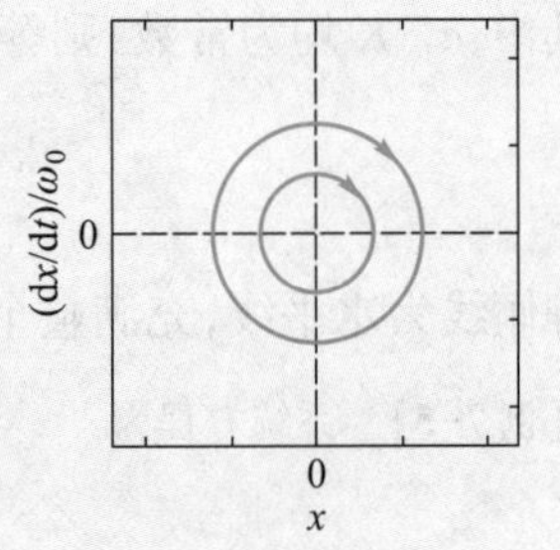

图 7-12 例 7-4 系统的相平面与相轨迹

当方程显含 $\dot{x}$ 时,可以求解运动方程得到其运动解 $x(t)$ 和 $\dot{x}(t)$,再从两解式中化简消去时间变量 t,得到相轨迹方程。这种方法,计算一般比较麻烦,在此就不赘述了。

2. 等倾线法作图

由于 $\ddot{x} = \dot{x}\frac{\mathrm{d}\dot{x}}{\mathrm{d}x}$,将其代入二阶非线性系统方程式(7-6),得到相轨迹的斜率方程为

$$\frac{\mathrm{d}\dot{x}}{\mathrm{d}x} = -\frac{f(x,\dot{x})}{\dot{x}} \tag{7-10}$$

在相平面上,除了系统的奇点(后面要讲到)之外,在所有的解析点上,令斜率为给定值 α,即

$$\frac{\mathrm{d}\dot{x}}{\mathrm{d}x} = -\frac{f(x,\dot{x})}{\dot{x}}\bigg|_{\substack{x_i\\ \dot{x}_i}} = \alpha \tag{7-11}$$

可得相平面上相轨迹的等倾线方程为

$$\dot{x}=-\frac{f(x,\dot{x})}{\alpha} \tag{7-12}$$

给定一个斜率值 α,根据等倾线方程,便可以在相平面上作出一条等倾线。改变 α 的值,便可以作出若干条等倾线充满整个相平面。

线性定常系统的等倾线为过原点的一次曲线。

线性定常系统为

$$\ddot{x}+a_1\dot{x}+a_0x=0 \tag{7-13}$$

将 $\ddot{x}=\dot{x}\alpha$ 代入方程有

$$\dot{x}\alpha+a_1\dot{x}+a_0x=0$$

所以有

$$\dot{x}=-\frac{a_0}{\alpha+a_1}x \tag{7-14}$$

给定不同的 α 值时,等倾线为若干条过原点的直线。

当线性系统运动方程不显含 x 时,例如运动方程为

$$\ddot{x}+a_1\dot{x}=K \tag{7-15}$$

其中,a_1、K 均为常数,则等倾线方程为

$$\dot{x}=\frac{K}{\alpha+a_1} \tag{7-16}$$

等倾线为水平线,充满整个相平面。

[例 7-5] 系统方程为

$$\ddot{x}=K$$

试在相平面上作出该系统的等倾线。

解 由于运动方程不显含 x,等倾线方程为

$$\dot{x}=\frac{K}{\alpha}$$

给定不同的 α 值,等倾线为水平线,如图 7-13 中的虚线所示,相轨迹族如图 7-13 中的实线所示。

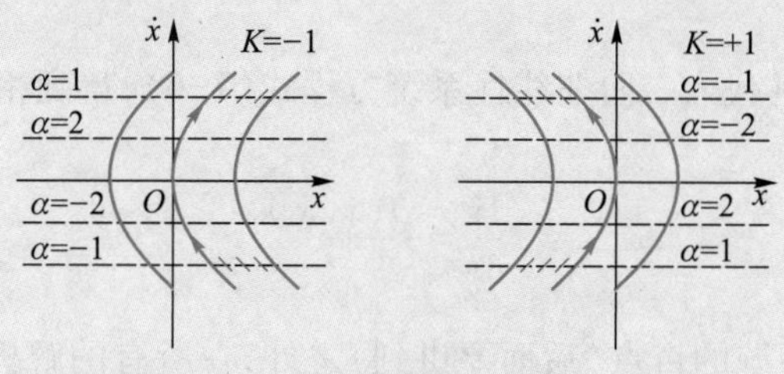

图 7-13 例 7-5 系统的等倾线与相轨迹

非线性系统的等倾线方程是直线方程时,采用等倾线法作图更为方便,但是非线性系统的等倾线方程往往不是直线方程,如例 7-6 所述。

[**例 7-6**] 系统方程为

$$\ddot{x}+\dot{x}+\sin x=0$$

试在相平面上作出该系统的等倾线。

解 将 $\ddot{x}=\dot{x}\alpha$ 代入运动方程,得到等倾线方程为

$$\dot{x}=-\frac{1}{1+\alpha}\sin x$$

给定不同的 α 值,等倾线为一系列幅值不等的正弦函数型曲线族,在相平面上作出等倾线,如图 7-14 所示。

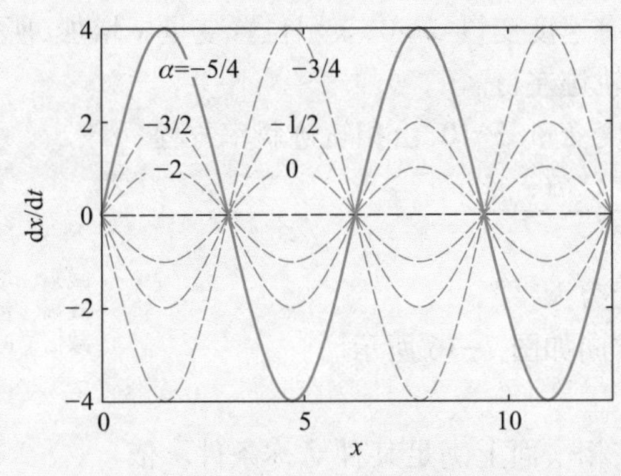

图 7-14 例 7-6 系统的正弦函数型等倾线

作出了等倾线后,系统的相轨迹与等倾线相交时,或者说相轨迹在穿过某条等倾线的时候,是以该条等倾线所对应的斜率 α 穿过的。所以,系统运动的相轨迹就可以依据布满相平面的等倾线来作出。先由初始条件确定相轨迹的起点,然后从相轨迹起点出发,依照等倾线的斜率,逐段折线近似将相轨迹作出。下面以例题来说明。

视频:例 7-7 讲解

[**例 7-7**] 二阶系统为

$$\ddot{x}+\dot{x}+x=0$$

试用等倾线法作该系统的相平面图。

解 将 $\ddot{x}=\dot{x}\frac{\mathrm{d}\dot{x}}{\mathrm{d}x}=\dot{x}\alpha$ 代入方程,得等倾线方程为

$$\dot{x}=-\frac{1}{1+\alpha}x$$

方程为过原点的直线方程,等倾线的斜率为

$$k=-\frac{1}{1+\alpha}$$

上式为等倾线斜率与相轨迹斜率的关系,给定一系列相轨迹斜率 α 的值,便得到一系列等倾线斜率的 k 值,可以作出等倾线,如图 7-15 所示。

作出等倾线后,从给定的初值出发,依照相轨迹斜率作分段折线,就可以画出系统的相轨迹,如图 7-15 所示。

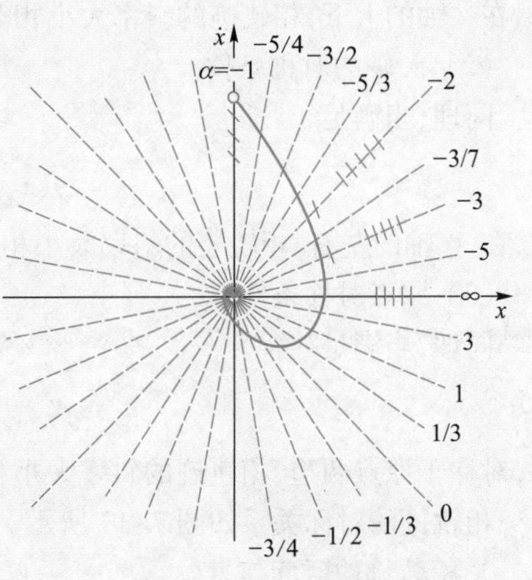

图 7-15 例 7-7 系统的等倾线和相轨迹

7-2-3 相轨迹的运动特性

系统的相轨迹在相平面上的运动是有一定的规律的,了解相轨迹的运动特性,可以使得相平面作图简化。

1. 相轨迹的运动方向

(1) 上半平面的相轨迹右行。

(2) 下半平面的相轨迹左行。

(3) 穿过实轴的相轨迹斜率为±∞。

在上半平面上,由于有速度变量 $\dot{x}>0$,表示位置变量 x 增加,所以上半平面的相轨迹右行。同理,下半平面的相轨迹左行。

在实轴上,由于有速度变量 $\dot{x}=0$,由相轨迹斜率方程

$$\frac{\mathrm{d}\dot{x}}{\mathrm{d}x}=-\frac{f(x,\dot{x})}{\dot{x}}$$

可得相轨迹斜率为正负无穷大。

相轨迹的基本运动方向如图 7-16 所示。

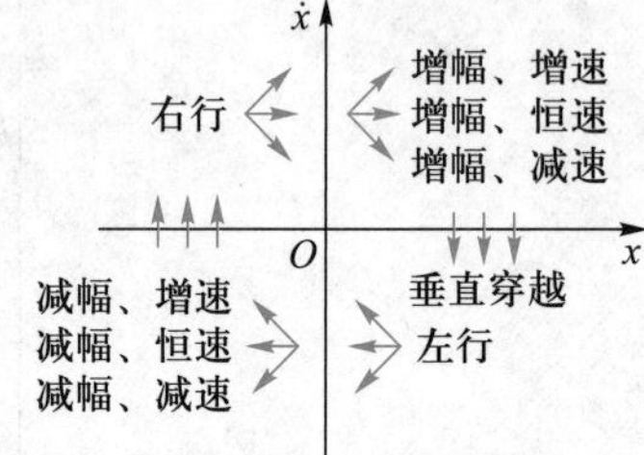

图 7-16 相轨迹的基本运动方向

2. 相轨迹的对称

某些系统的相轨迹在相平面上满足某种对称条件。依据对称条件,相轨迹曲线可以对称画出。

(1) x 轴的对称条件

因为相轨迹斜率方程为

$$\frac{\mathrm{d}\dot{x}}{\mathrm{d}x}=-\frac{f(x,\dot{x})}{\dot{x}}$$

所以,当满足

$$f(x,\dot{x})=f(x,-\dot{x}) \tag{7-17}$$

时,在 x 轴的上下,相轨迹的斜率大小相等,符号相反,因此相轨迹关于 x 轴对称。

(2) $\dot{x}$ 轴的对称条件

同理,当满足

$$f(x,\dot{x})=-f(-x,\dot{x}) \tag{7-18}$$

时,在 $\dot{x}$ 轴的左右,相轨迹的斜率大小相等,符号相反,因此相轨迹关于 $\dot{x}$ 轴对称。

(3) 原点对称条件

同理,当满足

$$f(x,\dot{x})=-f(-x,-\dot{x}) \tag{7-19}$$

时,对称于原点两边,相轨迹的斜率大小相等,方向相同,相轨迹是关于原点对称的。

相轨迹的对称关系如图 7-17 所示。

3. 相轨迹的时间信息

在相平面图上,时间变量 t 为隐变量,因此不能从相平面图上得到相变量 x、$\dot{x}$ 与时间变量 t 的直接关系。

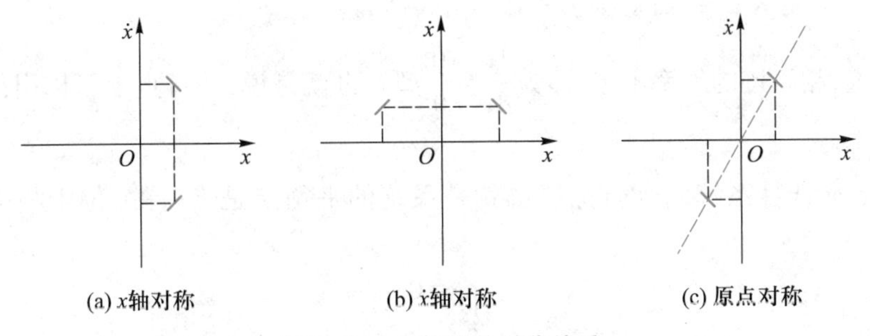

图 7-17 相轨迹的对称关系

当需要从相平面图上得到相变量与时间的函数关系曲线 $x(t)$、$\dot{x}(t)$时，可以采用增量法逐步求解得到。

由于 $\dot{x}=\frac{\mathrm{d}x}{\mathrm{d}t}$，当 $\mathrm{d}x$、$\mathrm{d}t$ 分别取增量 Δx、Δt 时，$\dot{x}$ 就是增量段的平均速度，所以由增量式可以写为

$$\Delta t=\frac{\Delta x}{\dot{x}} \tag{7-20}$$

增量 Δx 与平均速度 $\dot{x}$ 可以从相平面图上得到，因此也就得到了对应增量段上的时间信息。将增量信息 Δt、Δx、$\dot{x}$ 表示在 $x-t$ 平面或者 $\dot{x}-t$ 平面上，便可以得到相变量与时间的函数关系曲线 $x(t)$、$\dot{x}(t)$。

图 7-18(a)所示即为相平面图上时间信息的几何说明，图(b)为根据时间信息得到的时间关系曲线 $x(t)$。

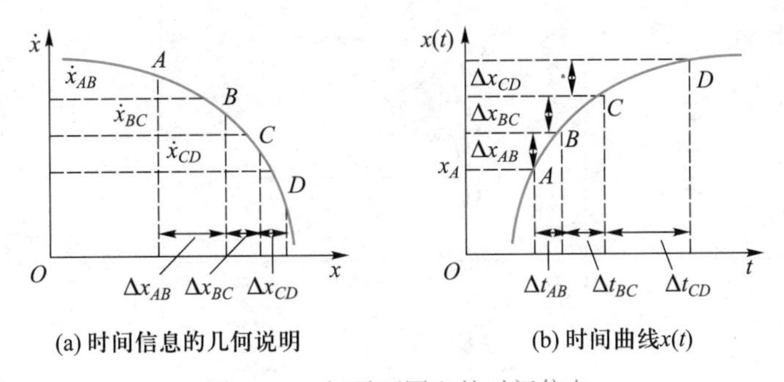

图 7-18 相平面图上的时间信息

4. 相轨迹的奇点

二阶系统为

$$\ddot{x}+f(x,\dot{x})=0$$

相轨迹的斜率方程为

$$\frac{\mathrm{d}\dot{x}}{\mathrm{d}x}=-\frac{f(x,\dot{x})}{\dot{x}}$$

将相平面上同时满足

$$\begin{cases}\dot{x}=0\\ f(x,\dot{x})=0\end{cases}$$

的点定义为相轨迹的奇点,或者称为系统的奇点,也称为系统的平衡点。

在奇点上,相轨迹的斜率不定,即为$\frac{\mathrm{d}\dot{x}}{\mathrm{d}x}=\frac{0}{0}$型。也就是说,从奇点上可以引出无穷多条相轨迹。

如果是二阶线性系统,它的奇点,也就是系统的平衡点是唯一的,位于相平面的原点上,即

$$\begin{cases} x=0 \\ \dot{x}=0 \end{cases}$$

如果是二阶非线性系统,奇点可能不止一个,有时也许有无穷多个,因而构成奇线。关于奇线的特殊情况,在系统分析中再加以详述。

5. 奇点邻域的运动性质

由于从奇点上可以引出无穷条相轨迹,所以相轨迹在奇点邻域的运动可以分为趋向于奇点的,远离奇点的以及包围奇点成为闭合的等几种情况。

以二阶线性定常系统为例,由于系统参数不同,相轨迹在奇点邻域的运动会出现上述的几种情况。二阶线性定常系统为

$$\ddot{x}+2\zeta\omega_{\mathrm{n}}\dot{x}+\omega_{\mathrm{n}}^{2}x=0 \tag{7-21}$$

当阻尼比 ζ 取值不同时,奇点的性质如表 7-1 所示。

表 7-1　二阶线性定常系统奇点的性质

特征根分布	时间响应	相轨迹及奇点的性质
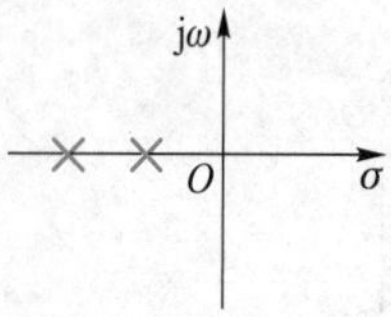 $\zeta>1$	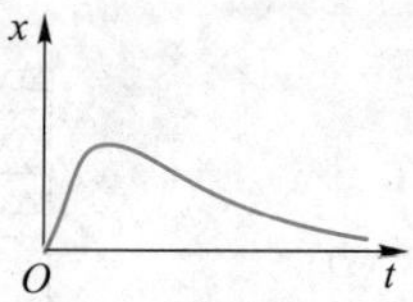	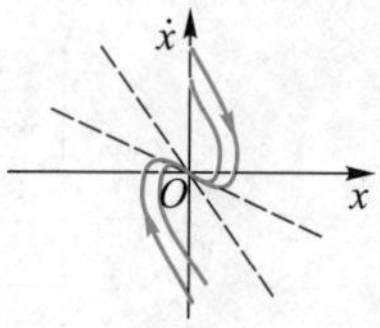 稳定节点
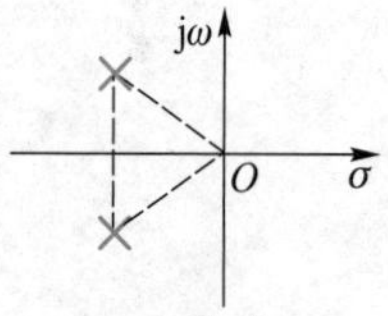 $0<\zeta<1$	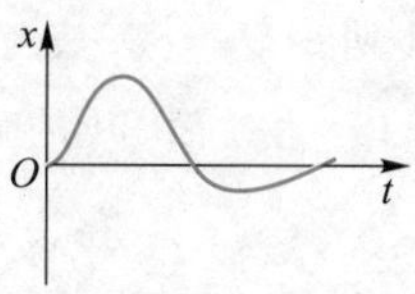	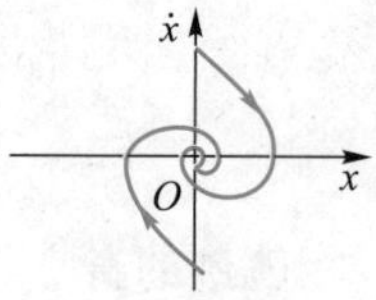 稳定焦点
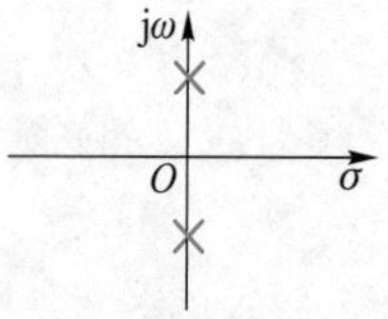 $\zeta=0$	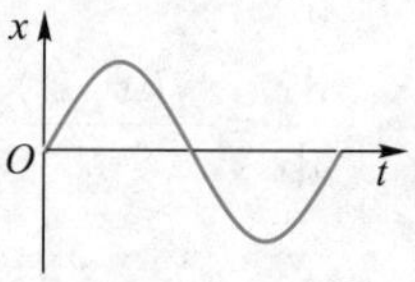	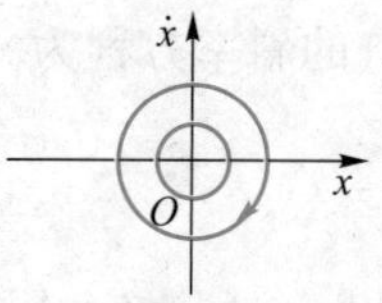 中心点

续表

特征根分布	时间响应	相轨迹及奇点的性质
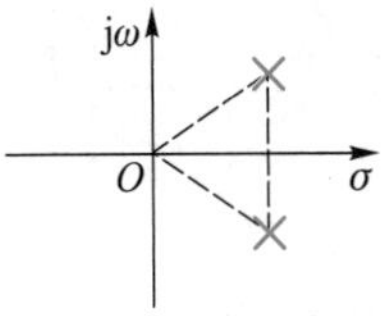 jω O σ $-1<\zeta<0$	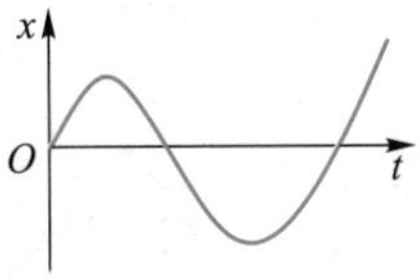 x O t	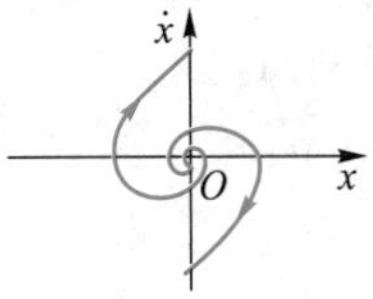 $\dot{x}$ O x 不稳定焦点
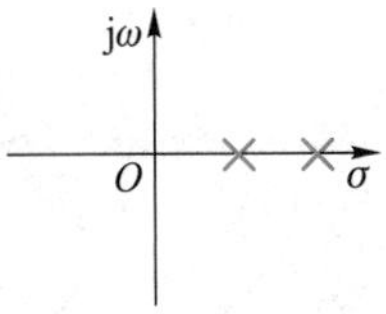 jω O σ $\zeta<-1$	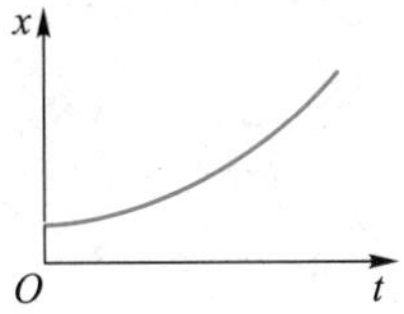 x O t	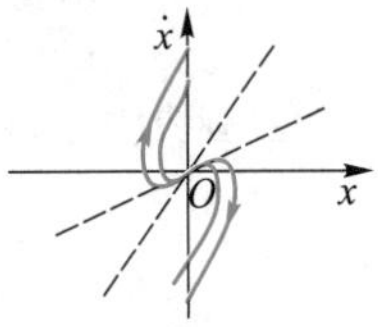 $\dot{x}$ O x 不稳定节点
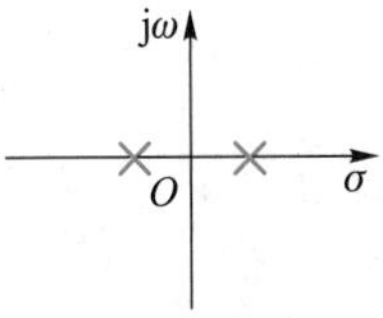 jω O σ $\ddot{x}+2\zeta\omega_n\dot{x}-\omega_n^2x=0$	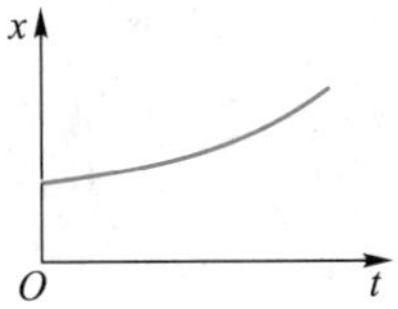 x O t	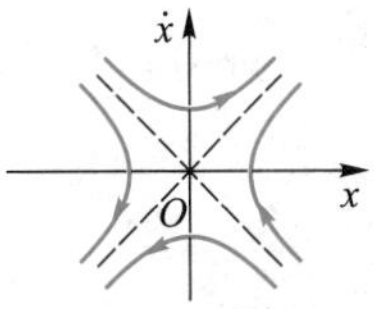 $\dot{x}$ O x 鞍点

对于可线性化的二阶非线性系统，可以计算奇点邻域的线性化方程。由于一般二阶系统为

$$\ddot{x}+f(x,\dot{x})=0$$

在奇点邻域的线性化方程表示为

$$\ddot{x}+\left.\frac{\partial f(x,\dot{x})}{\partial \dot{x}}\right|_{\substack{x_0\\ \dot{x}_0}}\dot{x}+\left.\frac{\partial f(x,\dot{x})}{\partial x}\right|_{\substack{x_0\\ \dot{x}_0}}x=0 \tag{7-22}$$

即

$$\ddot{x}+a_1\dot{x}+a_0x=0 \tag{7-23}$$

其中

$$a_1=\left.\frac{\partial f(x,\dot{x})}{\partial \dot{x}}\right|_{\substack{x_0\\ \dot{x}_0}} \tag{7-24}$$

为非线性函数 $f(x,\dot{x})$ 对 $\dot{x}$ 的偏导数在奇点 $(x_0,\dot{x}_0)$ 上的数值，同理，有

$$a_0=\left.\frac{\partial f(x,\dot{x})}{\partial x}\right|_{\substack{x_0\\ \dot{x}_0}} \tag{7-25}$$

为非线性函数 $f(x,\dot{x})$ 对 x 的偏导数在奇点 $(x_0,\dot{x}_0)$ 上的数值。得到线性化方程之后，可以根据奇点的性质来确定奇点邻域系统运动的相轨迹。

［例 7-8］ 已知二阶非线性系统的运动方程为

$$\ddot{x}+\dot{x}+\sin x=0$$

试计算系统的奇点，并确定奇点的性质。

解 由奇点定义式

$$\begin{cases}\dot{x}=0\\ f(x,\dot{x})=0\end{cases}$$

可解出相轨迹的奇点为 $\dot{x}=0, x=k\pi(k=0,1,2\cdots)$，该系统的奇点个数为无穷多个。在奇点邻域作线性化，可以得到线性化方程。由运动方程有

$$f(x,\dot{x})=\dot{x}+\sin x$$

由式(7-22)到式(7-25)，有

$$a_1=\frac{\partial f(x,\dot{x})}{\partial \dot{x}}\bigg|_{\substack{x_0\\ \dot{x}_0}}=1$$

$$a_0=\frac{\partial f(x,\dot{x})}{\partial x}=\cos x\bigg|_{\substack{x_0\\ \dot{x}_0}}$$

当 k=偶数时，有

$$a_0=\frac{\partial f(x,\dot{x})}{\partial x}=\cos x\bigg|_{\substack{x=0,2\pi,4\pi,\cdots\\ \dot{x}=0}}=1$$

线性化方程为

$$\ddot{x}+\dot{x}+x=0$$

特征根

$$s=-\frac{1}{2}\pm \mathrm{j}\frac{\sqrt{3}}{2}$$

为带负实部的共轭复数根，因此奇点性质为稳定焦点，如表 7-1 所示。

当 k=奇数时，有

$$a_0=\frac{\partial f(x,\dot{x})}{\partial x}=\cos x\bigg|_{\substack{x=\pi,3\pi,\cdots\\ \dot{x}=0}}=-1$$

线性化方程为

$$\ddot{x}+\dot{x}-x=0$$

特征根

$$s=-\frac{1}{2}\pm\frac{\sqrt{5}}{2}, s_1=0.618, s_2=-1.618$$

一正一负，位于 s 平面的实轴上，如表 7-1 所示奇点性质为鞍点。

6. 极限环

极限环是非线性系统的运动在相平面上的一种特殊的运动情况，在时间响应上表现为非线性的自持振荡，在相平面上成为闭合的相轨迹，如图 7-19 所示。

在极限环邻域，如果相轨迹的运动趋向于极限环而形成自持振荡，则称为稳定极限环，否则称为不稳定极限环，如图 7-20 所示。

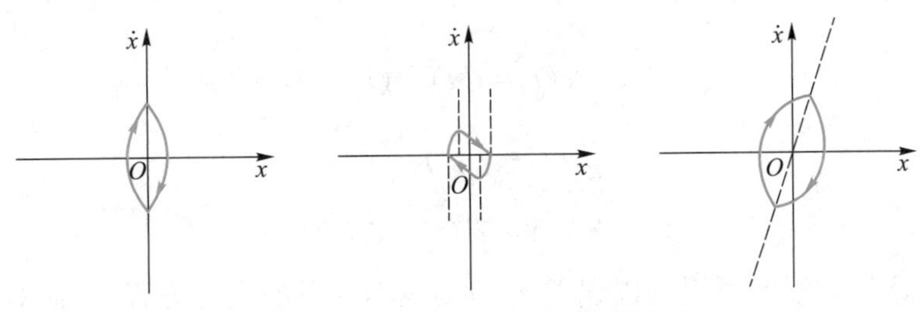

图 7-19 几种极限环的自持振荡情况

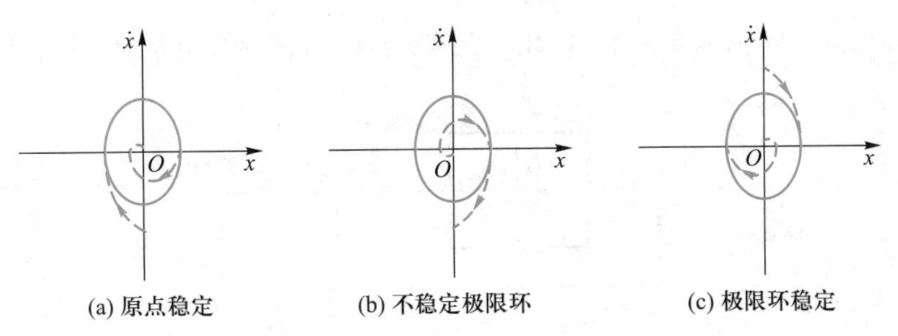

图 7-20 稳定极限环与不稳定极限环

非线性系统的极限环情况比较复杂,不同的系统会有不同形式的极限环。因此,所表现的振荡能否保持也就是非线性系统是否是极限环稳定的重要因素。

7-2-4 相平面图分析

作出系统的相平面图后,就可以利用相平面图进行系统分析。尤其是对于那些具有间断特性的非线性系统,利用相平面图进行分析更为方便,如继电特性、死区特性等。

相平面图分析的一般方法如下:

首先,需要作出系统在相平面上运动的相轨迹。对于上述具有间断特性的非线性系统,输入作用一般表示为数学上的分区作用,因此,在相平面上的相轨迹也是分区作出的。

其次,分析系统的稳定性。分区穿越的各段构成的相轨迹最终是收敛还是发散,表征了非线性系统相轨迹的敛散性,也就确定了该非线性系统的稳定性。

再次,分析系统是否具有极限环。极限环是非线性系统独有的特征,因此,极限环是否存在、是否是稳定极限环、极限环运动区域的大小等,也就表明了该非线性系统自持振荡的有关信息。

最后,可以参考线性系统的性能指标来考虑该非线性系统的调节时间与超调量等。

在相平面分析时,通常将输入信号作用下系统的运动化为系统的自由运动来考虑。这样,$x-\dot{x}$ 相平面就转化为 $e-\dot{e}$ 相平面。在一般情况下,参考平衡点在坐标变换下转移到原点,其方法如下:

系统误差的各阶导数为

$$e(t)=r(t)-c(t) \tag{7-26}$$

$$\dot{e}(t)=\dot{r}(t)-\dot{c}(t) \tag{7-27}$$

$$\ddot{e}(t)=\ddot{r}(t)-\ddot{c}(t) \tag{7-28}$$

因此有

$$c(t)=r(t)-e(t) \tag{7-29}$$

$$\dot{c}(t)=\dot{r}(t)-\dot{e}(t) \tag{7-30}$$

$$\ddot{c}(t)=\ddot{r}(t)-\ddot{e}(t) \tag{7-31}$$

将上述各式代入原方程即可得到以误差 $e(t)$ 为运动变量的微分方程，从而对应的平面为 $e-\dot{e}$ 平面。

[例 7-9] 继电型非线性控制系统如图 7-21 所示，系统在阶跃信号的作用下，试用相平面法分析该系统的运动。

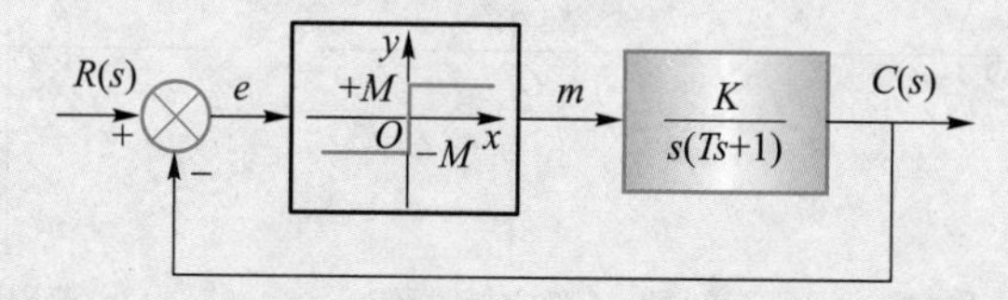

图 7-21 继电型非线性控制系统

解 系统的线性部分为

$$T\ddot{c}+\dot{c}=Km \tag{7-32}$$

非线性部分为

$$m=\begin{cases}+M, & e>0\\ -M, & e<0\end{cases} \tag{7-33}$$

误差方程为

$$e(t)=r(t)-c(t)$$

对于阶跃信号，$r(t)=1(t)$，$\dot{r}(t)=0$，$\ddot{r}(t)=0$，所以有

$$c(t)=1(t)-e(t)$$

$$\dot{c}(t)=-\dot{e}(t)$$

$$\ddot{c}(t)=-\ddot{e}(t)$$

代入原方程，可得以误差 $e(t)$ 为运动变量的方程为

$$T\ddot{e}+\dot{e}=-Km \tag{7-34}$$

由于 m 为继电型非线性特性的输出，代入上式可以得到两个运动方程。

当 $e>0$ 时，运动方程为

$$T\ddot{e}+e=-KM \tag{7-35}$$

等倾线方程为

$$\dot{e}=-\frac{\frac{KM}{T}}{\alpha+\frac{1}{T}} \tag{7-36}$$

这是水平线方程，因此，等倾线为布满右半平面的水平线，且 $\alpha=0$ 时等倾线斜率等于相轨迹斜率。

在 $e-\dot{e}$ 平面上作出右半平面的相轨迹，如图 7-22 所示。

同理，当 $e<0$ 时，运动方程为

$$T\ddot{e}+\dot{e}=KM \tag{7-37}$$

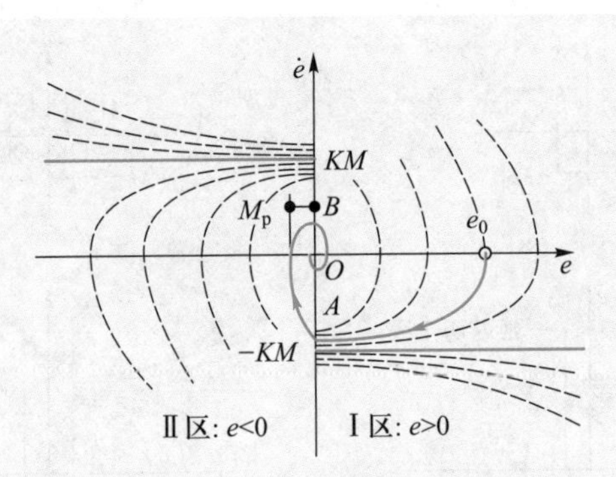

图 7-22 继电型非线性系统的相轨迹

等倾线方程为

$$\dot{e}=\frac{\frac{KM}{T}}{\alpha+\frac{1}{T}} \tag{7-38}$$

等倾线为布满左半平面的水平线,且 $\alpha=0$ 时等倾线斜率等于相轨迹斜率。$e-\dot{e}$ 平面上左半平面的相轨迹如图 7-22 所示。

当给定初始条件后,系统的运动从$(0,e_0)$开始,依照第Ⅰ区的运动方程[式(7-35)],运动进入第Ⅳ象限,如图中实线所示。到达误差 $e=0$ 的界面(图 7-22 中的 A 点)后切换,系统的运动进入第Ⅱ区。在第Ⅱ区,系统的运动服从第Ⅱ区的运动方程[式(7-37)],沿实线运动到 B 点,之后又进入到第Ⅰ区。

从相平面图可以看到,相轨迹的整体运动是由分区的运动组合而成的。分区的边界就是继电特性的翻转条件 $e=0$。该系统的组合运动是衰减振荡型的,且没有极限环出现。当时间趋于无穷大时,误差趋于零。另外,从图上还可以读到系统超调量的大小为 M_p。

上述理想继电控制的二阶系统,虽然控制是开关型的,但是系统的运动从整体上来看与线性二阶系统的运动相类似。开关型控制器的结构与成本都要大大低于线性控制器,因此,在许多控制应用中,经常采用继电型控制方法。

但是,非理想的继电特性将会带来其他的变化。

(1) 带有滞环的继电特性会产生极限环。

(2) 带有死区的继电特性会产生奇线。

以上两种非理想继电控制系统的相轨迹如图 7-23 所示。

图(a)中,由于滞环的存在,继电特性的切换会延迟发生,因此造成相轨迹永远不能到达相平面的原点,形成极限环,系统的运动为自持振荡型。

图(b)中,由于死区的影响,相平面分为三个区。在Ⅱ区内,继电特性的输出为零,因此运动方程为

$$T\ddot{e}+\dot{e}=0 \tag{7-39}$$

等倾线斜率 α 恒为常数

$$\alpha=-\frac{1}{T}$$

另外,由于

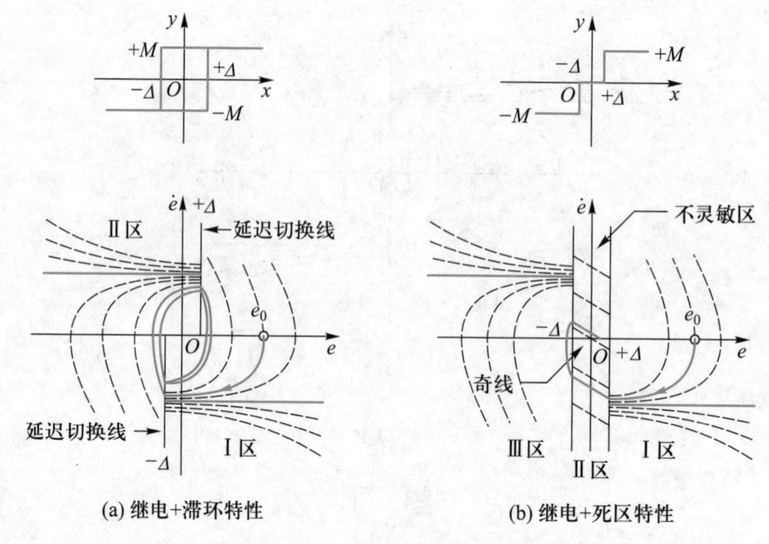

图 7-23 非理想继电控制系统的相轨迹

$$\ddot{e}=-\frac{1}{T}\dot{e}$$

方程两边作一次积分,可得相轨迹方程为

$$\dot{e}=-\frac{1}{T}e+c$$

相轨迹斜率 α 与等倾线斜率 k 均为常数,即

$$\alpha=k=-\frac{1}{T} \tag{7-40}$$

即相轨迹斜率 α 等于等倾线斜率 k,相轨迹为等斜率直线,如图 7-23 所示。这样,在原点邻域的相轨迹的运动会停留在死区范围内的任意一点而构成奇线,如图 7-23(b)中的实线。

(3) 提前切换使继电控制系统响应加速,改善了系统的动态性能。

(4) 延迟切换会加大系统的响应时间,甚至产生极限环或者不稳定。

继电型控制的切换情况变化对系统性能的影响如图 7-24 所示。

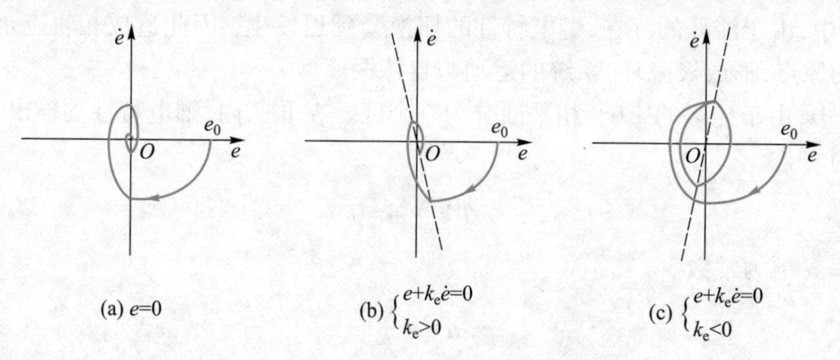

图 7-24 切换线变化时继电控制系统的相轨迹

图(a)为切换线 $e=0$ 时的相轨迹。图(b)、(c)为切换线 $e+k_e\dot{e}=0$ 时的相轨迹(切换线倾斜)。如图(b)所示为 $k_e>0$ 时的情况。切换线逆时针倾斜,过Ⅱ、Ⅳ象限,使得相轨迹可以提前切换,减少了振荡次数,缩短了系统的响应时间,系统的动态性能得到改善。

相反,当 $k_e<0$ 时,切换线顺时针倾斜,过Ⅰ、Ⅲ象限,相轨迹的切换延迟,增加了振荡次数,加大了响应时间,甚至产生极限环或者不稳定,使系统不能趋于稳态。图(c)所示为出现极限环的情况。

关于切换方式改变的方法,可以在原控制系统上增加速度反馈通路,如图 7-25 所示。

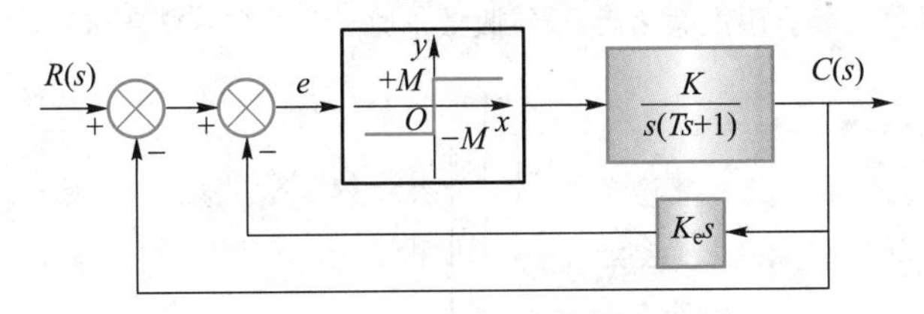

图 7-25 改变切换方式的实现方法

图 7-25 中,由于增加了速度反馈通路,此时系统的非线性部分改变为

$$m=\begin{cases}+M, & e+k_e\dot{e}>0\\ -M, & e+k_e\dot{e}<0\end{cases} \tag{7-41}$$

因此,切换线成为

$$e+k_e\dot{e}=0 \tag{7-42}$$

速度反馈系数 k_e 可以调整线性切换线的斜率。当 $k_e>0$ 时速度反馈为负反馈,切换线逆时针方向倾斜,继电特性可以提前切换,因此加快了系统的响应速度。当 $k_e<0$ 时速度反馈为正反馈,切换线顺时针方向倾斜,继电特性的切换成为延迟切换,系统的动态性能也就变差了,甚至发散。

[例 7-10] 带有饱和特性的非线性系统如图 7-26 所示,试用相平面法作系统分析。

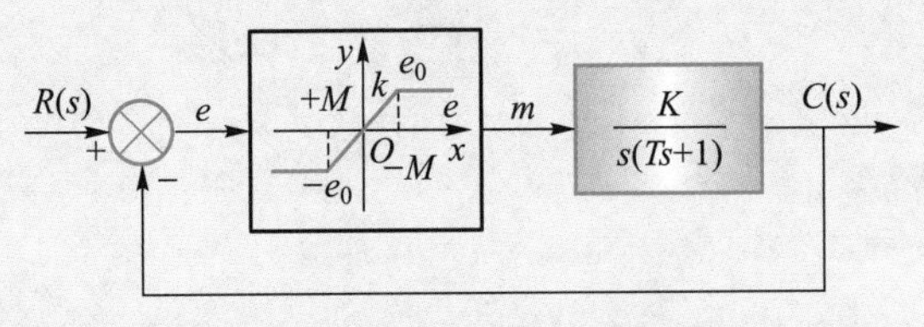

图 7-26 带有饱和特性的非线性控制系统

解 系统线性部分运动方程为

$$T\ddot{c}+\dot{c}=Km \tag{7-43}$$

非线性部分为

$$m=\begin{cases}+M, & e>e_0\\ ke, & -e_0\leqslant e\leqslant e_0\\ -M, & e<-e_0\end{cases} \tag{7-44}$$

此处,m 为饱和特性的输出,代入误差运动方程,可得到三个运动方程,即

$$\begin{cases} T\ddot{e}+\dot{e}=-KM, & e>e_0 \quad (1) \\ T\ddot{e}+\dot{e}=-Kke, & -e_0\leqslant e\leqslant e_0 \quad (2) \\ T\ddot{e}+\dot{e}=KM, & e<-e_0 \quad (3) \end{cases} \tag{7-45}$$

这三个运动方程分别表达了系统在三个分区中的运动特性。

方程(1)和(3)的相轨迹与继电特性的相轨迹相同,由饱和点所决定,切换位置提前,方程(2)的相轨迹为线性系统的运动。由于方程(2)的奇点性质为稳定焦点,所以最后一次进入Ⅱ区后,相轨迹不再进入其他工作区,在Ⅱ区内经有限次振荡后,最终收敛于原点,如图 7-27 所示。

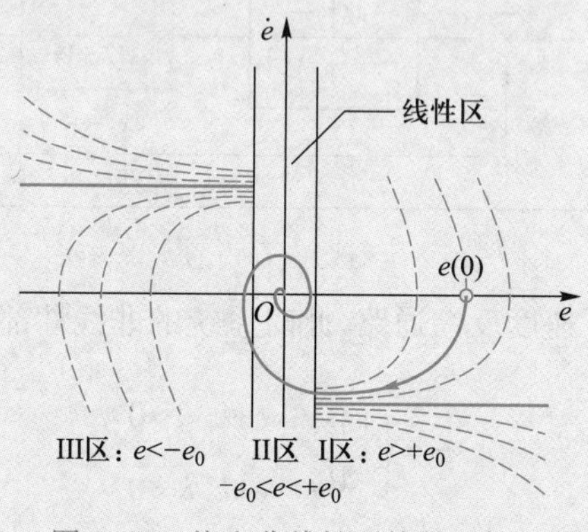

图 7-27 饱和非线性系统的相轨迹

从饱和特性的相平面分析可以看到:

(1) 如果系统的固有部分具有良好的阻尼特性,系统最后进入Ⅱ区后,呈现出在超调量、调节时间、振荡次数等方面均良好的动态特性,而且不产生自持振荡;

(2) 饱和点的大小可以决定分区切换次数的多少。饱和点的值大,则线性工作区大,分区切换次数少,非线性振荡次数少,饱和非线性对系统的影响小;饱和点的值小,则线性工作区范围小,分区切换次数增加,非线性振荡次数增多,饱和非线性对系统的影响就不可忽视。

7-3 描述函数法

描述函数法是用于非线性系统分析的一种有用的工具。这种分析方法建立在谐波线性化的基础上,分析在周期信号中,其基本频率分量的传递关系,从而讨论系统的一些基本特性,如系统的稳定性,是否产生自持振荡,如果是的话,该自持振荡的振荡频率和幅值如何等。

7-3-1 描述函数的定义

含有本质非线性环节的控制系统结构图如图 7-28 所示。

图中,$G_o(s)$为控制系统的固有特性,其频率特性为 $G_o(j\omega)$。一般情况下,$G_o(j\omega)$具有低通特性,也就是说,信号中的高频分量受到不同程度的衰减,可以近似认为高频分量不能传递到输出端。那么非线性环节对于输入信号的基本频率分量的传递能力就可以提供系统关于自持振荡的基本信息。由此,定义描述函数如下。

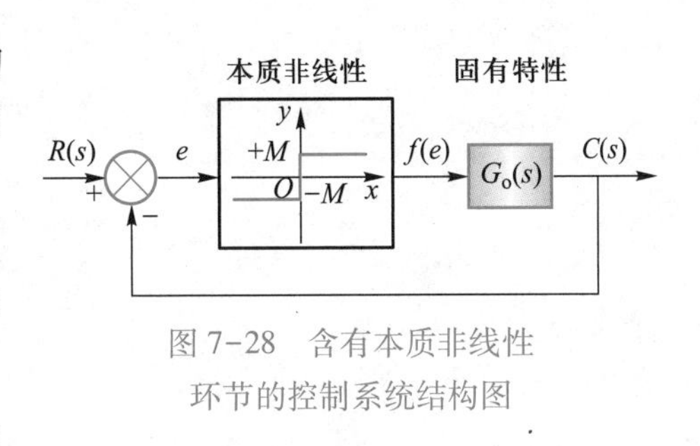

图 7-28 含有本质非线性环节的控制系统结构图

设非线性环节的输入输出关系为

$$y=f(x) \tag{7-46}$$

如果输入信号为正弦信号

$$x(t)=X\sin\omega t \tag{7-47}$$

式中,X 是正弦信号的幅值,ω 是正弦信号的频率,则输出信号 $y(t)$ 为周期非正弦信号,可以展开为傅氏级数,即

$$y(t)=\frac{A_0}{2}+\sum_{n=1}^{\infty}(A_n\cos n\omega t+B_n\sin n\omega t) \tag{7-48}$$

式中,A_0 为水平分量。如果 $y(t)$ 为奇函数,则有

$$A_0=0 \tag{7-49}$$

正弦、余弦谐波分量的幅值分别为

$$A_n=\frac{1}{\pi}\int_0^{2\pi}y(t)\cos n\omega t\cdot \mathrm{d}(\omega t) \tag{7-50}$$

$$B_n=\frac{1}{\pi}\int_0^{2\pi}y(t)\sin n\omega t\cdot \mathrm{d}(\omega t) \tag{7-51}$$

各次谐波分量以幅值与幅角来表示可表示为

$$y_n=Y_n\mathrm{e}^{\mathrm{j}\varphi_n} \tag{7-52}$$

其中,各次分量的幅值为

$$Y_n=\sqrt{A_n^2+B_n^2} \tag{7-53}$$

各次分量的相位为

$$\varphi_n=\arctan\frac{A_n}{B_n} \tag{7-54}$$

其中,基波分量为

$$y_1=Y_1\mathrm{e}^{\mathrm{j}\varphi_1} \tag{7-55}$$

基波分量的幅值为

$$Y_1=\sqrt{A_1^2+B_1^2} \tag{7-56}$$

基波分量的相位为

$$\varphi_1=\arctan\frac{A_1}{B_1} \tag{7-57}$$

非线性环节的描述函数为输出信号的基波分量与输入正弦信号之比,表示为

$$N(\Delta)=\frac{y_1(t)}{x(t)}=\frac{Y_1\mathrm{e}^{\mathrm{j}\varphi_1}}{X\mathrm{e}^{\mathrm{j}0}}=\frac{Y_1}{X}\mathrm{e}^{\mathrm{j}\varphi_1}=\frac{\sqrt{A_1^2+B_1^2}}{X}\mathrm{e}^{\mathrm{j}\arctan\frac{A_1}{B_1}} \tag{7-58}$$

$N(\Delta)$表示与变量Δ的函数关系。如果$N(\Delta)$是输入信号幅值X的函数，则可表为$N(X)$。如果$N(\Delta)$是输入信号频率ω的函数，则可表为$N(\mathrm{j}\omega)$。

从非线性环节描述函数$N(\Delta)$的定义可以看出：

(1) 它是以幅值的变化与相位的变化来描述的，类似于线性系统分析中的频率特性的定义；

(2) 在$N(\Delta)$中，由于略去了所有高频信号的传递，只考虑基频信号的传递关系，因此不同于线性系统的频率特性。

7-3-2 非线性环节的描述函数

1. 继电特性

继电特性的数学表达式为

$$y(x)=\begin{cases}M, & x>0\\ -M, & x<0\end{cases} \tag{7-59}$$

当输入信号为正弦信号

$$x(t)=X\sin\omega t$$

时，继电特性为过零切换，则输出信号为周期方波信号，如图7-29所示。

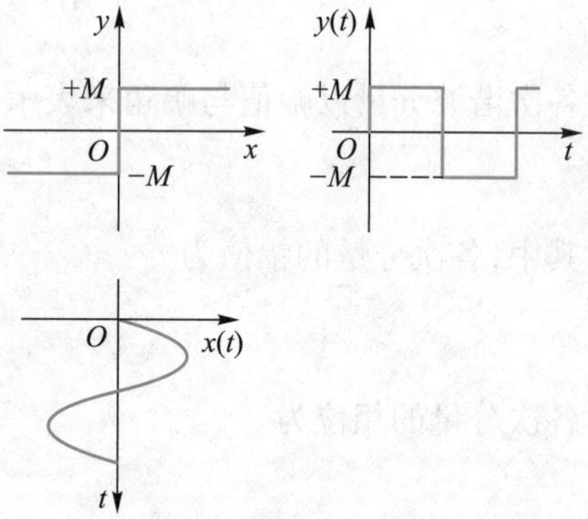

图7-29 继电特性的波形

由于正弦信号为奇函数，所以周期方波信号也是奇函数，则有傅氏级数的水平分量系数与基波偶函数分量系数为零，即

$$A_0=0,与\ A_1=0$$

而基波奇函数分量系数为

$$B_1=\frac{1}{\pi}\int_0^{2\pi}y(t)\sin\omega t\cdot\mathrm{d}(\omega t)=\frac{2}{\pi}\int_0^{\pi}y(t)\sin\omega t\cdot\mathrm{d}(\omega t)=\frac{2}{\pi}\int_0^{\pi}M\cdot\sin\omega t\cdot\mathrm{d}(\omega t)=\frac{4M}{\pi} \tag{7-60}$$

所以,基波分量为

$$y_1(t)=\frac{4M}{\pi}\sin\omega t \tag{7-61}$$

得到继电特性的描述函数为

$$N(X)=\frac{Y_1}{X}e^{j\varphi_1}=\frac{4M}{\pi X} \tag{7-62}$$

相位角为零度,幅值是 X 的函数。

2. 饱和特性

饱和特性的数学表达式为

$$y(x)=\begin{cases}M, & x>a\\ kx, & -a\leqslant x\leqslant a\\ -M, & x<-a\end{cases} \tag{7-63}$$

输入信号为正弦信号时,输出信号为

$$y(t)=\begin{cases}kX\sin\omega t, & 0<\omega t<\alpha_1\\ M=ka, & \alpha_1\leqslant\omega t\leqslant(\pi-\alpha_1)\\ kX\sin\omega t, & (\pi-\alpha_1)<\omega t<\pi\end{cases} \tag{7-64}$$

输入、输出波形如图 7-30 所示。

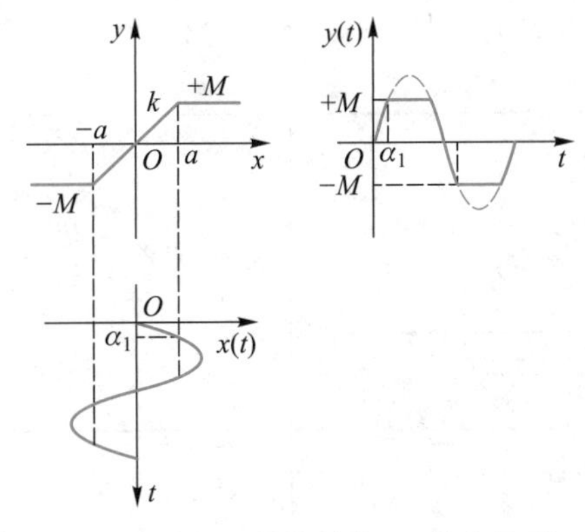

图 7-30 饱和特性的输入、输出波形

由于

$$A_0=0,与\ A_1=0$$

而

$$\begin{aligned}B_1&=\frac{1}{\pi}\int_0^{2\pi}y(t)\sin\omega t\cdot d(\omega t)\\&=\frac{4}{\pi}\int_0^{\frac{\pi}{2}}y(t)\sin\omega t\cdot d(\omega t)\\&=\frac{4}{\pi}\left[\int_0^{\alpha_1}kX\sin\omega t\cdot\sin\omega t\cdot d(\omega t)+\int_{\alpha_1}^{\frac{\pi}{2}}ka\cdot\sin\omega t\cdot d(\omega t)\right]\end{aligned}$$

$$
\begin{aligned}
&=\frac{4kX}{\pi}\left\{\left[\frac{1}{2}\omega t-\frac{1}{4}\sin 2\omega t\right]_{0}^{\alpha_1}+\frac{a}{X}\left[-\cos \omega t\right]_{\alpha_1}^{\frac{\pi}{2}}\right\}\\
&=\frac{4kX}{\pi}\left[\frac{1}{2}\alpha_1-\frac{1}{4}\sin 2\alpha_1+\frac{a}{X}\cos \alpha_1\right]\\
&=\frac{2kX}{\pi}\left[\arcsin \frac{a}{X}+\frac{a}{X}\sqrt{1-\left(\frac{a}{X}\right)^{2}}\right]
\end{aligned}
\tag{7-65}
$$

式中，$X \geqslant a$ 以及 $\alpha_1=\arcsin \dfrac{a}{X}$，可求得饱和特性的描述函数为

$$
N(X)=\frac{2k}{\pi}\left[\arcsin \frac{a}{X}+\frac{a}{X}\sqrt{1-\left(\frac{a}{X}\right)^{2}}\right],\quad X \geqslant a \tag{7-66}
$$

它也是输入正弦信号幅值 X 的函数。

其他与幅值相关的典型非线性环节的输入输出波形及描述函数可参阅表 7-2。

表 7-2 典型非线性环节的输入输出波形及描述函数

非线性类型	描述函数
继电非线性	$N(X)=\dfrac{4M}{\pi X}$
饱和非线性	$N(X)=\dfrac{2k}{\pi}\left[\arcsin \dfrac{a}{X}+\dfrac{a}{X}\sqrt{1-\left(\dfrac{a}{X}\right)^{2}}\right]$ $X \geqslant a$
线性+死区非线性	$N(X)=k-\dfrac{2k}{\pi}\left[\arcsin \dfrac{\Delta}{X}+\dfrac{\Delta}{X}\sqrt{1-\left(\dfrac{\Delta}{X}\right)^{2}}\right]$
继电+死区非线性	$N(X)=\dfrac{4M}{\pi X}\sqrt{1-\left(\dfrac{\Delta}{X}\right)^{2}}$

续表

非线性类型	描述函数
滞环非线性	$N(X)=\sqrt{\left(\frac{a_1}{X}\right)^2+\left(\frac{b_1}{X}\right)^2}\cdot e^{j\left[\arctan\frac{a_1}{b_1}\right]}$ $\left(\frac{a_1}{X}\right)=-\frac{4h}{\pi X}\left(1-\frac{h}{X}\right)$ $\left(\frac{b_1}{X}\right)=\frac{1}{2}\left\{1-\frac{2}{\pi}\cdot\left[\arcsin\left(1-\frac{2h}{X}\right)-\left(1-\frac{2h}{X}\right)\cdot\sqrt{1-\left(1-\frac{2h}{X}\right)^2}\right]\right\}$
继电+滞环非线性	$N(X)=\frac{4M}{\pi X}\cdot e^{j\left[\arcsin\frac{h}{X}\right]}$
继电+死区+滞环非线性 $\alpha=\frac{h}{\Delta},\beta=\frac{M}{\Delta}$	$N(X)=\sqrt{\left(\frac{a_1}{X}\right)^2+\left(\frac{b_1}{X}\right)^2}\cdot e^{j\left[\arctan\frac{a_1}{b_1}\right]}$ $\left(\frac{a_1}{X}\right)=-\frac{4\alpha\beta}{\pi}\left(\frac{\Delta}{X}\right)^2$ $\left(\frac{b_1}{X}\right)=\frac{2\beta}{\pi}\cdot\frac{\Delta}{X}\left[\sqrt{1-\left(\frac{\Delta}{X}\right)^2(1-\alpha^2)}+\sqrt{1-\left(\frac{\Delta}{X}\right)^2(1+\alpha^2)}\right]$

3. Clegg 非线性积分器

Clegg 非线性积分器是一种非线性器件，其输出信号的幅值与输入信号的幅值无关，而与输入信号的频率成反比，与线性积分器相同，但是输出信号的相位滞后角仅为−38.1°，与线性积分器不同。

这种非线性积分器的输入输出特性可以由描述函数法来进行描述。由于它是输入信号频率的函数，所以可以表为 $N(j\omega)$，与线性系统的频率特性 $G(j\omega)$ 表示相同。

Clegg 非线性积分器的数学描述为

$$u_o(t)=\begin{cases}0, & t=t_n,u_i(t_n)=0\\ \frac{1}{T_i}\int_{t_n}^{t}u_i(t)\mathrm{d}t, & t_n<t<t_{n+1},u_i(t)\neq 0\\ 0, & t=t_{n+1},u_i(t_{n+1})=0\end{cases} \tag{7-67}$$

当输入信号为正弦信号 $u_i(t)=X\sin\omega t$ 时，Clegg 非线性积分器的输入输出波形如图 7-31 所示。

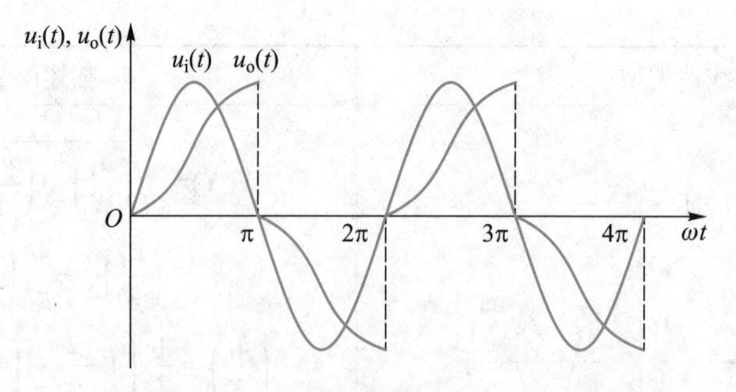

图 7-31 Clegg 非线性积分器的输入输出波形

上图的分段解析表达式为

$$u_o(t)=\begin{cases}\dfrac{X}{\omega T_i}(1-\cos\omega t), & 0\leqslant\omega t<\pi\\ 0, & \omega t=\pi\\ -\dfrac{X}{\omega T_i}(1+\cos\omega t), & \pi<\omega t<2\pi\\ 0, & \omega t=2\pi\end{cases} \tag{7-68}$$

根据输出波形,可以写出它的傅里叶级数为

$$u_o(t)=-\frac{X}{\omega T_i}\cos\omega t+\frac{X}{\omega T_i}\cdot\frac{4}{\pi}\cdot\left(\sin\omega t+\frac{1}{3}\sin 3\omega t+\frac{1}{5}\sin 5\omega t+\cdots\right) \tag{7-69}$$

其中的基波分量为

$$\begin{aligned}u_{o1}(t)&=-\frac{X}{\omega T_i}\cos\omega t+\frac{4X}{\pi\omega T_i}\sin\omega t\\&=A_{o1}\sin(\omega t+\varphi_{o1})\end{aligned} \tag{7-70}$$

则基波振幅为

$$A_{o1}=\sqrt{\left(-\frac{X}{\omega T_i}\right)^2+\left(\frac{4X}{\pi\omega T_i}\right)^2}=\frac{X}{\omega T_i}\sqrt{1+\left(\frac{4}{\pi}\right)^2}=\frac{1.62X}{\omega T_i} \tag{7-71}$$

基波相位为

$$\varphi_{o1}=\arctan\frac{-\dfrac{X}{(\omega T_i)}}{\dfrac{4X}{(\pi\omega T_i)}}=-38.1° \tag{7-72}$$

所以其基波输出为

$$u_{o1}(t)=\frac{1.62X}{\omega T_i}\sin(\omega t-38.1°) \tag{7-73}$$

它的描述函数为

$$N(j\omega)=\frac{u_{o1}(t)}{u_i(t)}=\frac{1.62}{\omega T_i}e^{-j38.1°} \tag{7-74}$$

其幅值为

$$|N(\mathrm{j}\omega)|=\frac{1.62}{\omega T_{\mathrm{i}}} \tag{7-75}$$

幅角为常数值-38.1°

$$\angle N(\mathrm{j}\omega)=\mathrm{e}^{-\mathrm{j}38.1^{\circ}} \tag{7-76}$$

作为比较,写出线性积分器的传递函数为

$$G(s)=\frac{1}{Ts} \tag{7-77}$$

其频率特性为

$$G(\mathrm{j}\omega)=\frac{1}{\mathrm{j}\omega T}=\frac{1}{\omega T}\mathrm{e}^{-\mathrm{j}90^{\circ}} \tag{7-78}$$

所以,Clegg 非线性积分器的描述函数 $N(\mathrm{j}\omega)$ 与线性积分器的表达式 $G(\mathrm{j}\omega)$ 近似。它的幅值与输入信号的幅值大小无关,而与输入信号的频率 ω 的大小成反比。它的相位滞后角为-38.1°,与线性积分器相比,具有相位超前特性。

7-3-3 非线性控制系统的描述函数分析

利用描述函数法来分析一个非线性控制系统,可以确定该非线性系统的稳定性。如果非线性系统是稳定的,进一步还可以得到关于极限环稳定的运动参数,也就是系统自持振荡时的振荡频率和振荡幅值。

当控制系统的非线性部分以描述函数 $N(X)$ 来表示时,系统如图 7-32 所示。

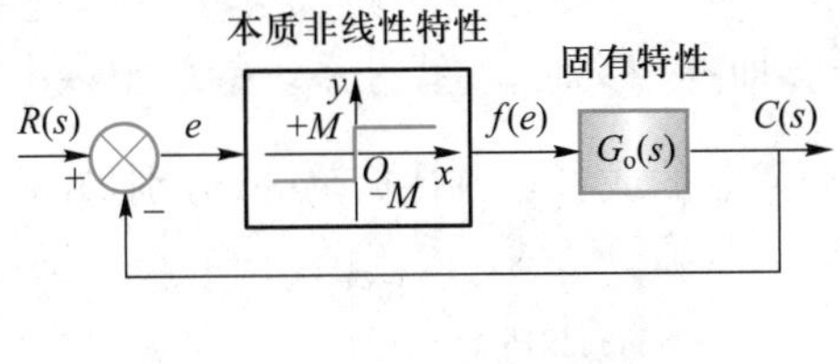

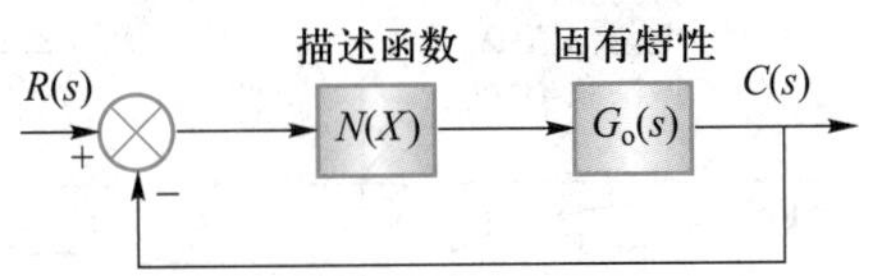

图 7-32 含有本质非线性环节的控制系统

图中,$G_{\mathrm{o}}(s)$ 为前向通路中的线性部分,$N(X)$ 是用描述函数来表示的本质非线性部分。由结构图可以得到谐波线性化后的闭环频率特性为

$$\frac{C(\mathrm{j}\omega)}{R(\mathrm{j}\omega)}=\frac{N(X)G_{\mathrm{o}}(\mathrm{j}\omega)}{1+N(X)G_{\mathrm{o}}(\mathrm{j}\omega)} \tag{7-79}$$

闭环特征方程为

$$1+N(X)G_{\mathrm{o}}(\mathrm{j}\omega)=0 \tag{7-80}$$

得到

$$G_o(j\omega)=-\frac{1}{N(X)} \tag{7-81}$$

在线性系统分析中,应用奈氏判据,当满足 $G_o(j\omega)=-1$ 时,系统是临界稳定的,即系统是等幅振荡的。对于非线性系统,输入为正弦信号 $X\sin\omega t$,情况要复杂得多。

基于奈氏判据,可以得到非线性系统的稳定性描述如下。

首先求得非线性系统的描述函数 $N(X)$,然后由式(7-81),在极坐标图上作描述函数 $N(X)$ 的负倒数曲线 $-\frac{1}{N(X)}$,同时将固有特性 $G_o(j\omega)$ 也作在极坐标图上。

当 $G_o(j\omega)$ 曲线不包围 $-\frac{1}{N(X)}$ 曲线时,非线性系统是稳定的。当 $G_o(j\omega)$ 曲线包围 $-\frac{1}{N(X)}$ 曲线时,非线性系统不稳定。两种情况分别如图 7-33(a)和(b)所示。

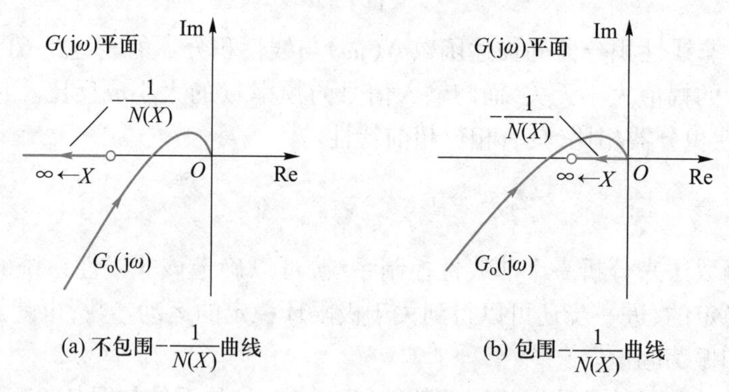

图 7-33 非线性系统的稳定性

当 $G_o(j\omega)$ 曲线与 $-\frac{1}{N(X)}$ 曲线相交时,非线性系统的稳定性由临界点邻域的运动性质来决定,即系统可能是稳定的、发散的或者是自持振荡的,分别如图 7-34 所示。

视频:自持振荡点的判别

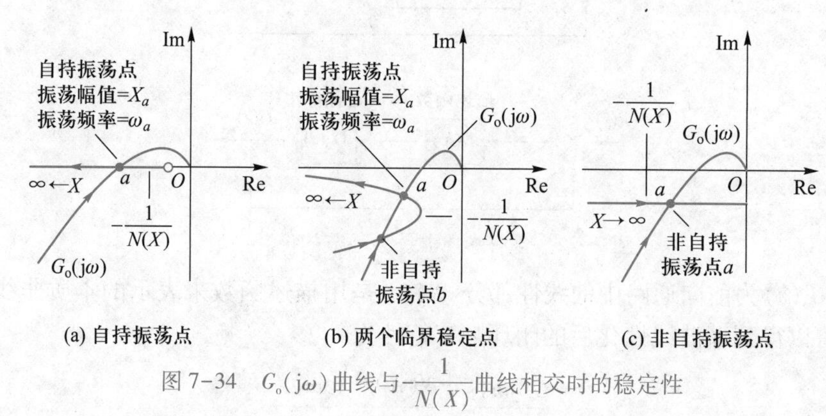

图 7-34 $G_o(j\omega)$ 曲线与 $-\frac{1}{N(X)}$ 曲线相交时的稳定性

在图(a)中,临界点 a 邻域向右方的扰动,使得被 $G_o(j\omega)$ 曲线包围的 $-\frac{1}{N(X)}$ 曲线的部分以幅值增大而趋于 a 点运动,而临界点 a 邻域向左方的扰动,使得不被 $G_o(j\omega)$ 曲线包围的

$-\dfrac{1}{N(X)}$曲线的部分以幅值减小而趋于 a 点运动。因此，临界点 a 为自持振荡点。在图(c)中，临界点 a 邻域两边的扰动都要使得运动脱离 a 点，因此不能形成自持振荡点。在图(b)中，由于有两个临界点，a 点与 b 点，通过扰动分析，只有图中的 a 点可以形成自持振荡。

在形成自持振荡的情况下，自持振荡的振幅由$-\dfrac{1}{N(X)}$曲线的自变量 X 的大小确定为 X_a，自持振荡的频率由 $G_o(j\omega)$ 曲线的自变量 ω 来确定为 ω_a，如图 7-34 所示。

[例 7-11] 已知死区+继电特性的非线性控制系统如图 7-35 所示，其中继电特性参数为 $M=1.7$，死区特性参数为 $\Delta=0.7$，应用描述函数法进行系统分析。

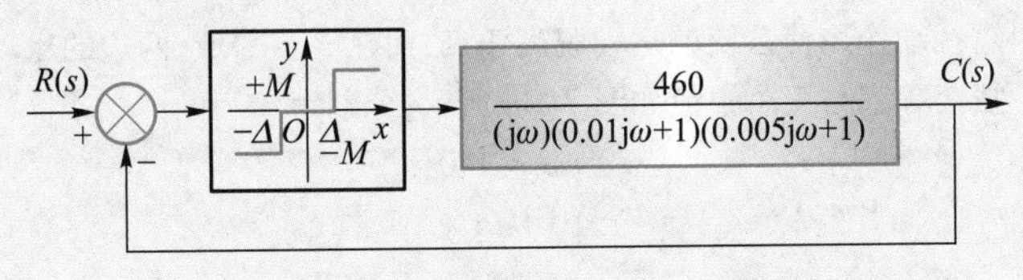

图 7-35 死区+继电特性的非线性控制系统

解 带死区+继电特性的非线性环节的描述函数为

$$N(X)=\frac{4M}{\pi X}\sqrt{1-\left(\frac{\Delta}{X}\right)^2}$$

其负倒数函数为

$$-\frac{1}{N(X)}=-\frac{\pi X}{4M\sqrt{1-\left(\dfrac{\Delta}{X}\right)^2}}$$

当 X 为变量，由 Δ 开始增加时，$-\dfrac{1}{N(X)}$曲线从负无穷处出发沿负实轴增加，相角始终为$-\pi$，所以$-\dfrac{1}{N(X)}$曲线位于 $G(j\omega)$ 平面的负实轴上，幅值大小$\left|-\dfrac{1}{N(X)}\right|$随着 X 的增加先减后增，在 X 增加到

$$X=\sqrt{2}\Delta$$

时，有极大值

$$-\frac{1}{N(X)}=-\frac{\pi\Delta}{2M}$$

作$-\dfrac{1}{N(X)}$曲线，如图 7-36 所示。

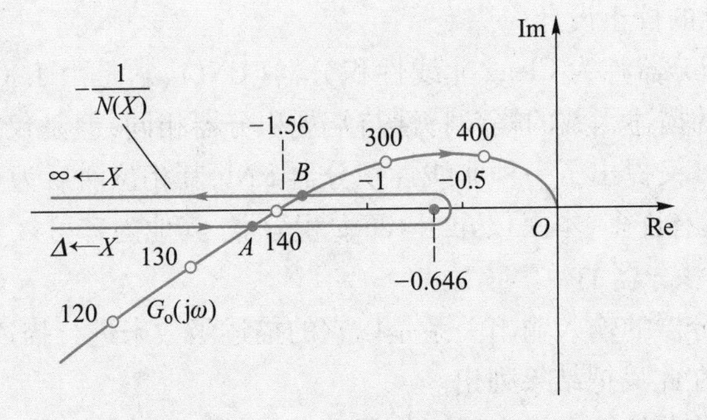

图 7-36 死区+继电特性的非线性系统的描述函数分析

进而，在图上作 $G_o(j\omega)$ 曲线，当 $\omega=140$ 时，$G_o(j\omega)$ 曲线穿过虚轴

$$|G_o(j\omega)|_{\omega=140}=1.56$$

如图 7-36 所示。

当 $M=1.7,\Delta=0.7$ 时，$-\dfrac{1}{N(X)}$ 曲线的端点值为 $-\dfrac{1}{N(X)}\Bigg|_{\substack{\Delta=0.7\\M=1.7}}=-0.646$。因此，$G_o(j\omega)$ 曲线与 $-\dfrac{1}{N(X)}$ 曲线在 $1.56e^{j-180°}$ 处两次相交，两次相交的 X 值分别为

$$\begin{cases}X_A=0.716\\X_B=3.3\end{cases}$$

对于 A 点的邻域，被 $G_o(j\omega)$ 曲线包围的段上，X 是增幅的，不被 $G_o(j\omega)$ 曲线包围的段上，X 是减幅的。因此，在 A 点邻域，扰动作用使系统的运动脱离 A 点，而在 B 点邻域，两边的运动基于奈氏稳定性判据而形成自持振荡。振荡频率与振荡幅值如图 7-36 所示，分别为

$$\begin{cases}\omega_B=140\\X_B=3.3\end{cases}$$

从图 7-36 上可以看到，该非线性系统是不可能消除自持振荡的。减小开环增益使得奈氏轨迹 $G_o(j\omega)$ 向右移动，或者增大死区限 Δ 和减小继电特性的幅值 M 都可以使得两曲线脱离相交，但是系统也就由于不敏感于控制信号而与控制无关了。可以通过上述参数的调整来设法减小自持振荡幅值的大小。

7-4 非线性控制器及其应用

本节主要讨论针对某些线性系统，可以采用非线性控制器的方法来解决具体的控制问题。这些非线性控制器的特点比较明显，已经在许多工程控制中得到应用，在此只介绍其中的部分内容。

7-4-1 非线性积分器

非线性积分器是采用非线性方式构成的积分器。它具有线性积分器的基本特性，但是相位角大于或者远远大于-90°。由于具有相位滞后小的特点，非线性积分器可以有效地增大开环系统的相位裕度 γ_c，从而有效地改善系统的动态特性，可以和线性校正装置一样，方便地应用于控制系统的校正设计。

最早的非线性积分器称为 Clegg 非线性积分器(CNI)，它是由 J. C. Clegg 于 1958 年提出的。Clegg 积分器的描述函数的幅频特性与常规积分器相同，但是仅有 38.1°的相位滞后。1977 年，A. Karybakas 又提出了一种非线性积分器 KNI，其相位滞后为 0°。关于非线性控制器方面的研究成果还有许多，本书仅介绍 Clegg 积分器，其他内容可以参考专门的书籍。

1. Clegg 非线性积分器的数学描述

Clegg 非线性积分器的输入输出关系是以它的描述函数来进行描述的，在前面的描述函数求取中已经讲过，在此只把结果列出。

Clegg 非线性积分器的输入输出波形如图 7-37 所示。

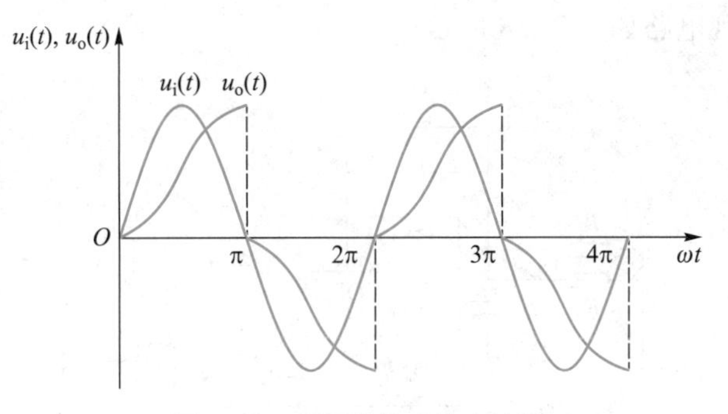

图 7-37 CNI 的输入输出波形

图示波形的分段解析表达式为

$$u_o(t)=\begin{cases}\dfrac{X}{\omega T_i}(1-\cos\omega t), & 0\leqslant\omega t<\pi\\ 0, & \omega t=\pi\\ -\dfrac{X}{\omega T_i}(1+\cos\omega t), & \pi<\omega t<2\pi\\ 0, & \omega t=2\pi\end{cases} \tag{7-82}$$

CNI 的描述函数为

$$N(\mathrm{j}\omega)=\frac{u_{o1}(t)}{u_i(t)}=\frac{1.62}{\omega T_i}\mathrm{e}^{-\mathrm{j}38.1^\circ} \tag{7-83}$$

从上式可以看到,CNI 的描述函数中,其幅值是频率 ω 的反比函数,与输入正弦函数的幅值 X 的大小无关;其相位角为常数,即滞后角度只有-38.1°。因此,CNI 的描述函数与频率特性是等价的,表示为 $N(\mathrm{j}\omega)$。CNI 与线性积分器的比较如表 7-3 所示。

表 7-3 CNI 与线性积分器的比较

线性积分器	CNI
频率特性为 $G(\mathrm{j}\omega)=\dfrac{1}{\mathrm{j}T_i\omega}$	描述函数为 $N(\mathrm{j}\omega)=\dfrac{1.62}{\omega T_i}\mathrm{e}^{-\mathrm{j}38.1^\circ}$
幅频特性为 $A(\omega)=\dfrac{1}{T_i\omega}$	幅频特性为 $\lvert N(\mathrm{j}\omega)\rvert=\dfrac{1.62}{\omega T_i}$
相频特性为 $\varphi(\omega)=-90^\circ$	相频特性为 $\underline{/N(\mathrm{j}\omega)}=\mathrm{e}^{-\mathrm{j}38.1^\circ}$

CNI 与常规积分器相比,幅频特性除了一个常数值不同外,都是频率 ω 的反比函数。相位角都是相位滞后的,但是 CNI 只有-38.1°的相位滞后角,与常规积分器相比,相位超前了51.9°,这是 Clegg 非线性积分器最显著的特点。用 CNI 来代替常规积分器的话,就可以获得比原系统更充裕的相位裕度。

2. Clegg 非线性积分器的电路实现

CNI 可以有各种不同的电路实现,在这里介绍一种近似实现电路。该电路根据图 7-37 的输入输出波形,用运算放大器的单元电路组成,因此电路简单,容易实现。

CNI 的近似实现电路如图 7-38 所示。

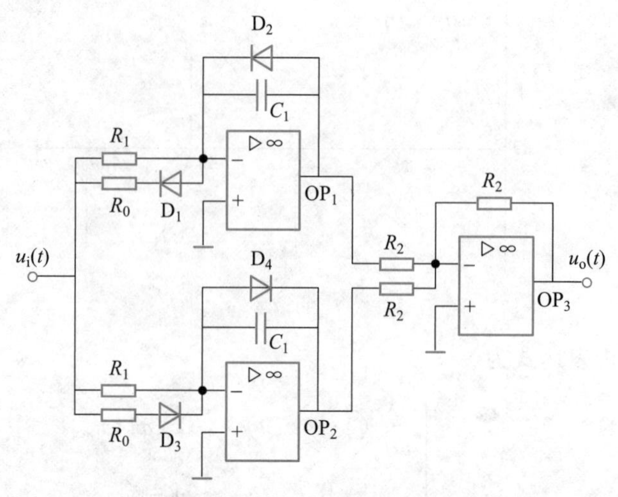

图 7-38 CNI 的近似实现电路

电路中,OP_1 与 OP_2 分别是正向积分电路与反向积分电路,OP_3 为求和电路。当正向积分时,由于 D_1、D_2 反向截止,正向积分电路按照积分时间常数 $T=R_1C_1$ 作正向积分,此时反向积分电路由于二极管 D_3、D_4 导通输出为零。输入信号过零时,积分电容上的电压通过 D_1、R_0 迅速放电,将正向积分电压值迅速置零,同时反向积分电路开始工作,原理同前。求和器 OP_3 的输出为正向积分值与反向积分值的叠加,就得到了 CNI 的实际输出波形,如图 7-39 所示。

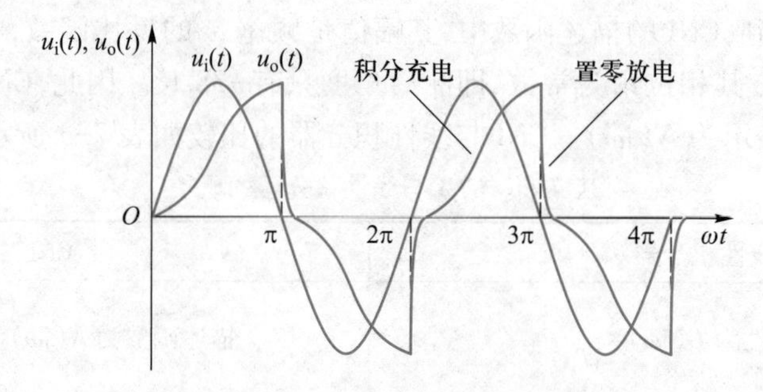

图 7-39 CNI 的实际输出波形

由于积分电容 C_1 通过 R_0 的放电再快也是需要时间的,所以该电路所实现的 CNI 是近似实现的。尽管上述近似实现的响应波形与理想波形相比有一些畸变,但是在可以满足需要的精度情况时,该电路结构简单,容易实现。

CNI 的理想实现电路如图 7-40 所示。

CNI 理想实现电路由两部分构成。上半部电路完成正反向积分与求和运算,与 CNI 近似实现电路的原理相同,所不同的是由结型场效应管 T_1 与 T_2 的全导通来实现电容的快速放电。为了给 T_1、T_2 提供导通控制信号,增加了下半部的快速放电控制电路,电路原理就不详述了。

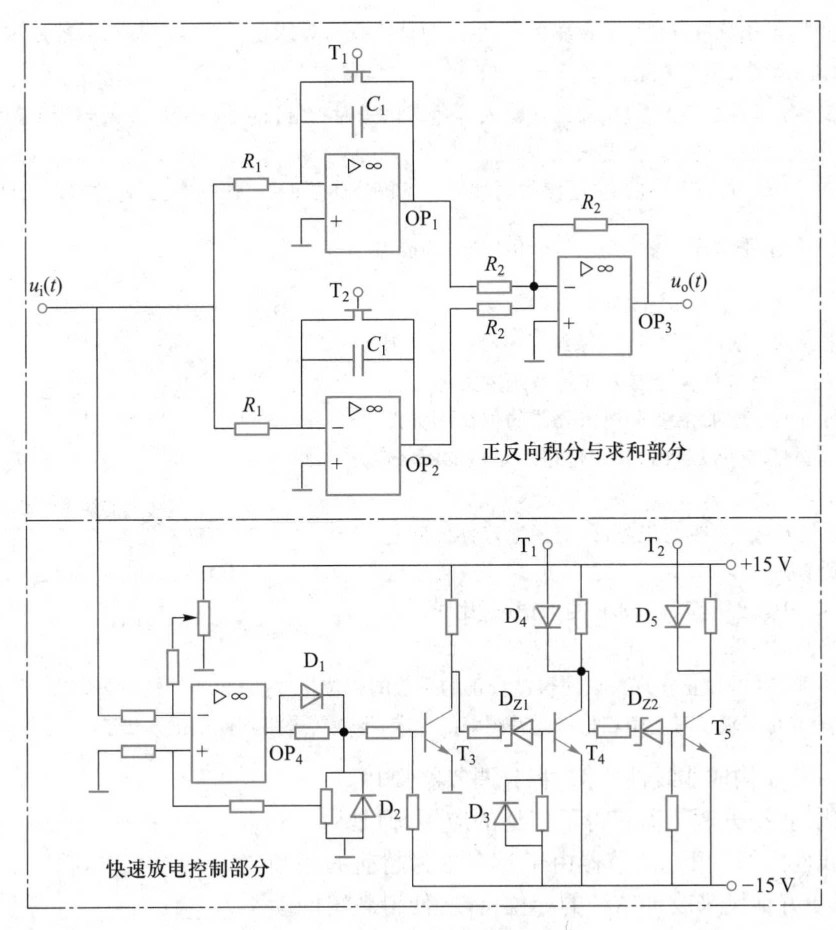

图 7-40 CNI 的理想实现电路

3. CNI 在系统控制中的应用

因为 CNI 与线性积分器相比具有相位超前的优点，因此可以采用 CNI 来构成各种校正装置完成系统的控制。CNI 非线性积分器单独使用时，可以在小的相位滞后条件下完成积分运算。CNI 与比例环节可以共同构成非线性比例-积分调节器（NPI），还可以由 CNI 与其他线性环节共同构成非线性比例-双积分调节器（NPDI）。

（1）利用 CNI 来改善系统的无差度

［例 7-12］ 已知位置随动系统如图 7-41 所示。试采用 CNI 积分器作校正，使得系统具有Ⅱ型系统的无差度。

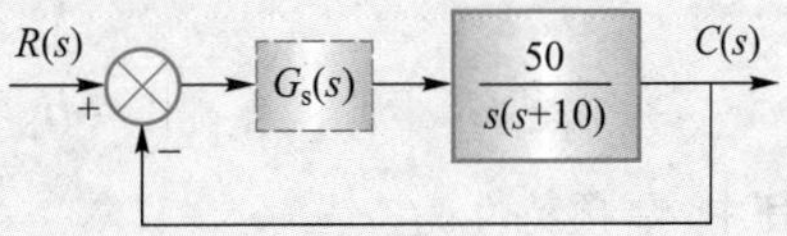

解 该系统为Ⅰ型系统，具有一阶无差度。

阶跃响应时，稳态误差 e_{ss} 为零，其动态特性如下：

超调量：$M_p = 4.3\%$；

调节时间：$t_s = 0.8$ s。

R(s) + − $G_s(s)$ $\frac{50}{s(s+10)}$ C(s)

图 7-41 位置随动系统

斜坡响应时，Ⅰ型系统是有差系统，其稳态误差 e_{ss} 为定值误差，即

$$e_{ss} = \frac{1}{K_o} = \frac{1}{5} = 0.2$$

以上计算说明,该系统可以跟踪等速率信号,但是只能实现有差跟踪。跟踪误差 e_{ss} 只能通过增大开环增益 K_o 的值来减小,不能消除。

如果该系统具有二阶无差度,那么在输入等速率信号时,系统的输出就可以做到无差跟踪输入信号,这对于伺服控制系统是基本要求。

最简单直观的方法就是在前向通路中再增加一级积分环节,系统便具有二阶无差度了,即取 $G_s(s)$ 为积分环节 $\frac{1}{s}$,但是这样一来,系统的闭环特征方程成为

$$s^3+10s^2+50=0$$

特征方程中,s 的一次项系数为零,系统是不稳定的。因此简单地增加一级常规积分器来改善系统的无差度的方法是不可行的。增加一级常规积分器的伯德图如图 7-42 所示。从图中可以看出,其相位裕度是负的,系统不稳定。

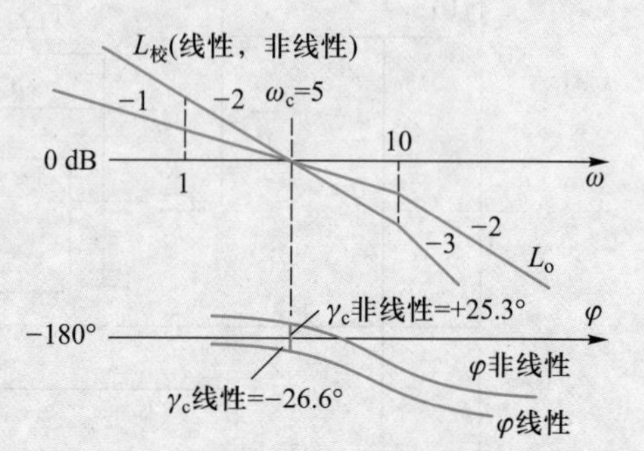

图 7-42 采用 CNI 控制的系统校正

如果采用 Clegg 非线性积分器,上述稳定性的问题就可以得到解决。

图 7-42 中画出了滞后 −38.1°的伯德图,比线性积分校正超前了 51.9°。

可以看到 CNI 的校正实现可以使得被校正的系统的相位裕度从 −26.6°增加到 +25.3°,系统的稳定性得到解决,并且实现了对于斜坡信号无差跟踪的要求,不需要采用其他校正方法了。

(2) 由 CNI 构成非线性比例-积分调节器(NPI)

线性比例-积分调节器获得了广泛的应用,但是由 CNI 构成的非线性比例-积分调节器由于具有更为超前的相频特性,可以更好地用来改善系统的相位裕度,使得系统的动态响应特性更为优良。

NPI 的结构图如图 7-43 所示,与线性 PI 的结构图基本相同,只不过原线性积分器的位置由 CNI 来取代了。

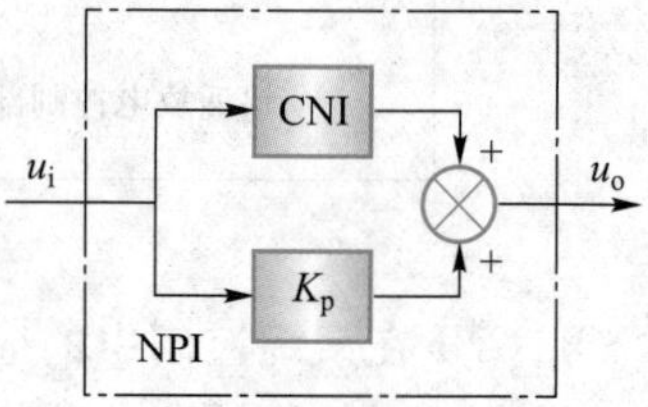

图 7-43 非线性比例-积分调节器结构图

NPI 在输入正弦信号

$$u_i=X\sin\omega t$$

作用下,其输出信号的基波分量为

$$\begin{aligned} u_{o1}&=K_PX\sin\omega t+\frac{1.62}{\omega T_I}X\sin(\omega t-38.1°)\\ &=\left(K_P+\frac{1.275}{\omega T_I}\right)X\sin\omega t-\frac{1}{\omega T_I}X\cos\omega t\\ &=H_N(\omega)\cdot X\sin[\omega t+\varphi_N(\omega)] \end{aligned} \tag{7-84}$$

其中,幅频特性为

$$H_N(\omega)=\sqrt{\left(K_P+\frac{1.275}{\omega T_i}\right)^2+\left(\frac{1}{\omega T_i}\right)^2}=\frac{\sqrt{1+(K_P\omega T_i+1.275)^2}}{\omega T_i} \tag{7-85}$$

相频特性为

$$\varphi_{\mathrm{N}}(\omega)=\arctan\frac{-1}{K_{\mathrm{P}}\omega T_{\mathrm{i}}+1.275} \tag{7-86}$$

则描述函数为

$$N(\mathrm{j}\omega)=H_{\mathrm{N}}(\omega)\cdot \mathrm{e}^{\mathrm{j}\varphi_{\mathrm{N}}(\omega)} \tag{7-87}$$

NPI 的描述函数与输入正弦函数的幅值 X 无关，也是频率 ω 的函数，因此可以将$N(\mathrm{j}\omega)$作为 NPI 的频率特性来看待。

写出线性 PI 的频率特性加以比较。线性 PI 为

$$G_{\mathrm{L}}(s)=K_{\mathrm{P}}\frac{\tau s+1}{\tau s} \tag{7-88}$$

令

$$T_{\mathrm{I}}=\frac{\tau}{K_{\mathrm{P}}} \tag{7-89}$$

幅频特性为

$$H_{\mathrm{L}}(\omega)=\frac{\sqrt{1+(K_{\mathrm{P}}\omega T_{\mathrm{I}})^{2}}}{\omega T_{\mathrm{I}}} \tag{7-90}$$

相频特性为

$$\varphi_{\mathrm{L}}(\omega)=\arctan\frac{-1}{K_{\mathrm{P}}T_{\mathrm{I}}\omega} \tag{7-91}$$

从公式比较可以看出 NPI 与 LPI 的幅频特性近似相同，但是两者的相频特性不同。

低频时

$$\lim_{\omega\to 0}\varphi_{\mathrm{L}}(\omega)\to -90^{\circ}$$
$$\lim_{\omega\to 0}\varphi_{\mathrm{N}}(\omega)\to -38.1^{\circ}$$

高频时

$$\lim_{\omega\to\infty}\varphi_{\mathrm{L}}(\omega)\to 0^{\circ}$$
$$\lim_{\omega\to\infty}\varphi_{\mathrm{N}}(\omega)\to 0^{\circ}$$

因此，NPI 的相位更为超前，用于系统校正时，可以使得系统获得更小的超调量。

(3) 由 CNI 构成非线性比例-双积分调节器(NPDI)

非线性比例-双积分调节器的原理图如图 7-44 所示。

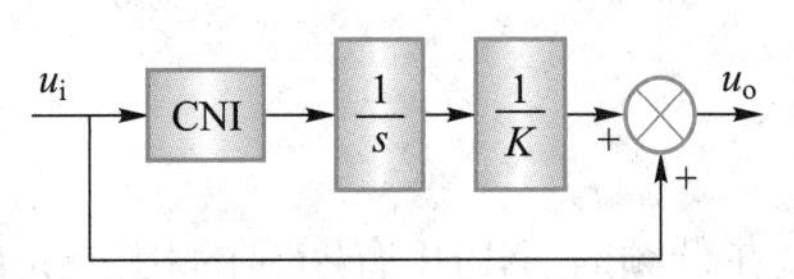

图 7-44 非线性比例-双积分调节器的原理图

由于 CNI 的频率特性为

$$N(\mathrm{j}\omega)=\frac{u_{\mathrm{o1}}(t)}{u_{\mathrm{i}}(t)}=\frac{1.62}{\omega T_{\mathrm{i}}}\mathrm{e}^{-\mathrm{j}38.1^{\circ}}$$

所以 NPDI 的频率特性可以写为

$$G(\mathrm{j}\omega)=1+\frac{\dfrac{1.62}{\omega T_{\mathrm{i}}}\mathrm{e}^{-\mathrm{j}38.1^{\circ}}}{\mathrm{j}\omega K}$$

$$
=\frac{\mathrm{j}\omega K+\dfrac{1.62}{\omega T_{\mathrm{i}}}\mathrm{e}^{-\mathrm{j}38.1^{\circ}}}{\mathrm{j}\omega K}
=H(\omega,K)\cdot\mathrm{e}^{\mathrm{j}\varphi(\omega,K)} \tag{7-92}
$$

式中,幅频特性为

$$
H(\omega,K)=\frac{1.62}{T_{\mathrm{i}}K\omega^{2}}\sqrt{\left(1-\frac{0.617T_{\mathrm{i}}K}{1.62}\omega^{2}\right)^{2}+\left(0.787\times\frac{T_{\mathrm{i}}K}{1.62}\omega^{2}\right)^{2}} \tag{7-93}
$$

相频特性为

$$
\varphi(\omega,K)=\arctan\frac{0.787\times\dfrac{T_{\mathrm{i}}K}{1.62}\omega^{2}}{1-\dfrac{0.617T_{\mathrm{i}}K}{1.62}\omega^{2}}-128.1^{\circ} \tag{7-94}
$$

作为比较,写出线性双积分的频率特性。

线性双积分环节为

$$
G_{\mathrm{I}}(s)=\frac{T^{2}s^{2}+2\zeta Ts+1}{s^{2}} \tag{7-95}
$$

幅频特性为

$$
|G_{\mathrm{I}}(\mathrm{j}\omega)|=\frac{1}{\omega^{2}}\sqrt{(1-T^{2}\omega^{2})^{2}+(2\zeta T\omega)^{2}} \tag{7-96}
$$

相频特性为

$$
\angle G_{\mathrm{I}}(\mathrm{j}\omega)=\arctan\frac{2\zeta T\omega}{1-\omega^{2}T^{2}}-180^{\circ} \tag{7-97}
$$

从比较结果可以得到:

(1) NPDI 的幅频特性与线性双积分环节近似相同,都是频率 ω 的函数;

(2) NPDI 具有双积分特性,与线性双积分环节的功能相同,可以用于提高系统的无差度,进而改善系统对于信号的跟踪能力。

(3) 由于

$$
\lim_{\omega\to0}\varphi_{\mathrm{N}}(\omega,K)\to-128.1^{\circ}
$$
$$
\lim_{\omega\to0}\angle G_{\mathrm{I}}(\mathrm{j}\omega)=-180^{\circ}
$$

在低频时,NPDI 有明显的相位超前特性,用来改善系统的动态性能时,优于线性装置。非线性调节器与线性调节器比较表见表 7-4。

表 7-4 非线性调节器与线性调节器比较表

非线性调节器	线性调节器
Clegg 非线性积分器 $N(\mathrm{j}\omega)=\dfrac{1.62}{\omega T_{\mathrm{i}}}\mathrm{e}^{-\mathrm{j}38.1^{\circ}}$	线性积分器 $G(\mathrm{j}\omega)=\dfrac{1}{\omega T_{\mathrm{i}}}\mathrm{e}^{-\mathrm{j}90^{\circ}}$

续表

非线性调节器	线性调节器
非线性比例-积分调节器(NPI) 幅频特性为 $H(\omega)=\frac{\sqrt{1+(K_p\omega T_i+1.275)^2}}{\omega T_i}$ 相频特性为 $\varphi_N(\omega)=\arctan\frac{-1}{K_p\omega T_i+1.275}$	线性比例-积分调节器(PI) $G_L(s)=K_P\frac{\tau s+1}{\tau s}$ 幅频特性为 $H_L(\omega)=\frac{\sqrt{1+(K_P\omega T_I)^2}}{\omega T_I}$ 相频特性为 $\varphi_L(\omega)=\arctan\frac{-1}{K_P T_I\omega}$
非线性比例-双积分调节器(NPDI) 幅频特性 $H(\omega,K)=\frac{1.62}{T_iK\omega^2}\cdot\sqrt{\left(1-\frac{0.617T_iK}{1.62}\omega^2\right)^2+\left(0.787\times\frac{T_iK}{1.62}\omega^2\right)^2}$ 相频特性 $\varphi(\omega,K)=\arctan\frac{0.787\times\frac{T_iK}{1.62}\omega^2}{1-\frac{0.617T_iK}{1.62}\omega^2}-128.1^\circ$	线性双积分调节器 $G_I(s)=\frac{T^2s^2+2\zeta Ts+1}{s^2}$ 幅频特性为 $\lvert G_I(j\omega)\rvert=\frac{1}{\omega^2}\sqrt{(1-T^2\omega^2)^2+(2\zeta T\omega)^2}$ 相频特性为 $\angle G_I(j\omega)=\arctan\frac{2\zeta T\omega}{1-\omega^2T^2}-180^\circ$

7-4-2 PWM 控制器

PWM 控制器是脉冲宽度调制(pulse width modulation)控制器的缩写。

脉冲宽度调制,就是将幅值变化的时间信号转换为脉冲宽度变化的信号的调制方法。由于 PWM 控制的特点,近年来,PWM 控制器更多地应用于控制系统的执行装置中,用以解决线性系统控制中的许多非线性问题,如不灵敏区、低速爬行等问题。

1. PWM 的基本原理

PWM 控制器的硬件电路与信号调制原理如图 7-45 所示。

图 7-45 中,$u_i(t)$是幅值变化的时间信号,$u_m(t)$是 PWM 调制信号。电路是一个限幅输出的求和器,限幅电压为 D_Z 所限定的电压。任何瞬时,当 $u_i(t)$大于 $u_m(t)$时,运算放大器的输出即为负限定电压$-U_m$,反之即为正限定电压$+U_m$。PWM 调制器的输出波形如图 7-46 所示。

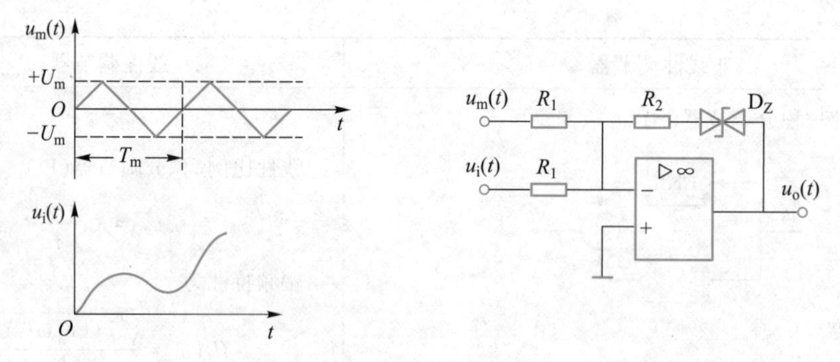

图 7-45 PWM 控制器的硬件电路与信号调制原理

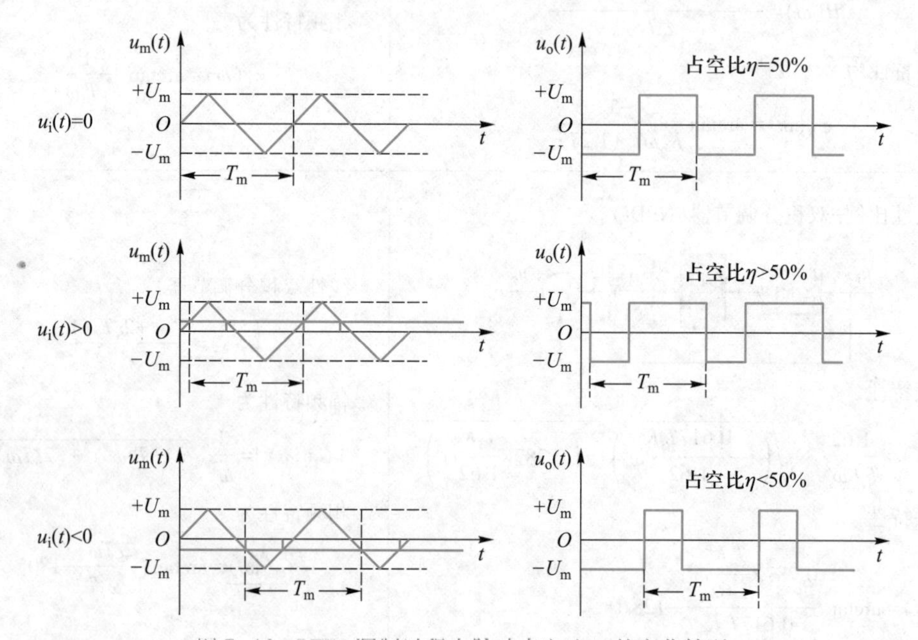

图 7-46 PWM 调制过程中脉冲占空比 η 的变化情况

从图中可以看出，PWM 调制器的输出 $u_o(t)$ 是方波脉冲。方波脉冲的周期等于调制信号的 $u_m(t)$ 的周期 T_m，方波脉冲的占空比 η 的大小正比于被调制信号 $u_i(t)$ 的大小。这样就有如下结果：

输入信号的幅值等于零时，方波脉冲的占空比 η 等于 50%，方波脉冲的傅氏级数展开式中，直流分量等于零。

输入信号的幅值大于零时，方波脉冲的占空比 η 大于 50%，方波脉冲的傅氏级数展开式中，直流分量大于零。

输入信号的幅值小于零时，方波脉冲的占空比 η 小于 50%，方波脉冲的傅氏级数展开式中，直流分量小于零。

PWM 控制系统的结构图如图 7-47 所示。

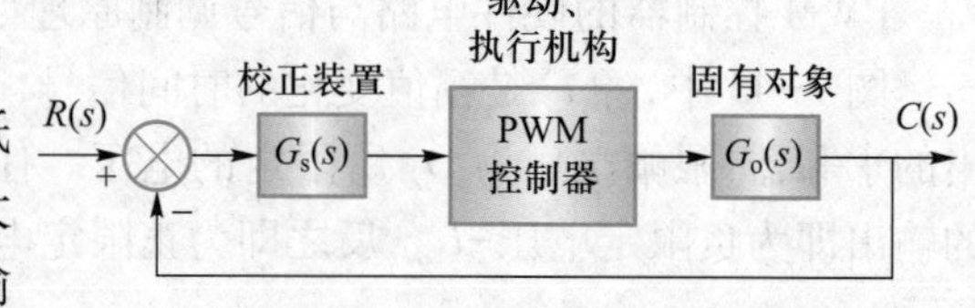

图 7-47 脉冲宽度调制(PWM)控制系统的结构图

在控制系统中，受控对象一般都具有低通滤波特性，所以 PWM 脉冲中的高次谐波大部分都被滤掉了。因此，就直流分量的传输作用来说，PWM 控制的作用与原幅值连续变化的信号的控制作用是等价的。

2. PWM 控制的特点

虽然 PWM 控制引入了部分高频干扰信号是一个缺点，但是它在以下几方面的优点是线性连续控制方式所不具有的。

（1）PWM 控制可以克服死区非线性以及其他某些非线性的影响

由于 PWM 调制方式将幅值连续变化的时间信号调制为等幅值、脉冲占空比 η 变化的时间信号。因此，信号传输的不灵敏区就变得不重要了，如图 7-48 所示。

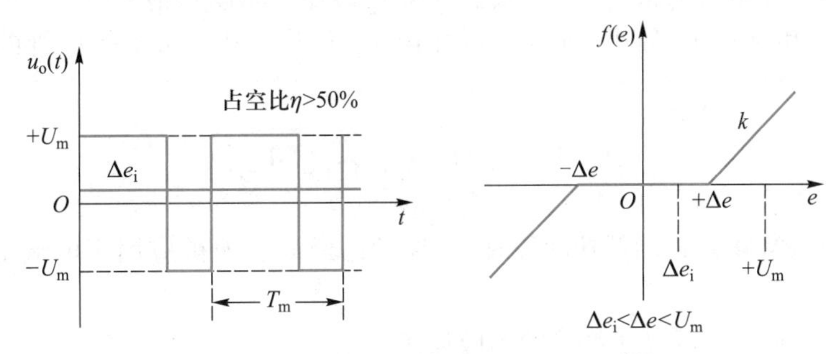

图 7-48 PWM 控制用以克服死区非线性

图中的信号占空比大于 50%，对应的直流分量大小为 Δe_i。如果给后面的非线性环节直接加上幅值为 Δe_i 的直流信号，由于 $\Delta e_i<\Delta e$，则该非线性环节的输出为零。但是如果将 PWM 调制信号加至该非线性环节，由于$+U_m>\Delta e$，故而该小直流信号就可以传输到死区非线性环节的输出端，利用交流方式实现了小直流信号的传输。

该原理被成功地应用于各种位置伺服控制系统，解决了系统的运动在低速下的跳动爬行问题。电动机的运动是机电运动系统，因此输入信号为零时，PWM 控制器的脉冲占空比为 50%，由于电动机的转子是大的惯性装置，转子的运动基本不响应高频分量，故而转子的运动处于正反向“待命”的微振状态。当输入信号不等于零时，PWM 脉冲的占空比也就不等于 50%，电动机的转子就依照传输的平均直流分量的大小作正向或者反向旋转运动，即使在输入信号极小的时候，电动机也会以极低的转速运行，不受死区的影响，也没有跳动爬行现象。这一点在数控机床的控制中是极为重要的。

（2）PWM 控制方式解决了功率电子驱动的功率损耗问题

功率器件的损耗是结压降与结电流的乘积，如图 7-49 所示。

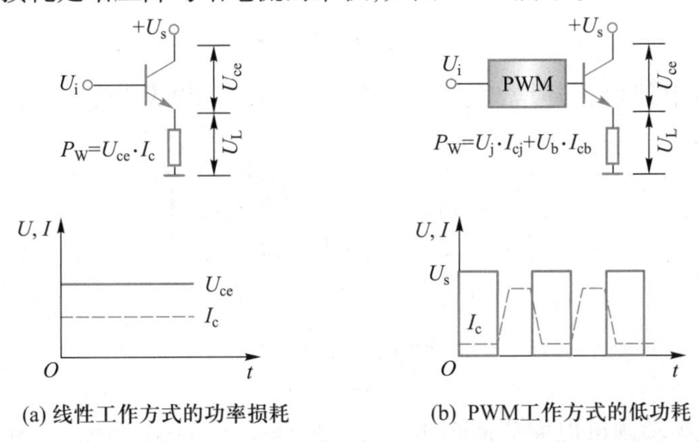

图 7-49 PWM 工作方式的低功耗示意图

在线性工作方式时,为了保持输入输出关系的线性可调,要保证静态时功率晶体管的c-e结压降 U_{ce} 与负载压降 U_L 的一定分压关系。因此,功率晶体管的功耗为

$$P_w = U_{ce} \cdot I_L \tag{7-98}$$

I_L 为小负载电流时,可以采用散热装置,但是在大电流时,线性工作方式的功耗就极为可观了。

在PWM工作方式时,由于功率晶体管工作在开关状态,晶体管截止时,U_{ce} 很大,接近于源电压 U_s,但是工作电流 I_c 很小,理想截止电流 I_{cj} 为零。晶体管饱和时,工作电流 I_c 最大,但是晶体管的饱和压降 U_b 最小,理想饱和压降 U_b 为零。因此功率晶体管的功耗计算公式为

$$P_w = U_j \cdot I_{cj} + U_b \cdot I_{cb} \Big|_{\substack{I_{cj}\downarrow \\ U_b\downarrow}} \to \mathrm{P}_w \downarrow \tag{7-99}$$

上式指明了PWM方式的低功耗原理,该原理已经广泛地被应用于电流型控制系统的驱动控制中。

(3) PWM控制方式可以使系统的响应加速

前面讨论了PWM方式的输入信号的幅值与输出脉冲的占空比直接的线性关系。除此之外,PWM方式输出脉冲的幅值 U_m 也是可以加以利用的。

在PWM控制方式中,可以有效地利用最大的信号变化率,使得系统的时间响应速度加快,等价于加大系统的开环增益,展宽了系统的响应频带宽度。

以一阶惯性环节的控制为例,其传递关系为

$$U_o(s) = \frac{K_I}{Ts+1} \cdot U_i(s) \tag{7-100}$$

采用PWM控制方式时,设PWM脉冲的电压为恒值 U_M,是所需平均电压的 K_M 倍,即

$$U_M = K_M U_i \tag{7-101}$$

代入式(7-100),有

$$U_o(s) = \frac{K_I}{Ts+1} \cdot U_M(s) = \frac{K_I}{Ts+1} \cdot K_M \cdot U_i(s) \tag{7-102}$$

等效开环增益为

$$K_D = K_I K_M \tag{7-103}$$

PWM控制在瞬时上使得开环增益扩大了 K_M,系统对于PWM方波脉冲信号响应的变化率为

$$\frac{\mathrm{d}}{\mathrm{d}t}[U_o(t)] = \mathscr{L}^{-1}\left[\frac{K_I K_M s}{Ts+1} U_i(s)\right] \tag{7-104}$$

最大变化率为

$$\frac{\mathrm{d}U_o}{\mathrm{d}t}\bigg|_{\max} = \frac{K_I K_M}{T} \tag{7-105}$$

可见,以开关方式来控制可以充分地利用最大电流变化率,且最大电流变化率分布于整个控

制时段。

[**例 7-13**] 一阶系统的闭环控制如图 7-50 所示，试考查 PWM 控制的加速作用。

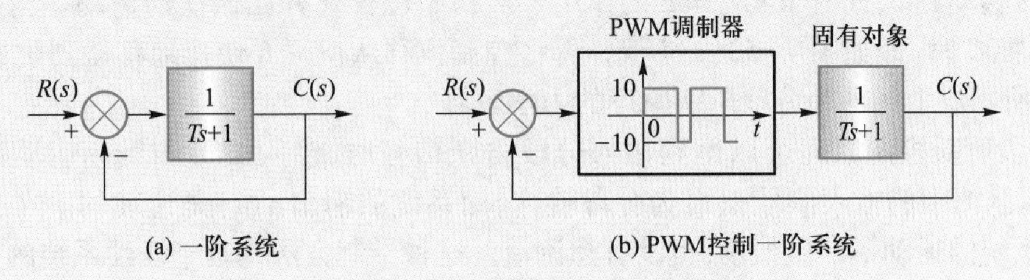

图 7-50 一阶系统的闭环控制

解 可以计算，图 7-50(a)系统阶跃响应的调节时间为

$$t_s=\frac{1}{2}\cdot 3T$$

可以注意到，图 7-50(b)中，PWM 调制器的幅值为 10，即为标称值的 10 倍。将该倍数折合到固有环节上，则开环传递函数为

$$\frac{10}{Ts+1}$$

等价于开环增益扩大了 10 倍，因此，系统阶跃响应的调节时间为

$$t_s=\frac{1}{11}\cdot 3T$$

系统的阶跃响应加快了大约 5 倍。

两个闭环系统的伯德图如图 7-51 所示。可以看出，两闭环系统的转折频率也相差约 5 倍左右，PWM 控制展宽了原系统的频带宽度。

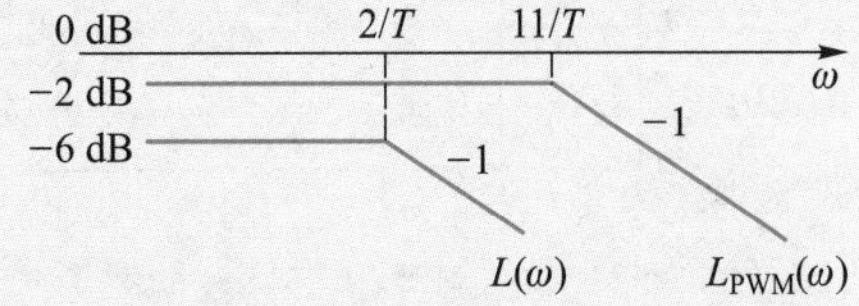

图 7-51 两个闭环系统的伯德图

在实际应用中，关于 PWM 的脉冲周期 T_m 的选择是一个重要参量。该频率过低，系统输出信号中的高频分量多。该频率过高，PWM 脉冲周期就短，会影响在一个周期内可调占空比的分辨精度。建议可以以系统开环截止频率的 5~10 倍的频率作为 PWM 脉冲的基本频率，也可以根据实验结果来调整确定该频率。

7-4-3 非线性输入控制器

1. 非线性输入控制原理

非线性输入控制器(nonlinear input controller, NIC)是基于分段阶跃原理对系统进行控制的。分段阶跃原理的力学模型如图 7-52 所示。

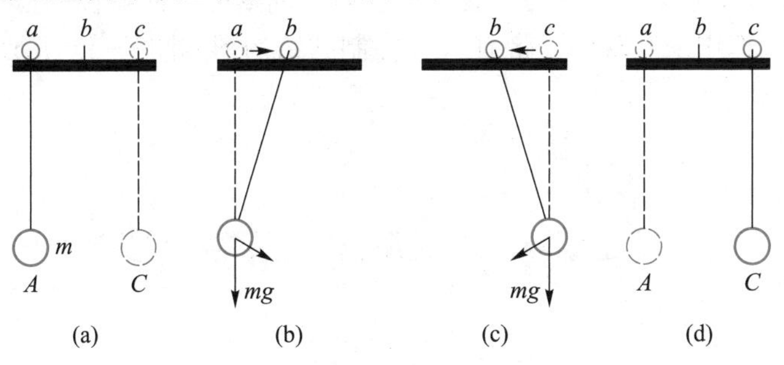

图 7-52 分段阶跃原理的力学模型

图 7-52(a)所示为一个质量为 m 的重物在位置控制 $x(t)$ 从 a 移动到 c 时,重物的运动 $y(t)$ 从初始位置 A 移动到目标位置 C。图 7-52(b)所示为控制位移先移动总位移量的一半,即从 a 移动到 b,此时重物在 mg 的作用下从初始位置 A 开始做摆动运动。当重物摆动到目标位置 C 时,即如图 7-52(c)所示,再将控制位移从位置 b 快速地移动到位置 c,如图 7-52(d)所示。上述即为分段阶跃原理的力学解释。

从分段阶跃控制原理可以得到输入分段阶跃信号时,输入波形和目标运动波形如图 7-53 所示。图中的输入信号 $x(t)$ 为分段输入,而系统的输出 $y(t)$ 是连续的。在分段信号作用下,系统的运动不产生振荡,也没有超调量。这种控制方法是基于线性系统的控制规律而实现的,因此可以有效地克服由于输入突变信号所引起的系统振荡与超调。

2. NIC 控制电路

NIC 控制电路可以用任何方法实现,从常规电器方法直到采用微型计算机控制。在此仅给出一种双分压器-定时器实现方案,如图 7-54 所示。

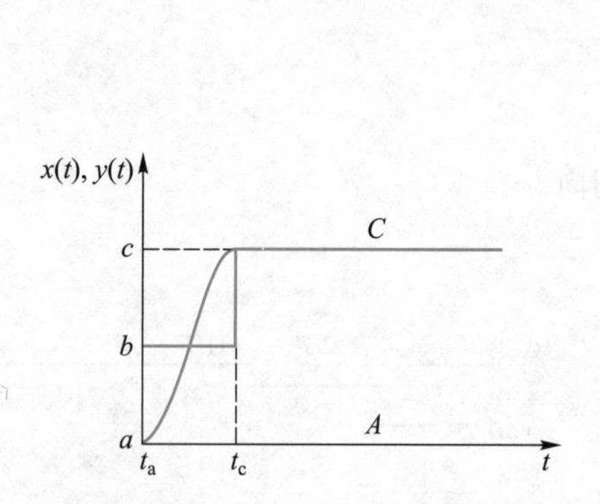

图 7-53 输入波形和目标运动波形

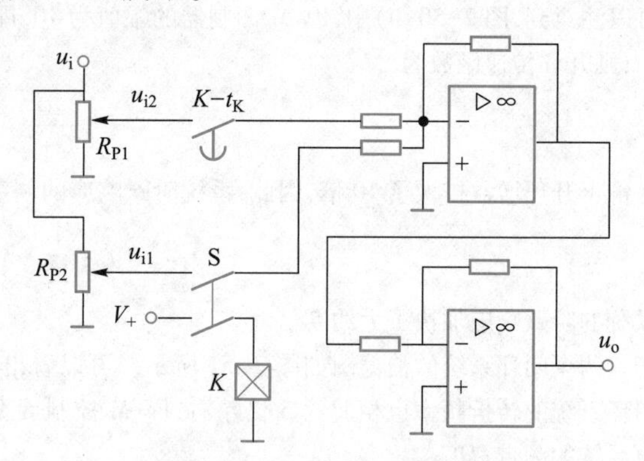

图 7-54 NIC 控制电路

控制电路由双刀双掷开关 S、电位器 R_{P1}、R_{P2}、定时器 K、相加器、反相器等组成。开关 S 闭合后,输入信号 u_i 经分压器 R_{P1} 输出第一个阶跃信号 u_{i1} 至相加器,待达到定时器 K 的整定时间 t_K 后,定时器动合触点 K-t_K 闭合,由第二个分压器 R_{P2} 送出第二个阶跃信号 u_{i2} 至相加器求和,则相加器的输出电压为$-(u_{i1}+u_{i2})$,反向器的输出即为 NIC 输出信号 u_o。

3. NIC 的应用分析

非线性输入控制器的有效应用是基于系统运动的基本规律而得以实现的。在系统设计中,或者将系统校正为二阶系统,或者是高阶系统但是具有一对共轭复数极点。这样的目标系统,其运动是衰减振荡型的,可以利用后半周期的反向特性来实现抵消,达到减小超调量 M_p 与减小系统的调节时间 t_s 的目的。衰减振荡后半周期的反向特性的抵消作用,正是可以由 NIC 的分段阶跃作用来实现的。带有 NIC 控制的结构图如图 7-55 所示。

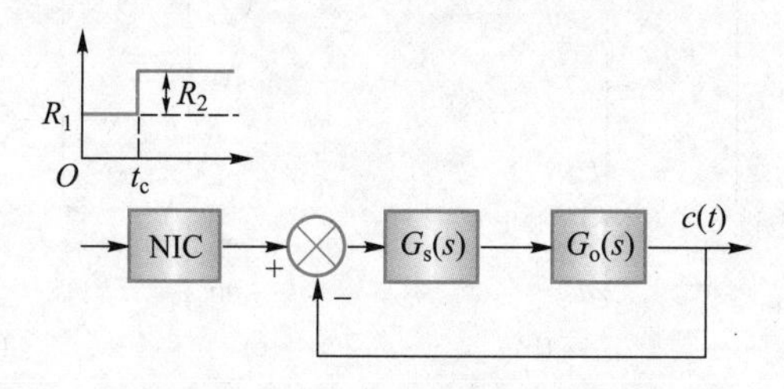

图 7-55 带有 NIC 控制的系统结构图

[**例 7-14**] 已知校正后的二阶系统如图 7-56 所示,试采用 NIC 控制方法实现阶跃信号输入时的无超调控制。

解 由于 NIC 控制是由分段阶跃信号实现的,所以 NIC 控制所需要确定的参数有两个,一个是分段阶跃信号的幅值 R_1 和 R_2 的比值,另一个是幅值 R_2 切换的时间 t_c。这两个参数可以根据二阶系统阶跃响应的超调量 M_p 和峰值时间 t_p 来确定。

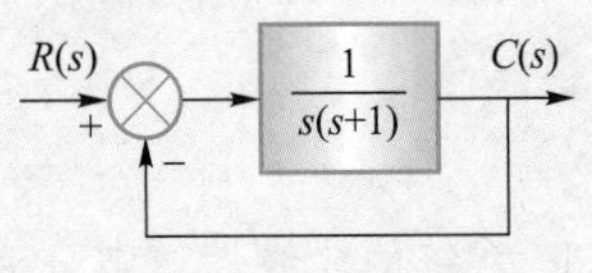

图 7-56 例题 7-14 的二阶系统

由于

$$R_1+R_2=100\%,R_2=M_p\cdot R_1$$

所以

$$R_1=\frac{1}{1+M_p} \tag{7-106}$$

$$R_2=M_p\cdot R_1 \tag{7-107}$$

切换时间确定为系统的峰值时间

$$t_c=t_p \tag{7-108}$$

在本题中,系统的闭环特征方程为

$$s^2+s+1=0$$

则有

$$2\zeta\omega_n=1,\omega_n^2=1$$

解出

$$\zeta=0.5,\omega_n=1$$

所以,可以确定

$$M_p=e^{-\frac{\zeta}{\sqrt{1-\zeta^2}}\pi}\times100\%=16.3\%$$

$$t_p=\frac{\pi}{\omega_d}=\frac{\pi}{\omega_n\sqrt{1-\zeta^2}}=3.63\text{ s}$$

则 NIC 控制器的控制参数为

$$R_1=\frac{1}{1+M_p}\bigg|_{M_p=0.163}=0.86$$

$$R_2=M_p\cdot R_1=0.163\times0.86=0.14$$

切换时间为

$$t_c=t_p=3.63\text{ s}$$

NIC 控制实现的无超调响应波形如图 7-57 所示。

图中的分段阶跃值分别为 0.86 和 0.14,切换时间为 3.63 s,所实现的系统响应在过了切换时间之后就进入了稳态,没有超调量,系统响应的调节时间为 3.63 s。

作为对照,将常规阶跃响应曲线也画在一起。从图 7-57 中可以看出,系统响应具有 16.3% 的超调量,而且响应的过渡时间大约 6 s。

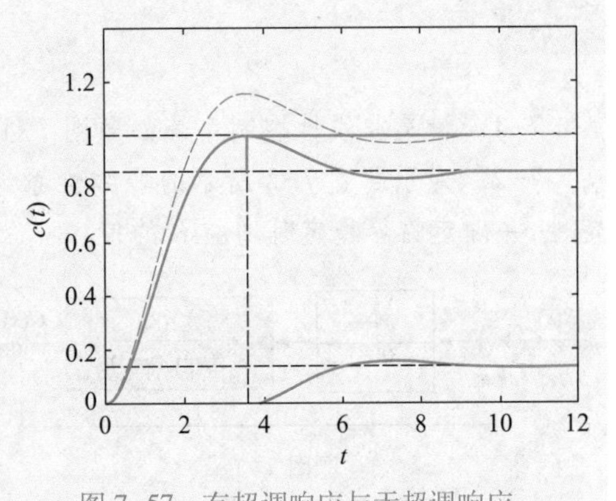

图 7-57 有超调响应与无超调响应

由上例可以看出,NIC 控制对于系统启动阶段所产生的超调量,具有非常有效的抑制作用。例题虽然是理想情况下的计算结果,但是即使分段阶跃信号的幅值有一定的误差,或者切换时间有一定的误差,与常规方式相比,非线性输入控制的方法也可以得到满意的控制效果。

思考题

1. 系统的非线性通常分为哪两大类？在数学描述上分别都有什么特征？

2. 典型的本质非线性特性有哪几种？

3. 什么是相平面？什么是相轨迹？在相平面上有时间信息吗？是以什么方式来表示的？

4. 相平面分析法使用的局限性是什么？

5. 在相平面图上，相轨迹运动的一般规律是什么？

6. 如何用等倾线法作相平面图？

7. 你能够粗略地确定相轨迹在相平面图上的运动方向吗？

8. 什么是相平面图的奇点？在数学上应满足什么条件？几何解释是什么？

9. 二阶线性定常系统在奇点邻域的运动分别有哪几种？写出它们的名称并画出相轨迹草图。

10. 写出对非线性系统作相平面分析的一般步骤。

11. 什么是描述函数？如何求取描述函数？

12. 如何应用描述函数法来分析一个非线性控制系统？

13. 用描述函数法来分析一个非线性控制系统时，系统稳定的充分必要条件是什么？

14. 什么是非线性积分器？它有什么显著的优点？

15. 什么是脉冲宽度调制（PWM）方法？它有什么主要的优点？

16. 什么是非线性输入控制？非线性输入控制在控制中有什么实用价值？

习题

7-1 设某非线性控制系统如题图 7-1 所示，试确定自持振荡的幅值和频率。

7-2 对于题图 7-2 所示的非线性系统，试应用描述函数法分析当 $K=10$ 时系统的稳定性，并确定临界稳定时增益 K 的值。

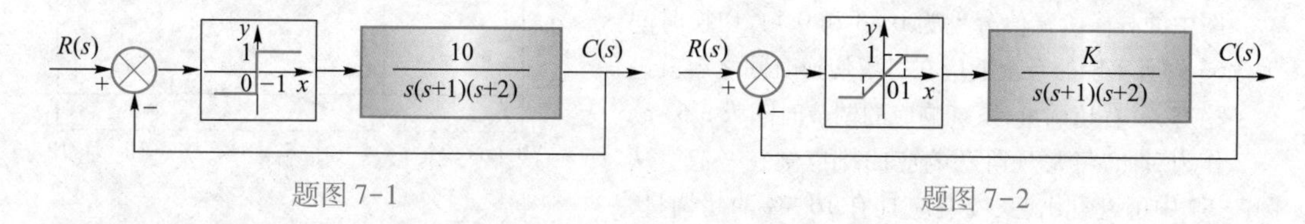

题图 7-1　　题图 7-2

7-3 设某非线性控制系统的结构图如题图 7-3 所示，试应用描述函数法分析该系统的稳定性。为使系统稳定，非线性参数 a、b 应如何调整？

7-4 试确定下述二阶非线性微分方程的奇点及其类型。

（1）$\ddot{x}+0.5\dot{x}+2x+x^2=0$；

(2) $\ddot{x}-(1-x^2)\dot{x}+x=0$；

(3) $\ddot{x}-(0.5-3x^2)\dot{x}+x+x^2=0$。

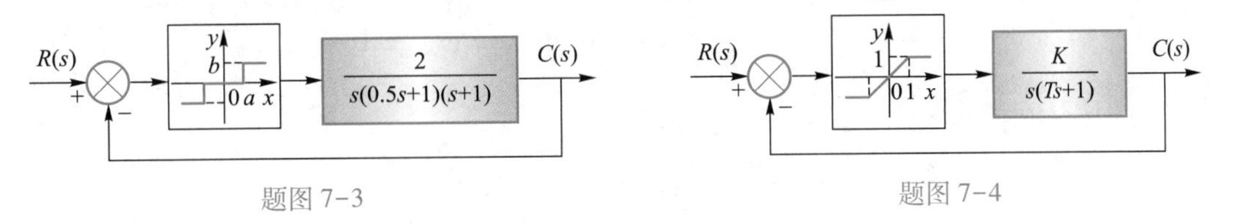

题图 7-3　　　　题图 7-4

7-5　试用等倾线法画出下列方程的相平面草图。

(1) $\ddot{x}+|\dot{x}|+x=0$；

(2) $\ddot{x}+\dot{x}+|x|=0$；

(3) $\ddot{x}+A\sin x=0$。

7-6　设某二阶非线性系统结构图如题图 7-4 所示，给定初始条件

$$\begin{cases} e_0=0.2 \\ \dot{e}_0=0 \end{cases}$$

试用等倾线法作出系统的相轨迹图。

7-7　设采用了非线性反馈的某控制系统结构图如题图 7-5 所示，试采用等倾线法绘制输入信号为 $r(t)=R\cdot 1(t)$ 时系统的相轨迹图。

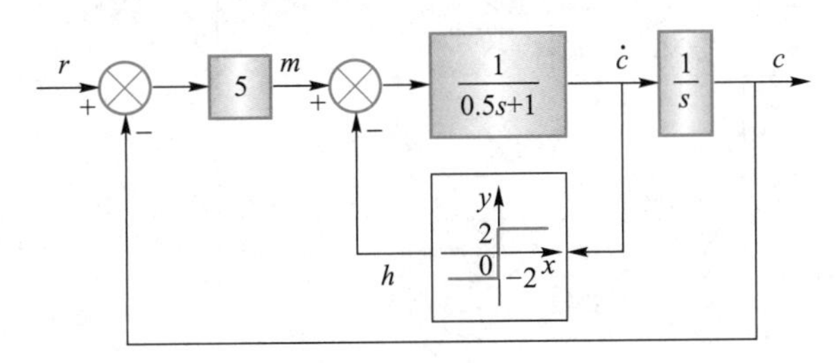

题图 7-5

7-8　某种非线性积分器，输入信号为正弦信号 $u_i(t)=A\sin\omega t$ 时，其输入输出波形如题图 7-6 所示，分段算式为

$$u_o(t)=\begin{cases} 0, & u_i(t)=0, t=t_m \\ \dfrac{1}{\tau}\displaystyle\int_{t_m}^{t}u_i(t)\,dt, & u_i\dot{u}_i>0, t_m<t<t_n \\ \dot{u}_o(t)=\dfrac{1}{\tau}\displaystyle\int_{t_m}^{t_n}u_i(t)\,dt, & \dot{u}_i=0, t=t_n \\ u_o(t_n), & u_i\dot{u}_i<0, t>t_n \end{cases}$$

试由描述函数法证明该种非线性积分器的相位滞后角为 $-27.6°$。

7-9　某非线性积分器在输入信号为余弦信号 $u_i(t)=A\cos\omega t$ 时，其输入输出波形如题图 7-7 所示。

由分段算式

$$u_o(t)=\begin{cases}\dfrac{1}{T_I}\displaystyle\int_0^t|u_i(t)|\,dt, & \dot{u}_i(t)>0\\ -\dfrac{1}{T_I}\displaystyle\int_0^t|u_i(t)|\,dt, & \dot{u}_i(t)<0\end{cases}$$

得到分段函数表达式为

$$u_o(t)=\begin{cases}\dfrac{A}{\omega T_I}(-\sin\omega t+1), & 0\leqslant\omega t<\dfrac{\pi}{2}\\ \dfrac{A}{\omega T_I}(\sin\omega t-1), & \dfrac{\pi}{2}\leqslant\omega t<\pi\\ \dfrac{A}{\omega T_I}(-\sin\omega t-1), & \pi\leqslant\omega t<\dfrac{3\pi}{2}\\ \dfrac{A}{\omega T_I}(\sin\omega t+1), & \dfrac{3\pi}{2}\leqslant\omega t\leqslant 2\pi\end{cases}$$

试由描述函数法证明该种非线性积分器的相位滞后角为0°。

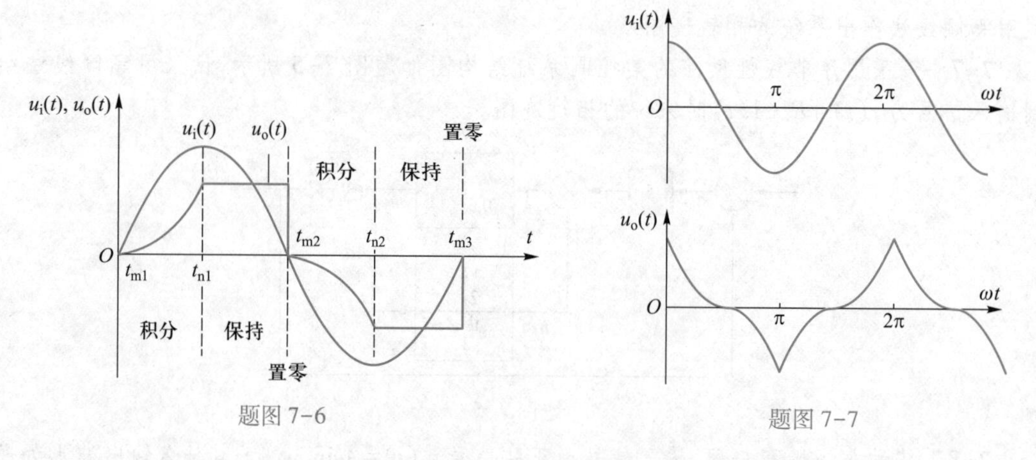

题图 7-6　　　　题图 7-7

7-10 已知二阶系统的结构图如题图7-8所示，试采用非线性输入控制方法，使得系统单位阶跃响应的超调量为零，设计分段阶跃信号的幅值 R_1 和 R_2，并确定切换时间 t_c。

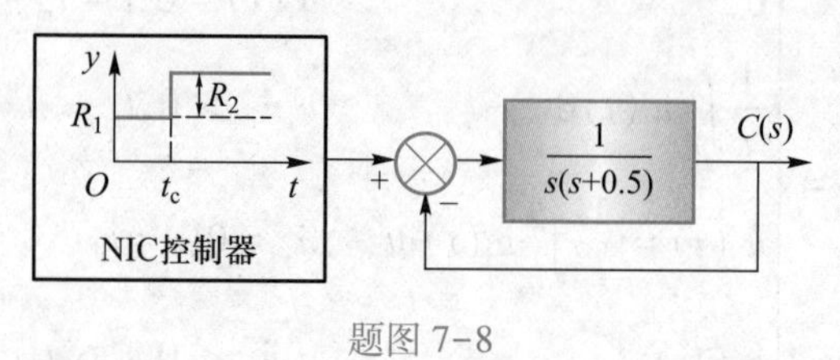

题图 7-8

第8章

采样控制系统分析基础

采样控制系统，又称为断续控制系统、离散控制系统，它是建立在采样信号基础上的。前面各章所研究的系统，它们的输入、输出信号都是连续的时间函数，因此又被称为连续时间信号，进而由输入、输出连续信号之间的关系所确定的系统称为连续时间系统。对应于连续时间系统，由输入信号的采样信号与输出信号的采样信号所确定的系统就称为采样控制系统或者离散控制系统。

采样控制系统的分析方法是经典控制理论中的重要内容，多年来，应用在许多特定条件的工业控制系统中，有效地改善了控制系统的性能，简化了控制方法。

随着科学技术的迅速发展和计算机控制技术的广泛应用，信号的采样理论在信息与控制学科中的应用更为重要。在当前工程控制应用中，采样控制几乎就是计算机控制，早期的采样控制方式已逐步被计算机控制方式所取代，但是两者还是有区别的。从概念上可以这样区分，采样控制偏重于信号的采样理论，计算机控制偏重于控制方法与手段。

本章着重讲述采样控制系统分析的基础内容。更进一步的内容，读者可以查阅关于计算机控制或者微机控制方面的书籍。

8-1 信号的采样与采样定理

8-1-1 信号的采样

基于信号的采样理论，一个连续时间信号 $x(t)$ 在满足一定的条件下可以用它的采样信号$x^*(t)$来表示，如图 8-1 所示。

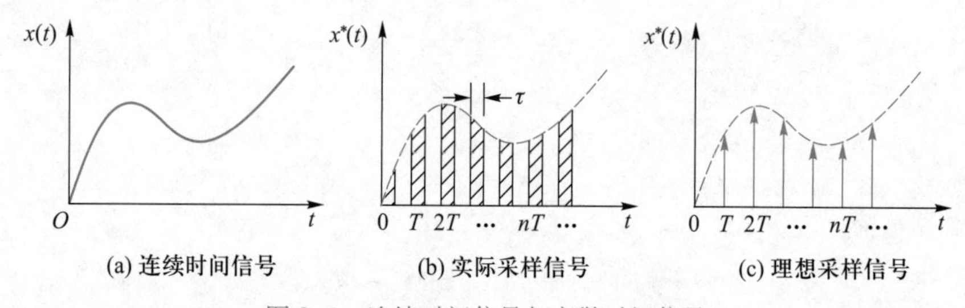

图 8-1 连续时间信号与离散时间信号

图 8-1(a)为连续时间信号 $x(t)$，图 8-1(b)为在采样器作用下的实际采样信号 $x^*(t)$，图8-1(c)为理想采样信号 $x^*(t)$。

1. **采样器**

图 8-1(b)所示的采样是应用采样器来实现的。

采样器是可以将连续时间信号 $x(t)$ 转换为离散时间信号 $x(nT)$ 的物理器件。采样器的符号表示一般表示为采样开关，如图 8-2 所示。

假设采样为等间隔采样，即采样间隔为常数 T，则图 8-2 中，当 $t=nT$ 时刻，采样开关闭合，采样器的输出值等于 $x(t)\big|_{t=nT}$。采样开关闭合时间为 τ，到达 $t=nT+\tau$ 时刻，采样开关打开，采样器的输出为零。这样，在采样器的作用下就得到了图 8-1(b)所示的采样

采样开关

$x(t)$ —— —— $x^*(t)$

$t=nT$——开关闭合

$t=nT+\tau$——开关打开

图 8-2 采样开关

器的输出信号。

2. 实际采样信号

在图 8-1(b)中,取矩形近似,即任意样点的采样值可表示为

$$x(nT)\cdot\frac{1}{\tau}[1(t-nT)-1(t-nT-\tau)]$$

则采样信号可以表示为

$$\begin{aligned}x^*(t)&=x(0)\cdot\frac{1}{\tau}[1(t)-1(t-\tau)]+x(T)\cdot\frac{1}{\tau}[1(t-T)-1(t-T-\tau)]+\\&\quad x(2T)\cdot\frac{1}{\tau}[1(t-2T)-1(t-2T-\tau)]+\cdots\\&=\sum_{n=0}^{\infty}x(nT)\cdot\frac{1}{\tau}[1(t-nT)-1(t-nT-\tau)]\end{aligned}\tag{8-1}$$

3. 理想采样信号

为了得到理想采样信号的数学表达式,我们需要在给定条件下简化式(8-1)。

一般情况下,采样持续时间 τ 很小很小,远远小于采样间隔时间 T,也远远小于受控系统中的所有时间常数,这样,令采样持续时间 τ 趋于 0 时,就有图 8-1(b)中所示的矩形选通脉冲的面积趋于 1

$$\lim_{\tau\to 0}\int_{nT}^{nT+\tau}\frac{1}{\tau}[1(t-nT)-1(t-nT-\tau)]\,\mathrm{d}t=1$$

等价于单位脉冲函数 $\delta(t-nT)$,即

$$\delta(t-nT)=\begin{cases}\infty & t=nT\\ 0 & t\neq nT\end{cases}$$

和

$$\int_{-\infty}^{+\infty}\delta(t-nT)\,\mathrm{d}t=1$$

所以,在采样持续时间 τ 很小很小时,用理想单位脉冲函数来取代采样点处的矩形选通脉冲,就得到了连续时间信号 $x(t)$ 的理想采样表达式,即

$$\begin{aligned}x^*(t)&=x(0)\cdot\delta(t)+x(T)\cdot\delta(t-T)+x(2T)\cdot\delta(t-2T)+\cdots\\&=\sum_{n=0}^{\infty}x(nT)\cdot\delta(t-nT)\end{aligned}\tag{8-2}$$

理想采样信号 $x^*(t)$ 如图 8-1(c)所示。

从采样信号 $x^*(t)$ 的数学表示中还可以看出,$t=nT$ 处的 $x(t)$ 的值即为 $x(nT)$,所以式

$$x^*(t)=\sum_{n=0}^{\infty}x(nT)\delta(t-nT)$$

与式

$$x^*(t)=\sum_{n=0}^{\infty}x(t)\delta(t-nT)\tag{8-3}$$

是等价的。另外,由于 $\sum_{n=0}^{\infty}\delta(t-nT)$ 是间隔为 T 的单位脉冲序列,表示为 $\delta_T(nT)$,式(8-2)

从数学方法上是两个离散时间序列 $x(nT)$ 和 $\delta_T(nT)$ 的卷积和，表示为

$$x^*(t)=\sum_{n=0}^{\infty}x(nT)\delta(t-nT)=x(nT)*\delta_T(nT) \tag{8-4}$$

4. **采样信号的物理意义**

连续时间信号采样的物理意义可以有两种解释，其一为连续时间信号被单位脉冲序列作了离散时间调制，其二为单位脉冲序列被连续时间信号进行幅值加权。这两种解释是等价的，如图 8-3 所示。

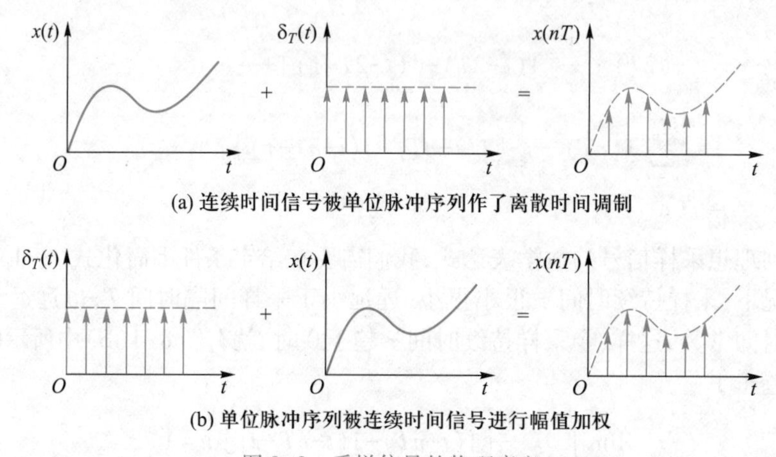

图 8-3 采样信号的物理意义

8-1-2 采样定理

信号的采样确定了连续时间信号 $x(t)$ 的采样表达式 $x^*(t)$，那么，采样信号 $x^*(t)$ 是否仍然保留有原连续时间信号 $x(t)$ 的所有信息。如果不是，那么能够保留多少原连续时间信号的信息量？所保留信息量的理论依据是什么？香农（Shannon）采样定理解决了上述问题，解决了采样信号 $x^*(t)$ 与连续时间信号 $x(t)$ 之间关于信息量的等价条件，得到了可以从采样信号 $x^*(t)$ 中将原连续时间信号 $x(t)$ 恢复的条件。

1. **采样定理**

设连续时间信号 $x(t)$，其傅里叶变换为 $X(\omega)$，$X(\omega)$ 频谱分量中的最高频率成分为 ω_a。对连续时间信号 $x(t)$ 采样，采样频率为 ω_s，采样后的离散时间信号为 $x^*(t)$。如果满足条件 $\omega_s>2\omega_a$，则可以从离散时间信号 $x^*(t)$ 中将原连续时间信号 $x(t)$ 恢复，否则会发生频率混叠，从离散时间信号 $x^*(t)$ 中不能将原连续时间信号 $x(t)$ 恢复。

证明 连续时间信号 $x(t)$ 与其傅里叶变换 $X(\omega)$ 如图 8-4 所示，$X(\omega)$ 的上限频率为 ω_a，将其以等间隔采样时间 T_s 采样，则采样信号 $x^*(t)$ 为

$$x^*(t)=\sum_{n=0}^{\infty}x(nT_s)\delta(t-nT_s) \tag{8-5}$$

由于调制信号为单位脉冲序列 $\delta_T(t)$，脉冲周期为 T_s 是周期函数，如图 8-5 所示。

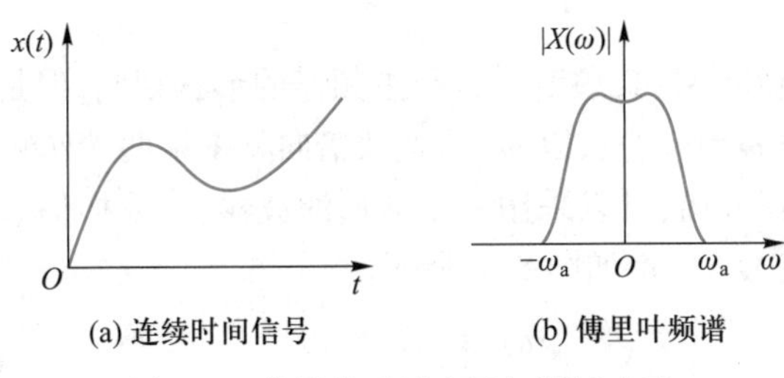

(a) 连续时间信号 (b) 傅里叶频谱

图 8-4 信号的时域表示与频域表示

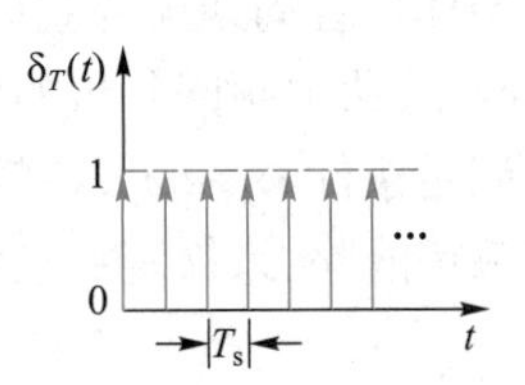

图 8-5 单位脉冲序列

周期函数可以用傅里叶级数表示为

$$\delta_T(t)=\sum_{n=-\infty}^{\infty}C_n\mathrm{e}^{-\mathrm{j}n\omega_{\mathrm{s}}t} \tag{8-6}$$

其中,C_n 为傅里叶系数

$$C_n=\frac{1}{T_{\mathrm{s}}}\int_{-\frac{T_{\mathrm{s}}}{2}}^{\frac{T_{\mathrm{s}}}{2}}\delta_T(t)\mathrm{e}^{-\mathrm{j}n\omega_{\mathrm{s}}t}\mathrm{d}t=\frac{1}{T_{\mathrm{s}}} \tag{8-7}$$

ω_{s} 为与采样周期 T_{s} 相对应的采样频率,其关系式为

$$\omega_{\mathrm{s}}=\frac{2\pi}{T_{\mathrm{s}}} \tag{8-8}$$

所以,单位脉冲序列 $\delta_T(t)$ 的傅里叶级数为

$$\delta_T(t)=\sum_{n=-\infty}^{\infty}\frac{1}{T_{\mathrm{s}}}\mathrm{e}^{-\mathrm{j}n\omega_{\mathrm{s}}t} \tag{8-9}$$

将其代入采样信号的表达式有

$$x^*(t)=\frac{1}{T_{\mathrm{s}}}\sum_{n=-\infty}^{\infty}x(t)\mathrm{e}^{-\mathrm{j}n\omega_{\mathrm{s}}t} \tag{8-10}$$

基于拉氏变换的衰减定理,如果有信号 $x(t)$ 的拉氏变换为 $X(s)$,则信号 $x(t)\mathrm{e}^{-\mathrm{j}n\omega_{\mathrm{s}}t}$ 的拉氏变换为 $X(s+\mathrm{j}n\omega_{\mathrm{s}})$。因此,采样信号的拉氏变换为

$$X^*(s)=\mathscr{L}[x^*(t)]=\frac{1}{T_{\mathrm{s}}}\sum_{n=-\infty}^{\infty}X(s+\mathrm{j}n\omega_{\mathrm{s}}) \tag{8-11}$$

将 $s=\mathrm{j}\omega$ 代入上式得到采样信号的傅氏变换

$$X^*(\omega)=\mathscr{F}[x^*(t)]=\frac{1}{T_{\mathrm{s}}}\sum_{n=-\infty}^{\infty}X(\mathrm{j}\omega+\mathrm{j}n\omega_{\mathrm{s}}) \tag{8-12}$$

上式为 ω 的周期函数。

当 $n=0$ 时,上式为主频谱分量,即

$$\frac{1}{T_{\mathrm{s}}}X(\mathrm{j}\omega) \tag{8-13}$$

主频谱分量除了幅值相差一个常数 $\frac{1}{T_{\mathrm{s}}}$ 之外,与连续时间信号 $x(t)$ 的傅里叶变换相同,因此

其频谱形状相同，上限频率也是 ω_a。

当 $n\neq0$ 时，各周期项为主频谱的镜像频谱，其频谱形状与主频谱的形状相同，但是作为 ω 的周期函数，从主频谱分量的中心频率 $\omega=0$ 出发，以 ω_s 的整数倍向频率轴两端作频移。

如果满足条件 $\omega_s>2\omega_a$，各频谱项相互分离，可以采用一个低通滤波器，将采样信号频谱中的镜像频谱滤除，来恢复原连续时间信号 $x(t)$，如图 8-6 所示。

(a) 连续时间信号　(b) 连续时间信号的频谱

(c) 采样信号　(d) 采样信号的频谱

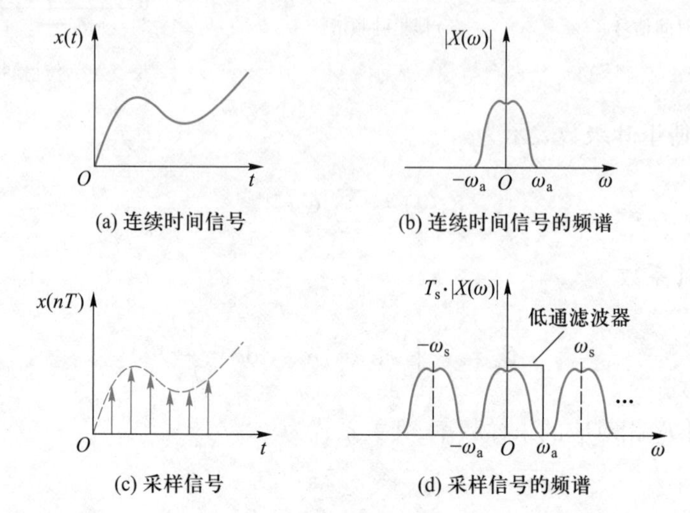

图 8-6　连续时间信号的频谱与采样信号的频谱

如果不满足条件 $\omega_s>2\omega_a$，采样信号频谱中的镜像频谱就会与主频谱混叠，采用低通滤波的方法恢复的信号中仍混有镜像频谱成分，不能恢复成为原连续时间信号 $x(t)$，所发生的信号混叠如图 8-7 所示。证毕。

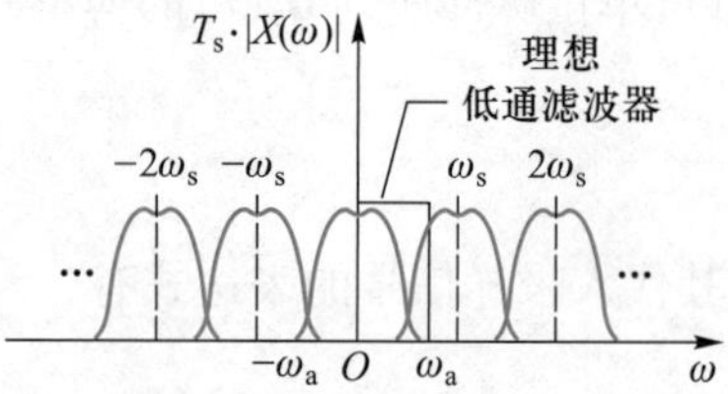

图 8-7　频率混叠的说明

2. 关于采样定理的说明

（1）采样定理从理论上指明了从采样信号 $x^*(t)$ 中恢复原连续时间信号 $x(t)$ 的条件。对于频谱丰富的时间信号，频谱成分的上限频率是不存在的。另外，理想的低通滤波器也是不存在的。

（2）频谱混叠的物理意义

频谱混叠的物理意义可以由“车轮效应”来说明。

设有一车轮每秒钟转一圈，如图 8-8 所示，则纵坐标的幅值为

$$y=\sin\omega_1 t\big|_{\omega_1=2\pi}=\sin 2\pi t$$

轮的初始位置位于图中 a 点，当采用睁眼、闭眼的方法来观察点 a 的位置变化时，便形成了一个观察点列，也就是一个采样序列。

第一种观察方式为：设每 $\frac{1}{4}$ s 睁眼观察一次，则相当于采样间隔为 $T_s=\frac{1}{4}$ s，采样频率为 $\omega_s=\frac{2\pi}{T_s}=8\pi$，则有

$$\omega_s=8\pi>2\omega_1=4\pi$$

满足采样定理，应有观察点列与实际旋转相同。观察点列的顺序为 a、b、c、d、…，展开为时间坐标如图 8-9 所示。

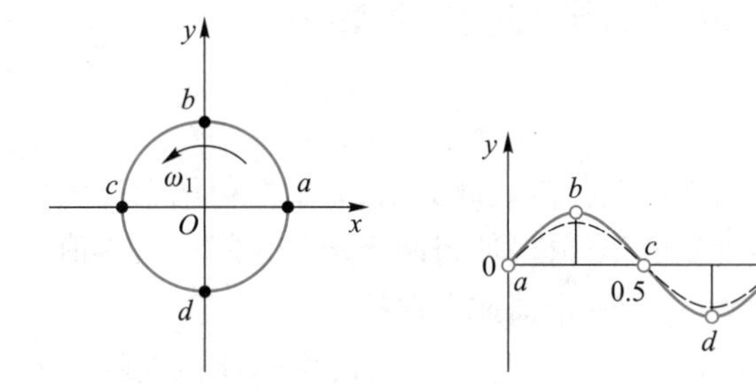

图 8-8　车轮效应的说明

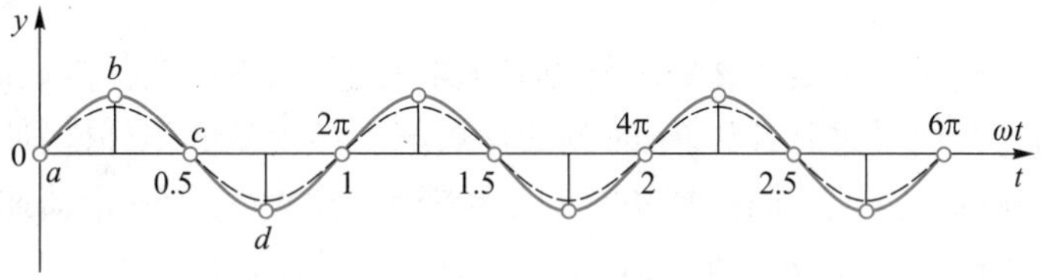

图 8-9　正弦波采样（采样间隔为 $T_s=0.25$ s）

从图 8-9 可以看出，对离散采样点作直线连接，信号的基频成分与原信号相同，将离散信号作平滑滤波，就可以得到原信号的波形。

第二种观察方式为：设每$\dfrac{3}{4}$ s 睁眼观察一次，则相当于采样间隔为 $T_s=\dfrac{3}{4}$ s，采样频率为 $\omega_s=\dfrac{2\pi}{T_s}=\dfrac{8}{3}\pi$，则有

$$\omega_s=\frac{8}{3}\pi<2\omega_1=4\pi$$

计算结果不满足采样定理，会发生频率混叠，观察点列与实际旋转不同。观察点列的顺序成为 a、d、c、b、…，成为逆序，展开为时间坐标如图 8-10 所示。

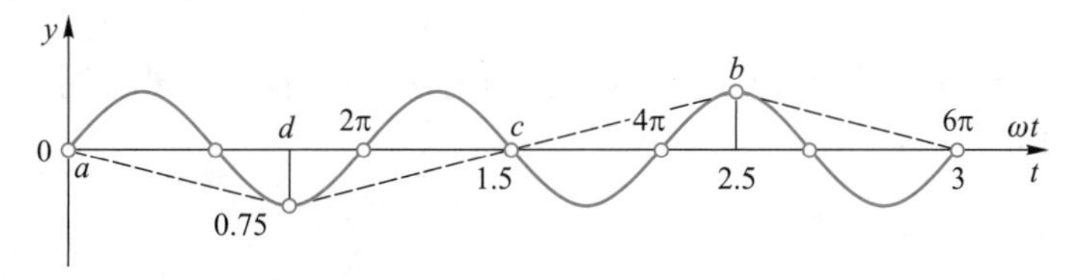

图 8-10　正弦波采样（采样间隔为 $T_s=0.75$ s）

从图 8-10 中可以看出，对离散采样点作直线连接后，信号的基波为逆向的正弦波，而且其角频率成为 6π，与观察点列一致，所以观察时的感觉为反转，转速变慢，与车轮实际的旋转不同，发生频率混叠，混入信号的角频率为 6π，低通滤波是不能滤除的。

车轮效应在日常生活中是经常可以观察到的，例如电扇扇叶的旋转，小型轿车车轮的旋转等。

利用采样定理，将定频率信号滤出，可以应用在许多方面，例如旋转机械转速的测量，旋转机械的动平衡等。

8-2　信号复现与零阶保持器

从采样信号中恢复出连续时间信号称为信号的复现。上一节的采样定理从理论上提出了采样信号可以恢复为连续时间信号的条件，可以注意到，信号的复现需要通过一个理想的低通滤波器才可以实现。工程上采用的将采样信号恢复为连续时间信号的装置称为保持器，所以，保持器是可以起到近似低通滤波器作用的工程器件。信号恢复与保持的实现所依

据的是信号的定值外推理论，本节主要介绍零阶保持器及其数学模型。

8-2-1　保持器

由于采样信号在两个样点时刻上有值，而在两个样点之间无值，为了使得两个样点之间为连续信号过渡，以前一时刻的样点值为参考基值作外推，使得两个样点之间不为零值。可以实现样点值不同外推功能的装置或者器件就称为外推器或者保持器。

已知采样点的值为 $x(nT)$，设对应于采样点的连续信号为 $x_n(t)$，将其在该点的邻域展开成泰勒级数为

$$x_n(t)\big|_{t=nT}=x(nT)+\dot{x}(nT)(t-nT)+\frac{1}{2}\ddot{x}(nT)(t-nT)^2+\cdots \tag{8-14}$$

式(8-14)即为 $t=nT$ 时刻的外推公式。

由于式中有连续时间信号 $x(t)$ 在采样时刻的各阶导数项 $\dot{x}(nT)$，$\ddot{x}(nT)$，…，在信号恢复时是未知的，因此可由各阶差商来代替为

$$\dot{x}(nT)=\frac{1}{T}\{x(nT)-x[(n-1)T]\} \tag{8-15}$$

$$\ddot{x}(nT)=\frac{1}{T}\{\dot{x}(nT)-\dot{x}[(n-1)T]\} \tag{8-16}$$

$$\cdots$$

这将包含有若干步相对于当前时刻的延迟。实际上，在将采样值作外推时，一般只取前一项或者前两项来实现。

8-2-2　保持器的阶

式(8-14)中，取外推的项数称为保持器的阶。只取一项 $x(nT)$ 时，可以将采样样点的幅值保持至下一时刻，则称为零阶保持器，即

$$x_n(t)=x(nT),\quad nT\leqslant t\leqslant(n+1)T \tag{8-17}$$

取两项 $x(nT)+\frac{1}{2}\dot{x}(nT)(t-nT)$ 时，不仅可以保持样点的幅值，而且可以保持采样点的斜率至下一时刻，这样的保持器称为一阶保持器，即

$$x_n(t)=x(nT)+\frac{x(nT)-x[(n-1)T]}{T}(t-nT),\quad nT\leqslant t\leqslant(n+1)T \tag{8-18}$$

以此类推。不同阶保持器的保持功能如图 8-11 所示。

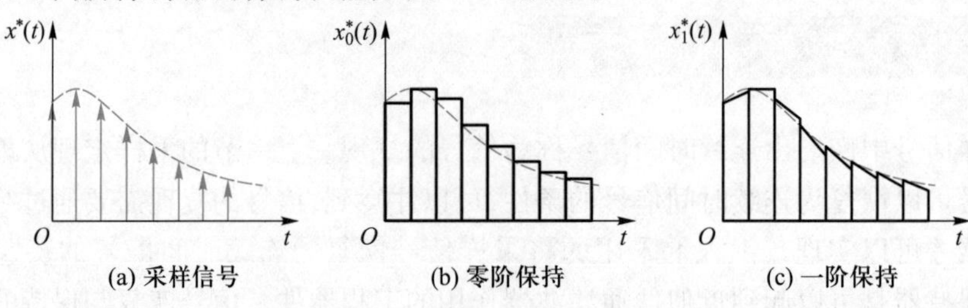

图 8-11　不同阶保持器的保持功能

8-2-3 零阶保持器

零阶保持器可以将第 n 个样点的幅值保持至下一个采样点时刻，从而使得两个样点之间不为零值。采样信号经零阶保持器保持后，成为阶梯波信号，如图 8-12 所示。

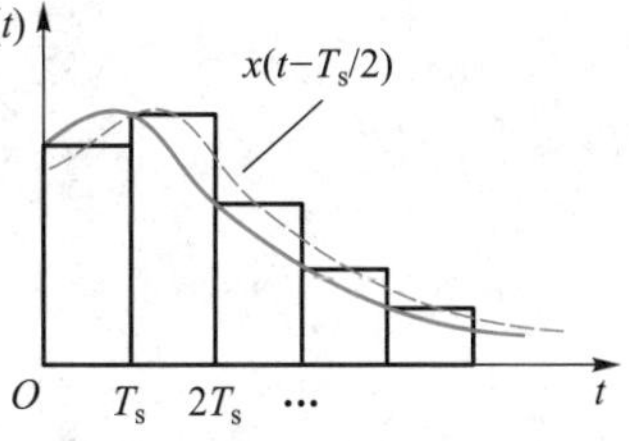

图 8-12 信号的零阶保持

如果取两个采样点的中点做平滑，平滑后的信号与原连续时间信号 $x(t)$ 相比有 $\frac{1}{2}$ 个采样间隔时间的滞后，成为 $x\left(t-\frac{1}{2}T_s\right)$。因此，无论采样间隔 T_s 取多么小，经零阶保持器恢复的连续时间信号都是带有时间滞后的。一般情况下，采样间隔 T_s 都很小，可以将这种滞后忽略。

8-2-4 零阶保持器的数学模型

由于零阶保持器可以实现样点值的常值外推，其输入输出关系如图 8-13 所示。为了表示简洁，采样间隔时间 T_s 今后都表示为 T。

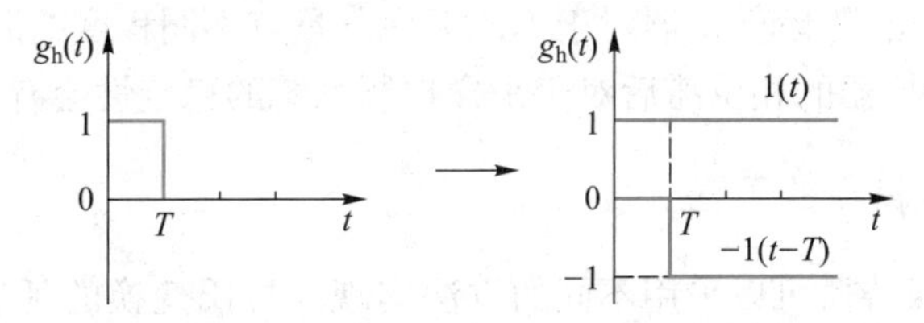

图 8-13 零阶保持器的输入输出关系

由图 8-13 所示的信号分解关系，写出零阶保持器的时间函数为

$$g_h(t)=1(t)-1(t-T) \tag{8-19}$$

其拉氏变换为

$$G_h(s)=\frac{1}{s}-\frac{1}{s}e^{-Ts}=\frac{1-e^{-Ts}}{s} \tag{8-20}$$

将 $s=j\omega$ 代入上式，可以得到零阶保持器的频率特性为

$$G_h(j\omega)=\frac{1-e^{-j\omega T}}{j\omega}=\frac{e^{-\frac{1}{2}j\omega T}\left(e^{\frac{1}{2}j\omega T}-e^{-\frac{1}{2}j\omega T}\right)}{j\omega}=T\cdot\frac{\sin\left(\frac{\omega T}{2}\right)}{\frac{\omega T}{2}}\cdot e^{-j\frac{\omega}{\omega_s}\pi} \tag{8-21}$$

由于采样间隔为 $T=\frac{2\pi}{\omega_s}$，零阶保持器的频率特性还可以写为

$$G_h(j\omega)=\frac{2\pi}{\omega_s}\cdot\frac{\sin\left(\frac{\pi\omega}{\omega_s}\right)}{\frac{\pi\omega}{\omega_s}}\cdot e^{-\frac{1}{2}\cdot\frac{\omega}{\omega_s}\pi} \tag{8-22}$$

其幅频特性与相频特性如图 8-14 所示。

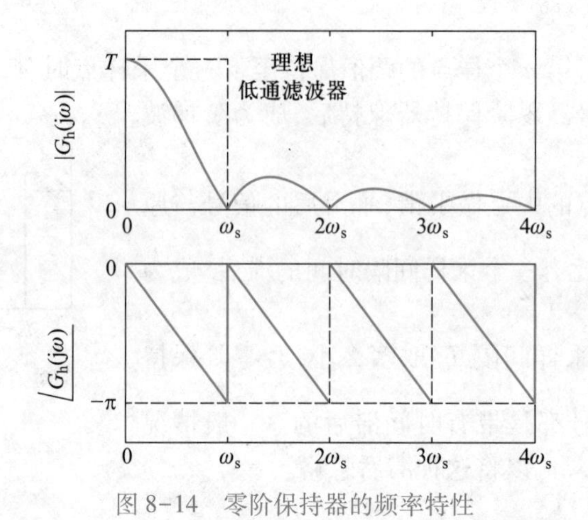

图 8-14 零阶保持器的频率特性

从图 8-14 中可以看出,零阶保持器可以近似实现理想低通滤波器的功能,其幅频特性对于信号中频率低于 ω_s 的主频率分量还有不同程度的衰减,对于频率高于 ω_s 的高频成分,还做不到零衰减。因此,经零阶保持器恢复的连续时间信号,与原来的信号有一些差别。从它的相频特性可以看出,零阶保持器对于不同频率分量有不同程度的滞后,滞后角度是分段线性增加的。零阶保持器的相位滞后对于采样控制系统的稳定性会有一定的影响。

8-2-5 零阶保持器的工程实现

在工程上,零阶保持器可以采用不同的方法实现。拉氏变换的延迟因子展开成泰勒级数可以表示为

$$e^{Ts}=1+Ts+\frac{1}{2!}T^2s^2+\cdots \tag{8-23}$$

如果取泰勒级数的前两项代入零阶保持器的传递函数有

$$G_h(s)=\frac{1-e^{-Ts}}{s}=\frac{1}{s}\left(1-\frac{1}{e^{Ts}}\right)\Bigg|_{e^{Ts}\approx 1+Ts}\approx\frac{T}{1+Ts} \tag{8-24}$$

上式可以采用图 8-15(a)所示的无源电网络实现。

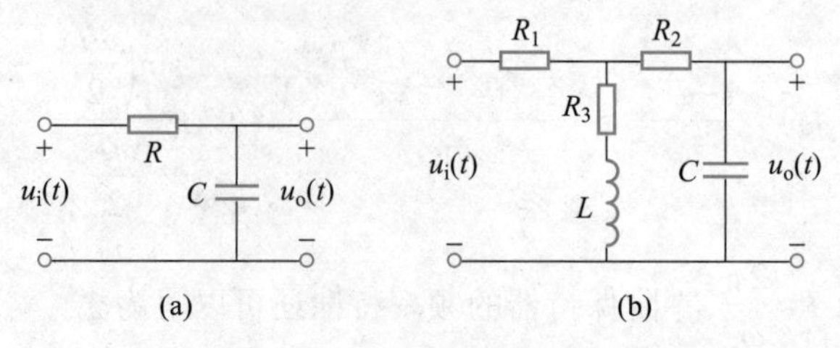

图 8-15 零阶保持器的无源网络实现

如果取泰勒级数的前三项代入零阶保持器的传递函数,就可以得到更加精确的实现为

$$G_h(s) \approx T \cdot \frac{1+\frac{1}{2}Ts}{1+Ts+\frac{1}{2}T^2s^2} \tag{8-25}$$

上式可以由图 8-15(b)所示的无源电网络实现。

由于计算机控制的广泛应用,计算机控制系统中的数模转换器,即 D/A 转换器,所实现的功能就是零阶保持功能。D/A 转换器输出的阶梯波信号经简单的 RC 滤波作平滑,滤去高频分量,就可以得到相对于离散时间序列 $x(nT)$ 的连续时间信号 $x(t)$。

8-3 采样信号的 z 变换①

和连续时间信号一样,采样信号或者离散时间序列 $x(nT)$ 也可以在变换域中来表示,不同的是,相对应的变换为 z 变换。

连续时间信号 $x(t)$ 在变换域中表示成为拉氏变换 $X(s)$,可以简化某些函数的表示。使得诸如正弦函数、指数函数等超越函数,在变换域中成为有理函数。z 变换与其应用也是出于使函数的表示简化为目的的。

由于 z 变换和拉氏变换都是线性变换,而且 z 变换是从拉氏变换演变而来的,因此 z 变换与拉氏变换有许多相似之处。在学习 z 变换时,以应用为主,尽量简化理论上的推导与证明。

8-3-1 采样信号的 z 变换

1. z 变换的定义

已知连续时间信号 $x(t)$,其采样信号为 $x^*(t)$。当为理想采样时,采样信号 $x^*(t)$ 的 z 变换定义为

$$X(z) = \mathscr{Z}[x^*(t)] = \sum_{n=0}^{\infty} x(nT) \cdot z^{-n} \tag{8-26}$$

式中,$x(nT)$ 为第 n 个采样时刻的采样值,z 为变换域算子。

证明 已知连续时间信号 $x(t)$,其采样信号为 $x^*(t)$。当为理想采样时,即采样脉冲的宽度 τ 无穷小的时候,采样信号表示为

$$x^*(t) = \sum_{n=0}^{\infty} x(nT) \cdot \delta(t-nT) \tag{8-27}$$

将上式两边作拉氏变换,有

$$\begin{aligned} X^*(s) &= \mathscr{L}[x^*(t)] \\ &= \mathscr{L}\left[\sum_{n=0}^{\infty} x(nT) \cdot \delta(t-nT)\right] \end{aligned}$$

① 关于传统 z 变换在理论的不足之处,可以参阅 8-6 节,即采样信号的 ε 变换一节。

$$= \sum_{n=0}^{\infty} x(nT) \cdot \mathrm{e}^{-nTs} \tag{8-28}$$

上式中含有指数函数因子 e^{Ts},它是一个超越函数,因此作变换

$$z=\mathrm{e}^{Ts} \tag{8-29}$$

相应地

$$s=\frac{1}{T}\ln z \tag{8-30}$$

式中,由于 s 为复自变量,所以 z 也为复自变量,T 为离散化时所用的采样间隔时间,将其代入采样信号的拉氏变换式,得到采样信号的 z 变换为

$$X(z) = \mathscr{Z}[x^*(t)] = \sum_{n=0}^{\infty} x(nT) \cdot z^{-n} \tag{8-31}$$

证毕。

关于 z 变换的基本特性作说明如下。

(1) z 变换的离散特性

由于只有在采样点上才有 $x(nT)=x(t)$,所以

$$\mathscr{Z}[x(t)]=\mathscr{Z}[x^*(t)]$$

也就是说,z 变换所处理的对象是离散时间序列,而不带有原信号采样点之间的任何信息。如图 8-16 所示的几种信号,其 z 变换是相同的。

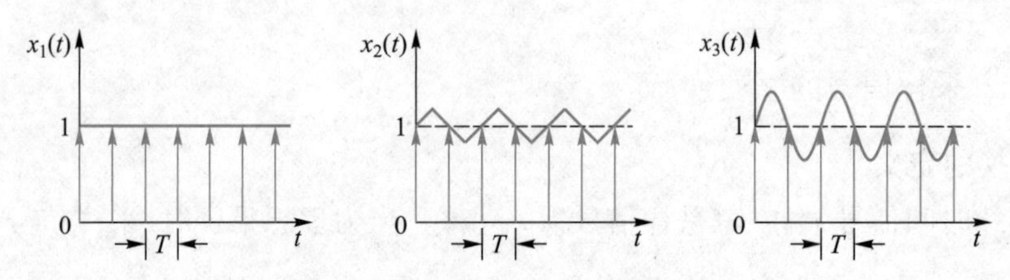

图 8-16 z 变换的离散特性

图中信号 $x_1(t)$ 为阶跃信号,其 z 变换为 $X_1(z)$,$x_2(t)$ 为带直流分量的三角波信号,其 z 变换为 $X_2(z)$,$x_3(t)$ 为带直流分量的正弦波信号,其 z 变换为 $X_3(z)$。如果信号 $x_2(t)$ 与信号 $x_3(t)$ 的半周期与信号 $x_1(t)$ 的采样间隔 T 相同,则三个信号的 z 变换相同

$$X_1(z)=X_2(z)=X_3(z)$$

(2) z 变换的时间特性

采样信号的展开式为

$$\begin{aligned} x^*(t) &= \sum_{n=0}^{\infty} x(nT) \cdot \delta(t-nT) \\ &= x(0)\delta(t)+x(T)\delta(t-T)+x(2T)\delta(t-2T)+\cdots \end{aligned} \tag{8-32}$$

相对应的 z 变换其展开式为

$$\begin{aligned} X(z) &= \sum_{n=0}^{\infty} x(nT) \cdot z^{-n} \\ &= x(0)+x(T) \cdot z^{-1}+x(2T) \cdot z^{-2}+\cdots \end{aligned} \tag{8-33}$$

比较两式可得,两式各对应项样点幅值 $x(nT)$ 相同,而时间域的各延迟调制脉冲 $\delta(t-nT)$ 则对应于变换域因子 z^{-n},由两域的对应关系,将因子 z^{-1} 称为一步延迟因子。因此变换域的算子 z 带有明显的时间信息,而拉氏变换的算子 s,并不表现出明显的时间特征。

(3) z 变换的收敛和特性

z 变换定义为

$$X(z)=\sum_{n=0}^{\infty}x(nT)\cdot z^{-n}$$

上式是以 z 为自变量的罗朗级数,其收敛条件为

$$|z|>1$$

因此,当满足收敛条件时,可以得到收敛和式。

对于工程上常用的信号来说,是满足上述幂级数收敛条件的,因此可以写出它们的收敛和式。收敛和式为自变量 z 的有理分式函数,这一点类似于拉氏变换,在工程应用上是非常方便的。

2. 典型时间信号的 z 变换

(1) 单位脉冲信号

单位脉冲信号为 $\delta(t)$,即

$$f(t)=\begin{cases}\infty, & t=0\\ 0, & t\neq 0\end{cases} \tag{8-34}$$

由于其积分面积为 1

$$A=\int_{0_-}^{0_+}\delta(t)\,\mathrm{d}t=1 \tag{8-35}$$

所以由 z 变换的定义求得单位脉冲函数的 z 变换为

$$\mathscr{Z}[\delta(t)]=\sum_{n=0}^{\infty}x(nT)\cdot z^{-n}\Big|_{x(nT)=\delta(t)}=1 \tag{8-36}$$

(2) 单位阶跃信号

单位阶跃信号为

$$x(t)=1(t) \tag{8-37}$$

由 z 变换的定义求得

$$\begin{aligned}X(z)&=\sum_{n=0}^{\infty}x(nT)\cdot z^{-n}\Big|_{x(nT)=1(t)}\\&=\sum_{n=0}^{\infty}1(nT)\cdot z^{-n}\\&=1+z^{-1}+z^{-2}+\cdots\end{aligned} \tag{8-38}$$

上式是公比为 z^{-1} 的等比级数,在满足收敛条件 $|z|>1$ 时,其收敛和为

$$X(z)=\frac{1}{1-z^{-1}}\text{或者 }X(z)=\frac{z}{z-1} \tag{8-39}$$

(3) 单位斜坡信号

单位斜坡信号为

$$x(t)=t\cdot 1(t) \tag{8-40}$$

其 z 变换为

$$X(z)=\sum_{n=0}^{\infty}x(nT)\cdot z^{-n}\bigg|_{x(nT)=nT}=\sum_{n=0}^{\infty}(nT)\cdot z^{-n} \tag{8-41}$$

在满足收敛条件 $|z|>1$ 时，由于

$$\sum_{n=0}^{\infty}z^{-n}=\frac{z}{z-1}$$

两边对变量 z 求导得到

$$\sum_{n=0}^{\infty}(-n)\cdot z^{-n-1}=\frac{-1}{(z-1)^2}$$

两边同时乘以 $(-Tz)$，可得斜坡信号的 z 变换为

$$X(z)=\sum_{n=0}^{\infty}(nT)\cdot z^{-n}=\frac{Tz}{(z-1)^2} \tag{8-42}$$

（4）指数信号

指数信号为

$$x(t)=\mathrm{e}^{-\alpha t} \tag{8-43}$$

其 z 变换为

$$X(z)=\sum_{n=0}^{\infty}\mathrm{e}^{-\alpha nT}\cdot z^{-n}=1+\mathrm{e}^{-\alpha T}z^{-1}+\mathrm{e}^{-2\alpha T}z^{-2}+\cdots \tag{8-44}$$

上式是公比为 $\mathrm{e}^{-\alpha T}z^{-1}$ 的等比级数，在满足收敛条件 $|z|>1$ 时，其收敛和为

$$X(z)=\frac{1}{1-\mathrm{e}^{-\alpha T}z^{-1}}\text{或者 }X(z)=\frac{z}{z-\mathrm{e}^{-\alpha T}} \tag{8-45}$$

（5）正弦信号

正弦信号为

$$X(t)=\sin\omega t \tag{8-46}$$

由欧拉公式

$$\sin\omega t=\frac{1}{2\mathrm{j}}(\mathrm{e}^{\mathrm{j}\omega t}-\mathrm{e}^{-\mathrm{j}\omega t})$$

可得其 z 变换为

$$X(z)=\mathscr{Z}\left[\frac{1}{2\mathrm{j}}(\mathrm{e}^{\mathrm{j}\omega t}-\mathrm{e}^{-\mathrm{j}\omega t})\right]=\frac{1}{2\mathrm{j}}\{\mathscr{Z}[\mathrm{e}^{\mathrm{j}\omega t}]-\mathscr{Z}[\mathrm{e}^{-\mathrm{j}\omega t}]\} \tag{8-47}$$

利用指数函数的 z 变换可得

$$X(z)=\frac{1}{2\mathrm{j}}\left[\frac{z}{z-\mathrm{e}^{\mathrm{j}\omega t}}-\frac{z}{z-\mathrm{e}^{-\mathrm{j}\omega t}}\right]=\frac{z\cdot\sin\omega T}{z^2-2\cos\omega T\cdot z+1} \tag{8-48}$$

（6）已知连续时间函数的拉氏变换 $X(s)$，求 z 变换

如果已知连续时间函数的拉氏变换 $X(s)$,先作拉氏反变换求出

$$x(t)=\mathscr{L}^{-1}[X(s)]$$

再利用 z 变换表,或者由定义式求得 z 变换 $X(z)$。

[**例 8-1**]　已知时间函数的拉氏变换为

$$X(s)=\frac{1}{s(s+1)}$$

试求其 z 变换 $X(z)$。

解　将 $X(s)$ 展开部分分式为

$$X(s)=\frac{1}{s(s+1)}=\frac{1}{s}-\frac{1}{s+1}$$

作拉氏反变换得到时间函数为

$$x(t)=\mathscr{L}^{-1}\left[\frac{1}{s}-\frac{1}{s+1}\right]=1(t)-\mathrm{e}^{-t}$$

作 z 变换得到

$$x(z)=\mathscr{Z}[1(t)-\mathrm{e}^{-t}]=\frac{1}{1-z^{-1}}-\frac{1}{1-z^{-1}\mathrm{e}^{-T}}=\frac{z(1-\mathrm{e}^{-T})}{(z-1)(z-\mathrm{e}^{-T})}$$

注意:不能将 $s=\frac{1}{T}\ln z$ 代入拉氏变换式去求 z 变换。这是因为 z 变换与时间域中的离散时间序列 $x(nT)$ 相对应,而不能直接对应于连续时间信号 $x(t)$。

常用函数的 z 变换可以查阅表 8-1。

表 8-1　常用函数的 z 变换表

序号	$X(s)$	$x(t)$ 或者 $x(n)$	$X(z)$
1	1	$\delta(t)$	1
2	e^{-mTs}	$\delta(t-mT)$	z^{-m}
3	$\frac{1}{s}$	$1(t)$	$\frac{z}{z-1}$
4	$\frac{1}{s^2}$	t	$\frac{Tz}{(z-1)^2}$
5	$\frac{2}{s^3}$	t^2	$\frac{T^2z(z+1)}{(z-1)^3}$
6	$\frac{1}{1-\mathrm{e}^{-Ts}}$	$\sum_{n=0}^{\infty}\delta(t-nT)$	$\frac{z}{z-1}$
7	$\frac{1}{s+\alpha}$	$\mathrm{e}^{-\alpha t}$	$\frac{z}{z-\mathrm{e}^{-\alpha T}}$
8	$\frac{1}{(s+\alpha)^2}$	$t\cdot\mathrm{e}^{-\alpha t}$	$\frac{T\mathrm{e}^{-\alpha T}z}{(z-\mathrm{e}^{-\alpha T})^2}$
9	$\frac{\omega}{s^2+\omega^2}$	$\sin\omega t$	$\frac{\sin\omega T\cdot z}{z^2-2\cos\omega T\cdot z+1}$

续表

序号	$X(s)$	$x(t)$或者$x(n)$	$X(z)$
10	$\frac{s}{s^2+\omega^2}$	$\cos\omega t$	$\frac{z(z-\cos\omega T)}{z^2-2\cos\omega T\cdot z+1}$
11	$\frac{\omega}{(s+\alpha)^2+\omega^2}$	$e^{-\alpha t}\sin\omega t$	$\frac{e^{-\alpha T}\sin\omega T\cdot z}{z^2-2e^{-\alpha T}\cos\omega T\cdot z+e^{-2\alpha T}}$
12	$\frac{s+\alpha}{(s+\alpha)^2+\omega^2}$	$e^{-\alpha t}\cos\omega t$	$\frac{z(z-e^{-\alpha T}\cos\omega T)}{z^2-2e^{-\alpha T}\cos\omega T\cdot z+e^{-2\alpha T}}$
13		a^n	$\frac{z}{z-a}$
14		$a^n\cos n\pi$	$\frac{z}{z+a}$

8-3-2 z 变换的基本定理

和拉氏变换一样，z 变换也有一些相应的基本定理。利用这些基本定理，可以使一些 z 变换的运算简化。

1. 线性定理

如果时间信号 $x_1(t)$、$x_2(t)$ 的 z 变换分别为 $X_1(z)$、$X_2(z)$，且 a_1, a_2 为常数，则有

$$\mathscr{Z}[a_1x_1(t)+a_2x_2(t)]=a_1X_1(z)+a_2X_2(z) \tag{8-49}$$

和拉氏变换的线性定理相类似，z 变换的线性定理表明了连续时间信号代数和的 z 变换等于单独信号 z 变换的代数和。

2. 实位移定理

如果时间信号 $x(t)$ 的 z 变换为 $X(z)$，则有

时序后移

$$\mathscr{Z}[x(t-mT)]=z^{-m}\cdot X(z) \tag{8-50}$$

时序前移

$$\mathscr{Z}[x(t+mT)]=z^{m}\cdot X(z)-z^{m}\cdot\sum_{m=0}^{m-1}x(mT)\cdot z^{-m} \tag{8-51}$$

证明时序后移定理。

由于

$$\begin{aligned}\mathscr{Z}[x(t-mT)]&=\sum_{n=0}^{\infty}x(nT-mT)\cdot z^{-n}\\&=\sum_{n=0}^{\infty}x(nT-mT)\cdot z^{-n}\cdot z^{m}\cdot z^{-m}\\&=z^{-m}\cdot\sum_{n=0}^{\infty}x[(n-m)T]\cdot z^{-(n-m)}\end{aligned}$$

$$
\begin{aligned}
&= z^{-m} \cdot \sum_{n=m}^{\infty} x[(n-m)T] \cdot z^{-(n-m)} \\
&= z^{-m} \cdot X(z)
\end{aligned} \tag{8-52}
$$

时序后移得证。

证明时序前移定理。

由于

$$
\mathscr{Z}[x(t+mT)] = \sum_{n=0}^{\infty} x(nT+mT) \cdot z^{-n}
$$

当 $m=1$ 时

$$
\begin{aligned}
\mathscr{Z}[x(t+T)] &= \sum_{n=0}^{\infty} x[(n+1)T] \cdot z^{-n} \\
&= z \cdot \sum_{n=0}^{\infty} x[(n+1)T] \cdot z^{-(n+1)} \\
&= z \cdot \left\{ \sum_{n=-1}^{\infty} x[(n+1)T] \cdot z^{-(n+1)} - x(0) \right\} \\
&= z \cdot X(z) - z \cdot x(0)
\end{aligned} \tag{8-53}
$$

当 $m=2$ 时

$$
\begin{aligned}
\mathscr{Z}[x(t+2T)] &= \sum_{n=0}^{\infty} x[(n+2)T] \cdot z^{-n} \\
&= z^{2} \cdot \sum_{n=0}^{\infty} x[(n+2)T] \cdot z^{-(n+2)} \\
&= z^{2} \cdot \left\{ \sum_{n=-2}^{\infty} x[(n+2)T] \cdot z^{-(n+2)} - x(0) - z^{-1} \cdot x(T) \right\} \\
&= z^{2} \cdot X(z) - z^{2} \cdot x(0) - z \cdot x(T)
\end{aligned} \tag{8-54}
$$

…

当前移 m 步时有

$$
\begin{aligned}
\mathscr{Z}[x(t+mT)] &= z^{m} \cdot X(z) - z^{m} \cdot x(0) - z^{m-1} \cdot x(T) - \cdots - z \cdot x[(m-1)T] \\
&= z^{m} \cdot X(z) - z^{m} \cdot \sum_{m=0}^{m-1} x(mT) \cdot z^{-m}
\end{aligned} \tag{8-55}
$$

时序前移得证。

3. 复位移定理

如果时间信号 $x(t)$ 的 z 变换为 $X(z)$，则有

$$
\mathscr{Z}[x(t) \cdot e^{-\alpha t}] = X(z \cdot e^{\alpha T}) \tag{8-56}
$$

可以由 z 变换的定义式直接证得。

4. 变换域微分定理

如果时间信号 $x(t)$ 的 z 变换为 $X(z)$，则有

$$\mathscr{Z}[t \cdot x(t)] = -Tz \cdot \frac{d}{dz}[X(z)] \tag{8-57}$$

证明 将 z 变换的定义式两边对 z 求导得

$$\begin{aligned}
\frac{d}{dz}[X(z)] &= \frac{d}{dz}\left[\sum_{n=0}^{\infty} x(nT) \cdot Z^{-n}\right] \\
&= \sum_{n=0}^{\infty} x(nT) \cdot \frac{d}{dz}[Z^{-n}] \\
&= \sum_{n=0}^{\infty} x(nT) \cdot (-n) \cdot Z^{-n-1} \\
&= -\frac{1}{Tz} \cdot \sum_{n=0}^{\infty} x(nT) \cdot (nT) \cdot Z^{-n} \\
&= -\frac{1}{Tz}\mathscr{Z}[t \cdot x(t)]
\end{aligned}$$

整理得

$$\mathscr{Z}[t \cdot x(t)] = -Tz \cdot \frac{d}{dz}[X(z)]$$

证毕。

5. 初值定理

如果时间信号 $x(t)$ 的 z 变换为 $X(z)$，并且离散时间序列的初值存在，则有

$$x(0) = \lim_{t \to 0} x^*(t) = \lim_{z \to \infty} X(z) \tag{8-58}$$

即离散时间序列的初值可以从变换域求得。

证明 将定义式对 $z \to \infty$ 求极限自然得证。

6. 终值定理

如果时间信号 $x(t)$ 的 z 变换为 $X(z)$，且 $X(z)$ 在单位圆内的极点全部为单极点，在单位圆外解析，则有

$$x(\infty) = \lim_{t \to \infty} x^*(t) = \lim_{z \to 1}(z-1)X(z) \tag{8-59}$$

即离散时间序列的终值可以从变换域求得。

证明 由实位移定理可得

$$\mathscr{Z}\{x[(n+1)T] - x(nT)\} = z \cdot X(z) - z \cdot x(0) - X(z) = (z-1) \cdot X(z) - z \cdot x(0)$$

所以

$$(z-1) \cdot X(z) = z \cdot x(0) + \mathscr{Z}\{x[(n+1)T] - x(nT)\}$$

两边对 $z \to 1$ 求极限可得

$$\begin{aligned}
\lim_{z \to 1}[(z-1) \cdot X(z)] &= \lim_{z \to 1}\left\{z \cdot x(0) + \sum_{n=0}^{\infty} x[(n+1)T - x(nT)] \cdot z^{-n}\right\} \\
&= x(0) + [x(T) - x(0)] + [x(2T) - x(T)] + \cdots \\
&= x(\infty)
\end{aligned}$$

证毕。

7. 卷积和定理

如果时间信号 $x_1(t)$、$x_2(t)$ 的 z 变换分别为 $X_1(z)$、$X_2(z)$，则有

$$\mathscr{Z}\left\{\sum_{i=0}^{m} x_1[(n-i)T]\cdot x_2(iT)\right\}=X_1(z)\cdot X_2(z) \tag{8-60}$$

时间域两个离散时间序列 $x_1(nT)$、$x_2(nT)$ 的离散卷积和可以由 z 域的乘积求得，证明从略。

8-3-3 z 反变换

和拉氏变换相似，已知时域函数的 z 变换 $X(z)$，可以对其作 z 反变换来求得时域的离散时间序列 $x(nT)$。

求 z 反变换的方法有三种。

1. 反演积分法

由复变函数积分理论，已知离散时间序列 $x(nT)$ 的 z 变换 $X(z)$，可以计算 z 域的围线积分反过来求得离散时间序列为

$$x(nT)=\oint_c X(z)\cdot(z-1)\cdot \mathrm{d}z \tag{8-61}$$

其中围线 c 为包围 $X(z)$ 所有极点的闭曲线。

在复变函数积分理论中，积分值的计算是借助于留数定理来获得的。由于围线 c 包围了 $X(z)$ 的所有极点，所以利用留数定理可以得到

$$x(nT)=\sum_k \mathrm{Res}[(z-z_k)\cdot X(z)\cdot z^{n-1}]\Big|_{z=z_k} \tag{8-62}$$

其中，$z=z_k$ 为第 k 个极点值。

[例 8-2] 已知 z 域函数为

$$X(z)=\frac{10z}{(z-1)(z-2)}$$

试用围线积分法求取 z 反变换 $x(nT)$。

解 $X(z)$ 有两个极点 $z_1=1, z_2=2$，由围线积分公式有

$$\begin{aligned}x(nT)&=\sum_k \mathrm{Res}[(z-z_k)\cdot X(z)\cdot z^{n-1}]\Big|_{z=z_k}\\&=\frac{10z}{z-2}\cdot z^{n-1}\Big|_{z=1}+\frac{10z}{z-1}\cdot z^{n-1}\Big|_{z=2}\\&=-10+10\cdot 2^n\end{aligned}$$

[例 8-3] 已知 z 域函数为

$$X(z)=\frac{(1-\mathrm{e}^{-aT})z}{(z-1)(z-\mathrm{e}^{-aT})}$$

试用围线积分法求取 z 反变换 $x(nT)$。

解 $X(z)$ 有两个极点 $z_1=1, z_2=\mathrm{e}^{-aT}$，由围线积分公式有

$$x(nT)=\sum_k \mathrm{Res}[(z-z_k)\cdot X(z)\cdot z^{n-1}]\Big|_{z=z_k}$$

$$=\frac{(1-e^{-aT})z}{z-e^{-aT}}\cdot z^{n-1}\bigg|_{z=1}+\frac{(1-e^{-aT})z}{z-1}\cdot z^{n-1}\bigg|_{z=e^{-aT}}$$

$$=1-e^{-anT}$$

2. 幂级数法

由于 z 变换 $X(z)$ 可以展开为按照因子 z 降幂排列的罗朗级数，而 z^{-1} 又表示了脉冲函数 $\delta(t)$ 的一步延迟，所以可以直接以无穷项时间序列来得到 z 反变换。

由于 $X(z)$ 一般为 z 的有理函数，表示为两个多项式之比

$$X(z)=\frac{b_m z^m+b_{m-1}z^{m-1}+\cdots+b_1 z+b_0}{a_n z^n+a_{n-1}z^{n-1}+\cdots+a_1 z+a_0},\quad n\geqslant m \tag{8-63}$$

按照 z^{-1} 的降幂排列，用分子多项式除以分母多项式可以得到

$$X(z)=c_0+c_1 z^{-1}+c_2 z^{-2}+\cdots+c_n z^{-n}+\cdots \tag{8-64}$$

对上式作 z 反变换得到

$$x(nT)=c_0\delta(t)+c_1\delta(t-T)+c_2\delta(t-2T)+\cdots+c_n\delta(t-nT)+\cdots \tag{8-65}$$

这种方法应用简单，但是其缺点是不易求得收敛和式。

[例 8-4] 已知 z 域函数为

$$X(z)=\frac{10z}{(z-1)(z-2)}$$

试用幂级数法求取 z 反变换 $x(nT)$。

解 由于

$$X(z)=\frac{10z}{(z-1)(z-2)}=\frac{10z^{-1}}{1-3z^{-1}+2z^{-2}}$$

应用综合除法，用分子多项式除以分母多项式，可得

$$\begin{array}{r|lllll}
 & 10z^{-1} & +30z^{-2} & +70z^{-3} & +\cdots & \\
\hline
1-3z^{-1}+2z^{-2} & 10z^{-1} & & & & \\
 & -\ 10z^{-1} & -30z^{-2} & +20z^{-3} & & \\
\cline{2-4}
 & & 30z^{-2} & -20z^{-3} & & \\
 & & -\ 30z^{-2} & -90z^{-3} & +60z^{-4} & \\
\cline{3-5}
 & & & 70z^{-3} & -60z^{-4} & \\
 & & & -\ 70z^{-3} & -210z^{-4} & +140z^{-5} \\
\cline{4-6}
 & & & \cdots\cdots & &
\end{array}$$

展开式为

$$X(z)=10z^{-1}+30z^{-2}+70z^{-3}+\cdots$$

z 反变换为

$$x^*(t)=0\cdot\delta(t)+10\cdot\delta(t-T)+30\cdot\delta(t-2T)+70\cdot\delta(t-3T)+\cdots$$

[例 8-5] 已知 z 域函数为

$$X(z)=\frac{(1-e^{-aT})z}{(z-1)(z-e^{-aT})}$$

试用幂级数法求取 z 反变换 $x(nT)$。

解 由于

$$X(z)=\frac{(1-e^{-aT})z}{(z-1)(z-e^{-aT})}=\frac{(1-e^{-aT})z^{-1}}{1-(1+e^{-aT})z^{-1}+e^{-aT}z^{-2}}$$

应用综合除法,用分子多项式除以分母多项式,得

$$X(z)=(1-e^{-aT})z^{-1}+(1-e^{-2aT})z^{-2}+(1-e^{-3aT})z^{-3}+\cdots$$

z 反变换为

$$x^*(t)=(1-e^{-aT})\cdot\delta(t-T)+(1-e^{-2aT})\cdot\delta(t-2T)+(1-e^{-3aT})\cdot\delta(t-3T)+\cdots$$

3. 部分分式法

由于连续时间信号 $x(t)$ 大部分是由基本信号组合而成的,而基本信号的 z 变换可以借助于 z 变换表得到,因此可以将 $X(z)$ 分解为对应于基本信号的部分分式,再查表来求得其 z 反变换。

由于基本信号的 z 变换都带有因子 z,所以,将 $\frac{X(z)}{z}$ 分解为部分分式,分解后,各项再乘以因子 z 之后查表。

[例 8-6] 已知 z 域函数如下式,试用部分分式法求取 z 反变换 $x(nT)$。

$$X(z)=\frac{10z}{(z-1)(z-2)}$$

解 $X(z)$ 有两个极点 $z_1=1, z_2=2$,可以分解为两项部分分式。由于

$$\frac{X(z)}{z}=\frac{10}{(z-1)(z-2)}=-\frac{10}{z-1}+\frac{10}{z-2}$$

所以 $X(z)$ 分解为

$$X(z)=-\frac{10z}{z-1}+\frac{10z}{z-2}$$

查 z 变换表有

$$\mathscr{Z}^{-1}\left[\frac{z}{z-1}\right]=1(n),\quad \mathscr{Z}^{-1}\left[\frac{z}{z-2}\right]=2^n$$

得到的 z 反变换为

$$x(nT)=10\cdot(-1+2^n)$$

[例 8-7] 已知 z 域函数为

$$X(z)=\frac{(1-e^{-aT})z}{(z-1)(z-e^{-aT})}$$

试用部分分式法求取 z 反变换 $x(nT)$。

解 由于

$$\frac{X(z)}{z}=\frac{(1-e^{-aT})}{(z-1)(z-e^{-aT})}=\frac{1}{z-1}-\frac{1}{z-e^{-aT}}$$

所以

$$X(z)=\frac{z}{z-1}-\frac{z}{z-e^{-aT}}$$

查表可得

$$\mathscr{Z}^{-1}\left[\frac{z}{z-1}\right]=1(n),\quad \mathscr{Z}^{-1}\left[\frac{z}{z-\mathrm{e}^{-aT}}\right]=\mathrm{e}^{-anT}$$

所以 $X(z)$ 的 z 反变换为

$$x(nT)=1-\mathrm{e}^{-anT}$$

8-3-4 差分方程

对于连续时间系统,输入信号与输出信号之间的关系由描述系统运动的微分方程来确定。与连续时间系统相似,描述采样系统的数学模型就成为差分方程了。采样系统的数学模型又称为离散数学模型,它确定了输入信号的采样信号与系统输出信号的采样信号之间的运动关系。两类系统及其端口信号如图 8-17 所示。

$x(t)$ → 连续时间系统 → $y(t)$　　$x(nT)$ → 离散时间系统 → $y(nT)$

图 8-17 两类系统及其端口信号

1. 差分

两个样点信息之间的差值即称为差分。实际上,在近似计算中用到的数学微商,就是差分,即

$$\Delta y=\frac{f(x+\Delta x)-f(x)}{\Delta x} \tag{8-66}$$

这样,采样信号样点之间的变化情况就可以用差分来描述,表示为

$$\Delta x_n=\frac{x(nT)-x[(n-1)T]}{T} \tag{8-67}$$

为了简化分析,可以忽略采样间隔 T 的大小,设 $T=1$ s,上述差分式简化为样点幅值之差为

$$\Delta x_n=x(n)-x(n-1) \tag{8-68}$$

(1) 差分的阶

在取差分时,样点间信号各阶变化率的不同称为差分的阶,这样就有

一阶差分,即样点幅值之差

$$\Delta x_n=x(n)-x(n-1) \tag{8-69}$$

二阶差分,即样点处一阶差分之差

$$\begin{aligned}\Delta^2 x_n&=\Delta x_n-\Delta x_{n-1}\\&=[x(n)-x(n-1)]-[x(n-1)-x(n-2)]\\&=x(n)-2x(n-1)+x(n-2)\end{aligned} \tag{8-70}$$

……

n 阶差分,即样点处 $n-1$ 阶差分之差

$$\Delta^n x_n=\Delta^{n-1}x_n-\Delta^{n-1}x_{n-1} \tag{8-71}$$

一阶差分与二阶差分的几何说明如图 8-18 所示。

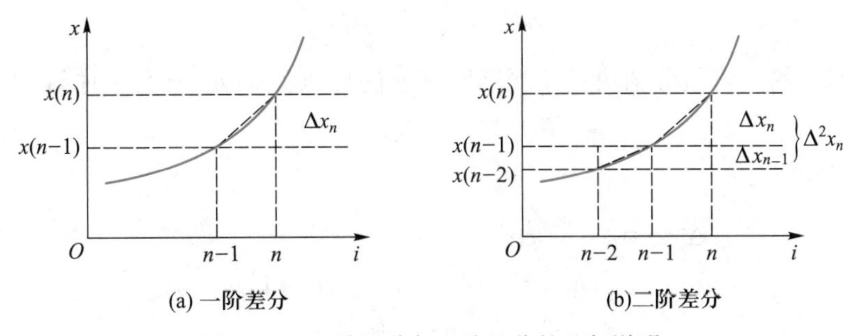

图 8-18 一阶差分与二阶差分的几何说明

(2) 差分的方向

设当前采样时刻为 n,则依据当前时刻的差分与所需要的数据之间的依赖关系,采样信号的差分可分为后向差分与前向差分。

(3) 后向差分

当前时刻 n 的各阶差分的获得全部依赖于当前时刻 n 和历史时刻 $n-1$、$n-2$、…的数据称为后向差分,各阶后向差分的计算公式为

一阶后向差分

$$\Delta x_n = x(n) - x(n-1) \tag{8-72}$$

当前时刻 n 的一阶差分值决定于当前时刻 n 的样点值 $x(n)$ 与前一时刻 $n-1$ 的样点值 $x(n-1)$ 之差。

二阶后向差分

$$\begin{aligned}\Delta^2 x_n &= \Delta x_n - \Delta x_{n-1}\\ &= [x(n)-x(n-1)]-[x(n-1)-x(n-2)]\\ &= x(n)-2x(n-1)+x(n-2)\end{aligned} \tag{8-73}$$

从上式可以看出,当前时刻 n 的二阶差分值决定于当前时刻的一阶后向差分 Δx_n 与前一时刻的一阶后向差分 Δx_{n-1},或者说除了依赖当前时刻 n 的样点值 $x(n)$ 外,还要依赖前两个时刻$n-1$、$n-2$ 的样点值 $x(n-1)$、$x(n-2)$。

……

n 阶后向差分

$$\Delta^n x_n = \Delta^{n-1} x_n - \Delta^{n-1} x_{n-1} \tag{8-74}$$

即当前时刻的 n 阶差分依赖于当前时刻的 $n-1$ 阶差分 $\Delta^{n-1} x_n$ 和前一时刻的 $n-1$ 阶差分 $\Delta^{n-1} x_{n-1}$。

根据前面的说明,各阶后向差分的获得是依赖当前数据与历史数据的,与未来的数据无关。

(4) 前向差分

当前时刻 n 的各阶差分的获得全部依赖于当前时刻 n 和未来时刻 $n+1$、$n+2$、…的数据称为前向差分,各阶前向差分的计算公式为

一阶前向差分

$$\Delta x_n = x(n+1) - x(n) \tag{8-75}$$

当前时刻 n 的一阶差分值决定于当前时刻 n 的样点值 $x(n)$ 与下一时刻 $n+1$ 的样点值 $x(n+1)$。

二阶前向差分

$$\begin{aligned}\Delta^2 x_n &= \Delta x_{n+1} - \Delta x_n \\ &= [x(n+2) - x(n+1)] - [x(n+1) - x(n)] \\ &= x(n+2) - 2x(n+1) + x(n)\end{aligned} \tag{8-76}$$

从上式可以看出,当前时刻 n 的二阶差分值决定于当前时刻的一阶前向差分 Δx_n 与下一时刻的一阶前向差分 Δx_{n+1},或者说除了依赖当前时刻 n 的样点值 $x(n)$ 外,还要依赖于未来两个时刻 $n+1$、$n+2$ 的样点值 $x(n+1)$、$x(n+2)$。

……

n 阶前向差分

$$\Delta^n x_n = \Delta^{n-1} x_{n+1} - \Delta^{n-1} x_n \tag{8-77}$$

即当前时刻的 n 阶差分依赖当前时刻的 $n-1$ 阶前向差分 $\Delta^{n-1} x_n$ 和下一时刻的 $n-1$ 阶差分 $\Delta^{n-1} x_{n+1}$。

可以看出,各阶前向差分的获得要依赖当前数据与未来数据的,与历史数据无关。其他差分方式还有混合差分等,在此就省略了。

在自控理论中,由于差分的应用对象为采样控制系统,具有因果关系,即历史时刻、当前时刻、未来时刻之间数据的相互依赖关系是明确的,因此经常应用的是后向差分方式,较少采用前向差分方式。本书后面的内容是基于后向差分叙述的。

2. 差分方程

描述连续时间系统的微分方程为

$$y^{(n)} + a_{n-1} y^{(n-1)} + \cdots + a_1 \dot{y} + a_0 y = b_m x^{(m)} + b_{m-1} x^{(m-1)} + \cdots + b_1 \dot{x} + b_0 x,\ n \geqslant m \tag{8-78}$$

系统的输入信号 $x(t)$ 与输出信号 $y(t)$ 均为时间的连续函数,微分方程为输入信号 $x(t)$ 与输出信号 $y(t)$ 的各阶导数的线性组合来构成。

与连续时间系统相似,采样系统的输入信号与输出信号分别为采样信号 $x(nT)$ 与 $y(nT)$,它们均为离散时间序列。确定两个离散时间序列关系的方程就称为差分方程,表示为

$$y_{k+n} + a_{n-1} y_{k+n-1} + \cdots + a_1 y_{k+1} + a_0 y_k = b_{k+m} x_{k+m} + b_{k+m-1} x_{k+m-1} + \cdots + b_1 x_{k+1} + b_0 x_k,\ n \geqslant m \tag{8-79}$$

式中,省略了采样间隔 T,a_0、a_1、…、a_n 和 b_0、b_1、…、b_m 为常系数。方程的左边,y_{k+i} 为输出变量 y_k 的第 i 阶差分($0 \leqslant i \leqslant n$);方程的右边,$x_{k+j}$ 为输入变量 x_k 的第 j 阶差分($0 \leqslant j \leqslant m$)。差分方程由输入输出离散时间序列 x_k 和 y_k 所确定,表现为输入变量 x_k 和输出变量 y_k 各阶差分 x_{k+j} 和 y_{k+i} 的线性组合。由于方程各差分项中的最高阶数为 n 阶,因此称为 n 阶差分方程。

3. 差分方程的求解

已知差分方程如式 8-79 所示,这时,满足方程的输出离散序列 y_k 称为差分方程的解。

在线性系统理论中,对于 n 阶差分方程,当给定了初始条件,即

$$y_0,\cdots,y_{n-1},\quad x_0,\cdots,x_m \tag{8-80}$$

时,差分方程的解 y_k 是唯一存在的。因此,可以通过求解 n 阶差分方程来获得差分方程的解 y_k。

差分方程的求解方法有两种,一种方法是基于解析方法的 z 变换法,另一种方法是基于计算机求解的迭代法。

(1) z 变换法求解

用 z 变换法求解差分方程的方法与用拉氏变换法求解微分方程的方法类似,求解步骤如下。

① 已知差分方程及初始条件

$$\sum_{i=0}^{n} a_i y_{k+i} = \sum_{j=0}^{m} b_j x_{k+j}, \text{和 } y_0,\cdots,y_{n-1}, x_0,\cdots,x_m \tag{8-81}$$

② 将方程两边作 z 变换,代入初始条件

$$\mathscr{Z}\left[\sum_{i=0}^{n} a_i y_{k+i}\right]\Bigg|_{y_0,\cdots,y_{n-1},} = \mathscr{Z}\left[\sum_{j=0}^{m} b_j x_{k+j}\right]\Bigg|_{x_0,\cdots,x_m}$$

得到

$$D(z)\cdot Y(z)=N(z)\cdot X(z) \tag{8-82}$$

③ 整理方程,写出输出变量 y_k 的 z 变换 $Y(z)$

$$Y(z)=\frac{N(z)}{D(z)}\cdot X(z) \tag{8-83}$$

④ 将 $Y(z)$ 作 z 反变换,求出输出离散时间序列 y_k,得到差分方程的解

$$y_k=\mathscr{Z}^{-1}[Y(z)]=\mathscr{Z}^{-1}\left[\frac{N(z)}{D(z)}\cdot X(z)\right] \tag{8-84}$$

[例 8-8] 已知差分方程和初始条件为

$$y_{k+2}+3y_{k+1}+2y_k=0,\quad y_0=0,\quad y_1=1$$

试用 z 变换法求差分方程的解 y_k。

解 方程两边作 z 变换得

$$\mathscr{Z}[y_{k+2}+3y_{k+1}+2y_k]=0$$

由线性定理有

$$\mathscr{Z}[y_{k+2}]+\mathscr{Z}[3y_{k+1}]+\mathscr{Z}[2y_k]=0$$

由实位移定理有

$$\mathscr{Z}[y_k]=Y(z)$$

$$\mathscr{Z}[y_{k+1}]=z\cdot Y(z)-z\cdot y_0=z\cdot Y(z)$$

$$\mathscr{Z}[y_{k+2}]=z^2\cdot Y(z)-z^2\cdot y_0-z\cdot y_1=z^2\cdot Y(z)-z$$

代入可得

$$[z^2\cdot Y(z)-z]+3[z\cdot Y(z)]+2Y(z)=0$$

$$(z^2+3z+2)Y(z)=z$$

得到输出量的 z 变换为

$$Y(z)=\frac{z}{z^2+3z+2}$$

作 z 反变换,由于

$$\frac{Y(z)}{z}=\frac{1}{z^2+3z+2}=\frac{1}{z+1}-\frac{1}{z+2}$$

所以

$$Y(z)=\frac{z}{z+1}-\frac{z}{z+2}$$

查 z 变换表,有 $\mathscr{Z}[a^k]=\frac{z}{z-a}$,所以

$$y_k=\mathscr{Z}^{-1}[Y(z)]=(-1)^k-(-2)^k$$

解毕。

(2) 迭代法求解

与微分方程不同,差分方程式自身就是方程求解的迭代式。因此,可以将差分方程改写为迭代式,代入给定的初始条件求得解序列 y_k,这对于采用计算机求解是非常方便的。

以上述例题为例,可以移项写出迭代式为

$$y_{k+2}=-3y_{k+1}-2y_k$$

已知初始值为 $y_0=0,y_1=1$,以初始值作为激励,其迭代解序列如表 8-2 所示。

表 8-2 迭代解序列

k	0	1	2	3	4	5	…
y_k	0	1	−3	7	−15	…	…
y_{k+1}	1	−3	7	−15	31	…	…
y_{k+2}	−3	7	−15	31	…	…	…

则解序列 y_k 为

$$\{y_k\}=\{0,1,-3,7,-15,31,\cdots\}$$

差分方程的解为

$$y(kT)=0\cdot\delta(t)+1\cdot\delta(t-T)-3\cdot\delta(t-2T)+7\cdot\delta(t-3T)+\cdots$$

8-4 脉冲传递函数

对于连续时间系统,我们采用拉氏变换定义变换域传递函数。与其相类似,对于采样控制系统,可以定义变换域的脉冲传递函数。

从应用上来说,由于 z 算子与时间有更为直接的联系,可以直接应用于计算机控制算法的计算,因此脉冲传递函数在应用中更为方便。

8-4-1 脉冲传递函数

差分方程确定了一类动力学系统，该动力学系统的输入信号为离散时间序列 x_k，输出信号也是离散时间序列 y_k，这样的动力学系统称为离散动力学系统，如图 8-19 所示。

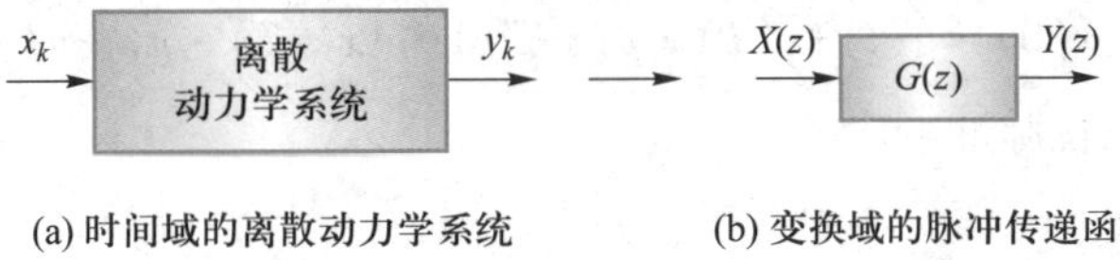

x_k → 离散动力学系统 → y_k ⟶ $X(z)$ → $G(z)$ → $Y(z)$

(a) 时间域的离散动力学系统　　(b) 变换域的脉冲传递函数

图 8-19 离散动力学系统

离散系统的输入输出都是离散时间序列，它们的 z 变换分别为 $X(z)$ 和 $Y(z)$，这样，与连续时间系统中定义传递函数类似，我们定义脉冲传递函数为 $G(z)$。

设离散系统的输入信号为 x_k，其 z 变换为 $X(z)$，离散系统的输出信号为 y_k，其 z 变换为 $Y(z)$，系统的初始条件全部为零，则定义系统输出信号的 z 变换 $Y(z)$ 与输入信号的 z 变换 $X(z)$ 之比为脉冲传递函数，表示为

$$G(z)=\frac{Y(z)}{X(z)} \tag{8-85}$$

在采样控制时，输入离散时间信号 x_k 或者采样信号 $x^*(t)$ 是将连续时间信号 $x(t)$ 经由采样器采样来获得的，这样的离散时间信号一般是加到连续系统上，系统的输出信号为连续时间信号 $y(t)$，不是离散序列 y_k，或者输出信号的采样信号 $y^*(t)$。为了获得输出信号的离散时间序列 y_k 或者输出信号的采样信号 $y^*(t)$，从而上述离散系统的脉冲传递函数定义有效，可以假想对输出信号采样，也就是说，假设输出端也设有采样开关，对输出的连续时间信号 $y(t)$ 作假想采样，来获得输出信号的采样信号 $y^*(t)$，如图 8-20 所示。

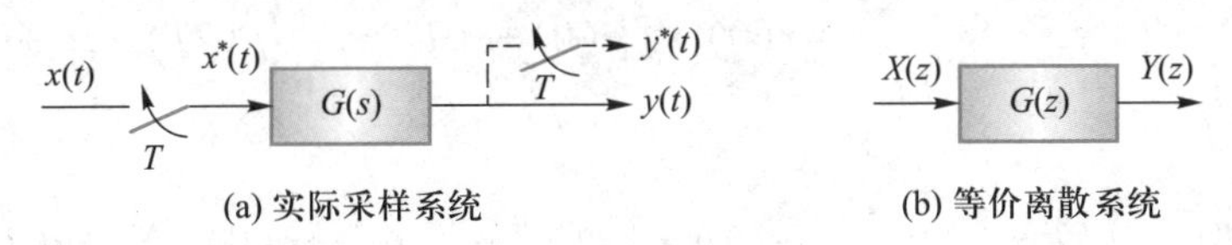

(a) 实际采样系统　　(b) 等价离散系统

图 8-20 等价离散模型

8-4-2 开环脉冲传递函数

定义了脉冲传递函数，在采样控制系统分析中就可以将其作为系统的数学模型来使用了。下面讲述采样控制系统的脉冲传递函数 $G(z)$ 的求取。

1. 开环脉冲传递函数的定义

对于图 8-20 所示的采样系统，输入信号 $x(t)$ 经采样器采样得到了输入信号的采样信号 $x^*(t)$，也就得到了输入信号的 z 变换 $X(z)$。由于系统环节为连续系统 $G(s)$，因此在采样信号 $x^*(t)$ 的输入下，其输出信号 $y(t)$ 为连续信号，而不是采样信号 $y^*(t)$。在假想采样条件下，才有采样信号 $y^*(t)$。所以，在假想采样时有

$$y^*(t)=\sum_{n=0}^{\infty}y(nT)\cdot\delta(t-nT) \tag{8-86}$$

则

$$Y(z)=\sum_{n=0}^{\infty}y(nT)\cdot z^{-n} \tag{8-87}$$

由于系统在脉冲序列输入下的响应式为

$$y(t)=x(0)\cdot g(t)+x(T)\cdot g(t-T)+\cdots+x(nT)\cdot g(t-nT)+\cdots \tag{8-88}$$

式中,$g(t)$为系统的单位脉冲响应

$$g(t)=\mathscr{L}^{-1}[G(s)]$$
$$g(t-T)=\mathscr{L}^{-1}[G(s)\cdot \mathrm{e}^{-Ts}]$$
$$g(t-2T)=\mathscr{L}^{-1}[G(s)\cdot \mathrm{e}^{-2Ts}]$$
$$\cdots\cdots$$

则在 $t=kT$ 时刻的采样为

$$y(kT)=x(0)\cdot g(kT)+x(T)\cdot g(kT-T)+\cdots+x(nT)\cdot g(kT-nT)+\cdots \tag{8-89}$$

两边乘以 z^{-k} 并取和式,得到输出信号 $y(t)$ 的 z 变换为

$$\begin{aligned}Y(z)&=\sum_{k=0}^{\infty}y(kT)\cdot z^{-k}\\&=\sum_{k=0}^{\infty}[x(0)\cdot g(kT)+x(T)\cdot g(kT-T)+\cdots+x(nT)\cdot g(kT-nT)+\cdots]\cdot z^{-k}\end{aligned} \tag{8-90}$$

上式第一项为

$$\begin{aligned}\sum_{k=0}^{\infty}x(0)\cdot g(kT)\cdot z^{-k}&=x(0)\cdot\sum_{k=0}^{\infty}g(kT)\cdot z^{-k}\\&=x(0)\cdot[g(0)+g(T)\cdot z^{-1}+g(2T)\cdot z^{-2}+\cdots]\end{aligned} \tag{8-91}$$

第二项为

$$\begin{aligned}\sum_{k=0}^{\infty}x(T)\cdot g(kT-T)\cdot z^{-k}&=x(T)\cdot[g(-T)\,|_{g(-T)=0}+g(0)\cdot z^{-1}+g(T)\cdot z^{-2}+\cdots]\\&=x(T)\cdot z^{-1}\cdot[g(0)+g(T)\cdot z^{-1}+g(2T)\cdot z^{-2}+\cdots]\end{aligned} \tag{8-92}$$

同理,第三项为

$$\begin{aligned}\sum_{k=0}^{\infty}x(2T)\cdot g(kT-2T)\cdot z^{-k}&=x(2T)\cdot z^{-2}\cdot\sum_{k=0}^{\infty}g(kT)\cdot z^{-k}\\&=x(2T)\cdot z^{-2}\cdot[g(0)+g(T)\cdot z^{-1}+g(2T)\cdot z^{-2}+\cdots]\end{aligned} \tag{8-93}$$

……

所以

$$\sum_{k=0}^{\infty} y(kT)\cdot z^{-k}=[g(0)+g(T)\cdot z^{-1}+g(2T)\cdot z^{-2}+\cdots][x(0)+x(T)\cdot z^{-1}+x(2T)\cdot z^{-2}+\cdots]$$
$$=\left[\sum_{k=0}^{\infty} g(kT)\cdot z^{-k}\right]\cdot\left[\sum_{k=0}^{\infty} x(kT)\cdot z^{-k}\right] \tag{8-94}$$

式中,$x(kT)$即输入信号$x(t)$的离散式,$g(kT)$即系统$G(s)$脉冲响应$g(t)$的离散式,由z变换的定义式,有输出信号的z变换为

$$Y(z)=G(z)\cdot X(z) \tag{8-95}$$

则脉冲传递函数为

$$G(z)=\frac{Y(z)}{X(z)} \tag{8-96}$$

2. 开环脉冲传递函数的求取

由上面叙述的输出信号z变换的求取,开环系统脉冲传递函数的计算步骤为:

(1) 已知系统的传递函数$G(s)$;

(2) 求取系统的脉冲响应函数$g(t)$;

(3) 将$g(t)$作采样,得采样表达式$g^*(t)$,或者离散化表达式$g(nT)$;

(4) 由z变换的定义式求得脉冲传递函数$G(z)$。

[例 8-9] 已知系统的传递函数为

$$G(s)=\frac{10}{s(s+10)}$$

试求取离散系统的脉冲传递函数$G(z)$。

解 按照计算步骤,首先计算系统的脉冲响应$g(t)$为

$$\begin{aligned}g(t)&=\mathscr{L}^{-1}[G(s)]\\&=\mathscr{L}^{-1}\left[\frac{10}{s(s+10)}\right]\\&=\mathscr{L}^{-1}\left[\frac{1}{s}-\frac{1}{s+10}\right]\\&=1-e^{-10t}\end{aligned}$$

则系统脉冲响应的离散式为

$$g(kT)=1(kT)-e^{-10kT}$$

由z变换的定义式得

$$\begin{aligned}G(z)&=\sum_{k=0}^{\infty} g(kT)\cdot z^{-k}\\&=\sum_{k=0}^{\infty}[1(kT)-e^{-10kT}]\cdot z^{-k}\\&=\left[\sum_{k=0}^{\infty}1(kT)\cdot z^{-k}\right]-\left[\sum_{k=0}^{\infty}e^{-10kT}\cdot z^{-k}\right]\\&=\frac{z}{z-1}-\frac{z}{z-e^{-10T}}\end{aligned}$$

$$=\frac{(1-e^{-10T})\cdot z}{z^2-(1+e^{-10T})\cdot z+e^{-10T}}.$$

当给定了采样间隔时间 T 后，e^{-10T} 就是常数，因此上式中脉冲传递函数 $G(z)$ 的分子多项式与分母多项式的各项系数均为常数，和连续时间系统的传递函数 $G(s)$ 表达式相似。

3. 开环系统脉冲传递函数的各种情况

(1) 连续环节串联

连续环节串联的情况如图 8-21 所示。

连续环节串联时，由于前一个环节的输出为连续信号，加到第二个环节上，在第二个环节的输出端作假想采样来得到输出的离散式。所以，这种情况时，系统的传递函数为

$$G(s)=G_1(s)\cdot G_2(s) \tag{8-97}$$

即两个环节相乘后再求取其脉冲传递函数，在采样控制分析中表示为

$$G(z)=\mathscr{Z}[G_1(s)\cdot G_2(s)]=G_1G_2(z) \tag{8-98}$$

如例题 8-9 就属于这种情况。

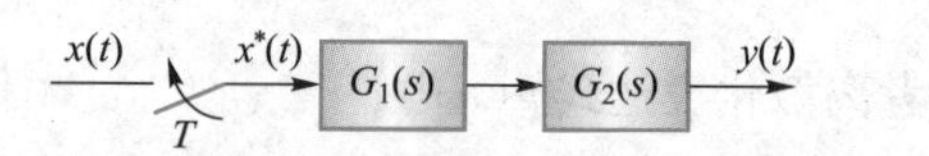

图 8-21 连续环节串联的情况

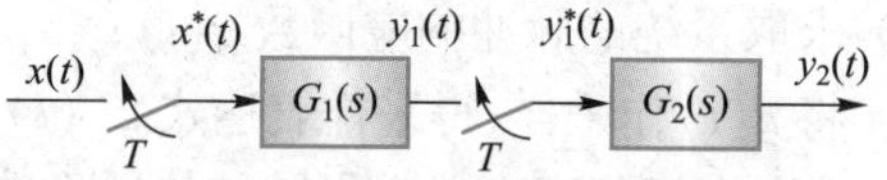

图 8-22 连续环节之间有同步采样开关的情况

(2) 连续环节之间有同步采样开关

连续环节之间有同步采样开关的情况如图 8-22 所示。

连续环节之间有同步采样开关时，由于每个环节的输入变量与输出变量的离散关系独立存在，因此，其脉冲传递函数等于两个环节自身脉冲传递函数的乘积为

$$G(z)=\mathscr{Z}[G_1(s)]\cdot\mathscr{Z}[G_2(s)]=G_1(z)\cdot G_2(z) \tag{8-99}$$

[例 8-10] 比较下面两个系统的脉冲传递函数有何差别。

解 图 8-23(a)所示的系统即例题 8-9，其脉冲传递函数为

$$G(z)=\mathscr{Z}[G_1(s)\cdot G_2(s)]=\mathscr{Z}\left[\frac{1}{s}\cdot\frac{10}{s+10}\right]=\frac{(1-e^{-10T})\cdot z}{z^2-(1+e^{-10T})\cdot z+e^{-10T}}$$

(a)

(b)

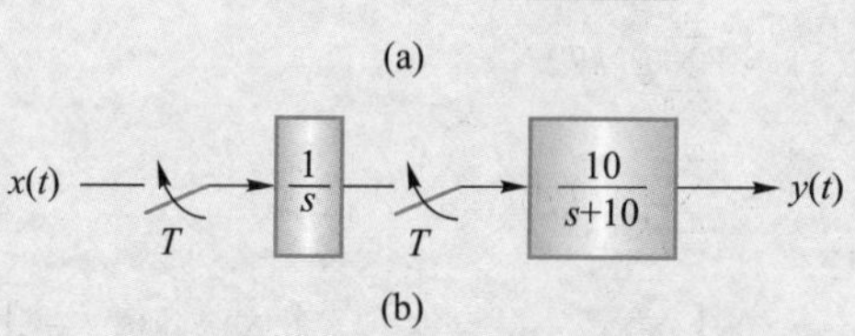

图 8-23 环节之间有无采样开关的差别

图 8-23(b)所示的系统的两个环节之间有采样开关，因此，其脉冲传递函数为两个环节脉冲传递函数的乘积

$$G(z)=\mathscr{Z}[G_1(s)]\cdot\mathscr{Z}[G_2(s)]$$

$$=\mathscr{Z}\left[\frac{1}{s}\right]\cdot\mathscr{Z}\left[\frac{10}{s+10}\right]$$

$$=\frac{z}{z-1}\cdot\frac{10z}{z-e^{-10T}}=\frac{10z^2}{z^2-(1+e^{-10T})z+e^{-10T}}$$

显然

$$\mathscr{Z}[G_1(s)\cdot G_2(s)]\neq\mathscr{Z}[G_1(s)]\cdot\mathscr{Z}[G_2(s)]$$

因此,环节之间有、无采样开关,两个系统的脉冲传递函数是不同的。

(3) 带有零阶保持器

带有零阶保持器的控制系统如图 8-24 所示。

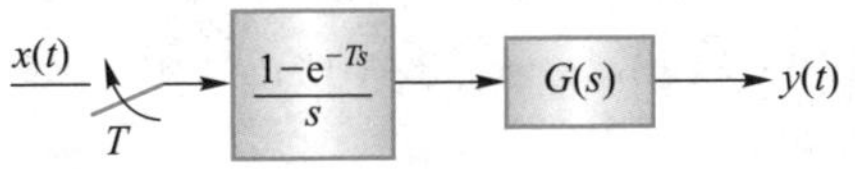

图 8-24 带有零阶保持器的控制系统

从图 8-24 可以看到,采样后作零阶保持相当于串联环节之间没有采样器的情况,脉冲传递函数为

$$G(z)=\mathscr{Z}[G_h(s)\cdot G(s)]=\mathscr{Z}\left[\frac{1-e^{-Ts}}{s}\cdot G(s)\right]$$

由 z 变换的线性定理有

$$G(z)=\mathscr{Z}\left[\frac{1}{s}\cdot G(s)\right]-\mathscr{Z}\left[\frac{1}{s}\cdot G(s)\cdot e^{-Ts}\right]$$

由于 e^{-Ts} 为一步延迟,所以由 z 变换的实位移定理,第二项可以写为

$$\mathscr{Z}\left[\frac{1}{s}\cdot G(s)\cdot e^{-Ts}\right]=z^{-1}\cdot\mathscr{Z}\left[\frac{1}{s}\cdot G(s)\right]$$

采样后带有零阶保持器时的脉冲传递函数为

$$G(z)=\mathscr{Z}\left[\frac{1}{s}\cdot G(s)\right]-z^{-1}\cdot\mathscr{Z}\left[\frac{1}{s}\cdot G(s)\right]$$

$$=(1-z^{-1})\cdot\mathscr{Z}\left[\frac{1}{s}\cdot G(s)\right]\tag{8-100}$$

[例 8-11] 带采样保持器的采样控制系统如图 8-25 所示,试求取该系统的脉冲传递函数。

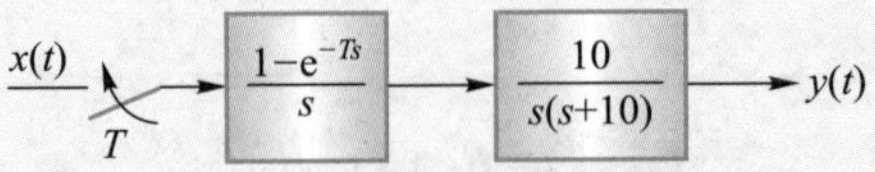

图 8-25 带采样保持器的采样控制系统

解 由于

$$\frac{1}{s}\cdot G(s)=\frac{1}{s}\cdot\frac{10}{s(s+10)}=\frac{10}{s^2(s+10)}=\frac{-0.1}{s}+\frac{1}{s^2}+\frac{0.1}{s+10}$$

所以

$$\mathscr{Z}\left[\frac{1}{s}\cdot G(s)\right]=\mathscr{Z}\left[\frac{-0.1}{s}+\frac{1}{s^2}+\frac{0.1}{s+10}\right]=\frac{-0.1z}{z-1}+\frac{Tz}{(z-1)^2}+\frac{0.1z}{z-\mathrm{e}^{-10T}}$$

系统的脉冲传递函数为

$$\begin{aligned}G(z)&=(1-z^{-1})\cdot\mathscr{Z}\left[\frac{1}{s}\cdot G(s)\right]\\&=\frac{z-1}{z}\cdot\left[\frac{-0.1z}{z-1}+\frac{Tz}{(z-1)^2}+\frac{0.1z}{z-\mathrm{e}^{-10T}}\right]\\&=\frac{(T-0.1+0.1\mathrm{e}^{-10T})z+(0.1-T\mathrm{e}^{-10T}-0.1\mathrm{e}^{-10T})}{(z-1)(z-\mathrm{e}^{-10T})}\end{aligned}$$

(4) 输入端无采样器

输入端无采样器的情况如图 8-26 所示。图中第一个环节有

$$Y_1(s)=G_1(s)\cdot X(s)\tag{8-101}$$

采样后为

$$Y_1^*(s)=[G_1(s)\cdot X(s)]^*\tag{8-102}$$

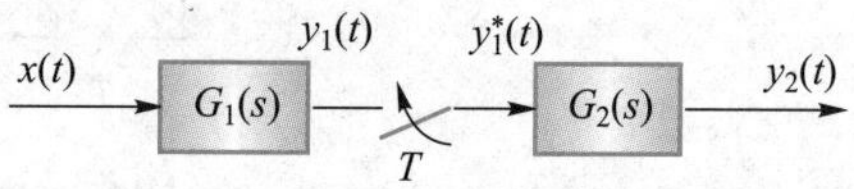

图 8-26 输入端无采样器的情况

其 z 变换为

$$Y_1(z)=\mathscr{Z}[G_1(s)\cdot X(s)]=G_1X(z)\tag{8-103}$$

第二个环节的输入为采样信号 $y_1^*(t)$，输出为假想采样信号 $y_2^*(t)$，则有

$$Y_2(z)=G_2(z)\cdot Y_1(z)=G_2(z)\cdot G_1X(z)\tag{8-104}$$

由于 $G_1X(z)$ 为 $G_1(s)$ 与 $X(s)$ 乘积的 z 变换，所以在 z 域的系统输出表达式 $Y_2(z)$ 中，输入信号不是独立的，而是与系统环节复合为一个信号 $G_1X(z)$，因此当输入端无采样器时，不能写出系统的脉冲传递函数 $G(z)$，只能写出系统输出信号的 z 变换 $Y_2(z)$。

8-4-3 闭环脉冲传递函数

由于采样控制系统中，既有连续传递关系的结构，又有离散传递关系的结构，所以与连续系统分析不同，采样控制系统需要增加符合离散传递关系的分析。

采样控制闭环系统结构图如图 8-27 所示。

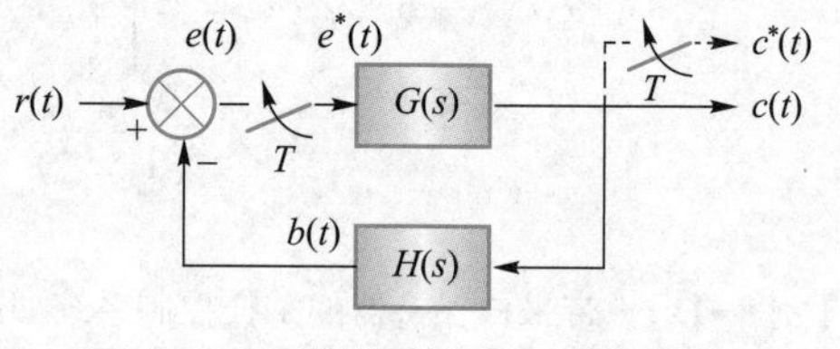

图 8-27 采样控制闭环系统结构图

误差方程为

$$E(s)=R(s)-B(s)\tag{8-105}$$

采样后为

$$E^*(s)=R^*(s)-B^*(s)\tag{8-106}$$

z 变换为

$$E(z)=R(z)-B(z)\tag{8-107}$$

反馈方程

$$B(s)=H(s)\cdot C(s)\tag{8-108}$$

输出方程

$$C(s)=G(s)\cdot E^*(s) \tag{8-109}$$

将输出方程代入反馈方程有

$$B(s)=H(s)\cdot C(s)\Big|_{C(s)=G(s)E^*(s)}=[G(s)\cdot H(s)]\cdot E^*(s) \tag{8-110}$$

作采样有

$$B^*(s)=[G(s)\cdot H(s)]^*\cdot E^*(s) \tag{8-111}$$

则反馈信号的 z 变换为

$$B(z)=GH(z)\cdot E(z) \tag{8-112}$$

将 $B(z)$ 代入 $E(z)$ 表达式有

$$E(z)=R(z)-B(z)=R(z)-GH(z)\cdot E(z)$$

即

$$E(z)=\frac{1}{1+GH(z)}\cdot R(z) \tag{8-113}$$

得到误差对输入的脉冲传递函数为

$$\frac{E(z)}{R(z)}=\frac{1}{1+GH(z)} \tag{8-114}$$

将输出信号采样有

$$C^*(s)=G^*(s)\cdot E^*(s) \tag{8-115}$$

得到输出信号的 z 变换为

$$C(z)=G(z)\cdot E(z) \tag{8-116}$$

将误差的 z 变换 $E(z)$ 代入上式有

$$C(z)=G(z)\cdot E(z)\Big|_{E(z)=\frac{1}{1+GH(z)}\cdot R(z)}=\frac{G(z)}{1+GH(z)}\cdot R(z) \tag{8-117}$$

得到输出对输入的脉冲传递函数为

$$\frac{C(z)}{R(z)}=\frac{G(z)}{1+GH(z)} \tag{8-118}$$

[例 8-12] 已知采样控制系统如图 8-28 所示，试计算系统的闭环脉冲传递函数。

解 系统开环脉冲传递函数为

$$G(z)=\mathscr{Z}\left[\frac{10}{s(s+1)}\right]=\frac{10(1-\mathrm{e}^{-T})z}{z^2-(1+\mathrm{e}^{-T})z+\mathrm{e}^{-T}}$$

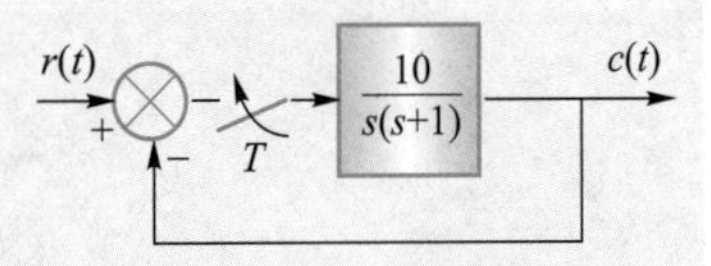

图 8-28 采样控制系统

反馈环节为单位 1，所以，闭环脉冲传递函数为

$$\frac{C(z)}{R(z)}=\frac{G(z)}{1+GH(z)}\Bigg|_{\substack{H(s)=1\\GH(z)=G(z)}}=\frac{G(z)}{1+G(z)}$$

$$=\frac{\dfrac{10(1-e^{-T})z}{z^2-(1+e^{-T})z+e^{-T}}}{1+\dfrac{10(1-e^{-T})z}{z^2-(1+e^{-T})z+e^{-T}}}$$

$$=\frac{10(1-e^{-T})z}{z^2+(9-11e^{-T})z+e^{-T}}$$

[例 8-13] 采样控制系统如图 8-29 所示,试求取其闭环脉冲传递函数。

解 前向通路中含有零阶保持器,所以前向通路的传递函数为

$$G(s)=\frac{1-e^{-Ts}}{s}\cdot\frac{K}{s+a}$$

$$=(1-e^{-Ts})\cdot\frac{K}{s(s+a)}$$

$$=(1-e^{-Ts})\cdot\left[\frac{K}{a}\left(\frac{1}{s}-\frac{1}{s+a}\right)\right]$$

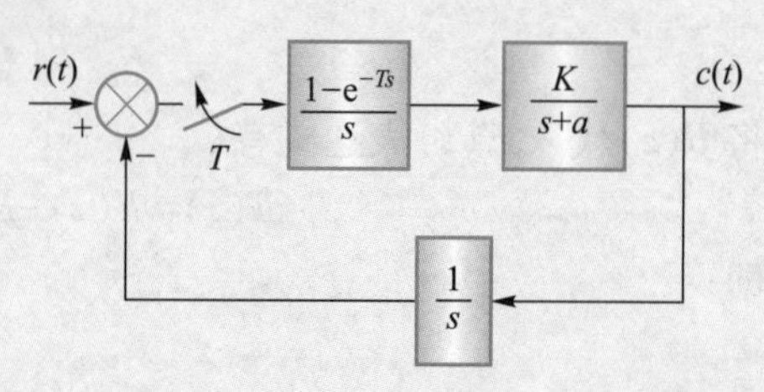

图 8-29 采样控制系统

其脉冲传递函数为

$$G(z)=(1-z^{-1})\cdot\mathscr{Z}\left[\frac{K}{a}\left(\frac{1}{s}-\frac{1}{s+a}\right)\right]$$

$$=(1-z^{-1})\cdot\frac{K}{a}\cdot\left[\frac{z}{z-1}-\frac{z}{z-e^{-aT}}\right]$$

$$=\frac{\dfrac{K}{a}\cdot(1-e^{-aT})(z-1)}{z^2-(1+e^{-aT})z+e^{-aT}}$$

由于 $G(s)$ 与 $H(s)$ 之间没有采用开关,所以

$$GH(z)=\mathscr{Z}[G(s)\cdot H(s)]$$

$$=\mathscr{Z}\left[\frac{1-e^{-Ts}}{s}\cdot\frac{K}{s+a}\cdot\frac{1}{s}\right]$$

$$=\frac{\dfrac{K}{a^2}\cdot[(aT-1+e^{-aT})z+(1-e^{-aT}-aTe^{-aT})]}{z^2-(1+e^{-aT})z+e^{-aT}}$$

由上面的计算可以得到系统的闭环脉冲传递函数为

$$\frac{C(z)}{R(z)}=\frac{G(z)}{1+GH(z)}=\frac{\dfrac{\dfrac{K}{a}\cdot(1-e^{-aT})(z-1)}{z^2-(1+e^{-aT})z+e^{-aT}}}{1+\dfrac{\dfrac{K}{a^2}\cdot[(aT-1+e^{-aT})z+(1-e^{-aT}-aTe^{-aT})]}{z^2-(1+e^{-aT})z+e^{-aT}}}$$

$$=\frac{\dfrac{K}{a}\cdot(1-e^{-aT})(z-1)}{z^2+\left[\dfrac{K}{a^2}\cdot(aT-1+e^{-aT})-(1+e^{-aT})\right]z+\left[\dfrac{K}{a^2}\cdot(1-e^{-aT}-aTe^{-aT})+e^{-aT}\right]}$$

由于采样开关在系统中位置的不同,因此闭环脉冲传递函数的求取方法应根据实际情况来计算,并且计算结果各不相同,与连续系统的闭环传递函数的求取方法相比有很大的差异,这一点要特别注意。

[**例 8-14**] 比较图 8-30 中各脉冲传递函数的差异。

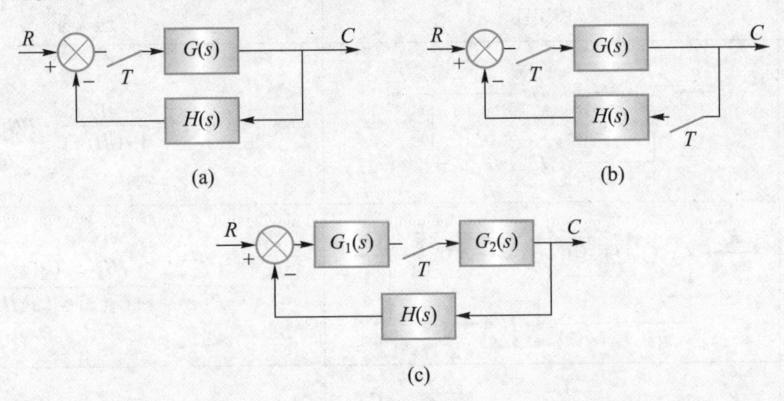

图 8-30 采样开关位于不同位置时的闭环系统结构图

解 对于系统(a),由于反馈通路没有采样开关,所以其闭环脉冲传递函数为

$$\frac{C(z)}{R(z)}=\frac{G(z)}{1+GH(z)}$$

对于系统(b),由于反馈通路有采样开关,$G(z)$与$H(z)$独立存在,所以其闭环脉冲传递函数为

$$\frac{C(z)}{R(z)}=\frac{G(z)}{1+G(z)\cdot H(z)}$$

对于(c),由于前向通路中的两个环节之间有采样开关,且输入信号的采样值不是独立存在,所以没有闭环脉冲传递函数,只有其输出信号的 z 变换为

$$C(z)=\frac{RG_1(z)\cdot G_2(z)}{1+G_1G_2H(z)}$$

上述关系式都可以仿照图 8-27 的基本闭环采样控制系统,考虑各环节输入输出的连续关系与离散关系证出,证明留给读者自己完成。

常见的闭环采样系统的结构形式及其传递关系可以查阅表 8-3。

表 8-3 常见的闭环采样系统的结构形式及其传递关系

序号	结构图	传递关系
1	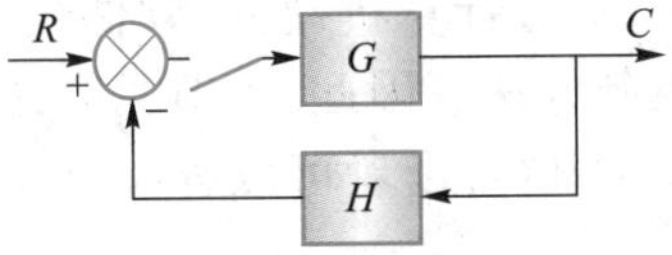	$\frac{C(z)}{R(z)}=\frac{G(z)}{1+GH(z)}$
2	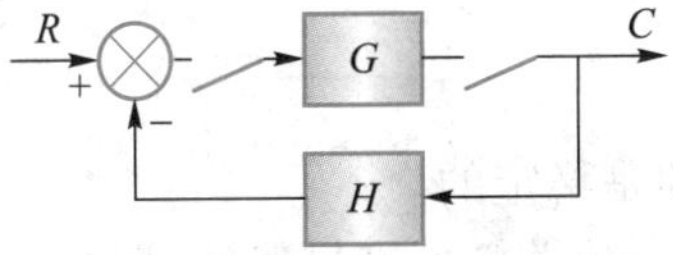	$\frac{C(z)}{R(z)}=\frac{G(z)}{1+G(z)H(z)}$
3	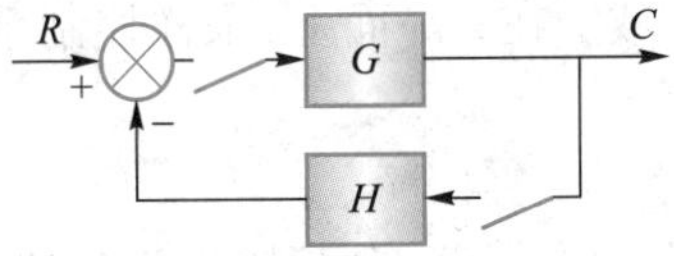	$\frac{C(z)}{R(z)}=\frac{G(z)}{1+G(z)H(z)}$

续表

序号	结构图	传递关系
4	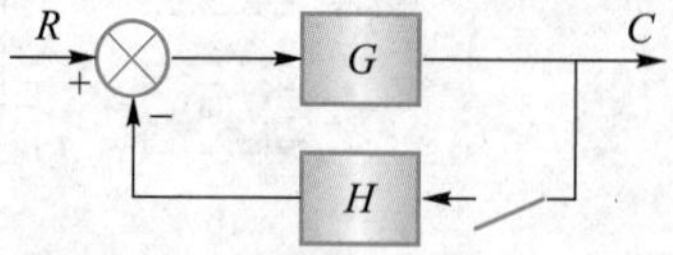	$C(z)=\dfrac{1}{1+GH(z)}\cdot RG(z)$
5	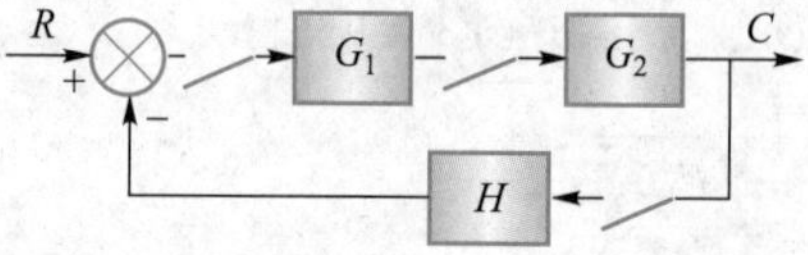	$\dfrac{C(z)}{R(z)}=\dfrac{G_2(z)G_2(z)}{1+G_1(z)G_2(z)H(z)}$
6	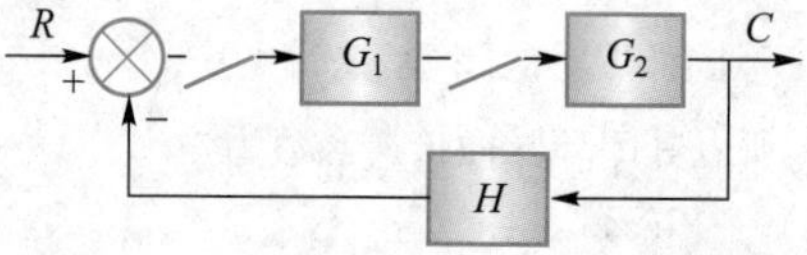	$\dfrac{C(z)}{R(z)}=\dfrac{G_1(z)G_2(z)}{1+G_1(z)G_2H(z)}$
7	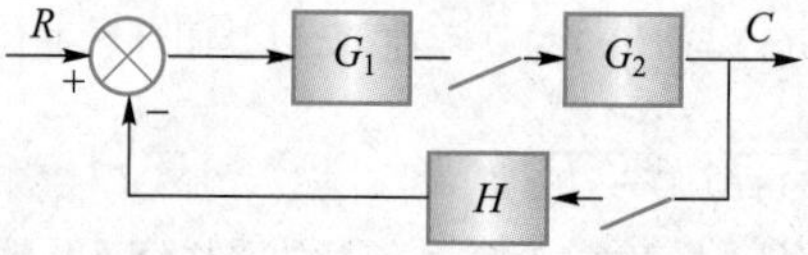	$C(z)=\dfrac{G_2(z)}{1+G_2(z)G_1H(z)}\cdot RG_1(z)$
8	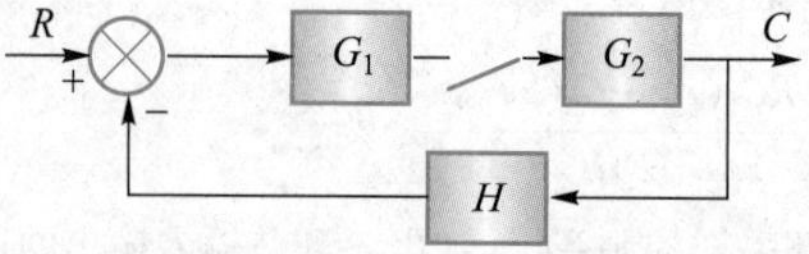	$C(z)=\dfrac{G_2(z)}{1+G_1G_2H(z)}\cdot RG_1(z)$

8-5 采样系统的性能与控制

经典的采样控制现在应用的已经比较少，随着计算机硬件、软件技术的高速发展，数字化的控制方法已经逐步取代传统的模拟控制方法。因此，本节只介绍一些采样系统性能与控制方面的基本内容，更加深入和详细的内容，读者可以查阅有关计算机控制方面的书籍。

8-5-1 采样系统的稳定性分析

和连续时间系统一样，采样控制系统必须是稳定的。

采样控制系统是用闭环脉冲传递函数作为数学模型来描述的，那么与连续系统一样，系统的稳定性分析也可以在变换域上进行，即 z 域。在 z 平面上，采样控制系统的稳定性分析也是间接分析方法。

1. s 平面与 z 平面的映射关系

在 s 平面上可以确定连续系统的稳定性。也就是说，如果系统闭环特征方程的根 $s_i(i=1,2,\cdots,n)$ 全部位于 s 平面的左半平面，则系统是稳定的，否则，系统是不稳定的。

在定义 z 变换时有

$$z=e^{Ts} \tag{8-119}$$

该式确定了 s 平面与 z 平面的映射关系。由于

$$s=\sigma+j\omega \tag{8-120}$$

为复自变量,将其代入 z 表达式有

$$z=e^{Ts}\Big|_{s=\sigma+j\omega}=e^{(\sigma+j\omega)T}=e^{\sigma T}\cdot e^{j\omega T} \tag{8-121}$$

模与幅角分别为

$$\begin{aligned}|z|&=e^{\sigma T}\\ \angle z&=\omega T\end{aligned} \tag{8-122}$$

s 平面的虚轴为 $\sigma=0$,所以

$$|z|_{\sigma=0}=1 \tag{8-123}$$

z 的幅角为 ω 的线性函数,所以 z 的幅角以 2π 为周期重合,即 s 平面虚轴上的 ω 值以$\frac{2\pi}{T}$为周期分段,s 平面上的分段虚轴映射为 z 平面上的单位圆,如图 8-31 所示。

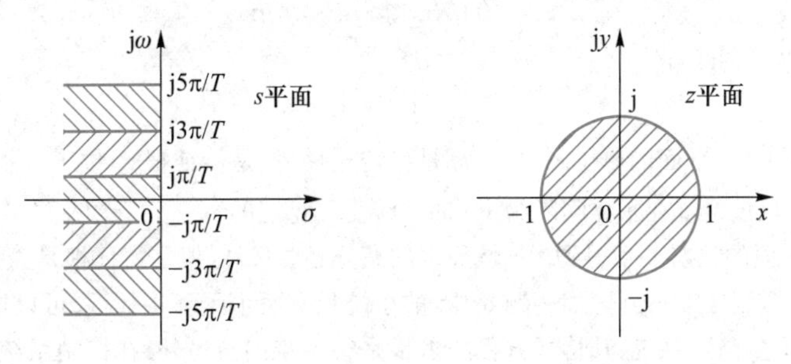

图 8-31　s 平面至 z 平面的映射

图示的映射关系有:

s 平面上的多值,映射为 z 平面上的单值;

s 平面上的带域,映射为 z 平面上的圆域;

s 平面上的虚轴,映射为 z 平面上的单位圆;

s 平面上的左半平面,映射为 z 平面上的单位圆内。

2. z 平面上系统稳定的充分必要条件

由 s 平面到 z 平面的映射,可以方便地得到采样系统稳定的充分必要条件。设采样控制系统的结构图如图 8-32 所示,其闭环脉冲传递函数为

$$\frac{C(z)}{R(z)}=\frac{G(z)}{1+GH(z)} \tag{8-124}$$

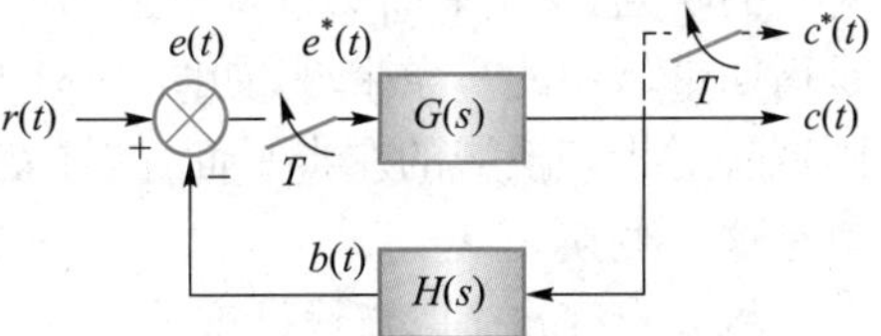

图 8-32　采样控制系统的结构图

闭环特征方程为

$$1+GH(z)=0 \tag{8-125}$$

如果是 n 阶采样系统,则闭环方程有 n 个特征根 $z_i(i=1,2,\cdots,n)$,由 s 平面到 z 平面的映射关系可以得到采样控制系统稳定的充分必要条件为:如果采样系统闭环特征方程所有的特征根 $z_i(i=1,2,\cdots,n)$ 全部位于 z 平面的单位圆之内,即

$$|z_i|<1,\ i=1,2,\cdots,n \tag{8-126}$$

则系统是稳定的,否则系统是不稳定的。

[例 8-15] 已知采样控制系统如图 8-33 所示,采样间隔为 $T=1$ s,试讨论该系统的稳定性。

解 由例题 8-12 可得开环脉冲传递函数为

$$G(z)=\frac{10(1-e^{-T})z}{z^2-(1+e^{-T})z+e^{-T}}$$

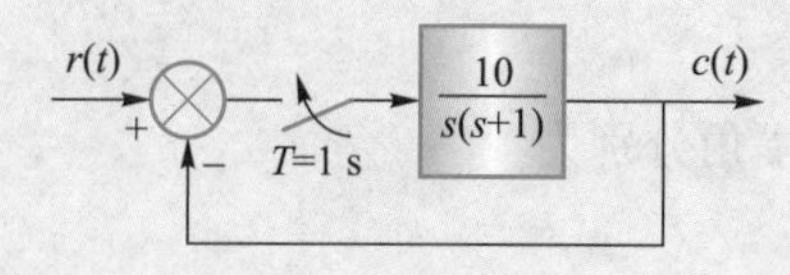

图 8-33 例 8-15 的采样控制系统结构图

闭环脉冲传递函数为

$$\frac{C(z)}{R(z)}=\frac{G(z)}{1+G(z)}=\frac{10(1-e^{-T})z}{z^2+(9-11e^{-T})z+e^{-T}}$$

闭环特征方程为

$$z^2+(9-11e^{-T})z+e^{-T}=0$$

当采样间隔为 $T=1$ s 时,有

$$z^2+4.952z+0.368=0$$

该系统为二阶系统,有两个特征根为

$$z_1=-0.076,\text{和 } z_2=-4.876$$

由 z 域稳定的充分必要条件有

$$|z_1|<1,\ |z_2|>1$$

由于特征根 z_1 位于 z 平面的单位圆之内,满足稳定条件,但是特征根 z_2 位于 z 平面的单位圆之外,不满足稳定条件,所以该系统在采样间隔为 1 s 时系统是不稳定的。

由 s 平面到 z 平面的映射关系得到了 z 域稳定的充分必要条件,但是特征根是否位于 z 平面的单位圆内,还要求解特征方程才能得到。如例题 8-15 的系统只有两个闭环特征根,可以通过求解二次方程来得到。但三阶以上的高阶系统,其特征方程的求根是很困难的。另外,在控制系统分析中,除了准确地获得系统绝对稳定性信息之外,还要研究系统参数变化对于系统的影响,直接判别法是极不方便的,所以可采用类似于连续时间系统稳定性分析时的间接方法,即不去求解方程的根,而是根据特征方程已知的 n 个常系数,通过判别的方法来确定系统的稳定性。

判别 z 域稳定性有几种不同的方法,在此只介绍一种变换域上的劳斯稳定判据法。

3. 变换域的劳斯稳定判据

在分析连续系统稳定性时,可以采用劳斯稳定判据。作为一种代数判据,劳斯稳定判据在 s 平面上判别系统的稳定性是比较方便的。既然 z 平面是由 s 平面变换而来,那么,再变换回去,直接应用劳斯稳定判据是否就可以了?答案是否定的。s 平面至 z 平面的映射是多对一的映射,即 s 平面的带域映射为 z 平面的圆域。那么 z 平面上的单位圆映射回 s 平面只是周期带域中的一条带域,如图 8-31 所示。我们可以寻找另外的变换,使得 z 平面的单位圆域映射为变换域的左半平面,这样就可以应用劳斯稳定判据作稳定性判别了,双线性变换就是这种变换。

将复自变量 z 取双线性变换

$$z=\frac{w+1}{w-1},\text{即 } w=\frac{z+1}{z-1} \tag{8-127}$$

由于 z 与 w 均为复自变量有

$$\begin{aligned} z &= x+\mathrm{j}y \\ w &= u+\mathrm{j}v \end{aligned} \tag{8-128}$$

将 $z=x+\mathrm{j}y$ 代入 w 的表达式，作实部虚部分解有

$$\begin{aligned} w &= u+\mathrm{j}v=\left.\frac{z+1}{z-1}\right|_{z=x+\mathrm{j}y} \\ &=\frac{x+\mathrm{j}y+1}{x+\mathrm{j}y-1} \\ &=\frac{x^2+y^2-1}{(x-1)^2+y^2}-\mathrm{j}\frac{2y}{(x-1)^2+y^2} \end{aligned} \tag{8-129}$$

令实部为零，即 w 平面的虚轴，则有

$$x^2+y^2=1 \tag{8-130}$$

上式即为 z 平面的单位圆。对于 z 平面的单位圆外有

$$x^2+y^2>1 \tag{8-131}$$

则 w 平面的实部

$$\mathrm{Re}[w]=u>0 \tag{8-132}$$

即 w 平面的右半平面。对于 z 平面的单位圆内有

$$x^2+y^2<1 \tag{8-133}$$

则 w 平面的实部

$$\mathrm{Re}[w]=u<0 \tag{8-134}$$

即 w 平面的左半平面。这样，双线性变换 $z=\dfrac{w+1}{w-1}$ 就将 z 平面的单位圆内映射到 w 平面的左半平面，相应地将 z 平面的单位圆外映射到 w 平面的右半平面，如图 8-34 所示。

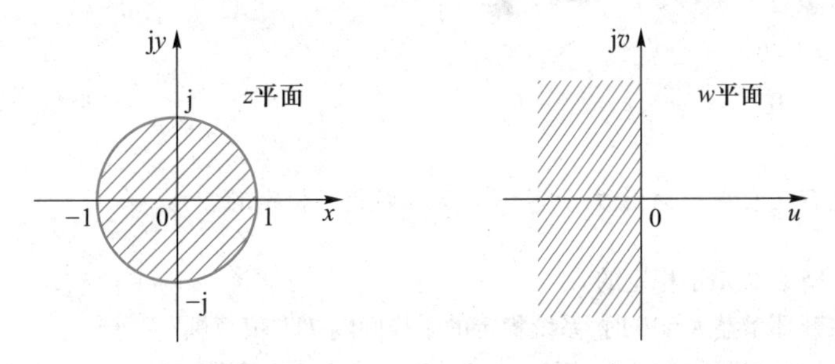

图 8-34 z 平面到 w 平面的映射

双线性变换的映射关系还可以用矢量关系来解释。z 平面的单位圆内的任意矢量其模为

$$|z|<1 \tag{8-135}$$

即

$$\left|\frac{w+1}{w-1}\right|<1 \tag{8-136}$$

$$|w+1|<|w-1| \tag{8-137}$$

上式说明,w 平面的左半平面的任意矢量 w,其增 1 矢量的模均小于减 1 矢量的模。反之,如 z 平面的单位圆外的任意矢量,其模为

$$|z|>1 \tag{8-138}$$

即

$$\left|\frac{w+1}{w-1}\right|>1 \tag{8-139}$$

$$|w+1|>|w-1| \tag{8-140}$$

上式说明,w 平面的右半平面的任意矢量 w,其增 1 矢量的模均大于减 1 矢量的模,如图 8-35 所示。

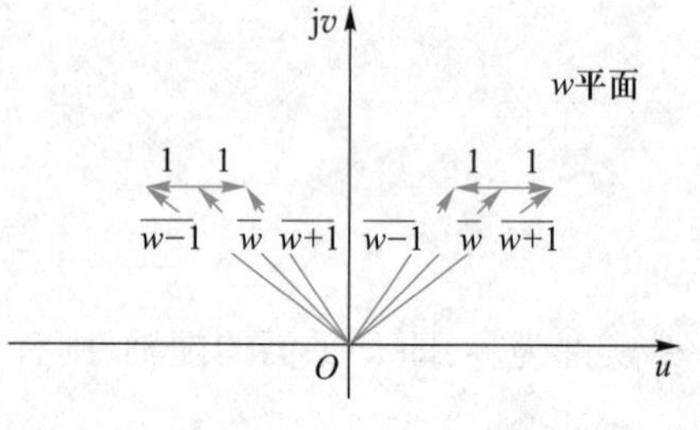

图 8-35 w 平面的矢量关系

利用双线性变换,将 z 平面映射为 w 平面,就可以利用熟知的劳斯稳定判据作 z 域的稳定性判别了。

[例 8-16] 已知 z 域的闭环特征方程为

$$45z^3-117z^2+119z-39=0$$

试用双线性变换判别该系统的稳定性。

解 将 $z=\dfrac{w+1}{w-1}$ 代入方程作双线性变换得到

$$45\left(\frac{w+1}{w-1}\right)^3-117\left(\frac{w+1}{w-1}\right)^2+119\left(\frac{w+1}{w-1}\right)-39=0$$

整理化简后得

$$w^3+2w^2+2w+40=0$$

作劳斯表

w^3	1	2
w^2	2	40
w^1	−18	0
w^0	40	

由于劳斯表第一列有元素变号,不全大于零,所以该系统是不稳定的。

视频:例 8-17 讲解

[例 8-17] 例 8-15 系统是不稳定的。

(1) 试确定在开环增益 $K=10$ 时,系统稳定的采样间隔 T 取值范围;

(2) 试确定在采样间隔 $T=1$ s 时,系统稳定的开环增益 K 取值范围;

(3) 试作出系统稳定时,开环增益 K 与采样间隔 T 的函数关系。

解 由例 8-15 可知,系统的开环脉冲传递函数为

$$G(z)=\frac{K(1-e^{-T})z}{z^2-(1+e^{-T})z+e^{-T}}$$

闭环脉冲传递函数为

$$\frac{C(z)}{R(z)}=\frac{G(z)}{1+G(z)}=\frac{K(1-e^{-T})z}{z^2+[K(1-e^{-T})-(1+e^{-T})]z+e^{-T}}$$

闭环特征方程为

$$z^2+[K(1-e^{-T})-(1+e^{-T})]z+e^{-T}=0$$

(1) 当 $K=10$ 时,闭环特征方程为

$$z^2+(9-11e^{-T})z+e^{-T}=0$$

作 w 变换有

$$10(1-e^{-T})w^2+2(1-e^{-T})w+(-8+12e^{-T})=0$$

由劳斯稳定判据,令各系数大于零,有

$$1-e^{-T}>0$$
$$-8+12e^{-T}>0$$

解出

$$T>0$$
$$T<0.405$$

在前例中,采样间隔 $T=1$ s,系统是不稳定的,所以,减小采样间隔 T 是有利于系统稳定性的。

(2) $T=1$ s 时,闭环特征方程为

$$z^2+(0.368K-1.368)z+0.368=0$$

作 w 变换有

$$0.368Kw^2+1.264w+(-0.368K+2.736)=0$$

由劳斯稳定判据,令各系数大于零有

$$K>0$$
$$-0.368K+2.736>0$$

解出

$$K>0$$
$$K<7.435$$

在前例中,开环增益 $K=10$,系统是不稳定的,所以,减小开环增益 K 也是有利于系统的稳定性的。

(3) 由于 z 域闭环特征方程为

$$z^2+[K(1-e^{-T})-(1+e^{-T})]z+e^{-T}=0$$

作 w 变换得

$$K(1-e^{-T})w^2+2(1-e^{-T})w+[-K(1-e^{-T})+2(1+e^{-T})]=0$$

由劳斯稳定判据,令各系数均大于零

$$K(1-e^{-T})>0$$
$$2(1-e^{-T})>0$$
$$-K(1-e^{-T})+2(1+e^{-T})>0$$

解出系统稳定时,开环增益与采样间隔的函数关系为

$$K>0$$
$$T>0$$
$$K<\frac{2(1+e^{-T})}{1-e^{-T}}$$

上式系统稳定的参数取值范围如图 8-36 所示。

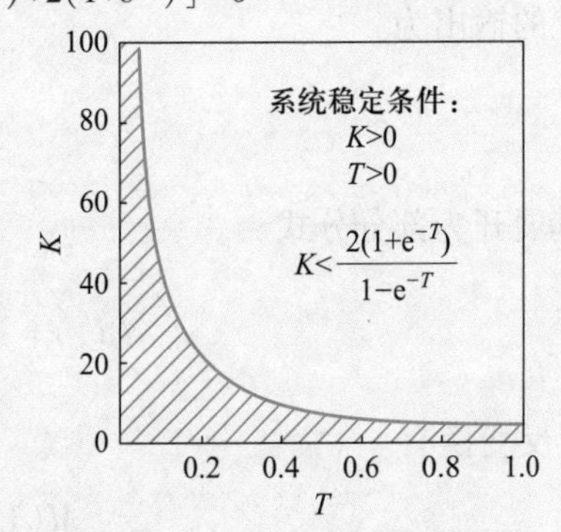

图 8-36　参数 K、T 与系统稳定的关系

8-5-2 闭环极点分布与动态响应的关系

采样控制系统的研究方法与连续时间系统的研究方法一样,也是通过系统的结构、参数等来分析系统的动态响应及系统的性能。

由于计算机控制的广泛应用,以及计算机的运算速度极快地提高,现在已经有几十种纳秒(ns)指令周期的高速芯片问世,所以采样间隔时间 T 可以取得很小,以至于可以忽略不计。这种条件下,基本上采用模拟相似法来研究,即系统的响应品质以连续时间系统研究为基础。

但是,采样系统有其自身的特点,如 z 域上闭环极点分布与动态响应的关系,系统的极大稳定度等,与连续时间系统的分析是不同的。

z 域的闭环脉冲传递函数一般表示为

$$G_c(z)=\frac{C(z)}{R(z)}=\frac{b_mz^m+b_{m-1}z^{m-1}+\cdots+b_1z+b_0}{a_nz^n+a_{n-1}z^{n-1}+\cdots+a_1z+a_0},n\geqslant m$$

即

$$G_c(z)=\frac{M(z)}{N(z)} \tag{8-141}$$

以 z 平面上的零、极点来表示可以写为

$$G_c(z)=\frac{b_m}{a_n}\cdot\frac{(z-z_1)(z-z_2)\cdots(z-z_m)}{(z-p_1)(z-p_2)\cdots(z-p_n)}=\frac{b_m}{a_n}\cdot\frac{\prod_{j=1}^{m}(z-z_j)}{\prod_{i=1}^{n}(z-p_i)} \tag{8-142}$$

式中,$p_i(i=1,2,\cdots,n)$为系统的 n 个极点,$z_j(j=1,2,\cdots,m)$为系统的 m 个零点,$\frac{b_m}{a_n}$称为系统的闭环增益。

当系统作用有阶跃信号时,即

$$r(t)=1(t),R(z)=\frac{z}{z-1}$$

系统的输出为

$$C(z)=G_c(z)\cdot\frac{z}{z-1} \tag{8-143}$$

将其展开为部分分式

$$C(z)=\frac{M(1)}{N(1)}\cdot\frac{z}{z-1}+\sum_{i=1}^{n}\frac{c_iz}{z-p_i} \tag{8-144}$$

作 z 反变换有

$$c(nT)=\frac{M(1)}{N(1)}+\sum_{i=1}^{n}c_i\cdot p_i^n,\quad n=1,2,\cdots,n \tag{8-145}$$

式中的第一项为稳态分量,是由输入信号决定的;第二项为动态分量,其中每一项 $c_i\cdot p_i^n$

的收敛与发散是由系统的结构决定的，也就是说是由系统的闭环极点 p_i 在 z 平面上的位置决定的，共有以下几种情况：

情况一：p_i 位于单位圆内。

由 z 域的稳定性决定，系统的动态分量项 $c_i \cdot p_i^n$ 是收敛的。p_i 为正实数时，单调收敛。p_i 为负实数时，由于 p_i 的偶次方大于零，p_i 的奇次方小于零，故交错收敛。p_i 为共轭复数时，振荡收敛。这种情况下，p_i 具有正实部时，其序列项实部交错。p_i 具有负实部时，其序列项虚部交错。因计算较繁，就不详述了。

p_i 位于单位圆内时，位置越靠近单位圆收敛越慢，越接近原点则收敛越快。

情况二：p_i 位于单位圆上。

由 z 域的稳定性决定，系统的动态分量项 $c_i \cdot p_i^n$ 是临界稳定的。$p_i=+1$ 时，恒值等幅。$p_i=-1$ 时，交错等幅。

情况三：p_i 位于单位圆外。

由 z 域的稳定性决定，系统的动态分量项 $c_i \cdot p_i^n$ 是发散的。p_i 为正实数时，单调发散。p_i 为负实数时，由于 p_i 的偶次方大于零，p_i 的奇次方小于零，故交错发散。

情况四：p_i 位于圆心。

由于 p_i 位于单位圆内时，位置越接近原点，分量项收敛越快，所以如果 p_i 位于圆心位置上，应该具有无穷大稳定度。

闭环极点的位置与动态响应如图 8-37 所示。

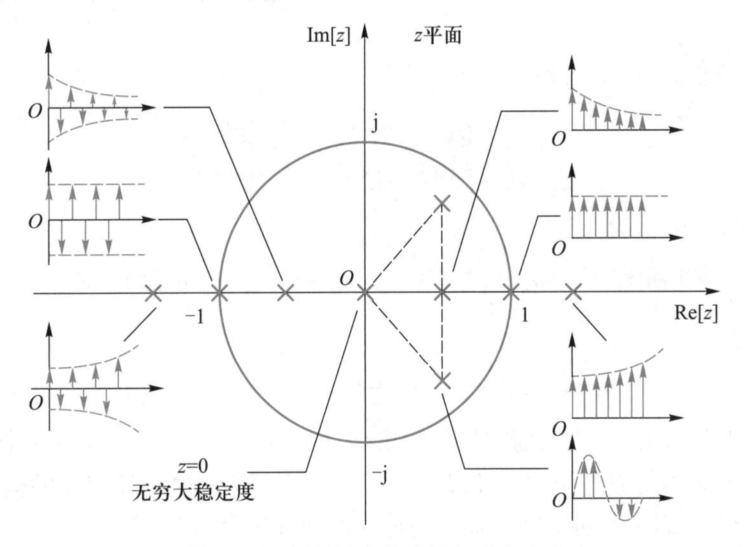

图 8-37　闭环极点的位置与动态响应

8-5-3　数字控制器

1. 计算机控制系统

计算机控制系统的等价关系如图 8-38 所示，受控对象为 $G(s)$，计算机的输入输出均为离散量，因此计算机所起的作用就是离散控制器 $D(z)$，或者称为数字控制器。

2. 数字控制系统的设计

在控制系统设计中，常常采用模拟相似法来设计数字控制器，即根据受控对象的动态特

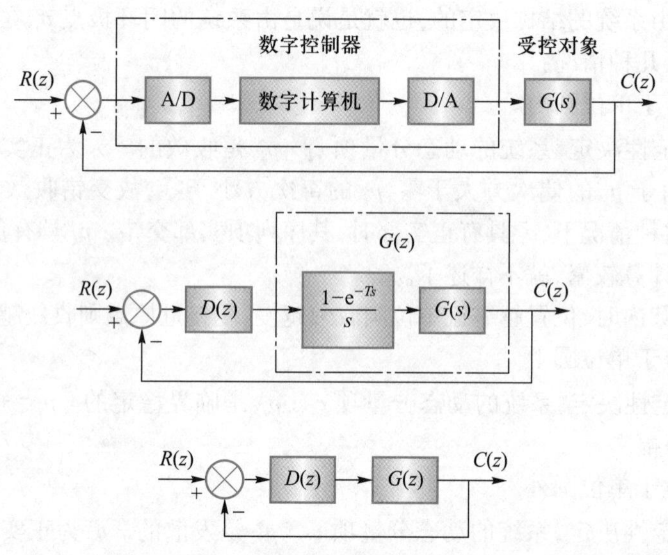

图 8-38 计算机控制系统的等价关系

性,以连续时间系统的设计方法来设计校正装置 $G_c(s)$,然后再采用脉冲传递函数的求取方法将模拟控制器 $G_c(s)$ 改写成数字控制器 $D_c(z)$。

用计算机程序实现数字控制器 $D_c(z)$ 的控制作用,或者校正作用时,可以采用不同的计算方法,如直接程序法、串联程序法及并联程序法等。在此只介绍直接程序算法实现 $D_c(z)$ 的基本原理。

由于数字控制器 $D_c(z)$ 一般可以表示为

$$D(z)=\frac{U(z)}{E(z)}=\frac{b_0z+b_1z^{-1}+\cdots+b_nz^{-n}}{1+a_1z^{-1}+\cdots+a_nz^{-n}} \tag{8-146}$$

所以控制器的输出表示为

$$(1+a_1z^{-1}+\cdots+a_nz^{-n})\cdot U(z)=(b_0z+b_1z^{-1}+\cdots+b_nz^{-n})\cdot E(z) \tag{8-147}$$

两边取 z 反变换

$$u_k+a_1u_{k-1}+\cdots+a_nu_{k-n}=b_0e_k+b_1e_{k-1}+\cdots+b_ne_{k-n} \tag{8-148}$$

上式中的 k 为当前时刻,u_k 为当前时刻的输出,$u_{k-i}(i=1,2,\cdots,n)$ 为过去第 i 个时刻的输出;e_k 为当前时刻控制器的输入,$e_{k-i}(i=1,2,\cdots,n)$ 为过去第 i 个时刻控制器的输入,所以当前时刻的控制输出 u_k 表示为过去时刻输入与输出的线性组合,即

$$u_k=-(a_1u_{k-1}+\cdots+a_nu_{k-n})+(b_0e_k+b_1e_{k-1}+\cdots+b_ne_{k-n}) \tag{8-149}$$

上式即可方便地用于编制计算机控制程序。

作为线性系统的控制,上式清晰地表明了当前的控制与历史数据之间的依赖关系。如果当前的控制只依赖于前一时刻的数据,则为一阶控制器,如果当前的控制依赖于前两个时刻的数据,则为二阶控制器,依此类推。

3. 采样间隔时间 T_s 的确定

在数字控制方法的设计中,还有一个重要的问题,就是采样间隔 T_s 的大小如何来确定?

由于实际控制系统的频带宽度均不是锐截止的，所以得不到系统频带宽度的上限，此时准确的依据采样定理来确定采样频率 ω_s 是有一定的困难的。

在数字控制方法的设计中，以采样定理作为理论依据，再考虑系统的实际情况来确定采样频率 ω_s。一般情况下，可以得到系统的开环截止频率 ω_c。虽然系统的频率响应在高于 ω_c 之后的频段不是锐截止的，但是一般具有常数斜率。因此，在设计时，可以选择采样频率 ω_s 为开环截止频率 ω_c 的十倍频以上，即

$$\omega_s \geqslant 10\omega_c \tag{8-150}$$

相应地，由于 $\omega_s = \dfrac{2\pi}{T_s}$，因此采样间隔确定为

$$T_s \leqslant \frac{\pi}{5\omega_c} \tag{8-151}$$

由于系统具有低通特性，以上面的方法确定的采样频率基本不会丢掉信号的主要频率分量，是切实可行的。

图 8-39 为上述采样频率选择的图解说明。

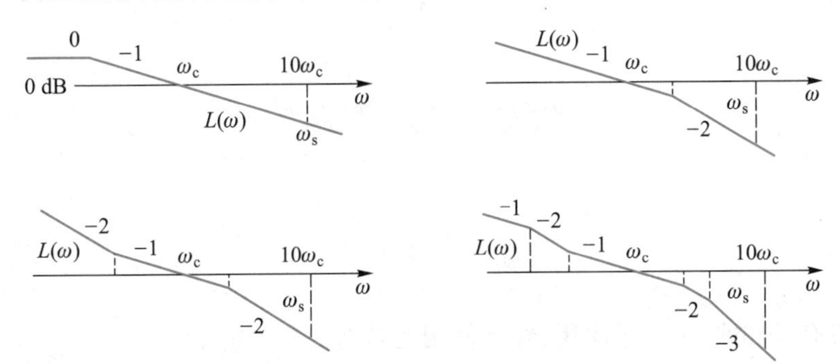

图 8-39 开环截止频率 ω_c 与采样频率 ω_s

4. 数值微分法

如果已知模拟控制器 $G_c(s)$，除了应用前面讲过脉冲传递函数的求取方法来得到 $D_c(z)$ 之外，还可以直接应用数值微分方法来求得数字控制器 $D_c(z)$。

模拟控制器 $G_c(s)$ 一般写为

$$G_c(s)=\frac{U(s)}{E(s)}=\frac{b_m s^m+b_{m-1}s^{m-1}+\cdots+b_1 s+b_0}{s^n+a_{n-1}s^{n-1}+\cdots+a_1 s+a_0}, n\geqslant m \tag{8-152}$$

移项可得

$$(s^n+a_{n-1}s^{n-1}+\cdots+a_1 s+a_0)U(s)=(b_m s^m+b_{m-1}s^{m-1}+\cdots+b_1 s+b_0)E(s)$$

上式中的各阶微分以数值微分即差分来代替有

$$\dot{x} \rightarrow \qquad \Delta x_k=\frac{x_k-x_{k-1}}{T}$$

$$\ddot{x} \rightarrow \qquad \Delta^2 x_k=\frac{\Delta x_k-\Delta x_{k-1}}{T}$$

……

$$x^{(n)} \to \qquad \Delta^n x_k = \frac{\Delta^{n-1} x_k - \Delta^{n-1} x_{k-1}}{T}$$

整理即可得到 u_k 的迭代式为

$$u_k = f(u_{k-1}, u_{k-2}, \cdots, e_k, e_{k-1}, \cdots) \tag{8-153}$$

由于 u_k 迭代式的通项写出来较烦琐,所以以上面的函数式来简要表达,即新的控制 u_k 为过去时刻的控制 $u_{k-1}, u_{k-2}, \cdots$的函数,以及当前时刻的输入 e_k 和过去时刻的输入 $e_{k-1}, \cdots$的函数,且为线性函数。也就是说,u_k 为 $u_{k-1}, u_{k-2}, \cdots, e_k, e_{k-1}, \cdots$的线性组合。

下面采用数值微分法写出一些常规控制器的数字实现算法,以供参考。

(1) 比例控制器(P)

由于

$$u(t) = Ke(t) \tag{8-154}$$

所以

$$u_k = K \cdot e_k \tag{8-155}$$

(2) 积分控制器(I)

由于

$$u(t) = \frac{1}{T_{\mathrm{I}}} \cdot \int_0^t e(t) \cdot \mathrm{d}t \tag{8-156}$$

所以

$$u_k = \frac{T_{\mathrm{s}}}{T_{\mathrm{I}}} \cdot \sum_{i=1}^{k} e_i \tag{8-157}$$

式(8-157)带有求和式,不便于应用,经常使用的是迭代式。由于

$$u_k = \frac{T_{\mathrm{s}}}{T_{\mathrm{I}}} \cdot \sum_{i=1}^{k} e_i \quad 与 \quad u_{k-1} = \frac{T_{\mathrm{s}}}{T_{\mathrm{I}}} \cdot \sum_{i=1}^{k-1} e_i$$

两式相减有

$$u_k - u_{k-1} = \frac{T_{\mathrm{s}}}{T_{\mathrm{I}}} \cdot \sum_{i=1}^{k} e_i - \frac{T_{\mathrm{s}}}{T_{\mathrm{I}}} \cdot \sum_{i=1}^{k-1} e_i = \frac{T_{\mathrm{s}}}{T_{\mathrm{I}}} \cdot e_k \tag{8-158}$$

移项得到迭代式为

$$u_k = u_{k-1} + \frac{T_{\mathrm{s}}}{T_{\mathrm{I}}} \cdot e_k \tag{8-159}$$

另外,计算机控制中还经常使用增量式

$$\Delta u_k = u_k - u_{k-1} = \frac{T_{\mathrm{s}}}{T_{\mathrm{I}}} \cdot e_k \tag{8-160}$$

(3) 微分控制器(D)

由于

$$u(t) = T_{\mathrm{D}} \cdot \frac{\mathrm{d}}{\mathrm{d}t}[e(t)] \tag{8-161}$$

取数值微分得到

$$u_k = T_D \cdot \frac{e_k - e_{k-1}}{T_s} = \frac{T_D}{T_s} \cdot (e_k - e_{k-1}) \tag{8-162}$$

（4）比例积分控制(PI)

比例积分控制关系为

$$\frac{U(s)}{E(s)} = K\left(1 + \frac{1}{T_I s}\right) = \frac{K(1 + T_I s)}{T_I s} \tag{8-163}$$

输出量微分的拉氏变换为

$$\begin{aligned} s \cdot U(s) &= \frac{K}{T_I} \cdot (1 + T_I s) \cdot E(s) \\ &= \frac{K}{T_I} \cdot [E(s) + T_I s \cdot E(s)] \end{aligned} \tag{8-164}$$

方程两边取数值微分可得

$$\frac{u_k - u_{k-1}}{T_s} = \frac{K}{T_I} \cdot \left[e_k + T_I \cdot \frac{e_k - e_{k-1}}{T_s}\right] \tag{8-165}$$

得到 PI 控制的控制输出为

$$u_k = u_{k-1} + \frac{K}{T_I} \cdot [(T_I + T_s) \cdot e_k - T_I \cdot e_{k-1}] \tag{8-166}$$

（5）比例微分控制(PD)

比例微分控制关系为

$$\frac{U(s)}{E(s)} = K(1 + T_D s) \tag{8-167}$$

控制输出的拉氏变换为

$$U(s) = K(1 + T_D s) \cdot E(s) \tag{8-168}$$

由微分增量式可以写出

$$\begin{aligned} u_k &= K \cdot \left[e_k + T_D \cdot \frac{e_k - e_{k-1}}{T_s}\right] \\ &= K \cdot \left[\left(1 + \frac{T_D}{T_s}\right) \cdot e_k - \frac{T_D}{T_s} \cdot e_{k-1}\right] \end{aligned} \tag{8-169}$$

（6）比例微分积分控制(PID)

PID 控制关系为

$$\begin{aligned} \frac{U(s)}{E(s)} &= K\left(1 + \frac{1}{T_I s} + T_D s\right) \\ &= \frac{K(1 + T_I s + T_I T_D s^2)}{T_I s} \end{aligned} \tag{8-170}$$

控制输出微分的拉氏变换为

$$s\cdot U(s)=\frac{K}{T_{\mathrm{I}}}\cdot(1+T_{\mathrm{I}}s+T_{\mathrm{I}}T_{\mathrm{D}}s^2)\cdot E(s) \tag{8-171}$$

$\dot{e}$ 的增量式为

$$\Delta e_k=\frac{e_k-e_{k-1}}{T_{\mathrm{s}}}=\frac{1}{T_{\mathrm{s}}}\cdot[e_k-e_{k-1}] \tag{8-172}$$

$\ddot{e}$ 的增量式为

$$\begin{aligned}\Delta^2 e_k&=\frac{\Delta e_k-\Delta e_{k-1}}{T_{\mathrm{s}}}\\&=\frac{1}{T_{\mathrm{s}}}\cdot[\Delta e_k-\Delta e_{k-1}]\\&=\frac{1}{T_{\mathrm{s}}}\cdot\left[\frac{1}{T_{\mathrm{s}}}\cdot(e_k-e_{k-1})-\frac{1}{T_{\mathrm{s}}}\cdot(e_{k-1}-e_{k-2})\right]\\&=\frac{1}{T_{\mathrm{s}}^2}\cdot[e_k-2e_{k-1}+e_{k-2}]\end{aligned} \tag{8-173}$$

所以有

$$\frac{u_k-u_{k-1}}{T_{\mathrm{s}}}=\frac{K}{T_{\mathrm{I}}}\cdot\left[e_k+\frac{T_{\mathrm{I}}}{T_{\mathrm{s}}}(e_k-e_{k-1})+\frac{T_{\mathrm{I}}T_{\mathrm{D}}}{T_{\mathrm{s}}^2}(e_k-2e_{k-1}+e_{k-2})\right]$$

当前时刻的控制输出为

$$u_k=u_{k-1}+\frac{KT_{\mathrm{s}}}{T_{\mathrm{I}}}\cdot\left[\left(1+\frac{T_{\mathrm{I}}}{T_{\mathrm{s}}}+\frac{T_{\mathrm{I}}T_{\mathrm{D}}}{T_{\mathrm{s}}^2}\right)\cdot e_k-\left(\frac{T_{\mathrm{I}}}{T_{\mathrm{s}}}+\frac{2T_{\mathrm{I}}T_{\mathrm{D}}}{T_{\mathrm{s}}^2}\right)\cdot e_{k-1}+\frac{T_{\mathrm{I}}T_{\mathrm{D}}}{T_{\mathrm{s}}^2}\cdot e_{k-2}\right] \tag{8-174}$$

由上式可以看出，数字 PID 控制器当前时刻的控制依赖于前两个时刻的历史数据，因此为二阶控制器。

[**例 8-18**] 某反馈控制系统如图 8-40 所示，其串联校正装置的传递函数为 $G_{\mathrm{s}}(s)=\dfrac{25(s+50)}{s+2}$，用微型计算机作控制器，采样间隔可以忽略，试写出其递推离散算式。

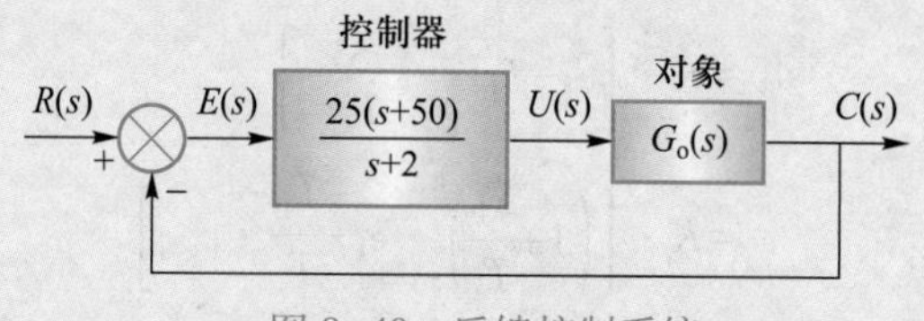

图 8-40 反馈控制系统

解 由于

$$G_{\mathrm{s}}(s)=\frac{25(s+50)}{s+2}=\frac{U(s)}{E(s)}$$

所以，输入输出关系的拉氏变换式为

$$(s+2)U(s)=25(s+50)E(s)$$
$$sU(s)+2U(s)=25[sE(s)+50E(s)]$$

时域微分方程为

$$\dot{u}+2u=25(\dot{e}+50e)$$

将输入变量和输出变量作离散化，并且用差分代替微分得

$$\frac{u_k-u_{k-1}}{T}+2u_k=25\left(\frac{e_k-e_{k-1}}{T}+50e_k\right)$$

写出离散算式为

$$u_k=\frac{1}{1+2T}u_{k-1}+\frac{25(1+50T)}{1+2T}e_k-\frac{25}{1+2T}e_{k-1}$$

[**例 8-19**] 采用比例微分校正的反馈控制系统如图 8-41 所示，

(1) 试确定满足超调量 $M_p<20\%$，调节时间 $t_s<10$ s 的控制器参数 K、T_D；

(2) 如果采用微机控制，试写出控制器的离散算式；

(3) 讨论微机控制的硬件条件。

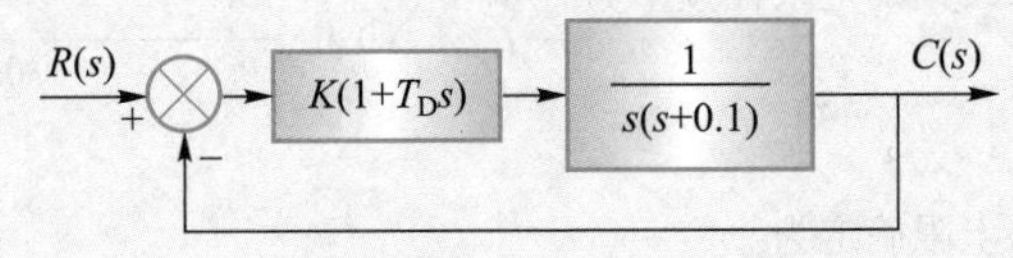

图 8-41 采用比例微分校正的反馈控制系统

解 (1) 由于系统的闭环特征方程为

$$s^2+(0.1+KT_D)s+K=0$$

根据给定的性能指标 $M_p<20\%$，调节时间 $t_s<10$ s 可以确定出：

系统的阻尼比

$$\zeta=0.5$$

无阻尼振荡频率

$$\omega_n=0.6$$

所以有

$$K=\omega_n^2$$

$$0.1+KT_D=2\zeta\omega_n$$

解出比例微分控制器的参数为

$$K=0.36$$

$$T_D=1.39$$

(2) 写出离散算式

由式(8-169)可以写出 PD 离散算式为

$$u_k=K\cdot\left[\left(1+\frac{T_D}{T_s}\right)\cdot e_k-\frac{T_D}{T_s}\cdot e_{k-1}\right]$$

将控制器参数 $K=0.36$，$T_D=1.39$ 代入得到

$$u_k=0.36\times\left[\left(1+\frac{1.39}{T_s}\right)\cdot e_k-\frac{1.39}{T_s}\cdot e_{k-1}\right]$$

当 $T_s=0.01$ s 时，控制量为

$$u_k=50.4e_k-50.04e_{k-1}$$

当 $T_s=0.02$ s 时,控制量为

$$u_k=25.38e_k-25.02e_{k-1}$$

从以上的计算可以看出,当 e_k 与 e_{k-1} 等值时,控制 u_k 只反映出比例参数值0.36。当 e_k 与 e_{k-1} 不等值时,控制输出 u_k 反映出 e_k 与 e_{k-1} 的差值,且差值越大,控制 u_k 就越大,实现了响应快速的特点。

(3) 讨论微机控制的硬件条件

首先是采样间隔时间 T_s 的确定

已知系统的开环截止频率 ω_c,则确定采样频率 ω_s 为 ω_c 的十倍频以上,即

$$\omega_s \geqslant 10\omega_c$$

例题系统的开环传递函数为

$$G_o(s)=\frac{3.6(1.39s+1)}{s(10s+1)}$$

其开环频率特性如图 8-42 所示。

可以从图上读到 $\omega_c=3.6$,则确定采样频率为

$$\omega_s=10\omega_c\bigg|_{\omega_c=3.6}=36$$

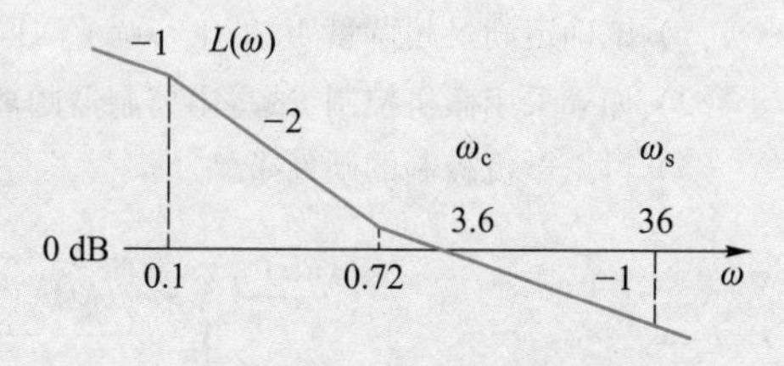

图 8-42 例 8-19 系统的开环频率特性

相应地,采样间隔时间 T_s 的上限确定为

$$T_s<0.175\ \text{s}$$

所以对于微机运算速度的要求为控制输出 u_k 算式需要计算两次乘法和一次加法,再加上 A/D 转换器与 D/A 转换器的转换时间,应在 175 ms 内完成。

另外,关于控制精度,对微型计算机的运算字长,以及 A/D、D/A 转换器的字长均有要求,在此就不详述了。

8-5-4 最少拍控制

当闭环极点位于 z 平面上原点,则采样系统的响应应该具有极大稳定度。由此,对于某些控制系统,可以采用最少拍控制策略。

在采样控制中,通常称一个采样周期为一拍。使采样系统的响应可以在有限个采样周期内达到稳态值的控制称为最少拍控制,该类系统称为最少拍系统。

1. 最少拍控制的条件

设典型输入信号为 $1(t)$, $t\cdot 1(t)$, $\frac{1}{2}t^2\cdot 1(t)$,它们的 z 变换分别为

$$\mathscr{Z}[1(t)]=\frac{1}{1-z^{-1}} \tag{8-175}$$

$$\mathscr{Z}[t]=\frac{Tz^{-1}}{(1-z^{-1})^2} \tag{8-176}$$

$$\mathscr{Z}\left[\frac{1}{2}t^2\right]=\frac{1}{2}\cdot\frac{T^2(1+z^{-1})z^{-1}}{(1-z^{-1})^3} \tag{8-177}$$

由于上述信号均含有 $(1-z^{-1})$ 因子,则一般表达式可以写为

$$R(z)=\frac{A(z)}{(1-z^{-1})^{\nu}} \tag{8-178}$$

其中,$A(z)$为不含$(1-z^{-1})$因子的以z^{-1}为变量的多项式。

设系统在上述信号的作用下,其稳态误差为零,即

$$\begin{aligned} e_{ss}(\infty) &= \lim_{z\to 1}(1-z^{-1}) \cdot E(z) \\ &= \lim_{z\to 1}(1-z^{-1}) \cdot G_{e}(z) \cdot R(z) \\ &= \lim_{z\to 1}(1-z^{-1}) \cdot G_{e}(z) \cdot \frac{A(z)}{(1-z^{-1})^{\nu}}=0 \end{aligned} \tag{8-179}$$

其中,$G_e(z)$为误差脉冲传递函数,要求$G_e(z)$应该具有$(1-z^{-1})^{\nu}$因子,可以将其设为

$$G_{e}(z)=(1-z^{-1})^{\nu} \cdot G_{x}(z) \tag{8-180}$$

其中,因式$G_x(z)$为不含有$(1-z^{-1})$因子的z^{-1}的有理分式。当系统为单位反馈时,系统的闭环脉冲传递函数为

$$G_{c}(z)=1-G_{e}(z) \tag{8-181}$$

为了使得系统的闭环脉冲传递函数$G_c(z)$具有无穷大稳定度极点$z=0$,且含有z^{-1}的项数最少,令

$$G_{x}(z)=1 \tag{8-182}$$

此时得到

$$\begin{aligned} G_{e}(z) &= (1-z^{-1})^{\nu} \\ G_{c}(z) &= 1-(1-z^{-1})^{\nu} \end{aligned} \tag{8-183}$$

上两式即为使采样系统的响应具有最少拍的条件。此时,闭环脉冲传递函数$G_c(z)$具有无穷大稳定度极点$z=0$。

当$\nu=1$时,$G_c(z)=1-(1-z^{-1})=z^{-1}=\dfrac{1}{z}$ (8-184)

当$\nu=2$时,$G_c(z)=1-(1-z^{-1})^2=2z^{-1}-z^{-2}=\dfrac{2z+1}{z^2}$ (8-185)

当$\nu=3$时,$G_c(z)=1-(1-z^{-1})^3=3z^{-1}-3z^{-2}+z^{-3}=\dfrac{3z^2-3z+1}{z^3}$ (8-186)

……

由于输入信号是带有$(1-z^{-1})^{\nu}$因子的,输入信号不同,ν的值就不同,所以ν的值由输入信号的类型决定。

2. 最少拍控制的系统响应

在满足了最少拍条件时,由于系统具有无穷大稳定度的闭环极点,采样系统的输出响应可以以最少拍过渡到稳态,且稳态误差为零。

基于最少拍条件式(8-183),系统的输出响应为

$$
\begin{aligned}
C(z) &= G_c(z)\cdot R(z) = [1-G_e(z)]\cdot R(z) \\
&= [1-G_e(z)]\cdot R(z)\bigg|_{R(z)=\frac{A(z)}{(1-z^{-1})^{\nu}},\,G_e(z)=(1-z^{-1})^{\nu}} \\
&= R(z)-A(z)
\end{aligned}
\tag{8-187}
$$

下面分析不同输入信号时的响应特性。

(1) $r(t)=1(t)$ 时，信号的 z 变换为

$$
R(z)=\frac{1}{1-z^{-1}}=1+z^{-1}+z^{-2}+\cdots+z^{-n}+\cdots
$$

由于 $A(z)=1$ 及 $\nu=1$，最少拍条件成为

$$
\begin{aligned}
G_e(z) &= 1-z^{-1} \\
G_c(z) &= z^{-1}
\end{aligned}
\tag{8-188}
$$

系统的响应为

$$
C(z)=R(z)-A(z)=\frac{1}{1-z^{-1}}-1=z^{-1}+z^{-2}+\cdots+z^{-n}+\cdots \tag{8-189}
$$

一阶最少拍系统的响应只经过一拍过渡，就可以跟踪阶跃信号达到稳态，响应过程如图 8-43 所示。

(2) $r(t)=t$ 时，信号的 z 变换为

$$
R(z)=\frac{Tz^{-1}}{(1-z^{-1})^2}=Tz^{-1}+2Tz^{-2}+\cdots+nTz^{-n}+\cdots
$$

由于 $A(z)=Tz^{-1}$ 及 $\nu=2$，最少拍条件成为

$$
\begin{aligned}
G_e(z) &= (1-z^{-1})^2=1-2z^{-1}+z^{-2} \\
G_c(z) &= 2z^{-1}-z^{-2}
\end{aligned}
\tag{8-190}
$$

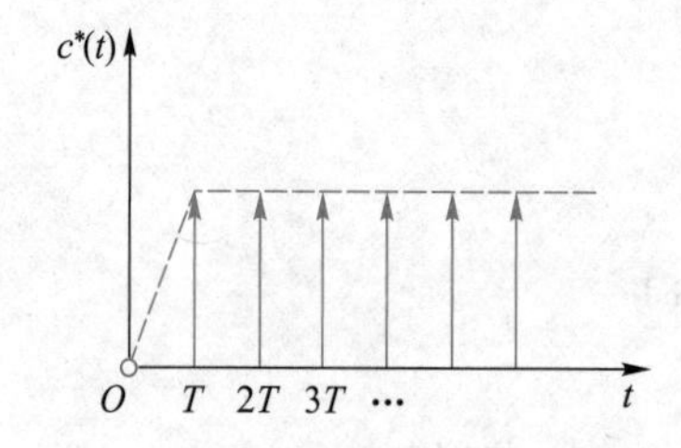

图 8-43 一阶最少拍系统的响应

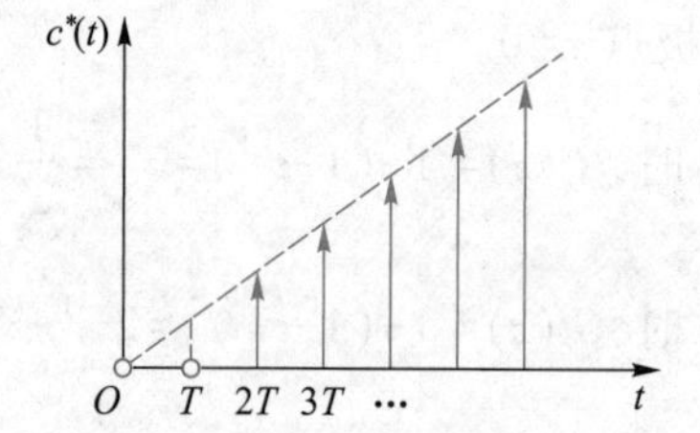

图 8-44 二阶最少拍系统的响应

系统的响应为

$$
\begin{aligned}
C(z) &= R(z)-A(z) \\
&= \frac{Tz^{-1}}{(1-z^{-1})^2}-Tz^{-1} \\
&= 2Tz^{-2}+3Tz^{-3}+\cdots+nTz^{-n}+\cdots
\end{aligned}
\tag{8-191}
$$

二阶最少拍系统的响应经过 2 拍过渡，就可以跟踪斜坡信号达到稳态，响应过程如图 8-44 所示。

(3) $r(t)=\dfrac{1}{2}t^2$ 时，信号的 z 变换为

$$R(z)=\frac{T^2z^{-1}(1+z^{-1})}{2(1-z^{-1})^3}=0.5T^2z^{-1}+2T^2z^{-2}+4.5T^2z^{-3}+\cdots+\frac{n^2}{2}T^2z^{-n}+\cdots$$

由于

$$A(z)=\frac{T^2z^{-1}(1+z^{-1})}{2}=0.5T^2z^{-1}+0.5T^2z^{-2}\text{，及 }\nu=3$$

最少拍条件成为

$$\begin{gathered}G_e(z)=(1-z^{-1})^3=1-3z^{-1}+3z^{-2}-z^{-3}\\G_c(z)=3z^{-1}-3z^{-2}+z^{-3}\end{gathered}\tag{8-192}$$

系统的响应为

$$\begin{aligned}C(z)=R(z)-A(z)&=\frac{T^2z^{-1}(1+z^{-1})}{2(1-z^{-1})^3}-\frac{T^2z^{-1}(1+z^{-1})}{2}\\&=1.5T^2z^{-2}+4.5T^2z^{-3}+\cdots+\frac{n^2}{2}T^2z^{-n}+\cdots\end{aligned}\tag{8-193}$$

三阶最少拍系统的响应经过 3 拍过渡，就可以跟踪匀加速信号达到稳态，响应过程如图 8-45 所示。

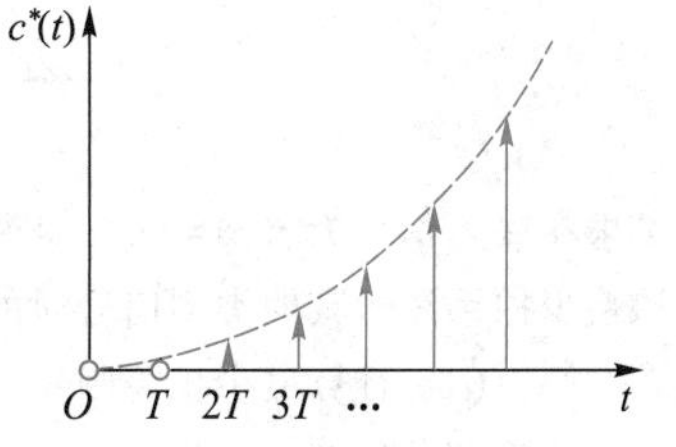

图 8-45 三阶最少拍系统的响应

最少拍系统的条件与参数可参见表 8-4。

表 8-4 最少拍系统的条件与参数

典型输入信号		希望的闭环脉冲传递函数		调节时间
$r(t)$	$R(z)$	$G_e(z)$	$G_c(z)$	t_s
$1(t)$	$\dfrac{1}{1-z^{-1}}$	$1-z^{-1}$	z^{-1}	T
t	$\dfrac{Tz^{-1}}{(1-z^{-1})^2}$	$1-2z^{-1}+z^{-2}$	$2z^{-1}-z^{-2}$	$2T$
$\dfrac{1}{2}t^2$	$\dfrac{1}{2}\cdot\dfrac{T^2(1+z^{-1})z^{-1}}{(1-z^{-1})^3}$	$1-3z^{-1}+3z^{-2}-z^{-3}$	$3z^{-1}-3z^{-2}+z^{-3}$	$3T$

3. 最少拍控制器

单位反馈时，采样系统的结构图如图 8-46 所示，根据前面叙述的最少拍控制条件可以得到最少拍控制器的结构。

对于一阶最少拍系统，闭环脉冲传递函数为

$$G_c(z)=\frac{D(z)G(z)}{1+D(z)G(z)}=z^{-1}\tag{8-194}$$

图 8-46 采样系统结构图

所以，一阶最少拍控制器的结构为

$$D(z)=\frac{z^{-1}}{1-z^{-1}}\cdot\frac{1}{G(z)} \tag{8-195}$$

同理,可以得到二阶最少拍控制器的结构为

$$D(z)=\frac{2z^{-1}-z^{-2}}{(1-z^{-1})^{2}}\cdot\frac{1}{G(z)} \tag{8-196}$$

三阶最少拍控制器的结构为

$$D(z)=\frac{3z^{-1}-3z^{-2}+z^{-3}}{(1-z^{-1})^{3}}\cdot\frac{1}{G(z)} \tag{8-197}$$

[例 8-20] 设单位反馈离散控制系统如图 8-47 所示。

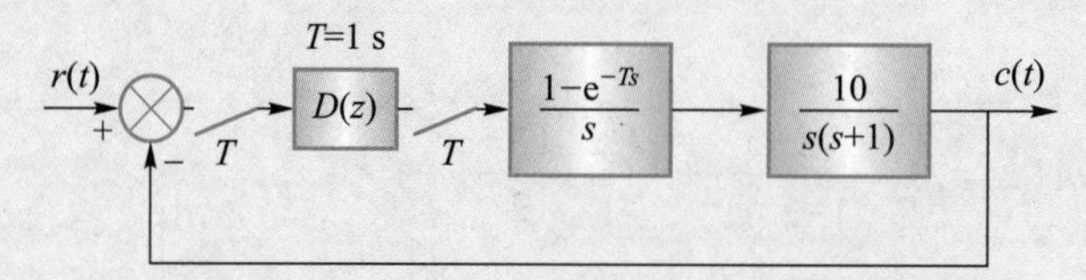

图 8-47 单位反馈离散控制系统

试求在输入信号为 $r(t)=t$ 时,使得系统成为最少拍系统的最少拍控制器的脉冲传递函数 $D(z)$,并分析该最少拍系统对其他类型信号时的响应。

解 (1) 计算最少拍控制器

连续部分传递函数为

$$G(s)=G_{\mathrm{h}}(s)\cdot G_{\mathrm{o}}(s)=\frac{1-\mathrm{e}^{-s}}{s}\cdot\frac{10}{s(s+1)}$$

开环脉冲传递函数为

$$G(z)=\mathscr{Z}[G_{\mathrm{h}}(z)\cdot G_{\mathrm{o}}(z)]=\frac{3.68z^{-1}(1+0.718z^{-1})}{(1-z^{-1})(1-0.368z^{-1})}$$

斜坡输入时的最少拍控制器为

$$D(z)=\frac{2z^{-1}-z^{-2}}{(1-z^{-1})^{2}}\cdot\frac{1}{G(z)}$$

将开环脉冲传递函数 $G(z)$ 代入上式得到

$$D(z)=\frac{0.543(1-0.368z^{-1})(1-0.5z^{-1})}{(1-z^{-1})(1+0.718z^{-1})}$$

该最少拍系统为二阶最少拍系统,在响应斜坡信号时可以在 2 拍时间内达到稳态值。

(2) 其他类型信号时的系统响应

系统的闭环脉冲传递函数为

$$G_{\mathrm{c}}(z)=2z^{-1}-z^{-2}$$

所以,系统的响应为

$$C(z)=G_{\mathrm{c}}(z)\cdot R(z)=(2z^{-1}-z^{-2})\cdot R(z)$$

当输入阶跃信号 $r(t)=1(t)$ 时,响应为

$$\begin{aligned}C(z)&=G_{\mathrm{c}}(z)\cdot R(z)=(2z^{-1}-z^{-2})\cdot\frac{1}{1-z^{-1}}\\&=2z^{-1}+z^{-2}+z^{-3}+\cdots+z^{-n}+\cdots\end{aligned}$$

如图 8-48 所示。从图中可以看到，二阶最少拍系统在响应一阶信号时，也可以实现快速无差，但是与一阶最少拍系统相比，响应时间需要 2 拍，且在 $t=T$ 时的超调量为 100%。

当输入匀加速信号 $r(t)=\dfrac{1}{2}t^2$ 时，响应为

$$
\begin{aligned}
C(z) &= G_c(z)\cdot R(z)\\
&= (2z^{-1}-z^{-2})\cdot\frac{z^{-1}(1+z^{-1})}{2(1-z^{-1})^3}\\
&= z^{-2}+3.5z^{-3}+7z^{-4}+11.5z^{-5}+17z^{-6}+\cdots+\left(\frac{1}{2}n^2-1\right)z^{-n}+\cdots
\end{aligned}
$$

如图 8-49 所示。从图中可以看到，二阶最少拍系统在响应匀加速信号时，可以实现快速跟踪，但是为有差跟踪，这与三阶最少拍系统的跟踪情况不同。

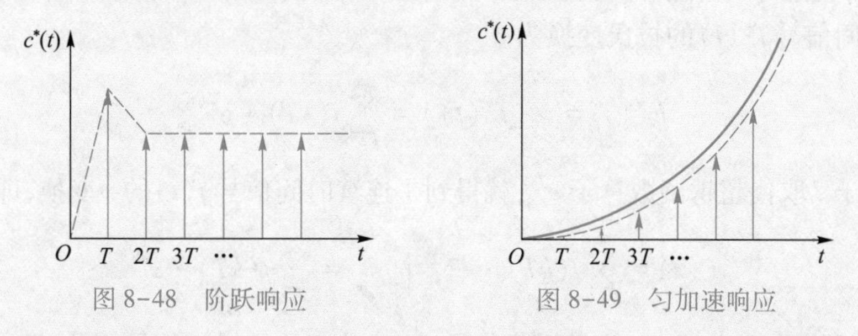

图 8-48 阶跃响应

图 8-49 匀加速响应

所以，根据某种典型输入信号设计的最少拍系统，对于其他类型信号响应的适应性较差。

*8-6 采样信号的 ε 变换

将采样信号作 z 变换，具有应用方便，物理意义明确等优点，因此得到了广泛的应用。但是，由于 z 变换的原理，普通的 z 变换在以下几个方面是不令人满意的：

（1）计算机控制的运算过程中，如果计算机字长较小，例如采用 8 位字长的微型计算机时，会产生较大的量化误差，使得调节精度变差。

（2）为了提高离散模型的精度而将采样间隔 T 取得过小，则由 z 变换所确定的离散系统其闭环极点聚焦在点 $z=1$ 附近，造成较大的模型误差。

（3）对于某些最小相位的连续系统，由 z 变换所确定的离散系统，有可能产生不稳定零点，成为不是最小相位的。

随着计算机控制技术的广泛应用，上述这些在实际应用中存在的问题，长期困扰着控制工程技术人员。

从 20 世纪 80 年代初期开始，国内外学者相继开展了采用 ε 变换的离散模型取代 z 变换的研究，可以有效地克服上述 z 变换所带来的缺点。在该研究方向上，研究成果比较突出的有日本防卫大学的金井教授等人。

在金井教授的专著和其他人的专门文献中，采用时域算子 δ 作为变换的名称来使用，所以均称为 δ 变换。为了与拉氏变换和 z 变换相一致，即采用变换域算子的名称 ε 作为变换的名称，因此在此称其为 ε 变换，这样从前后知识的关系上和对于内容的理解上更为方便

一些。

在此仅对 ε 变换作一些基本的介绍，有关 ε 变换更为详细的内容，请参阅相关的专门书籍。

8-6-1 ε 变换

在定义离散时间信号的 ε 变换之前，先来讨论一下 ε 变换的先决条件。

设连续时间信号 $f(t)$，在规定了采样间隔时间 T 之后，其离散时间信号 $f^*(t)$ 为

$$f^*(t)=\sum_{k=0}^{\infty}f(kT)\cdot\delta(t-kT) \tag{8-198}$$

式中，T 为离散化时间间隔。

离散时间信号 $f^*(t)$ 的拉氏变换为

$$F^*(s)=\mathscr{L}[f^*(t)]=\sum_{k=0}^{\infty}f(kT)\cdot \mathrm{e}^{-kTs} \tag{8-199}$$

用幂函数算子 z 取代超越函数算子 e^{Ts}，就得到了连续时间信号 $f(t)$ 的 z 变换，即

$$F(z)=\sum_{k=0}^{\infty}f(kT)\cdot \mathrm{e}^{-kTs}\Big|_{z=\mathrm{e}^{Ts}}=\sum_{k=0}^{\infty}f(kT)\cdot z^{-k} \tag{8-200}$$

当采样间隔时间 $T\to0$ 时，离散时间信号 $f^*(t)$ 趋于连续时间信号 $f(t)$，即

$$\lim_{T\to0}f^*(t)=f(t) \tag{8-201}$$

但是在变换域中，当采样间隔时间 $T\to0$ 时，离散时间信号 $f^*(t)$ 的 z 变换 $F(z)$ 并不是趋于连续时间信号 $f(t)$ 的拉氏变换 $F(s)$，即

$$\lim_{T\to0}F(z)\neq F(s) \tag{8-202}$$

由上面问题的分析得到变换域描述的先决条件为：

对于离散时间信号 $f^*(t)$ 的变换域描述 $\mathscr{T}[f^*(t)]$，在采样间隔时间 $T\to0$ 时，要有变换域描述 $\mathscr{T}[f^*(t)]$ 趋于原连续时间信号的拉氏变换 $F(s)$，表示为

$$\lim_{T\to0}\mathscr{T}[f^*(t)]=F(s) \tag{8-203}$$

式中，$\mathscr{T}[\circ]$ 为任意一种线性变换。

根据上述的先决条件，可以定义离散时间信号 $f^*(t)$ 的 ε 变换。

首先，取连续时间信号 $f(t)$ 的离散面积逼近 $f_\varepsilon^*(t)$ 为

$$f_\varepsilon^*(t)=\sum_{k=0}^{\infty}[f(kT)\cdot T]\cdot\delta(t-kT) \tag{8-204}$$

$[f(kT)\cdot T]$ 为与样点幅值与采样间隔的乘积，也就是与样点值相关的面积，如图 8-50 所示。

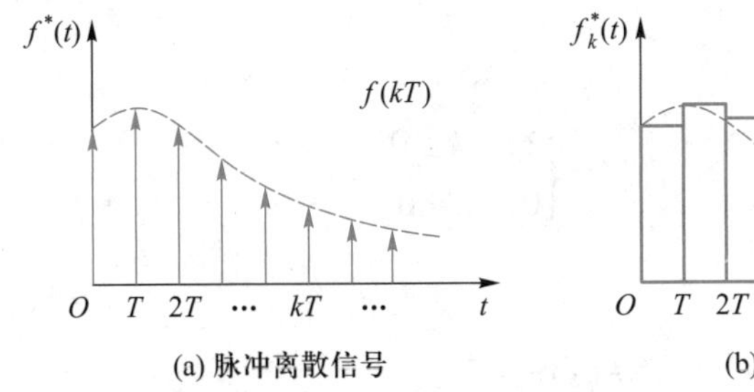

(a) 脉冲离散信号

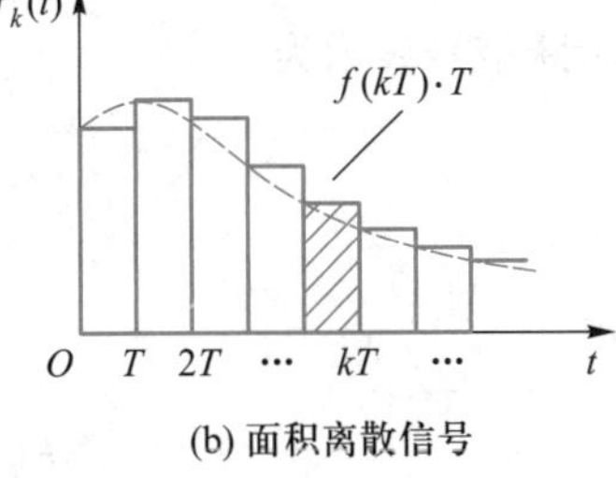

(b) 面积离散信号

图 8-50 连续信号的离散近似

对式(8-204)作 z 变换得到

$$\begin{aligned}\mathscr{Z}[f_{\varepsilon}^{*}(t)] &= \sum_{k=0}^{\infty}[f(kT)\cdot T]\cdot z^{-k} \\ &= T\cdot\sum_{k=0}^{\infty}f(kT)\cdot z^{-k} \\ &= T\cdot F(z)\end{aligned} \tag{8-205}$$

式中,$F(z)$为普通 z 变换。这样定义的 z 变换与普通 z 变换的差别只差一个常数因子 T,即采样间隔时间,在掌握了普通 z 变换的基础上是很容易得到的。取算子变换

$$z=T\varepsilon+1 \tag{8-206}$$

将其代入式(8-205),得到离散时间信号 $f^{*}(t)$ 的 ε 变换为

$$F(\varepsilon)=T\cdot\sum_{k=0}^{\infty}f(kT)\cdot(T\varepsilon+1)^{-k} \tag{8-207}$$

式(8-207)定义了 ε 变换。当采样间隔时间 $T\to0$ 时,离散时间信号 $f^{*}(t)$ 的 ε 变换趋于连续时间信号的拉氏变换 $F(s)$(不考虑算子表示符号的差别),满足式(8-203)的先决条件,即

$$\lim_{T\to0}F(\varepsilon)=F(s)$$

由上所述,可以方便地得到离散时间信号 $f^{*}(t)$ 的 ε 变换:

(1) 将离散时间信号 $f^{*}(t)$ 作常规 z 变换,得到 $F(z)$;

(2) 按照下面公式得到 ε 变换

$$F(\varepsilon)=T\cdot F(z)\Big|_{z=T\varepsilon+1} \tag{8-208}$$

下面计算几个基本信号的 ε 变换。

(1) 离散单位脉冲信号

为了与时间域中单位脉冲信号的拉氏变换相一致,定义离散单位脉冲信号为

$$\mathrm{I}(k)=\begin{cases}1/T, & k=0\\ 0, & k\neq0\end{cases} \tag{8-209}$$

由定义求得其 ε 变换为

$$F(\varepsilon)=T\cdot\sum_{k=0}^{\infty}f(kT)\cdot z(T\varepsilon+1)^{-k}\Big|_{f(kT)=\mathrm{I}(k)}=T\cdot\frac{1}{T}=1 \tag{8-210}$$

（2）离散单位阶跃信号

离散单位阶跃信号表示为

$$f(k)=\begin{cases}1, & k\geqslant 0\\ 0, & k<0\end{cases} \tag{8-211}$$

其普通 z 变换为

$$F(z)=\frac{1}{1-z^{-1}} \tag{8-212}$$

其 ε 变换为

$$F(\varepsilon)=T\cdot F(z)\Big|_{z=T\varepsilon+1}=T\cdot\frac{1}{1-z^{-1}}\Big|_{z=T\varepsilon+1}=\frac{T\varepsilon+1}{\varepsilon} \tag{8-213}$$

当采样间隔时间 $T\to 0$ 时,有阶跃信号的 ε 变换趋于拉氏变换

$$F(\varepsilon)\Big|_{T\to 0}=\frac{T\varepsilon+1}{\varepsilon}\Big|_{T\to 0}=\frac{1}{\varepsilon} \tag{8-214}$$

除了算子符号的差别之外,表达式是相同的。

（3）离散斜坡信号

离散斜坡信号表示为

$$f(kT)=\begin{cases}kT, & k\geqslant 0\\ 0, & k<0\end{cases} \tag{8-215}$$

其普通 z 变换为

$$F(z)=\frac{Tz^{-1}}{(1-z^{-1})^2} \tag{8-216}$$

其 ε 变换为

$$F(\varepsilon)=T\cdot F(z)\Big|_{z=T\varepsilon+1}=T\cdot\frac{Tz^{-1}}{(1-z^{-1})^2}\Big|_{z=T\varepsilon+1}=\frac{T\varepsilon+1}{\varepsilon^2} \tag{8-217}$$

当采样间隔时间 $T\to 0$ 时,有斜坡信号的 ε 变换趋于拉氏变换

$$F(\varepsilon)\Big|_{T\to 0}=\frac{T\varepsilon+1}{\varepsilon^2}\Big|_{T\to 0}=\frac{1}{\varepsilon^2} \tag{8-218}$$

除了算子符号的差别之外,表达式是相同的。

表 8-5 给出了基本信号的 ε 变换和与其对照的拉氏变换,请查阅。

表 8-5　ε 变换表及其对照的拉氏变换

	$F(s)$	$f(t)$	$f(k)$	$F(z)$	$F(\varepsilon)$	$F(\varepsilon)\Big\|_{T\to 0}$
1	1	$\delta(t)$	$\delta(0)$	1	1	1
2	$\frac{1}{s}$	$1(t)$	$1(k)$	$\frac{Tz}{z-1}$	$\frac{T\varepsilon+1}{\varepsilon}$	$\frac{1}{\varepsilon}$

续表

	$F(s)$	$f(t)$	$f(k)$	$F(z)$	$F(\varepsilon)$	$F(\varepsilon)\big\vert_{T\to 0}$
3	e^{-iTs}	$\delta(t-iT)$	$\delta[(k-i)T]$	z^{-i}	$(T\varepsilon+1)^{-i}$	1
4	$\dfrac{e^{-Ts}}{s}$	$1(t-T)$	$1[(k-1)T]$	$\dfrac{T}{z-1}$	$\dfrac{1}{\varepsilon}$	$\dfrac{1}{\varepsilon}$
5			$(1-aT)^{k-1}$	$\dfrac{T}{z-(1-aT)}$	$\dfrac{1}{\varepsilon+a}$	$\dfrac{1}{\varepsilon+a}$
6	$\dfrac{1}{s+\alpha}$	$e^{-\alpha t}$	$e^{-\alpha kT}$	$\dfrac{Tz}{z-e^{-\alpha T}}$	$\dfrac{T\varepsilon+1}{\varepsilon+\dfrac{1-e^{-\alpha T}}{T}}$	$\dfrac{1}{\varepsilon+\alpha}$
7	$\dfrac{1}{s^2}$	t	kT	$\dfrac{T^2z}{(z-1)^2}$	$\dfrac{T\varepsilon+1}{\varepsilon^2}$	$\dfrac{1}{\varepsilon^2}$
8	$\dfrac{e^{-Ts}}{s^2}$	$t-T$	$kT-T$	$\dfrac{T^2}{(z-1)^2}$	$\dfrac{1}{\varepsilon^2}$	$\dfrac{1}{\varepsilon^2}$
9	$\dfrac{2}{s^3}$	t^2	$(kT)^2$	$\dfrac{T^3z(z+1)}{(z-1)^3}$	$\dfrac{(T\varepsilon+1)(T\varepsilon+2)}{\varepsilon^3}$	$\dfrac{2}{\varepsilon^3}$
10	$\dfrac{\alpha}{s(s+\alpha)}$	$1-e^{-\alpha t}$	$1-e^{-\alpha kT}$	$\dfrac{T(1-e^{-\alpha T})z}{(z-1)(z-e^{-\alpha T})}$	$\dfrac{a(T\varepsilon+1)}{\varepsilon(\varepsilon+a)}$	$\dfrac{a}{\varepsilon(\varepsilon+a)}$
11	$\dfrac{1}{(s+\alpha)^2}$	$te^{-\alpha t}$	$kTe^{-\alpha kT}$	$\dfrac{T^2e^{-\alpha T}z}{(z-e^{-\alpha T})^2}$	$\dfrac{e^{-\alpha T}(T\varepsilon+1)}{(\varepsilon+a)^2}$	$\dfrac{1}{(\varepsilon+a)^2}$
12	$\dfrac{\omega}{s^2+\omega^2}$	$\sin\omega t$	$\sin\omega kT$	$\dfrac{T\sin(\omega T)z}{z^2-2\cos(\omega T)z+1}$	$\dfrac{\dfrac{\sin(\omega T)}{T}(T\varepsilon+1)}{\varepsilon^2+T\beta^2\varepsilon+\beta^2}$	$\dfrac{\omega}{\varepsilon^2+\omega^2}$
13	$\dfrac{s}{s^2+\omega^2}$	$\cos\omega t$	$\cos\omega kT$	$\dfrac{Tz[z-\cos(\omega T)]}{z^2-2\cos(\omega T)z+1}$	$\dfrac{(T\varepsilon+1)\left(\varepsilon+\dfrac{T}{4}\beta^2\right)}{\varepsilon^2+T\beta^2\varepsilon+\beta^2}$	$\dfrac{\varepsilon}{\varepsilon^2+\omega^2}$

$$a=\frac{1-e^{-\alpha T}}{T}\bigg|_{T\to 0}=\alpha,\ \beta=\left(\sin\frac{\omega T}{2}\right)\bigg/\left(\frac{T}{2}\right)\bigg|_{T\to 0}=\omega$$

8-6-2 ε 变换的基本性质

ε 变换与拉氏变换和 z 变换一样，具有一些基本性质，下面不加证明地列出其中常用的一些基本性质。

（1）线性定理

$$\mathscr{E}[af_1(k)+bf_2(k)]=aF_1(\varepsilon)+bF_2(\varepsilon) \tag{8-219}$$

（2）时间移位定理

$$\mathscr{E}[1(k+m)\cdot f(k+m)]=(T\varepsilon+1)^{m}F(\varepsilon)-T\cdot\sum_{i=0}^{m-1}1(i)f(i)(T\varepsilon+1)^{m-i}\tag{8-220}$$

当 $T\to0$ 时,有 ε 变换的时间移位定理趋于拉氏变换的移位定理。

(3) 前向差分定理

$$\mathscr{E}[\delta^{m}f(k)]=\varepsilon^{m}F(\varepsilon)-(T\varepsilon+1)\cdot\sum_{i=0}^{m-1}\varepsilon^{m-1-i}\delta^{i}f(0)\tag{8-221}$$

其中,$\delta^{i}[\circ]$表示$[\circ]$的 i 步移位。

当 $T\to0$ 时,有 ε 变换的前向差分定理趋于拉氏变换的微分定理。

(4) 逆前向差分定理

$$\mathscr{E}[\delta^{-m}f(k)]=\varepsilon^{-m}F(\varepsilon)+(T\varepsilon+1)\cdot\sum_{i=0}^{m-1}\varepsilon^{-m+i}\delta^{-i-1}f(0)\tag{8-222}$$

当 $T\to0$ 时,有 ε 变换的逆前向差分定理趋于拉氏变换的积分定理。

(5) 频率移位定理

$$\mathscr{E}[(T\alpha+1)^{k}f(k)]=F\left(\varepsilon-\alpha\cdot\frac{T\varepsilon+1}{T\alpha+1}\right)\tag{8-223}$$

当 $T\to0$ 时,有 ε 变换的频率移位定理趋于拉氏变换的位移定理。

(6) 初值定理

$$f(0)=\lim_{\varepsilon\to\infty}\frac{\varepsilon}{T\varepsilon+1}F(\varepsilon)\tag{8-224}$$

当 $T\to0$ 时,有 ε 变换的初值定理趋于拉氏变换的初值定理。

(7) 终值定理

$$f(\infty)=\lim_{\varepsilon\to0}\frac{\varepsilon}{T\varepsilon+1}F(\varepsilon)\tag{8-225}$$

当 $T\to0$ 时,有 ε 变换的终值定理趋于拉氏变换的终值定理。

(8) 卷积和定理

$$\mathscr{E}\left[T\sum_{i=0}^{k}f_{1}(i)f_{2}(k-i)\right]=F_{1}(\varepsilon)\cdot F_{2}(\varepsilon)\tag{8-226}$$

当 $T\to0$ 时,有 ε 变换的卷积和定理趋于拉氏变换的卷积定理。

8-6-3 ε 反变换

已知变换域函数 $F(\varepsilon)$可以通过 ε 反变换求得离散时间序列$f(k)$。与 z 反变换类似,ε 反变换也可以用两种方法求取,一种方法是部分分式法,另一种方法是基于复变函数逆积分的留数法。由于留数法计算较繁,在此只介绍部分分式法。

$F(\varepsilon)$一般表示为自变量 ε 的分子多项式与分母多项式的比值,即

$$F(\varepsilon)=\frac{b_{m}\varepsilon^{m}+b_{m-1}\varepsilon^{m-1}+\cdots+b_{1}\varepsilon+b_{0}}{\varepsilon^{n}+a_{n-1}\varepsilon^{n-1}+\cdots+a_{1}\varepsilon+a_{0}}\tag{8-227}$$

将分母多项式作因式分解,然后按照 ε 变换表中已有的标准项分解成可以查表的若干基本项,由 ε 变换表的对应项得到离散时间序列 $f(k)$。根据分解项的分子上是否含有因子,部分分式分解时有两种情况:

(1) $F(\varepsilon)$ 的分子上含有因子 $T\varepsilon+1$ 时,将 $\dfrac{F(\varepsilon)}{T\varepsilon+1}$ 展开部分分式,之后再将分解的各项乘以因子 $T\varepsilon+1$,从变换表中查出对应的变换项。离散时间序列 $f(k)$ 为各分量项 ε 反变换 $f_i(k)$ 的代数和。

(2) $F(\varepsilon)$ 的分子上不包含因子 $T\varepsilon+1$ 时,直接将 $F(\varepsilon)$ 展开部分分式,再将分解的各项乘以因子 $T\varepsilon+1$。由于因子 $T\varepsilon+1$ 表示一步延迟,所以离散时间序列 $f(k)$ 为各分量项 ε 反变换 $f_i(k)$ 一步延迟 $f_i(k-1)$ 的代数和,反变换的结果为 $f(k-1)$。

[例 8-21] 用部分分式法计算下式的 ε 反变换

$$F(\varepsilon)=\frac{5(T\varepsilon+1)}{\varepsilon(\varepsilon+5)}$$

解 因为 $F(\varepsilon)$ 的分子上含有因子 $(T\varepsilon+1)$,所以将 $\dfrac{F(\varepsilon)}{T\varepsilon+1}$ 展开部分分式为

$$\frac{F(\varepsilon)}{T\varepsilon+1}=\frac{5}{\varepsilon(\varepsilon+5)}=\frac{1}{\varepsilon}-\frac{1}{\varepsilon+5}$$

两边乘以因子 $(T\varepsilon+1)$ 得到

$$F(\varepsilon)=\frac{T\varepsilon+1}{\varepsilon}-\frac{T\varepsilon+1}{\varepsilon+5}$$

查 ε 反变换表有

$$\frac{T\varepsilon+1}{\varepsilon}\to 1(kT)$$

$$\frac{T\varepsilon+1}{\varepsilon+5}\to \mathrm{e}^{-5kT}$$

所以求得 ε 反变换为

$$f(kT)=\mathscr{E}^{-1}[F(\varepsilon)]=1(kT)-\mathrm{e}^{-5kT}$$

[例 8-22] 用部分分式法计算下式的 ε 反变换

$$F(\varepsilon)=\frac{5}{\varepsilon(\varepsilon+5)}$$

解 因为 $F(\varepsilon)$ 的分子上不包含因子 $T\varepsilon+1$,所以直接将 $F(\varepsilon)$ 展开部分分式为

$$F(\varepsilon)=\frac{5}{\varepsilon(\varepsilon+5)}=\frac{1}{\varepsilon}-\frac{1}{\varepsilon+5}$$

两边乘以因子 $T\varepsilon+1$ 得到

$$(T\varepsilon+1)F(\varepsilon)=\frac{T\varepsilon+1}{\varepsilon}-\frac{T\varepsilon+1}{\varepsilon+5}$$

等式右边的 ε 反变换为

$$\frac{T\varepsilon+1}{\varepsilon}\to 1(kT)$$

$$\frac{T\varepsilon+1}{\varepsilon+5}\to \mathrm{e}^{-5kT}$$

等式两边的反变换均延迟一步,求得离散时间序列为

$$f[(k-1)T]=\mathscr{E}^{-1}[F(\varepsilon)]=1[(k-1)T]-\mathrm{e}^{-5(k-1)T}$$

8-6-4 ε 域脉冲传递函数

仿照 z 域脉冲传递函数 $G(z)$ 的求法,可以得到 ε 域的脉冲传递函数 $G(\varepsilon)$。在此不对 $G(\varepsilon)$ 重新定义,只要利用传统 z 变换的方法就可以得到 ε 域的脉冲传递函数。

由于连续时间系统 $G(s)$ 的脉冲响应为

$$g(t)=\mathscr{L}^{-1}[G(s)] \tag{8-228}$$

$g(t)$ 中的各项时间分量 $f_i(t)$ 与其 ε 变换 $F_i(\varepsilon)$ 都可以从 ε 变换表中查到,也就得到了 ε 域的脉冲传递函数 $G(\varepsilon)$。

使用 ε 域的脉冲传递函数 $G(\varepsilon)$ 作为离散系统的数学模型其特点是原理性的。当离散化使用的采样间隔时间 T 改变时,离散模型 $G(\varepsilon)$ 也随着改变。当采样间隔时间 $T\to 0$ 时,有离散模型 $G(\varepsilon)$ 趋于连续时间模型 $G(s)$,即

$$\lim_{T\to 0}G(\varepsilon)=G(s) \tag{8-229}$$

s 平面、z 平面、ε 平面上映射关系的比较如图 8-51 所示。

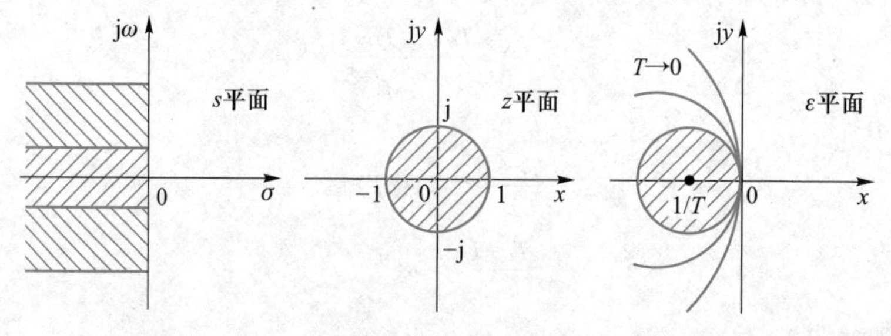

图 8-51 三个复自变量平面映射关系的比较

由于 z 域离散模型 $G(z)$ 在采样间隔时间 $T\to 0$ 时,并不趋于连续时间模型 $G(s)$,与实际情况不相符合,所以会产生较大的模型误差。因此,从原理上 ε 域上的离散系统模型 $G(\varepsilon)$ 优于 z 域上的系统模型 $G(z)$。

[例 8-23] 已知连续时间系统的传递函数为

$$G(s)=\frac{30}{s(s+1)(s+2)}$$

试求 ε 域的脉冲传递函数 $G(\varepsilon)$,并考查采样间隔时间 T 变化时对系统离散模型的影响。

解 (1) 求 ε 域的脉冲传递函数 $G(\varepsilon)$

系统的传递函数 $G(s)$ 可以写为

$$G(s)=\frac{30}{s(s+1)(s+2)}=\frac{15}{s}-\frac{30}{s+1}+\frac{15}{s+2}$$

所以系统的脉冲响应为

$$g(t)=\mathscr{L}^{-1}[G(s)]=\mathscr{L}^{-1}\left[\frac{15}{s}-\frac{30}{s+1}+\frac{15}{s+2}\right]=15\cdot 1(t)-30\mathrm{e}^{-t}+15\mathrm{e}^{-2t}$$

离散化为

$$g(kT)=15\cdot 1(kT)-30\mathrm{e}^{-kT}+15\mathrm{e}^{-2kT}$$

查阅 ε 变换表有

$$1(kT)\to\frac{T\varepsilon+1}{\varepsilon},\mathrm{e}^{-kT}\to\frac{T\varepsilon+1}{\varepsilon+\dfrac{1-\mathrm{e}^{-T}}{T}},\mathrm{e}^{-2kT}\to\frac{T\varepsilon+1}{\varepsilon+\dfrac{1-\mathrm{e}^{-2T}}{T}}$$

得到 ε 域的脉冲传递函数 $G(\varepsilon)$ 为

$$G(\varepsilon)=\frac{15(T\varepsilon+1)}{\varepsilon}-\frac{30(T\varepsilon+1)}{\varepsilon+\dfrac{1-\mathrm{e}^{-T}}{T}}+\frac{15(T\varepsilon+1)}{\varepsilon+\dfrac{1-\mathrm{e}^{-2T}}{T}}$$

$$=\frac{15(T\varepsilon+1)[(2a_1-a_2)\varepsilon+a_1a_2]}{\varepsilon(\varepsilon+a_1)(\varepsilon+a_2)}$$

$$=\frac{15(T\varepsilon+1)[(2a_1-a_2)\varepsilon+a_1a_2]}{\varepsilon^3+(a_1+a_2)\varepsilon^2+a_1a_2\varepsilon}$$

其中，$a_1=\dfrac{1-\mathrm{e}^{-T}}{T}$，$a_2=\dfrac{1-\mathrm{e}^{-2T}}{T}$。$\varepsilon$ 平面上的三个极点为

$$\varepsilon_1=0,\varepsilon_2=-a_1=-\frac{1-\mathrm{e}^{-T}}{T},\text{和 }\varepsilon_3=-a_2=-\frac{1-\mathrm{e}^{-2T}}{T}$$

（2）考查采样间隔时间 T 变化的影响

第一种情况，当 $T=0.5$ s 时

$$a_1=\frac{1-\mathrm{e}^{-T}}{T}\bigg|_{T=0.5\text{ s}}=0.787,\ a_2=\frac{1-\mathrm{e}^{-2T}}{T}\bigg|_{T=0.5\text{ s}}=1.264$$

代入求得离散模型为

$$G(\varepsilon)=\frac{15(T\varepsilon+1)[(2a_1-a_2)\varepsilon+a_1a_2]}{\varepsilon(\varepsilon+a_1)(\varepsilon+a_2)}\bigg|_{\substack{a_1=0.787\\a_2=1.264}}$$

$$=\frac{15(0.5\varepsilon+1)(0.31\varepsilon+0.995)}{\varepsilon(\varepsilon+0.787)(\varepsilon+1.264)}$$

第二种情况，当 $T=0.1$ s 时

$$a_1=\frac{1-\mathrm{e}^{-T}}{T}\bigg|_{T=0.1\text{ s}}=0.952,\ a_2=\frac{1-\mathrm{e}^{-2T}}{T}\bigg|_{T=0.1\text{ s}}=1.813$$

代入求得离散模型为

$$G(\varepsilon)=\frac{15(T\varepsilon+1)[(2a_1-a_2)\varepsilon+a_1a_2]}{\varepsilon(\varepsilon+a_1)(\varepsilon+a_2)}\bigg|_{\substack{a_1=0.952\\a_2=1.813}}$$

$$=\frac{15(0.1\varepsilon+1)(0.091\varepsilon+1.726)}{\varepsilon(\varepsilon+0.952)(\varepsilon+1.813)}$$

第三种情况，极限情况当 $T\to 0$ s 时

$$a_1=\frac{1-\mathrm{e}^{-T}}{T}\bigg|_{T\to 0}=1,\ a_2=\frac{1-\mathrm{e}^{-2T}}{T}\bigg|_{T\to 0}=2$$

代入求得离散模型为

$$G(\varepsilon)=\frac{15(T\varepsilon+1)[(2a_1-a_2)\varepsilon+a_1a_2]}{\varepsilon(\varepsilon+a_1)(\varepsilon+a_2)}\bigg|_{T\to 0,a_1=1,a_2=2}$$

$$=\frac{30}{\varepsilon(\varepsilon+1)(\varepsilon+2)}$$

当采样间隔时间 $T\to0$ 时，ε 域的离散模型 $G(\varepsilon)$ 的三个极点全部趋于连续系统模型 $G(s)$ 的三个极点，ε 域的离散模型 $G(\varepsilon)$ 趋于连续系统模型 $G(s)$，符合离散模型的物理意义。

作为对比，写出 z 域的离散模型 $G(z)$ 为

$$G(z)=30\left[\frac{z}{z-1}-\frac{2z}{z-\mathrm{e}^{-T}}+\frac{z}{z-\mathrm{e}^{-2T}}\right]$$

$$=\frac{30z[(1-2\mathrm{e}^{-T}+\mathrm{e}^{-2T})z+(\mathrm{e}^{-T}-2\mathrm{e}^{-2T}+\mathrm{e}^{-T}\mathrm{e}^{-2T})]}{(z-1)(z-\mathrm{e}^{-T})(z-\mathrm{e}^{-2T})}$$

很明显，当 $T\to0$ 时，z 域离散模型 $G(z)$ 的三个极点值全部趋于 1，即

$$z_1=1, z_2=\mathrm{e}^{-T}\Big|_{T\to0}=1 \text{ 和 } z_3=\mathrm{e}^{-2T}\Big|_{T\to0}=1$$

当采样间隔时间 $T\to0$ 时，z 域离散模型 $G(z)$ 并不趋于连续系统模型 $G(s)$。所以，当采样间隔时间 T 取得过小时，z 域离散模型 $G(z)$ 的 n 个极点向 $z=1$ 点聚集，离散模型 $G(z)$ 是失真的，采用 ε 域的离散模型 $G(\varepsilon)$ 就不会出现这种情况。

思考题

1. 什么是信号的采样？
2. 实际采样与理想采样有什么区别？分别对系统会产生什么影响？
3. 对连续时间信号进行采样，应满足什么条件才能做到不丢失信息？
4. 什么是保持器？保持器的功能是什么？
5. 零阶保持器的传递函数是什么？
6. 零阶保持器的频率特性有什么特点？
7. 用零阶保持器恢复的连续时间信号有何显著特征？
8. 为什么采样信号的数学描述采用 z 变换而不采用拉氏变换？
9. 试解释 z 变换的离散特性。
10. 试解释 z 变换的时间特性。
11. 试解释 z 变换的收敛和特性。
12. z 反变换有哪几种方法？各有什么优点？
13. 用 z 反变换恢复的信号 $x^*(t)$ 是 $x(t)$ 吗？为什么？
14. 什么是差分？差分有哪几种？主要有些什么区别？
15. 差分方程求解有什么方法？各有什么优点？
16. 脉冲传递函数是如何来描述采样系统的？
17. 叙述求取系统开环脉冲传递函数的计算步骤。
18. 如何求得系统的闭环脉冲传递函数？
19. 试推导带零阶保持器的开环脉冲传递函数。
20. 试推导闭环脉冲传递函数。
21. 对于用闭环脉冲传递函数描述的采样控制系统，系统稳定的充分必要条件是什么？
22. 如何采用变换域劳斯稳定判据来确定采样系统的稳定性？
23. 试叙述采样间隔 T 的变化对系统稳定性的影响。

24. 如何用数值微分法写出数字控制器 $D(z)$ 的迭代算式?
25. 最少拍控制的理论依据是什么? 在应用中有哪些局限性?
26. 确定数字控制系统采样频率 ω_s 的依据是什么? 是如何确定的?

习题

8-1 已知时间信号 $x(t)$ 如下,试求取它们的 z 变换 $X(z)$。

(1) $x(t)=A\cos \omega t$;

(2) $x(t)=t^2$;

(3) $x(t)=1-e^{-5t}$;

(4) $x(t)=2t\cdot e^{-2t}$;

(5) $x(t)=e^{-at}\cdot \sin bt$。

8-2 已知时间函数 $x(t)$ 的拉氏变换 $X(s)$,试求取它们的 z 变换 $X(z)$。

(1) $X(s)=\dfrac{50}{(s+5)(s+10)}$;

(2) $X(s)=\dfrac{50e^{-Ts}}{(s+5)(s+10)}$;

(3) $X(s)=\dfrac{1}{s^2(s+1)}$;

(4) $X(s)=\dfrac{1-e^{-Ts}}{s^2(s+1)}$。

8-3 已知采样信号的 z 变换 $X(z)$ 如下,试求 z 反变换 $x^*(t)$。

(1) $X(z)=\dfrac{z}{(z-1)(z-2)}$;

(2) $X(z)=\dfrac{1}{(z-1)(z-2)}$;

(3) $X(z)=\dfrac{z}{(z-e^{-T})(z-e^{-2T})}$;

(4) $X(z)=\dfrac{z}{(z-1)^2(z-2)}$。

8-4 分别用 z 变换法和迭代法(解出 5 项以上)求解如下差分方程。

(1) $x(k+2)-3x(k+1)+2x(k)=u(k)$

输入信号:$u(k)=1(k)$ 　　初始条件:$x(0)=0,x(1)=0$

(2) $x(k+2)-3x(k+1)+2x(k)=0$

初始条件:$x(0)=1,x(1)=1$

8-5 采样控制系统如题图 8-1 所示,采样间隔为 $T=1$ s,试计算其输出 $c^*(t)$ 和 $c(t)$,并画出输出信号波形 $c(t)$。

8-6 已知系统结构图如题图 8-2 所示,试求系统输出的 z 变换 $C(z)$。

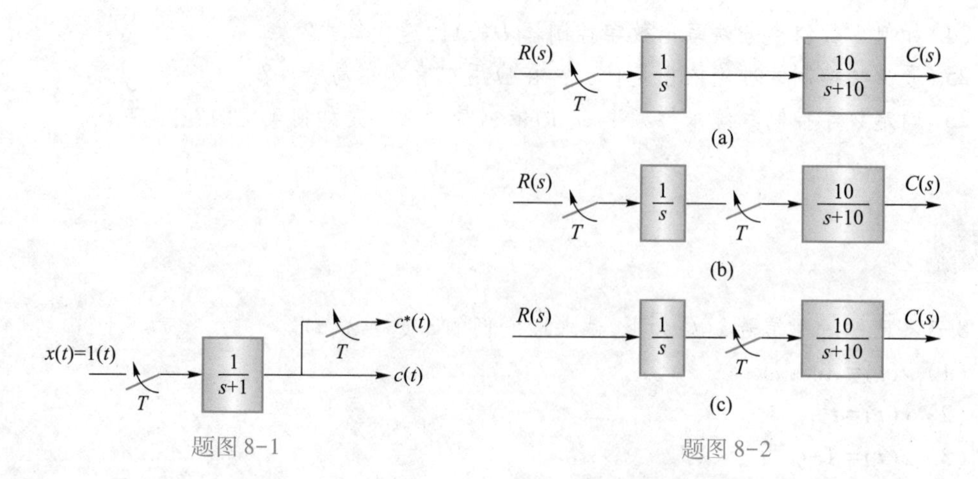

题图 8-1　　题图 8-2

8-7　已知系统结构图如题图 8-3 所示，采样间隔为 $T=1$ s，试求取开环脉冲传递函数 $G_o(z)$，闭环脉冲传递函数 $G_c(z)$ 及系统的单位阶跃响应 $c^*(t)$。

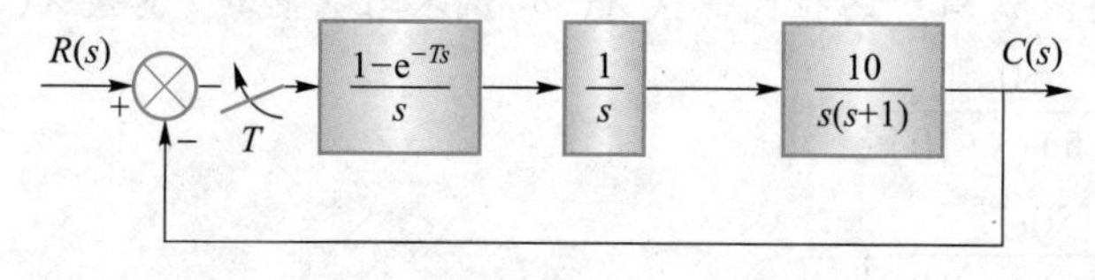

题图 8-3

8-8　已知采样控制系统的结构图如题图 8-4 所示，试确定系统的传递关系。

8-9　已知采样控制系统的结构图如题图 8-5 所示，试确定系统的传递关系。

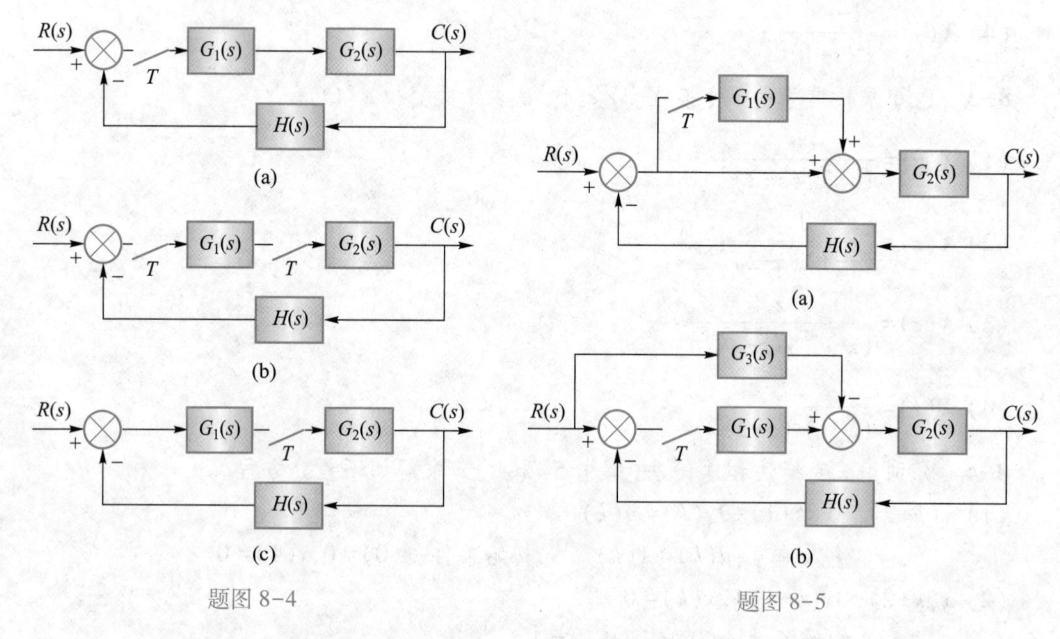

题图 8-4　　题图 8-5

8-10　已知系统的闭环特征方程如下，试判别采样系统的稳定性。

(1) $(z+1)(z+0.2)(z+2)=0$；

(2) $z^3-1.5z^2-0.25z+0.4=0$。

8-11 已知采样系统的结构图如题图 8-6 所示，试确定 $K \sim T$ 平面上的稳定域。

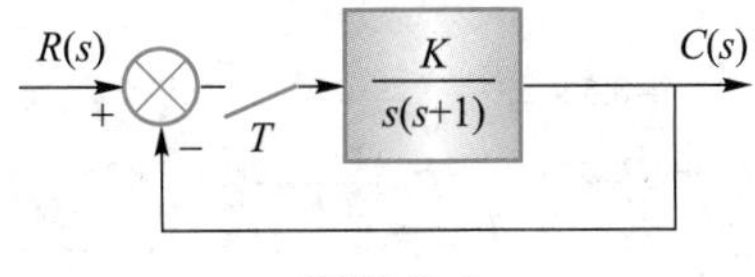

题图 8-6

8-12 已知系统结构图如题图 8-7 所示，试确定系统的稳定条件。

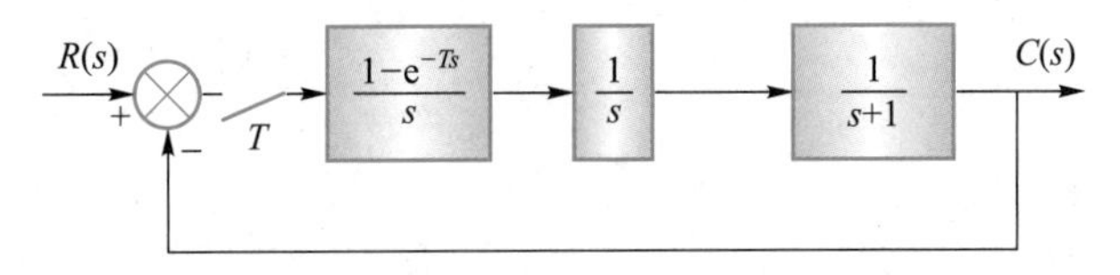

题图 8-7

8-13 给定采样间隔为 $T=0.2$ s，试分析题图 8-8 系统的稳定性。

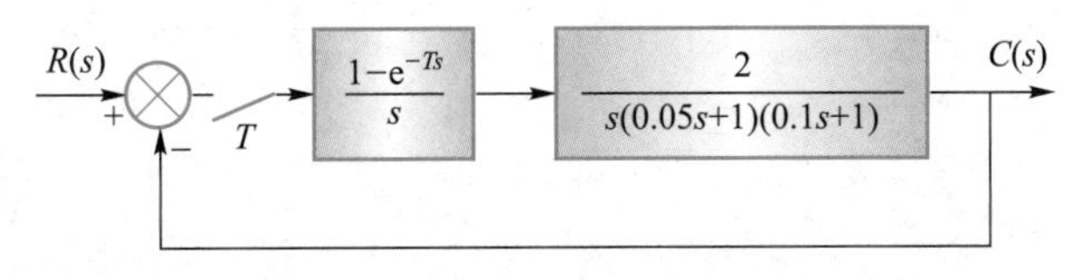

题图 8-8

8-14 已知采样系统的闭环脉冲传递函数为

$$\frac{C(z)}{R(z)}=\frac{z+c}{z^2+az+b}$$

试确定系统稳定时，参数 a, b, c 所应满足的关系。

8-15 校正后的控制系统如题图 8-9 所示，如采用计算机控制，由数字控制器 $D_s(z)$ 代替模拟控制器 $G_s(s)$，试写出迭代控制算式的表达式。

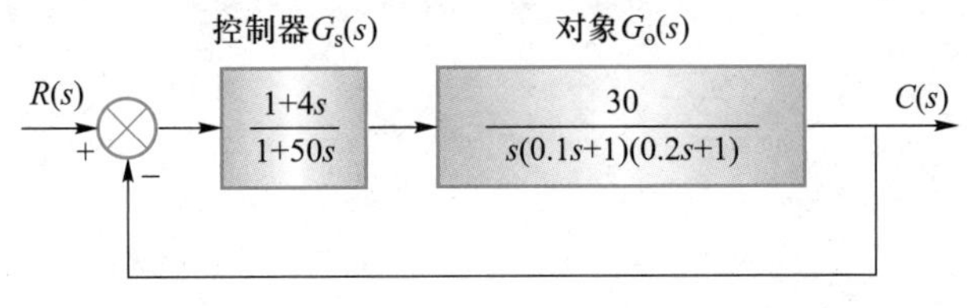

题图 8-9

8-16 校正后的控制系统如题图 8-10 所示，如采用计算机控制，由数字控制器 $D_s(z)$ 代替模拟控制器 $G_s(s)$，试写出迭代控制算式的表达式，并确定采样间隔时间 T 的上限。

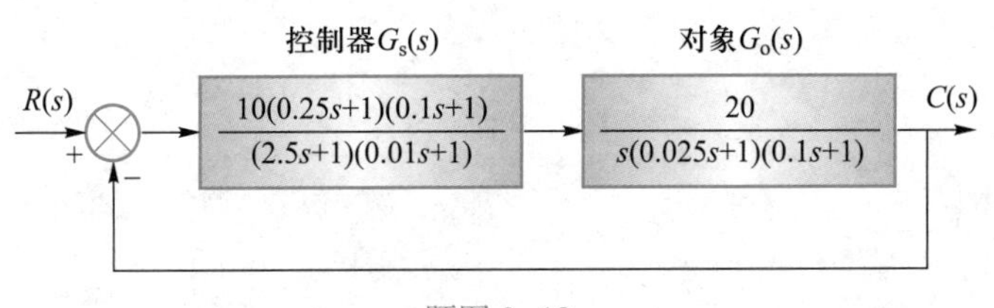

题图 8-10

8-17 采样控制系统如题图 8-11 所示,输入信号为 $R(t)=1(t)$,试确定最少拍控制时的控制器 $D(z)$。

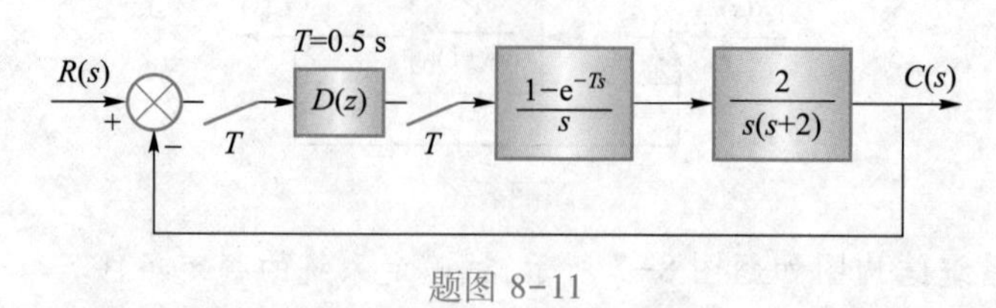

题图 8-11

>>> 附录

●●● 部分习题参考答案

参考文献